S. K. Stein

Einführungskurs Höhere Mathematik I

Funktionen · Grenzwerte · Ableitungen

Grundlagen des Studiums

Mathematik für Ingenieure und Naturwissenschaftler Band 1
von L. Papula

Mathematik für Ingenieure und Naturwissenschaftler Band 2
von L. Papula

Mathematik für Ingenieure und Naturwissenschaftler Band 3
von L. Papula

Mathematische Formelsammlung
von L. Papula

Übungen zur Mathematik
von L. Papula

vieweg technic tools Mathematik
12 Excel Programme von G. Küveler

vieweg technic tools Technische Mechanik
10 Excel Programme von H.-J. Holland

Grundzüge der Physik
von R. Strehlow

Ökologikum, Das Umweltlexikon auf CD-ROM
von B. Best

Die Erforschung des Chaos
von J. Argyris

Vieweg

Sherman K. Stein

Einführungskurs Höhere Mathematik I

Funktionen · Grenzwerte · Ableitungen

Zusammengestellt durch
Angelika Erhardt-Ferron und Hildebrand Walter

Einführungskurs Höhere Mathematik I ist die Auskopplung des ersten Teils aus dem Gesamtband desselben Verfassers, erschienen 1981 im selben Verlag unter dem Titel Einführungskurs Höhere Mathematik.

Titel der Originalausgabe:
Sherman K. Stein
Calculus and Analytic Geometry
© McGraw-Hill Book Company, New York

Wissenschaftliche Beratung: *Roman Sexl*
Übersetzung: *Ernst Streeruwitz*
Zusammenstellung: *Angelika Erhard-Ferron*
Hildebrand Walter

Gedruckt auf säurefreiem Papier

ISBN 978-3-528-07423-4 ISBN 978-3-663-05640-9 (eBook)
DOI 10.1007/978-3-663-05640-9

Vorwort

Einführungskurs Höhere Mathematik will sowohl den Studierenden als auch den Lehrenden einen leicht lesbaren und abwechslungsreichen Text an die Hand geben, der die wichtigsten Gebiete der Infinitesimalrechnung in einer und in mehreren Variablen darbietet. Er ist sowohl als begleitende Literatur für Vorlesungen geeignet als auch für das Selbststudium.

Bei der Behandlung des Stoffes wird auf eine möglichst einfache Darstellung Wert gelegt.

Jedes Kapitel schließt mit einem ganz wesentlichen Abschnitt, der Zusammenfassung. Sie gibt dem Leser einen Überblick über das gesamte Kapitel. Alle neuen Begriffe und Symbole sowie die wichtigsten Ergebnisse werden wiederholt. Testaufgaben schließen sich an. Insgesamt bilden diese Zusammenfassungen eine Leitlinie für die Durcharbeitung des Buches. Die Übungsaufgaben der einzelnen Abschnitte dienen nicht der Wiederholung. Allerdings wird durch neue Anwendungen oder alternative Ansätze die Möglichkeit gegeben, das Verständnis nochmals zu überprüfen.

Zunächst sollte jeder Abschnitt sorgfältig und vollständig gelesen werden, bevor die Übungsaufgaben bearbeitet werden. Die Beispiele des Textes sollten selbständig und ohne Zuhilfenahme des Buches gelöst werden, um die Aufarbeitung des dargestellten Stoffes zu überprüfen.

Die Übungen werden im allgemeinen durch quadratische Trennzeichen (■ oder ■■) in drei verschiedene Kategorien eingeteilt. In der ersten und umfangreichsten Gruppe sind Standardaufgaben enthalten, die für den Leser die Definitionen und Rechnungen grundsätzlich veranschaulichen sollen. Die zweite Gruppe umfaßt umfangreichere Berechnungen oder führt etwas über den Text hinaus. Die Beispiele der letzten Gruppe behandeln schließlich alternative Gesichtspunkte oder theoretische Ansätze und sind manchmal etwas schwieriger; sie sollten nur sparsam eingesetzt werden, etwa im Rahmen von Wiederholungen. Das Buch enthält wesentlich mehr Übungen, als während einer typischen Vorlesung behandelt werden können.

Einführungskurs Höhere Mathematik gliedert sich in 4 Teile und stellt für das Studium an Hoch- und Fachhochschulen den Stoff des ersten Semesters zusammen.

Wiesbaden, im März 1996

S. K. Stein
A. Erhardt-Ferron
H. Walter

Inhaltsverzeichnis

Inhalt der Bände

Band 2

Band 3

Band 4

1 Funktionen und ihre Schaubilder; der Anstieg einer Geraden

In diesem Kapitel werden die Begriffe *Funktion* und *Schaubild* behandelt und der Anstieg einer Geraden definiert.

1.1 Funktionen

Ein fallender Stein (kein Luftwiderstand) legt in den ersten t Sekunden $5t^2$ Meter zurück. Mit anderen Worten: t ist die Zeit (in Sekunden), und $5t^2$ ist der in den ersten t Sekunden zurückgelegte Weg (in Metern). Diese Zuordnung zwischen Weg und verstrichener Zeit ist eine typische Funktion, wie wir sie in der Folge ganz allgemein definieren werden.

Definition: X und Y seien zwei Mengen. Unter einer *Funktion* versteht man eine Vorschrift oder eine Regel, die jedem Element x aus X auf eindeutige Weise ein Element y aus Y zuordnet.

Unter einer Menge verstehen wir eine Sammlung von Objekten und Zahlen, sogenannten *Elementen*. In der Mathematik sind die Elemente üblicherweise Zahlen. Mengen können aber genausogut auch aus Personen, Städten aufgebaut sein (siehe Kap. 4 und 5).

In den nächsten drei Beispielen diskutieren wir einige sehr allgemeine und wichtige Funktionen.

Beispiel 1: Verdoppelungsfunktion. Seien X und Y beide die Menge der reellen Zahlen. Betrachten wir jene Funktion, die jeder Zahl x die verdoppelte Zahl $2x$ zuordnet. Welchen Wert ordnet diese Funktion der Zahl 3 zu? Welchen Wert der Zahl -3? Der Zahl 0?

Lösung: Da die Funktion jeder Zahl x die Zahl $2x$ zuordnet, erhalten wir die folgenden Zuordnungen:

$$2 \cdot 3 = 6 \text{ zu } 3,$$
$$2 \cdot (-3) = -6 \text{ zu } -3,$$

und

$$2 \cdot 0 = 0 \text{ zu } 0. \quad \bullet$$

Bezeichnung: Eine Funktion wird üblicherweise mit dem Buchstaben f bezeichnet. Das Element, das die Funktion f einer Zahl x zuordnet, wird mit

$$f(x)$$

bezeichnet. Wir lesen: „f von x".

Ist f etwa die Verdoppelungsfunktion, so gilt $f(x) = 2x$. Oft werden auch die Buchstaben g und h verwendet. So kann die Verdoppelungsfunktion auch durch $h(x) = 2x$ dargestellt werden.

Beispiel 2: Die Quadratfunktion. Seien X und Y beide die Menge der reellen Zahlen. Sei f jene Funktion, die jeder Zahl x das Quadrat von x zuordnet. Man suche $f(3)$, $f(-3)$ und $f(0)$.

Lösung: Für die Quadratfunktion erhalten wir die Beschreibung

$$f(x) = x^2.$$

Im Speziellen gilt

$$f(3) = 3^2 = 9,$$
$$f(-3) = (-3)^2 = 9$$

und

$$f(0) = 0^2 = 0. \quad \bullet$$

Definition: Wir nennen $f(x)$ den *Wert von f* an der Stelle x.

So ist etwa der Wert der Quadratfunktion an der Stelle 5 gleich 25.

Beispiel 3: Die Kubusfunktion. f sei die Funktion, deren Wert an der Stelle x gleich x^3 ist.

$$f(x) = x^3.$$

Man gebe den Wert von f für $x = \frac{1}{2}$ an. Wie groß ist der Wert von f an der Stelle 2?

Lösung: Der Wert von f für $x = \frac{1}{2}$ beträgt

$$f(\tfrac{1}{2}) = (\tfrac{1}{2})^3 = \tfrac{1}{8}.$$

Der Wert von f an der Stelle 2 ist

$$f(2) = 2^3 = 8. \quad \bullet$$

Für den fallenden Stein umfaßten die Mengen X und Y alle nicht negativen Zahlen. Jeder Zeit t wird der Weg des Steines in den ersten t Sekunden, nämlich $5t^2$, zugeordnet: Diese Funktion beschreibt die Bewegung des Steines.

Beispiel 4: Ist f die Kubikwurzelfunktion, $f(x) = \sqrt[3]{x}$, so gebe man $f(8)$, $f(-1)$ und $f(0)$ an.

Lösung:

$$f(8) = \sqrt[3]{8} = 2$$
$$f(-1) = \sqrt[3]{-1} = -1$$
$$f(0) = \sqrt[3]{0} = 0. \quad \bullet$$

Das nächste Beispiel definiert eine Funktion nicht durch eine algebraische Formel, sondern durch eine *Tabelle*.

Beispiel 5: Ordnen wir durch eine Tabelle jeder Stadt in den Vereinigten Staaten ihre Bevölkerungszahl zu, so erhalten wir ebenfalls eine Funktion. In diesem Fall ist X die Menge aller Städte in den Vereinigten Staaten, und Y ist die Menge aller positiven ganzen Zahlen. Eine solche Tabelle ordnet jeder Stadt x ihre Bevölkerungszahl $f(x)$ zu. Zum Beispiel ergab die Zählung des Jahres 1970:

New York	7 771 730
San Francisco	704 209.

Als Funktion geschrieben:

$$f(\text{New York}) = 7\,771\,730$$
$$f(\text{San Francisco}) = 704\,209. \quad \bullet$$

Eine Funktion kann gelegentlich auch nur durch Worte angegeben werden, wie etwa im nächsten Beispiel.

Beispiel 6: Man ordne jedem Zeitpunkt die jeweilige Weltbevölkerungszahl zu. Im Jahre 1977 betrug sie etwa 3,8 Milliarden, also $f(1977) = 3{,}8$ Milliarden. Für das Ende der letzten Eiszeit schätzt man die Bevölkerung etwa auf 5 Millionen oder $f(-8000) = 5$ Millionen. Die folgende Tabelle zeigt verschiedene Werte dieser Funktion.

Jahr	−8000	0	1650	1810	1920	1966	1977
Bevölkerung in Milliarden	0,005	0,25	0,50	1	2	3	3,8

Bild 1.1 zeigt einen langsamen Anstieg der Weltbevölkerung durch tausende von Jahren, dann den Einbruch als Folge von Seuchen und schließlich den schnellen Anstieg der letzten zwei Jahrhunderte.

Obwohl die Werte dieser Funktion natürlich nur ganze Zahlen sind, wird sie meist als kontinuierlich variierende Kurve dargestellt. ●

In Kapitel 1.2 werden verschiedene Funktionen durch Formeln definiert und ihre Schaubilder diskutiert.

Die nächsten beiden Beispiele behandeln einen neuen Aspekt des Funktionsbegriffes.

Beispiel 7: Die Absolut-Wert-Funktion. Man definiere eine Funktion f:

$$\text{Sei } f(x) = \begin{cases} x & \text{wenn } x \text{ positiv ist} \\ -x & \text{wenn } x \text{ negativ ist} \\ 0 & \text{wenn } x \text{ gleich 0 ist.} \end{cases}$$

Diese Funktion heißt die *Absolut-Wert-Funktion*. Man berechne $f(3)$ und $f(-3)$.

Lösung: $f(3) = 3$, wenn 3 positiv ist
und $f(-3) = -(-3) = 3$.

Die Absolut-Wert-Funktion ordnet jeder Zahl ihren Abstand vom Nullpunkt zu. Der Absolut-Wert von x wird mit $|x|$ bezeichnet. Es gilt

$|3| = 3, \; |-3| = 3.$ ●

Beispiel 8: Sei $f(x) = \sqrt{x^2}$. Man berechne $f(3)$ und $f(-3)$.

Lösung: $f(3) = \sqrt{3^2} = \sqrt{9} = 3$
und $f(-3) = \sqrt{(-3)^2} = \sqrt{9} = 3.$ ●

Die Funktion von Beispiel 8 ergibt dieselben Werte wie die Absolut-Wert-Funktion von Beispiel 7, obwohl sich die beiden Definitionen völlig unterscheiden. Zwei Funktionen, die für jeden Wert von x die gleiche Zuordnung treffen, werden als ein und dieselbe Funktion betrachtet, auch wenn ihre Beschreibungen und Definitionen völlig verschieden sind. Ein anderes Beispiel: Eine Funktion ordnet jeder Zahl x die Zahl $x^2 - 1$ zu; sie stimmt mit der Funktion überein, die jeder Zahl x die Zahl $(x+1)\cdot(x-1)$ zuordnet.

Der Definitionsbereich einer Funktion. Eine Funktion ordnet jedem Element x aus X ein Element $f(x)$ aus Y zu. Für unsere Zwecke wird Y üblicherweise die Menge der reellen Zahlen und X irgendeine Untermenge der reellen Zahlen sein. Diese Menge nennt man den *Definitionsbereich* der Funktion. Der Definitionsbereich wird üblicherweise nicht angegeben, da er zumeist aus der Beschreibung der Funktion unmittelbar ersichtlich ist. Ordnet etwa die Funktion f jeder Zahl ihre Quadratwurzel zu, so besteht ihr Definitionsbereich aus allen nichtnegativen Zahlen, denn negative Zahlen besitzen keine reelle Quadratwurzel. f sei die „Kehrwert"-Funktion, die jeder Zahl x nach der algebraischen Formel

$$f(x) = \frac{1}{x},$$

ihren Kehrwert zuordnet. Ihr Definitionsbereich besteht aus allen Zahlen, ausgenommen 0, denn 0 besitzt keinen Kehrwert.

Man kann eine Funktion auch als „Input-Output"-Automaten auffassen. Wirft man ein Element x in den Automaten, so wird ein Element $f(x)$ ausgeworfen, wie man sich leicht vorstellen kann.

Umfassen die Mengen X und Y reelle Zahlen, so können wir uns die Funktion f genausogut als eine komplizierte Linse vorstellen, die x von einem Dia auf $f(x)$ auf einen Projektionsschirm abbildet (Bild 1.2).

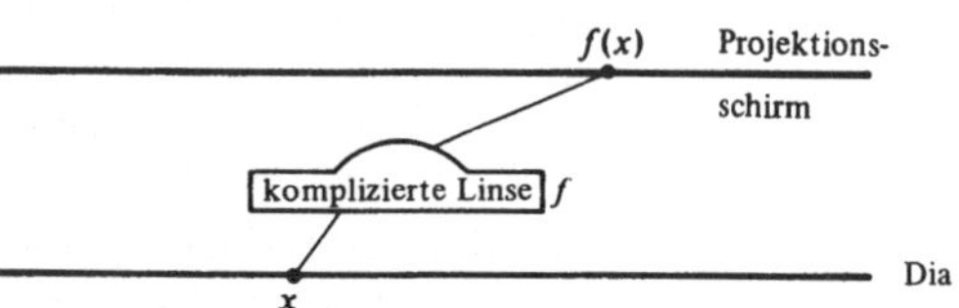

Bild 1.2

Beim Umgang mit Funktionen müssen wir stets grundsätzlich zwischen der Funktion f und der Zahl $f(x)$ unterscheiden, die einem bestimmten individuellen Element x zugeordnet wird. In der Praxis aber werden wir eine Funktion f oft durch ihre Formel $f(x)$ darstellen. Anstatt „Quadratfunktion" werden wir einfach sagen: „die Funktion x^2".

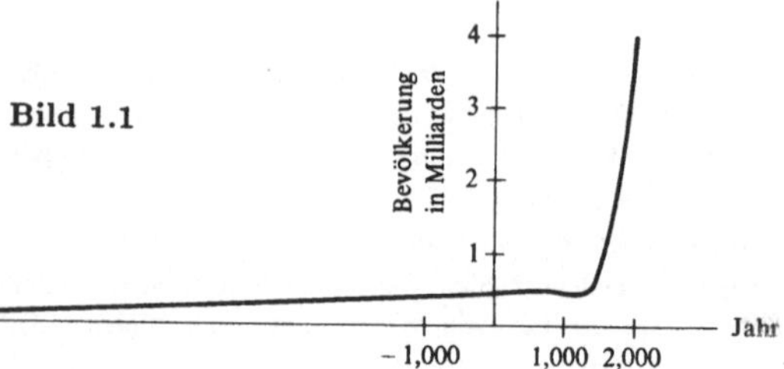

Bild 1.1

Übungen:

1. f sei die Quadratfunktion. Man gebe $f(x)$ an für x gleich
(*a*) -4, (*b*) 4, (*c*) $\sqrt{2}$, (*d*) 0.
2. (*a*) Man gebe $f(8)$ an, wenn f die Kubikwurzelfunktion ist.
(*b*) Man gebe $g(8)$ an, wenn g die Absolutwertfunktion ist.
(*c*) Man gebe $h(8)$ an, wenn h die Kehrwertfunktion ist.
3. Wie lautet der Definitionsbereich der Funktion f, gegeben durch $f(x)$
(*a*) x^3? (*b*) $\sqrt[3]{x}$? (*c*) $\sqrt{x}$? (*d*) $\frac{3}{x}$? (*e*) $2x+1$?
(*f*) $\frac{1}{[x(x+1)]}$?

Die Übungen 4 bis 8 diskutieren bestimmte Quotienten, die uns in **Abschnitt 2.1** und später noch oft begegnen werden.

4. f sei die Quadratfunktion $f(x) = x^2$. Man berechne
(*a*) $f(3{,}01)$ (*b*) $f(3)$
(*c*) $f(3{,}01) - f(3)$ (*d*) $\frac{f(3{,}01) - f(3)}{0{,}01}$
5. Sei $f(t) = 5t^2$. Man berechne:
(*a*) $f(1)$ (*b*) $f(1{,}1)$
(*c*) $f(1{,}1) - f(1)$ (*d*) $\frac{f(1{,}1) - f(1)}{1{,}1 - 1}$
6. Sei $f(x) = 1/x$. Man berechne in Dezimalform:
(*a*) $\frac{f(4) - f(3)}{4 - 3}$ (*b*) $\frac{f(3{,}1) - f(3)}{3{,}1 - 3}$
(*c*) $\frac{f(2{,}9) - f(3)}{2{,}9 - 3}$
7. Sei $f(x) = \sqrt{x}$. Man berechne in Dezimalform:
(*a*) $\frac{f(5) - f(4)}{5 - 4}$ (*b*) $\frac{f(4{,}1) - f(4)}{4{,}1 - 4}$
(*c*) $\frac{f(3{,}9) - f(4)}{3{,}9 - 4}$
8. Man berechne $[f(x+h) - f(x)]/h$ und vereinfache durch gewöhnliche Algebra für
(*a*) die Quadratfunktion,
(*b*) die Kubusfunktion,
(*c*) die Verdopplungsfunktion,
(*d*) die Kehrwertfunktion.
9. f sei die Kehrwertfunktion $1/x$. Man berechne in Dezimalform:
(*a*) $f(5)$ (*b*) $f(-2)$
(*c*) $f(0{,}1)$ (*d*) $f(2{,}5)$
(*e*) $f(2)$ (*f*) $\frac{f(2{,}5) - f(2)}{2{,}5 - 2}$
10. Man berechne in Dezimalform $(f(2{,}5) - f(2))/(2{,}5 - 2)$ für (*a*) die Verdopplungsfunktion, (*b*) die Kubusfunktion, (*c*) die Kehrwertfunktion.
11. f sei die Quadratfunktion. Man gebe einen möglichst einfachen Ausdruck für folgende Größen an:
(*a*) $f(4) - f(3)$ (*b*) $f(x) - f(3)$
(*c*) $f(3{,}1) - f(3)$ (*d*) $f(3+1) - f(2)$.
12. Sei $f(x) = x^2$. Man berechne:
(*a*) $f(2 + 0{,}5)$ (*b*) $f(2 - 0{,}1)$.
13. Sei $f(x) = 1/x$. Man berechne:
(*a*) $f(4)$, (*b*) $f(1)$, (*c*) $f(4+1)$, (*d*) $f(4+1) - f(4)$.
14. f sei die Kehrwertfunktion $f(x) = 1/x$. Man gebe einen möglichst einfachen Ausdruck für folgende Größen an:
(*a*) $f(3) - f(2)$ (*b*) $f(2{,}25) - f(2)$
(*c*) $f(t) - f(2)$ (*d*) $f(x) - f(2)$
(*e*) $f(2 + 1/2) - f(2)$ (*f*) $f(2 - 2/5) - f(2)$
(*g*) $f(2+h) - f(2)$.
15. f sei die Quadratwurzelfunktion $f(x) = \sqrt{x}, x \geq 0$. Diese Funktion ist in jedem Handbuch für Mathematik tabelliert. Man berechne folgende Ausdrücke
$$\frac{f(x_1) - f(x)}{x_1 - x}$$
für (*a*) $x_1 = 4{,}3$ und $x = 4$,
(*b*) $x_1 = 4{,}2$ und $x = 4$,
(*c*) $x_1 = 4{,}1$ und $x = 4$.

■

16. In der folgenden Tabelle wird die Anzahl von Flugzeugen angegeben, die am letzten Tag des jeweiligen Jahres im Besitz amerikanischer Fluggesellschaften standen

Jahr	1950	1955	1960	1965	1968	1969	1970
Anzahl der Flugzeuge	1220	1409	1867	1806	2317	2363	2390

Man stelle diese Funktion graphisch dar!
17. $f(t)$ sei die Anzahl der neuen Buchtitel, die in den Vereinigten Staaten im Jahr t publiziert wurden. Die Tabelle zeigt einige wenige Werte dieser Funktion.

Jahr	1950	1955	1960	1965	1970	1972
neue Titel in Tausenden	11	13	15	29	36	38

(*a*) Man zeichne die Punkte für die sechs zitierten Jahre ein.
(*b*) Man gebe ein Diagramm dieser Funktion.
18. Was bedeutet der Ausdruck $(f(t_1) - f(t))/(t_1 - t)$, für $t_1 > t$, wenn
(*a*) $f(t)$ der von einem Objekt in den ersten t Sekunden zurückgelegte Weg ist?
(*b*) $f(t)$ die Geschwindigkeit eines Objektes zur Zeit t ist?
19. Sei $f(x) = x^2$. Der folgende Ausdruck soll algebraisch vereinfacht werden:
$$\frac{f(t_1) - f(t)}{t_1 - t}$$
20. Sei $f(x) = 5x$. Man zeige
$$\frac{f(t_1) - f(t)}{t_1 - t} = 5$$

■■

21. f sei die Quadratfunktion.
(*a*) Man zeige $f(1) = f(-1)$.
(*b*) Man berechne $f(f(3))$. Man berechne zuerst $f(3)$.
(*c*) Man zeige $f(f(x)) = x^4$ für alle x.
22. f sei jene Funktion, die durch die Formel $f(x) = x/(x-1)$ definiert ist.
(*a*) Wie lautet der Definitionsbereich von f?
(*b*) Wie groß ist $f(2)$?
(*c*) Wie groß ist $f(-1)$?
(*d*) Wie groß ist $f(f(2))$? Man berechne zuerst $f(2)$.
(*e*) Wie groß ist $f(f(3))$?
(*f*) Man zeige $f(f(x)) = x$, ausgenommen für $x = 1$ und $x = 0$.
23. f sei die Funktion, die durch die Formel $f(x) = 1/(1-x)$ definiert ist.
(*a*) Wie lautet der Definitionsbereich von f?
(*b*) Wie groß ist $f(2)$? $f(f(2))$? $f(f(f(2)))$?
(*c*) Man zeige $f(f(f(x))) = x$ (ausgenommen für $x = 1$ und $x = 0$).

24. Welche der angegebenen Funktionen erfüllt für alle Werte von a und b in ihrem Definitionsbereich folgende Beziehung: $f(a+b) = f(a) + f(b)$?

(*a*) $f(x) = 3x$ (*b*) $f(x) = 3x + 2$
(*c*) $f(x) = x^2$ (*d*) $f(x) = -x$
(*e*) $f(x) = 1/x$ (*f*) $f(x) = |x|$

25. Welche der folgenden Funktionen erfüllt für alle Zahlen a und b aus ihrem Definitionsbereich folgende Relation: $f(ab) = f(a)f(b)$?

(*a*) $f(x) = x^2$ (*b*) $f(x) = 1/x$
(*c*) $f(x) = 3x$ (*d*) $f(x) = \sqrt{x}$
(*e*) $f(x) = x + 4$ (*f*) $f(x) = |x|$

1.2 Die Wertetabelle und das Schaubild einer Funktion

Wie auch immer eine Funktion definiert wird, sie kann wie in den Beispielen 5 und 6 des Abschnittes 1.1 durch eine Wertetabelle dargestellt werden. In der Infinitesimalrechnung wird eine Funktion üblicherweise durch eine Formel gegeben. Setzen wir in diese Formel einige wenige Zahlen ein, so liefert die entstehende Tabelle spezifische Werte der Funktion.

Beispiel 1: Sei $f(x) = x^2$. Man berechne f für einige wenige Punkte x und gebe eine kurze Wertetabelle an:

Lösung: $f(0) = 0$

$f(1) = 1 \quad f(-1) = 1$
$f(2) = 4 \quad f(-2) = 4$
$f(\frac{1}{2}) = \frac{1}{4} \quad f(-\frac{1}{2}) = \frac{1}{4}$

Diese sieben Werte können in folgender Wertetabelle zusammengestellt werden:

x	0	$\frac{1}{2}$	1	$-\frac{1}{2}$	-1	-2	2
$f(x)$	0	$\frac{1}{4}$	1	$\frac{1}{4}$	1	4	4

Selbstverständlich ist die Berechnung für ganzzahlige Werte von x einfacher, aber im Prinzip kann jede Zahl für x eingesetzt werden. ●

In der Tabelle des 1. Beispiels wurden sieben x-Werte verwendet. Die Tabelle wird um so länger, je mehr Werte von x man untersucht. Theoretisch kann in die Tabelle der Wert von f für jeden beliebigen Wert von x eingetragen werden, in der Praxis beschränkt man sich jedoch zumeist auf einige wenige Werte.

Mit Hilfe der Tabelle von Beispiel 1 kann ein Bild oder Schaubild der Quadratfunktion gezeichnet werden. So entnehmen wir dem Ende der obigen Tabelle die Information

$$f(2) = 4.$$

Diese Tatsache kann auch durch Darstellung eines Punktes mit x-Koordinate 2 und y-Koordinate 4 festgehalten werden. Wie aus Bild 1.3 hervorgeht, wird dieser Punkt kurz mit $(2;4)$ bezeichnet.

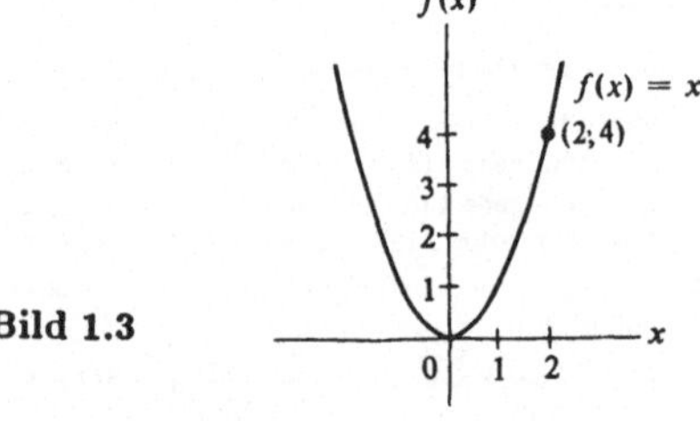

Bild 1.3

Selbstverständlich ist die Quadratfunktion für alle Werte von x definiert, nicht nur für die sieben zufällig gewählten Werte von x. Diese sieben Werte zeigen jedoch schon das allgemeine Verhalten der Funktion. Eine freihändige Zeichnung ergänzt die fehlenden Punkte und gibt eine Vorstellung vom Verhalten der Kurve für große Werte von $|x|$. Die Kurve ist eine gewöhnliche Parabel, wie sie dem Leser aus dem Profil eines Scheinwerfers geläufig ist. Der Fachausdruck für eine solche Skizze ist *Schaubild* oder *Graph*.

Definition: f sei eine Funktion, deren Eingabewerte x und Ausgabewerte $f(x)$ jeweils gewöhnliche Zahlen sind. Die Menge der Punkte

$$(x, f(x))$$

nennt man *Schaubild* oder *Graph der Funktion*.

Bei dieser Darstellung einer Funktion wird zumeist die horizontale Achse für den Eingabewert x und die vertikale Achse für den Ausgabewert $f(x)$ verwendet. Um das Schaubild einer Funktion zu zeichnen, fertigt man zunächst eine kurze Tabelle an.

Beispiel 2: Man zeichne das Schaubild der Absolut-Wert-Funktion

$$f(x) = |x|.$$

Lösung: Zuerst wird eine einfache Tabelle angelegt:

x	0	1	-1	2	-2
$f(x) = \|x\|$	0	1	1	2	1

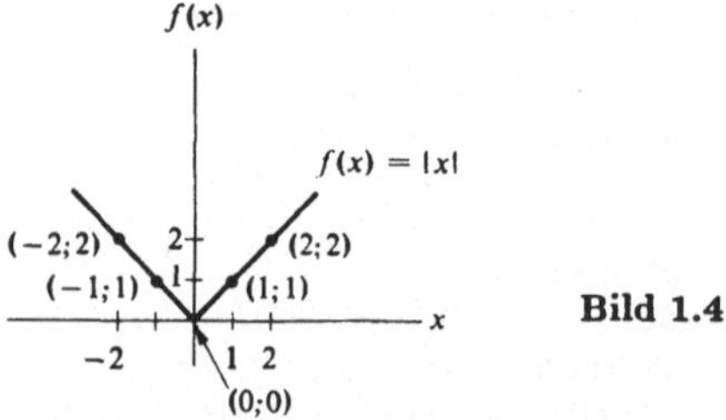

Bild 1.4

Nun werden die zugehörigen Punkte einzeln gezeichnet und durch die Kurve verbunden (Bild 1.4). Das Schaubild hat im Punkt $(0;0)$ eine scharfe Ecke. Es besteht aus zwei geraden Strahlen, die einander im Punkt $(0;0)$ treffen. ●

Gelegentlich ist das Schaubild einer Funktion vorgegeben, aus dem dann die speziellen Werte abgelesen werden können. Das nächste Beispiel illustriert dies.

Beispiel 3: Das automatische Zeichengerät einer Wetterstation hält die Temperatur eines Tages als Funktion der 24 Stunden graphisch fest (Bild 1.5). Man beschreibe das Verhalten der Temperatur im Laufe des Tages.

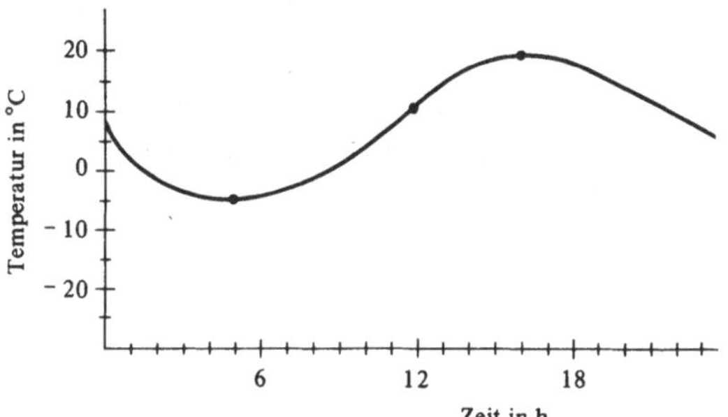

Bild 1.5

Lösung: $f(t)$ sei die Temperatur zur Zeit t. Die niedrigste Temperatur lag um 5 Uhr früh vor, dies entspricht dem tiefsten Punkt des Schaubildes. Durch Verschieben einer zur Temperaturachse parallelen Skala finden wir

$$f(5) = -5.$$

Zur Mittagszeit betrug die Temperatur 10 °C.

$$f(12) = 10.$$

Um 4 Uhr nachmittags ($t = 16$), hatte die Temperatur ihren Maximalwert

$$f(16) = 20.$$

Wie das Schaubild zeigt, folgte an diesem Tag auf einen kalten Morgen ein warmer Nachmittag, die Abkühlung setzte erst um 4 Uhr nachmittags ein. ●

Aus dem Schaubild kann oft auf einen Blick eine ganze Menge Information über die Funktion entnommen werden. Dies zeigt auch das nächste Beispiel.

Beispiel 4: Schaubild der Kehrwertfunktion mit der Formel

$$f(x) = \frac{1}{x} \quad (x \neq 0).$$

Lösung: Für $x = 0$ ist die Funktion nicht definiert. Aus diesem Grund ist es sehr zweckmäßig, Werte von x in der Nähe von 0 zu betrachten. Außerdem sollten sehr große Werte $|x|$ in die Tabelle aufgenommen werden, um das Verhalten von $f(x)$ für große $|x|$ zu testen.

x	$\frac{1}{10}$	10	1	2	$-\frac{1}{10}$	-10	-1	-2
$f(x)$	10	$\frac{1}{10}$	1	$\frac{1}{2}$	-10	$-\frac{1}{10}$	-1	$-\frac{1}{2}$

Wenn diese acht Punkte aufgetragen sind, kann die ganze Kurve leicht gezeichnet werden. Das Schaubild 1.6 zeigt

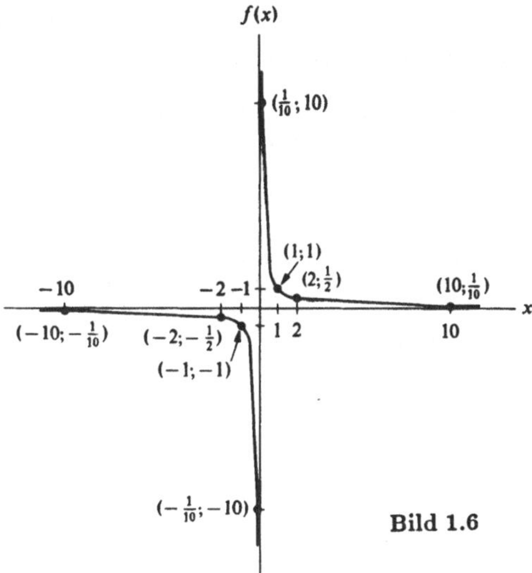

Bild 1.6

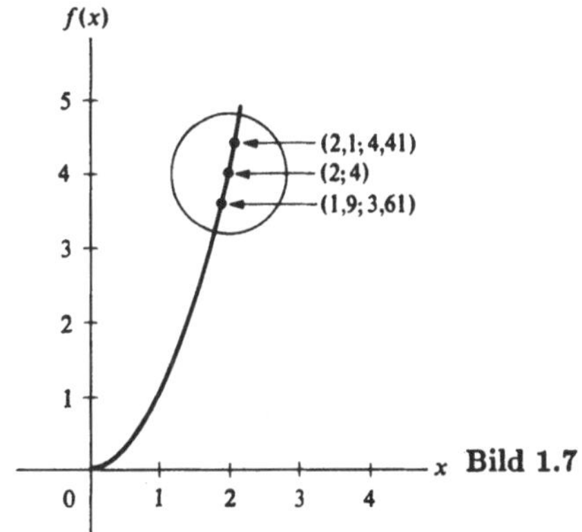

Bild 1.7

zwei identische Teile. Ganz rechts außen und ganz links außen strebt die Kurve immer näher an die x-Achse heran, ohne sie jemals zu berühren. Ebenso nähert sich die Kurve der y-Achse, wenn x nach Null strebt. Die Kurve wird *Hyperbel* genannt. ●

In Kap. 2 wird das Schaubild in der Umgebung eines jeden Punktes studiert. Das nächste Beispiel illustriert einige Rechnungen, die wir hierzu ausführen müssen.

Beispiel 5: Man zeichne das Schaubild von $f(x) = x^2$ in der Umgebung des Punktes $(2; 4)$.

Lösung: In Beispiel 1 ergab sich aus $f(2) = 4$, daß der Punkt $(2; 4)$ auf der Kurve liegt. Man untersucht Werte von x in der Nähe von 2 und fertigt eine kurze Tabelle an.

x	2	2,1	1,9
$f(x) = x^2$	4	$(2{,}1)^2 = 4{,}41$	$(1{,}9)^2 = 3{,}61$

Dann trägt man die Punkte $(2; 2^2) = (2; 4)$, $(2{,}1; (2{,}1)^2) = (2{,}1; 4{,}41)$ und $(1{,}9; (1{,}9)^2) = (1{,}9; 3{,}61)$ auf. Der zugehörige Abschnitt des Schaubildes ist fast eine gerade Linie, wie Bild 1.7 zeigt. Selbstverständlich ist es schwierig, die eng benachbarten Punkte sehr genau zu zeichnen. Durch eine größere Skala könnte in diesem Fall auch die Darstellung der Kurve vergrößert werden. ●

Bis jetzt waren alle betrachteten Kurven als Schaubilder einer Funktion gegeben. Jedoch nicht jede Kurve ist gleichzeitig Schaubild einer Funktion. Dies gilt beispielsweise für die Kurve in Bild 1.8. Das Schaubild einer beliebigen Funktion wird von einer Parallelen zur y-Achse höchstens in einem Punkt geschnitten. (Das muß nicht notwendigerweise für eine Parallele zur x-Achse gelten! Wieso?) In der Kurve des Bildes 1.8 würde eine vertikale Linie durch den Punkt (2; 0) die Kurve in drei Punkte schneiden. Diese Punkte sind (2; 1), (2; 3) und (2; 5). Nach der Definition einer Funktion ordnet jedoch eine Funktion der Zahl zwei nur eine und nicht drei Zahlen zu.

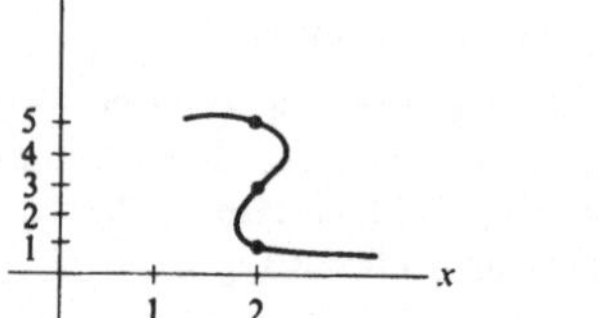

Bild 1.8

Übungen:

1. Eine erschöpfte Schnecke bewege sich entlang der x-Achse nach rechts und erreiche nach t Sekunden, $t \geqslant 1$, den Punkt mit der Koordinate $1 - 1/t$ Meter.
   (a) Welchem Punkt nähert sich die Schnecke, wenn t anwächst?
   (b) Wie groß ist ihre Geschwindigkeit zur Zeit $t = 3$?
   (c) Man gebe die Geschwindigkeit für jeden Punkt $t \geqslant 1$ an.

Übungen:

1. Sei $f(x) = 4x^2$.
   (a) Man ergänze die Tabelle

x	3	2	1	0	−1	−2	−3
$f(x)$							

   (b) Man zeichne die sieben Punkte von (a) in ein Schaubild ein und ergänze die Kurve.
2. Diese Übung behandelt die Verdopplungsfunktion $f(x) = 2x$.
   (a) Man ergänze die Tabelle

x	2	1	0	−1	−2
$f(x)$					

   (b) Man zeichne die fünf Punkte und das Schaubild von f.
3. Diese Übung behandelt die Kubusfunktion $f(x) = x^3$.
   (a) Man ergänze die Tabelle

x	0	$\frac{1}{2}$	1	2	$-\frac{1}{2}$	−1	−2
$f(x) = x^3$							

   (b) Man zeichne die sieben Punkte von (a) und das Schaubild f.
4. Sei $f(x) = 2/x$.
   (a) Wie lautet der Definitionsbereich von f?
   (b) Man fertige eine Tabelle für f an, die Werte von x in der Nähe von 0 und sehr große Werte von $|x|$ beinhaltet.
   (c) Man zeichne das Schaubild von f.
5. Man zeichne das Schaubild der Funktion f mit der Formel
   $f(x) = -x$.
6. Eine bestimmte Funktion ist folgendermaßen definiert: Zu x addiere man 1 und bilde das Quadrat! Das Resultat ist $f(x)$.
   (a) Man berechne $f(2)$.
   (b) Man ergänze diese Tabelle.

x	−2	−1	0	1	2
$f(x)$					

   (c) Man zeichne das Schaubild.
7. Eine komplizierte Linse projiziert die Punkte eines linearen Spaltes auf einen Schirm (Bild 1.9). In dem Bild ist der Weg von vier Lichtstrahlen eingezeichnet. Der Punkt x des Spaltes wird auf den Punkt $f(x)$ des Schirms abgebildet.
   (a) Was sind die Werte von $f(0), f(1), f(2), f(3)$?
   (b) Man ergänze folgende Tabelle.

x	0	1	2	3
$f(x)$				

   (c) Man zeichne die vier Punkte von (b).
8. Man zeichne das Schaubild von $f(x) = x^2 + 1$.
9. Man zeichne das Schaubild von $f(x) = 4x + 1$.
10. Man zeichne das Schaubild von $f(x) = x^2 - x$.
11. Man zeichne das Schaubild von $f(x) = 1/(1 + x)$.
12. Man zeichne das Schaubild von $f(x) = (x - 1)^2$.
13. (a) Für welchen Wert von x wird $x^3 - 2x^2 = 0$?
    (b) Man zeichne das Schaubild $f(x) = x^3 - 2x^2$.
14. Man zeichne das Schaubild $f(x) = x^4$. Man berücksichtige besonders die Punkte in der Nähe von $x = 0$.
15. Man ergänze folgende Tabelle der Quadratfunktion.

x	1	1,1	0,9
$f(x)$			

    Man zeichne das Schaubild f in der Nähe von (1; 1).
16. Man zeichne $f(x) = x(x + 1)(x - 1)$.
    (a) Für welche Werte von x gilt $f(x) = 0$?
    (b) Wo schneidet das Schaubild die x-Achse?
    (c) Wo schneidet das Schaubild die y-Achse?
17. Man zeichne das Schaubild von $y = (x - 3)^2 + 4$.
18. Sei $f(x) = x + 1/x$.
    (a) Wie lautet der Definitionsbereich von f?
    (b) Man zeichne das Schaubild von f.
    Bemerkung: In Kap. 5 wird gezeigt, daß der niedrigste Punkt auf dem Schaubild für $x = 1$ auftritt.
19. Sei $f(x) = ax^2 + bx + c$, mit den Konstanten a, b, c; a sowie $b^2 - 4ac$ seien positiv.
    (a) Man zeige

$$ax^2 + bx + c = a\left(x + \frac{b}{2a}\right)^2 + \frac{4ac - b^2}{4a}.$$

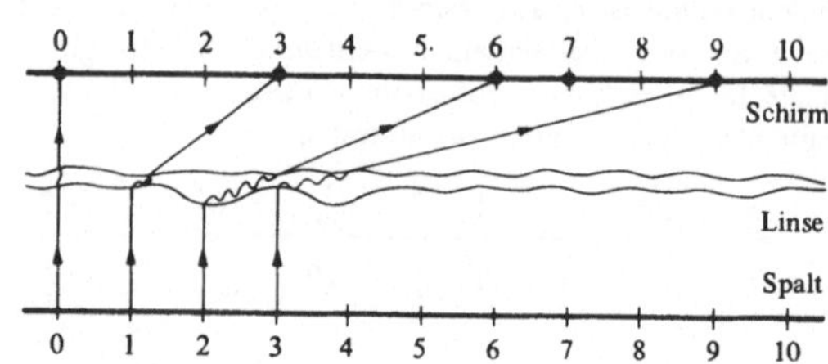

Bild 1.9

(*b*) Der kleinste Wert von $f(x)$ ergibt sich für $x = (4ac - b^2)/4a$. Man zeige dies!

(*c*) Der kleinste Wert liegt auf dem Schaubild von f genau in der Mitte zwischen den beiden Schnittpunkten der Kurve mit der x-Achse. Man zeige dies.

20. Sei $f(x) = ax^2 + bx + c$, mit den Konstanten a, b, c; a sei positiv. Wie viele Punkte des Schaubildes von f liegen unter den folgenden Voraussetzungen auf der x-Achse: $b^2 - 4ac$ ist

(*a*) positiv,

(*b*) negativ,

(*c*) Null.

21. Man zeichne das Schaubild der Funktion $y = 2^x$. Sie ist für das Studium des Bevölkerungswachstums außerordentlich wichtig.

1.3 Der Anstieg einer Geraden

In diesem Abschnitt werden die Schaubilder von Funktionen mit der Darstellung

$$f(x) = ax + b$$

untersucht. Dabei sind a und b feste Zahlen.

Die ersten drei Beispiele behandeln Schaubilder einer solchen Funktion, sowie den Einfluß der beiden Zahlen a und b auf das Verhalten des jeweiligen Schaubildes. Zuerst wollen wir die Veränderung des Schaubildes in Abhängigkeit von a untersuchen. Dazu setzen wir zunächst b gleich 0. Die Formel lautet dann

$$f(x) = ax$$

Beispiel 1: Man zeichne das Schaubild der Funktion mit der Formel

$$f(x) = 2x.$$

(Also $a = 2$ und $b = 0$.)

Lösung: Wir beginnen mit einer Tabelle der folgenden Werte:

x	-1	0	1	2
$2x$	-2	0	2	4

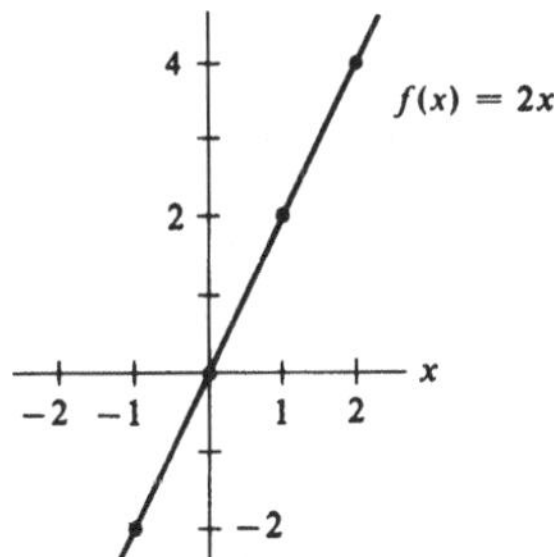

Bild 1.10

Die vier zugehörigen Punkte werden in ein Koordinatensystem eingetragen (Bild 1.10). Das Schaubild ist eine gerade Linie, die durch den Ursprung (0; 0) geht und relativ steil verläuft. ●

Im nächsten Beispiel setzen wir anstatt $a = 2$ (Beispiel 1) für die Zahl a den Wert drei ein. Wie wirkt sich dies auf das Schaubild aus?

Beispiel 2: Man zeichne das Schaubild der Funktion mit der Formel

$$f(x) = 3x.$$

Lösung: Wieder beginnen wir mit einer Tabelle von spezifischen Werten:

x	-1	0	1	2
$3x$	-3	0	3	6

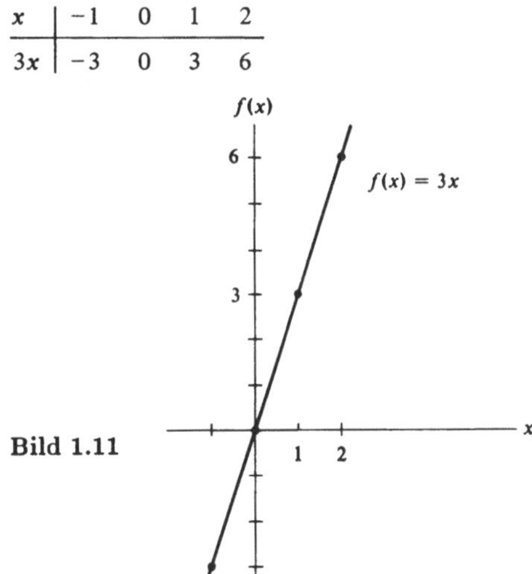

Bild 1.11

Das Schaubild zeigt Bild 1.11. Es hat die Gestalt einer geraden Linie, die durch den Punkt (0; 0) geht, aber steiler als im vorhergehenden Beispiel verläuft. ●

Aus den Beispielen 1 und 2 kann man entnehmen, daß dem Schaubild einer Funktion

$$f(x) = ax$$

für beliebiges konstantes a eine Gerade durch den Ursprung (0; 0) entspricht. Im nächsten Beispiel ist der konstante Term b in der Formel

$$f(x) = ax + b$$

von Null verschieden.

Beispiel 3: Schaubild der Funktion f mit der Formel

$$f(x) = 2x + 1.$$

Lösung: Wie üblich legen wir zuerst eine Wertetabelle an:

x	-1	0	1	2
$2x + 1$	-1	1	3	5

Dann wird das Schaubild in ein Koordinatensystem eingezeichnet. Die gerade Linie für diese Funktion ist genauso steil wie die Gerade von Beispiel 1. Allerdings schneidet sie die y-Achse um eine Einheit höher und geht daher nicht durch den Punkt (0; 0).

Das Schaubild von

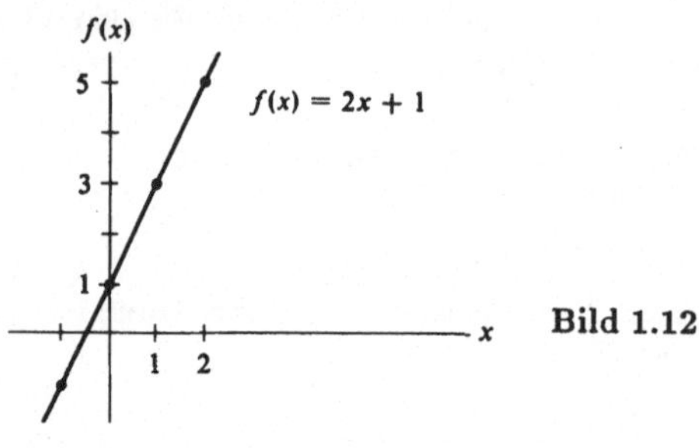

Bild 1.12

$$f(x) = 2x + 1$$

ist gegenüber dem Schaubild von

$$f(x) = 2x$$

um eine Einheit nach oben verschoben. ●

Wie diese drei Beispiele zeigen, ist das Schaubild der Funktion

$$f(x) = ax + b$$

immer eine gerade Linie. Die Zahl a bestimmt dabei, wie steil die Linie verläuft. Die Zahl b bestimmt hingegen den Schnittpunkt mit der y-Achse. Dieser Punkt wird *y-Schnitt* genannt. Das Schaubild der Funktion

$$f(x) = ax + b$$

ist gegenüber dem Schaubild von

$$f(x) = ax$$

um den Betrag $|b|$ nach oben oder nach unten verschoben; ist b negativ, so wird das Schaubild nach unten verschoben, ist b positiv, so wird das Schaubild nach oben verschoben. So ist das Schaubild der Funktion $f(x) = 2x - 5$ gegenüber dem Schaubild von $f(x) = 2x$ um fünf Einheiten nach unten verschoben.

Wir wollen diese beiden Tatsachen etwas genauer untersuchen. Zur Abkürzung bezeichnen wir $f(x)$ in Zukunft mit y. Unsere Gleichung lautet dann

$$y = ax + b.$$

Für $x = 0$ folgt

$$\begin{aligned} y &= a \cdot 0 + b \\ &= 0 + b \\ &= b. \end{aligned}$$

Bekanntlich bestimmt die Zahl a, wie steil das Schaubild der Funktion $y = ax + b$ verläuft. Um dies genauer zu formulieren, müssen wir den Begriff der *Steigung* einführen.

Man betrachte zwei Punkte $(x_1; y_1)$ und $(x_2; y_2)$ einer sehr steilen Geraden (Bild 1.13). Einem Zuwachs der horizontalen Koordinate von x_1 nach x_2, also der Differenz $x_2 - x_1$, entspricht ein viel größerer Zuwachs in der Vertikalen $y_2 - y_1$. Kurz gesagt: Der Quotient

$$\frac{y_2 - y_1}{x_2 - x_1}$$

ist groß.

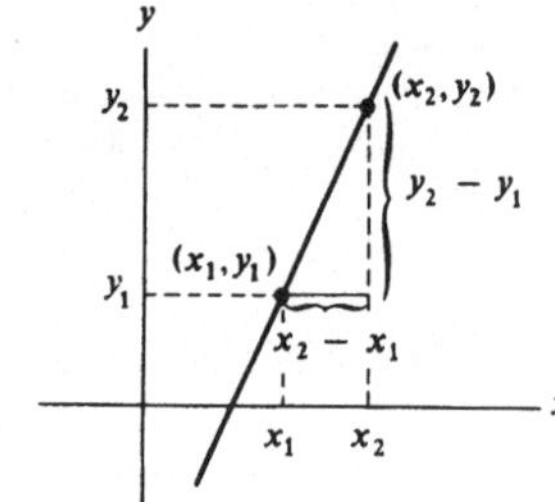

Bild 1.13

Nun betrachten wir zwei Punkte $(x_1; y_1)$ und $(x_2; y_2)$ einer fast horizontalen Geraden (Bild 1.14). In diesem Fall entspricht einem Zuwachs der horizontalen Koordinate um $x_2 - x_1$ ein viel kleinerer Zuwachs der Vertikalen von $y_2 - y_1$. Der Quotient

$$\frac{y_2 - y_1}{x_2 - x_1}$$

ist klein.

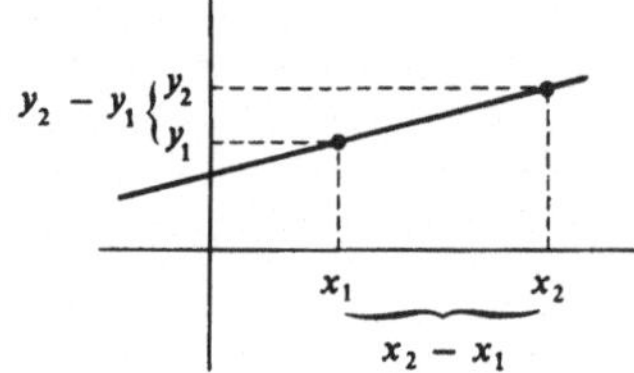

Bild 1.14

So liegt es nahe, den Quotienten

$$\frac{y_2 - y_1}{x_2 - x_1}$$

als vernünftiges Maß für die „Steilheit" einer Geraden einzuführen. Vorher müssen wir jedoch sicher sein, ob der Wert dieses Quotienten für alle beliebigen Paare von Punkten $(x_1; y_1)$ und $(x_2; y_2)$ auf unserer Geraden der gleiche ist. Das nachfolgende Theorem formuliert gerade diese Behauptung.

Theorem: Man betrachte die Gerade

$$y = ax + b.$$

Wir wählen ein beliebiges Paar verschiedener Punkte $(x_1; y_1)$ und $(x_2; y_2)$ auf der Geraden. Dann hat der Quotient

$$\frac{y_2 - y_1}{x_2 - x_1}$$

stets den Wert a des Koeffizienten von x in der Formel

$$y = ax + b.$$

Beweis: Man wähle x_1 und x_2. Dann gilt $y_1 = ax_1 + b$ und $y_2 = ax_2 + b$. Es folgt

$$\begin{aligned} \frac{y_2 - y_1}{x_2 - x_1} &= \frac{(ax_2 + b) - (ax_1 + b)}{x_2 - x_1} \\ &= \frac{ax_2 - ax_1 + b - b}{x_2 - x_1} \end{aligned}$$

$$= \frac{a(x_2 - x_1)}{x_2 - x_1}$$

$$= a.$$

Damit ist das Theorem bewiesen. ●

Dieses Theorem ist die Grundlage der folgenden Definition.

Definition: *Der Anstieg einer Geraden.* Man betrachte das Schaubild einer Geraden $y = ax + b$ in einem Koordinatensystem. $(x_1; y_1)$ und $(x_2; y_2)$ seien zwei verschiedene Punkte auf der Geraden. Der Quotient

$$\frac{y_2 - y_1}{x_2 - x_1}$$

wird der *Anstieg der Geraden* genannt.

Wie der Beweis des Theorems gezeigt hat, gleicht der Anstieg der Geraden $y = ax + b$ dem Koeffizienten a von x. Die Zahl b hat auf den Anstieg keinen Einfluß; dies war auch aus den Beispielen 1, 2 und 3 unmittelbar ersichtlich. So fassen wir zusammen:

Folgerung: Unabhängig von b ist der Anstieg der Geraden

$y = ax + b$ gleich a.

Der Anstieg der Geraden

$$y = -2x + 3$$

ist gleich dem Koeffizienten von x, also -2. In diesem Falle ist der Anstieg negativ. Für zwei beliebige Punkte $(x_1; y_1)$ und $(x_2; y_1)$ auf dieser Geraden wird der Quotient

$$\frac{y_2 - y_1}{x_2 - x_1}$$

negativ sein. Ist mit anderen Worten die Differenz $x_2 - x_1$ positiv (wenn x_2 größer als x_1 ist), dann ist $y_2 - y_1$ negativ (y_2 ist kleiner als y_1). Bewegt man sich also auf der Geraden *nach rechts*, so bewegt man sich zwangsläufig gleichzeitig *nach unten*. Diese Tatsache ist aus dem Schaubild der Geraden unmittelbar ersichtlich. Um die Gerade zu zeichnen, benötigen wir nur zwei Punkte. Der Einfachheit halber wählen wir $x = 0$ und $x = 1$, sowie zur Kontrolle noch einen weiteren Wert von x, etwa $x = 2$. Bild 1.15 zeigt das Ergebnis.

x	0	1	2
$-2x + 3$	3	1	-1

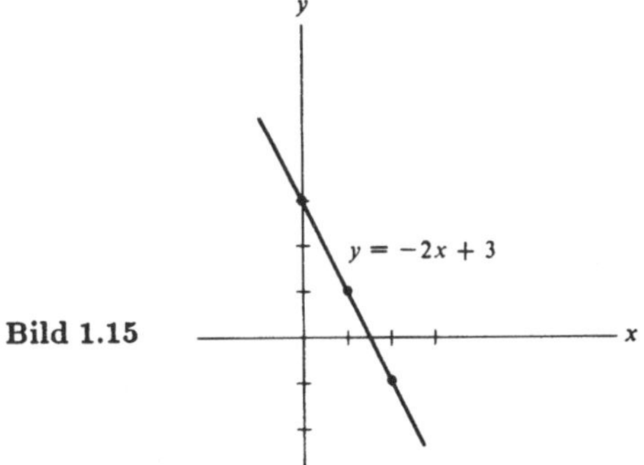

Bild 1.15

Für eine zur y-Achse parallele Gerade ist der Anstieg nicht definiert, da für zwei beliebige Punkte $(x_1; y_1)$ und $(x_2; y_2)$ auf einer solchen Geraden $x_2 = x_1$ gilt. Daher ist der Nenner des Bruches

$$\frac{y_2 - y_1}{x_2 - x_1}$$

gleich 0. Der Bruch ist nicht definiert.

Für eine zur x-Achse parallele Gerade, eine Horizontale, ist der Anstieg definiert. Für zwei beliebige Punkte $(x_1; y_1)$ und $(x_2; y_2)$ auf einer solchen Geraden gilt $y_2 = y_1$; daher hat der Bruch

$$\frac{y_2 - y_1}{x_2 - x_1}$$

den Wert 0 (der Bruch ist in diesem Falle nicht sinnlos, da der Nenner nicht 0 ist). Also hat eine horizontale Gerade den Anstieg 0. Dies folgt auch aus unserem Theorem, demzufolge eine Gerade $y = ax + b$ den Anstieg a aufweist. Eine horizontale Linie, die die y-Achse in b schneidet, hat die Gleichung

$$y = b$$

oder

$$y = 0x + b.$$

Beispiel 4: Durch die Funktion f sei jedem Wert x die Zahl drei zugeordnet. Man zeichne das Schaubild von f.

Lösung: Eine Wertetabelle von f ergibt:

x	-2	0	1	3
$f(x)$	3	3	3	3

Der Wert in der unteren Reihe ist immer drei. Die y-Koordinate eines jeden Punktes auf dem Schaubild ist daher gleich drei (Bild 1.16). Das Schaubild ist eine horizontale Gerade.

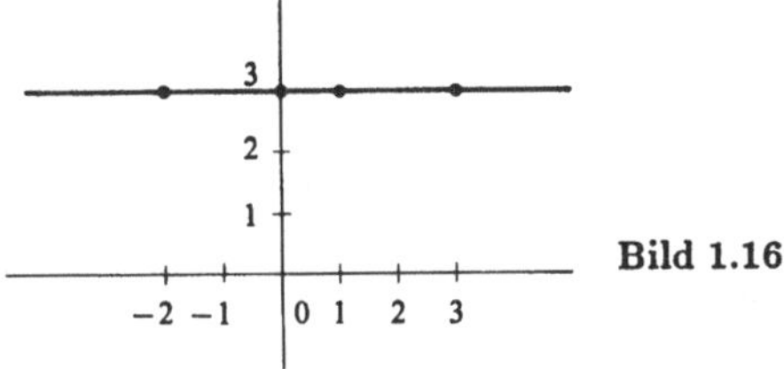

Bild 1.16

●

Eine Funktion, die (wie in Beispiel 4) allen Werten der unabhängigen Veränderlichen x ein und dieselbe Zahl zuordnet, nennt man *konstante Funktion*. Ihr Schaubild ist eine horizontale Gerade. Jede Funktion der Form $f(x) = ax + b$ nennt man *lineare Funktion*, da ihr Schaubild einer Geraden entspricht.

Übungen:

1. Man bestimme den Anstieg der Geraden durch die Punkte:
   (*a*) (2; 3) und (4; 7) (*b*) (1; 4) und (2; 2)
   (*c*) (4; 6) und (11; 6) (*d*) (1; 5) und (−3; 8).

2. Man bestimme den Anstieg der Geraden durch die Punkte:
(*a*) (2; 4) und (3; 9)
(*b*) (2; 4) und $(2{,}1; 2{,}1^2)$
(*c*) (2; 4) und $(1{,}9; 1{,}9^2)$
(*d*) (2; 4) und $(2 + h; (2 + h)^2)$
(*e*) (2; 4) und $(x_1; x_1^2)$.
3. Man bestimme den Anstieg und den Schnitt der Geraden mit der *y*-Achse:
(*a*) $y = 3x + 2$ (*b*) $y = 3x - 2$
(*c*) $y = 4x$ (*d*) $y = 5$
(*e*) $y = -4x$ (*f*) $y = x + 2$.
4. Man zeichne die Geraden
(*a*) $y = 3x$ (*b*) $y = 3x + 1$ (*c*) $y = 3x - 1$.
5. Man zeichne die Geraden
(*a*) $y = \frac{-x}{2}$ (*b*) $y = \frac{-x}{2} + 1$ (*c*) $y = \frac{-x}{2} - 1$
6. In Bild 1.17 bestimme man das Vorzeichen des Anstieges jeder der Geraden (positiv, negativ oder 0).

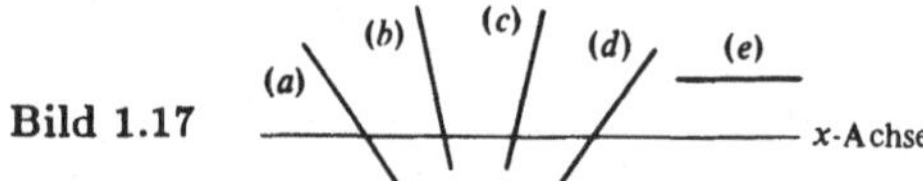

Bild 1.17

7. Man stelle die folgenden Geraden in der Form $y = ax + b$ dar:
(*a*) der Anstieg sei 5 und der Schnitt mit der *y*-Achse sei − 1;
(*b*) der Anstieg sei 1 und die Gerade gehe durch den Punkt (0; 2);
(*c*) die Gerade sei horizontal und gehe durch den Punkt (0; 4).
8. Man stelle die Gerade durch die Punkte (1; 2) und (0; 5) in der Form $y = ax + b$ dar.
9. Man stelle die Gerade durch die Punkte (2; 4) und (1; 5) in der Form $y = ax + b$ dar.

■

10. Eine Gerade mit Anstieg 3 geht durch den Punkt (1; 2). Man stelle die Gerade in der Form $y = ax + b$ dar.
11. Liegen die Punkte (1; − 2), (4; 5) und (8; 13) auf einer Geraden?

■■

12. Man ermittle den Punkt, in dem sich die beiden Geraden $y = 2x + 1$ und $y = 5x - 3$ schneiden.

Die nächsten Beispiele untersuchen die Parallelität von Geraden.

13. Zwei verschiedene Geraden einer Ebene heißen parallel, wenn sie sich nicht schneiden. (Jede Gerade ist zu sich selbst parallel.)
(*a*) Die beiden Geraden $y = a_1x + b_1$ und $y = a_2x + b_2$ sind nicht parallel, wenn a_1 nicht gleich a_2 ist. Man zeige dies!
(*b*) Die beiden Geraden $y = a_1x + b_1$ und $y = a_2x + b_2$ sind parallel, wenn a_1 gleich a_2 ist. Man zeige dies!

Zwei Gerade sind also dann und nur dann parallel, wenn sie den gleichen Anstieg besitzen.

14. Die Gerade $y = ax + b$ geht durch die Punkte (1; 4) und (2; − 3). Man bestimme *a* und *b*.
15. Man zeichne das Schaubild der Geraden $y = 3x$ und $y = -\frac{1}{3}x$. (Beispiele 16 und 17 zeigen, daß die beiden einen rechten Winkel bilden.)
16. In Anhang B wird gezeigt, daß der Abstand zwischen den Punkten $(x_1; y_1)$ und $(x_2; y_2)$ durch

$$\sqrt{(x_2 - x_1)^2 + (y_2 - y_1)^2}$$

gegeben ist. Wie wir aus der elementaren Geometrie wissen, bilden in einem Dreieck mit den Seiten *a*, *b* und *c* die beiden Seiten *a* und *b* dann und nur dann einen rechten Winkel, wenn die Gleichung $a^2 + b^2 = c^2$ gilt. Mit Hilfe dieser Formel zeige man, daß die Gerade durch die Punkte (0; 0) und $(x_1; y_1)$ zu der Geraden durch die Punkte (0; 0) und $(x_2; y_2)$ dann und nur dann senkrecht steht, wenn die Relation $x_1x_2 + y_1y_2 = 0$ erfüllt ist.

Aus den Beispielen 17 und 13 folgt, daß zwei Geraden (von denen keine parallel zu einer der Achsen ist) dann und nur dann aufeinander senkrecht stehen, wenn das Produkt ihrer beiden Anstiege gleich − 1 ist.

17. (Vgl. Übung 16). a_1 und a_2 seien zwei von Null verschiedene Konstanten.
(*a*) Der Punkt $(1; a_1)$ liegt auf der Geraden $y = a_1x$ und der Punkt $(1; a_2)$ auf der Geraden $y = a_2x$. Man zeige dies!
(*b*) Die beiden Geraden $y = a_1x$ und $y = a_2x$ sind dann und nur dann zueinander senkrecht, wenn das Produkt ihrer beiden Anstiege gleich − 1 ist, also $a_1a_2 = -1$. Man zeige dies!

1.4 Zusammenfassung

In diesem Kapitel wurden die Begriffe Funktion, Wertetabelle und Schaubild erklärt. Außerdem wurde ein spezieller Typ von Funktionen mit der Formel

$$f(x) = ax + b$$

diskutiert. Das zugehörige Schaubild ist eine Gerade. Eine Funktion ordnet jedem Element *x* aus einer Menge, genannt der *Definitionsbereich*, ein Element $f(x)$ aus einer anderen Menge zu. (Die beiden Mengen können, müssen aber nicht gleich sein.) In den bisherigen Kapiteln dieses Buches waren sowohl *x* als auch $f(x)$ gewöhnliche Zahlen. Das Schaubild einer solchen Funktion wird in einem Koordinatensystem dargestellt und besteht aus allen Punkten $(x; f(x))$. So ist $f(x)$ die *y*-Koordinate und *x* ist die *x*-Koordinate eines jeden Punktes des Schaubildes.

Im folgenden bringen wir eine Zusammenstellung der wichtigsten Funktionen dieses Kapitels.

Gleichung für f	*Form des Schaubildes*
$f(x) = x^2$	U-Form
$f(x) = \lvert x \rvert$	V-Form mit einer Ecke bei (0; 0)
$f(x) = \frac{1}{x}$	Hyperbel mit zwei Ästen, die sich den Achsen nähern
$f(x) = ax + b$	Gerade mit dem Anstieg *a* und dem Schnitt der *y*-Achse bei *b*
$f(x) = b$	Horizontale Gerade in der Höhe *b*

Der Anstieg einer Geraden durch die Punkte $(x_1; y_1)$ und $(x_2; y_2)$ ist durch den Quotienten

$$\frac{y_2 - y_1}{x_2 - x_1}$$

definiert. Dieser Quotient ist von den beiden gewählten Punkten der Geraden unabhängig. Ist der Anstieg positiv, so steigt die Gerade von links nach rechts an. Ist der Quotient negativ, fällt die Gerade von links nach rechts ab.

Wichtige Ergebnisse

Die Gerade durch $(x_1; y_1)$ und $(x_2; y_2)$ besitzt den

Anstieg

$$\frac{y_2 - y_1}{x_2 - x_1}.$$

Eine horizontale Gerade hat den Anstieg 0. Der Anstieg einer senkrechten Geraden ist nicht definiert. Die Gerade $y = ax + b$ hat den Anstieg a und schneidet die y-Achse in b.

Begriffe und Symbole

Funktion f
Absolutwert $|x|$
Quadratfunktion
Quadratwurzelfunktion
Kubusfunktion
reziproke Funktion
Wert oder Bild $f(x)$
Schaubild oder Graph
Definitionsbereich
Tabelle
Anstieg
y-Schnitt
konstante Funktion
lineare Funktion

Testaufgaben zu Kapitel 1

1. Sei $f(x) = \sqrt{x+1}$.
   (*a*) Wie lautet der Definitionsbereich von f?
   (*b*) Man gebe eine Tabelle und das Schaubild von f an.
2. Warum ist der Anstieg der Geraden $y = ax + b$ gleich a?
3. Man bestimme den Anstieg von folgenden Geraden.
   (*a*) $y = -\frac{1}{3}x + 2$ (*b*) $y = -x$
   (*c*) $y = -4$.
4. (*a*) Man zeichne ein Schaubild der Funktion
   $$f(x) = 3x^2 - 9x + 7.$$
   (*b*) Schneidet dieses Schaubild die x-Achse?

Die Rechnungen der Beispiele 5 und 6 werden für das nächste Kapitel wichtig sein.

5. Sei $f(x) = x^3 + 2x$. Man berechne
   (*a*) $\dfrac{f(2) - f(1)}{2 - 1}$ (*b*) $\dfrac{f(1{,}1) - f(1)}{1{,}1 - 1}$
6. Man stelle den Quotienten
   $$\frac{f(1+h) - f(1)}{h} \quad (h \text{ ungleich } 0)$$
   für folgende Funktionen so einfach wie möglich dar:
   (*a*) $f(x) = x^2$ (*b*) $f(x) = 8x - 3$
   (*c*) $f(x) = 5/x$ (*d*) $f(x) = x^3 + 2x$
7. Man zeichne das Schaubild von f für
   (*a*) $f(x) = \dfrac{x}{2} - \dfrac{1}{4}$ (*b*) $f(x) = x^4 - x^2$
   (*c*) $f(x) = \dfrac{1}{x^2 - 1}$
8. Der Punkt (1; 4) liege auf dem Schaubild einer Funktion f. Kann dann
   (*a*) der Punkt (5; 1),
   (*b*) der Punkt (1; 5),
   (*c*) der Punkt (5; 4)
   ebenfalls auf dem Schaubild liegen?

Übungen zu Kapitel 1

1. Eine Funktion f sei folgendermaßen definiert: Zu x addiere man zwei, bilde dann das Quadrat und schließlich den Kehrwert.
   (*a*) Wie lautet die Formel für $f(x)$.
   (*b*) Man zeichne ein Schaubild.
   (*c*) Wie lautet der Definitionsbereich von f?
2. Man stelle den Quotienten
   $$\frac{f(x_2) - f(x_1)}{x_2 - x_1}$$
   für folgende Funktionen so einfach wie möglich dar:
   (*a*) $f(x) = x^2 + 5$, (*b*) $f(x) = -1/x^2$,
   (*c*) $f(x) = 3x + 2$.
3. (*a*) Man zeichne die Funktionen $f(x) = 2x - 1/x$ und $f(x) = x$.
   (*b*) In welchen Punkten schneiden einander die beiden Schaubilder?
4. Sei $f(x) = |x|$. Man berechne
   (*a*) $\dfrac{f(1) - f(0)}{1 - 0}$ (*b*) $\dfrac{f(0{,}1) - f(0)}{0{,}1 - 0}$
   (*c*) $\dfrac{f(-0{,}1) - f(0)}{-0{,}1 - 0}$
5. Sei $f(x) = x^2$. Man zeige für beliebige Zahlen a und b:
   $$f(a+b) = f(a) + f(b) + 2ab.$$
6. Für welche der folgenden Funktionen gilt im ganzen Definitionsbereich $f(-a) = f(a)$?
   (*a*) $f(x) = 3x + 2$ (*b*) $f(x) = x^2$
   (*c*) $f(x) = x^3 + x$ (*d*) $f(x) = x^2 + x$
   (*e*) $f(x) = 1/x$ (*f*) $f(x) = x^4 - 5|x|$
7. Man stelle folgende Gerade in der Form $y = ax + b$ dar:
   (*a*) Anstieg $-\frac{1}{2}$, durch den Punkt $(0; \frac{3}{2})$,
   (*b*) durch die Punkte (0; − 2) und (2; 5).
8. Ist die Gerade durch die Punkte (− 2; 1) und (3; 8) parallel zu der Geraden durch die Punkte (3; − 2) und (10; 8)?
9. Eine Gerade hat die Gleichung $y = ax + b$. Was kann über a ausgesagt werden, wenn die Gerade
   (*a*) fast senkrecht ist (fast parallel zur y-Achse),
   (*b*) fast horizontal ist (fast parallel zur x-Achse),
   (*c*) abfällt, wenn man sich nach rechts bewegt,
   (*d*) ansteigt, wenn man sich nach rechts bewegt?
10. Man bestimme $f(f(2))$ für
    (*a*) $f(x) = 1/x$, (*b*) $f(x) = -x$,
    (*c*) $f(x) = x^3$, (*d*) $f(x) = 3x - 2$.
11. Eine Funktion sei durch die Kurve in Bild 1.18 gegeben. Man bestimme
    (*a*) $f(0)$, (*b*) $f(1)$,
    (*c*) $f(2)$, (*d*) $f(3)$.

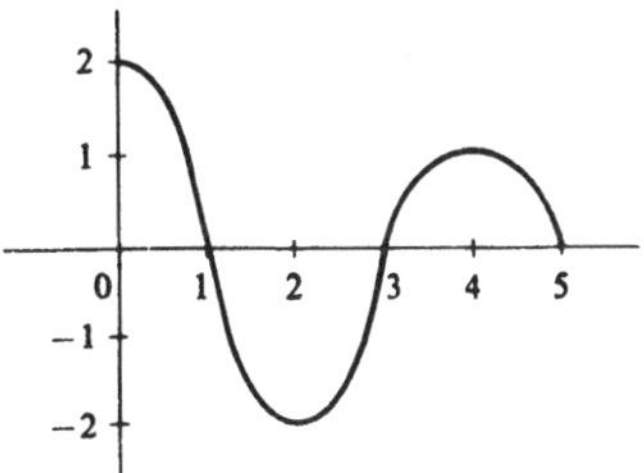

Bild 1.18

2 Die Ableitung

In diesem Kapitel wird der Begriff der Ableitung eingeführt. Dies ist einer der wichtigsten Begriffe der Infinitesimalrechnung. Er soll an Beispielen aus Geometrie und Physik erläutert werden.

2.1 Vier Variationen zu einem Thema

Wir beginnen mit vier Problemen, die zunächst zusammenhanglos erscheinen. Sie betreffen die Begriffe Geschwindigkeit, Anstieg, Vergrößerung und Dichte. Etwas Arithmetik wird zeigen, daß diese Probleme nur verschiedene Versionen einer einzigen mathematischen Idee sind.

Problem 1: Ein Stein fällt $5t^2$ Meter in t Sekunden. Wie groß ist seine Geschwindigkeit nach 2 s?

Das nächste Problem behandelt die *Tangente* an eine Kurve (Bild 2.1). Vorläufig definieren wir eine *Tangente* an eine Kurve in einem Punkt P als diejenige Gerade, die durch diesen Punkt P geht und dort die gleiche Richtung wie die Kurve besitzt. Später wird dieser Begriff genauer definiert.

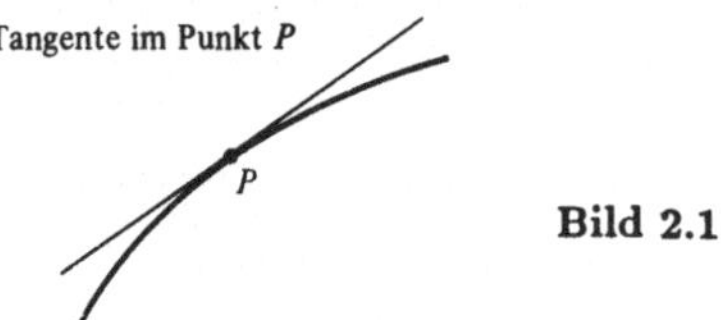

Bild 2.1

Problem 2: Wie groß ist im Punkt $P = (2; 4)$ der Anstieg der Tangente an den Graphen von $y = x^2$ (Bild 2.2)?

Zur Vorbereitung des nächsten Problems wollen wir folgende Definition vorausschicken.

Definition: a und b seien zwei Zahlen und $a < b$. Das *Intervall* $[a; b]$ besteht aus allen reellen Zahlen x mit

$$a \leqslant x \leqslant b.$$

Das Intervall $[a; b]$ reicht auf der Zahlengeraden von a bis b (Bild 2.3).

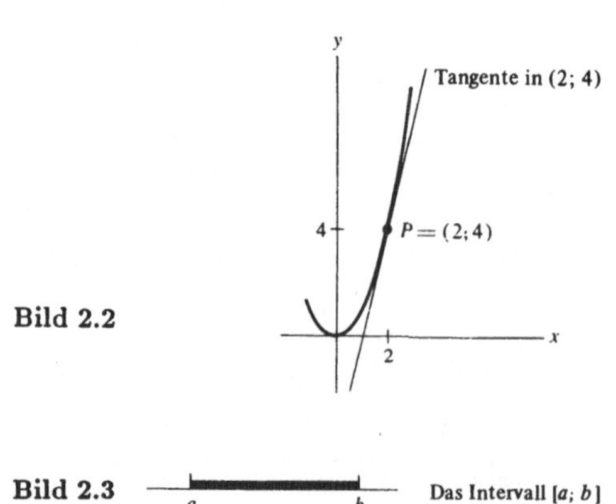

Bild 2.2

Bild 2.3

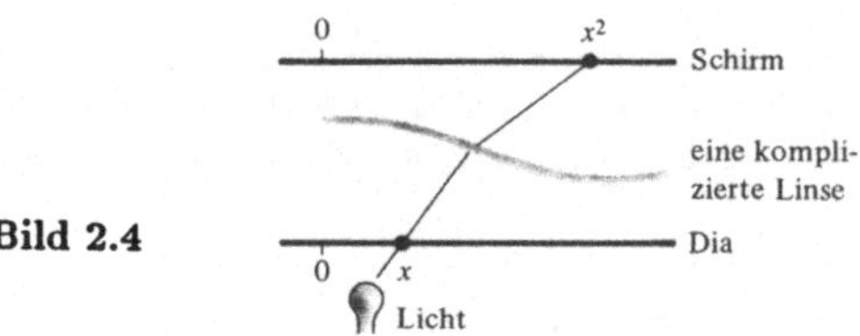

Bild 2.4

Das dritte Problem behandelt die „Vergrößerung". Dieser Begriff tritt in der Praxis oft auf; so kann eine Photographie einen Gegenstand vergrößert oder verkleinert wiedergeben. Das Studium von ähnlichen Figuren in der Geometrie behandelt ebenfalls solche Effekte.

Problem 3: Bild 2.4 zeigt eine Lichtquelle, zwei Geraden (ein Dia und eine Projektionswand) und eine komplizierte Linse. Diese Anordnung projiziere jeden Punkt der unteren Linie mit der Koordinate x auf einen Punkt der oberen Linie, dessen Koordinate gleich x^2 sei. Dabei wird der Punkt 2 auf den Punkt 4 projiziert und 3 nach 9. Das Bild des Intervalls $[2; 3]$ ist daher das Intervall $[4; 9]$ und besitzt die fünffache Länge von $[2; 3]$. Die Projektion des Intervalls $[0; \frac{1}{3}]$ fällt auf $[0; \frac{1}{9}]$. Das Intervall wird auf ein Drittel verkürzt. Für sehr große x vergrößert die Linse stark; für kleine verkleinert die Linse. Wie groß ist ihre Vergrößerung im Punkt $x = 2$?

Das nächste Problem untersucht den Begriff der Dichte. Die Dichte von Wasser ist $1\,\text{g/cm}^3$, während die Dichte von Blei etwa $11{,}3\,\text{g/cm}^3$ beträgt. Luft hat eine Dichte von nur $0{,}0013\,\text{g/cm}^3$. Die Dicht eines Gegenstandes kann von Punkt zu Punkt variieren; so ist die Dichte der Materie in der Nähe des Erdmittelpunktes viel größer als an der Erdoberfläche. Die *mittlere* Dichte der Erde beträgt etwa $5{,}5\,\text{g/cm}^3$, mehr als das fünffache der Dichte von Wasser.

Der Begriff der Dichte kann als konkretes Beispiel für verschiedene mathematische Konzepte dienen und wird später noch mehrmals auftreten. Das nächste Problem behandelt eine gespannte Saite variabler Dichte, die in g/cm Saitenlänge angegeben sei. Die Materie wird dabei als ein Kontinuum und nicht als eine Aneinanderreihung von isolierten Molekülen betrachtet.

Problem 4: Gegeben sei eine inhomogene, 10 cm lange Saite. Die Masse der ersten x Zentimeter betrage x^2 Gramm. So hat die linke Hälfte der Saite eine Masse von 25 g. Offensichtlich ist die rechte Hälfte wesentlich dichter als die linke. Wie groß ist nun die Dichte in Gramm pro Zentimeter bei $x = 2$?

Bild 2.5

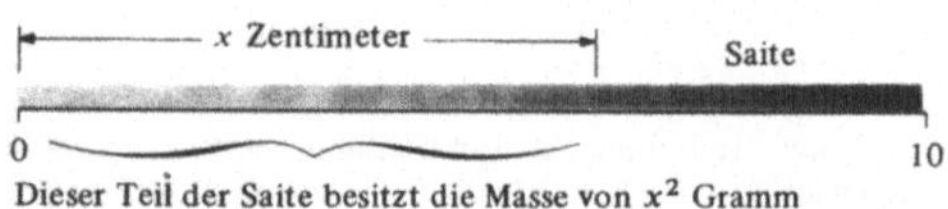

Nun wollen wir die Lösung unserer vier Probleme in Angriff nehmen.

Lösung von Problem 1 (Geschwindigkeit): Dieses Problem wurde bereits in Abschnitt 1.1 gelöst. Zur Zeit $t = 2$ beträgt die Geschwindigkeit 20 m/s. Der Quotient

$$\frac{5t^2 - 5(2)^2}{t-2}$$

erreicht nämlich den Wert 20, wenn t sich dem Wert 2 nähert. •

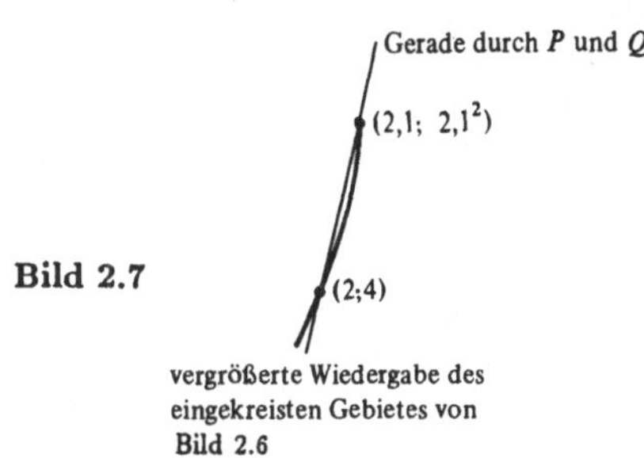

Bild 2.7

vergrößerte Wiedergabe des eingekreisten Gebietes von Bild 2.6

Lösung von Problem 2 (Anstieg): Zunächst könnte man versuchen, die Kurve $y = x^2$ sorgfältig zu zeichnen und im Punkt (2; 4) die Tangente zu ziehen. Obwohl diese Methode manchmal nützlich sein kann, ist ihre Genauigkeit jedoch begrenzt (wie wir später in den Übungen sehen werden). Speziell in unserem Fall ist die Tangente fast vertikal und ein kleiner Fehler in der Messung des Winkels zwischen der Tangente und der x-Achse verursacht einen großen Fehler in der Berechnung des Anstiegs.

Wir werden deshalb eine andere Methode anwenden, die die Analogie dieser Aufgabe mit Problem 1 zeigt. Wir berechnen zunächst den Anstieg einer bestimmten Geraden, die eine gute Approximation für die Tangente im Punkt $P = (2; 4)$ ist. Um eine solche Gerade zu finden, betrachten wir nahe von P einen Punkt Q auf der Kurve $y = x^2$, etwa den Punkt $Q = (2{,}1; 2{,}1^2)$, und berechnen den Anstieg der Geraden durch die Punkte P und Q (Bilder 2.6 u. 2.7). Der Anstieg dieser Geraden ist durch

$$\frac{2{,}1^2 - 2^2}{2{,}1 - 2}$$

gegeben. Es folgt

$$\frac{4{,}41 - 4}{0{,}1} = \frac{0{,}41}{0{,}1} = 4{,}1.$$

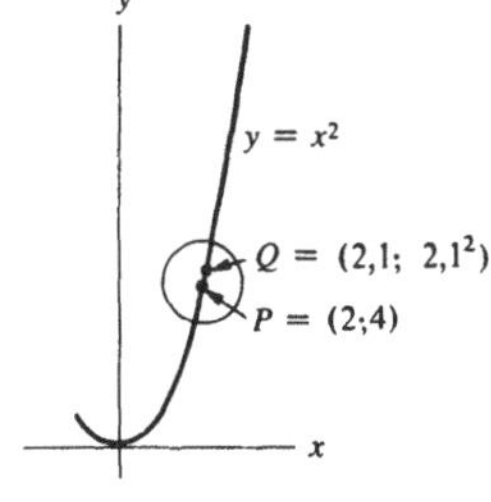

Bild 2.6

Eine erste Schätzung des Anstiegs der Tangente ist daher 4,1. Dieses Ergebnis folgt auch ohne Diskussion des Schaubildes durch direkte Rechnung.

Um eine bessere Schätzung zu finden, könnten wir diesen Prozeß für eine Gerade durch die Punkte $P = (2; 4)$ und $Q = (2{,}01; 2{,}01^2)$ wiederholen. Es ist jedoch günstiger von einem beliebigen Punkt Q auszugehen. So betrachten wir eine Gerade durch die Punkte $P = (2; 4)$ und $Q = (x; x^2)$; x möge in der Nähe von 2 liegen (Bild 2.8). Die Gerade hat den Anstieg

$$\frac{x^2 - 2}{x - 2} = \frac{(x-2)(x+2)}{x-2} = x + 2.$$

Wenn x nach 2 strebt, nähert sich $x + 2$ immer mehr 4. Daher hat die Tangente im Punkt (2; 4) den Anstieg 4. •

Lösung des Problems 3 (Vergrößerung): Die Linse projiziert den Punkt mit der Koordinate 2 auf den Punkt mit der Koordinate 2^2: Das Bild von 2 ist $2^2 = 4$. Das Bild von 3 ist $3^2 = 9$; das Bild von 5 ist $5^2 = 25$. Wir wollen einige Punkte mit ihren Bildern durch gerade Linien verbinden (Bild 2.9). Das Diagramm zeigt, wie das Intervall [2; 3] des Dias auf das Intervall [4; 9] auf der Wand vergrößert wird, dies entspricht einer fünffachen Vergrößerung. Analog wird das Intervall [3; 4] des Dias auf das Intervall [9; 16] auf der Wand abgebildet. Dies entspricht einer siebenfachen Vergrößerung. Die Vergrößerung der Linse steigt also von links nach rechts an.

Um die Vergrößerung im Punkt 2 des Dias zu berechnen, betrachten wir die Projektion des kleinen Intervalls [2; 2,1] auf den Bildschirm. Da das Bild von 2 bei 2^2 und das von 2,1 bei $2{,}1^2$ liegt, wird das gesamte Intervall [2; 2,1] mit der Länge 0,1 auf das Intervall $[2^2; 2{,}1^2]$ von der Länge

$$2{,}1^2 - 2^2 = 0{,}41$$

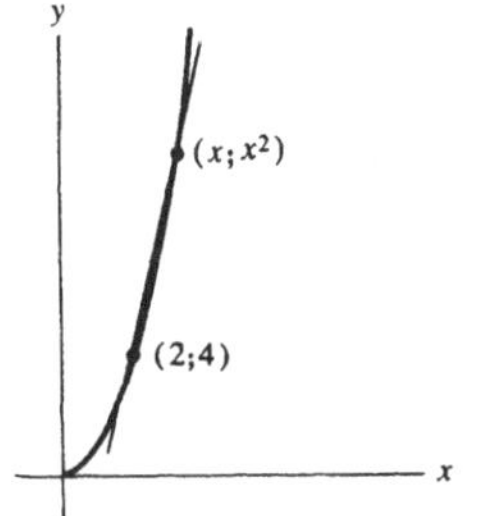

Bild 2.8

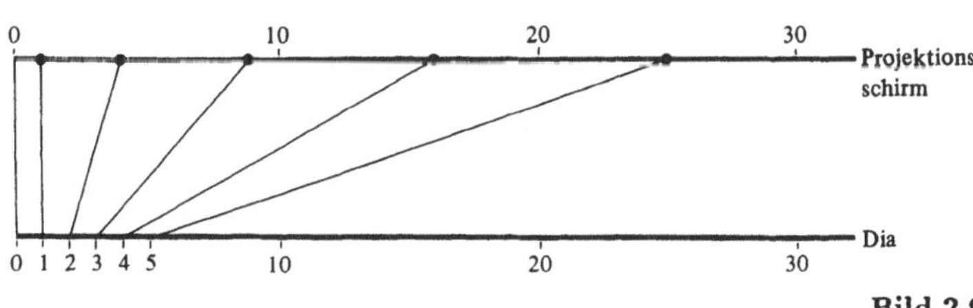

Bild 2.9

abgebildet. Der Vergrößerungsfaktor für das Intervall [2; 2,1] beträgt also

$$\frac{0{,}41}{0{,}1} = 4{,}1.$$

Dieses Ergebnis von 4,1 ist ein Näherungswert für die Vergrößerung bei $x = 2$.

Der nächste Schritt läßt sich leicht absehen. Anstelle nun ein engeres Intervall zu untersuchen, etwa [2; 2,01], betrachten wir ein allgemeines Intervall mit dem linken Ende 2.

Das Intervall $[2; x]$ wird auf $[2^2; x^2]$ abgebildet, $-x$ sei größer als 2 –. Da das Intervall $[2; x]$ die Länge $x - 2$ und das Intervall $[2^2; x^2]$ die Länge $x^2 - 2^2$ besitzt, ist der Vergrößerungsfaktor für das Intervall $[2; x]$ gleich

$$\frac{x^2 - 2^2}{x - 2} = x + 2.$$

Dieser Quotient nähert sich dem Wert 4, wenn x gegen 2 geht. Die Vergrößerung an der Stelle 2 ist also gleich 4. ●

Lösung von Problem 4 (Dichte): Um die Dichte der Saite für $x = 2$ zu bestimmen, berechnen wir die Masse des Materials im Intervall [2; 2,1] (Bild 2.10).

Die Saite hat in diesem Intervall die Masse $(2{,}1^2 - 2^2)$ g oder

$$(4{,}41 - 4)\text{ g} = 0{,}41\text{ g}.$$

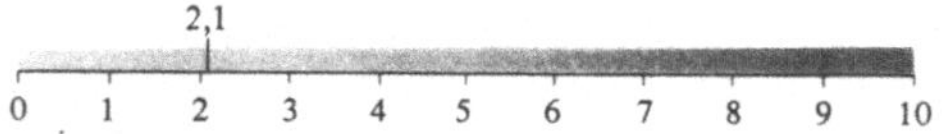

Bild 2.10

Nun betrachten wir wie in den früheren Problemen die Dichte in einem typischen kleinen Intervall $[2; x]$. Die Masse in diesem Intervall beträgt

$$(x^2 - 2^2)\text{ g}.$$

Das Intervall hat die Länge von $(x - 2)$ cm. So ist die Dichte des Materials in diesem Intervall durch

$$\frac{x^2 - 2^2}{x - 2}\text{ g/cm} = (x + 2)\text{ g/cm}$$

gegeben. Nähert sich x dem Wert 2, so nimmt dieser Quotient allmählich den Wert 4 an: 2 cm vom linken Ende der Saite erhalten wir eine Dichte von 4 g/cm. ●

Vom mathematischen Standpunkt aus führt uns ein und dasselbe Verfahren zu der Geschwindigkeit des Steins, zum Anstieg der Tangente, zu der Vergrößerung einer Linse und zur Dichte entlang einer Saite. Jedes dieser Probleme untersucht denselben Quotienten. Jedesmal studieren wir das Verhalten dieses Quotienten für den Fall, in dem x (oder t) sich dem Wert 2 nähert.

Dieses Verfahren wird im nächsten Abschnitt verallgemeinert und mit dem Begriff der Ableitungen in Verbindung gebracht.

Übungen:

1. Diese Übung zeigt die Grenzen der graphischen Bestimmung des Anstiegs einer Tangente an eine Kurve.
   (*a*) Man zeichne die Kurve $y = x^2$ so sorgfältig wie möglich.
   (*b*) Man zeichne so sorgfältig wie möglich die Tangente im Punkt (4; 16).
   (*c*) Man bestimme den Anstieg der Tangente mit Hilfe eines Lineals.
   (*d*) Man bestimme den Anstieg der Geraden durch die Punkte (4; 16) und $(4{,}01; 4{,}01^2)$.
   (*e*) Man bestimme den Anstieg der Geraden durch die Punkte (4; 16) und $(3{,}99; 3{,}99^2)$.
   (*f*) Man vergleiche die Resultate von (*c*) mit denen von (*d*) und (*e*).
2. Welche Abschätzung erhält man für
   (*a*) die Geschwindigkeit des Steins in Problem 1 aus der Untersuchung des Zeitintervalls von 2 s bis 2,001 s;
   (*b*) den Anstieg der Tangente im Problem 2, wenn man als zweiten Punkt auf der Kurve den Punkt $(2{,}001; 2{,}001^2)$ verwendet;
   (*c*) die Vergrößerung des Intervalls [2; 2,001] aus Problem 3;
   (*d*) die Dichte im Intervall [2; 2,001] aus Problem 4?
3. (*a*) Man zeichne die Kurve $y = x^2$ so sorgfältig wie möglich.
   (*b*) Man zeichne mit freier Hand die Tangente im Punkt (– 1; 1).
   (*c*) Wie groß ist der Anstieg der Geraden aus (*b*)?
   (*d*) Mit Hilfe des entsprechenden Quotienten zeige man, daß die Tangente bei (– 1; 1) den Anstieg – 2 besitzt.
4. Man bestimme die Dichte der Saite aus Problem 4 in einem Punkt x Zentimeter vom linken Ende entfernt. Man betrachte dazu die Masse in einem kleinen Intervall von $[x; x_1]$ wobei $x_1 > x$ gilt.
5. Man bestimme die Vergrößerung der Linse aus Problem 3 in einem beliebigen Punkt x aus der Vergrößerung eines kleinen Intervalls $[x; x_1]$ mit $x_1 > x$.
6. Man bestimme den Anstieg der Tangente an die Kurve $y = x^2$ aus Problem 2 in einem beliebigen Punkt $P = (x; x^2)$. Man untersuche hierzu den Anstieg der Geraden durch P und einen benachbarten Punkt $Q = (x_1; x_1^2)$.
7. Man schätze
   (*a*) den Anstieg der Tangente an die Kurve $y = x^2$ im Punkt $P = (3; 9)$ aus der Geraden durch P und den benachbarten Punkt $Q = (3{,}1; 3{,}1^2)$;
   (*b*) die Vergrößerung der Linse aus Problem 3 in $x = 3$ aus der Vergrößerung des Intervalls [3; 3,1];
   (*c*) die Dichte der Saite aus Problem 4 an der Stelle $x = 3$ durch Untersuchung des Intervalls [3; 3,01].
8. Um welchen Faktor vergrößert die Linse aus Problem 3 das Intervall
   (*a*) [1; 1,1]? (*b*) [1; 1,01]?
   (*c*) [1; 1,001]?
   (*d*) Wie groß ist die Vergrößerung für $x = 1$?
9. Ein Objekt bewegt sich in t Sekunden $2t^2 + t$ Meter.
   (*a*) Man bestimme die mittlere Geschwindigkeit während eines Zeitintervalls $[1; t]$ mit $t > 1$.
   (*b*) t nähere sich immer mehr 1 an, man bestimme daraus die Geschwindigkeit zur Zeit 1.
10. (*a*) Man zeichne das Schaubild der Kurve $y = 2x^2 + x$.
   (*b*) Man lege mit freier Hand im Punkt (1; 3) die Tangente an die Kurve. Man bestimme den Anstieg dieser Tangente mit Hilfe eines Lineals.
   (*c*) Man zeichne die Gerade durch die Punkte (1; 3) und $(x; 2x^2 + x)$.
   (*d*) Man bestimme den Anstieg der Geraden aus (*c*).
   (*e*) x nähere sich immer stärker 1. Man bestimme daraus den Anstieg der Tangente in (1; 3). Wie genau war die Abschätzung (*b*)?

11. (*a*) Man bestimme den Anstieg an die Kurve $y = 3x^2 - x + 2$ im Punkt $P = (x; 3x^2 - x + 2)$ mit Hilfe benachbarter Punkte.
(*b*) An welchem Punkt dieser Kurve ist die Tangente horizontal?

12. (*a*) Man zeichne die Kurve $y = x + 1/x$.
(*b*) Man schätze den Anstieg der Tangente an die Kurve im Punkt (1; 2).
(*c*) Mit Hilfe benachbarter Punkte bestimme man den Anstieg der Tangente im Punkt (1; 2). Wie genau war die Schätzung (*b*)?

■

13. (*a*) In dieser Übung wird die algebraische Identität $c^3 - d^3 = (c^2 + cd + d^2)(c - d)$ benötigt. Man überprüfe sie zunächst.
(*b*) Man zeichne die Kurve $y = x^3$ und schätze den Anstieg der Tangente im Punkt (0; 0).
(*c*) Mit Hilfe benachbarter Punkte bestimme man den Anstieg der Tangente an die Kurve im Punkt (0; 0).

14. Man bestimme im Punkt (1; 1) den Anstieg der Tangente an die Kurve $y = x^3$ mit Hilfe benachbarter Punkte. Die Identität aus Übung 13 (*a*) wird dabei nützlich sein.

15. Eine Linse projiziert den Punkt mit der Koordinate x auf den Punkt mit der Koordinate x^3. Man bestimme die Vergrößerung an der Stelle $x = \frac{1}{2}$. (Siehe die Identität aus Aufgabe 13 (*a*).)

Die nächsten zwei Übungen wenden die Grundgedanken der bisher behandelten Probleme auf Biologie und Wirtschaft an.

16. Eine wachsende Bakterienkultur besitzt nach t Minuten eine Masse von t^2 Gramm.
(*a*) Um wieviel wächst die Kultur im Zeitintervall [2; 2,01]?
(*b*) Wie groß ist die Wachstumsrate im Zeitintervall [2; 2,01]?
(*c*) Wie groß ist die Wachstumsrate für $t = 2$?

17. Ein aufstrebendes Unternehmen hat in den ersten t Jahren einen Gewinn von t^2 Millionen DM erwirtschaftet. Von der Zeit $t = 3$ zur Zeit $t = 3{,}5$ (d.h. in der ersten Hälfte des vierten Jahres) beträgt der Gewinn $(3{,}5^2 - 3^2)$ Millionen DM. Dies ergibt eine Gewinnrate von

$$\frac{3{,}5^2 - 3^2}{0{,}5} \text{ Millionen DM/a} = 6{,}5 \text{ Millionen DM/a}.$$

(*a*) Wie groß ist die „jährliche" Gewinnrate im Zeitintervall [3; 3,1]?
(*b*) Wie groß ist die „jährliche" Gewinnrate im Zeitintervall [3; 3,01]?
(*c*) Wie groß ist die „jährliche" Gewinnrate nach 3 Jahren?

■■

18. Wir legen im Punkt (1; 1) an die Kurve $y = x^2$ eine Tangente. Führt sie durch den Punkt (6; 12)?

19. Ein Astronaut reist entlang der Kurve $y = x^2$ von links nach rechts. Wenn er in einem bestimmten Punkt das Triebwerk abstellt, so bewegt er sich entlang der zu diesem Punkt gehörigen Tangente weiter. In welchem Punkt muß er das Triebwerk abstellen, um den Punkt
(*a*) (4; 9), (*b*) (4; −9)
zu erreichen?

20. (*a*) Man zeichne die Kurve $y = x^3 - x^2$.
(*b*) Man bestimme den Anstieg der Tangente an die Kurve in einem beliebigen Punkt $(x; x^3 - x^2)$ und verwende hierzu benachbarte Punkte. Die Identität von Übung 13 (*a*) wird nützlich sein.
(*c*) Man finde auf der Kurve alle Punkte mit einer horizontalen Tangente.
(*d*) Man bestimme alle Punkte, in denen die Tangente den Anstieg 1 hat.

21. Man beantworte dieselben Fragen wie in Übung 20 für die Kurve $y = x^3 - x$.

22. Man vergleiche die Übungen 19 und 21. Wo muß der Astronaut, der entlang der Kurve $y = x^3 - x$ von links nach rechts fliegt, das Triebwerk abstellen, um den Punkt (2; 2) zu erreichen?

2.2 Die Ableitung eines Polynoms

Um das Geschwindigkeitsproblem (Abschnitt 2.1) zu lösen, mußten wir den Quotienten

$$\frac{5t^2 - 5(2)^2}{t - 2} = 5\,\frac{t^2 - 2^2}{t - 2}$$

in der Nähe von $t = 2$ untersuchen. Die Bestimmung des Anstiegs, der Vergrößerung und das Dichteproblem führten uns zu ähnlichen Überlegungen für den Quotienten

$$\frac{x^2 - 2^2}{x - 2}.$$

Diese Quotienten ergaben sich aus den beiden vorgegebenen Ausdrücken $5t^2$ und x^2. Wir können unsere vier Probleme aber auch für völlig andere Ausdrücke studieren. Beispiel 1 soll dies erläutern.

Beispiel 1: Man bestimme im Punkt $P = (1; 1^3)$ den Anstieg der Tangente an die Kurve $y = x^3$.

Lösung: Es ist nicht notwendig, die Kurve zu zeichnen. Wir gehen wie bei Problem 2 vor und wählen einen Punkt $Q = (x; x^3)$ auf der Kurve. Die Gerade durch die Punkte $P = (1; 1^3)$ und Q hat den Anstieg

$$\frac{x^3 - 1^3}{x - 1}.$$

Um den Zähler zu vereinfachen, verwenden wir die algebraische Identität

$$c^3 - d^3 = (c^2 + cd + d^2)(c - d).$$

Für $c = x$ und $d = 1$ ergibt dies

$$x^3 - 1^3 = (x^2 + x \cdot 1 + 1^2)(x - 1).$$

Der Anstieg der Geraden durch P und Q beträgt daher

$$\frac{(x^2 + x + 1)(x - 1)}{x - 1}$$

oder

$$x^2 + x + 1.$$

Strebt nun x gegen 1, so erreicht der Anstieg der Geraden durch P und Q den Wert

$$1 + 1 + 1 = 3.$$

Die Tangente im Punkt $(1; 1^3)$ hat folglich den Anstieg 3.

Um unser Ergebnis zu überprüfen, zeichnen wir das Schaubild von $y = x^3$. Zuerst fertigen wir eine Tabelle für die Kurve $y = x^3$ an:

x	−2	−1	0	1	2
x^2	−8	−1	0	1	8

Nun zeichnen wir die Kurve $y = x^3$ durch die fünf angegebenen Punkte (Bild 2.11). Die Tangente in Punkt (1; 1) ist steil und hat einen positiven Anstieg; die Zahl 3 für den Wert des Anstiegs ist daher plausibel. •

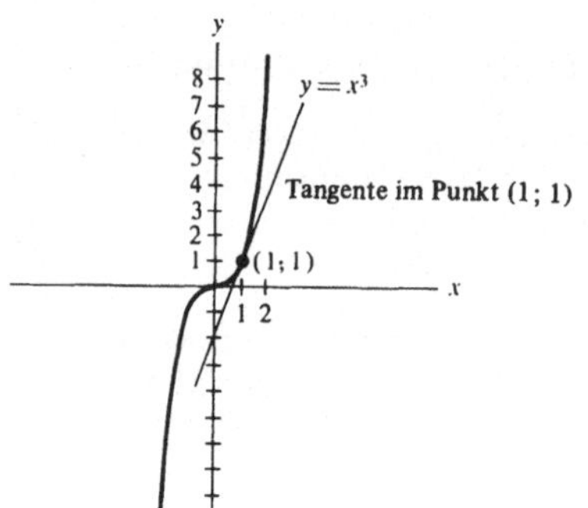

Bild 2.11

Jedes der folgenden Probleme kann analog zu Beispiel 1 behandelt werden:

Ein Objekt bewegt sich in den ersten t Sekunden um t^3 Meter. Wie groß ist seine Geschwindigkeit nach 1 s?

Eine Linse projiziert den Punkt mit der Koordinate x auf den Punkt mit der Koordinate x^3. Wie groß ist die Vergrößerung an der Stelle $x = 1$?

Die ersten x Zentimeter einer Saite haben eine Masse von x^3 Gramm. Wie groß ist die Dichte der Saite für $x = 1$ cm?

Um diese drei Fragen zu beantworten, sind völlig identische algebraische Schritte notwendig. Die Geschwindigkeit beträgt 3 m/s; die Vergrößerung ist dreifach; die Dichte ist durch 3 g/cm gegeben.

Selbstverständlich müssen wir unsere Betrachtungen nicht auf den Punkt $x = 1$ beschränken. So berechnen wir im nächsten Beispiel den Anstieg der Tangente für einen beliebigen Punkt $P = (x; x^3)$ der Kurve $y = x^3$.

Beispiel 2: Man bestimme im Punkt $P = (x; x^3)$ den Anstieg der Tangente an die Kurve $y = x^3$.

Lösung: In diesem Fall bezeichnen wir den zu P benachbarten Punkt mit

$$Q = (x_1; x_1^3).$$

Der Anstieg der Geraden durch P und Q beträgt

$$\frac{x_1^3 - x^3}{x_1 - x}.$$

Aus der Identität

$$c^3 - d^3 = (c^2 + cd + d^2)(c - d)$$

folgt

$$x_1^3 - x^3 = (x_1^2 + x_1 x + x^2)(x_1 - x).$$

Daher ist der Anstieg der Geraden durch P und Q gleich

$$\frac{(x_1^2 + x_1 x + x^2)(x_1 - x)}{x_1 - x}.$$

Dies ergibt durch Kürzen

$$x_1^2 + x_1 x + x^2.$$

Erreicht x_1 den Wert x, so nimmt dieser Ausdruck den Wert

$$x^2 + xx + x^2 = 3x^2$$

an.

Die Tangente im Punkt $(x; x^3)$ hat daher den Anstieg $3x^2$. •

Dieses Ergebnis umfaßt auch den speziellen Fall von Beispiel 1 ($x = 1$). Für $x = 0$ wird der Ausdruck $3x^2$ ebenfalls 0. Daher ist die Tangente im Punkt (0; 0) horizontal. Es mag zunächst sonderbar erscheinen, daß eine Tangente die Kurve *kreuzen* kann. Wesentlich für die Definition der Tangente war jedoch ausschließlich die Übereinstimmung ihrer Richtung mit der Richtung der Kurve im jeweils betrachteten Punkt.

Eine Bezeichnung für „x_1 nähert sich x". Üblicherweise wird die Formulierung, „x_1 nähert sich x", durch das Symbol

$$x_1 \to x$$

abgekürzt. Wie wir in Beispiel 2 gesehen haben, folgt aus $x_1 \to x$ unmittelbar

$$\frac{x_1^3 - x^3}{x_1 - x} \to 3x^2.$$

Wir können dies noch einfacher schreiben:

$$\lim_{x_1 \to x} \frac{x_1^3 - x^3}{x_1 - x} = 3x^2.$$

Wir sagen dann: „Wenn x_1 gegen x strebt, so ist der Limes von

$$\frac{x_1^3 - x^3}{x_1 - x}$$

gleich $3x^2$".

Die Bezeichnungen $x_1 \to x$ und $\lim\limits_{x_1 \to x}$ werden in der Infinitesimalrechnung häufig auftreten. Im nächsten Kapitel wird der Limesbegriff ausführlich behandelt.

Die Ableitung: Ausgehend von der Funktion x^3 erhalten wir eine andere Funktion $3x^2$. Diese Funktion $3x^2$ wird die *Ableitung* der Funktion x^3 genannt. Die formale Definition der Ableitung folgt im nächsten Abschnitt. Sie wird in den Kap. 3 und 1 von Bd. 2 noch eine Rolle spielen. Zur Berechnung der Ableitung müssen wir das Verhalten eines bestimmten Quotienten für $x_1 \to x$ ermitteln. Dabei ist es gleichgültig, ob die Ableitung als Geschwindigkeit, als Anstieg, als Vergrößerung oder Dichte interpretiert wird.

Mit Hilfe einer algebraischen Identität können wir auch die Ableitung der Funktion x^n für jede positive ganze Zahl n berechnen. Wir verwenden dabei die Formel

$$c^n - d^n = (c^{n-1} + c^{n-2}d + c^{n-3}d^2 + \ldots + d^{n-1})(c - d).$$

Multipliziert man die beiden Klammerausdrücke auf der rechten Seite aus, so heben sich tatsächlich sämtliche Produkte mit Ausnahme von c^n und $-d^n$ auf. Diese Formel wird in den Beweis des folgenden Theorems eingehen. Wir schreiben

$$x_1^n - x^n = \\ = (x_1^{n-1} + x_1^{n-2}x + x_1^{n-3}x^2 + \dots + x^{n-1})(x_1 - x).$$

Theorem: Für jede positive ganze Zahl ist die Ableitung von x^n durch nx^{n-1} gegeben.

Beweis: Der Beweis verläuft analog zu Beispiel 2, nur ist die Zahl 3 durch die Zahl n ersetzt. Wir müssen das Verhalten des Quotienten

$$\frac{x_1^n - x^n}{x_1 - x}$$

für $x_1 \to x$ bestimmen. Die Identität

$$x^n - x^n = \\ = (x_1^{n-1} + x_1^{n-2}x + x_1^{n-3}x^2 + \dots + x^{n-1})(x_1 - x)$$

ergibt für den Quotienten nun die Darstellung

$$\frac{(x_1^{n-1} + x_1^{n-2}x + x_1^{n-3}x^2 + \dots + x^{n-1})(x_1 - x)}{x_1 - x}.$$

Dies ist weiter gleich

$$x_1^{n-1} + x_1^{n-2}x + x_1^{n-3}x^2 + \dots + x^{n-1}.$$

Für $x_1 \to x$ erreicht dieser Ausdruck den Wert

$$x^{n-1} + x^{n-2}x + x^{n-3}x^2 + \dots + x^{n-1} \\ = x^{n-1} + x^{n-1} + x^{n-1} + \dots + x^{n-1} \\ = nx^{n-1},$$

da genau n Summanden vorhanden sind. Damit ist das Theorem bewiesen. ●

Die direkte Anwendung dieses Theorems zeigt zum Beispiel:

Die Ableitung von x^5 ist $5x^{5-1} = 5x^4$.
Die Ableitung von x^4 ist $4x^{4-1} = 4x^3$.
Die Ableitung von x^3 ist $3x^{3-1} = 3x^2$.
Die Ableitung von x^2 ist $2x^{2-1} = 2x$.
Die Ableitung von x^1 ist $1x^0 \quad = 1$.

(Die Gerade mit der Formel $y = x$ hat bekanntlich den Anstieg 1.)

Es folgen einige Probleme, die mit Hilfe der soeben bewiesenen Formel gelöst werden können.

Frage: Wie groß ist im Punkt $(2; 2^4)$ der Anstieg der Tangente an die Kurve $y = x^4$?

Antwort: Da die Ableitung von x^4 gleich $4x^3$ beträgt, ist der Anstieg gleich $4 \cdot 2^3 = 32$.

Frage: Ein Objekt legt in den ersten t Sekunden t^5 Meter zurück. Wie groß ist seine Geschwindigkeit zur Zeit $t = 3$?

Antwort: Da die Ableitung von t^5 gleich $5t^4$ beträgt, ist die Geschwindigkeit zur Zeit $t = 3$ durch $5 \cdot 3^4$ m/s = 405 m/s gegeben.

Ähnliche Fragen hinsichtlich Vergrößerung und Dichte können nun ebenfalls direkt beantwortet werden.

Im nächsten Beispiel wird die Ableitung der Funktion f, mit der Formel $f(x) = 5x^3$, hergeleitet. Dabei untersuchen wir den Einfluß des Koeffizienten 5 auf die Ableitung.

Beispiel 3: Man bestimme die Ableitung der Funktion $5x^3$.

Lösung: Aufgrund der Definition der Ableitung müssen wir

$$\lim_{x_1 \to x} \frac{5x_1^3 - 5x^3}{x_1 - x}$$

bestimmen. Wie in Beispiel 2 gezeigt wurde, gilt

$$x_1^3 - x^3 = (x_1^2 + x_1x + x^2)(x_1 - x).$$

Das heißt

$$\frac{5x_1^3 - 5x^3}{x_1 - x} = \frac{5(x_1^3 - x^3)}{x_1 - x} \\ = \frac{5(x_1^2 + x_1x + x^2)(x_1 - x)}{x_1 - x} \\ = 5(x_1^2 + x_1x + x^2).$$

Daher folgt

$$\lim_{x_1 \to x} \frac{5x_1^3 - 5x^3}{x_1 - x} = \lim_{x_1 \to x} (5x_1^2 + x_1x + x^2) \\ = 5(x^2 + xx + x^2) \\ = 5(3x^2) \\ = 15x^2.$$

Die Ableitung von $5x^3$ ist also das Fünffache der Ableitung von x^3. ●

Analog kann man ganz allgemein zeigen, daß für jede beliebige Konstante c und für jede positive ganze Zahl n die Ableitung von cx^n durch cnx^{n-1} gegeben ist. So ist die Ableitung von $-5x^2$ gleich $-5(2x) = -10x$.

Im nächsten Beispiel behandeln wir die Ableitung eines Polynoms.

Beispiel 4: Man bestimme die Ableitung der Funktion f mit der Formel

$$f(x) = x^3 - 5x^2 + 6x + 2.$$

Lösung: In diesem Fall erhalten wir für den Quotienten

$$\frac{(x_1^3 - 5x_1^2 + 6x_1 + 2) - (x^3 - 5x^2 + 6x + 2)}{x_1 - x} \\ = \frac{x_1^3 - x^3 - 5(x_1^2 - x^2) + 6(x_1 - x) + 2 - 2}{x_1 - x} \\ = \frac{x_1^3 - x^3}{x_1 - x} - 5\frac{x_1^2 - x^2}{x_1 - x} + 6\frac{x_1 - x}{x_1 - x} \\ = \frac{x_1^3 - x^3}{x_1 - x} - 5\frac{x_1^2 - x^2}{x_1 - x} + 6.$$

Für $x_1 \to x$ vereinfacht sich der letzte Ausdruck auf

$$3x^2 - 5(2x) + 6 = 3x^2 - 10x + 6.$$

Die Ableitung von $x^3 - 5x^2 + 6x + 2$ ist also $3x^2 - 10x + 6$.

●

Die Ableitung eines Polynoms: Der konstante Term 2 des Polynoms aus Beispiel 4 trägt zur Ableitung nichts bei. Der Term $6x$ liefert 6. Der Term x^3 ergibt $3x^2$, dies ist die Ableitung von x^3. Der Term $-5x^2$ trägt schließlich $-10x$ bei. Demnach ist die Ableitung jedes Polynoms einfach gleich der Summe der Ableitungen der einzelnen Terme. Dieser allgemeine Satz wird in Abschnitt 4.5 bewiesen. Die Ableitung von

$$6x^4 + 2x^3 + 9x^2 - 7x + 4$$

ist daher gegeben durch

$$24x^3 + 6x^2 + 18x - 7.$$

Übungen:

1. Wie groß ist die Ableitung von
   (*a*) x^2 für $x = 3$? (*b*) x^4 für $x = -1$?
   (*c*) x^5 für $x = 2$? (*d*) x^6 für $x = 0$?
   (*e*) $16x^2$ für $x = \frac{1}{2}$? (*f*) $-\frac{1}{2}x^7$ für $x = 2$?
2. Man bestimme die Ableitung von $6x^2 + 3x + 2$ aus der Definition der Ableitung.

Für die Übungen 3 bis 11 verwende man die oben hergeleiteten Formeln.

3. Man bestimme die Ableitung von
   (*a*) $5x^3 - x^2 - 2x + 5$ für $x = 1$,
   (*b*) $x^7 - x^6 + x + 3$ für $x = 0$,
   (*c*) $4x^{10} - 10x^4 + 8x$ für $x = -1$.
4. Man bestimme die Ableitung von $6x^5 - x^4 + 3x^3 + 2x + 5$ für $x = 1$.
5. Man bestimme die Ableitung von $2x^8 - 6x + 2$ für $x = -1$.
6. Man bestimme die Ableitung von $\frac{1}{2}x^7 - 4x$ für $x = 0$.
7. Ein Teilchen bewegt sich in t Sekunden $2t^4 + t^3$ Meter. Man bestimme seine Geschwindigkeit zur Zeit $t = 2$.
8. Man bestimme im Punkt (1; 2) den Anstieg der Tangente an die Kurve $y = -x^5 + 2x^3 + x$.
9. Die ersten x Zentimeter einer Saite haben die Masse von $2x^5 + x$ Gramm. Wie groß ist die Dichte für $x = 3$.
10. Eine Linse projiziert den Punkt x auf den Punkt $x^6 + 3x^2 + x$. Man bestimme ihre Vergrößerung für $x = 1$.
11. Ein bestimmtes Objekt fällt in t Sekunden um $5t^2 + 20t$ Meter.
    (*a*) Man bestimme seine Geschwindigkeit zur Zeit t.
    (*b*) Wie groß ist seine Geschwindigkeit am Beginn der Bewegung für $t = 0$?

■

12. (*a*) Man beweise
    $$c^5 - d^5 = (c^4 + c^3d + c^2d^2 + cd^3 + d^4)(c - d).$$
    (*b*) Mit Hilfe der Formel von (*a*) zeige man, daß die Ableitung von x^5 gleich $5x^4$ ist.
13. (*a*) Man zeichne das Schaubild der Kurve $y = x^5 - 5x$.
    (*b*) Wo schneidet die Kurve die x-Achse?
    (*c*) In welchem Punkt ist die Tangente horizontal?
14. (*a*) Man zeichne das Schaubild von $y = 3x^2 + 5x + 6$.
    (*b*) Man schätze die x-Koordinate des Punktes ab, in dem die Tangente horizontal verläuft.
    (*c*) Mit Hilfe der Ableitung löse man (*b*) exakt.
15. Man zeichne im Punkt $(\frac{1}{2}; \frac{1}{16})$, die Tangente an die Kurve $y = x^4$, ohne das Schaubild der Funktion zu zeichnen.

■■

16. Welchen Zahlenwert erreicht $(x^5 - 1)/(x^3 - 1)$ für $x \to 1$?
17. Man bestimme die Ableitung von
    (*a*) $f(x) = (2x + 1)^2$,
    (*b*) $f(x) = (3x + 1) \cdot (3x - 1)$. *Vorsicht!*
18. (*a*) Man bestimme die Ableitung von $f(x) = x(x - 1)^2$.
    (*b*) In welchem Punkt des Schaubildes ist die Tangente horizontal?
    (*c*) Man zeichne das Schaubild von $y = x(x - 1)^2$.
    (*d*) Wie groß ist vermutlich der größte Wert von $x(x - 1)^2$ für x aus dem Intervall $[0; 1]$.
19. Seien a, b, c, d und e Konstanten und $a \neq 0$.
    (*a*) Wie viele Punkte der x-Achse können maximal auf der folgenden Kurve liegen:
    $$y = ax^4 + bx^3 + cx^2 + dx + e.$$
    (*b*) Wie viele horizontale Tangenten kann die Kurve maximal besitzen?
20. Man gebe zwei Beispiele für ein Polynom mit der Ableitung $x^3 - x^2$.

2.3 Die Ableitung einer Funktion

In Abschnit 2.2 wurde die Ableitung der Funktion $f(x) = x^n$ gefunden und die Ableitungen von Polynomen berechnet. Man kann genausogut die Ableitung anderer Funktionen, wie etwa

$$f(x) = \frac{1}{x}$$

und

$$f(x) = \sqrt{x}$$

berechnen.

Zuerst wollen wir die Ableitung allgemein definieren und dann die Ableitungen dieser beiden speziellen Funktionen berechnen. In der folgenden Herleitung verwenden wir den Funktionsbegriff und verallgemeinern die Rechnungen des vorhergehenden Abschnittes.

Definition der Ableitung einer Funktion: f sei eine Funktion, bei der sowohl der Definitionsbereich, als auch der Wertebereich aus reellen Zahlen besteht. Sei x irgendeine Zahl aus dem Definitionsbereich von f. Existiert

$$\lim_{x_1 \to x} \frac{f(x_1) - f(x)}{x_1 - x},$$

so nennen wir diesen Grenzwert „Ableitung von f an der Stelle x".

Wir betrachten einige Beispiele:

Beispiel 1: Man gebe die Ableitung der Kehrwertfunktion f

$$f(x) = \frac{1}{x}.$$

Lösung: Da der Definitionsbereich die Zahl 0 ausschließt, betrachten wir nur den Fall $x \neq 0$. Der Quotient

$$\frac{f(x_1) - f(x)}{x_1 - x}$$

hat die Gestalt

$$\frac{1/x_1 - 1/x}{x_1 - x} \qquad x_1 \neq x$$

oder

$$\frac{(x - x_1)/xx_1}{x_1 - x} \quad \text{und} \quad \frac{(x - x_1)\,1}{(x_1 - x)\,xx_1}.$$

Mit $x - x_1 = -(x_1 - x)$, vereinfacht sich dies zu

$$\frac{-1}{xx_1}.$$

Wie verhält sich dieser Quotient für $x_1 \to x$? Wie groß ist also

$$\lim_{x_1 \to x} \frac{-1}{xx_1}?$$

Dieser Grenzwert ist nicht schwer zu berechnen:

$$\lim_{x_1 \to x} \frac{-1}{xx_1} = -\frac{1}{xx} = -\frac{1}{x^2}.$$

Die Ableitung der Funktion $1/x$ ist somit durch die Funktion $-1/x^2$ gegeben. •

Die Formel für die Ableitung von $1/x$ sollte man sich einprägen!

Ist das Ergebnis von Beispiel 1 plausibel? Da x^2 für alle Werte von x positiv bleibt, ist der Anstieg $-1/x^2$ immer negativ. Ferner ist der Betrag $-1/x^2$ für kleine x sehr groß, die Tangenten werden dort sehr steil. Ist hingegen x sehr groß, so wird $-1/x^2$ klein und negativ. Die Tangenten werden fast horizontal, sind aber leicht abwärts geneigt.

Stimmen diese Schlußfolgerungen mit dem Schaubild der Funktion überein? Das Schaubild von $1/x$ (siehe auch Abschnitt 1.2) ist in Bild 2.12 gezeigt.

Alle unsere Aussagen werden bestätigt. Die Tangenten haben alle negativen Anstieg; darüber hinaus sind sie für kleine x sehr steil und werden für große $|x|$ fast horizontal.

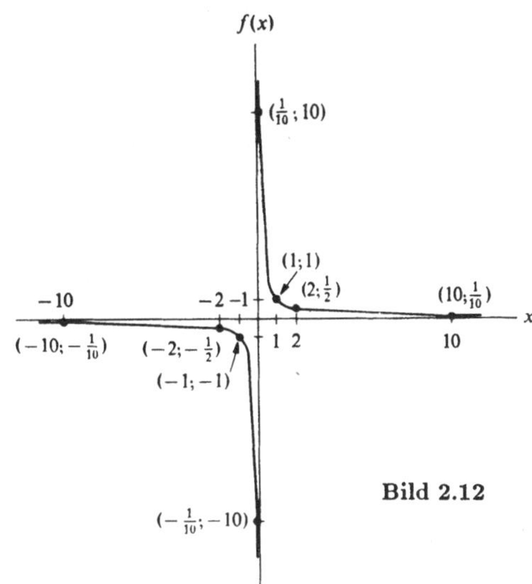

Bild 2.12

Beispiel 2: Wie lautet die Ableitung der Quadratwurzelfunktion.

Lösung: Untersuchen wir

$$\lim_{x_1 \to x} \frac{f(x_1) - f(x)}{x_1 - x}$$

im Fall $f(x) = \sqrt{x}$. Da die Quadratwurzelfunktion für negative Zahlen nicht definiert ist, beschränken wir uns auf $x \geqslant 0$. Die Werte der Quadratwurzel sind nicht negativ. In diesem Fall gilt

$$f(x) = \sqrt{x} \quad \text{und} \quad f(x_1) = \sqrt{x_1}.$$

Der Quotient

$$\frac{f(x_1) - f(x)}{x_1 - x}$$

ist in diesem Falle gleich

$$\frac{\sqrt{x_1} - \sqrt{x}}{x_1 - x}.$$

Wie verhält sich dieser Quotient für $x_1 \to x$? Sowohl der Zähler als auch der Nenner streben gegen 0. Um den sinnlosen Ausdruck 0/0 zu umgehen, müssen wir den Quotienten mit Hilfe von algebraischen Identitäten umformen. Die Formel für $c^n - d^n$ aus Abschnitt 2.2 ist hier nicht von Nutzen. Statt dessen multiplizieren wir Zähler und Nenner mit $\sqrt{x_1} + \sqrt{x}$, um im Nenner $x_1 - x$ zu erhalten:

$$\begin{aligned}\frac{\sqrt{x_1} - \sqrt{x}}{x_1 - x} &= \frac{(\sqrt{x_1} - \sqrt{x})(\sqrt{x_1} + \sqrt{x})}{(x_1 - x)(\sqrt{x_1} + \sqrt{x})} \\ &= \frac{(\sqrt{x_1})^2 - (\sqrt{x})^2}{(x_1 - x)(\sqrt{x_1} + \sqrt{x})} \\ &= \frac{x_1 - x}{(x_1 - x)(\sqrt{x_1} + \sqrt{x})} \\ &= \frac{1}{\sqrt{x_1} + \sqrt{x}} \qquad x_1 \neq x.\end{aligned}$$

Wir untersuchen nun den viel einfacheren Ausdruck

$$\frac{1}{\sqrt{x_1} + \sqrt{x}}$$

für $x_1 \to x$. Wir unterscheiden die beiden Fälle $x > 0$ und $x = 0$. Im ersten Fall $x > 0$ gilt für $x_1 \to x$

$$\frac{1}{\sqrt{x_1} + \sqrt{x}} = \frac{1}{\sqrt{x} + \sqrt{x}} = \frac{1}{2\sqrt{x}}.$$

Also ist die Ableitung der Quadratwurzelfunktion im Punkt $x > 0$ gleich

$$\frac{1}{2\sqrt{x}}.$$

Die Formel für die Ableitung $\sqrt{x}$ sollte man sich einprägen!

Für $x = 0$ erhalten wir

$$\frac{1}{\sqrt{x_1}+\sqrt{x}} = \frac{1}{\sqrt{x_1}+0} = \frac{1}{\sqrt{x_1}} .$$

Für $x_1 \to 0$ wird der Quotient $1/\sqrt{x_1}$ immer größer und größer; er besitzt keinen Grenzwert. Die Ableitung der Quadratwurzelfunktion ist daher an der Stelle $x = 0$ nicht definiert. •

Ist das Ergebnis von Beispiel 2 plausibel? Demnach wäre für große x der Anstieg der Tangente in $(x; \sqrt{x})$ fast Null, da der Ausdruck $1/(2\sqrt{x})$ fast Null wird. Um den Graphen zu zeichnen, gehen wir von der Tabelle

x	0	1	4	9	16	25
$\sqrt{x}$	0	1	2	3	4	5

aus. Aus den angegebenen sechs Punkten läßt sich die Kurve leicht zeichnen (**Bild 2.13**). Weit rechts ist die Tangente tatsächlich fast horizontal, wie die Formel $1/(2\sqrt{x})$ anzeigt. In der Nähe von $x = 0$ ist die Ableitung $1/(2\sqrt{x})$ groß. Die Kurve wird dort immer steiler.

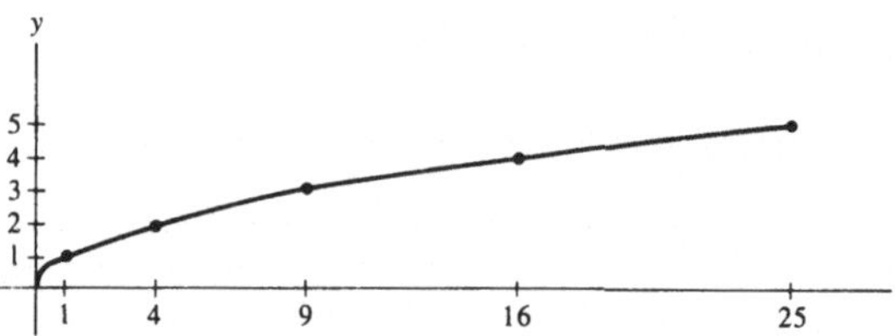

Bild 2.13

Man könnte aus den bisherigen Beispielen den Eindruck gewinnen, daß jede auf der gesamten Zahlengeraden definierte Funktion auch für alle Werte von x eine Ableitung besitzt. Dies ist jedoch nicht der Fall. Das nächste Beispiel zeigt, daß die Absolutwertfunktion für $x = 0$ keine Ableitung besitzt.

Beispiel 3: Das Schaubild der Funktion f mit der Formel $f(x) = |x|$ wurde bereits in Abschnitt 1.2 diskutiert. Der scharfe Knick bei (0; 0) (Bild 2.14) wirft die Frage auf, wie die Tangente dort definiert werden könnte. Tatsächlich besitzt diese Funktion keine Ableitung für $x = 0$. Man beweise dies!

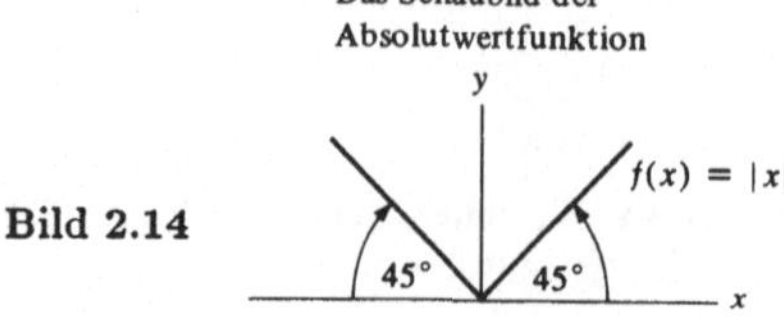

Bild 2.14

Lösung: Für positive Werte von x_1 gilt $f(x_1) = x_1$ und der Quotient

$$\frac{f(x_1)-f(x)}{x_1 - x}$$

ist gleich

$$\frac{x_1 - 0}{x_1 - 0}$$

oder

$$1.$$

x_1 kann aber auch negativ sein, denn wir können uns von jeder der beiden Seiten an 0 annähern. Für negative x_1 gilt $f(x_1) = -x_1$ und der Quotient wird zu

$$\frac{-x_1 - 0}{x_1 - 0}$$

oder

$$-1.$$

Da der Quotient verschiedene Werte annimmt, je nachdem ob sich x_1 von rechts oder von links Null nähert, gibt es für $x_1 \to 0$ keinen eindeutigen Wert des Quotienten

$$\frac{f(x_1)-f(0)}{x_1 - 0} .$$

Die Absolutwertfunktion besitzt also für $x = 0$ keine Ableitung. Mit anderen Worten

$$\lim_{x_1 \to 0} \frac{f(x_1)-f(0)}{x_1 - 0}$$

existiert nicht. •

Für alle anderen Werte von x besitzt die Funktion $|x|$ hingegen eine Ableitung. Man sagt daher, sie sei in jedem Punkt x differenzierbar, ausgenommen $x = 0$. Allgemein gilt folgende Definition.

Definition: Eine Funktion f heißt *differenzierbar an der Stelle* x, wenn

$$\lim_{x_1 \to x} \frac{f(x_1)-f(x)}{x_1 - x}$$

existiert. Ist eine Funktion für jeden Wert x ihres Definitionsbereiches differenzierbar, so nennt man die Funktion *differenzierbar.*

So ist zum Beispiel die Quadratfunktion differenzierbar. Tatsächlich sind die meisten in der Praxis auftretenden Funktionen differenzierbar. Andererseits ist weder die Absolutwertfunktion noch die Quadratwurzelfunktion für $x = 0$ differenzierbar. Viele wichtige Funktionen sind für alle Werte ihres Definitionsbereiches mit Ausnahme einiger isolierter Punkte differenzierbar.

Das Schaubild einer typischen Funktion f ist eine Kurve. Zunächst zeichnen wir $f(x)$ und $f(x_1)$, dann interpretieren wir den Quotienten

$$\frac{f(x_1)-f(x)}{x_1 - x}$$

aus dem Schaubild der Kurve (Bild 2.15).

Der Zähler

$$f(x_1)-f(x)$$

entspricht der vertikalen Seite und der Nenner $x_1 - x$ entspricht der horizontalen Seite eines rechtwinkeligen Dreiecks.

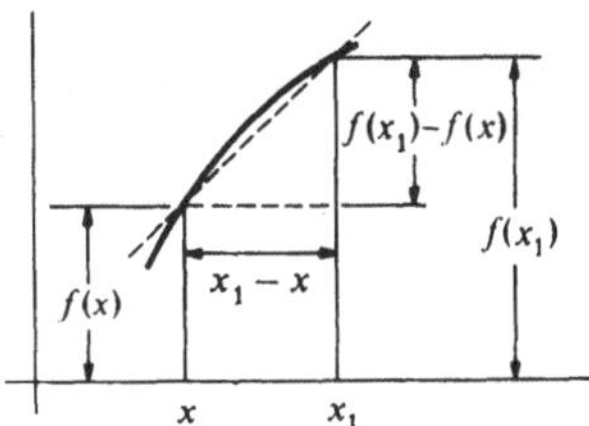

Bild 2.15

Der Quotient gibt den Anstieg der Geraden durch die Punkte $(x; f(x))$ und $(x_1; f(x_1))$. Diese Deutung haben wir bereits bei der Berechnung der Tangente an das Schaubild von $y = x^2$ im Punkt (2; 4) benützt.

Die Schreibweise x und $x + h$: Manchmal ist es vorteilhaft für die Größe x_1

$$x_1 = x + h$$

zu setzen, wobei h als klein angenommen wird (Bild 2.16).

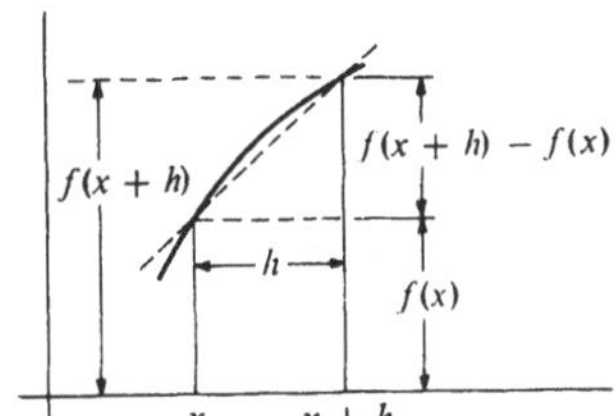

Bild 2.16

Der Quotient

$$\frac{f(x_1) - f(x)}{x_1 - x}$$

schreibt sich dann

$$\frac{f(x+h) - f(x)}{h}.$$

Die Ableitung ist nun durch

$$\lim_{h \to 0} \frac{f(x+h) - f(x)}{h}$$

gegeben. Dies ist zwar die gleiche Definition der Ableitung wie zuvor, jedoch führt sie zu anderen algebraischen Manipulationen. Die Ableitungen der trinonometrischen, der Exponential- und der Logarithmusfunktionen können mit Hilfe der Bezeichnungen x und $x + h$ leichter berechnet werden, als mit Hilfe unserer ursprünglichen Definition (siehe Kap. 4).

Um die beiden Bezeichnungen zu vergleichen, wollen wir zunächst die Ableitung der Quadratfunktion berechnen, indem wir anstelle von x und x_1 nun x und $x + h$ setzen. (Das Resultat ist bereits bekannt und sollte gleich $2x$ sein.)

Beispiel 4: Man berechne

$$\lim_{h \to 0} \frac{f(x+h) - f(x)}{h}$$

für die Quadratfunktion.

Lösung: Da der Wert der Quadratfunktion immer durch das Quadrat des Eingabewertes gegeben ist, erhalten wir

$$f(x+h) = (x+h)^2$$

und

$$f(x) = x^2.$$

Der Quotient

$$\frac{f(x+h) - f(x)}{h} = \frac{(x+h)^2 - x^2}{h}$$

kann vereinfacht werden:

$$\frac{(x+h)^2 - x^2}{h} = \frac{x^2 + 2xh + h^2 - x^2}{h}$$

$$= \frac{2xh + h^2}{h}$$

$$= 2x + h.$$

Die Algebra dieser Umformungen unterscheidet sich deutlich von unserer früheren Berechnung. Anstelle der Identität $c^2 - d^2 = (c - d)(c + d)$ verwenden wir jetzt zur Berechnung von $(x + h)^2$ die Relation

$$(c + d)^2 = c^2 + 2cd + d^2.$$

Schließlich müssen wir $2x + h$ für $h \to 0$ untersuchen: In diesem Falle gilt $2x + h \to 2x$. Folglich erhalten wir für $\lim_{h \to 0} (2x + h) = 2x$. Die Ableitung ist wie erwartet gleich $2x$. ●

Mit Hilfe des Begriffs der Ableitung sind wir nun in der Lage, die Begriffe *Tangente, Geschwindigkeit, Vergrößerung* und *Dichte* exakt zu definieren. Wir haben diese Größen bisher mehr intuitiv behandelt. Ihre exakten Definitionen ergeben sich aus der Übereinstimmung unserer Rechnungen bei den vier Problemen von Abschnitt 2.1.

Definition der Tangente an eine Kurve: Die Tangente an das Schaubild einer Funktion f im Punkt $P = (x; y)$ ist jene Gerade durch P, deren Anstieg durch die Ableitung von f an der Stelle x gegeben ist.

Die Geschwindigkeit eines Körpers ist im alltäglichen Sinne niemals negativ. In der Physik hingegen kann sie jedoch je nach ihrer Richtung sowohl positiv als auch negativ sein. Dem alltäglichen Geschwindigkeitsbegriff entspricht der Absolutwert der physikalischen Geschwindigkeit.

Definition der Geschwindigkeit eines Teilchens auf einer geradlinigen Bahn: Ein Objekt sei zur Zeit t am Ort $f(t)$. Seine Geschwindigkeit zur Zeit t ist dann durch die Ableitung von f gegeben. Der Absolutwert der Geschwindigkeit entspricht dem alltäglichen Geschwindigkeitsbegriff.

Definition der Vergrößerung eines linearen Projektors: Die Vergrößerung einer Linse, die den Punkt x von einer Geraden auf den Punkt $f(x)$ einer anderen Geraden projiziert, ist durch die Ableitung von f an der Stelle x gegeben.

Definition der Dichte eines Materials: Die Dichte eines Materials, das entlang einer Geraden in den ersten x Zentimetern eine Masse von $f(x)$ Gramm besitzt, ist durch die Ableitung von f an der Stelle x gegeben.

Der Anstieg einer Geraden war durch den Quotienten $(y_2 - y_1)/(x_2 - x_1)$ definiert, wobei $P_1 = (x_1; y_1)$ und $P_2 = (x_2; y_2)$ zwei verschiedene Punkte der Geraden waren. Wir können nun ganz allgemein den Anstieg einer Kurve in einem beliebigen Punkt definieren.

Definition des Anstiegs einer Kurve: Der Anstieg des Schaubildes einer Funktion f im Punkt $(x; f(x))$ ist durch die Ableitung von f an der Stelle x gegeben.

Es gibt mehrere Bezeichnungsweisen für die Ableitung einer Funktion f. Die einfachste ist f' (man lese „f Strich"). Die Ableitung von f an der Stelle x ist dann einfach $f'(x)$. Der Satz: „Die Ableitung der Kubusfunktion ist dreimal die Quadratfunktion" wird geschrieben:

$$(x^3)' = 3x^2.$$

Ähnlich gilt

$$(x^2)' = 2x$$

$$\left(\frac{1}{x}\right)' = \frac{-1}{x^2}$$

und

$$(\sqrt{x})' = \frac{1}{2\sqrt{x}}.$$

Die Ableitung gibt die Rate einer Veränderung an. Die Ableitung einer Funktion kann man sich immer als die Rate ihrer Veränderung vorstellen. Beschreibt die Funktion die Lage eines bewegten Teilchens, so gibt die Ableitung die Geschwindigkeit des Teilchens; die Geschwindigkeit wiederum beschreibt jene Rate, mit der sich die Lage des Teilchens ändert. Wenn die Funktion den y-Wert entlang einer Kurve beschreibt, so ist die Ableitung der Anstieg der Kurve; der Anstieg einer Kurve gibt an, wie schnell sich der y-Wert ändert, wenn sich x ändert.

Übungen:

In den Übungen 1 bis 6 ist die Ableitung der angegebenen Funktion nach der Formel

$$\lim_{x_1 \to x} \frac{f(x_1) - f(x)}{x_1 - x}$$

zu berechnen.

1. $3\sqrt{x} + 4$.
2. $1/\sqrt{x}$.
3. $6x^2 + 3x + 2$.
4. x^3.
5. $1/x^2$.
6. $2x + 3/x$.
7. f sei die Funktion mit der Formel $f(x) = x^2$. Man berechne als Dezimalzahl

$$\frac{f(x+h) - f(x)}{h}$$

für (*a*) $x = 3$ und $h = 0{,}1$; für (*b*) $x = 3$ und $h = 0{,}01$; für (*c*) $x = 3$ und $h = -0{,}1$.

In den Übungen 8 und 9 ist die Ableitung mit Hilfe der Formel

$$\lim_{h \to 0} \frac{f(x+h) - f(x)}{h}$$

zu berechnen.

8. $3x^2 + 5/x$.
9. $5 + 2x + 3\sqrt{x}$.
10. Eine Schnecke kriecht $\sqrt{t}$ Meter in t Sekunden. Wie groß ist ihre Geschwindigkeit für t gleich
(*a*) $\frac{1}{9}$? (*b*) 1?
(*c*) 4? (*d*) 9?
11. Die ersten x Zentimeter einer Saite haben eine Masse von $\sqrt{x}$ Gramm. Wie groß ist die Dichte für x gleich
(*a*) $\frac{1}{4}$? (*b*) 1?
Ist die Dichte für $x = 0$ definiert?

■

12. Aus Beispiel 2 wissen wir, daß die Ableitung der Quadratwurzel $y = \sqrt{x}$ in der Nähe von (0; 0) sehr steil ist. Man überprüfe dies durch Ergänzung der folgenden Tabelle für $y = \sqrt{x}$ und x aus [0; 1].

x	0	0,16	0,25	0,49	0,64	0,81	1,00
$\sqrt{x}$				0,7			

13. (*a*) Man zeichne das Schaubild der Funktion $1/x$.
(*b*) Man zeichne die Gerade durch (1; 1) und $(1+h; 1/(1+h))$ für $h = 2$, $h = 1$ und $h = \frac{1}{4}$.
(*c*) Wie groß ist der Anstieg der Tangente an das Schaubild im Punkt (1; 1)? (Beispiel 1 gab die generelle Formel.)
(*d*) Man zeichne die Tangente aus (*c*) unter Verwendung des Anstiegs. Welchen Winkel schließt die Tangente mit der x-Achse ein?
14. f sei die Funktion, deren Wert bei x gleich $1/x^3$ ist.
(*a*) Man vereinfache den Ausdruck
$$(f(x_1) - f(x))/(x_1 - x)$$
so weit wie möglich.
(*b*) Unter Verwendung von (*a*) ist die Ableitung von f zu berechnen.
15. Man zeichne ein Schaubild von $y = x^3$.
(*a*) Warum kann man die Tangente an das Schaubild im Punkte (0; 0) nicht als „jene Gerade durch (0; 0) definieren, die das Schaubild nur einmal schneidet"?
(*b*) Warum kann man die Tangente an das Schaubild in (1; 1) nicht als „jene Gerade durch (1; 1) definieren, die das Schaubild nur einmal schneidet"?
(*c*) Wie ist die Tangente in jedem Punkt des Schaubildes definiert?

Das nächste Beispiel behandelt eine Linse mit negativer Vergrößerung. Dies heißt, daß die Linse links und rechts vertauscht: Liegt x_1 rechts von x, so liegt das Bild von x_1 links vom Bild von x.

16. Eine Linse projiziert den Punkt x auf den Punkt $1/x$.
(*a*) Wie stark wird das Intervall [0,5; 0,6] vergrößert?
(*b*) Wie stark ist die Vergrößerung bei 0,5?
(*c*) Wie stark ist die Vergrößerung im Intervall [2; 2,1]?
(*d*) Wie stark ist die Vergrößerung bei 2?

■■

17. (*a*) Ist $(x^3 + x^2)'$ gleich $(x^3)' + (x^2)'$?
(*b*) Ist $(x^3x^2)'$ gleich $(x^3)'(x^2)'$?
(*c*) Ist $(x^3/x^2)'$ gleich $(x^3)'/(x^2)'$?
18. Die Höhe eines in die Luft geworfenen Balles beträgt nach t Sekunden $(64t - 5t^2)$ Meter.
(*a*) Man zeige, daß seine Geschwindigkeit nach t Sekunden gleich $(64 - 10t)$ Meter pro Sekunde ist.
(*b*) Wie groß ist seine Geschwindigkeit für $t = 0$? $t = 1$? $t = 2$? $t = 3$?
(*c*) Wie groß ist der Absolutwert seiner Geschwindigkeit für $t = 0$? $t = 1$? $t = 2$? und $t = 3$?
(*d*) Für welche Werte von t steigt der Ball auf? Für welche fällt er?
19. Beim Studium des Einsickerns von Wasser in den Ackerboden werden manchmal Gleichungen wie $y = \sqrt{t}$ verwendet: Das Wasser dringt in t Sekunden $\sqrt{t}$ Meter ein.
(*a*) Was ist dann die physikalische Bedeutung der Ableitung $1/(2\sqrt{t})$?

(*b*) Was sagt (*a*) für große *t* über die Rate aus, mit der das Wasser in den Ackerboden eindringt.

20. *f* sei die Exponentialfunktion mit der Formel $f(x) = 10^x$.

(*a*) Man ergänze die folgende Tabelle

x	-2	-1	0	1
10^x	0,01			10

(*b*) Man zeichne die Funktion für x aus $[-2; 1]$. (Für beide Achsen sollte derselbe Maßstab verwendet werden.)

(*c*) Unter Verwendung eines Lineals zeichne man grob die Tangente im Punkt (0; 1).

(*d*) Man gebe eine Schätzung des Anstiegs der Geraden aus (*c*) an, am besten mit Hilfe eines in Zentimetern markierten Lineals.

(*e*) Die Ableitung von 10^x bei $x = 0$ ist durch

$$\lim_{h \to 0} \frac{10^h - 1}{h}$$

gegeben. Man zeige dies!

(*f*) Der Grenzwert aus (*e*) ist schwer zu berechnen. Welche Schätzung gibt (*d*) für diesen Grenzwert an?

(*g*) Man bezeichne den Grenzwert in (*e*) einfach mit *c* und zeige $(10^x)' = c\,10^x$.

2.4 Zusammenfassung

Vier verschiedene Probleme führten uns auf den Begriff der Ableitung: Geschwindigkeit eines bewegten Teilchens, Tangente an eine Kurve, Vergrößerung durch eine Linse und Massendichte längs einer Saite.

Der Wert der Ableitung einer Funktion *f* an der Stelle *x* ist definiert als

$$\lim_{x_1 \to x} \frac{f(x_1) - f(x)}{x_1 - x}$$

oder gleichbedeutend als

$$\lim_{h \to 0} \frac{f(x+h) - f(x)}{h}.$$

Für die wichtigsten Funktionen der Infinitesimalrechnung und ihre Anwendungen existiert dieser Grenzwert im gesamten Definitionsbereich der Funktion mit höchstens einigen Ausnahmen. So besitzt die Absolutwertfunktion für $x = 0$ keine Ableitung.

Eine häufige Bezeichnung für die Ableitung einer Funktion *f* ist f'. Die Ableitung selbst ist ebenfalls eine Funktion, da sie jeder Zahl *x* die Ableitung an der Stelle *x* zuordnet. Speziell wurde gezeigt:

$$(x^n)' = nx^{n-1} \qquad n = 1, 2, 3, 4, \dots,$$

$$(\sqrt{x})' = \frac{1}{2\sqrt{x}},$$

$$\left(\frac{1}{x}\right)' = -\frac{1}{x^2}.$$

Mit Hilfe des Ableitungsbegriffes konnten präzise Definitionen für die Tangente in einem Punkt einer Kurve, für den Anstieg der Kurve in diesem Punkt, für die Geschwindigkeit und deren Absolutwert, für die Vergrößerung und für die Dichte gegeben werden.

Genauso wie die Geschwindigkeit ein Maß für die zeitliche Veränderung des Abstands darstellt, so gibt die Ableitung im allgemeinen ein Maß für die „Wachstumsrate" einer Funktion.

Verursacht eine leichte Veränderung im Eingabewert einer Funktion bereits eine große Veränderung im Funktionswert, so ist die Ableitung sehr groß. Im allgemeinen ist die Ableitung ein Maß für die Veränderungsrate einer Größe.

Die Tabelle auf S. 24 ist wichtig und sollte sorgfältig studiert werden. Die fünfte und sechste Zeile basieren auf den Übungen 16 und 17 von Abschnitt 2.1. Die letzte Zeile beschreibt das allgemeinere Konzept. Die anderen Zeilen geben spezielle Anwendungen der Ableitung.

Begriffe und Symbole

Intervall $[a, b]$	differenzierbar
Grenzwert	Anstieg einer Kurve
$x_1 \to x$, $\lim\limits_{x_1 \to x}$	Geschwindigkeit
Ableitung: f'	Vergrößerung
differenzierbar an der Stelle x	Dichte

Wichtige Ergebnisse

$(x^2)' = 2x$, $(x^3)' = 3x^2$.

Oder allgemeiner

$$(x^n)' = nx^{n-1} \qquad n = 1, 2, 3, 4, \dots$$

$$\left(\frac{1}{x}\right)' = -\frac{1}{x^2} \qquad x \neq 0$$

$$(\sqrt{x})' = \frac{1}{2\sqrt{x}} \qquad x \neq 0$$

$$(cx^n)' = cnx^{n-1} \qquad n = 1, 2, 3, 4, \dots.$$

Die Ableitung eines Polynoms ist die Summe der Ableitungen seiner einzelnen Terme.

Testaufgaben zu Kapitel 2

1. Man definiere die Ableitung einer Funktion.
2. Man bestimme die Ableitung von $x^2 + 3/x$ für $x = 2$.
3. Man berechne die Ableitung von
   (*a*) $5x^3 - x^2 + 2$ für $x = 1$;
   (*b*) $1/x$ für $x = -1$;
   (*c*) $\sqrt{x}$ für $x = \frac{1}{4}$.
4. *f* sei eine differenzierbare Funktion und x_1 und x seien zwei Zahlen mit $x_1 > x$. Man interpretiere $f(x_1) - f(x)$, $x_1 - x$ und den Quotienten $(f(x_1) - f(x))/(x_1 - x)$ unter folgenden Voraussetzungen
   (*a*) $f(x)$ ist die Höhe einer Rakete x Sekunden nach dem Start.
   (*b*) $f(x)$ ist die Anzahl von Bakterien in einer Kultur zur Zeit x;
   (*c*) $f(x)$ ist die Masse der ersten x Zentimeter einer Saite;
   (*d*) $f(x)$ ist das Bild des Punktes x.

Wenn x bedeutet	*dann gibt f(x)*	$\frac{f(x+h)-f(x)}{h}$ *gibt*	*für h → 0 gibt der Quotient*
die Abszisse eines Punktes in der Ebene	die Ordinate dieses Punktes	den Anstieg einer bestimmten Geraden	den Anstieg der Tangente
die Zeit	den Ort eines geradlinig bewegten Teilchens	die mittlere Geschwindigkeit für ein Zeitintervall	die Geschwindigkeit zur Zeit x
einen Punkt auf einer linearen Skala	seine Projektion auf einen linearen Schirm	die mittlere Vergrößerung	die Vergrößerung bei x
die Lage eines Punktes auf einer inhomogenen Saite	die Masse zwischen 0 und x	die mittlere Dichte	die Dichte bei x
die Zeit	Masse einer Bakterienkultur zur Zeit x	die mittlere Wachstumsrate in einem Zeitintervall	die Wachstumsrate zur Zeit x
die Zeit	gesamten Gewinn bis zur Zeit x	mittlere Gewinnrate in einem Zeitintervall	Gewinnrate zur Zeit x
eine beliebige Zahl	eine Zahl, die von x abhängt	einen Quotienten: die Veränderung des Funktionswertes dividiert durch die Veränderung des Eingabewertes	die Ableitung an der Stelle x (die Zuwachsrate der Funktion hinsichtlich x)

5. Man finde $(x^4)'$ unter Verwendung
   (*a*) der x- und x_1-Notation,
   (*b*) der x- und $x+h$-Notation.
6. Man definiere
   (*a*) die Tangente an eine Kurve,
   (*b*) die Geschwindigkeit,
   (*c*) den Absolutwert der Geschwindigkeit.
7. Anhand einer Skizze zeige man für eine typische Funktion f
   (*a*) die Gerade mit dem Anstieg
   $(f(x_1)-f(x))/(x_1-x)$,
   (*b*) die Tangente im Punkt $(x; f(x))$.
8. Es folgt ein kurzer Auszug aus der Tabelle für die Kubikwurzelfunktion f, mit $f(x)=\sqrt[3]{x}$.

x	62	63	64	65	66
$\sqrt[3]{x}$	3,9579	3,9791	4,0000	4,0207	4,0412

   (*a*) Mit $x_1=65$ und $x=64$ schätze man $(\sqrt[3]{x})'$ für $x=64$.
   (*b*) Mit $x_1=63$ und $x=64$ schätze man $(\sqrt[3]{x})'$ für $x=64$.
   (*c*) Mit $x=64$ und $h=-2$ schätze man $(\sqrt[3]{x})'$ für $x=64$.
   (*d*) Mit $x=64$ und $h=2$ schätze man $(\sqrt[3]{x})'$ für $x=64$.
9. Eine Linse projiziere den Punkt x der x-Achse auf den Punkt x^3 einer linearen Projektionswand.
   (*a*) Wie stark wird das Intervall von $[2; 2,1]$ vergrößert?
   (*b*) Wie stark wird das Intervall von $[1,9; 2]$ vergrößert?
   (*c*) Wie stark ist die Vergrößerung für $x=2$?

Übungen zu Kapitel 2

1. Wie groß ist die Ableitung von
   (*a*) x^5-3x^4+2x+6?
   (*b*) $1/x$?
   (*c*) $\sqrt{x}$?
   (*d*) $1/x^2$?
2. Man zeichne das Schaubild $y=2x^3-15x^2+36x$ und zeige im besonderen, wo die Kurve die x-Achse schneidet und wo die Tangente horizontal ist.
3. Man bestimme die Ableitung von $(x^2+1)^2$.
4. Man erkläre aus der Definition der Ableitung warum $f(x)=|x-1|$ für $x=1$ nicht differenzierbar ist.
5. a_0, a_1, a_2, a_3 seien feste Zahlen. Mit Hilfe der x_1- und x-Notation zeige man
   $(a_0x^3+a_1x^2+a_2x+a_3)'=3a_0x^2+2a_1x+a_2$.
6. Sei f eine Funktion mit der Formel $f(x)=3/(x+1)$. Man bestimme f' für $x=2$ und verwende die x- und x_1-Notation.
7. f sei die Funktion, deren Wert für x gleich $4x^2$ ist.
   (*a*) Man berechne $(f(2,1)-f(2))/0,1$.
   (*b*) Wie lautet die Interpretation des Quotienten aus (*a*), wenn $f(x)$ den gesamten Gewinn einer Firma (in Millionen DM) in den ersten x Jahren bezeichnet?
   (*c*) Wie lautet die Interpretation des Quotienten aus (*a*) wenn $f(x)$ die Höhe der Ordinate im Schaubild von $y=4x^2$ bedeutet?
   (*d*) Wie lautet die Interpretation des Quotienten aus (*a*), wenn $f(x)$ die Strecke angibt, die ein Teilchen in den ersten x Sekunden zurücklegt.
10. Man stelle $(f(2+h)-f(2))/h$ so einfach wie möglich dar, für
   (*a*) $f(x)=4x^2$; (*b*) $f(x)=7/x$;
   (*c*) $f(x)=3x+5$; (*d*) $f(x)=4$ für alle x.
11. Man stelle den Quotienten $(f(x_1)-f(1))/(x_1-1)$ so einfach wie möglich dar für
   (*a*) $f(x)=5x^3$; (*b*) $f(x)=3/x^2$;
   (*c*) $f(x)=6x-1$; (*d*) $f(x)=4x^2-x+6$.
12. Wenn die Funktion f das Gewicht einer Person (unabhängig vom Alter) angibt, dann gibt die Ableitung f' ______ .
13. (*a*) Wenn die Funktion f den Verkaufswert eines Autos (in Abhängigkeit von seinem Baujahr) bezeichnet, dann gibt f' ______ .
   (*b*) Wann ist in (*a*) die Ableitung negativ, positiv? Was ist der häufigere Fall?
14. (*a*) Die ersten x Zentimeter einer Saite haben eine Masse von $3x^4$ Gramm. Wie groß ist die Dichte für $x=1$?
   (*b*) Man beschreibe ein Vergrößerungsproblem, das mathematisch zu (*a*) äquivalent ist.
   (*c*) Man beschreibe ein Geschwindigkeitsproblem, das mathematisch zu (*a*) äquivalent ist.
15. Gegeben ist die Temperaturkarte eines kalten Tages (Bild 2.17) f sei jene Funktion, die der Zeit t die Temperatur zu dieser Zeit zuordnet. Aus dem Schaubild entnehmen wir $f(12)=25$.
   (*a*) Für welches t ist $f(t)=0$?
   (*b*) Für welche t ist die Ableitung von f gleich 0?
   (*c*) Für welche t ist $f(t)\geqslant 0$?
   (*d*) Für welche t ist die Ableitung $\geqslant 0$?
   (*e*) Für welche t ist die Ableitung $\leqslant 0$?
   (*f*) Zu welcher Zeit war die Temperatur am niedrigsten? Und zu welcher Zeit am höchstens?

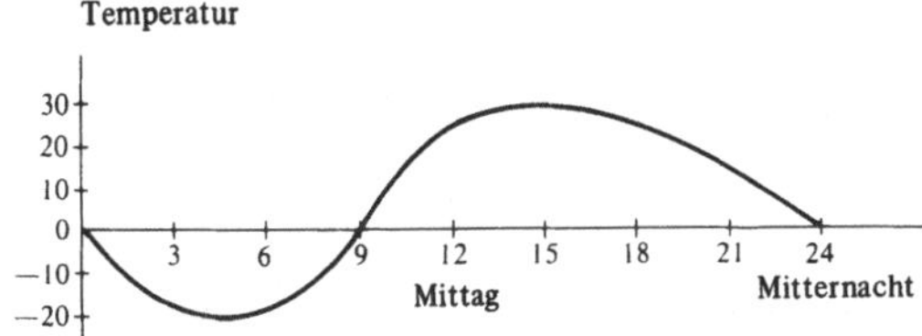

Bild 2.17

16. Man stelle $(f(x+h)-f(x))/h$ so einfach wie möglich dar für

(*a*) f gleich der Quadratfunktion und x gleich 5;

(*b*) f gleich der Kehrwertfunktion und x gleich 2;

(*c*) f gleich der Kubusfunktion und x gleich 4.

17. f sei die Funktion mit der Formel $f(x) = 5x - 2$.

(*a*) Man stelle $(f(x+h)-f(x))/h$ so einfach wie möglich dar.

(*b*) Aus (*a*) bestimme man $(5x-2)'$.

18. (*a*) Man betrachte die Gerade mit Anstieg m durch den Punkt $(x_1; y_1)$. Sei $(x; y)$ ein Punkt der Geraden und vom Punkt $(x_1; y_1)$ verschieden. Man zeige

$$\frac{y-y_1}{x-x_1} = m.$$

(*b*) Das Schaubild der Gleichung $y = y_1 + m(x - x_1)$ stellt die Gerade durch $(x_1; y_1)$ mit Anstieg m dar. Man zeige dies!

19. (Siehe Übung 18.) Man bestimme im Punkt $(1; -1)$ die Gleichung der Tangene an die Kurve $y = x^3 - 2x^2$.

20. (Siehe Übung 18.) Man bestimme im Punkt $(2; 16)$ die Gleichung der Tangene an die Kurve $y = 2x^4 - 6x^2 + 8$.

■■

21. Man bestimme

$$\lim_{x\to 4} \frac{x^2-16}{\sqrt{x}-2}.$$

22. Man bestimme

$$\lim_{h\to 0} \frac{f(x+2h)-f(x)}{h}$$

für (*a*) $f(x) = x^2$, (*b*) $f(x) = 1/x$.

23. (*a*) Man bestimme mit der Formel für die Ableitung eines Polynoms $(x^3 - 3x)'$.

(*b*) Für welche Werte von x ist die Ableitung in (*a*) positiv? negativ? gleich Null?

(*c*) Man zeichne das Schaubild $y = x^3 - 3x$, zeichne einige Punkte und verwende die Information aus (*b*).

24. (*a*) Man zeichne freihändig die Kurve einer typischen Funktion f.

(*b*) Man markiere an der Kurve die Punkte $P_0 = (x; f(x))$, $P_1 = (x+h; f(x+h))$ und $P_2 = (x-h; f(x-h))$.

(*c*) Der Anstieg der Geraden durch P_1 und P_2 ist durch

$$\frac{f(x+h)-f(x-h)}{2h}$$

gegeben. Man zeige dies.

(*d*) Angenommen die Funktion sei differenzierbar. Wie lautet vermutlich der Grenzwert des Ausdruckes

$$\lim_{h\to 0} \frac{f(x+h)-f(x-h)}{2h}?$$

(*e*) Man berechne diesen Grenzwert für $f(x) = x^3$.

Die restlichen Übungen geben anschauliche Beispiele für einen neuen Aspekt des Grenzwertbegriffes, der Hauptgegenstand des nächsten Kapitels sein wird (wir benötigen in der Folge einen Taschenrechner).

25. Wie verhält sich die Zahl $(0{,}99)^n$, wenn n immer größere positive ganze Werte annimmt? Man berechne $(0{,}99)^n$ etwa für $n = 5, 10$ und 20.

26. Wie verhält sich der Quotient

$$\frac{2x^2+x}{3x^2+5x}$$

(*a*) für x in der Nähe von 0 (etwa $x = 0{,}1$),

(*b*) für sehr große x (etwa $x = 20$)?

27. Wenn der Taschenrechner ein $\sqrt{x}$-Programm besitzt, wie verhält sich $\sqrt{x^2+x} - x$ für sehr große positive x, etwa $x = 10$ und $x = 100$ (Taschenrechner!)

28. (*a*) Man bestimme die Werte von $(1 + 1/n)^n$ für $n = 1, 2, 3, 4, 5, \ldots$ und größere positive Werte von n. Desgleichen für $n = -2, -3$ und große negative Werte von n.

(*b*) Dasselbe für $(1 - 1/n)^n$.

(*c*) Was läßt sich daraus für die Ausdrücke in (*a*) und (*b*) schließen, wenn n immer größer wird?

3 Grenzwerte und stetige Funktionen

Im vorigen Kapitel wurde die Definition der Ableitung auf den Begriff des Grenzwertes zurückgeführt. Dieser und der damit nahe verwandte Begriff der stetigen Funktion werden nun weiter untersucht. Darüber hinaus diskutieren wir zwei spezielle Grenzwerte, die zur Berechnung der Ableitung gebräuchlicher Funktionen benötigt werden. Einer dieser Grenzwerte betrifft die Exponentialfunktion, der andere die Trigonometrie. Wir beginnen mit einem Überblick über diese beiden Gebiete.

3.1 Überblick über die Exponentialfunktion

Mit zwei Zahlen a und b können drei grundlegende Operationen ausgeführt werden:

die Addition $a + b$;
die Multiplikation ab; und
die Exponentiation b^a.

Wir geben nun einen Überblick über die dritte dieser Operationen, die Exponentiation.

Wir befassen uns hier mit *reellen Zahlen*. Man kann sie sich als Punkte auf der Zahlengeraden vorstellen (Bild 3.1). Jedem Punkt entspricht eine bestimmte reelle Zahl. Die auf der Zahlengeraden markierten Punkte entsprechen den *ganzen Zahlen*:

$$\ldots, -3, -2, -1, 0, 1, 2, 3, \ldots$$

Zahlen rechts von Null werden *positiv*, diejenigen links von Null *negativ* genannt.

Definition der rationalen Zahl: Den Quotienten zweier ganzer Zahlen

$$\frac{m}{n} \text{ mit } n \neq 0$$

nennen wir *rationale* Zahl. n ist in unseren Betrachtungen immer positiv. Rationale Zahlen mit einem vorgegebenen Nenner sind auf der Zahlengeraden äquidistant verteilt. Bild 3.2 zeigt einige rationale Zahlen, die den Nenner $n = 5$ besitzen. Es ist schwierig, die rationalen Zahlen mit einem Nenner von 1 Million auf der Zahlengeraden aufzuzeichnen, da sie sehr nahe beieinander liegen.

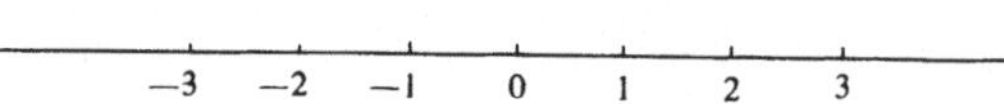

Bild 3.1

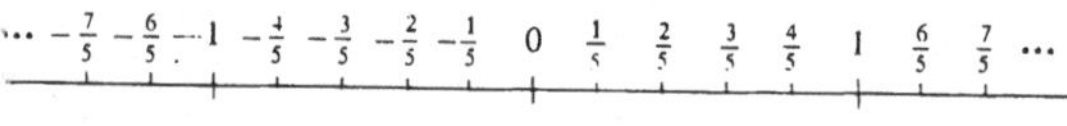

Bild 3.2

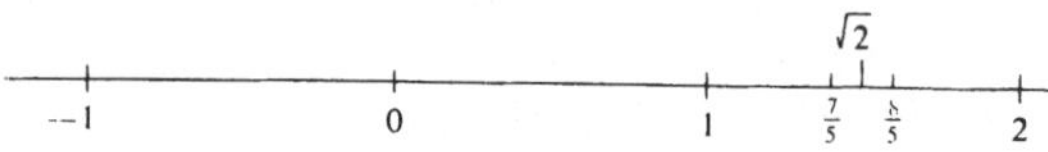

Bild 3.3

Es gibt aber auch Punkte auf der Zahlengeraden, die keine rationalen Zahlen sind. Zum Beispiel ist es unmöglich, $\sqrt{2}$ als Quotient zweier ganzer Zahlen zu schreiben (siehe Übung 22). Andererseits ist $\sqrt{2}$ ungefähr 1,414 oder

$$\sqrt{2} \approx 1{,}414.$$

Das heißt, $\sqrt{2}$ beschreibt einen Punkt, der zwischen $\frac{7}{5} = 1{,}4$ und $\frac{8}{5} = 1{,}6$ liegt (Bild 3.3).

Definition der irrationalen Zahl. Kann eine Zahl nicht als Quotient zweier ganzer Zahlen geschrieben werden, so wird sie *irrational* genannt: Die Zahl $\sqrt{2}$ ist irrational.

Jede irrationale Zahl kann durch rationale Zahlen beliebig genau approximiert werden. So gilt

$$1{,}414 < \sqrt{2} < 1{,}415,$$

da

$$1{,}414^2 = 1{,}999\,396$$

und

$$1{,}415^2 = 2{,}002\,225.$$

Definition der Basis und des Exponenten. Nach diesen Vorbereitungen wollen wir die Definition der Exponentialfunktion b^x wiederholen; dabei ist b eine bestimmte positive Zahl, die *Basis*. Die Zahl x wird *Exponent* genannt. Um die weiteren Überlegungen möglichst einfach zu gestalten, wollen wir die Definition von 2^x wiederholen. Ist x eine positive ganze Zahl, so ist 2^x gleich dem Produkt von x-mal dem Faktor 2, also:

$$2^5 = 2 \cdot 2 \cdot 2 \cdot 2 \cdot 2 = 32;$$
$$2^4 = 2 \cdot 2 \cdot 2 \cdot 2 = 16;$$
$$2^3 = 2 \cdot 2 \cdot 2 = 8;$$
$$2^2 = 2 \cdot 2 = 4;$$
$$2^1 = 2.$$

Man beachte:

$$\underbrace{2^2}_{2\cdot 2} \cdot \underbrace{2^3}_{2\cdot 2\cdot 2} = \underbrace{2^{2+3}}_{2\cdot 2\cdot 2\cdot 2\cdot 2}$$

Ganz allgemein gilt für zwei positive ganze Zahlen x und y

$$2^{x+y} = 2^x \cdot 2^y.$$

Grundgesetz der Exponentialfunktion. Durch dieses *Grundgesetz der Exponentialfunktion* wird 2^x auch dann definiert, wenn x *keine* ganze positive Zahl ist.

Der Exponent 0. Was bedeutet etwa 2^0? Soll das Grundgesetz der Exponentialfunktion für alle Exponenten gelten, so folgt im speziellen

$$2^{0+1} = 2^0 \cdot 2^1$$

oder

$$2^1 = 2^0 \cdot 2^1.$$

Da $2^1 = 2$ ist, sagt diese Gleichung

$$2 = 2^0 \cdot 2.$$

Gilt daher das Grundgesetz der Exponentialfunktion allgemein, so folgt aus obiger Gleichung $2^0 = 1$; also definieren wir 2^0 als 1.

$$2^0 = 1.$$

Was bedeutet nun $2^{-1}, 2^{-2}, 2^{-3}, \ldots$? Um das Grundgesetz der Exponentialfunktion beizubehalten, müssen wir

$$2^3 \cdot 2^{-3} = 2^{3+(-3)}$$

setzen. Andererseits ist $2^{3+(-3)} = 2^0 = 1$, es folgt $2^3 \cdot 2^{-3} = 1$. Soll daher 2^{-3} einen Sinn haben, so muß dies der Kehrwert von 2^3 sein, also

$$2^{-3} = \frac{1}{2^3} = \frac{1}{8}.$$

Negative ganze Exponenten. Wir definieren daher allgemein für jede ganze Zahl n

$$2^{-n} = \frac{1}{2^n}.$$

Damit ist die Exponentialfunktion 2^x für *jede ganze Zahl x* definiert. Wir wollen nun das Schaubild $y = 2^x$ für ganze Werte von x konstruieren (Bild 3.4).

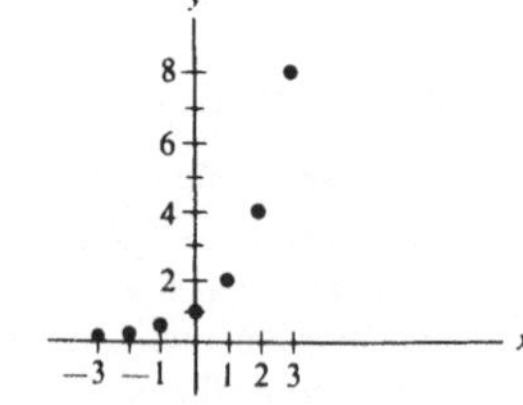

Bild 3.4

Es liegt nahe, eine glatte Kurve durch diese Punkte zu legen. Aber 2^x ist bis jetzt nur für ganzzahlige Werte von x definiert.

Wie ist etwa $2^{1/2}$ zu definieren? Wieder folgt aus dem Grundgesetz der Exponentialfunktion

$$2^{1/2} \cdot 2^{1/2} = 2^{1/2+1/2} = 2^1 = 2.$$

Daher ist $2^{1/2}$ eine Lösung der Gleichung

$$x^2 = 2.$$

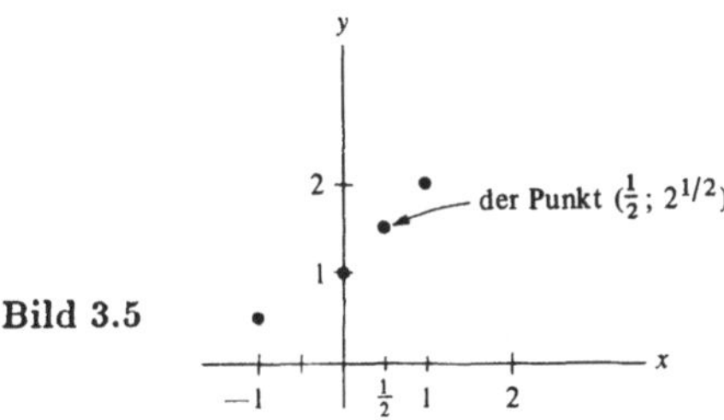

Bild 3.5

Wählen wir die positive oder negative Lösung dieser Gleichung? Aus dem Schaubild erwarten wir $2^{1/2} > 0$. Wir definieren daher $2^{1/2} = \sqrt{2}$ = Quadratwurzel aus 2; $2^{1/2}$ ist etwa gleich 1,4 und fügt sich gut in das Schaubild (Bild 3.5).

Völlig analog kann $2^{1/3}$ aus dem Grundgesetz der Exponentialfunktion bestimmt werden:

$$\begin{aligned}2^{1/3} \cdot 2^{1/3} \cdot 2^{1/3} &= 2^{1/3+1/3+1/3}\\ &= 2^1\\ &= 2.\end{aligned}$$

$2^{1/3}$ ist daher eine Lösung der Gleichung

$$x^3 = 2.$$

Diese Gleichung hat nur eine Lösung, sie wird *Kubikwurzel von* 2 genannt und mit $\sqrt[3]{2}$ bezeichnet. Wir definieren daher

$$2^{1/3} = \sqrt[3]{2}.$$

Der zugehörige Zahlenwert beträgt etwa 1,26.

Völlig analog definieren wir für jede positive ganze Zahl n nun $2^{1/n}$ als positive Wurzel der Gleichung $x^n = 2$, das heißt

$$2^{1/n} = \sqrt[n]{2}.$$

Man beachte

$$(2^{1/n})^n = 2.$$

Rationale Exponenten. Wie ist $2^{3/4}$ zu definieren? Aus dem Grundgesetz der Exponentialfunktion folgt

$$2^{1/4} \cdot 2^{1/4} \cdot 2^{1/4} = 2^{3/4}$$

oder kurz

$$2^{3/4} = (2^{1/4})^3.$$

m sei eine ganze Zahl und n eine positive ganze Zahl, so definieren wir allgemein

$$2^{m/n} = (2^{1/n})^m.$$

Damit ist 2^x für jede rationale Zahl x definiert.

Irrationale Exponenten. Wie wird 2^x für irrationale x definiert? Wie ist etwa $2^{\sqrt{2}}$ definiert? Zunächst könnten wir $\sqrt{2}$ durch eine Dezimalzahl annähern, d.h.

$$\sqrt{2} = 1{,}414\,213\,56\ldots.$$

Die aufeinanderfolgenden Dezimalzahlen 1,4, 1,41, 1414 usw. sind rationale Zahlen. So ist 1,414 = 1414/1000 und $2^{1/4}$, $2^{1{,}41}$, $2^{1{,}414}$ usw. sind definiert. Die folgende Tabelle gibt die entsprechenden Werte wieder:

x	1,4	1,41	1,414	1,4142	1,414 21
2^x	2,639 01 ...	2,657 37 ...	2,664 74 ...	2,665 11 ...	2,665 13

Strebt die Dezimalnäherung x immer mehr und mehr nach $\sqrt{2}$, so erreicht die Zahl 2^x einen Grenzwert, wie sich zeigen läßt. Dieser Grenzwert wird $2^{\sqrt{2}}$ genannt und beträgt $2^{\sqrt{2}} = 2{,}665\,14\ldots$. Analog definiert man 2^x für jeden beliebigen irrationalen Exponenten x. Damit ist 2^x für alle reellen Zahlen x definiert.

Für eine beliebige positive Basis b wird b^x analog definiert. So gilt etwa

$$b^{-3} = \frac{1}{b^3}$$

$$b^{1/2} = \sqrt{b}$$

$$b^{1/3} = \sqrt[3]{b}$$

usw.

Beispiel 1: Man berechne $64^{1/3}$, $64^{2/3}$, $64^{1/2}$ und $64^{-2/3}$.

Lösung: $64^{1/3}$ ist die Kubikwurzel von 64 oder $\sqrt[3]{64}$ und beträgt 4.

$$64^{2/3} = (64^{1/3})^2 = 4^2 = 16;$$

$$64^{1/2} = \sqrt{64} = 8;$$

$$64^{-2/3} = (64^{1/3})^{-2} = 4^{-2} = \frac{1}{16} = 0{,}0625. \bullet$$

Beispiel 2: Man bestimme eine Dezimalnäherung von $2^{1/3}$, der Kubikwurzel von 2.

Lösung: Am einfachsten ist es, das y^x-Programm eines Taschenrechners zu verwenden. Ebenso können wir in einer Tabelle der Kubikwurzeln nachsehen, wie sie in jedem mathematischen Tabellenwerk enthalten ist. (Auf sechs Dezimalstellen genau entnimmt man $\sqrt[3]{2} = 1{,}259\,921$.)

Wir können aber auch „experimentell" vorgehen und dabei einiges lernen. Wegen $1^3 = 1$ und $1{,}5^3 = 3{,}375$ muß die Kubikwurzel von 2 zwischen 1 und 1,5 liegen:

$$1 < \sqrt[3]{2} < 1{,}5.$$

Analog untersuchen wir 1,2 und berechnen $1{,}2^3 = 1{,}728$, dies ist kleiner als 2, es folgt

$$1{,}2 < \sqrt[3]{2} < 1{,}5.$$

Wir wollen nun sehen, ob 1,3 größer oder kleiner als $\sqrt[3]{2}$ ist; $1{,}3^3 = 2{,}197$ ist größer als 2, d.h. $1{,}3 > \sqrt[3]{2}$ und daher gilt

$$1{,}2 < \sqrt[3]{2} < 1{,}3.$$

So wird die Dezimalentwicklung von $\sqrt[3]{2}$ mit 1,2 beginnen:

$$2^{1/3} \approx 1{,}2.$$

Wir haben somit eine erste Schätzung für die Größe von

$2^{1/3}$ gewonnen. ●

Andere Gesetze der Exponentialfunktion. Wir kennen, abgesehen vom Grundgesetz, noch andere wichtige Gesetze der Exponentialrechnung. Es sind dies (für positive a und b und beliebige x und y):

$$(b^x)^y = b^{xy} \quad \text{Potenz einer Potenz;}$$

$$(ab)^x = a^x b^x \quad \text{Potenz eines Produkts;}$$

$$\left(\frac{a}{b}\right)^x = \frac{a^x}{b^x} \quad \text{Potenz eines Quotienten.}$$

0^x ist nur für positive x definiert, es gilt dann $0^x = 0$.

Übungen:

1. Man berechne:
   (*a*) $64^{1/2}$, (*b*) $64^{1/3}$, (*c*) $64^{-1/3}$, (*d*) $64^{2/3}$,
   (*e*) $64^{-5/6}$.
2. Man berechne:
   (*a*) $\sqrt{81}$, (*b*) $\sqrt{\sqrt{81}}$, (*c*) $81^{-1/4}$, (*d*) $81^{5/4}$.
3. Man stelle durch eine Dezimalzahl dar:
   (*a*) 10^{-1}, (*b*) $5 \cdot 10^{-2} + 3 \cdot 10^{-3}$, (*c*) $6 \cdot 10^2 + 6 \cdot 10^{-2}$.
4. (*a*) Man ergänze die folgende Tabelle

x	2	1	0	−1	−2
3^x					

   (*b*) Man verwende (*a*) zur graphischen Darstellung von $y = 3^x$.
5. Man berechne:
   (*a*) 16^0, (*b*) $16^{1/4}$, (*c*) $16^{2/4}$, (*d*) $16^{3/4}$, (*e*) $16^{-1/4}$.
6. Mit Hilfe von Übung 5 zeichne man das Schaubild von $y = 16^x$.
7. Man schreibe in der Form 2^x:
   (*a*) 4, (*b*) $\frac{1}{8}$, (*c*) $\sqrt{2}$, (*d*) 0,5, (*e*) 1, (*f*) $\sqrt[3]{2}$, (*g*) 0,25,
   (*h*) $\sqrt{8}$.
8. Einer Tabelle von Quadratwurzeln entnehmen wir $\sqrt{5} \approx 2{,}236$. Welche Zahl ist größer, $\sqrt{5}$ oder 2,236?
9. Man stelle jeden der folgenden Terme in der Form b^x dar:
   (*a*) $(\sqrt[3]{b})^2$, (*b*) $1/b^2$, (*c*) $1/\sqrt{b}$, (*d*) $1/\sqrt[3]{b}$, (*e*) $(1/b)^5$,
   (*f*) $\sqrt{\sqrt[3]{b}}$.
10. Man zeige ohne Tabellenwerk, daß $2{,}7 < 20^{1/3} < 2{,}8$ ist.
11. Man berechne:
    (*a*) $(\sqrt{5})^4$, (*b*) $(2^{1/3})^6$, (*c*) $(1/3)^{-2}$, (*d*) $(\sqrt[3]{1/2})^{-6}$.
12. Diese Übung veranschaulicht das Gesetz $(b^x)^y = b^{xy}$. Unter Verwendung der bekannten Definitionen berechne man beide Seiten der folgenden Gleichungen und überprüfe die Formel $(b^x)^y = b^{xy}$.
    (*a*) $(b^3)^4 = b^{3 \cdot 4}$, (*b*) $(b^{1/2})^2 = b^{(1/2)(2)}$,
    (*c*) $(b^{-1})^{-1} = b^{(-1)(-1)}$, (*d*) $(b^2)^{-1} = b^{2(-1)}$.
13. Diese Übung veranschaulicht das Gesetz $(ab)^x = a^x b^x$. Unter Verwendung unserer Definitionen überprüfe man
    (*a*) $a^3 b^3 = (ab)^3$, (*b*) $a^{-1} b^{-1} = (ab)^{-1}$,
    (*c*) $a^{1/2} b^{1/2} = (ab)^{1/2}$.
    Hinweis für (*c*): Man betrachte das Quadrat der beiden Seiten.
14. Man zeige, daß $2^{x+h} - 2^x = 2^x (2^h - 1)$.

■

15. Man zeige, daß
$$\left(1 + \frac{h}{x}\right)^{1/h} = \left[\left(1 + \frac{h}{x}\right)^{x/h}\right]^{1/x}.$$
16. Immer wieder wird irrtümlich angenommen, $(a + b)^x$ sei gleich $a^x + b^x$. Man suche spezielle Zahlen a, b und x, die diese Gleichung nicht erfüllen.
17. Man zeige, daß $b/\sqrt[3]{b} = \sqrt[3]{b^2}$.
18. Diese Übung diskutiert das Schaubild von $y = b^x$, für $0 < b < 1$. Als Beispiel betrachten wir $b = 1/2$.
    (*a*) Man ergänze die folgende Tabelle

x	−2	−1	0	1	2
$(\frac{1}{2})^x$					

    (*b*) Man verwende die Tabelle von (*a*) und skizziere das Schaubild von $y = (1/2)^x$.
    (*c*) Man zeichne in dasselbe Koordinatensystem das Schaubild der Funktion $y = 2^x$.
    (*d*) Wie verhält sich das Schaubild aus (*b*) zu demjenigen von $y = 2^x$?
19. Wir definieren $b^{2/4}$ als $(b^{1/4})^2$ und $b^{1/2}$ als die Quadratwurzel von b. Man zeige $b^{2/4} = b^{1/2}$.

■■

20. x sei eine positive Zahl. Für welche Werte von x gilt
    (*a*) $x < x^2$? (*b*) $x^2 < x$?
    (*c*) $x^2 < x^3$? (*d*) $x^3 < x^2$?
21. Für welche positiven Werte von x gilt
    (*a*) $\sqrt{x} < \sqrt[3]{x}$, (*b*) $\sqrt[3]{x} < \sqrt{x}$?
22. Die Zahl $\sqrt{2}$ ist nicht rational, wie in dieser Übung bewiesen wird. Der Beweis geht von der Faktorisierung positiver ganzer Zahlen in Primzahlen aus.

    Eine ganze Zahl – größer als 1 – wird Primzahl genannt, wenn sie nicht als Produkt von kleineren ganzen Zahlen darstellbar ist. Die ersten 10 Primzahlen sind 2, 3, 5, 7, 11, 13, 17, 19, 23 und 29. Wir verwenden folgendes Resultat aus der Zahlentheorie: Jede ganze Zahl – größer als 1 – ist entweder eine Primzahl oder kann eindeutig als Produkt von Primzahlen dargestellt werden (die Reihenfolge der Primfaktoren ist unwichtig). So sind

    $2 \cdot 2 \cdot 3$, $2 \cdot 3 \cdot 2$ und $3 \cdot 2 \cdot 2$

    die einzigen Faktorisierungen von 12 in Primzahlen; sie werden nicht unterschieden.
    (*a*) Die ganze Zahl I sei das Produkt von d Primzahlen. Dann ist I^2 das Produkt von $2d$ Primzahlen (daraus folgt, daß I^2 das Produkt einer geraden Anzahl von Primzahlen ist).
    (*b*) Für jede ganze Zahl n ist $2n^2$ das Produkt einer ungeraden Anzahl von Primzahlen.
    (*c*) Wenn $\sqrt{2}$ als Quotient von 2 ganzen Zahlen $\sqrt{2} = m/n$ geschrieben werden kann, dann muß $2n^2 = m^2$ sein. Leite aus (*a*) und (*b*) einen Widerspruch ab.
23. (Siehe Übung 22.) Besitzt die positive ganze Zahl I eine rationale Quadratwurzel, so ist I das Quadrat einer ganzen Zahl. Man zeige dies!
24. Man verwende Übung 22
    (*a*) und beweise, daß die $\sqrt[3]{2}$ nicht rational ist.
    (*b*) Man bestimme alle positiven ganzen Zahlen mit rationalen Kubikwurzeln.

Für die nächsten Übungen benötigen wir einen Taschenrechner.

25. Vor etwa 3500 Jahren berechneten die Mathematiker in Babylon für $\sqrt{a}$ aus einer ersten Schätzung g_1 mit Hilfe der Formel
$$g_2 = \frac{g_1 + \frac{a}{g_1}}{2}$$
    einen zweiten Näherungswert g_2. Wiederholung dieses Prozesses ergibt als sukzessive Näherungen von $\sqrt{a}$ eine Folge von Zahlen $g_2, g_3, \ldots$. Sei $a = 5$ und $g_1 = 2$. Man berechne (*a*) g_2, (*b*) g_3.
26. Mit Hilfe eines Taschenrechners und der Methode von Übung 25 berechne man auf 2 Dezimalen
    (*a*) $\sqrt{7}$, (*b*) $\sqrt{19}$.

27. (Vgl. Übung 25.) Für $g_1 > \sqrt{a}$ zeige man
(*a*) $g_2 > \sqrt{a}$ und (*b*) $g_2 < g_1$.

28. (Vgl. Übung 25.) Um auf einem Rechner, der nur die vier Grundrechnungsarten beherrscht, eine Abschätzung von $\sqrt[3]{a}$ zu erhalten, kann folgendes Verfahren angewendet werden. Man gebe eine Schätzung g_1 für $\sqrt[3]{a}$. Dann bilde man

$$g_2 = \frac{2}{3} g_1 + \frac{1}{3} \frac{a}{g_1^2}.$$

(*a*) Ist g_1 exakt gleich $\sqrt[3]{a}$, dann gilt $g_2 = g_1$. Man zeige dies!
(*b*) Man zeige $g_2 = 2(g_1^3 + a)/3g_1^2$. Dies kann ohne Speicher oder Bleistift berechnet werden.
(*c*) Man berechne $\sqrt[3]{10}$ mit $g_1 = 2$. Man berechne Näherungswerte g_2, g_3 bis die Schätzung in den ersten zwei Dezimalstellen konstant ist.

29. Der Ausdruck 0^0 war nicht definiert. Sind die positive Zahl b und die Zahl x beide in der Nähe von 0, so könnte man hoffen, daß auch b^x in der Nähe einer bestimmten festen Zahl liegt. In diesem Fall könnte 0^0 definiert werden. Mit Hilfe des y^x-Programms zeigen wir, daß b^x *nicht* in der Nähe irgendeiner bestimmten Zahl liegt, wenn b und x beide nahe bei Null sind. Man berechne
(*a*) $(0{,}001)^{0{,}001}$, (*b*) $(0{,}000\,000\,1)^{0{,}1}$.
Man berechne ebenso $(0{,}001)^0$ und $0^{0{,}001}$.

30. Ein Rechner besitze ein Quadratwurzelprogramm und ein Kehrwertprogramm. Wie kann man dann folgende Größen berechnen:
(*a*) $5^{1/4}$, (*b*) $5^{1/8}$, (*c*) $5^{3/8}$, (*d*) $5^{-1/4}$?

3.2 Die Zahl e

Die Untersuchung der Verzinsung von Bankkonten führt uns zu einer der wichtigsten Zahlen der gesamten Analysis. Angenommen, eine Bank zahlt 100 % Zinsen pro Jahr. Eine eingezahlte DM bringt nach einem Jahr 1 DM Zinsen und wir erhalten am Ende des Jahres

1 DM + 1 DM = 2 DM.

Kapitalisiert die Bank die Zinsen zweimal pro Jahr, dann liegen am Ende des ersten halben Jahres

$1 \text{ DM} + \frac{1}{2} \text{ DM}$

auf dem Konto und nach dem zweiten halben Jahr Zinsen von

$(1 + \frac{1}{2})(\frac{1}{2}) \text{ DM}.$

Dies sind am Ende des Jahres

$(1 + \frac{1}{2}) \text{ DM} + (1 + \frac{1}{2})(\frac{1}{2}) \text{ DM}$

oder

$(1 + \frac{1}{2})(1 + \frac{1}{2}) \text{ DM}$

oder

$(1 + \frac{1}{2})^2 \text{ DM}$

und schließlich

2,25 DM,

also mehr, als sich bei einer einmal jährlicher Kapitalisierung ergibt.

Eine Konkurrenzbank offeriert, die Zinsen dreimal pro Jahr zuzuschlagen. Am Ende eines Jahres wird aus 1 DM

$(1 + \frac{1}{3})^3 \text{ DM}$ oder ungefähr 2,37 DM.

Eine dritte Bank schlägt die Zinsen monatlich zu. Am Jahresende wird aus 1 DM

$$\left(1 + \frac{1}{12}\right)^{12} \text{ DM}$$

oder ungefähr 2,61 DM.

Wie kapitalisiert sich 1 DM pro Jahr, wenn die Zinsen jede Woche zugeschlagen werden? Wenn sie jeden Tag zugeschlagen werden? Jede Stunde? Jede Minute? Jede Sekunde? Dieses Bankproblem führt auf eine rein mathamtische Frage: Wie verhält sich der Ausdruck

$$\left(1 + \frac{1}{n}\right)^n$$

wenn die ganze Zahl n immer größer und größer wird?

Für sehr große n wird

$$\left(1 + \frac{1}{n}\right)^n$$

von zwei Tendenzen beeinflußt: Da $1 + (1/n)$ mit wachsendem n gegen 1 strebt, nähert sich

$$\left(1 + \frac{1}{n}\right)^n$$

einem Produkt von lauter Einsern und sollte demnach in der Nähe von 1 liegen. Andererseits wird $1 + (1/n)$ genau n mal mit sich multipliziert, um den Ausdruck

$$\left(1 + \frac{1}{n}\right)^n$$

zu erhalten. So könnte

$$\left(1 + \frac{1}{n}\right)^n$$

auch beliebig anwachsen.

Mit Hilfe eines Rechners ergaben sich die in der folgenden Tabelle auf zwei Dezimalen angegebenen Zahlen.

n	1	2	3	12	20	100
$\left(1 + \frac{1}{n}\right)^n$	2	2,25	2,37	2,61	2,65	2,70

Am Ende dieses Kapitels wird gezeigt, daß mit ansteigendem n auch $(1 + 1/n)^n$ ansteigt. (Dies trifft sich mit der Absicht der Konkurrenzbank.) Ebenso wird gezeigt werden, daß die Zahl $(1 + 1/n)^n$ für alle positiven Zahlen n immer kleiner als vier ist (also geht die Bank nicht bankrott). Aufgrund dieser beiden Überlegungen und der grundlegenden Eigenschaften von reellen Zahlen wird $(1 + 1/n)^n$ für ansteigende n immer näher und näher an eine bestimmte Zahl – nicht größer als vier – herankommen. Diese spezifische Zahl hat eine Dezimaldarstellung, die mit 2,718 28 ... beginnt. Sie wird in Erinnerung an den im 18. Jahrhundert lebenden Schweizer Mathematiker Euler „e" genannt.

Definition von e: Die bisherigen Überlegungen können durch

$$\lim_{n \to \infty} \left(1 + \frac{1}{n}\right)^n = \mathrm{e} = 2{,}718 \ldots .$$

zusammengefaßt werden. Das Symbol „ $\lim\limits_{n \to \infty}$ “ lesen wir:

„der Limes für n gegen unendlich von ... “

Der Ausdruck $(1 + 1/n)^n$ nähert sich für immer größere n dem Wert e.

Wird diese mathematische Diskussion wieder auf unsere finanziellen Überlegungen übertragen, so folgt für jede auf der Bank deponierte DM ein Zuwachs auf höchstens 2,718 28 DM, ganz gleich wie oft die Bank im Jahr ihre Zinsen von 100 Prozent kapitalisiert. Die zentrale Bedeutung der Zahl e für die Infinitesimalrechnung werden wir erst im nächsten Kapitel erkennen.

Ist n sehr groß, so wird $1/n$ sehr klein; n ist der Kehrwert von $1/n$. Ist x daher eine kleine positive Zahl von der Form

$$x = \frac{1}{n}$$

(n sei eine beliebige positive ganze Zahl), so liegt

$$(1 + x)^{1/x}$$

in der Nähe von e. Diese Tatsache wird in Abschnitt 3.4 angewendet.

Im Hinblick auf spätere Überlegungen müssen wir den Ausdruck

$$\left(1 + \frac{1}{n}\right)^n$$

auch für eine *negative* ganze Zahl n mit großem Absolutwert untersuchen. Für $n = -4$ ergibt sich etwa

$$\begin{aligned} \left(1 + \frac{1}{n}\right)^n &= \left(1 + \frac{1}{-4}\right)^{-4} \\ &= \left(1 - \frac{1}{4}\right)^{-4} \\ &= \left(\frac{3}{4}\right)^{-4} \\ &= \left(\frac{4}{3}\right)^{4} \\ &= \frac{256}{81} \\ &\approx 3{,}16. \end{aligned}$$

Für $n = -10$ erhalten wir ebenso

$$\left(1 + \frac{1}{n}\right)^n \approx 2{,}87.$$

Nimmt die negative ganze Zahl n immer größere und größere Absolutbeträge an, so ergibt sich wieder

$$\left(1 + \frac{1}{n}\right)^n \to \mathrm{e}.$$

(Dies wird in den Übungen 10 bis 13 bewiesen werden.)

In der üblichen Bezeichnung schreiben wir

$$\lim_{n \to -\infty} \left(1 + \frac{1}{n}\right)^n = \mathrm{e}.$$

Wird n negativ mit großem Absolutbetrag, so ist $1/n$ eine kleine negative Zahl. Ist $x = 1/n$ klein für irgendeine negative ganze Zahl n, so liegt $(1 + x)^{1/x}$ in der Nähe von e. Auch dieser Umstand wird in Abschnitt 3.4 verwendet.

Nun müssen wir aber beweisen, daß $(1 + 1/n)^n$ für ansteigende n ebenfalls ansteigt und immer kleiner als 4 bleibt. Der Beweis basiert auf der ersten der beiden Ungleichungen des folgenden Lemma[1]). Beide Ungleichungen werden wir in Kap. 1 Bd. 2 auf andere Probleme anwenden.

Lemma: c und d seien Zahlen mit $c > d \geqslant 0$ und n sei eine positive ganze Zahl, dann gilt

$$c^{n+1} - d^{n+1} < (n+1)\,c^n (c - d), \tag{1}$$

$$c^{n+1} - d^{n+1} > (n+1)\,d^n (c - d). \tag{2}$$

Beweis: Der Einfachheit halber untersuchen wir den Fall $n = 3$ und $n + 1 = 4$. Dann gilt

$$c^{n+1} - d^{n+1} = c^4 - d^4,$$

$$c^4 - d^4 = (c^3 + c^2 d + c d^2 + d^3)(c - d).$$

Diese Identität kann ohne weiteres durch Ausmultiplizieren auf der rechten Seite überprüft werden. Ersetzen wir nun d durch c, so wird der Ausdruck größer, und die rechte Seite ist *kleiner* als

$$(c^3 + c^2 \cdot c + c \cdot c^2 + c^3)(c - d),$$

oder

$$4c^3 (c - d).$$

Daraus folgt direkt

$$c^4 - d^4 < 4c^3 (c - d).$$

und die Ungleichung (1) ist für $n = 3$ bewiesen. Ein ähnliches Argument läßt sich für jede positive ganze Zahl n angeben.

Um die Ungleichung (2) für $n = 3$ zu beweisen, beginnen wir wieder mit der Gleichung

$$c^4 - d^4 = (c^3 + c^2 d + c d^2 + d^3)(c - d).$$

Ihre rechte Seite ist *größer* als

$$(d^3 + d^2 \cdot d + d \cdot d^2 + d^3)(c - d).$$

Ersetzt man nämlich c durch d, so wird der Ausdruck kleiner und es folgt

$$c^4 - d^4 > 4d^3 (c - d).$$

Damit ist die Ungleichung (2) für $n = 3$ bewiesen. Ein ähnliches Argument läßt sich für jede positive ganze Zahl n angeben. ●

Mit Hilfe dieses Lemmas können wir die folgenden zwei Theoreme beweisen.

---

[1]) Darunter versteht man einen *Hilfssatz*, der zum Beweis eines Lehrsatzes, eines *Theorems*, erforderlich ist.

Theorem 1: Für jede positive ganze Zahl n gilt

$$\left(1+\frac{1}{n}\right)^n < \left(1+\frac{1}{n+1}\right)^{n+1}.$$

Beweis: Aus der Ungleichung (1) folgt mit

$$c = 1+\frac{1}{n} \quad \text{und} \quad d = 1+\frac{1}{n+1}$$

– es gilt $c > d$ – unmittelbar

$$\left(1+\frac{1}{n}\right)^{n+1} - \left(1+\frac{1}{n+1}\right)^{n+1}$$
$$<(n+1)\left(1+\frac{1}{n}\right)^n\cdot\left[\left(1+\frac{1}{n}\right)-\left(1+\frac{1}{n+1}\right)\right]$$

oder

$$\left(1+\frac{1}{n}\right)\left(1+\frac{1}{n}\right)^n-\left(1+\frac{1}{n+1}\right)^{n+1}$$
$$<(n+1)\left(1+\frac{1}{n}\right)^n\left(\frac{1}{n(n+1)}\right).$$

Kürzen des Faktors $(n+1)$ auf der rechten Seite ergibt

$$\left(1+\frac{1}{n}\right)\left(1+\frac{1}{n}\right)^n-\left(1+\frac{1}{n+1}\right)^{n+1}<\frac{1}{n}\left(1+\frac{1}{n}\right)^n.$$

Durch einfache Umformungen erhalten wir die gewünschte Ungleichung

$$\left(1+\frac{1}{n}\right)^n<\left(1+\frac{1}{n+1}\right)^{n+1}$$

und Theorem 1 ist bewiesen. •

Theorem 2: Für jede positive ganze Zahl n gilt

$$\left(1+\frac{1}{n}\right)^n<4.$$

Beweis: Aus der Ungleichung (1) folgt mit $c = 1 + 1/2n$ und $d = 1$ (es gilt $c > d$) unmittelbar

$$\left(1+\frac{1}{2n}\right)^{n+1}-1^{n+1}<(n+1)\left(1+\frac{1}{2n}\right)^n\left[\left(1+\frac{1}{2n}\right)-1\right],$$

oder

$$\left(1+\frac{1}{2n}\right)\left(1+\frac{1}{2n}\right)^n-1<(n+1)\left(1+\frac{1}{2n}\right)^n\left(\frac{1}{2n}\right),$$

und

$$\left(1+\frac{1}{2n}\right)\left(1+\frac{1}{2n}\right)^n-1<\left(\frac{1}{2}+\frac{1}{2n}\right)\left(1+\frac{1}{2n}\right)^n.$$

Durch einfache Umformungen ergibt sich

$$\frac{1}{2}\left(1+\frac{1}{2n}\right)^n<1,$$

$$\left(1+\frac{1}{2n}\right)^n<2.$$

Quadrieren der letzten Ungleichung führt zu

$$\left(1+\frac{1}{2n}\right)^{2n}<4.$$

Nun ist $2n$ eine *gerade* ganze Zahl und das Theorem 2 ist zunächst nur für gerade ganze Zahlen bewiesen. Da aber die Folge $(1 + 1/n)^n$ mit n ansteigt, gilt Theorem 2 auch für ungerade n. Damit ist das Theorem 2 für beliebige n bewiesen.

Es ist nicht notwendig, sich die Beweise von Theorem 1 und Theorem 2 einzuprägen. Das obige Lemma wird hingegen später noch öfter verwendet werden.

Übungen:

1. Man berechne $(1 + 1/n)^n$ auf zwei Dezimalen für
   (*a*) $n = 5$, (*b*) $n = -5$.
2. Man berechne $(1 + x)^{1/x}$ auf zwei Dezimalen für x gleich
   (*a*) $\frac{1}{2}$, (*b*) $\frac{1}{3}$, (*c*) $-\frac{1}{2}$, (*d*) $-\frac{1}{3}$.
   In Abschnitt 3.4 wird das Verhalten der Funktion $f(x) = (1 + x)^{1/x}$ für x aus der Umgebung von 0 untersucht.
3. Man berechne $(1 - 1/n)^n$ auf zwei Dezimalstellen für n gleich
   (*a*) 2, (*b*) 3, (*c*) 4.
   (Übung 14 zeigt, daß $(1 - 1/n)^n$ für große positive ganze n in der Nähe von $1/e \approx 0{,}37$ liegt.)
4. (*a*) Man definiere e,
   (*b*) und gebe die Dezimaldarstellung auf drei Stellen hinter dem Komma an.
5. Man berechne
   (*a*) $\lim\limits_{n\to\infty}(1+1/n)^{100}$, (*b*) $\lim\limits_{n\to\infty}(1+\frac{1}{2}n)^n$.
   Hinweis: $(1+\frac{1}{2}n)^n = [(1+\frac{1}{2}n)^{2n}]^{1/2}$.
6. Man überprüfe die Ungleichung (1) für $c = 1{,}1$ und $d = 1$.
7. Man beweise das Lemma für $n = 4$.

■

8. Eine Bank zahlt 5 % Zinsen pro Jahr, die n mal pro Jahr kapitalisiert werden.
   (*a*) Am Ende eines Jahres ist die Einlage 1 DM auf $(1 + 0{,}05/n)^n$ DM angewachsen. Man zeige dies!
   (*b*) Man zeige
   $$\lim_{n\to\infty}\left(1+\frac{0{,}05}{n}\right)^n = e^{0{,}05}.$$
9. Man berechne
   $$\lim_{n\to\infty}\left(\frac{n+2}{n+1}\right)^n.$$

Die nächsten vier Übungen zeigen, daß aus der Definition

$$\lim_{n\to\infty}\left(1+\frac{1}{n}\right)^n = e$$

für *negative* ganze Zahlen n mit immer größerem Absolutbetrag folgt

$$\left(1+\frac{1}{n}\right)^n \to e.$$

10. n sei eine negative ganze Zahl $n = -p$, wobei p eine positive ganze Zahl ist. Man zeige
    $$\left(1+\frac{1}{n}\right)^n = \left(\frac{p}{p-1}\right)^p.$$
11. Sei $q = p - 1$, wobei p wie in Übung 10 definiert ist. Man zeige
    $$\left(\frac{p}{p-1}\right)^p = \left(1+\frac{1}{q}\right)^q\left(1+\frac{1}{q}\right).$$

12. Wenn die Zahl q aus Übung 11 immer größer wird, wie verhält sich dann

(*a*) $\left(1+\frac{1}{q}\right)^q$?

(*b*) $1+\frac{1}{q}$?

(*c*) $\left(1+\frac{1}{q}\right)^q\left(1+\frac{1}{q}\right)$?

13. Mit Hilfe der Übungen 10 bis 12 zeige man, daß der Ausdruck $(1+1/n)^n$ für negative Zahlen mit großem Absolutbetrag in der Nähe von e liegt.

■■

14. Man zeige

$$\lim_{n\to\infty}\left(1-\frac{1}{n}\right)^n=\frac{1}{e}\approx 0{,}37.$$

15. Wegen Theorem 2 ist für alle positiven ganzen Zahlen n der Ausdruck $(1+1/n)^n$ immer kleiner als 4. Diese Übung präzisiert diese Aussage.
   (*a*) Aus der Ungleichung (1) folgt mit $c=1+1/mn$ und $d=1$ (m und n seien positive ganze Zahlen mit $m>1$)
   $$\left(1+\frac{1}{mn}\right)^{mn}<\left(\frac{m}{m-1}\right)^m.$$
   (*b*) Man setze in (*a*) $m=6$ und zeige, daß $e<2{,}99$. Für die nächste Übung benötigt man einen Rechner.

16. Die Zahl e ist für alle positiven ganzen Zahlen n größer als $(1+1/n)^n$ und für alle ganzen Zahlen $m>1$ (siehe Übung 15 (*a*)), kleiner als $[m/(m-1)]^m$. Man wähle spezielle Werte für n und m (wie etwa 10, 20 oder noch größer) und berechne nun e mit möglichst großer Genauigkeit, etwa auf zwei Dezimalstellen.

3.3 Der Grenzwert einer reellen Funktion

In Abschnitt 2.3 wurde die Ableitung einer Funktion f als der Grenzwert eines bestimmten Quotienten definiert (sofern er existiert). Der Begriff des Grenzwertes ist einer der wichtigsten Begriffe der Infinitesimalrechnung. Aus diesem Grunde werden wir ihn an einer Vielzahl von Beispielen studieren. Im Anschluß an Beispiel 4 wird der Begriff *Grenzwert* präzise definiert.

Beispiel 1: Sei $f(x)=2x^2+1$. Wie verhält sich $f(x)$, wenn sich x immer mehr 3 nähert?

Lösung: Wir beginnen mit einer Wertetabelle von $f(x)$ in der Nähe von $x=3$.

x	3,1	3,01	3,001	2,999	2,99	2,9
$f(x)$	20,22	19,1202	19,012002	18,988002	18,8802	17,82

Liegt x in der Nähe von 3, so liegt $2x^2+1$ in der Nähe von $2(3)^2+1=19$. Wir sagen: „Der Grenzwert von $2x^2+1$ ist gleich 19, wenn x nach 3 strebt". Wir schreiben

$$\lim_{x\to 3}(2x^2+1)=19. \bullet$$

Beispiel 1 war nicht besonders schwierig. Das nächste Beispiel ist etwas komplizierter.

Beispiel 2: Sei $f(x)=(x^3-1)/(x-1)$. Diese Funktion ist für $x=1$ nicht definiert, da dort sowohl der Zähler als auch der Nenner 0 werden. Wie aber verhält sich $f(x)$, wenn x *in der Nähe von* 1 *liegt, aber nicht gleich* 1 wird?

Lösung: Zuerst legen wir für die Umgebung von 1 die folgende Wertetabelle an.

x	1,1	1,01	0,9	0,99
$f(x)$	3,31	3,0301	2,71	2,9701

So gilt etwa

$$f(1{,}01)=\frac{(1{,}01)^3-1}{1{,}01-1}=\frac{1{,}030301-1}{0{,}01}=3{,}0301.$$

Zwei Faktoren beeinflussen das Verhalten der Funktion $(x^3-1)/(x-1)$ in der Nähe von 1. *Einerseits strebt der der Zähler x^3-1 nach* 0; *normalerweise geht dann auch der Bruch selbst nach* 0. *Andererseits strebt der Nenner $x-1$ ebenfalls nach* 0; *Division durch eine kleine Zahl führt zu sehr großen Werten.* Was ist nun das Resultat dieser beiden gegensätzlichen Einflüsse?

Die algebraische Identität

$$x^3-1=(x^2+x+1)(x-1)$$

hilft uns bei der Lösung unseres Problems:

$$\begin{aligned}\lim_{x\to 1}\frac{x^3-1}{x-1}&=\lim_{x\to 1}\frac{(x^2+x+1)(x-1)}{x-1}\\&=\lim_{x\to 1}(x^2+x+1)\\&=1^2+1+1\\&=3.\end{aligned}$$

Der Grenzwert ist 3, wie man bereits auf Grund der Tabelle vermuten konnte. •

Beispiel 3: Man betrachte die Funktion f mit der Formel

$$f(x)=\frac{x}{|x|}.$$

Der Definitionsbereich dieser Funktion umfaßt jede Zahl ausgenommen 0. So gilt

$$f(3)=\frac{3}{|3|}=\frac{3}{3}=1$$

und

$$f(-2)=\frac{-2}{|-2|}=\frac{-2}{2}=-1.$$

Für positive x gilt $f(x)=1$. Für negative x gilt $f(x)=-1$. Dies kann man direkt durch das Schaubild 3.6 von f darstellen. Das Schaubild schneidet die y-Achse jedoch nicht, da f für $x=0$ nicht definiert ist. Die kleinen Ringe bei (0; 1) und (0; −1) sollen andeuten, daß diese Punkte nicht auf dem Schaubild liegen. Wie verhält sich $f(x)$ für $x\to 0$?

Lösung: Geht x von positiven Werten her gegen 0, so gilt $f(x)\to 1$, da wir für jede positive Zahl $f(x)=1$ erhalten. Strebt x von negativen Zahlen her gegen 0, so ergibt sich $f(x)\to -1$, da für jede negative Zahl $f(x)=-1$ gilt.

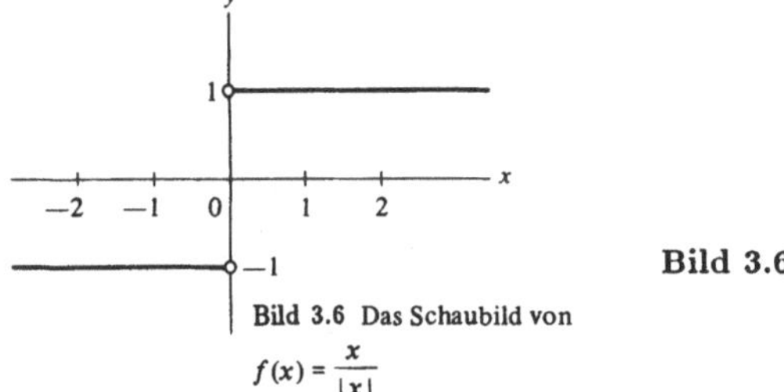

Bild 3.6

Bild 3.6 Das Schaubild von $f(x) = \frac{x}{|x|}$

Für x aus der Umgebung von 0 können wir also keine eindeutige Zahl angeben, in deren Umgebung $f(x)$ liegen muß. Daher existiert

$$\lim_{x \to 0} f(x)$$

nicht, oder

$$\lim_{x \to 0} \frac{x}{|x|}$$

existiert *nicht*. Hingegen existiert für $a \neq 0$ stets

$$\lim_{x \to a} f(x)$$

und ist gleich 1 für positive a und -1 für negative a. Wir sehen also, daß $\lim_{x \to a} f(x)$ für alle a ausgenommen $a = 0$ existiert. ●

Ob die Funktion f an der Stelle a einen Limes besitzt hängt nicht vom Wert $f(a)$ selbst ab. Tatsächlich muß die Zahl a nicht einmal im Definitionsbereich von f liegen. Betrachten wir etwa die Beispiele 2 und 3. In Beispiel 1 lag die Zahl $a (= 3)$ im Definitionsbereich von f, aber dieses Faktum beeinflußte unsere Überlegungen nicht. Stets war nur das Verhalten von $f(x)$ in der Umgebung von $x = a$ wichtig.

Man beachte: Die Ableitung einer Funktion f ist an der Stelle x definiert als

$$\lim_{x_1 \to x} \frac{f(x_1) - f(x)}{x_1 - x}$$

In diesem Fall wird x festgehalten und spielt daher die bisherige Rolle von a. Wir untersuchen hier die Funktion, die der Zahl x_1 – aus der Umgebung von x – den Wert

$$\frac{f(x_1) - f(x)}{x_1 - x}$$

zuordnet. Wird nun die Funktion g durch

$$g(x_1) = \frac{f(x_1) - f(x)}{x_1 - x}$$

definiert, dann ist die Ableitung von f an der Stelle x durch

$$\lim_{x_1 \to x} g(x_1)$$

gegeben. Das nächste Beispiel erläutert dies an einem speziellen Fall.

Beispiel 4: Sei $f(x) = x^3$. Bei festgehaltenem x definieren wir die Funktion g durch folgende Gleichung:

$$g(x_1) = \frac{f(x_1) - f(x)}{x_1 - x} = \frac{x_1^3 - x^3}{x_1 - x}.$$

(Dieser Quotient wird zur Definition der Ableitung an der Stelle x verwendet.) Man bestimme

$$\lim_{x_1 \to x} g(x_1).$$

Lösung:

$$\lim_{x_1 \to x} g(x_1) = f'(x) = (x^3)' = 3x^2. \bullet$$

Die bisherigen Beispiele bereiten die Einführung des Grenzwertbegriffes vor, den wir in der Folge häufig verwenden werden. Nachstehende Definition ist hierzu und für die weiteren Theoreme nützlich.

Definition: Seien a und b zwei Zahlen mit $a < b$. Das *offene Intervall* $(a; b)$ besteht aus allen reellen Zahlen x mit

$$a < x < b.$$

Das offene Intervall $(a; b)$ entsteht aus dem Intervall $[a; b]$ einfach durch Elimination der Werte a und b. Um Verwechslungen vorzubeugen, wird das Intervall $[a; b]$ auch das *geschlossene Intervall* $[a; b]$ genannt. Die Übereinstimmung der Bezeichnung $(a; b)$ mit jener für den Punkt $(a; b)$ sollte keine Verwirrung hervorrufen; aus dem Text wird immer eindeutig hervorgehen, welche der beiden Bedeutungen gemeint ist.

Bezeichnungen: Das geschlossene Intervall $[a; b]$ wird üblicherweise durch

a b oder a b

und das offene Intervall $(a; b)$ durch

a b oder a b

dargestellt. In den Skizzen bezeichnet der kleine Ring das Fehlen eines bestimmten Punktes; ein voller Kreis veranschaulicht die Existenz dieses Punktes.

Eine formale Definition des Grenzwertes ist in Anhang C gegeben.

Betrachten wir nun eine Funktion f und eine Zahl a, die dem Definitionsbereich von f nicht angehören muß. Um das Verhalten von $f(x)$ für Werte von x aus der Umgebung von a zu studieren, muß der Definitionsbereich der Funktion auch Zahlen beliebig nahe bei a umfassen. Diese Annahme wird in jede der folgenden Definitionen aufgenommen.

Bild 3.7 c a b

Definition des Grenzwertes oder Limes von $f(x)$ an der Stelle a: f sei eine Funktion und a eine bestimmte Zahl. Der Definitionsbereich von f möge offene Intervalle $(a; b)$ und $(c; a)$ mit bestimmten Zahlen $b > a$ und $c < a$ umfassen (Bild 3.7). Läßt man nun x sowohl von rechts als auch von links nach a streben und nähert sich $f(x)$ dabei einem eindeutigen Wert L, dann wird L der Grenzwert oder Limes von $f(x)$ für $x \to a$ genannt. Man schreibt

$$\lim_{x \to a} f(x) = L$$

oder

$$f(x) \to L \quad \text{für } x \to a.$$

In Beispiel 1 haben wir

$$\lim_{x \to 3} (2x^2 + 1) = 19$$

gefunden. Dies illustriert unsere Definition für $a = 3$ und $f(x) = 2x^2 + 1$. Daß $x = 3$ hier im Definitionsbereich von f liegt, ist unwesentlich. In Beispiel 2 ergab sich

$$\lim_{x \to 1} \frac{x^3 - 1}{x - 1} = 3.$$

Dies illustriert ebenfalls für $a = 1$ und $f(x) = (x^3 - 1)/(x - 1)$ unsere Definition. In diesem Falle war $f(x)$ für $x = 1$ nicht definiert.

Beispiel 3 untersuchte das Verhalten der Funktion $f(x) = x/|x|$ in der Umgebung von 0. Für $x \to 0$ nähert sich $f(x)$ keiner eindeutigen Zahl. Hingegen strebt $f(x) \to +1$, wenn x dem Wert Null von der positiven Seite zustrebt. Analog strebt $f(x) \to -1$, wenn x von negativen Zahlen her nach Null strebt. Dieses Verhalten ist für den Begriff des einseitigen Grenzwertes typisch, den wir nun definieren wollen.

Definition des Rechtsseitigen Limes von $f(x)$ an der Stelle a: f sei eine Funktion und a eine bestimmte Zahl. Nehmen wir an, daß der Definitionsbereich von f ein offenes Intervall $(a; b)$ mit einer bestimmten Zahl $b > a$ umfaßt. Wenn nun x von rechts her gegen a strebt und sich $f(x)$ dabei einer bestimmten Zahl L nähert, so wird L der rechtsseitige Grenzwert von f oder rechtsseitiger Limes von $f(x)$ für $x \to a$ genannt. Wir schreiben dann

$$\lim_{x \to a^+} f(x) = L \quad \text{oder} \quad \lim_{x \downarrow a} f(x) = L$$

und

$$f(x) \to L \text{ für } x \to a^+ \quad \text{oder} \quad f(x) \to L \text{ für } x \downarrow a.$$

Der linksseitige Grenzwert oder Limes ist ähnlich definiert. In diesem Falle muß der Definitionsbereich von f ein offenes Intervall der Form $(c; a)$ mit einer bestimmten Zahl $c < a$ umfassen. $f(x)$ wird dann für den Fall untersucht, in dem x von links gegen a strebt. Die Bezeichnungen für den linksseitigen Limes sind

$$\lim_{x \to a^-} f(x) = L \quad \text{oder} \quad \lim_{x \uparrow a} f(x) = L$$

und

$$f(x) \to L \text{ für } x \to a^- \quad \text{oder} \quad f(x) \to L \text{ für } x \uparrow a.$$

Wie wir in Beispiel 3 gesehen haben, gilt

$$\lim_{x \to 0^+} \frac{x}{|x|} = 1 \quad \text{und} \quad \lim_{x \to 0^-} \frac{x}{|x|} = -1.$$

Wir können ebenso

$$\frac{x}{|x|} \to 1 \quad \text{für } x \to 0^+$$

schreiben.

Beispiel 5: Sei

$$f(x) = \frac{\sqrt{x^3 - 1}}{\sqrt{x^2 - 1}}.$$

Diese Funktion ist nur für $x > 1$ definiert, da die Quadratwurzel einer negativen Zahl nicht bestimmt ist. Wie verhält sich nun $f(x)$, wenn x von der rechten Seite immer näher und näher an 1 herankommt? Existiert $\lim_{x \to 1^+} f(x)$?

Lösung: Für x in der Nähe von 1 liegen sowohl $x^3 - 1$ als auch $x^2 - 1$ in der Nähe von 0. Daher sind $\sqrt{x^3 - 1}$ und $\sqrt{x^2 - 1}$ fast 0. So wie in Beispiel 2 und 4 gibt es zwei Einflüsse von denen der eine $f(x)$ verkleinern und der andere vergrößern will. Mit Hilfe algebraischer Umformungen kann man zeigen, wie sich diese beiden Einflüsse kompensieren:

$$f(x) = \frac{\sqrt{x^3 - 1}}{\sqrt{x^2 - 1}} \qquad x > 1$$

$$= \frac{\sqrt{(x^2 + x + 1)(x - 1)}}{\sqrt{(x + 1)(x - 1)}}$$

$$= \sqrt{\frac{x^2 + x + 1}{x + 1}}.$$

Nun können wir das Verhalten von $f(x)$ für $x \to 1$ leicht ablesen. $f(x)$ strebt nach

$$\sqrt{\frac{1^2 + 1 + 1}{1 + 1}} = \sqrt{\frac{3}{2}}.$$

Oder kurz: für $x \to 1^+$ gilt $f(x) \to \sqrt{\frac{3}{2}}$. ●

Wenn sowohl der rechtsseitige, als auch der linksseitige Limes von f an der Stelle a existieren und wenn die beiden Limiten übereinstimmen, dann existiert auch $\lim_{x \to a} f(x)$. Sind jedoch der rechtsseitige und der linksseitige Limes nicht gleich, so existiert $\lim_{x \to a} f(x)$ nicht. Das nächste Beispiel illustriert diese drei Grenzwertbegriffe nochmals.

Beispiel 6: Man skizziere das Schaubild einer hypothetischen Funktion f mit den folgenden Eigenschaften:

1. Der Definitionsbereich von f umfaßt die gesamte x-Achse.
2. $f(1) = 2$.
3. $\lim_{x \to 1} f(x) = 3$.
4. $\lim_{x \to 2^+} f(x) = 2$.
5. $\lim_{x \to 2^-} f(x)$ existiert nicht.
6. $f(2) = 1$.
7. $\lim_{x \to a} f(x)$ existiert für alle anderen Werte von a.

Lösung: Man skizziere mit freier Hand zunächst die Umgebung von $x = 1$ und $x = 2$. Das Bild 3.8 stellt nur eine von unendlich vielen Möglichkeiten dar. Man beachte die Verwendung von Ringen und Vollkreisen. ●

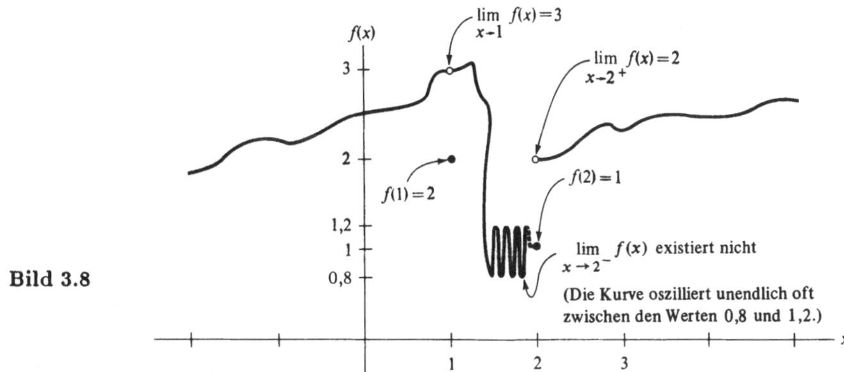

Bild 3.8

Derart komplizierte Funktionen wie in Beispiel 6 werden in der Infinitesimalrechnung allerdings selten auftreten. Dieses Beispiel verhält sich zu den vorgehenden Definitionen etwa wie das Phänomen „Krankheit" zur „Gesundheit".

Abschließend betrachten wir

$$\lim_{x \to 3} \frac{1+x^2}{1+x^2}.$$

Für alle x gilt $(1+x^2)/(1+x^2) = 1$ oder

$$\lim_{x \to 3} \frac{1+x^2}{1+x^2} = \lim_{x \to 3} 1 = 1.$$

Ist $f(x)$ für alle x gleich einer festen ganzen Zahl L, dann folgt ganz allgemein

$$\lim_{x \to a} f(x) = L.$$

Die Aussage „der Limes von L ist gleich L" oder „L strebt gegen L" mag in diesem Fall seltsam erscheinen, stimmt aber mit unserer Definition überein.

Übungen:

In den Übungen 1 bis 15 ist zu untersuchen, ob der Limes existiert und welchen Wert er besitzt.

1. $\lim\limits_{x \to 3} \dfrac{x^2-3}{x+2}$

2. $\lim\limits_{x \to 3} \dfrac{x^2-9}{x-3}$

3. $\lim\limits_{x \to 0^+} \sqrt{x}$

4. $\lim\limits_{x \to 0} \sqrt{x}$

5. $\lim\limits_{x \to 3} \dfrac{(1/x)-\frac{1}{2}}{x-2}$

6. $\lim\limits_{x \to 2} \dfrac{(1/x)-\frac{1}{2}}{x-2}$

7. $\lim\limits_{h \to 1} \dfrac{(1+h)^3-1}{h}$

8. $\lim\limits_{h \to 0} \dfrac{(1+h)^3-1}{h}$

9. $\lim\limits_{x \to 2} \sqrt{2-x}$

10. $\lim\limits_{x \downarrow 1} \dfrac{x-1}{|x-1|}$

11. $\lim\limits_{x \uparrow 1} \dfrac{x-1}{|x-1|}$

12. $\lim\limits_{x \to 1} \dfrac{x-1}{|x-1|}$

13. $\lim\limits_{x \to -2} \dfrac{x^3+8}{x+2}$

14. $\lim\limits_{x \to 4^+} \sqrt{x-4}+2$

15. $\lim\limits_{x \to 0} \dfrac{\sqrt{x+4}-2}{x}$

In den Übungen 16 bis 21 sind die Schaubilder verschiedener Funktionen dargestellt. Man gebe Zahlen a an, für die einer oder mehrere der Limiten $\lim\limits_{x \to a^+} f(x)$, $\lim\limits_{x \to a^-} f(x)$ und $\lim\limits_{x \to a} f(x)$ existieren. Welcher dieser Limiten existiert jeweils?

16.

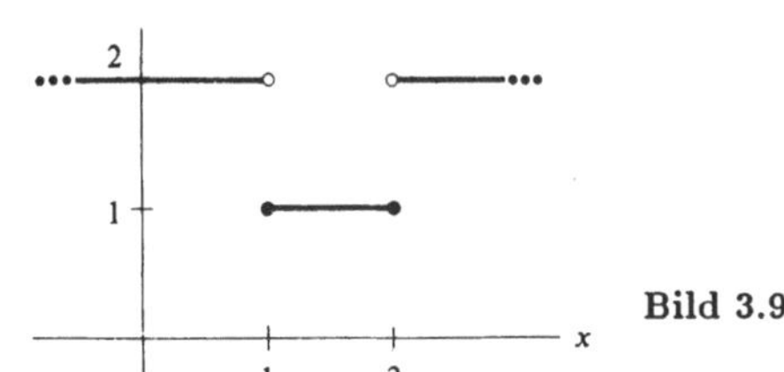

Bild 3.9

17.

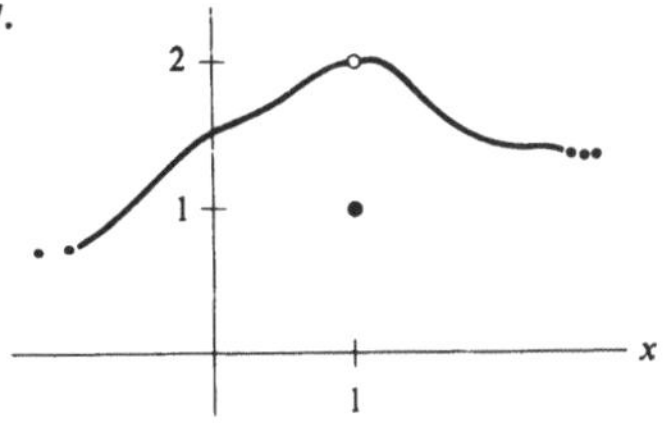

Bild 3.10

18. Wenn x gleich einer ganzen Zahl ist, gilt $f(x) = 1$.

Bild 3.11

19. $f(1) = 1$, $f(x) = 2$ für alle anderen x.

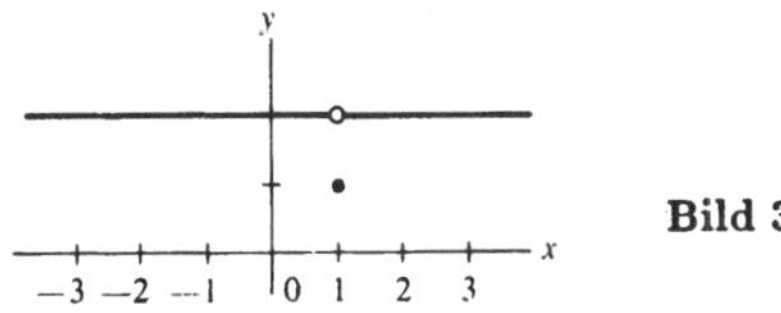

Bild 3.12

20. $f(x) = \begin{cases} 0 & \text{für } x < 0 \\ x^2 & \text{für } x > 0 \end{cases}$

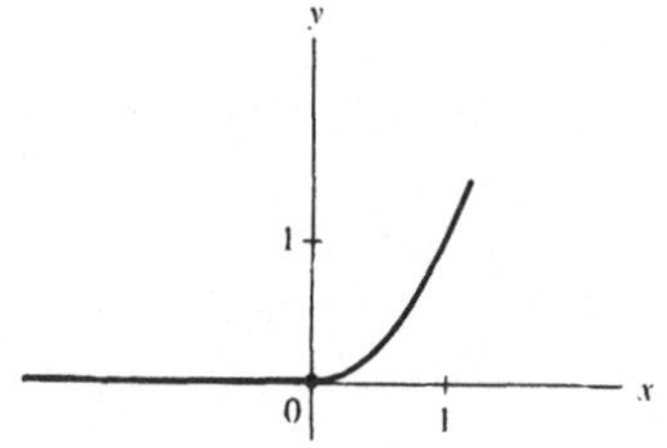

Bild 3.13

21. Dieses Schaubild oszilliert unendlich oft zwischen den Werten 0 und 2.

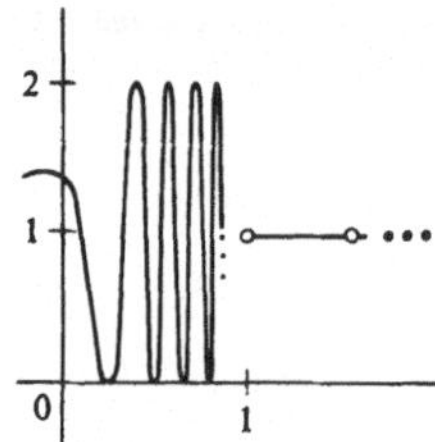

Bild 3.14

In den Übungen 22 bis 26 soll die Skizze einer hypothetischen Funktion f entworfen werden, die alle geforderten Eigenschaften besitzt. Eine geschlossene Formel für die Funktion ist nicht aufzustellen.

22. Der Definitionsbereich sei (0; 2); $\lim_{x \to a} f(x)$ existiert für jedes $a \neq 1$; $\lim_{x \to 1^+} f(x) = 3$; $\lim_{x \to 1^-} f(x) = 4$; $\lim_{x \to 2^-} f(x)$ existiert nicht; $\lim_{x \to 0^+} f(x)$ existiert.

23. Der Definitionsbereich sei (0; 3); $\lim_{x \to a} f(x) = 1$ gelte für jedes a; $f(1) = 3$.

24. Der Definitionsbereich ist die x-Achse; $f(1) = 3$; $\lim_{x \to 1^+} f(x) = 4$; $\lim_{x \to 1^-} f(x) = 3$; $\lim_{x \to a} f(x) = f(a)$ für alle anderen a.

25. Der Definitionsbereich sei die x-Achse. Für $x \to 1^+$ geht $f(x) \to 3$; für $x \to 1^-$ geht $f(x) \to 2$; $f(1) = 0$; $\lim_{x \to a} f(x)$ existiert für allen anderen a.

26. Der Definitionsbereich sei [2; 3]; $\lim_{x \to 2^+} f(x)$ existiert nicht; $\lim_{x \to 3} f(x) = 1$; $\lim_{x \to a} f(x)$ existiert für alle anderen a.

27. Man definiere eine Funktion f

$$f(x) = \begin{cases} 1 & \text{wenn } x \text{ eine ganze Zahl ist} \\ 0 & \text{wenn } x \text{ keine ganze Zahl ist.} \end{cases}$$

(a) Man zeichne das Schaubild von f.
(b) Existiert $\lim_{x \to 3} f(x)$?
(c) Existiert $\lim_{x \to 3{,}5} f(x)$?
(d) Für welche Zahlen a existiert $\lim_{x \to a} f(x)$?

28. (a) Man zeichne die Funktion f mit der Formel

$f(x) = x + |x|$.

(b) Für welche Zahlen a existiert $\lim_{x \to a} f(x)$?

29. Man definiere f folgendermaßen:

$$f(x) = \begin{cases} x & \text{für rationale } x \\ -x & \text{für irrationale } x \end{cases}$$

(a) Welche Gestalt hat das Schaubild dieser Funktion?
(b) Existiert $\lim_{x \to 1} f(x)$?
(c) Existiert $\lim_{x \to \sqrt{2}} f(x)$?
(d) Existiert $\lim_{x \to 0} f(x)$?
(e) Für welche Zahlen a existiert $\lim_{x \to a} f(x)$?

■

30. Der Grenzwert

$$\lim_{h \to 0} \frac{2^h - 1}{h}$$

wird im nächsten Kapitel bestimmt werden; angenommen, er existiert!

(a) Dieser Grenzwert gibt die Ableitung der Exponentialfunktion 2^x an der Stelle $x = 0$. Man zeige dies!
(b) Man skizziere das Schaubild der Funktion $y = 2^x$.
(c) Man bestimme den Anstieg einer Geraden durch die Punkte $(\frac{1}{2}; 2^{1/2})$ und (0; 1) mit Hilfe der Approximation $\sqrt{2} \approx 1{,}4$.
(d) Man bestimme den Anstieg einer Geraden durch die Punkte $(-\frac{1}{2}; 2^{-1/2})$ und (0; 1) mit Hilfe der Approximation $\sqrt{2} \approx 1{,}4$.
(e) Welchen Hinweis geben die Beispiele (c) und (d) für den numerischen Wert von

$$\lim_{h \to 0} \frac{2^h - 1}{h}?$$

■■

Für die nächste Übung wird ein Rechner benötigt.

31. Man untersuche das Verhalten von $(1/x)^x$ für positive x in der Umgebung von 0. Was kann über $\lim_{x \downarrow 0} (1/x)^x$ gesagt werden?

3.4 Mehr über Grenzwerte und die Zahl e

In den nächsten Kapiteln werden oft gewisse Eigenschaften von Limiten benötigt. Sind insbesondere f und g zwei Funktionen und gilt

$$\lim_{x \to a} f(x) = A \quad \text{und} \quad \lim_{x \to a} g(x) = B$$

so folgt, wie im Anhang C bewiesen werden wird,

$$\lim_{x \to a} [f(x) + g(x)] = A + B;$$

$$\lim_{x \to a} [f(x) - g(x)] = A - B;$$

$$\lim_{x \to a} [f(x) g(x)] = AB;$$

$$\lim_{x \to a} \frac{f(x)}{g(x)} = \frac{A}{B} \quad \text{für } B \neq 0.$$

Diese vier grundlegenden Theoreme sind plausibel, man sollte sie sich einprägen.

Sehr oft wird das Verhalten einer Funktion $f(x)$ für sehr große positive x untersucht. Beispiel 1 illustriert dies und erweitert gleichzeitig den Grenzwertbegriff.

Beispiel 1: Wie verhält sich

$$f(x) = \frac{5x^2 + 2}{7x^3 + 3}$$

für sehr große positive x?

Lösung: Für sehr große x wird der Zähler $5x^2 + 2$ sehr groß, dies vergrößert den Quotienten. Andererseits wird der

Nenner sehr groß und verkleinert den Quotienten. Nur eine exakte Berechnung kann entscheiden, welcher dieser beiden Effekte überwiegt.

Wir finden

$$f(x)=\frac{5x^2+2}{7x^3+3}$$
$$=\frac{x^2(5+2/x^2)}{x^3(7+3/x^3)}$$
$$=\frac{1(5+2/x^2)}{x(7+3/x^3)}.$$

Für große x geht nun $1/x \to 0$, $2/x^2 \to 0$ und $3/x^3 \to 0$. Wir finden daher

$$f(x) \to 0 \cdot \frac{5+0}{7+0},$$
$$f(x) \to 0. \bullet$$

Die Aussage: „Durchläuft x immer größere positivere Werte, so nähert sich $f(x)$ der Zahl L", wird üblicherweise abgekürzt:

$$\lim_{x\to\infty} f(x)=L.$$

Aufsuchen des Grenzwerts eines Quotienten von Polynomen: Wie Beispiel 1 gezeigt hat, kann der Grenzwert eines Quotienten von zwei Polynomen für $x \to \infty$ am einfachsten bestimmt werden, wenn aus dem Zähler und dem Nenner die höchste Potenz von x herausfaktorisiert wird.

Im nächsten Beispiel wird $f(x)$ selbst beliebig groß.

Beispiel 2: Wie verhält sich $f(x)=1/x$ in der Nähe von $x=0$?

Lösung: Der Kehrwert einer kleinen Zahl x hat einen großen Absolutwert. Für $x=0{,}01$ gilt $1/x=100$; für $x=-0{,}01$ gilt $1/x=-100$. Nähert sich also x von rechts an Null, so ist $1/x$ positiv und wird beliebig groß. Wir schreiben:

$$\lim_{x\to 0^+}\frac{1}{x}=\infty.$$

Nähert sich x von links an Null, so ist $1/x$ negativ und nimmt beliebig große Absolutwerte an. Wir schreiben:

$$\lim_{x\to 0^-}\frac{1}{x}=-\infty. \bullet$$

Diese verschiedenen Grenzwertbegriffe zeigen alle die gleiche Struktur. Wir geben hier einige typische Fälle an. Formale Definitionen werden in Anhang C gegeben. Unsere vereinfachten Definitionen sind zunächst durchaus hinreichend.

Andere Bezeichnungen wie

$$\lim_{x\to a} f(x)=-\infty,$$
$$\lim_{x\to a^-} f(x)=\infty$$
$$\lim_{x\to\infty} f(x)=-\infty$$

sind analog definiert.

Das nächste Beispiel wendet diese Begriffe auf die Diskussion eines Schaubildes an. Gleichzeitig wird einer der wichtigsten Grenzwerte in der Infinitesimalrechnung untersucht, nämlich

$$\lim_{x\to 0}(1+x)^{1/x}.$$

Beispiel 3: Sei $f(x)=(1+x)^{1/x}$. Man zeichne das Schaubild von f.

Lösung: Wir betrachten nur Werte $x>-1$, so daß die Basis $1+x$ positiv bleibt. Für $x=0$ ist die Funktion nicht definiert, da der Exponent von $(1+x)^{1/x}$, nämlich $1/x$, für $x=0$ nicht bestimmt ist.

Für jede ganze Zahl n, ob positiv oder negativ, gilt

$$f\left(\frac{1}{n}\right)=\left(1+\frac{1}{n}\right)^{1/(1/n)}=\left(1+\frac{1}{n}\right)^n.$$

Diesen Ausdruck haben wir in Abschnitt 3.2 untersucht. Wir erinnern uns an

$$\lim_{n\to\infty}\left(1+\frac{1}{n}\right)^n=\mathrm{e}\approx 2{,}718$$

und

$$\lim_{n\to-\infty}\left(1+\frac{1}{n}\right)^n=\mathrm{e}\approx 2{,}718.$$

Ist also x eine positive oder negative kleine Zahl von der Form $1/n$, dann liegt

$f(x)$ in der Nähe von e.

Wie gezeigt werden kann, liegt auch für kleine x, deren Kehrwert keine ganze Zahl ist,

$f(x)$ nahe bei e.

(Siehe Übung 35.) Wir schreiben

$$\lim_{x\to 0}(1+x)^{1/x}=\mathrm{e}.$$

Das Schaubild von f ist für kleine x aus dem Bild 3.15 zu ersehen.

Wie verhält sich $f(x)$ schließlich in der Nähe von -1 und für große positive x?

Betrachten wir zunächst den Fall $x>-1$ in der Nähe von -1. Wir setzen $x=-0{,}99$ und finden

$$f(-0{,}99)=[1+(-0{,}99)]^{1/-0{,}99}$$
$$=0{,}01^{-1/0{,}99}$$
$$=\frac{1}{0{,}01^{1/0{,}99}}.$$

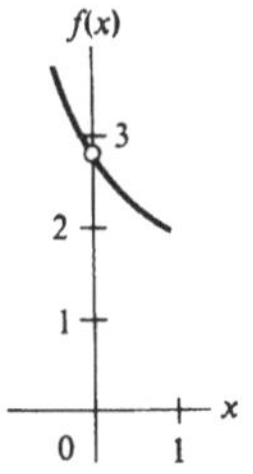

Bild 3.15

Nun liegt 0,01 in der Nähe von 0 und der Exponent 1/0,99 ist fast gleich 1. Das heißt

$$0{,}01^{1/0{,}99}$$

liegt in der Nähe von 0 und ist positiv. Daher ist $f(-0{,}99)$

Bezeichnung	*in Worten*	*Bedeutung*
$\lim_{x \to a} f(x) = L$	Für x gegen a strebt $f(x)$ gegen L	Bereits in Abschnitt 3.2 diskutiert.
$\lim_{x \to \infty} f(x) = L$	Für x gegen plus Unendlich strebt $f(x)$ gegen L	$f(x)$ ist definiert für alle x ab einer bestimmten Zahl und nähert sich dem Wert L, wenn x große positive Werte durchläuft.
$\lim_{x \to -\infty} f(x) = L$	Für x gegen minus Unendlich strebt $f(x)$ gegen L	$f(x)$ ist definiert für alle x links von einer bestimmten Zahl und erreicht den Wert L, wenn die negative Zahl x große Absolutwerte annimmt.
$\lim_{x \to \infty} f(x) = \infty$	Für x gegen Unendlich strebt $f(x)$ gegen plus Unendlich	$f(x)$ ist definiert für alle x ab einer bestimmten Zahl und wird beliebig groß, wenn x große positive Werte durchläuft.
$\lim_{x \to a^+} f(x) = \infty$	Strebt x von rechts gegen a, so strebt $f(x)$ gegen plus Unendlich	$f(x)$ ist in einem bestimmten offenen Intervall $(a; b)$ definiert und wird beliebig groß, wenn x den Wert a von rechts her anstrebt.
$\lim_{x \to a^+} f(x) = -\infty$	Strebt x von rechts gegen a, so strebt $f(x)$ gegen minus Unendlich	$f(x)$ ist in einem offenen Intervall $(a; b)$ definiert und wird negativ mit beliebig großem Absolutbetrag, wenn x den Wert a von rechts anstrebt.

eine große postivie Zahl. In diesem Fall gibt es keine entgegengesetzten Einflüsse; wir können daher schreiben

$$\lim_{x \to -1} (1+x)^{1/x} = \infty.$$

Mit Hilfe dieser Information können wir das Schaubild von f zeichnen (Bild 3.16).

Schließlich müssen wir noch das Verhalten von $(1+x)^{1/x}$ für große positive Werte von x untersuchen. Dazu betrachten wir etwa $x = 10$. In diesem Fall gilt

$$\begin{aligned}(1+x)^{1/x} &= (1+10)^{1/10} \\ &= 11^{1/10} \\ &= \sqrt[10]{11}.\end{aligned}$$

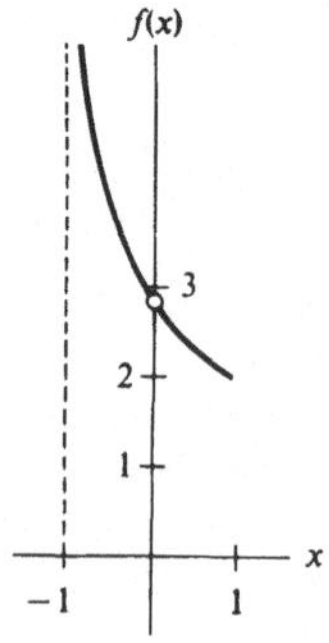

Bild 3.16

Die zehnte Wurzel von 11 ist nur wenig größer als 1. Mit den Methoden von Kap. 5 werden wir leicht sehen, daß

$$\lim_{x \to \infty} (1+x)^{1/x} = 1.$$

Das Schaubild von f hat daher die in Bild 3.17 dargestellte Form. ●

Für Kap. 4 benötigen wir die Aussage

$$\lim_{x \to 0} (1+x)^{1/x} = e$$

in der folgenden Form: „$(1 + \text{eine kleine Zahl } s)^{\text{Kehrwert von } s}$ ist ungefähr gleich e".

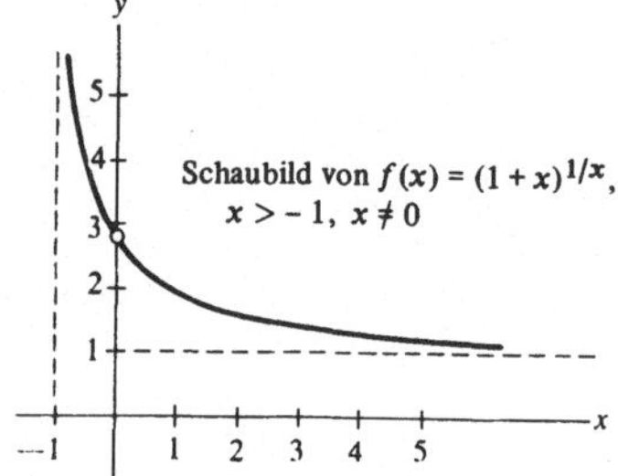

Bild 3.17

So gilt dann

$$\lim_{x \to 0} \left(1 + \frac{x}{2}\right)^{2/x} = e$$

da $2/x$ der Kehrwert einer kleinen Zahl $x/2$ ist, sofern x in der Nähe von 0 liegt.

Übungen:

In den Übungen 1 bis 26 sind die angegebenen Grenzwerte aufzusuchen.

1. $\lim_{x \to \infty} \frac{5x^2+2}{7x^2+3}$
2. $\lim_{x \to \infty} \frac{6x^2+3}{4x+1}$
3. $\lim_{x \to -\infty} \frac{6x^3+2x^2+1}{5x^2-1}$
4. $\lim_{x \to \infty} \frac{x^2+(1/x)}{x^2-(1/x)}$
5. $\lim_{x \to 0} \frac{x^2+(1/x)}{x^2-(1/x)}$
6. $\lim_{x \to 1^+} \frac{x}{x-1}$
7. $\lim_{x \to 1^-} \frac{x}{x-1}$
8. $\lim_{x \to \infty} \frac{x}{x+1}$
9. $\lim_{x \to -\infty} 2^x$
10. $\lim_{x \to \infty} 2^x$
11. $\lim_{x \to 0^+} (2+x)^{1/x}$
12. $\lim_{x \to 0^-} (2+x)^{1/x}$

13. $\lim\limits_{x \to \infty} \left[\dfrac{1}{x - (x^2/2)} - \dfrac{1}{x}\right]$ 14. $\lim\limits_{x \to 0} \left[\dfrac{1}{x - (x^2/2)} - \dfrac{1}{x}\right]$

15. $\lim\limits_{x \to \infty} \left[\dfrac{1}{x+1} - \dfrac{1}{x}\right]$ 16. $\lim\limits_{x \to 0^+} \left[\dfrac{1}{x+1} - \dfrac{1}{x}\right]$

17. $\lim\limits_{x \to 0^-} \left[\dfrac{1}{x+1} - \dfrac{1}{x}\right]$ 18. $\lim\limits_{x \to \infty} \dfrac{2^x}{3^x}$

19. $\lim\limits_{x \to 0^+} \dfrac{2^x + 3}{2^x - 1}$ 20. $\lim\limits_{x \to 0^-} \dfrac{2^x + 3}{2^x - 1}$

21. $\lim\limits_{x \to \infty} \dfrac{2^x + 3}{2^x - 1}$ 22. $\lim\limits_{x \to -\infty} \dfrac{2^x + 3}{2^x + 1}$

23. $\lim\limits_{x \to \infty} \left[\dfrac{1}{x-1} - \dfrac{1}{x^2 - 1}\right]$ 24. $\lim\limits_{x \to 1^+} \left[\dfrac{1}{x-1} - \dfrac{1}{x^2 - 1}\right]$

25. $\lim\limits_{x \to 1^+} \dfrac{\sqrt{x^2 - 1}}{\sqrt{x^3 - 1}}$ 26. $\lim\limits_{x \to \infty} \dfrac{x}{\sqrt{2x^2 + 1}}$

Die Übungen 27 bis 30 untersuchen $\lim\limits_{x \to 0} (1 + x)^{1/x} = \mathrm{e}$.

27. Man berechne $f(x) = (1 + x)^{1/x}$ auf zwei Dezimalstellen für $x = 1/3, 1/4, 1/5, -1/3, -1/4, -1/5$.

28. Man berechne $\lim\limits_{x \to 0} (1 + 3x)^{2/x}$.

29. Man berechne $\lim\limits_{x \to 0} (1 + x^2)^{1/x}$.

30. x sei fest und ungleich 0. Man bestimme $\lim\limits_{h \to 0} (1 + h/x)^{x/h}$.

■

In den Übungen 31 bis 33 ist das Schaubild einer hypothetischen Funktion mit den jeweils angegebenen Eigenschaften zu zeichnen.

31. $f(1) = 2,\ \lim\limits_{x \to 1^+} f(x) = \infty,\ \lim\limits_{x \to 1^-} f(x) = \infty.$

32. $f(1) = 1,\ \lim\limits_{x \to 1^+} f(x) = -\infty,\ \lim\limits_{x \to 1^-} f(x) = \infty.$

33. $f(0) = 1,\ \lim\limits_{x \to 0} f(x) = 2,\ \lim\limits_{x \to \infty} f(x) = 1.$

34. Man gebe ein Beispiel von zwei Funktionen f und g mit $\lim\limits_{x \to 0} f(x) = 0$, $\lim\limits_{x \to 0} g(x) = 0$ und
   (*a*) $\lim\limits_{x \to 0} f(x)/g(x) = 3;$
   (*b*) $\lim\limits_{x \to 0} f(x)/g(x) = 0;$
   (*c*) $\lim\limits_{x \to 0} f(x)/g(x) = \infty.$

35. x sei eine positive Zahl kleiner 1.
   (*a*) Es gibt eine und nur eine positive ganze Zahl n mit
   $$\frac{1}{n+1} < x \leqslant \frac{1}{n} \qquad \text{oder} \qquad n + 1 > \frac{1}{x} \geqslant n.$$
   Man zeige dies!
   (*b*) Man zeige
   $$(1+x)^{1/x} \leqslant \left(1 + \frac{1}{n}\right)^{1/x} < \left(1 + \frac{1}{n}\right)^{n+1} = \left(1 + \frac{1}{n}\right)^{n} \left(1 + \frac{1}{n}\right).$$
   (*c*) Analog zeige man
   $$(1+x)^{1/x} > \frac{[1 + 1/(n+1)]^{n+1}}{1 + 1/(n+1)}.$$
   (*d*) Mit Hilfe von (*b*) und (*c*) zeige man für $x \to 0^+$
   $(1+x)^{1/x} \to \mathrm{e}$.

Ein analoges Argument läßt sich auf negative Werte von x anwenden.

■■

36. Man zeichne sehr sorgfältig das Schaubild der Funktion $f(x) = x^c$ für positive x aus der Umgebung von 0 und
   (*a*) $c = 1;$
   (*b*) $0 < c < 1;$
   (*c*) $c > 1.$
   Für welche Werte von c erreicht das Schaubild den Punkt (0; 0) horizontal und für welche vertikal?

Für die restlichen Übungen verwende man einen Rechner: Es sind Grenzwerte zu berechnen, die im Detail später gebraucht werden.

37. Man berechne $(1 + x)^{1/x}$ für $x = 10, 20, 30$. Wird $(1 + x)^{1/x}$ für $x \to \infty$ den Wert 1 erreichen?

38. (*a*) Man berechne $x/2^x$ für $x = 3, 5, 10$ usw.
   (*b*) Wie verhält sich $x/2^x$ für $x \to \infty$?

39. (*a*) Man berechne $x^5/2^x$ für $x = 3, 10, 20, 30$ usw.
   (*b*) Wie verhält sich die Funktion $x^5/2^x$ für $x \to \infty$?

40. Wie verhält sich $x^2/(1{,}01^x)$ für große x?

41. Wie verhält sich $[(2^x + 8^x)/2]^{1/x}$ für $x \to 0$?

42. (*a*) Man berechne $(1 + x)^{1/x}$ für $x = 0{,}012$ und $x = -0{,}012$.
   (*b*) Was geschieht für $x \to 0$?

3.5 Trigonometrische Grundbegriffe

Im Abschnitt 3.6 wird der sehr wichtige Grenzwert eines bestimmten trigonometrischen Ausdrucks untersucht. Der vorliegende Abschnitt ist eingefügt, um unsere trigonometrischen Kenntnisse aufzufrischen.

In der Infinitesimalrechnung treten die drei trigonometrischen Funktionen Sinus, Kosinus und Tangens am häufigsten auf. Die Verfahren zur Berechnung unbekannter Seiten und Winkel eines Dreiecks werden hier seltener benötigt. Der folgende Überblick geht bei der Definition der trigonometrischen Funktionen von der Beziehung zwischen Winkel und Kreisbogen aus.

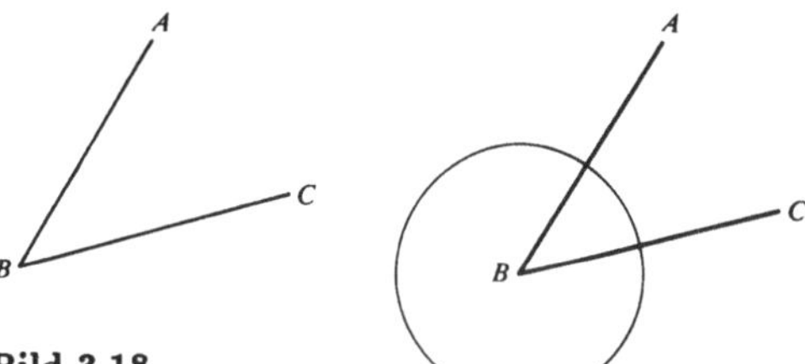

Bild 3.18

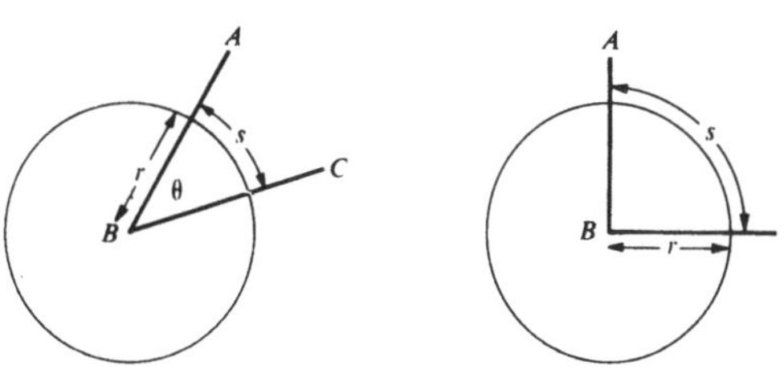

Bild 3.19 **Bild 3.20**

Wir können zur Beschreibung eines Winkels einen Kreisbogen verwenden (anstelle von „Winkelgraden", die von den babylonischen Astronomen eingeführt wurden). Zur Messung des Winkels ABC (Bild 3.18) zeichnen wir einen Kreis mit dem Mittelpunkt B. Besitzt der Kreis den Radius r (Bild 3.19) und schneidet der Winkel aus ihm ein Bogenstück der Länge s, so ist der Quotient s/r ein Maß für den Winkel und wir sagen: „Der Winkel besitzt das *Bogenmaß* von s/r *Radiant* (rad). Üblicherweise wird ein Winkel mit dem Buchstaben θ bezeichnet; wir schreiben daher

$$\theta = \frac{s}{r} \text{ Radiant (rad) oder kürzer } \theta = \frac{s}{r}.$$

Beispiel 1: Man bestimme das Bogenmaß des rechten Winkels ABC (Bild 3.20).

Lösung: Man zeichnet einen Kreis mit Radius r und Mittelpunkt B und berechnet den Quotienten s/r. Der Umfang eines Kreises vom Radius r beträgt $2\pi r$. Der rechte Winkel schneidet genau ein Viertel des Gesamtumfanges heraus. Es gilt

$$s = \frac{1}{4}\, 2\pi r = \frac{\pi r}{2}$$

und

$$\theta = \frac{s}{r} = \frac{\pi r/2}{r} = \frac{\pi}{2}.$$

Daher hat ein rechter Winkel das Maß von $\pi/2$ rad (etwa 1,57 rad). •

Der gestreckte Winkel besteht aus zwei rechten Winkeln und hat daher ein Maß von 180° oder π Radiant. Diese Aussage ist für die Umrechnung von Winkelgraden in Winkelbögen und von Winkelbögen in Winkelgrade sehr hilfreich. Es wird hierzu einfach das Verhältnis

$$\frac{\text{Winkelgrade}}{180} = \frac{\text{Bogenmaß in rad}}{\pi}$$

verwendet.

Beispiel 2: Wie groß ist das Bogenmaß eines Winkels von 30°.

Lösung: Das Verhältnis beträgt in diesem Fall

$$\frac{30}{180} = \frac{\text{Bogenmaß}}{\pi}$$

und wir erhalten

$$\text{Bogenmaß} = \pi\,\frac{30}{180} = \frac{\pi}{6}\ \bullet$$

Beispiel 3: Wie viele Winkelgrade besitzt ein Winkel von 1 rad?

Lösung: In diesem Fall ergibt sich

$$\frac{\text{Winkelgrade}}{180} = \frac{1}{\pi}$$

und

$$\text{Winkelgrade} = \frac{180}{\pi} \approx \frac{180}{3{,}14} \approx 57{,}3°.$$

Das heißt, dem Winkel mit einem Bogenmaß von 1 rad entsprechen etwa 57,3°, etwas weniger als 60°. •

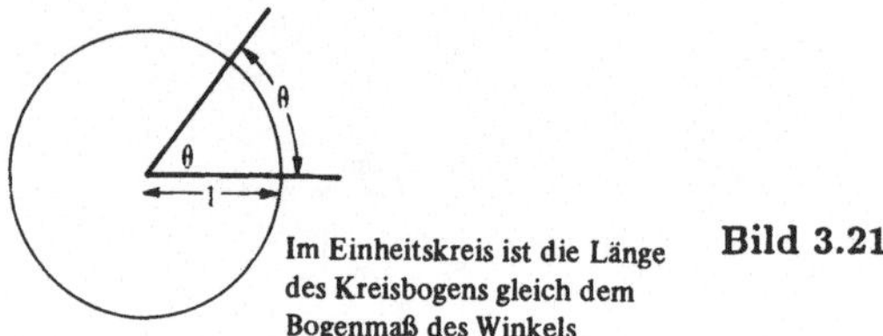

Im Einheitskreis ist die Länge des Kreisbogens gleich dem Bogenmaß des Winkels **Bild 3.21**

Im Fall des *Einheitskreises* (Kreis mit dem Radius 1) nimmt die Formel

$$\theta = \frac{s}{r}$$

die Gestalt

$$\theta = \frac{s}{1} = s$$

an. In diesem Fall ist die Länge des Kreisbogens gleich dem Bogenmaß des Winkels (Bild 3.21).

Bisher wurde jeder Zahl θ aus dem Intervall $[0; 2\pi]$ ein Winkel zugeordnet. Als nächstes ordnen wir jeder *positiven* Zahl θ einen Winkel zu. Der Einfachheit halber betrachten wir einen Einheitskreis und legen einen der Schenkel des Winkels in die Richtung der positiven x-Achse. Um den zweiten Schenkel des Winkels von θ Radiant zu zeichnen, gehen wir gegen den Uhrzeigersinn entlang des Einheitskreises weiter bis zur Bogenlänge θ. Der Punkt P, den wir auf diese Weise erreichen, bestimmt den zweiten Schenkel. Wenn etwa der Winkel $\theta = 5\pi/2$ beträgt, gehen wir zunächst einmal um den gesamten Kreis herum und erreichen dann schließlich den Punkt P oberhalb des Kreismittelpunktes. Wir erhalten in diesem Fall wieder einen rechten Winkel, der ebenso durch $\pi/2$ beschrieben werden kann (Bild 3.22).

Jedesmal, wenn wir genau einmal um den ganzen Kreis herumgehen, erhöhen wir das Bogenmaß eines Win-

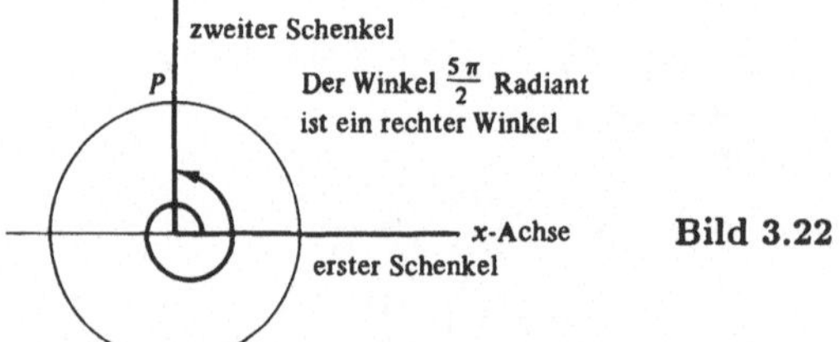

Bild 3.22

kels um 2π. Mit anderen Worten, ein rechter Winkel von $\pi/2$ hat eine unendliche Anzahl von äquivalenten Beschreibungen:

$$\frac{\pi}{2},\ \frac{\pi}{2} + 2\pi = \frac{5\pi}{2},\ \frac{\pi}{2} + 4\pi = \frac{9\pi}{2}, \ldots .$$

Um negativen Zahlen θ einen Winkel zuzuordnen, gehen wir *im Uhrzeigersinn* entlang des Einheitskreises um einen Winkel $|\theta|$. So wollen wir etwa den Winkel $-\pi/2$ zeichnen. Wir beginnen beim Punkt (1; 0) und bewegen uns entlang des Einheitskreises im Uhrzeigersinn um einen rechten Winkel bis zum Punkt P, der direkt unter dem Mittelpunkt des Kreises liegt (Bild 3.23). Man beachte, daß der Winkel von $-\pi/2$ mit einem Winkel von $3\pi/2$ identisch ist.

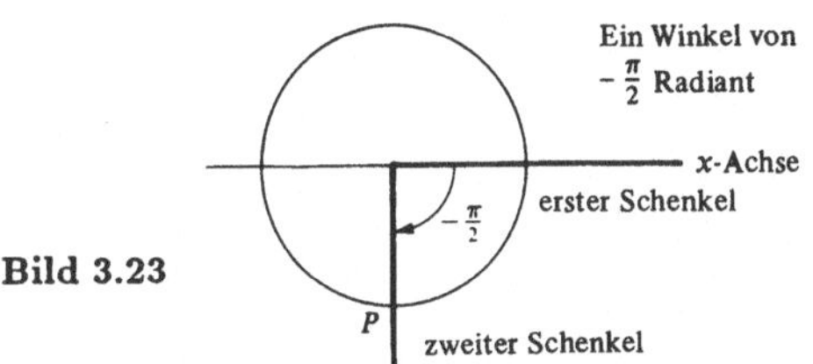

Bild 3.23

Nun definieren wir die beiden fundamentalen Funktionen der Trigonometrie, den Sinus und den Kosinus.

Definition der Funktionen Sinus und Kosinus: Jeder Zahl θ wird der Sinus von θ – bezeichnet mit $\sin\theta$ – und der Kosinus von θ – bezeichnet mit $\cos\theta$ – zugeordnet: Man zeichne einen Winkel von θ Radiant, dessen erster Schenkel in der positiven x-Achse und dessen Scheitel bei (0; 0) liegt (Bild 3.24). Der zweite Schenkel schneidet den Einheitskreis mit dem Mittelpunkt (0; 0) im Punkt P. Die x-Koordinate des Punktes P gibt $\cos\theta$, die y-Koordinate von P gibt $\sin\theta$.

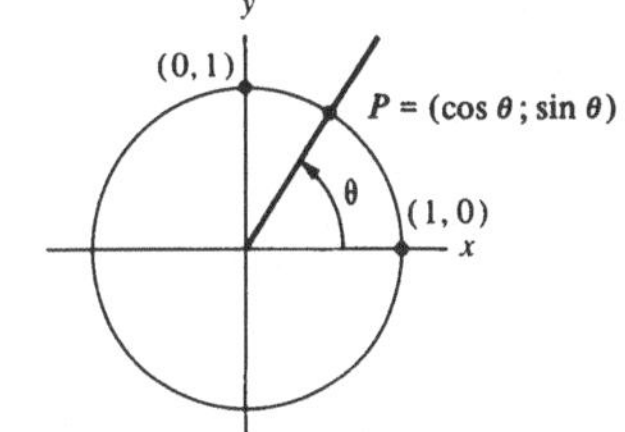

Bild 3.24

Der Punkt P des Einheitskreises hat die Koordinaten $\cos\theta$ und $\sin\theta$

Beispiel 4: Man bestimme $\cos\pi/2$ und $\sin\pi/2$.

Lösung: Für $\theta = \pi/2$ erhalten wir einen rechten Winkel und der Punkt P hat die Koordinaten (0; 1). Es folgt:

$$\cos\frac{\pi}{2} = 0 \quad \text{und} \quad \sin\frac{\pi}{2} = 1. \bullet$$

Beispiel 5: Man bestimme $\cos(-\pi)$ und $\sin(-\pi)$.

Lösung: Für $\theta = -\pi$ besitzt der Punkt P die Koordinaten (−1; 0). Es folgt:

$$\cos(-\pi) = -1 \quad \text{und} \quad \sin(-\pi) = 0. \bullet$$

Die trigonometrischen Funktionen erfüllen bestimmte Identitäten. Da eine Änderung des Winkels θ um 2π denselben Punkt P auf dem Kreis reproduziert, gilt zu allererst:

$$\cos(\theta + 2\pi) = \cos\theta$$

und

$$\sin(\theta + 2\pi) = \sin\theta.$$

Man sagt daher auch: Kosinus und Sinus besitzen eine Periode von 2π. Ebenso folgt aus der Symmetrie des Einheitskreises (Bild 3.25):

$$\cos(-\theta) = \cos\theta$$

und

$$\sin(-\theta) = -\sin\theta.$$

Die Zahlen $\cos\theta$ und $\sin\theta$ sind durch folgende Gleichung verbunden

$$\cos^2\theta + \sin^2\theta = 1$$

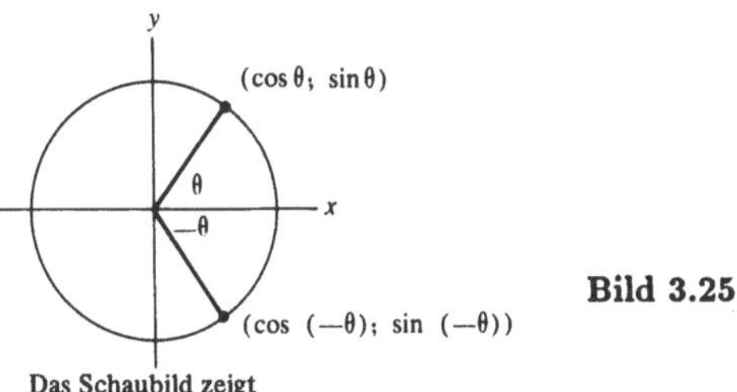

Das Schaubild zeigt $\cos(-\theta) = \cos\theta$ und $\sin(-\theta) = -\sin\theta$.

Bild 3.25

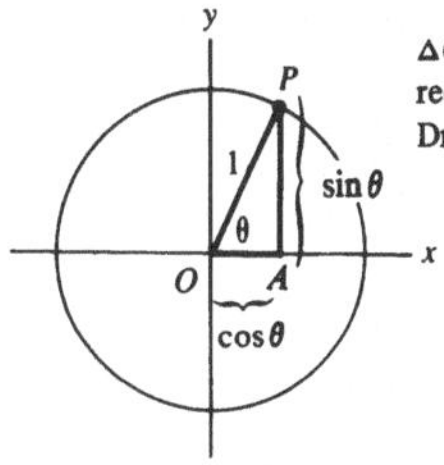

ΔOAP ist ein rechtwinkliges Dreieck

Bild 3.26

($\cos^2\theta$ steht vereinfachend für $(\cos\theta)^2$). Zum Beweis dieser Formel braucht man nur den pythagoräischen Lehrsatz auf das rechtwinkelige Dreieck OAP anzuwenden (Bild 3.26).

Mit Hilfe dieser Beziehung zwischen $\cos\theta$ und $\sin\theta$ bestimmen wir in den nächsten beiden Beispielen die Werte von $\cos\pi/4$, $\sin\pi/4$, $\cos\pi/3$ und $\sin\pi/3$.

Beispiel 6: Man bestimme $\cos\pi/4$ und $\sin\pi/4$.

Lösung: Ist der Winkel gleich $\pi/4$ (45°), so zeigt eine Skizze sofort, daß der Kosinus und der Sinus übereinstimmen. Das heißt

$$\cos\frac{\pi}{4} = \sin\frac{\pi}{4},$$

$$\cos^2\frac{\pi}{4} + \cos^2\frac{\pi}{4} = 1$$

oder

$$2\cos^2\frac{\pi}{4} = 1.$$

Es folgt:

$$\cos^2\frac{\pi}{4} = \frac{1}{2}.$$

Das $\cos\pi/4$ positiv ist, gilt

$$\cos\frac{\pi}{4} = \sqrt{\frac{1}{2}}$$

$$= \frac{\sqrt{2}}{2}$$

$$(\approx 0{,}707),$$

$$\cos\frac{\pi}{4} = \frac{\sqrt{2}}{2} = \sin\frac{\pi}{4}. \bullet$$

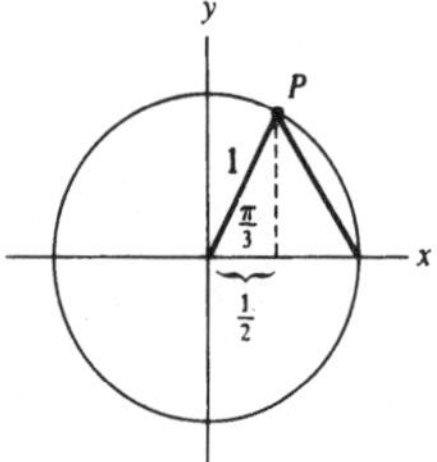

Bild 3.27

Bild 3.28

Beispiel 7: Man bestimme $\cos\pi/3$ und $\sin\pi/3$.

Lösung: Der Winkel $\pi/3$ (60°) ist der Winkel in einem gleichseitigen Dreieck. Man zeichne ein solches Dreieck in den Einheitskreis (Bild 3.27). Aus der Zeichnung folgt

$$\cos\frac{\pi}{3} = \frac{1}{2}.$$

Daher gilt

$$\left(\frac{1}{2}\right)^2 + \sin^2\frac{\pi}{3} = 1$$

$$\sin^2\frac{\pi}{3} = \frac{3}{4}$$

$$\sin\frac{\pi}{3} = \frac{\sqrt{3}}{2}$$

$$(\approx 0{,}866). \bullet$$

Ist $\cos\pi/4$ bekannt, so kann auch der Kosinus eines Vielfachen von $\pi/4$ durch entsprechende Betrachtungen am Einheitskreis gefunden werden. Man suche etwa $\cos 3\pi/4$ und zeichne dazu einen Winkel von $3\pi/4$ Radiant (Bild 3.28); $\cos 3\pi/4$ ist negativ und sein Absolutbetrag gleich $\sqrt{2}/2$. Wir erhalten

$$\cos\frac{3\pi}{4} = -\frac{\sqrt{2}}{2}.$$

Ein ähnliches Verfahren ergibt den Kosinus eines Vielfachen von $\pi/6$. Mit Hilfe solcher Überlegungen können wir eine Wertetabelle für die Kosinusfunktion aufstellen.

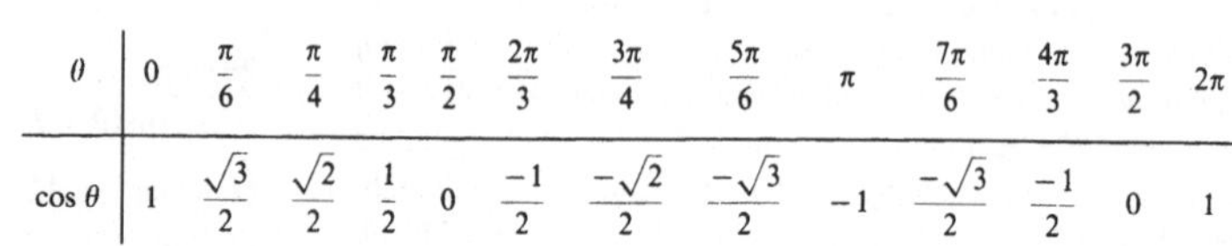

θ	0	$\frac{\pi}{6}$	$\frac{\pi}{4}$	$\frac{\pi}{3}$	$\frac{\pi}{2}$	$\frac{2\pi}{3}$	$\frac{3\pi}{4}$	$\frac{5\pi}{6}$	π	$\frac{7\pi}{6}$	$\frac{4\pi}{3}$	$\frac{3\pi}{2}$	2π
$\cos\theta$	1	$\frac{\sqrt{3}}{2}$	$\frac{\sqrt{2}}{2}$	$\frac{1}{2}$	0	$\frac{-1}{2}$	$\frac{-\sqrt{2}}{2}$	$\frac{-\sqrt{3}}{2}$	-1	$\frac{-\sqrt{3}}{2}$	$\frac{-1}{2}$	0	1

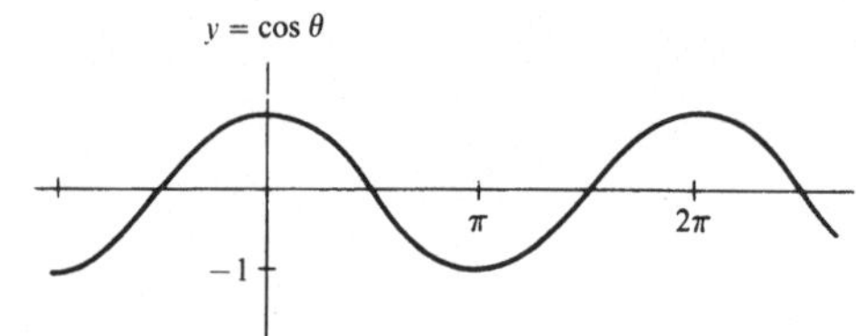

Bild 3.29

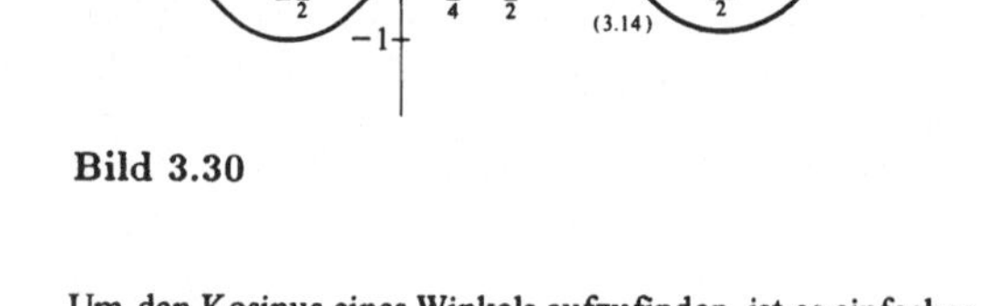

Bild 3.30

Um den Kosinus eines Winkels aufzufinden, ist es einfacher, den Einheitskreis und den Winkel aufzuzeichnen, als die Tabelle zu benutzen. Diese Tabelle gibt uns jedoch genügend Information, um das Schaubild der Kosinusfunktion darzustellen. Nach der Formel $\cos(\theta + 2\pi) = \cos\theta$ besteht das Schaubild aus einem Abschnitt zwischen 0 und 2π mit unendlicher Wiederholung (Bild 3.29).

In analoger Weise kann das Schaubild von Sinus θ skizziert werden (Bild 3.30).

Vier wichtige Beziehungen gelten zwischen dem Kosinus und dem Sinus der Summe sowie der Differenz von zwei Winkeln einerseits und den Kosinus- und Sinuswerten der einzelnen Winkel andererseits:

$$\cos(A + B) = \cos A\cos B - \sin A\sin B;$$

$$\sin(A + B) = \sin A\cos B + \cos A\sin B;$$

$$\cos(A - B) = \cos A\cos B + \sin A\sin B;$$

$$\sin(A - B) = \sin A\cos B - \cos A\sin B.$$

Diese vier Identitäten werden in den Übungen 20 bis 24 abgeleitet. Daraus ergeben sich die folgenden Identitäten für die doppelten Winkel:

$$\cos 2\theta = \cos^2\theta - \sin^2\theta$$

$$\cos 2\theta = 2\cos^2\theta - 1$$

$$\cos 2\theta = 1 - 2\sin^2\theta$$

$$\sin 2\theta = 2\sin\theta\cos\theta$$

$$\sin^2 \theta = \frac{1 - \cos 2\theta}{2}$$

$$\cos^2 \theta = \frac{1 + \cos 2\theta}{2}.$$

Abgesehen von Sinus und Kosinus ist die Tangensfunktion die wichtigste trigonometrische Funktion.

Definition der Tangensfunktion: Jeder Zahl θ, die sich von $\pi/2$ oder $-\pi/2$ nicht durch ein Vielfaches von 2π unterscheidet, ist der Tangens von θ, abgekürzt $\tan\theta$, wie folgt zugeordnet: Man zeichne einen Winkel von θ Radiant, dessen erster Schenkel die positive x-Achse ist und dessen Scheitel bei (0; 0) liegt (Bild 3.31). Die Gerade L verläuft durch (1; 0) parallel zur y-Achse. Diese Gerade und der zweite Schenkel des Winkels schneiden einander im Punkt Q. Die y-Koordinate von Q wird $\tan\theta$ genannt.

Wie man aus Bild 3.31 entnehmen kann, wird $\tan\theta$ für θ nahe unterhalb $\pi/2$ sehr groß. Ist θ etwas größer als $\pi/2$, so wird der Absolutbetrag von $\tan\theta$ groß und $\tan\theta$ negativ. Während $\cos\theta$ und $\sin\theta$ niemals größer als 1 sind, kann $\tan\theta$ beliebig große Werte annehmen. Für

$$\frac{\pi}{2} < \theta < \pi$$

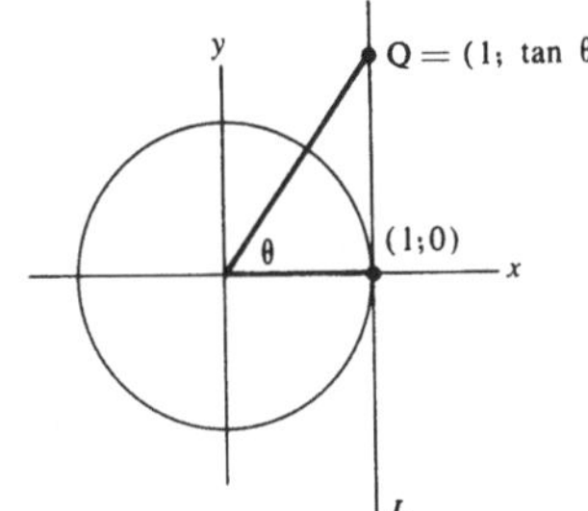

Bild 3.31

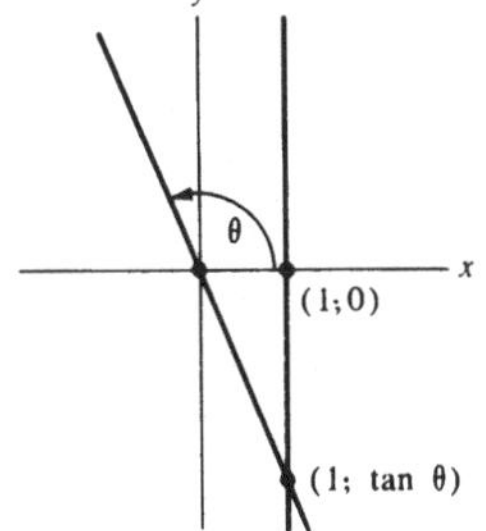

Bild 3.32

(Winkel aus dem zweiten Quadranten) ist $\tan\theta$ negativ (Bild 3.32). Aus der Definition folgt

$$\tan(\theta + \pi) = \tan\theta.$$

Während sich die Schaubilder von Kosinus und Sinus nach einem Intervall von 2π wiederholen, ist dies für die Tangensfunktion häufiger der Fall, nämlich bereits nach einem Intervall der Länge π. Der Tangens besitzt die Periode π.

Die Funktionen $\cos\theta$, $\sin\theta$ und $\tan\theta$ sind in Logarithmentafeln zu finden und sind auf den meisten Taschenrechnern verfügbar.

Die Funktionen $\tan\theta$, $\sin\theta$ und $\cos\theta$ sind durch folgende Gleichung verbunden:

$$\tan\theta = \frac{\sin\theta}{\cos\theta}.$$

Man kann dies sehr leicht aus dem Bild 3.33 ablesen. Aus der Ähnlichkeit der beiden Dreiecke ΔOBQ und ΔOAP erkennt man

$$\frac{\tan\theta}{1} = \frac{\sin\theta}{\cos\theta} \quad \text{oder} \quad \tan\theta = \frac{\sin\theta}{\cos\theta}.$$

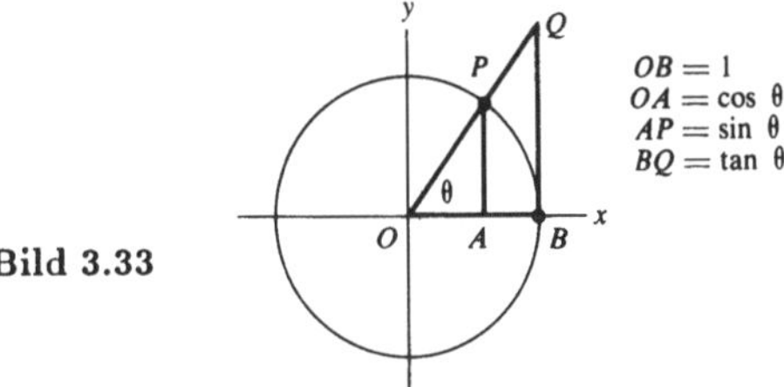

Bild 3.33

Folgende Identitäten bezüglich der Tangensfunktion sind sehr nützlich:

$$\tan(A - B) = \frac{\tan A - \tan B}{1 + \tan A \tan B},$$

$$\tan(A + B) = \frac{\tan A + \tan B}{1 - \tan A \tan B},$$

$$\tan 2\theta = \frac{2\tan\theta}{1 - \tan^2\theta}.$$

Man sieht sehr leicht

$$\tan 0 = 0$$

und

$$\tan\frac{\pi}{4} = 1.$$

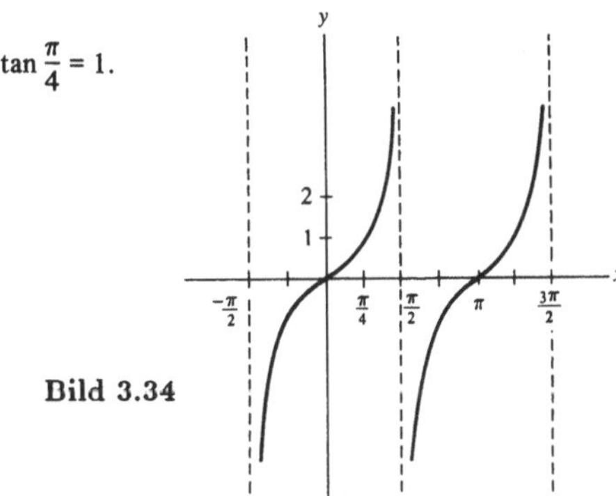

Bild 3.34

Bild 3.34 zeigt das Schaubild der Tangensfunktion.

Die Tangensfunktion liefert uns eine neue Interpretation des Anstiegs einer Geraden. Eine Gerade L schließe mit der positiven x-Achse einen Winkel θ ein. Dann ist der

Anstieg der Geraden gleich dem Tangens von θ. Ist der Anstieg bekannt, so kann der Winkel mit Hilfe einer Tabelle von $\tan\theta$ berechnet werden. Ist der Anstieg etwa gleich 2, so beträgt der Winkel ungefähr 1,1 rad oder 63° (Bild 3.35).

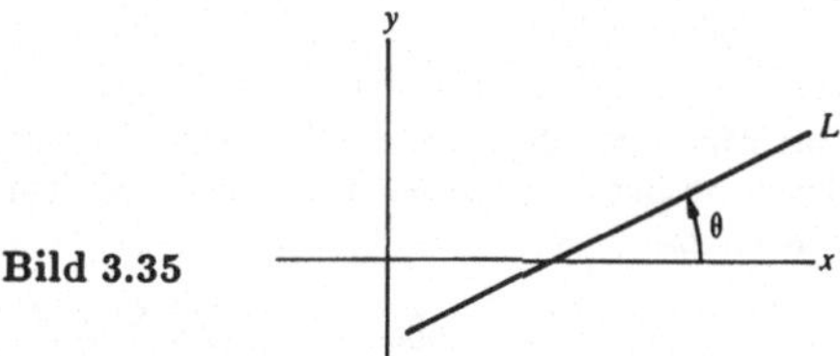

Bild 3.35

Sind zwei Seiten eines Dreiecks a und b und der Winkel θ zwischen diesen beiden Seiten bekannt, so kann die Länge der dritten Seite c bestimmt werden. Dies leistet der sogenannte *Kosinussatz*:

$$c^2 = a^2 + b^2 - 2ab\cos\theta.$$

Der Beweis folgt in Übung 28.

Übungen:

1. Wie groß ist das Bogenmaß der folgenden Winkel?
   (*a*) 90°, (*b*) 30°, (*c*) 120°, (*d*) 270°, (*e*) 360°.
2. Wie groß ist das Gradmaß der folgenden Winkel mit dem Bogenmaß:
   (*a*) $3\pi/4$, (*b*) $\pi/3$, (*c*) $2\pi/3$, (*d*) 4π
3. Ein Winkel schneidet aus einem Kreis mit dem Radius 3 cm einen Bogen von 5 cm heraus.
   (*a*) Wie groß ist das Maß des Winkels in Radiant?
   (*b*) Wie groß ist das Maß des Winkels in Grad?
4. Wie groß ist das Bogenstück eines Kreises mit dem Radius 3 cm, das durch einen Winkel von 0,5 rad definiert wird?
5. (*a*) Man drücke einen Winkel von 3 rad in Grad aus.
   (*b*) Man drücke einen Winkel von 1° in Radiant aus.
6. Welches Bogenstück schneidet einen Winkel von 1,5 rad aus einem Kreis mit Radius
   (*a*) 3 cm, (*b*) 4 cm, (*c*) 5 cm heraus?
7. Wie würde man einen Winkel von 2 rad zeichnen!
   (*a*) Mit einem Winkelmesser im Gradmaß?
   (*b*) Mit einer Schnur?
8. Man bestimme $\cos\pi/6$ und $\sin\pi/6$.
9. (*a*) Man ergänze die folgende Tabelle mit Hilfe einer Skizze des Einheitskreises:

θ	0	$\frac{\pi}{6}$	$\frac{\pi}{4}$	$\frac{\pi}{3}$	$\frac{\pi}{2}$	π	$\frac{3\pi}{2}$	2π
$\sin\theta$								

   (*b*) Man zeichne die Sinusfunktion.
10. Man überprüfe die Identität für $\cos(A + B)$ mit $A = \pi/6$ und $B = \pi/3$.
11. Man beweise die Identität für $\cos 2\theta$ aus der Identität für $\cos(A + B)$.
12. Mit Hilfe der Skizze eines Winkels in einem Einheitskreis bestimme das Vorzeichen (+ oder −) der Funktion in den folgenden Fällen:
    (*a*) $\sin\theta, \pi < \theta < 2\pi$, (*b*) $\tan\theta, \pi < \theta < 3\pi/2$,
    (*c*) $\cos\theta, -\pi/2 < \theta < \pi/2$, (*d*) $\tan\theta, \pi/2 < \theta < \pi$.
13. Welchen Winkel schließt eine Gerade mit der positiven x-Achse ein, wenn ihr Anstieg durch
    (*a*) 1, (*b*) $\frac{1}{2}$, (*c*) -1, (*d*) 2, (*e*) $\sqrt{3}$
    gegeben ist.
14. Man betrachte einen spitzen Winkel θ in einem rechtwinkeligen Dreieck (Bild 3.36). Mit Hilfe ähnlicher Dreiecke im rechten Teil des Bildes zeige man
    (*a*) $\cos\theta = a/c$, (*b*) $\sin\theta = b/c$,
    (*c*) $\tan\theta = b/a$.
    Diese Gleichungen für Kosinus, Sinus und Tangens werden zu deren Definition im Bereich $0 < \theta < \pi/2$ herangezogen.

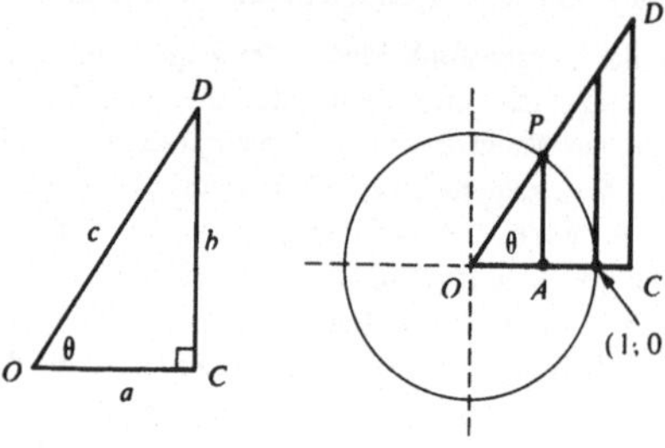

Bild 3.36

15. (Siehe Übung 14(*c*).) Man berechne aus dem Dreieck ΔOCD des Bildes 3.37 $\cos\pi/3$, $\sin\pi/3$ und $\tan\pi/3$ (ΔODE ist gleichseitig). Eine Skizze des ΔOCD gibt die Werte von $\cos\pi/3$, $\sin\pi/3$ und $\tan\pi/3$.

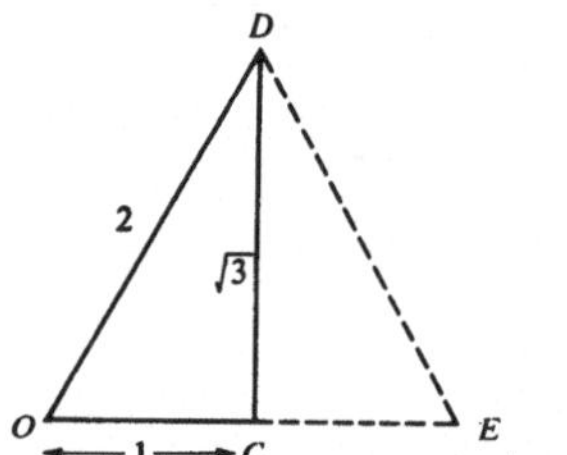

Bild 3.37

16. Man verwende das ΔOCD aus Übung 15 und berechne die Werte von $\cos\pi/6$, $\sin\pi/6$ und $\tan\pi/6$.
    Hinweis: Siehe Übung 14.
17. (Siehe Übung 14.) Man berechne die Länge x in den Dreiecken des Bildes 3.38.

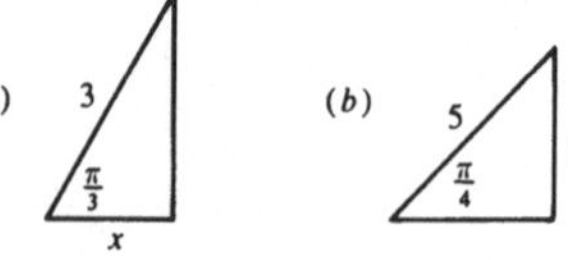

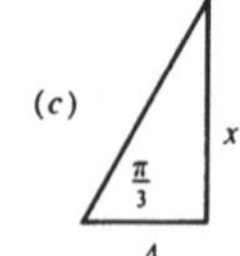

Bild 3.38

18. Man verwende den pythagoräischen Lehrsatz, um die Entfernung d zwischen zwei Punkten $(x_1; y_1)$ und $(x_2; y_2)$ zu berechnen. d ist durch die Formel

$$d = \sqrt{(x_2 - x_1)^2 + (y_2 - y_1)^2}$$

    gegeben. Man zeige dies!
19. Man verwende die Gleichung aus Übung 18, um den Abstand zwischen folgenden Punkten zu berechnen.
    (*a*) (7; 3) und (4; 7),
    (*b*) $(x; y)$ und (0; 0),
    (*c*) $(\cos\theta; \sin\theta)$ und (1; 0).

■

20. Diese Übung beweist die Gleichung

$$\cos(A+B) = \cos A \cos B - \sin A \sin B.$$

Dabei wird die Abstandsformel von Übung 18 verwendet.

(*a*) Man betrachte Bild 3.39 des Einheitskreises und zeige, daß die Streckenabschnitte $\overline{PQ}$ und $\overline{RS}$ die gleiche Länge haben.

(*b*) Man zeige, daß

$Q = (\cos(A+B), \sin(A+B))$,
$S = (\cos B, \sin B)$,
$R = (\cos A, -\sin A)$.

(*c*) Unter Verwendung der Koordinaten von (*b*) zeige man

$$\overline{PQ}^2 = 2 - 2\cos(A+B).$$

(*d*) Unter Verwendung der Koordinaten von (*b*) zeige man

$$\overline{RS}^2 = 2 - 2\cos A \cos B + 2\sin A \sin B.$$

(*e*) Man beweise daraus die Identität für $\cos(A+B)$.

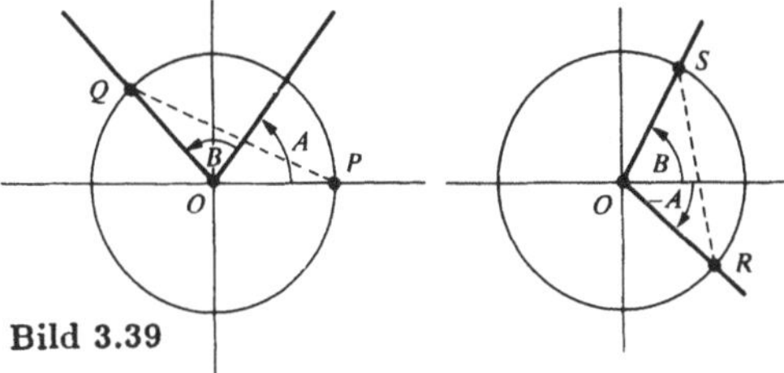

Bild 3.39

21. Man ersetze in der Identität für $\cos(A+B)$ B durch $-B$ und leite folgende Identität ab:

$$\cos(A-B) = \cos A \cos B + \sin A \sin B.$$

22. Unter Verwendung der Identität für $\cos(A-B)$ zeige man:

$$\cos\left(\frac{\pi}{2}-\theta\right) = \sin\theta.$$

23. Man zeige unter Verwendung der Identität in Übung 22 und der Identität für $\cos(A-B)$ die Gleichung

$$\sin(A-B) = \sin A \cos B - \cos A \sin B.$$

24. Man leite aus der Identität für $\sin(A-B)$ die Identität

$$\sin(A+B) = \sin A \cos B + \cos A \sin B$$

ab.

25. Aus der Gleichung für $\cos(A+B)$ läßt sich zeigen:

(*a*) $\cos 2\theta = \cos^2\theta - \sin^2\theta$,

(*b*) $\cos 2\theta = 2\cos^2\theta - 1 = 1 - 2\sin^2\theta$.

Man zeige ferner, daß

(*c*) $\cos\theta = \pm\sqrt{\dfrac{1+\cos 2\theta}{2}}$,

(*d*) $\sin\theta = \pm\sqrt{\dfrac{1-\cos 2\theta}{2}}$.

■■

26. Man zeige unter Verwendung der Identitäten für $\cos(A-B)$ und $\sin(A-B)$ die folgende Gleichung:

$$\tan(A-B) = \frac{\tan A - \tan B}{1 + \tan A \tan B}.$$

27. Es gibt noch drei weitere trigonometrische Funktionen:

$$\sec\theta = \frac{1}{\cos\theta}, \quad \cot\theta = \frac{\cos\theta}{\sin\theta}, \quad \operatorname{cosec}\theta = \frac{1}{\sin\theta}.$$

Sie werden *Sekans, Kotangens* und *Kosekans* genannt.

(*a*) Man berechne $\sec\theta$ für $\theta = \pi/3, \pi/4, \pi/6$ und 0.

(*b*) Man zeichne das Schaubild $y = \sec\theta$.

(*c*) Man zeige $\cot\theta = 1/\tan\theta$.

(*d*) Man zeige $\sec^2\theta = 1 + \tan^2\theta$ und $\operatorname{cosec}^2\theta = 1 + \cot^2\theta$.

28. In dieser Übung wird der Kosinussatz für den Fall $0 < \theta < \pi/2$ bewiesen. Man betrachte dazu Bild 3.40.

(*a*) Man zeige $\overline{CD} = a\cos\theta$ und $\overline{AD} = b - a\cos\theta$.

(*b*) Man zeige $a^2 - a^2\cos\theta = h^2 = c^2 - (b - a\cos\theta)^2$.

(*c*) Man beweise aus (*b*) den Kosinussatz.

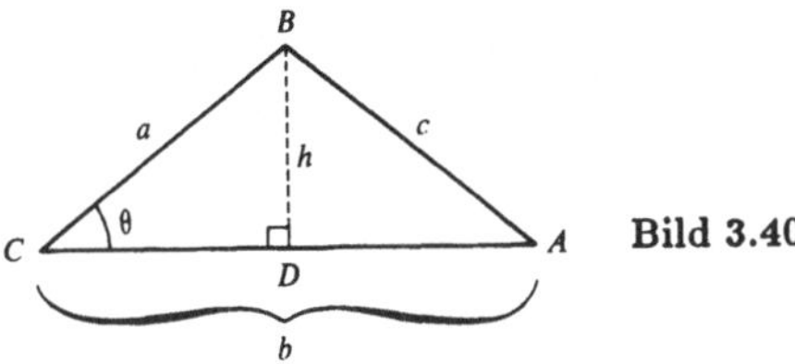

Bild 3.40

29. Der Anstieg einer Geraden, die die x-Achse unter einem Winkel θ schneidet, ist gleich $\tan\theta$. Man zeige dies!

Hinweis: Man betrachte die Gerade durch den Ursprung und den Punkt $(\cos\theta; \sin\theta)$.

In den nächsten Übungen werden einige für den nächsten Abschnitt benötigte Limiten untersucht. Man verwende dazu einen Taschenrechner.

30. Man verwende die Programmtaste „sin x" für „Sinus eines Winkels von x Radiant".

(*a*) Man berechne $(\sin x)/x$ für $x = 1{,}5$; 1; 0,1 und 0,001.

(*b*) Was folgt daraus für das Verhalten von $(\sin x)/x$ bei $x \to 0$?

31. Man verwende das Programm „SIN x" für „Sinus eines Winkels von x Grad".

(*a*) Man berechne $(\text{SIN}\,x)/x$ für $x = 30, 20, 10, 5$ und 1.

(*b*) Was folgt daraus für das Verhalten von $(\text{SIN}\,x)/x$ bei $x \to 0$?

32. Man verwende das Programm „cos x" für „Kosinus eines Winkels von x Radiant".

(*a*) Man berechne $(1-\cos x)/x^2$ für $x = 1$; 0,5 und 0,1.

(*b*) Was folgt daraus für den Grenzwert von $(1-\cos x)/x^2$ bei $x \to 0$?

3.6 Der Grenzwert von $(\sin\theta)\,/\,\theta$ für $\theta \to 0$

Im nächsten Kapitel wird aus dem Grenzwert

$$\lim_{\theta\to 0}\frac{\sin\theta}{\theta}$$

die Ableitung der trigonometrischen Funktionen berechnet. Diesen Grenzwert müssen wir daher näher untersuchen.

Zu allererst soll uns die Skizze eines kleinen Winkels in einem Einheitskreis eine Abschätzung der Größe dieses Grenzwertes geben (Bild 3.41). Da der Winkel im Bogenmaß gemessen wird und der Kreis den Radius 1 besitzt ist die Länge des Bogens $\overset{\frown}{PB}$ gleich θ. Nach der Definition von $\sin\theta$ ist die Länge von $\overline{PA} = \sin\theta$. Das heißt

$$\frac{\sin\theta}{\theta} = \frac{\text{Länge der Strecke } \overline{PA}}{\text{Länge des Bogens } \overset{\frown}{PB}}.$$

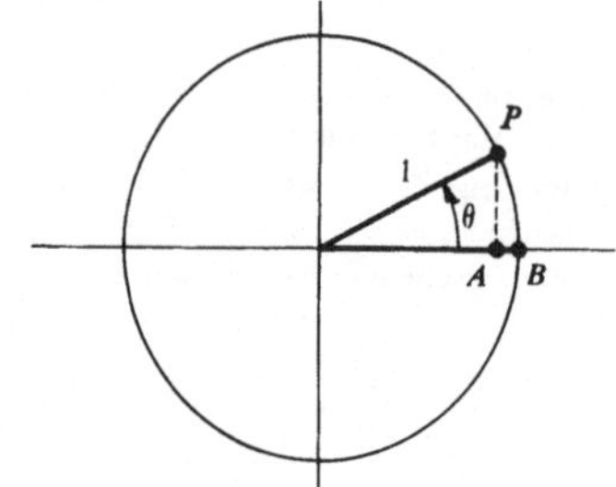

Bild 3.41

Wird θ sehr klein, so sind sowohl die Längen von $\overline{PA}$ als auch von $\widehat{PB}$ sehr klein. Hingegen wird für sehr kleine θ sich $\overline{PA}$ kaum von $\widehat{PB}$ unterscheiden und es sieht so aus, als ob der Quotient

$$\frac{\text{Länge der Strecke } \overline{PA}}{\text{Länge des Bogens } \widehat{PB}}$$

in der Nähe von 1 liegt. Wir vermuten daher

$$\lim_{\theta \to 0} \frac{\sin\theta}{\theta} = 1.$$

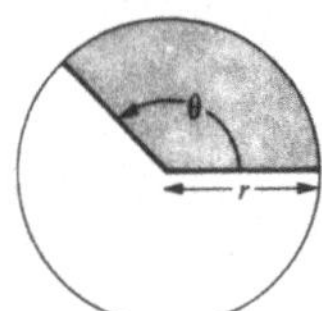

Der gerasterte Sektor entspricht dem Winkel θ

Bild 3.42

Wir zeigen nun durch Vergleich verschiedener Kreisflächen, daß unsere Vermutung zutrifft. Zuerst benötigen wir eine Formel für die Fläche des Kreissektors, der durch einen Winkel θ (im Bogenmaß) ausgeschnitten wird (Bild 3.42). Ist der Winkel gleich 2π, so umfaßt der Kreissektor den gesamten Kreis mit dem Radius r; daher hat er eine Fläche von πr^2. Da die Fläche dieses Sektors proportional zu θ ist, folgt nun

$$\frac{\text{Fläche des Sektors}}{\pi r^2} = \frac{\theta}{2\pi}.$$

Aus dieser Gleichung ergibt sich direkt

$$\text{Fläche des Sektors} = \frac{\theta}{2\pi}\,\pi r^2 = \frac{\theta r^2}{2}.$$

(Diese Formel wird in späteren Kapiteln benötigt. Es ist einfacher, sich die Proportion anstelle der Formel selbst zu merken. Man vergißt nämlich sehr leicht den Nenner 2 und die Tatsache, daß die Zahl π in dieser Gleichung *nicht* auftritt.)

Das nächste Theorem beschreibt das Verhalten von $\sin\theta/\theta$ für θ in der Nähe von 0.

Theorem: $\sin\theta$ sei der Sinus eines Winkels von θ Radiant. Dann gilt

$$\lim_{\theta \to 0} \frac{\sin\theta}{\theta} = 1.$$

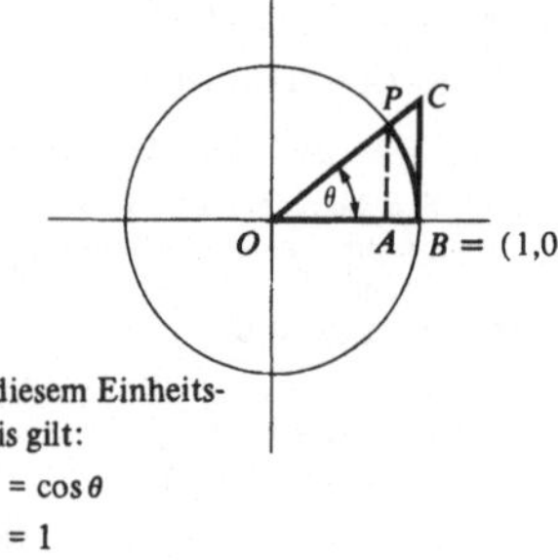

Bild 3.43

In diesem Einheitskreis gilt:
$\overline{OA} = \cos\theta$
$\overline{OB} = 1$
$\overline{AP} = \sin\theta$

Beweis: Es ist ausreichend, nur Winkel $\theta > 0$ zu betrachten, denn

$$\frac{\sin(-\theta)}{-\theta} = \frac{-\sin\theta}{-\theta} = \frac{\sin\theta}{\theta}.$$

Darüberhinaus ist es zweckmäßig, sich auf Werte von θ unterhalb $\pi/2$ zu beschränken.

Wir vergleichen die Flächen der drei Gebiete im Bild 3.43; ΔOAP, den Sektor OBP und ΔOBC. Man erkennt sofort

$$\text{Fläche des } \Delta OAP < \text{Fläche des Sektors } OBP < \\ < \text{Fläche des } \Delta OBC. \qquad (1)$$

Nun gilt

$$\text{Fläche des } \Delta OAP = \tfrac{1}{2} \cdot \text{Grundlinie} \cdot \text{Höhe} = \tfrac{1}{2}\cos\theta \cdot \sin\theta$$

$$\text{Fläche des Sektors } OBP = \frac{\theta(1)^2}{2} = \frac{\theta}{2}.$$

Um die Fläche des ΔOBC zu berechnen, benötigen wir die Länge $\overline{BC}$. Da ΔOAP und ΔOBC ähnlich sind, sind ihre entsprechenden Seiten proportional:

$$\frac{\overline{AP}}{\overline{OA}} = \frac{\overline{BC}}{\overline{OB}}.$$

Daher gilt:

$$\frac{\sin\theta}{\cos\theta} = \frac{\overline{BC}}{1} \quad \text{und} \quad \overline{BC} = \frac{\sin\theta}{\cos\theta}$$

$$\text{Fläche des } \Delta OBC = \frac{1}{2}\,\overline{OB} \cdot \overline{BC} = \frac{1}{2}\,\frac{\sin\theta}{\cos\theta}.$$

Nun drücken wir die Flächen in Ungleichung (1) alle durch den Winkel θ aus:

$$\frac{1}{2}\cos\theta\,\sin\theta < \frac{\theta}{2} < \frac{1}{2}\,\frac{\sin\theta}{\cos\theta}$$

oder

$$\cos\theta\,\sin\theta < \theta < \frac{\sin\theta}{\cos\theta}.$$

Dividieren wir durch die positive Zahl $\sin\theta$ so erhalten wir die Ungleichung

$$\cos\theta < \frac{\theta}{\sin\theta} < \frac{1}{\cos\theta}.$$

Ein kurzer Blick auf den Einheitskreis zeigt uns,

$$\lim_{\theta \to 0} \cos\theta = 1$$

und weiter

$$\lim_{\theta \to 0} \frac{1}{\cos\theta} = \frac{1}{1} = 1.$$

Also erreichen für $\theta \to 0$ sowohl $\cos\theta$ als auch $1/\cos\theta$ den Wert 1. Da der Quotient $\theta/\sin\theta$ zwischen den Werten von $\cos\theta$ und $1/\cos\theta$ eingeschränkt ist, muß er ebenfalls gegen 1 streben:

$$\lim_{\theta \to 0} \frac{\theta}{\sin\theta} = 1.$$

Wenn nun $\theta/\sin\theta \to 1$ geht, so strebt der Kehrwert $\sin\theta/\theta$ ebenfalls gegen 1. Daher folgt

$$\lim_{\theta \to 0} \frac{\sin\theta}{\theta} = 1,$$

wie wir bereits vorweggenommen haben. •

Den Grenzwert

$$\lim_{\theta \to 0} \frac{1-\cos\theta}{\theta}$$

benötigen wir ebenfalls im nächsten Kapitel. Die Größe dieses Grenzwertes ist – sofern er existiert – nicht leicht abzuschätzen. Für $\theta \to 0$ erreicht der Zähler $1-\cos\theta$ den Wert 0; desgleichen der Nenner. Der Zähler beeinflußt den Quotienten in Richtung kleiner Zahlen, der Nenner in Richtung großer Zahlen. Wie im folgenden Theorem gezeigt wird, überwiegt der Einfluß des Zählers und der Quotient strebt mit $\theta \to 0$ den Wert 0 an.

Theorem: $\cos\theta$ sei der Kosinus eines Winkels von θ Radiant. Dann gilt

$$\lim_{\theta \to 0} \frac{1-\cos\theta}{\theta} = 0.$$

Beweis:

$$\frac{1-\cos\theta}{\theta} = \frac{1-\cos\theta}{\theta}\,\frac{1+\cos\theta}{1+\cos\theta}$$

$$= \frac{1-\cos^2\theta}{\theta(1+\cos\theta)}$$

$$= \frac{\sin^2\theta}{\theta(1+\cos\theta)}$$

$$= \frac{\sin\theta}{\theta}\,\frac{\sin\theta}{1+\cos\theta}.$$

Daraus folgt:

$$\lim_{\theta \to 0} \frac{1-\cos\theta}{\theta} = \lim_{\theta \to 0}\left(\frac{\sin\theta}{\theta}\,\frac{\sin\theta}{1+\cos\theta}\right)$$

$$= 1\,\frac{0}{1+1}$$

$$= 0.$$

Daher gilt:

$$\lim_{\theta \to 0} \frac{1-\cos\theta}{\theta} = 0.$$

Somit ist $1-\cos\theta$ sehr viel kleiner als θ, wenn θ selbst sehr klein ist. •

Übungen:

1. Wie groß ist die Fläche eines Kreissektors mit
   (*a*) Radius 3 und Winkel $\pi/2$?
   (*b*) Radius 1 und Winkel θ?
   (*c*) Radius 2 und Winkel θ?
2. Wie groß ist die Fläche eines Kreissektors mit Radius 6 cm, der durch einen Winkel von
   (*a*) $\pi/4$ rad herausgeschnitten wird?
   (*b*) 3 rad?
   (*c*) 45°?
3. Man verwende die Werte von $\sin\theta$ (Winkel im Bogenmaß), um die folgende Tabelle (auf zwei Dezimalen) zu ergänzen:

θ	$\frac{\pi}{2}$	$\frac{\pi}{4}$	$\frac{\pi}{6}$
$\frac{\sin\theta}{\theta}$			

In den Übungen 4 bis 12 sind die angegebenen Grenzwerte zu berechnen. Jeder davon kann mit Hilfe der Grenzwerte $\lim_{\theta \to 0} \sin\theta/\theta = 1$ und $\lim_{\theta \to 0} (1-\cos\theta)/\theta = 0$ bestimmt werden.

4. $\lim_{\theta \to 0} \frac{\sin 3\theta}{3\theta}$
5. $\lim_{\theta \to 0} \frac{1-\cos\theta}{\sin\theta}$
6. $\lim_{x \to 0} \frac{\tan x}{x}$
7. $\lim_{x \to 0} \frac{\sin 2x}{\sin 3x}$
8. $\lim_{\theta \to 0} \frac{1-\cos\theta}{\theta^2}$
9. $\lim_{\theta \to 0^+} \frac{1-\cos\theta}{\theta^3}$
10. $\lim_{\theta \to \pi/2} \frac{\cos\theta}{(\pi/2)-\theta}$
11. $\lim_{\theta \to 0} \frac{\sin 3\theta}{1-\cos\theta}$
12. $\lim_{x \to \infty} x \sin\frac{1}{x}$
13. Sei $f(x) = \sin(1/x)$ für $x \neq 0$.
    (*a*) Man ergänze die folgende Tabelle

x	$\frac{1}{3\pi}$	$\frac{1}{5\pi/2}$	$\frac{1}{2\pi}$	$\frac{1}{3\pi/2}$	$\frac{1}{\pi}$	100
$f(x)$						

    (*b*) Man zeichne das Schaubild von f.
    (*c*) Der Grenzwert $\lim_{x \to 0} \sin(1/x)$ existiert nicht. Man zeige dies!
    (*d*) Man bestimme $\lim_{x \to \infty} \sin(1/x)$.
14. Man verwende eine Tabelle von $\sin\theta$ (θ im Gradmaß), um die folgende Tabelle zu ergänzen.

θ (Grad)	90	45	30	10	5	1
$\frac{\sin\theta}{\theta}$						

Der Quotient $(\sin\theta)/\theta$ (θ in Grad) wird also für $\theta \to 0$ nicht gegen 1, sondern gegen eine Zahl streben, deren Dezimaldarstellung mit 0,017 beginnt. In der nächsten Übung wird gezeigt, daß dieser Grenzwert, für Winkel im Gradmaß durch

$$\lim_{\theta \to 0} \frac{\sin\theta}{\theta} = \frac{\pi}{180}.$$

gegeben ist.

■

15. Sei SIN θ der Sinus von Winkeln im Gradmaß, dann gilt

$$\text{SIN}\,\theta = \sin\frac{\pi\theta}{180},$$

wobei $\sin x$ der Sinus eines Winkels im Bogenmaß ist.

(*a*) Man zeige, daß

$$\frac{\text{SIN}\,\theta}{\theta} = \frac{\sin(\pi\theta/180)}{\pi\theta/180}\,\frac{\pi}{180}.$$

(*b*) Man verwende die Gleichung aus (*a*), um zu zeigen, daß

$$\lim_{\theta\to 0}\frac{\text{SIN}\,\theta}{\theta} = \frac{\pi}{180}.$$

16. (Siehe Übung 15.) Liegt θ in der Nähe von 0, so liegt $\sin\theta/\theta$ in der Nähe von 1, sofern θ im Bogenmaß gemessen wird und $\sin\theta$ etwa gleich θ ist.

(*a*) Für Winkel θ im Gradmaß ist SIN θ etwa gleich $\theta\pi/180 \approx 0{,}017\,\theta$. Man zeige dies!

(*b*) Wie gut ist diese Approximation für $\theta = 30°$, für $\theta = 10°$, für $\theta = 5°$ und für $\theta = 1°$? Die Näherung SIN $\theta \approx 0{,}017\,\theta$ wird in Anwendungen oft benutzt.

■■

17. Eine Funktion ist durch die Gleichung $f(x) = (\sin x/x)$ definiert.

(*a*) Wie lautet der Definitionsbereich von f?

(*b*) Man ergänze die folgende Tabelle:

x	$\frac{\pi}{6}$	$\frac{\pi}{2}$	π	$\frac{3\pi}{2}$	2π
$f(x)$					

(*c*) Man zeichne das Schaubild von f und betrachte insbesondere das Verhalten für x in der Nähe von 0 und für sehr große $|x|$.

18. (*a*) Man bestimme die Ableitung von $f(x) = \sin x$ für $x = 0$.

(*b*) Man zeichne das Schaubild von $y = \sin x$ unter Verwendung von gleichen Einheiten für beide Achsen.

(*c*) Unter welchem Winkel schneidet das Schaubild die x-Achse im Punkt (0; 0)?

19. (*a*) Man definiere die Ableitung einer Funktion unter Verwendung der „x und $x + h$" Bezeichnung.

(*b*) Mit Hilfe der Definition (*a*) zeige man $(\sin x)' = \cos x$. (Die Grenzwerte von $\sin h/h$ und $(1 - \cos h)/h$ für $h \to 0$ werden verwendet.)

20. (Siehe Übung 19.) Man zeige unter Verwendung der Definition der Ableitung $(\cos x)' = -\sin x$.

Für die in den letzten zwei Übungen untersuchten trigonometrischen Grenzwerte wird wieder ein Taschenrechner benötigt. Die Grenzwerte selbst werden in Kapitel 5 bestimmt werden.

21. Man untersuche das Verhalten der Funktion $(\theta - \sin\theta)/\theta^3$ für sehr kleine θ.

22. Man untersuche das Verhalten von $(\cos\theta - 1 + \theta^2/2)\,\theta^4$ für sehr kleine θ.

3.7 Stetige Funktionen

Differenzierbare Funktionen besitzen in jedem Punkt x ihres Definitionsbereichs eine Ableitung. In jedem Punkt P des Schaubildes einer solchen Funktion existiert daher eine Tangente und das Schaubild zeigt in jedem Punkt P eine eindeutige Richtung. Wie in Bild 3.44 dargestellt ist, entsprechen kleine Abschnitte der Kurve rund um den Punkt P sehr kleine Abschnitte der zugehörigen Tangente. Die Infinitesimalrechnung untersucht zumeist Funktionen, deren Schaubilder lokal wie gerade Linien aussehen, etwa

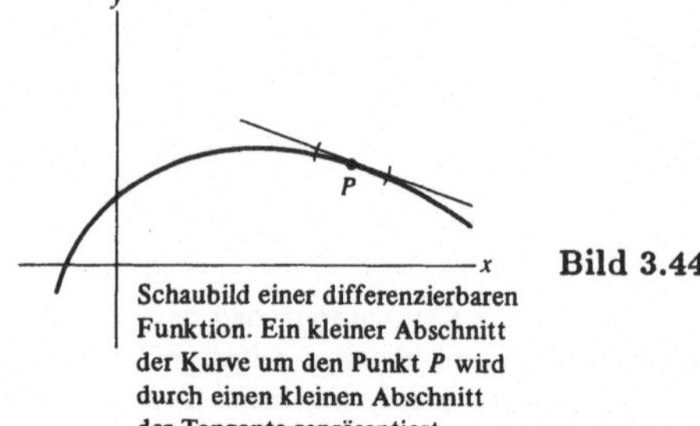

Bild 3.44

Schaubild einer differenzierbaren Funktion. Ein kleiner Abschnitt der Kurve um den Punkt P wird durch einen kleinen Abschnitt der Tangente repräsentiert.

x^2, x^3 oder $1/x$. Andererseits gibt es wichtige Funktionen, deren Schaubilder nicht so einfach aussehen, wie die Absolutwertfunktion $|x|$, die bekanntlich bei $x = 0$ nicht differenzierbar ist; ihr Schaubild (siehe Abschnitt 1.2) besitzt im Punkt (0; 0) eine scharfe Ecke.

Das Schaubild einer Funktion kann aber nicht nur „Ecken", sondern auch „Sprünge" zeigen.

Beispiel 1: Man zeige das Schaubild der folgenden *Rundungsfunktion*

$f(x)$ = die zu x nächste ganze Zahl, (wenn x nicht genau in der Mitte zwischen zwei aufeinanderfolgenden ganzen Zahlen liegt)
$= x + \frac{1}{2}$, wenn x genau in der Mitte zwischen zwei aufeinanderfolgenden ganzen Zahlen liegt.

Lösung: Wir berechnen zunächst einige Werte von $f(x)$, wobei x ungefähr in der Mitte zwischen zwei ganzen Zahlen liegt:

$$f(2{,}4) = 2, \quad f(2{,}5) = 3, \quad f(2{,}6) = 3.$$

Der $\lim_{x\to 2{,}5} f(x)$ existiert nicht, denn links nahe bei 2,5 ist $f(x) = 2$; rechts nahe bei 2,5 ist $f(x) = 3$: Das Schaubild „springt" bei 2,5. Für $2{,}5 < x < 3{,}5$ gilt $f(x) = 3$ und das Schaubild von f besteht aus waagerechten geraden Abschnitten ohne den jeweiligen rechten Endpunkt. Wie man aus Bild 3.45 entnehmen kann, ist das gesamte Schaubild aus solchen Abschnitten aufgebaut.

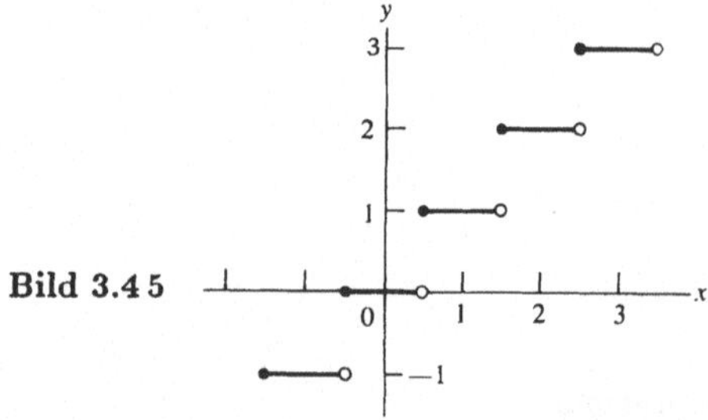

Bild 3.45

Der plötzliche Wechsel, den der Wert der Funktion genau in der Mitte zwischen zwei aufeinanderfolgenden ganzen Zahlen vollzieht, zeigt sich als eine Unterbrechung des Schaubildes. ●

Es gibt viele Funktionen, die nicht so „glatt" sind wie die differenzierbaren, aber auch nicht so „sprunghaft" wie die soeben in Beispiel 1 studierte Funktion. Diese Klasse besteht aus den *stetigen* Funktionen. Anschaulich gesprochen, kann man eine stetige Funktion zeichnen – ihr Wertebereich sei ein bestimmtes Intervall oder die x-Achse – ohne dabei den Bleistift vom Papier zu heben. Obwohl dies natürlich nicht die exakte Definition ist, beschreibt sie bereits die Grundeigenschaft einer stetigen Funktion. Demnach ist insbesondere die Absolutwertfunktion eine stetige Funktion, während die Rundungsfunktion nicht stetig ist.

Die korrekte Definition einer stetigen Funktion f ist sehr leicht zu formulieren, wenn der Definitionsbereich ein offenes Intervall oder die gesamte x-Achse umfaßt. Funktionen mit anderen Definitionsbereichen sind manchmal schwieriger zu behandeln. So besteht etwa der Definitionsbereich der Funktion $f(x) = \sqrt{x}$ aus allen Werten von $x \geqslant 0$. Ihr Schaubild hat keine Sprünge und die Definition der Stetigkeit muß so gefaßt werden, daß auch diese Funktion stetig ist.

Wir wollen zuerst den Begriff *Stetigkeit an einer Stelle a* definieren. In diese exakte Definition geht der Begriff des Grenzwertes ein. Je nach Lage der Stelle a müssen wir verschiedene Definitionen wählen.

Definition der stetigen Funktion an einer Stelle im Inneren eines offenen Intervalls, das im Definitionsbereich liegt. Sei a ein Wert aus dem Definitionsbereich der Funktion f

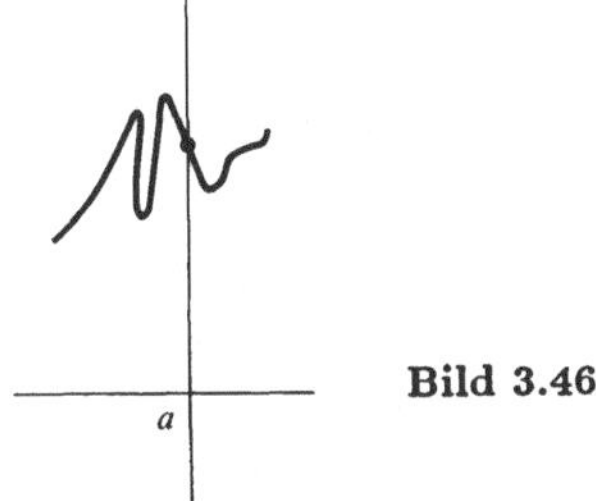

Bild 3.46

und $f(a)$ daher definiert (Bild 3.46). Ferner sei $f(x)$ definiert für alle x in einem offenen Intervall, das a umschließt. Dann heißt die Funktion f *stetig an der Stelle a*, wenn

1. $\lim_{x \to a} f(x)$ existiert und
2. dieser Limes gleich $f(a)$ ist.

(Wenn „$\lim_{x \to a} f(x)$ existiert", so ist dieser Grenzwert auch endlich.)

Die Funktion aus Beispiel 1 ist für jeden Wert a stetig, der nicht genau in der Mitte zwischen zwei aufeinanderfolgenden ganzen Zahlen liegt. Dort nämlich, etwa für $a = \frac{1}{2}$, ist die Funktion nicht stetig, denn

$$\lim_{x \to 1/2} f(x)$$

existiert nicht.

Im nächsten Beispiel existiert zwar $\lim_{x \to a} f(x)$, f ist jedoch an der Stelle a nicht stetig.

Beispiel 2: Sei

$$f(x) = \begin{cases} = 2 & \text{für ganze Zahlen } x \\ = 1 & \text{wenn } x \text{ keine ganze Zahl ist.} \end{cases}$$

Man zeige, daß f an der Stelle $x = 3$ nicht stetig ist.

Lösung: Das Schaubild von f ist in Bild 3.47 dargestellt. Ist f stetig für $a = 3$? Zuerst untersuchen wir $\lim_{x \to 3} f(x)$.

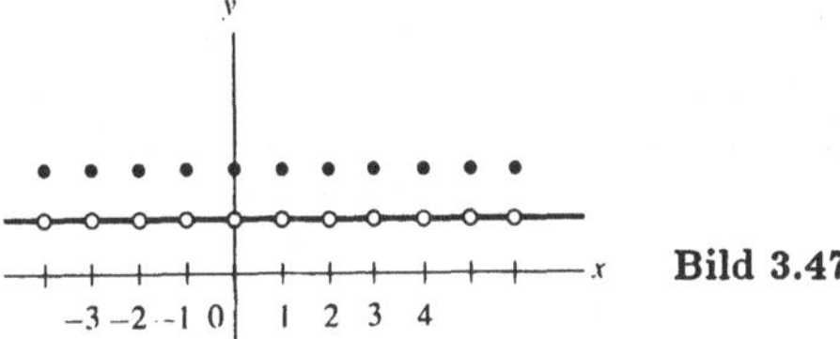

Bild 3.47

Dieser Grenzwert existiert, da für x in der Nähe von 3, $f(x) = 1$, d.h.

$$\lim_{x \to 3} f(x) = 1.$$

Andererseits ist für $x = 3$ der Wert dieser Funktion 2,

$$f(3) \neq \lim_{x \to 3} f(x),$$

so daß f für $x = 3$ nicht stetig ist. Hingegen ist f für jede Zahl a stetig, die nicht gleich einer ganzen Zahl ist. ●

Ist eine Funktion für die gesamte x-Achse definiert und an jeder Stelle a stetig, dann wird sie *stetige Funktion* genannt (der Leser möge überprüfen, daß $f(x) = |x|$ stetig ist). Noch immer sind Funktionen wie $\sqrt{x}$ oder $\sqrt{1-x^2}$ unbestimmt. Der Definitionsbereich von $\sqrt{1-x^2}$ ist das geschlossene Intervall $[-1; 1]$. Das Schaubild von $\sqrt{1-x^2}$ hat selbstverständlich keine Sprünge und die Funktion sollte daher ebenfalls unter den Begriff „stetig" fallen. Mit Hilfe der folgenden Definitionen werden wir auch solche Funktionen erfassen.

Die beiden folgenden Definitionen der Stetigkeit unterscheiden sich von bisherigen nur durch den Definitionsbereich der Funktion. Häufig werden sie auch als Definitionen der *rechtsseitigen und linksseitigen Stetigkeit* bezeichnet.

Definition der Stetigkeit einer Funktion am linken Endpunkt eines Intervalls: Sei a eine Zahl im Definitionsbereich der Funktion f und $f(a)$ daher definiert. Sei ferner $f(x)$ definiert für alle x in einem geschlossenen Intervall $[a; b]$, aber *nicht* für jedes x aus einem bestimmten offenen Intervall $(c; a)$. Dann heißt die Funktion stetig für $x = a$, wenn

1. $\lim_{x \to a^+} f(x)$ existiert und
2. dieser Limes gleich $f(a)$ ist.

Die entsprechende Darstellung dieser Definition zeigt Bild 3.48. Demnach ist $\sqrt{x}$ stetig für $a = 0$. Desgleichen ist $\sqrt{1-x^2}$ stetig bei $a = -1$. Die nächste Definition garantiert uns, daß die Funktion $\sqrt{1-x^2}$ auch für $x = 1$ stetig ist.

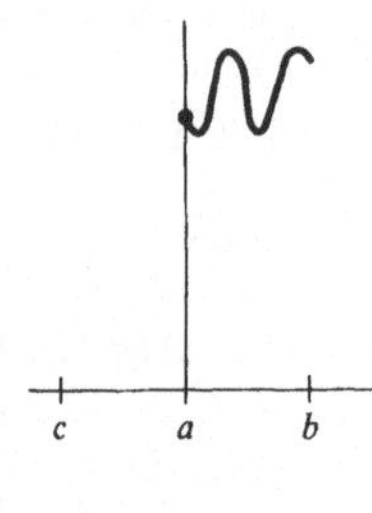

Bild 3.48

Definition der Stetigkeit einer Funktion am rechten Endpunkt eines Intervalls: a sei eine Zahl aus dem Definitionsbereich der Funktion und daher $f(a)$ definiert. Ferner sei $f(x)$ definiert für alle x in einem geschlossenen Intervall $[b; a]$, jedoch *nicht* für alle x in einem bestimmten offenen Intervall $(a; c)$. Dann heißt die Funktion f stetig für $x = a$, wenn

1. $\lim\limits_{x \to a^-} f(x)$ existiert und
2. dieser Limes gleich $f(a)$ ist.

Ein Beispiel für diese Definition zeigt Bild 3.49. Nun sind wir in der Lage, eine stetige Funktion ganz allgemein zu definieren.

Definition der stetigen Funktion: Eine Funktion, die in jedem Punkt ihres Definitionsbereiches stetig ist, wird stetige Funktion genannt.

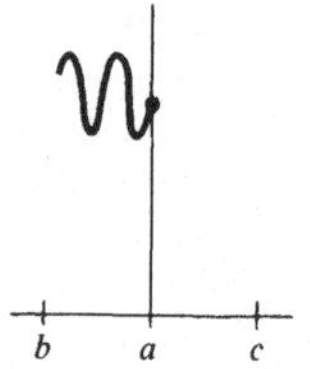

Bild 3.49

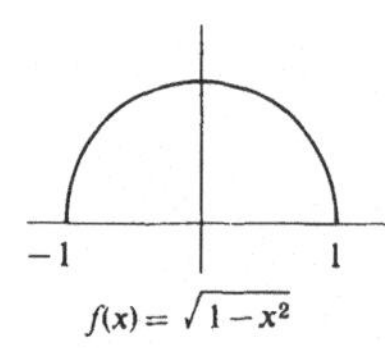

Bild 3.50

Beispiel 3: Man zeige, daß $f(x) = \sqrt{1-x^2}$ eine stetige Funktion ist.

Lösung: Das Schaubild von $f(x) = \sqrt{1-x^2}$ ist in Bild 3.50 dargestellt. Ist f in jedem Punkt seines Definitionsbereiches $[-1; +1]$ stetig?

Wir müssen drei Fälle unterscheiden:

$$(1)\ -1 < a < 1, \quad (2)\ a = -1, \quad (3)\ a = 1.$$

Im Fall (1) existiert $\lim\limits_{x \to a} f(x)$ und ist gleich $f(a)$. (Ein exakter Beweis dieser Tatsache wird in fortgeschrittenen Kursen der Infinitesimalrechnung behandelt.) Im Fall (2) existiert $\lim\limits_{x \to -1^+} f(x)$, tatsächlich ist er Null. Ferner gilt

$$f(-1) = \sqrt{1-(-1)^2} = 0$$

und f ist stetig bei $a = -1$. Auf ähnliche Weise zeigt man die Stetigkeit für $a = 1$. So ist die Funktion f stetig. ●

Obwohl man die Stetigkeit meist als eine globale Eigenschaft des Schaubildes vor Augen hat, bezieht sich dieser Begriff genau genommen auf eine lokale Eigenschaft der Funktion in der Umgebung eines jeden ihrer Punkte.

Das nächste Beispiel vertieft unser Verständnis der Stetigkeit.

Beispiel 4: Ist die *Kehrwertfunktion* $f(x) = 1/x$ stetig (Bild 3.51)?

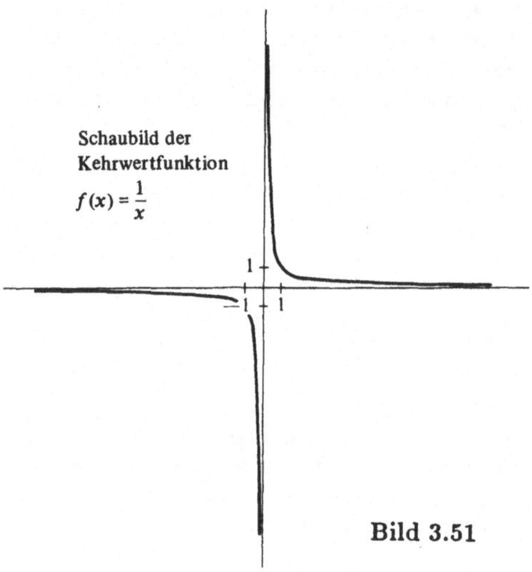

Bild 3.51

Lösung: Zunächst würde man sagen: „Nein, da gibt es offensichtlich eine Menge Schwierigkeiten in der Nähe von $a = 0$". Nun ist es richtig, daß $\lim\limits_{x \to 0} f(x)$, nicht existiert. Andererseits aber liegt 0 nicht im Definitionsbereich von $1/x$ und die Funktion $1/x$ ist in jedem Punkt ihres Definitionsbereiches stetig und daher eine stetige Funktion. ●

Die mathematische Bezeichnung für „schöne, vernünftige Kurve" heißt *stetig*. Das Schaubild einer stetigen Funktion kann scharfe Ecken besitzen, aber es kann keine plötzlichen Sprünge zeigen. Kennt man die Werte einer stetigen Funktion f in der Nähe einer Stelle a, so kann man ihren Wert für $x = a$ berechnen

$$f(a) = \lim_{x \to a} f(x).$$

Ist nämlich f an der Stelle a stetig, so gilt

$$\lim_{x \to a} f(x) = f\left(\lim_{x \to a} x\right) \quad \text{mit} \quad \lim_{x \to a} x = a.$$

Strenge Beweise der Stetigkeit häufig verwendeter Funktionen (Polynome, Exponentialfunktionen, Quadratwurzeln und trigonometrische Funktionen) hängen von der exakten Definition der Grenzwerte ab und sind in Anhang C wiedergegeben. Fortgeschrittene Kurse der Infinitesimalrechnung behandeln dies ausführlich. Der interessierte Leser findet im Anhang C einen Beweis für die Stetigkeit von Polynomen.

Die Gleichung

$$\lim_{x \to a} f(x) = f(a)$$

kann auch in der Form

$$\lim_{x \to a} (f(x) - f(a)) = 0$$

geschrieben werden. Diese Umformung ist für den Beweis des folgenden Theorems von Nutzen, demzufolge eine differenzierbare Funktion erwartungsgemäß auch stetig ist.

Theorem: Ist f differenzierbar für $x = a$, so ist f auch stetig für $x = a$.

Beweis: Wir wollen zeigen, daß

$$\lim_{x \to a} (f(x) - f(a)) = 0.$$

Da f bei a differenzierbar ist und die Ableitung $f'(a)$ bzw.

$$\lim_{x \to a} \frac{f(x) - f(a)}{x - a}$$

existiert, ergibt sich

$$\begin{aligned} \lim_{x \to a} [f(x) - f(a)] &= \lim_{x \to a} \frac{f(x) - f(a)}{x - a} (x - a) \\ &= \lim_{x \to a} \frac{f(x) - f(a)}{x - a} \lim_{x \to a} (x - a) \\ &= f'(a) 0 \\ &= 0. \end{aligned}$$

Damit ist der Beweis abgeschlossen. •

Die Absolutwertfunktion $|x|$ ist für $x = 0$ stetig, aber nicht differenzierbar: Stetigkeit impliziert nicht Differenzierbarkeit. Es gibt sogar Funktionen, die entlang der gesamten x-Achse stetig sind, aber nirgendwo eine Ableitung besitzen. Im Jahr 1834 hat Bolzano das erste Beispiel einer solchen Funktion konstruiert.

Stetige Funktionen (aufgrund des soeben bewiesenen Theorems insbesondere auch differenzierbare Funktionen) zeigen eine sehr wichtige Eigenschaft, die im nächsten Theorem formuliert wird. Der Beweis des Theorems wird nicht ausgeführt, da er zu langwierig ist.

Der Zwischenwertsatz: Sei f stetig im abgeschlossenen Intervall $[a; b]$. Sei m eine Zahl zwischen $f(a)$ und $f(b)$. [Das heißt $f(a) \leqslant m \leqslant f(b)$ für $f(a) \leqslant f(b)$ oder $f(a) \geqslant m \geqslant f(b)$ für $f(a) \geqslant f(b)$.] Dann existiert mindestens eine Zahl X im Intervall $[a; b]$ mit $f(X) = m$.

Mit anderen Worten sagt der Zwischenwertsatz folgendes: Eine stetige Funktion, die in einem abgeschlossenen Intervall $[a; b]$ definiert ist, nimmt alle Werte zwischen $f(a)$ und $f(b)$ an. Daher muß eine waagerechte Gerade der Höhe m das Schaubild von f mindestens einmal schneiden, sofern m nur zwischen $f(a)$ und $f(b)$ liegt (Bild 3.52). Führt man also einen Bleistift entlang des Schaubildes einer stetigen Funktion von einer „Höhe" zur anderen, so muß er dabei alle dazwischenliegenden „Höhen" durchlaufen.

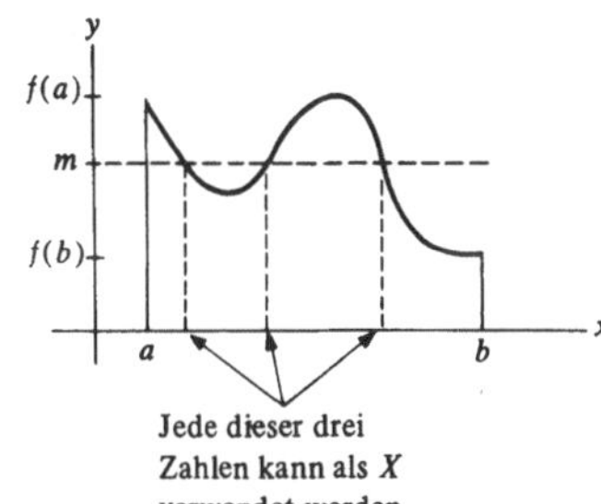

Bild 3.52

Beispiel 5: Mit Hilfe des Zwischenwertsatzes zeige man, daß die Gleichung

$$x^4 + 4x - 6 = 0$$

eine Lösung im Intervall $[1; 2]$ besitzt.

Lösung: Die Funktion $f(x) = x^4 + 4x - 6$ ist wie jedes Polynom stetig. Nun gilt

$$f(1) = 1^4 + 4 \cdot 1 - 6 = -1$$

und

$$f(2) = 2^4 + 4(2) - 6 = 18.$$

Entsprechend dem Zwischenwertsatz, in diesem Fall für $a = 1$ und $b = 2$, nimmt f für x aus dem abgeschlossenen Intervall $[1; 2]$ sämtliche Werte zwischen -1 und 18 an. Insbesondere folgt aus $-1 < 0 < 18$, daß die Gleichung

$$x^4 + 4x - 6 = 0$$

im Intervall $[1; 2]$ eine Lösung besitzt. •

Der Zwischenwertsatz wird uns in späteren Kapiteln immer wieder begegnen.

Übungen:

In den Übungen 1 bis 6 ist das Schaubild einer Funktion dargestellt, die im Intervall $[0; 1]$ definiert ist. Man gebe jene Werte von a an, für die die Funktion nicht stetig ist.

1.

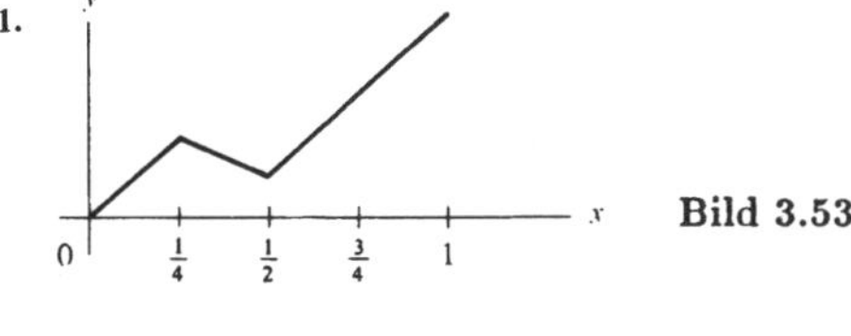

Bild 3.53

2.

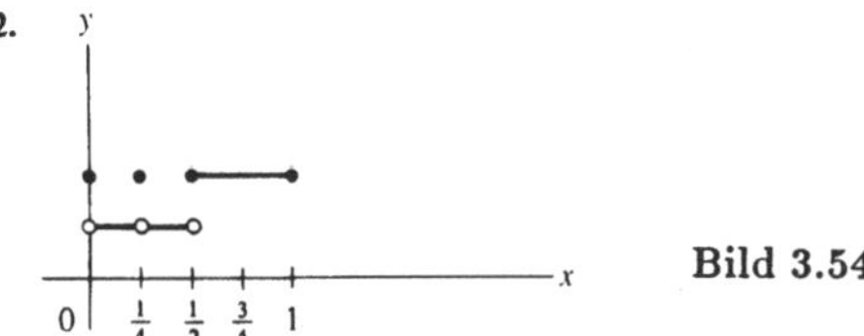

Bild 3.54

3.

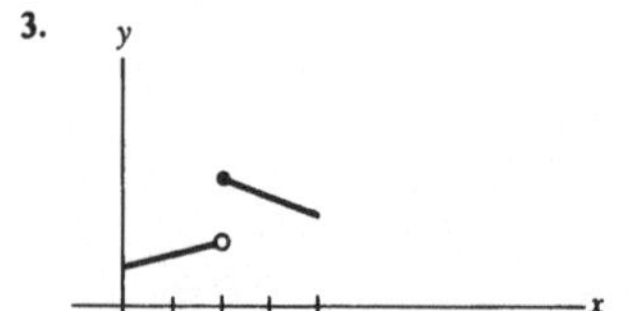

Bild 3.55

4.

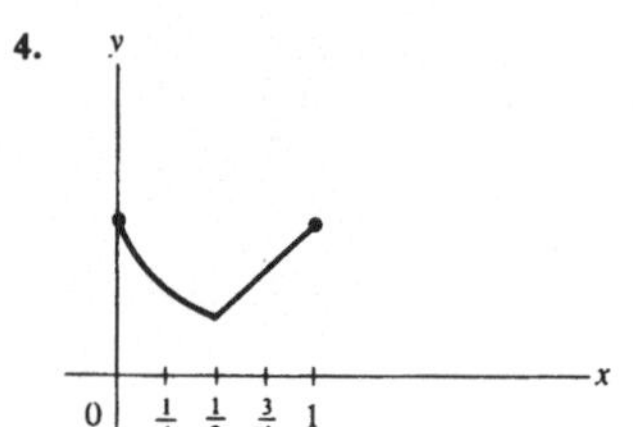

Bild 3.56

5.

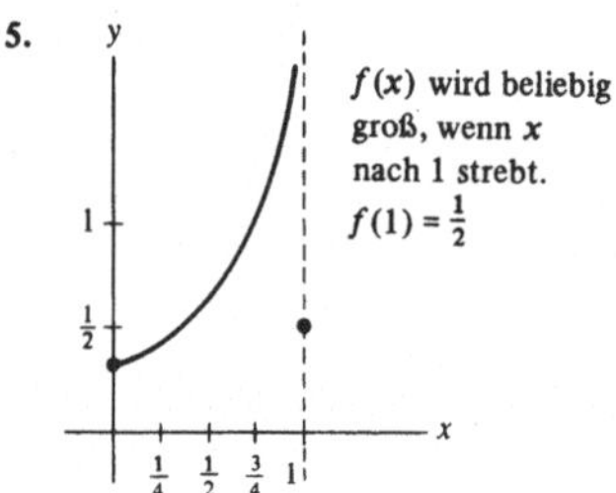

Bild 3.57

6.

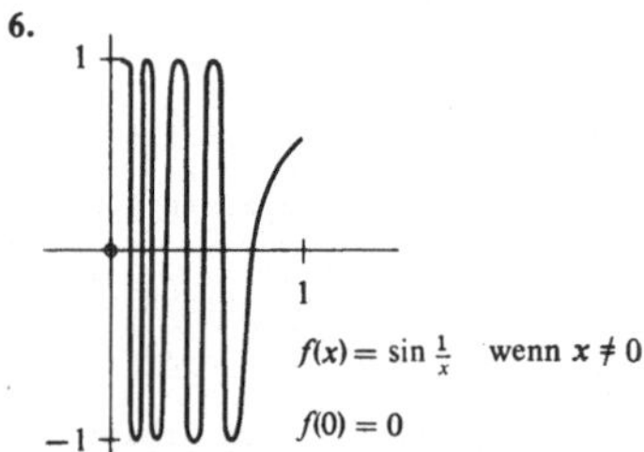

Bild 3.58

Das Bild der Funktion oszilliert unendlich oft zwischen den Werten $y = 1$ und $y = -1$

7. Sei $f(x) = \sin x/x$ für $x \neq 0$. Kann $f(0)$ so definiert werden, daß f an der Stelle 0 stetig ist?
8. Sei $f(x) = 2x$ für $x > 1$ und $f(x) = x^2$ für $x < 1$.
   (*a*) Man skizziere das Schaubild von f.
   (*b*) Kann man $f(1)$ so definieren, daß f stetig ist?
9. Sei $f(x) = (1+x)^{1/x}$ für $x > -1$ und $x \neq 0$.
   (*a*) Kann man $f(0)$ so definieren, daß f für alle $x > -1$ stetig ist?
   (*b*) Kann man $f(-1)$ und $f(0)$ so definieren, daß f im gesamten Bereich für $x \geqslant -1$ stetig ist?
10. Sei $f(x) = (x^3 - 1)/(x - 1)$ für $x \neq 1$. Kann man $f(1)$ so definieren, daß f eine stetige Funktion wird?

Die Übungen 11 bis 17 beziehen sich auf den Zwischenwertsatz. Man verifiziere den Zwischenwertsatz für die gegebene Funktion f, das gegebene Intervall $[a; b]$ und den gegebenen Wert m. Man bestimme in jedem Fall alle Werte X.

11. Funktion $3x + 5$; Intervall $[1; 2]$; $m = 10$.
12. Funktion $x^2 - 2x$; Intervall $[-1; 4]$; $m = 5$.
13. Funktion $\sin x$; Intervall $[\pi/2; 11\pi/2]$; $m = 0$.
14. Funktion $\cos x$; Intervall $[0; 5\pi]$; $m = 0$.
15. Funktion $\cos x$; Intervall $[0; 5\pi]$; $m = \frac{1}{2}$.
16. Funktion 2^x; Intervall $[0; 3]$; $m = 4$.
17. Funktion $x^3 - x$; Intervall $[-2; 2]$; $m = 0$.
18. Die Gleichung $2^x - 3x = 0$ besitzt eine Lösung im Intervall $[0; 1]$. Man zeige dies.
19. Die Gleichung $x + \sin x = 1$ besitzt im Intervall $[0; \pi/2]$ eine Lösung. Man zeige dies.

■

20. Die Gleichung $x^3 = 2^x$ besitzt im Intervall $[1; 2]$ eine Lösung. Man zeige dies. *Hinweis:* Man betrachte die Funktion $f(x) = x^3 - 2^x$.
21. Mit Hilfe des Zwischenwertsatzes zeige man, daß die Gleichung $3x^3 + 11x^2 - 5x = 2$ eine Lösung besitzt.
22. (*a*) Ist eine Funktion längs der gesamten x-Achse definiert und für $x = a$ stetig, ist sie dann notwendigerweise für $x = a$ differenzierbar?
   (*b*) Ist eine Funktion für $x = a$ differenzierbar, ist sie dann notwendigerweise stetig für $x = a$?
23. Die stetige Funktion f ist für alle x auf der x-Achse definiert. Für rationale x sei $f(x) = x$. Folgt daraus $f(x) = x$ auch für irrationale x?
24. Sei $f(x) = \sin x$, $a = 0$ und $b = 5\pi/2$.
   (*a*) Man zeichne das Schaubild der Funktion f von $x = 0$ bis $x = 5\pi/2$.
   (*b*) Für $m = 0$ bestimme man alle X, die den Zwischenwertsatz erfüllen.
   (*c*) Wie viele X gibt es für verschiedene Beispiele von m mit $f(a) \leqslant m \leqslant f(b)$?
25. Sei $f(x) = x^2$, $a = -1$ und $b = 2$. Man zeige, daß in diesem Fall der Zwischenwertsatz anwendbar ist. Man bestimme für jede Zahl m mit $f(a) \leqslant m \leqslant f(b)$ alle entsprechenden Werte X.
26. (*a*) Man zeichne das Schaubild einer stetigen Funktion f die längs der x-Achse definiert ist, wenn $f(0) = 3$ und $f(x)$ für jedes x eine ganze Zahl ist.
   (*b*) Wie viele solcher Funktionen gibt es?
27. Sei $f(x) = x$ für rationale x und $f(x) = -x$ für irrationale x. Wo ist die Funktion f stetig?
28. Sei $f(x) = 1/x$, $a = -1$, $b = 1$ und $m = 0$. Dann gilt $f(a) \leqslant m \leqslant f(b)$. Gibt es wenigstens eine Zahl X aus $[a; b]$ mit $f(X) = m$? Wenn dies der Fall ist, bestimme man dieses X. Läßt sich andernfalls daraus schließen, daß der Zwischenwertsatz nicht richtig ist?

■■

29. Sei f eine stetige Funktion, die längs der x-Achse definiert ist und für alle x und y die Relation $f(x + y) = f(x) + f(y)$ erfüllt. Man zeige:
   (*a*) Es existiert eine Konstante c mit $f(x) = cx$ für ganzzahlige x.
   (*b*) Es gilt $f(x) = cx$ für rationale x.
   (*c*) Es gilt $f(x) = cx$ für alle x.
30. (*a*) Man zeichne das Schaubild $f(x) = |\sin x|$.
   (*b*) Wo ist f stetig?
   (*c*) Wo ist f differenzierbar?

3.8 Zusammenfassung

In diesem Kapitel wurde der Begriff des Grenzwertes entwickelt, als dessen Spezialfall wir bereits früher die Ableitung kennengelernt haben. Nach einem kurzen Überblick über die Exponentialfunktion behandelten wir die Definition

$$\lim_{n\to\infty}\left(1+\frac{1}{n}\right)^n = e \approx 2{,}718.$$

Ferner wurden verschiedene Arten des Grenzwertes einer Funktion eingeführt, so etwa

$$\lim_{x\to a} f(x) = L, \quad \lim_{x\to a^+} f(x) = L, \quad \lim_{x\to a^-} f(x) = L.$$

Die letzten beiden heißen rechtsseitiger und linksseitiger Limes. Speziell ergab sich

$$\lim_{x\to 0}(1+x)^{1/x} = e.$$

Der Überblick über die trigonometrischen Funktionen behandelt vor allem $\sin x$, $\cos x$, $\tan x$, das Bogenmaß und die Fläche eines Kreissektors. Für Winkel im Bogenmaß wurden

$$\lim_{\theta\to 0}\frac{\sin\theta}{\theta} = 1 \quad \text{und} \quad \lim_{\theta\to 0}\frac{1-\cos\theta}{\theta} = 0$$

gezeigt. Das Kapitel schloß mit der Definition der stetigen Funktion. Diese Definition ging vom Grenzwertbegriff aus. In ihrer anschaulichen Interpretation bedeutet die Stetigkeit einer Funktion, daß man ihr Schaubild zeichnen kann, ohne den Bleistift vom Papier zu heben. In der Folge wurde gezeigt, daß eine differenzierbare Funktion notwendigerweise stetig ist. Umgekehrt hingegen existieren stetige Funktionen, die nicht differenzierbar sind. So ist $f(x) = |x|$ für $x = 0$ stetig, aber nicht differenzierbar. Wir kennen auch gebräuchliche Funktionen, die nicht stetig sind, wie etwa die Rundungsfunktion.

Der Zwischenwertsatz behauptet schließlich, daß eine in einem abgeschlossenen Intervall $[a; b]$ stetige Funktion für einen Wert X aus $[a; b]$ den Wert m zwischen $f(a)$ und $f(b)$ annimmt.

Begriffe und Symbole

b^n	Radiant
b^{-n}	$\sin x$, $\cos x$, $\tan x$
$b^{1/n}$	stetig an der Stelle a
$b^{m/n}$	stetige Funktion
b^x	

$\lim_{n\to\infty}\left(1+\frac{1}{n}\right)^n = e \approx 2{,}718$

$\lim_{x\to a} f(x)$

$\lim_{x\to a^+} f(x)$, $\lim_{x\downarrow a} f(x)$

$\lim_{x\to a^-} f(x)$, $\lim_{x\uparrow a} f(x)$

$\lim_{x\to\infty} f(x)$

$\lim_{x\to-\infty} f(x)$

Wichtige Ergebnisse

Exponentialfunktion:

$b^{x+y} = b^x \cdot b^y$

$b^{-x} = \frac{1}{b^x}$

$b^0 = 1, \quad b \neq 0$

$b^{1/n} = \sqrt[n]{b}$

$b^{m/n} = \sqrt[n]{b^m}$

$(b^x)^y = b^{xy}$ Potenz einer Potenz

$(ab)^x = a^x b^x$ Potenz eines Produkts

$\left(\frac{a}{b}\right)^x = \frac{a^x}{b^x}$ Potenz eines Quotienten; $b \neq 0$

Trigonometrie:

$$\frac{\text{Grad}}{180} = \frac{\text{Radiant}}{\pi}.$$

Ein Winkel von 1 rad ist $180°/\pi \approx 57{,}3°$. Ein Winkel von $1°$ ist $\pi/180$ rad $\approx 0{,}017$ rad. Sei θ das Bogenmaß eines Winkel und s der zugehörige Kreisbogen auf einem Kreis mit Radius r, dann gilt

$\theta = \frac{s}{r}$ (Definition von θ)

$s = r\theta$

Fläche des Sektors $= \frac{\theta r^2}{2}$.

Wir merken uns

$$\frac{\text{Fläche}}{r^2} = \frac{\theta}{2}$$

$\cos^2\theta + \sin^2\theta = 1$

$\sin(A+B) = \sin A \cos B + \cos A \sin B$

$\cos(A+B) = \cos A \cos B - \sin A \sin B$

$$\tan(A-B) = \frac{\tan A - \tan B}{1 + \tan A \tan B}$$

Kosinussatz: $c^2 = a^2 + b^2 - 2ab\cos\theta$

$\lim_{\theta\to 0}\frac{\sin\theta}{\theta} = 1$ Winkel im Bogenmaß

$\lim_{\theta\to 0}\frac{1-\cos\theta}{\theta} = 0$

Stetige Funktionen:

Jede differenzierbare Funktion ist stetig. Der Zwischenwertsatz gilt für stetige Funktionen in einem abgeschlossenen Intervall.

Testaufgaben zur Exponentialfunktion

1. Man stelle als Dezimalzahl dar:
(*a*) 8^{-1}, (*b*) $8^{1/2}$, (*c*) $8^{2/3}$, (*d*) 8^0, (*e*) $8^{-1/2}$, (*f*) $8^{-2/3}$.
2. Man schreibe folgende Ausdrücke mit geeignetem x in der Form 3^x:
(*a*) $\sqrt{3}$, (*b*) $\frac{1}{3}$, (*c*) $\sqrt[3]{9}$, (*d*) $3^7/3^2$, (*e*) $3\sqrt{3}$, (*f*) $(3^5)^7$, (*g*) $1/\sqrt[2]{3}$, (*h*) $3^2 \cdot 9^4$.
3. Man berechne $7^{1/3}$ auf eine Dezimalstelle.

4. Man schreibe in der Form b^x:
   (*a*) $(b^{1/2})^4$, (*b*) $(b\sqrt{b})$, (*c*) $\sqrt{b}\cdot\sqrt[3]{b}$, (*d*) $(1/\sqrt{b})^3$,
   (*e*) $(b\sqrt{b})/\sqrt[3]{b^2}$, (*f*) $(\sqrt{b^3})^5$.
5. (*a*) Man berechne $(\sqrt[3]{5})^{12}$ und $(\sqrt[4]{5})^{12}$.
   (*b*) Welche Wurzel ist größer $\sqrt[3]{5}$ oder $\sqrt[4]{5}$?

Testaufgaben zur Trigonometrie

1. (*a*) Wieviel Grad hat ein Winkel von 2 Radiant? Man verwende einen Winkelmesser und zeichne den Winkel.
   (*b*) Man berechne unter Zuhilfenahme eines Einheitskreises mit Radius 10 cm den cos 2 und sin 2 (Winkel im Bogenmaß).
2. Ein Winkel von 1,3 rad wird mit seiner Spitze ins Zentrum eines Kreises mit dem Radius 4 cm gelegt.
   (*a*) Wie groß ist der Bogen, den der Winkel herausschneidet?
   (*b*) Wie groß ist die Fläche des Kreissektors?
3. (*a*) Man zeichne das Schaubild von $y = \cos\theta$.
   (*b*) Wie verhält sich das Schaubild von (*a*) zum Schaubild der Funktion $y = \sin\theta$?
4. Man zeichne einen Einheitskreis und ergänze die folgende Tabelle durch exakte Werte.

θ (rad)	$\pi/2$		$3\pi/4$	$-\pi/4$		
θ (Grad)		120°			− 30°	405°
$\cos\theta$						
$\sin\theta$						

5. (*a*) Welche zwei Werte besitzt $\sin\theta$ für $\cos\theta = 0{,}6$?
   (*b*) Man zeichne alle Winkel mit $\cos\theta = 0{,}6$.
6. Man verwende die exakten Werte von cos 45°, sin 45°, cos 30° und sin 30°,
   (*a*) sowie die Identität für $\sin(A + B)$, um sin 75° zu berechnen;
   (*b*) sowie die Identität für $\sin(A - B)$, um sin 15° zu berechnen;
   (*c*) und die Identität für $\cos\theta$ und $\cos 2\theta$, um $\cos 22\frac{1}{2}°$ zu berechnen.
7. Man zeichne das Schaubild von $y = \tan x$.

Testaufgaben zu Kapitel 3

1. (*a*) Man definiere die Zahl e.
   (*b*) Man gebe e auf drei Dezimalstellen genau an.
   (*c*) Man bestimme den $\lim_{h\to 0}(1 + h/3)^{3/h}$.
2. Für $c > d \geq 0$ zeige man $c^5 - d^5 < 5c^4(c - d)$.
3. Das Schaubild einer Funktion f zeigt Bild 3.59.
   (*a*) Für welche Werte von a existiert $\lim_{x\to a} f(x)$ nicht?
   (*b*) Für welche Werte von a existiert $\lim_{x\uparrow a} f(x)$ nicht?
   (*c*) Für welche Werte von a existiert $\lim_{x\downarrow a} f(x)$ nicht?
   (*d*) Für welche Werte von a ist f nicht stetig?
   (*e*) Für welche Werte von a ist f nicht differenzierbar?

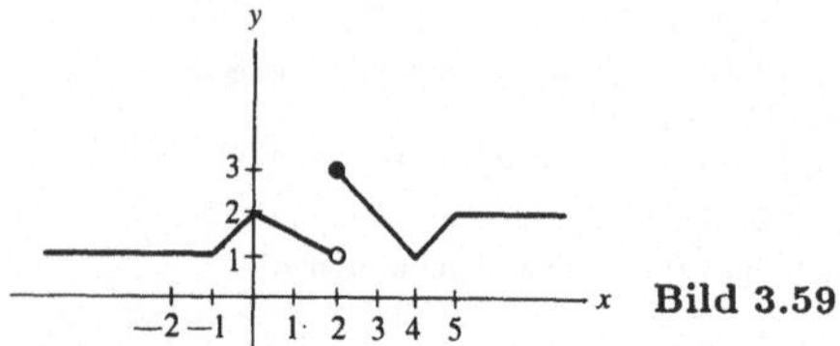

Bild 3.59

4. Man bestimme die folgenden Grenzwerte, sofern sie existieren:
   (*a*) $\lim_{x\to\infty}\frac{5x^3 - 6x + 2}{10x^3 + 5}$ (*d*) $\lim_{x\to 4}\frac{\sqrt{x} - 2}{x - 4}$
   (*b*) $\lim_{x\to 0}\frac{\tan 3x}{\tan 2x}$ (*e*) $\lim_{x\to 1^+} 2^{1/(x-1)}$
   (*c*) $\lim_{x\to 1}\frac{3\cos x - 3}{x}$ (*f*) $\lim_{x\to -\infty}\left(1 + \frac{1}{x}\right)^{3x}$
5. Welche der Grenzwerte aus Übung 4 kann man als Ableitung einer bestimmten Funktion an einer bestimmten Stelle interpretieren? Man gebe die Funktion und diese Stelle an.
6. Wie verhält sich der folgende Quotient für $\theta \to 0$:

$$\frac{\text{Länge von } \overline{AP}}{\text{Länge des Bogens } \widehat{BP}}$$

und

$$\frac{\text{Länge von } \overline{AB}}{\text{Länge des Bogens } \widehat{BP}},$$

wobei A, B und P dem Bild 3.60 zu entnehmen sind?

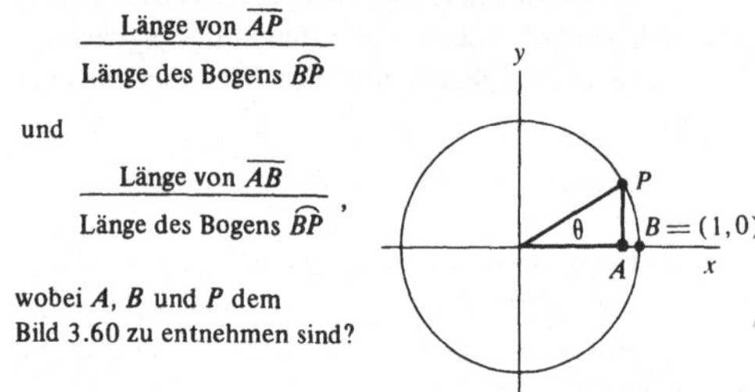

Bild 3.60

7. Die Geschwindigkeit eines bestimmten Objektes zur Zeit t sei $2^{-t}\cdot\sin^2\pi t$ m/s.
   (*a*) Man gebe die Geschwindigkeit zur Zeit $t = 0$ und zur Zeit $t = \frac{1}{2}$ an.
   (*b*) Wie können wir wissen, ob zu einer bestimmten Zeit zwischen $t = 0$ und $t = \frac{1}{2}$ die Geschwindigkeit exakt $\frac{1}{2}$ m/s betragen hat?
8. (Die drei Teile dieser Übung sind unabhängig voneinander.) Man zeichne das Schaubild einer Funktion f, die längs der x-Achse definiert und für alle $x \neq 0$ differenzierbar ist, wenn f
   (*a*) bei Null stetig, aber nicht differenzierbar ist;
   (*b*) $\lim_{x\to 0} f(x)$ existiert, aber f bei Null nicht stetig ist.
   (*c*) $\lim_{x\to 0^+} f(x)$ und $\lim_{x\to 0^-} f(x)$, nicht aber der $\lim_{x\to 0} f(x)$ existieren.

Übungen zu Kapitel 3

1. Ein Winkelmesser zeigt üblicherweise die Winkel im Gradmaß. Man konstruiere einen Bogenmaßwinkelmesser, der im speziellen die Winkel mit dem Bogenmaß
   (*a*) π, (*b*) 1, (*c*) 2, (*d*) 3, (*e*) 1,5, (*f*) $\pi/2$, (*g*) $\pi/4$, (*h*) 0,5, (*i*) 0,1
   zeigt.
2. Ein Strahl schließt mit der x-Achse einen Winkel θ ein und schneidet den Einheitskreis im Punkt $(\cos\theta; \sin\theta)$. Den Kreis mit Radius r und Mittelpunkt (0; 0) schneidet er im Punkt $(r\cos\theta; r\sin\theta)$.
   Hinweis: Man beweise dies mit Hilfe ähnlicher Dreiecke.
3. Man skizziere das Schaubild einer hypothetischen Funktion f mit folgenden Eigenschaften:
   (*a*) $\lim_{x\to a} f(x)$ existiert für alle a ausgenommen $a = 1$.
   (*b*) f ist nicht stetig für $x = 1$ und 2.
   (*c*) f ist sonst überall stetig.

4. (*a*) Wie groß ist der Umfang eines Kreises mit Radius r?
(*b*) Wie groß ist der Inhalt eines Kreises mit Radius r?
(*c*) Wie groß ist der Flächeninhalt eines Sektors mit Winkel θ und Radius r?
(*d*) Wie groß ist die Länge eines Kreisbogens mit Radius r und Winkel θ?

5. Sei f eine Funktion, die längs der x-Achse definiert ist. Sind die folgenden Aussagen richtig oder falsch:
(*a*) Ist f bei $x = 2$ stetig, so ist f dort notwendigerweise differenzierbar.
(*b*) Ist f bei $x = 2$ differenzierbar, so ist f dort notwendigerweise stetig.
(*c*) Ist f stetig für $x = 2$, dann gilt $\lim_{x \to 2} (f(x) - f(2)) = 0$.

6. Unter den Annahmen von Abschnitt 3.2 bezahlt eine Bank 100 % Zinsen pro Jahr. Um etwas realistischer zu werden, nehmen wir einen Satz von 6 % Zinsen pro Jahr an.
(*a*) Man zeige, daß 1 DM bei n-maliger Kapitalisierung pro Jahr am Ende des ersten Jahres auf $(1 + 0{,}06/n)^n$ DM anwächst.
(*b*) Man zeige $\lim_{n \to \infty} (1 + 0{,}06/n)^n = e^{0{,}06}$.

7. Im Abschnitt 3.6 wurde $\lim_{h \to 0} (1 - \cos h)/h = 0$ gezeigt.
(*a*) Unter Verwendung derselben Methode beweise man

$$\lim_{h \to 0} \frac{1 - \cos h}{h^2} = \frac{1}{2}.$$

(*b*) Aus (*a*) berechne man als gute Abschätzung von $\cos h$ für sehr kleine h:

$$\cos h = 1 - \frac{h^2}{2}.$$

(*c*) Aus (*b*) leite man für einen Winkel im Gradmaß her:

$$\cos h = 1 - 0{,}000\,15\, h^2.$$

(*d*) Wie gut ist die Abschätzung in (*c*) für $h = 10°$? $h = 5°$? $h = 30°$? Vergleiche diese Resultate mit den Werten der früheren Tabellen.

8. Liegt der Winkel θ der Seite c eines Dreieckes gegenüber, so lautet der Kosinussatz:

$$c^2 = a^2 + b^2 - 2ab \cos\theta.$$

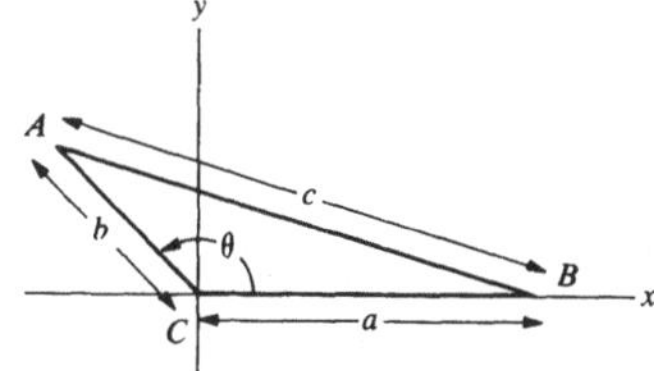

Bild 3.61

Ein Dreieck mit den Seiten a, b und c wird in die xy-Ebene gelegt (Bild 3.61). Mit Hilfe dieser Abbildung verifiziere man den Kosinussatz in folgenden Schritten:
(*a*) Man beweise $B = (a; 0)$ und $A = (b \cos\theta; b \sin\theta)$.
(*b*) Man bestimme c^2, das Quadrat des Abstandes zwischen A und B, unter Verwendung der Distanzformel.

■

9. Sei $f(x) = x^2$ für rationale x und $f(x) = x^4$ für irrationale x. Wo ist f stetig? Wo ist f differenzierbar?

10. Sei $f(x) = x^2$ für rationale x und $f(x) = x^3$ für irrationale x.
(*a*) Wo ist f stetig?
(*b*) Wo ist f differenzierbar?

11. Seien a, b und c feste Zahlen. Man diskutiere das Verhalten von $x^3 + ax^2 + bx + c$
(*a*) für sehr große x,
(*b*) für sehr große $|x|$ und negative x.
(*c*) Man beweise, daß die Gleichung $x^3 + ax^2 + bx + c = 0$ zumindestens eine reelle Wurzel besitzt.

12. (*a*) Man beweise, daß ein Polynom von ungeradem Grad mit reellen Koeffizienten mindestens eine reelle Wurzel besitzt.
(*b*) Man gebe das Beispiel eines Polynoms vom Grad 2, das keine reelle Wurzel besitzt.

13. $[x]$ sei die größte ganze Zahl nicht größer als x. Zum Beispiel $[3{,}8] = 3$; $[3] = 3$; $[\sqrt{2}] = 1$; $[-\pi] = -4$. Sei $f(x) = [x]$.
(*a*) Man zeichne das Schaubild f.
(*b*) Für welche Werte a ist f *nicht* stetig?

14. Man zeige die Existenz einer positiven Zahl x mit $\tan x = 3 + \cos^2 x$.

■■

15. Falls $\lim_{n \to \infty} x^{2n}/(1 + x^{2n})$ existiert, so werde er mit $f(x)$ bezeichnet.
(*a*) Man berechne $f(1/2)$, $f(2)$ und $f(1)$.
(*b*) Für welche x ist $f(x)$ definiert? Man zeichne das Schaubild von $y = f(x)$.
(*c*) Wo ist f stetig?

16. Eine Funktion f sei längs der x-Achse definiert und es gelte für alle x und y

$$f(x + y) = f(x) + f(y).$$

Für $x > y$ gelte auch $f(x) \geqslant f(y)$. Dann zeige man $f(x) = cx$ mit irgendeiner Konstante c.

17. (Siehe Übung 16.) Sei f längs der x-Achse definiert und es gelte für alle x und y

$$f(x + y) = f(x) + f(y)$$

sowie

$$f(xy) = f(x) f(y).$$

(*a*) Man zeige mit $x > y$ auch $f(x) \geqslant f(y)$.
(*b*) Man zeige $f(x) = x$ für alle x oder $f(x) = 0$ für alle x.

18. (*a*) Sei $f(x) = x \sin 1/x$ für $x \neq 0$. Man definiere $f(0)$, so daß f entlang der x-Achse stetig ist.
(*b*) Man zeichne das Schaubild der Funktion f und untersuche im speziellen das Verhalten für x in der Nähe von Null und für sehr große x.

19. Sei f eine stetige Funktion, definiert auf der x-Achse, und es gelte $f(f(f(x))) = x$ für alle x. Man zeige dann $f(x) = x$ für alle x.

Überblicksfragen zu den Kapiteln 1 bis 3

1. (*a*) Man definiere die Ableitung einer Funktion f an der Stelle x.
(*b*) Man illustriere die Ableitung an möglichst vielen Beispielen.

2. Unter Verwendung der bisherigen Formeln berechne man die Ableitungen von
(*a*) $2x^4$ bei $x = \frac{1}{2}$,
(*b*) $x^3 + 5x$ bei $x = -1$,
(*c*) $\sqrt{x}$ bei $x = 4$,
(*d*) $1/x$ bei $x = \sqrt{2}$.

3. Sei $f(x) = x^3$. Man berechne:
(*a*) $f(x + h) - f(x)$ für $x = 2$ und $h = 0{,}5$;
(*b*) $f(t_1) - f(t)$ für $t_1 = 3{,}1$ und $t = 3$.

4. Ein auf einer Wasseroberfläche auf- und abtanzender Kork hat nach einer Zeit von t Sekunden eine Höhe von $3 \sin t$ Zentimeter über der Wasseroberfläche. (Wird $\sin t$ negativ, so ist der Kork unter das Wasser getaucht.) Man bestimme seine Geschwindigkeit zur Zeit $t = 0$.

5. Wie groß ist der Anstieg der Geraden
   (*a*) durch die Punkte (– 1; 4) und (2; 6)?
   (*b*) $y = 6x + 5$?

6. Man zeichne das Schaubild der Funktion $f(x) = (1 + x)^{1/x}$ und diskutiere den Definitionsbereich von f.

7. Man zeichne das Schaubild $f(x) = \sin x/x$ und diskutiere den Definitionsbereich von f.

8. Man zeichne das Schaubild von $f(x) = (1 - \cos x)/x$ und diskutiere den Definitionsbereich von f.

9. (*a*) Man bilde die Ableitung von $f(x) = 2x^3 + 3x^2 - 12x$.
   (*b*) Für welche Werte von x ist die Ableitung von f Null? Positiv? Negativ?
   (*c*) Mit Hilfe von (*b*) skizziere man das Schaubild von f.

10. Mit Hilfe der Definition der Ableitung berechne man die Ableitung von
   (*a*) $x^4 + 5x^3$ für $x = 1$;
   (*b*) $1/x^2$ für $x = 2$.

11. Eine bestimmte Funktion f besitzt für $x = 1$ die Ableitung $f'(1) = 3$. Was kann man über folgende Größen aussagen:
   (*a*) den Anstieg des Schaubildes von f;
   (*b*) die Geschwindigkeit eines Teilchens, das $f(t)$ Meter in t Sekunden zurücklegt? Wie weit ungefähr bewegt sich das Teilchen in einem Zeitintervall [1; 1,01];
   (*c*) über die Vergrößerung einer Linse, die x auf $f(x)$ projeziert? Wie lang ist das Abbild des Intervalles [1; 1,01] ungefähr;
   (*d*) über die Dichte einer Saite, deren erste x Zentimeter eine Masse von $f(x)$ Gramm besitzen? Welche Masse besitzt die Saite im Intervall [1; 1,01]?

12. (Siehe Abschnitt 1.2.) Ein Teilchen hat zur Zeit t eine Geschwindigkeit von e^t Meter pro Sekunde. Man schätze den gesamten Weg, den es von der Zeit $t = 1$ bis zur Zeit $t = 3$ zurücklegt, teile hierzu das Zeitintervall in 10 gleiche Teile und gehe von der Geschwindigkeit am
   (*a*) rechten Ende eines jeden Zeitintervalls,
   (*b*) linken Ende eines jeden Zeitintervalls aus.
   (Man verwende eine Tabelle für e^x oder einen Taschenrechner.)

13. Unter Verwendung der im Text entwickelten Formeln bilde man die Ableitung von
   (*a*) $6x^3 - 5x$, (*b*) $(1 + 3x^2)^2$, (*c*) $5/x$.

14. Unter Verwendung der Definition der Ableitung bilde man die Ableitung von $x^2/(1 + x)$.

15. (*a*) Welches ist der Definitionsbereich von $f(x) = \sqrt{x^2 - 1}$?
   (*b*) Man zeichne das Schaubild f.
   (*c*) Ist die Funktion f stetig?

16. (*a*) Welches ist der Definitionsbereich von $f(x) = 1/\sqrt{x^2 - 1}$?
   (*b*) Man zeichne das Schaubild f.
   (*c*) Ist f stetig?

17. (*a*) Welches ist der Definitionsbereich von $f(x) = \tan x$?
   (*b*) Man zeichne das Schaubild f.

18. Man berechne folgende Grenzwerte:
   (*a*) $\lim\limits_{x \to 0^+} 2^{x/|x|}$, (*b*) $\lim\limits_{x \to 0^-} 2^{x/|x|}$, (*c*) $\lim\limits_{x \to 1} 2^{x/|x|}$.

19. Man bestimme:
   (*a*) $\lim\limits_{x \to \infty} \dfrac{\sqrt{x}}{\sqrt{4x + 2}}$ (*b*) $\lim\limits_{x \to \infty} \dfrac{8x^4 + 6x - 2}{2x^4 - 5x}$
   (*c*) $\lim\limits_{x \to \infty} \left[\dfrac{5x^2 + 4x}{3x + 1} - \dfrac{5x + 8}{3}\right]$.

20. $y = f(x)$ sei eine differenzierbare Funktion. Wie lautet die Interpretation des Satzes „$f'(x)$ ist positiv oder $f'(x)$ ist negativ für $x = a$"
   (*a*) an Hand des Schaubilds von f;
   (*b*) wenn $f(x)$ die Lage eines Teilchens entlang der y-Achse zur Zeit x angibt?

■

21. Man bestimme den Grenzwert
$$\lim_{x \to 0} \frac{\tan x - \sin x}{x}.$$

22. Man bestimme
$$\lim_{x \to 0} \frac{\tan x - \sin x}{x^2}.$$

23. Man bestimme
   (*a*) $\lim\limits_{x \to 0^+} \dfrac{2^{1/x} + 1}{2^{1/x} + 3}$ (*b*) $\lim\limits_{x \to 0^-} \dfrac{2^{1/x} + 1}{2^{1/x} + 3}$.

24. Sei $f(x) = e^x$.
   (*a*) Die Ableitung von f bei $x = 0$ ist gegeben durch
$$\lim_{h \to 0} \frac{e^h - 1}{h}.$$
   Man beweise dies!
   (*b*) Man bestimme den Grenzwert von (*a*) durch Berechnung von $(e^h - 1)/h$ für $h = 0{,}15$, $0{,}10$, $0{,}05$, $0{,}01$ mit Hilfe einer Tabelle oder mit Hilfe eines Taschenrechners.
   (*c*) Was läßt sich daraus über den in (*a*) angegebenen Grenzwert aussagen? (Siehe auch nächstes Kapitel.)

25. Man gebe das Beispiel einer Funktion mit der Ableitung
   (*a*) $3x^2$; (*b*) x^2;
   (*c*) $-1/x^2$; (*d*) $1/x^2$;
   (*e*) $9x^3 + 6x^2 - 6x + 2$; (*f*) $5/\sqrt{x}$.

■■

26. Man bestimme die Ableitung von $f(x) = \tan x$ für $x = \pi/6$ aus der Definition der Ableitung.
   Hinweis: Die Identität für $\tan(A + B)$ wird dabei nützlich sein.

27. Mit Hilfe der Definition der Ableitung berechne man $(\sqrt[3]{x})'$.
   Hinweis: Man verwende die Identität $c^3 - d^3 = (c^2 + cd + d^2)(c - d)$.

28. f sei eine stetige Funktion, die sich im Intervall [0; 1] bewegt, wenn x das Intervall [0; 1] durchläuft. Es existiert dann mindestens eine Zahl X aus dem Intervall [0; 1] mit $f(X) = X$. Man beweise dies!

29. Sei f eine stetige Funktion, mit $f(f(x)) = x$ für alle x. Man zeige die Existenz mindestens einer Zahl X mit $f(X) = X$.

30. f sei eine Funktion; dann definieren wir als *Sehnen von f* jene Strecken, deren Enden am Schaubild von f liegen. Nun sei f stetig in [0; 1] und sei $f(0) = f(1) = 0$.
   (*a*) Warum gibt es eine horizontale Sehne der Länge $\frac{1}{2}$?
   (*b*) Warum gibt es eine waagerechte Sehne der Länge $1/n$, wobei $n = 1, 2, 3, 4, \ldots$ ist.
   (*c*) Muß eine waagerechte Sehne von f der Länge $\frac{2}{3}$ existieren?
   (*d*) Wie fällt die Antwort auf (*c*) aus, wenn wir zusätzlich für alle x aus [0; 1] stets $f(x) \geqslant 0$ fordern.

31. Eine Bank zahlt 5 % Zinsen pro Jahr.
   (*a*) Man zeige, daß eine Einlage von 1 DM in t Jahren auf den Wert $(1 + 0{,}05/n)^{nt}$ DM anwächst, wenn die Zinsen n mal pro Jahr kapitalisiert werden.
   (*b*) Man zeige, daß
$$\lim_{n \to \infty} (1 + 0{,}05/n)^{nt} = e^{0{,}05t}.$$

(*c*) Man zeige, daß für sehr große n in (*a*) eine DM in etwa 14 Jahren auf zwei DM anwächst. (Man verwende eine e^x-Tabelle.) Dies sind etwa 70 Prozent der Zeit, die für die Verdoppelung notwendig gewesen wären, wenn die Zinsen nicht zugeschlagen worden wären.

32. Man bestimme

$$\lim_{x \to \infty} (4^x + 3^x)^{1/x}.$$

33. Man bestimme

$$\lim_{x \to 1} \frac{x^3 - 1}{x^2 - 1}.$$

34. Ein Polynom vom Grad $n \geqslant 0$ hat die Form $a_0 x^n + a_1 x^{n-1} + \ldots + a_n$, wobei die a_i's Konstanten sind und $a_0 \neq 0$ ist. Sei $P(x)$ ein solches Polynom und sei $Q(x) = b_0 x^m + b_1 x^{m-1} + \ldots + b_m$ ein Polynom vom Grad m. Man bestimme

$$\lim_{x \to \infty} \frac{P(x)}{Q(x)}$$

(*a*) $n = m$, (*b*) $n < m$, (*c*) $n > m$.

35. Bild 3.62 zeigt eine Funktion, die für $x \to \infty$ zwischen den Geraden $y = x$ und $y = -x$ hin und her oszilliert. Existiert der $\lim_{x \to \infty} f(x)$?

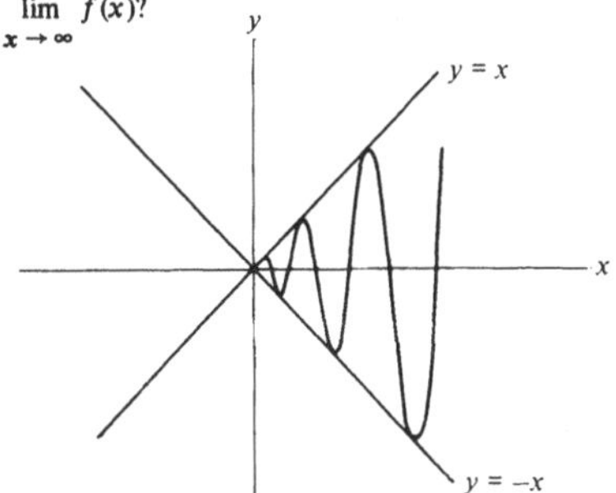

Bild 3.62

36. Man bestimme

$$\lim_{x \to \infty} (\sqrt{x^2 + 2x} - x).$$

37. Zwei Studenten diskutieren über den Grenzwert

$$\lim_{x \to \infty} \left(\frac{3x^2 + 2x}{x + 5} - 3x.\right)$$

Der erste behauptet „für große x ist $2x$ klein im Vergleich zu $3x^2$ und 5 klein im Verhältnis zu x, daher verhält sich der Bruch $(3x^2 + 2x)/(x + 5)$ wie $3x^2/x = 3x$. Also ist der Grenzwert, den wir betrachten, gleich 0". Sein Partner antwortet: „Unsinn,

$$\frac{3x^2 + 2x}{x + 5} = \frac{3x + 2}{1 + (5/x)}$$

verhält sich selbstverständlich für große x wie $3x + 2$, der fragliche Grenzwert ist zwei und nicht Null". Man überprüfe die Argumente!

38. Man bestimme

$$\lim_{x \to 0} \frac{\sqrt{3 + x} - \sqrt{3 - x}}{x}.$$

4 Berechnung von Ableitungen

In Kap. 2 wurde die Ableitung von Funktionen definiert und verschiedene Beispiele wurden durchgerechnet, darunter etwa:

$$(x^n)' = nx^{n-1}, \qquad n = 1, 2, 3, \ldots$$

$$(\sqrt{x})' = \frac{1}{2\sqrt{x}}, \qquad \left(\frac{1}{x}\right)' = -\frac{1}{x^2}.$$

Wir gingen dabei von der Definition der Ableitung aus und betrachteten die beiden Grenzwerte

$$\lim_{x_1 \to x} \frac{f(x_1) - f(x)}{x_1 - x} \quad \text{bzw.} \quad \lim_{h \to 0} \frac{f(x + h) - f(x)}{h},$$

je nachdem welcher der beiden algebraisch einfacher war. Im Hinblick auf die vielseitigen Anwendungen der Ableitung werden in diesem Kapitel sehr effiziente Methoden zu ihrer Berechnung entwickelt. Dabei werden wir nicht jedesmal zur Definition durch den Grenzwert zurückgehen müssen.

4.1 Einige Bezeichnungen für die Ableitung

Abgesehen von dem für die Ableitung einer Funktion f bisher verwendeten Symbol f' gibt es noch viele andere Bezeichnungen. Wir werden sie am Beispiel der Quadratfunktion

$$y = f(x) = x^2$$

darstellen.

Die D-Bezeichnung. Zunächst gibt es die *D-Bezeichnung*, bei der die Ableitung von f durch $D(f)$, also

$$D(x^2) = 2x$$

bezeichnet wird. Wir lesen: „Die Ableitung von x^2 ist $2x$" oder „Die Ableitung von x^2 bezüglich x ist $2x$". Die Bezeichnung

$$D_x(x^2) = 2x$$

ist ebenfalls üblich.

Die Differentialbezeichnung. Dann gibt es die *Differentialbezeichnung*, in der für die Ableitung geschrieben wird:

$$\frac{df}{dx}$$

(man lese „de f nach de x" oder „die Ableitung von f hinsichtlich x") oder

$$\frac{dy}{dx}$$

(man lese „de y nach de x" oder „die Ableitung von y hinsichtlich x"). Die Differentialbezeichnung wurde von Leibnitz eingeführt.

Das Symbol dy/dx verleitet uns, die Ableitung als Quotient von zwei Zahlen aufzufassen. Eine solche Interpretation ist jedoch unzulässig. Die Ableitung wurde als *Grenzwert* eines bestimmten Quotienten und nicht als gewöhnlicher Quotient definiert. (Erst im nächsten Kapitel werden wir den Symbolen dy und dx eine selbständige Bedeutung geben.) Am besten stellt man sich die Ableitung als Maß für eine Zuwachsrate vor. Beispiele hierfür sind Geschwindigkeit und Anstieg. So gilt etwa für $y = x^2$,

$$\frac{dy}{dx} = 2x \quad \text{oder} \quad \frac{d(x^2)}{dx} = 2x.$$

Wir werden diese Darstellung in der Folge oft verwenden, sie entspricht der Standardbezeichnung in Physik und Chemie.

Wird die Quadratfunktion durch andere Buchstaben ausgedrückt, also $x = t^2$, so schreiben wir für ihre Ableitung

$$D(t^2) = 2t, \qquad D_t(t^2) = 2t,$$

$$\frac{dx}{dt} = 2t \quad \text{oder} \quad \frac{d(t^2)}{dt} = 2t.$$

Die Punkt-Bezeichnung. Schließlich gibt es noch die *Punkt-Bezeichnung.* Wir schreiben für die Ableitung von f:

$$\dot{f}$$

(gelesen als „f Punkt"). Ist z.B. $x = t^2$, dann gilt

$$\dot{x} = 2t.$$

Die Punkt-Bezeichnung wurde von Newton eingeführt und dient insbesondere für das Studium von Bewegungen: $\dot{x}$ wird als Geschwindigkeit und t als Zeit interpretiert.

Für bestimmte Formeln ist die D-Bezeichnung vorteilhaft. Die $f'(x)$-Bezeichnung ist besonders nützlich, wenn die unabhängige Variable angegeben werden soll.

Wir geben noch einige weitere Beispiele für die verschiedenen Bezeichnungen der Ableitung:

$$(x^5)' = 5x^4, \qquad D(x^5) = 5x^4,$$

$$D_x(x^5) = 5x^4, \qquad D_t\left(\frac{1}{t}\right) = -\frac{1}{t^2},$$

$$\frac{d(x^5)}{dx} = 5x^4, \qquad \frac{d(t^5)}{dt} = 5t^4,$$

$$\frac{d(\sqrt{z})}{dz} = \frac{1}{2\sqrt{z}}, \quad (\dot{t^5}) = 5t^4.$$

Übungen:

In den Übungen 1 bis 13 verwende man bereits bekannte Formeln zur Berechnung der Ableitung:

1. $D(5x^3 + 6x - 2)$ bei $x = -1$.
2. $d(t^3 - 5t)/dt$ bei $t = 2$.
3. $\dot{\sqrt{t}}$ bei $t = 9$.
4. dy/dx für $y = \frac{1}{5}x^5$.
5. $D_u(6u^4)$.
6. $\frac{d(1/u)}{du}$.
7. du/dx für $u = 3x^2 - \frac{1}{2}x^2$.
8. dy/du für $y = (\frac{1}{3})u^3$.
9. $D_u(y)$ für $y = 1/u$.
10. $D(s^3 - s^2)$.
11. $(x^5 + 4x^3)'$ bei $x = \sqrt{2}$.
12. $f'(\sqrt{2})$ für $f(t) = t^5 + 4t^3$.
13. $(\frac{1}{4}t^4 + \frac{1}{3}t^3 - \frac{1}{2}t^2 + 5)'$.

■

14. Man bestimme $D(t^3)$ aus $$\lim_{t_1 \to t} \frac{t_1^3 - t^3}{t_1 - t}.$$
15. Man bestimme $d(u^3)/du$ aus $$\lim_{h \to 0} \frac{(u+h)^3 - u^3}{h}.$$
16. Sei $y = f(v) = 2v^2 + 3v$. Man bestimme dy/dv aus $$\lim_{v_1 \to v} \frac{f(v_1) - f(v)}{v_1 - v}.$$
17. Sei $y = f(s) = (s^2 + s)^2$. Man bestimme dy/ds aus $$\lim_{s_1 \to s} \frac{f(s_1) - f(s)}{s_1 - s}.$$
18. Sei $x = f(t) = 5/t^3$. Man bestimme dx/dt aus $$\lim_{t_1 \to t} \frac{f(t_1) - f(t)}{t_1 - t}.$$

■■

19. Ein bestimmtes Objekt bewegt sich zur Zeit t (in Sekunden) auf der y-Achse und hat die y-Koordinate $y = -16t^2 + 80t$ (Meter).
    (*a*) Man bestimme dy/dt.
    (*b*) Für welche t ist dy/dt positiv? negativ? oder Null?
    (*c*) Wie groß ist die Geschwindigkeit für $t = 0$?
20. Sei $y = f(x) = x + 4/x$.
    (*a*) Man bestimme dy/dx aus $$\lim_{x_1 \to x} \frac{f(x_1) - f(x)}{x_1 - x}$$
    (*b*) Man zeichne das Schaubild von f für $x > 0$ und zeige insbesondere, wo der Anstieg positiv, negativ oder Null ist.
21. Man gebe ein Beispiel für eine Funktion mit
    (*a*) $dy/du = u^3$, (*b*) $\dot{y} = 1/\sqrt{t}$,
    (*c*) $D_x(y) = 3x + 5$, (*d*) $D_t(y) = 5$.

    Man gehe dabei von unseren bisherigen Erfahrungen mit Ableitungen aus. Alle Lösungen sind von einfacher Gestalt.

4.2 Die Ableitung einer Konstanten, sowie von Sinus und Cosinus

Wie wir später in diesem Kapitel sehen werden, können die Ableitungen der meisten in der Infinitesimalrechnung auftretenden Funktionen aus den folgenden Ableitungen errechnet werden: der konstanten Funktion, der trigonometrischen Funktionen Sinus und Kosinus und der logarithmischen Funktionen. Hier sollen diese Ableitungen genauer besprochen werden. Dazu werden wir jeweils auf die Definition der Ableitung zurückgreifen.

Theorem 1: Die Ableitung einer konstanten Funktion ist Null:

Beweis: c sei eine Zahl und f sei die Funktion, die jedem Wert x die Zahl c zuordnet: $f(x) = c$ für alle x. Wir finden sofort

$$f(x+h) - f(x) = c - c = 0.$$

Daraus folgt

$$\frac{f(x+h)-f(x)}{h} = \frac{0}{h} \qquad h \neq 0$$
$$= 0$$

und daher

$$\lim_{h \to 0} \frac{f(x+h)-f(x)}{h} = 0.$$

Dies zeigt, daß die Ableitung jeder konstanten Funktion für alle x gleich Null ist. •

Aus zwei Gründen ist dieses Theorem keine Überraschung: Das Schaubild von $f(x) = c$ ist eine horizontale Gerade und fällt daher mit jeder ihrer Tangenten zusammen, wie man aus Bild 4.1 entnehmen kann. Fassen wir andererseits x als Zeitvariable und $f(x)$ als die Ortsvariable eines Körpers auf, so sagt uns Theorem 1, daß ein ruhender Körper die Geschwindigkeit Null besitzt.

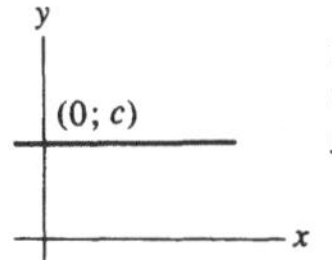

Die horizontale Gerade ist das Schaubild von $f(x) = c$

Bild 4.1

Um $d(\sin x)/dx$ und $d(\cos x)/dx$ zu finden, müssen wir die Grenzwerte

$$\lim_{h \to 0} \frac{\sin h}{h} \quad \text{und} \quad \lim_{h \to 0} \frac{1-\cos h}{h}$$

untersuchen. Dabei sind die Winkel im Bogenmaß zu messen. In Abschnitt 3.6 (wo der Buchstabe θ anstelle von h verwendet worden ist) fanden wir, daß

$$\lim_{h \to 0} \frac{\sin h}{h} = 1 \quad \text{und} \quad \lim_{h \to 0} \frac{1-\cos h}{h} = 0.$$

Theorem 2: Die Ableitung der Sinusfunktion ist die Kosinusfunktion; in Symbolen

$$(\sin x)' = \cos x \quad \text{oder} \quad \frac{d(\sin x)}{dx} = \cos x.$$

Beweis: Die Ableitung einer Funktion f an der Stelle x ist definiert durch

$$\lim_{h \to 0} \frac{f(x+h)-f(x)}{h}.$$

Ist f die Funktion „Sinus", so untersuchen wir den Limes

$$\lim_{h \to 0} \frac{\sin(x+h)-\sin x}{h}.$$

Wie wir wissen, ist x festzuhalten, während $h \to 0$ strebt. Für $h \to 0$ erreicht der Zähler den Wert

$$\sin x - \sin x = 0$$

während der Nenner h ebenfalls nach Null strebt. Da der Ausdruck 0/0 sinnlos ist, müssen wir den Quotienten

$$\frac{\sin(x+h)-\sin x}{h}$$

umformen, ehe wir h gegen Null gehen lassen.

Wenden wir hierzu die Gleichung

$$\sin(A+B) = \sin A \cos B + \cos A \sin B$$

auf den Fall $A = x$ und $B = h$ an, so ergibt sich

$$\sin(x+h) = \sin x \cos h + \cos x \sin h.$$

Der Zähler $\sin(x+h) - \sin x$ nimmt damit die Gestalt an

$$\sin x \cos h + \cos x \sin h - \sin x = \sin x(\cos h - 1) + \cos x \sin h$$
$$= -\sin x(1-\cos h) + \cos x \sin h.$$

Daraus folgt

$$\lim_{h \to 0} \frac{\sin(x+h)-\sin x}{h} = \lim_{h \to 0} \frac{-\sin x(1-\cos h) + \cos x \sin h}{h}$$
$$= \lim_{h \to 0} \left(-\sin x \frac{1-\cos h}{h} + \cos x \frac{\sin h}{h}\right)$$
$$= (-\sin x)(0) + (\cos x)(1)$$
$$= \cos x.$$

Kurz gesagt: Die Ableitung der Sinusfunktion ist durch die Kosinusfunktion gegeben. Dies schließt den Beweis des Theorems. •

Die in Theorem 2 berechnete Ableitung von $\sin x$ liefert eine interessante Information über das Schaubild von $y = \sin x$ (Bild 4.2) Aus

$$\frac{d(\sin x)}{dx} = \cos x$$

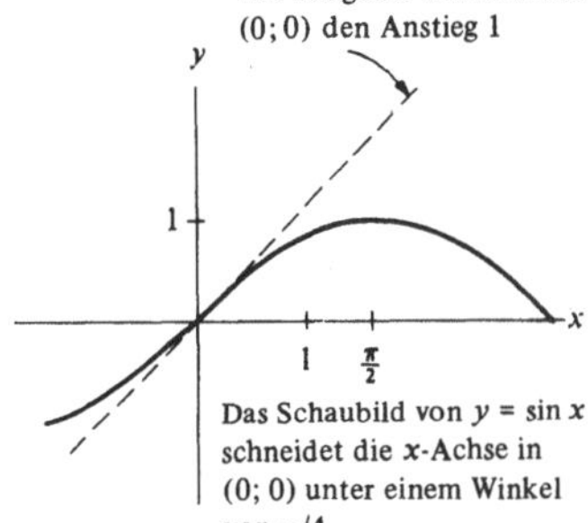

Bild 4.2

ergibt sich für $x = 0$ als Ableitung der Sinusfunktion nun $\cos 0 = 1$. Demnach ist der Anstieg der Kurve $y = \sin x$ für $x = 0$ gleich 1 und das Schaubild von $y = \sin x$ durchschneidet den Ursprung des Koordinatenkreuzes unter einem Winkel von $\pi/4$ im Bogenmaß (45°).

Theorem 3: Die Ableitung der Kosinusfunktion ist durch die negative Sinusfunktion gegeben:

$$(\cos x)' = -\sin x. \quad \bullet$$

Der Beweis verläuft ähnlich wie für Theorem 2 und stützt sich auf die trigonometrische Identität

$$\cos(A + B) = \cos A \cos B - \sin A \sin B.$$

In den Theoremen 2 und 3 wurden die Winkel im Bogenmaß gemessen, wie es üblicherweise in der Infinitesimalrechnung geschieht. Was hätte sich für die Ableitung von Sinus und Kosinus ergeben, wenn die Winkel im Gradmaß angegeben gewesen wären? Das Schaubild von $y = \sin x$ (Winkel im Gradmaß gemessen) hat für alle x einen fast verschwindenden Anstieg, wie man aus Bild 4.3 ersehen kann. Tatsächlich ist das Schaubild von $y = \sin x$ praktisch eine horizontale Gerade. Man wäre versucht, die vertikale Skala etwas zu strecken, doch dann würde sich auch jener Anstieg verändern, den wir gerade bestimmen wollen.

Bild 4.3

Betrachten wir noch einmal den Beweis von Theorem 2. Dort war das eigentliche Problem die Bestimmung des Grenzwertes

$$\lim_{h \to 0} \frac{\sin h}{h} = 1.$$

Wird der Winkel im Gradmaß gemessen, so ist dieser Grenzwert nicht mehr gleich 1. Zu seiner Berechnung gehen wir davon aus, daß einem Winkel von h Grad ein Winkel von $\pi \cdot h/180$ rad entspricht:

$$\frac{\sin h^\circ}{h} = \frac{\sin(\pi h/180)}{h},$$

wobei auf der rechten Seite der Gleichung der Winkel im Bogenmaß gemessen ist. Nun gilt:

$$\frac{\sin(\pi h/180)}{h} = \frac{\sin(\pi h/180) \cdot \pi}{\pi h/180 \cdot 180},$$

daher

$$\lim_{h \to 0} \frac{\sin h^\circ}{h} = \lim_{h \to 0} \frac{\sin(\pi h/180)}{\pi h/180} \frac{\pi}{180} = 1 \frac{\pi}{180} = \frac{\pi}{180}.$$

Kurz gesagt, gilt für Winkel im Gradmaß:

$$\lim_{h \to 0} \frac{\sin h}{h} = \frac{\pi}{180} \approx 0{,}017.$$

Auch für Winkel im Gradmaß gilt ferner nach wie vor:

$$\lim_{h \to 0} \frac{1 - \cos h}{h} = 0,$$

wie der Leser sehr leicht aus dem Beweis in Abschnitt 3.6 sehen kann. Dort wurde gezeigt, daß dieser Grenzwert für Winkel im Bogenmaß gleich Null ist.

Wiederholen wir nun die einzelnen Schritte des Beweises von Theorem 2, so ergibt sich für Winkel im Gradmaß:

$$(\sin x)' = \frac{\pi}{180} \cos x \approx 0{,}017 \cos x.$$

Der große Vorteil des Bogenmaßes ist nun evident: Es macht die Ableitung der Sinusfunktion (wie sich später herausstellt, jeder trigonometrischen Funktion) wesentlich einfacher. Es gibt keinen Faktor $\pi/180$, den man sich gesondert merken muß. Dies ist auf die einfache Form von

$$\lim_{h \to 0} \frac{\sin h}{h}$$

für Winkel im Bogenmaß zurückzuführen; dieser Limes ist gerade 1.

Übungen:

1. (*a*) Man skizziere das Schaubild der Sinusfunktion für x aus $[0; 2\pi]$ und verwende auf beiden Achsen die gleichen Einheiten.
   (*b*) Für welche x aus $[0; 2\pi]$ ist der Anstieg positiv? negativ? Null?
   (*c*) Für welche x aus $[0; 2\pi]$ ist der Anstieg am größten?
2. Man bestimme die Ableitung der Sinusfunktion an den Stellen
   (*a*) $\pi/4$, (*b*) $\pi/6$, (*c*) $\pi/2$, (*d*) π.
3. Man berechne die folgenden Ableitungen:
   (*a*) $\frac{d(\sin x)}{dx}$ für $\frac{\pi}{3}$, (*b*) $\frac{d(\cos x)}{dx}$ für $\frac{\pi}{4}$,
   (*c*) $\frac{d(x^3)}{dx}$ für -1, (*d*) $\frac{d(5)}{dx}$ für 4,7.
4. Die linken x cm einer $\pi/2$ cm langen Saite besitzen eine Masse von $\sin x$ g. Wie groß ist die Dichte am
   (*a*) linken Ende,
   (*b*) in der Mitte und
   (*c*) am rechten Ende?
5. Zur Zeit t (in Sekunden) ist ein auf- und abhüpfender Korken $\sin t$ Zentimeter über der Wasseroberfläche (für negative Werte von $\sin t$ ist der Kork untergetaucht).
   (*a*) Man bestimme seine Höhe über oder unter der Wasseroberfläche für $t = 0, \pi/2, \pi$ oder $3\pi/2$.
   (*b*) Man bestimme seine Geschwindigkeit für $t = 0, \pi/2, \pi$ und $3\pi/2$.
   (*c*) Man bestimme den Betrag seiner Geschwindigkeit für die in (*b*) angegebenen Zeiten.
6. (*a*) Wie groß ist der Anstieg der Tangente von $y = \sin x$ im Punkt $(\pi/3, \sqrt{3}/2)$?
   (*b*) Man verwende (*a*) und eine Tabelle der Werte von $\tan \theta$ zur Berechnung des Winkels, den die in (*a*) angegebenen Tangente mit der x-Achse einschließt.
7. Man verwende die Definition der Ableitung und zeige, daß die Ableitung der Kosinusfunktion durch die negative Sinusfunktion gegeben ist.
8. Man zeige für Winkel im Gradmaß:

$$\lim_{h \to 0} \frac{1 - \cos h}{h} = 0.$$

■

9. Man verwende die Definition der Ableitung zum Beweis von

$$(\cos x)' = -\frac{\pi}{180}\sin x$$

(Winkel im Gradmaß).

Man berechne die in den Übungen 10 bis 16 angegebenen Ableitungen aus dem Grenzwert des entsprechenden Quotienten.

10. $D(\sin 3x) = 3\cos 3x$.

11. $D(\cos 4x) = -4\sin 4x$.

12. $\dfrac{d(3\cos x + 2\sin x)}{dx} = -3\sin x + 2\cos x$.

13. Die Höhe des Wasserspiegels eines Ozeans über (oder unter) der mittleren Meereshöhe sei zur Zeit t (in Stunden) durch $y = 2\sin t$ gegeben.
   (*a*) Man bestimme die Anstieg- oder Fallgeschwindigkeit der Gezeiten zur Zeit t.
   (*b*) Steigt die Oberfläche am schnellsten bei Ebbe oder bei mittlerer Meereshöhe?

■■

14. Aus der Definition der Ableitung als Grenzwert eines bestimmten Quotienten zeige man

$$D(x\sin 2x) = 2x\cos 2x + \sin 2x.$$

15. Aus der Definition der Ableitung als Grenzwert eines Quotienten zeige man

$$D(\sin^2 x) = 2x\cos x^2.$$

16. (*a*) Aus der Definition der Ableitung als Grenzwert eines Quotienten zeige man

$$D\left(\frac{1-\cos 2x}{2}\right) = \sin 2x.$$

   (*b*) Man zeige mit Hilfe von (*a*)

$$D(\sin^2 x) = \sin 2x.$$

   (*c*) Man zeige mit Hilfe von (*b*)

$$D(\sin^2 x) = 2\sin x\cos x.$$

(Stimmt dieses Ergebnis für $D(\sin^2 x)$ mit unseren Erwartungen überein?)

4.3 Logarithmen im Überblick

Sowohl in der Algebra als auch in der Trigonometrie werden Logarithmen für numerische Berechnungen verwendet. In der Infinitesimalrechnung hingegen sind die logarithmischen Funktionen eine der wichtigsten Klassen von Funktionen. Dieser Abschnitt gibt einen Überblick über die logarithmischen Funktionen und ihre grundlegenden Eigenschaften; in Abschnitt 4.4 werden ihre Ableitungen berechnet.

Zuerst wiederholen wir die Definition des Logarithmus. Betrachten wir die Fragestellung $4^? = 16$ oder in Worten: „4 hoch welcher Zahl ist gleich 16?" Die Antwort nennt man unabhängig von ihrem numerischen Wert den „Logarithmus von 16 zur Basis 4". Es gilt

$$4^2 = 16$$

und wir sagen „der Logarithmus von 16 zur Basis 4 ist 2". Nun aber zur allgemeinen Definition des Logarithmus!

Definition des Logarithmus: Seien b und c positive Zahlen und es gelte

$$b^x = c.$$

Dann ist die Zahl x der Logarithmus von c bezüglich der Basis b und wir schreiben

$$x = \log_b c.$$

Jede exponentielle Gleichung $b^x = c$ kann in eine logarithmische Gleichung $x = \log_b c$ umgeformt werden, so etwa wie man jeden englischen Satz ins Deutsche übersetzen kann. Die nachfolgende Tabelle illustriert einige dieser Umformungen. Man lese sie am besten einige Male laut, bis man imstande ist, eine Spalte zu verdecken und gleichzeitig die andere Spalte anzugeben.

Exponentialform	Logarithmische Form
$4^2 = 16$	$\log_4 16 = 2$
$7^0 = 1$	$\log_7 1 = 0$
$10^3 = 1000$	$\log_{10} 1000 = 3$
$10^{-2} = 0{,}01$	$\log_{10} 0{,}01 = -2$
$9^{1/2} = 3$	$\log_9 3 = \frac{1}{2}$
$8^{2/3} = 4$	$\log_8 4 = \frac{2}{3}$
$8^{-1} = \frac{1}{8}$	$\log_8 \frac{1}{8} = -1$
$5^1 = 5$	$\log_5 5 = 1$
$e^1 = e$	$\log_e e = 1$

$b^x = c$ ist äquivalent zur Gleichung $x = \log_b c$. Daher folgt

$$b^{\log_b c} = c.$$

Beispiel 1: Man bestimme den $\log_5 125$.

Lösung: Wir suchen die Antwort auf die Frage „5 hoch welcher Zahl ist gleich 125?" oder eine Lösung der Gleichung

$$5^x = 125.$$

Aus $5^3 = 125$ ergibt sich die Antwort 3.

$$\log_5 125 = 3. \quad \bullet$$

Beispiel 2: Man finde den $\log_{10}\sqrt{10}$.

Lösung: Nach der Definition von $\log_{10}\sqrt{10}$ ist

$$10^{\log_{10}\sqrt{10}} = \sqrt{10}.$$

Nun gilt

$$10^{1/2} = \sqrt{10}.$$

Daher folgt

$$\log_{10}\sqrt{10} = \tfrac{1}{2}.$$

In Worten: „Um $\sqrt{10}$ zu erhalten, müssen wir 10 zur Potenz $\frac{1}{2}$ erheben." Wie die Quadratwurzeltabelle zeigt, ist $\sqrt{10} = 3{,}162$ und so ergibt sich weiter

$$\log_{10} 3{,}162 \approx \tfrac{1}{2} = 0{,}5. \quad \bullet$$

Um eine Vorstellung von der Logarithmus-Funktion zu erhalten, betrachten wir Logarithmen bezüglich der allgemein üblichen Basis 10.

$$y = \log_{10} x.$$

Dafür schreibt man auch vereinfachend:

$$y = \lg x, \qquad \log_{10} \mathrel{\hat=} \lg.$$

Beginnen wir mit einer Tabelle:

x	100	10	1	0,1	0,01
$\lg x$	2	1	0	−1	−2

Wir müssen uns auf Werte von $x > 0$ beschränken. Eine negative Zahl, etwa −1, hat keinen Logarithmus, da keine Potenz von 10 gleich −1 ist. Der Definitionsbereich der Funktion „Logarithmus zur Basis 10" besteht also aus allen positiven reellen Zahlen.

Mit Hilfe der fünf Punkte aus der Tabelle kann das Schaubild leicht skizziert werden (Bild 4.4). Es liegt rechts von der y-Achse. Weit nach rechts steigt es langsam an; erst

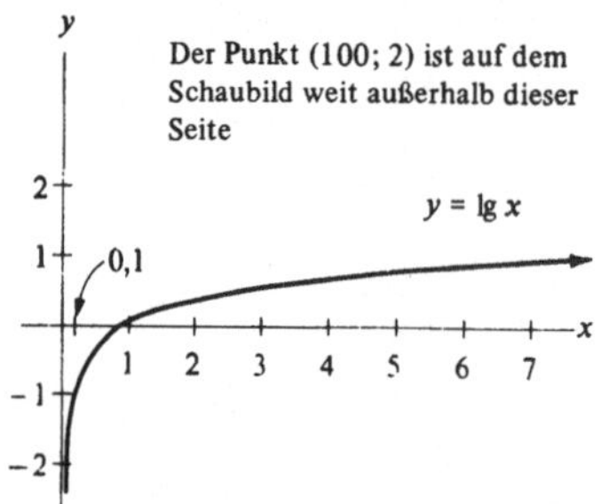

Bild 4.4

wenn x den Wert 100 annimmt, erreicht die y-Koordinate den Wert 2. Ist x hingegen eine kleine positive Zahl, so ist $\lg x$ eine negative Zahl mit großem Absolutwert. Für ansteigende x wächst auch $\lg x$. Also ist x auf positive Werte beschränkt, $\lg x$ aber nimmt positive und negative Werte an. Die Logarithmen zur Basis 10 werden *gewöhnliche Logarithmen* genannt. Eine Tabelle von gewöhnlichen Logarithmen findet man in jedem mathematischen Tabellenwerk. Viele Taschenrechner haben ein lg-Programm, es ist üblicherweise mit „log" bezeichnet.

Da sich jede Exponentialgleichung $b^x = c$ in die entsprechende logarithmische Gleichung $x = \log_b c$ übertragen läßt, kann auch jede Eigenschaft von Exponentialfunktionen durch entsprechende Eigenschaften von Logarithmen dargestellt werden. So wollen wir etwa untersuchen, was das Grundgesetz der Exponentialfunktion

$$b^x \cdot b^y = b^{x+y},$$

über die Logarithmen aussagt.

Um dies zu tun, bezeichnen wir b^x mit c und b^y mit d:

$$b^x = c \quad \text{und} \quad b^y = d.$$

Die Gleichung

$$b^x \cdot b^y = b^{x+y}$$

nimmt nun die Gestalt

$$cd = b^{x+y}$$

an, daraus folgt

$$\log_b cd = x + y.$$

Aus $x = \log_b c$ und $y = \log_b d$, erhalten wir schließlich

$$\log_b cd = \log_b c + \log_b d.$$

Diese Gleichung beschreibt eine der fundamentalen Eigenschaften von Logarithmen: „Der Logarithmus eines Produkts ist gleich der Summe der Logarithmen der Faktoren". Die folgende Tabelle gibt ohne Beweis die logarithmischen Analoga zu den Eigenschaften der Exponentialfunktion an.

Beispiel 3: Mit Hilfe der letzten Zeile der folgenden Tabelle vereinfache man die folgenden Ausdrücke:

$$\log_9(3^7), \ \log_5 \sqrt[3]{25^2} \ \text{und} \ \lg c^{x/h}.$$

Exponentialfunktion	Logarithmen
$b^0 = 1$	$\log_b 1 = 0$
$b^{1/2} = \sqrt{b}$	$\log_b \sqrt{b} = \frac{1}{2}$
$b^1 = b$	$\log_b b = 1$
$b^{x+y} = b^x b^y$	$\log_b cd = \log_b c + \log_b d$
$b^{-x} = \dfrac{1}{b^x}$	$\log_b\left(\dfrac{1}{c}\right) = -\log_b c$
$b^{x-y} = \dfrac{b^x}{b^y}$	$\log_b\left(\dfrac{c}{d}\right) = \log_b c - \log_b d$
$(b^x)^y = b^{xy}$	$\log_b c^m = m \log_b c$

Lösung:

$$\log_9(3^7) = 7\log_9 3 = 7(\tfrac{1}{2}) = \tfrac{7}{2}$$
$$\log_5 \sqrt[3]{25^2} = \log_5(25)^{2/3} = \tfrac{2}{3}\log_5 25 = (\tfrac{2}{3})2 = \tfrac{4}{3}$$
$$\lg c^{x/h} = \frac{x}{h}\lg c. \bullet$$

Das nächste Beispiel behandelt einige Berechnungen, die im folgenden Abschnitt zur Ermittlung der Ableitung von $y = \log_b x$ benötigt werden.

Beispiel 4: Man betrachte eine positive Zahl x und eine Zahl h, so daß $x + h$ ebenfalls positiv ist. Man zeige:

$$\frac{\log_b(x+h) - \log_b x}{h} = \log_b\left(1 + \frac{h}{x}\right)^{1/h}.$$

Lösung:

$$\frac{\log_b(x+h) - \log_b x}{h}$$
$$= \frac{\log_b((x+h)/x)}{h} \qquad \log_b \frac{c}{d} = \log_b c - \log_b d$$
$$= \frac{1}{h}\log_b\left(1 + \frac{h}{x}\right)$$
$$= \log_b\left(1 + \frac{h}{x}\right)^{1/h} \qquad m\log_b c = \log_b c^m. \bullet$$

Das nächste Beispiel zeigt, wie aus dem Gesetz

$$\log_b c^m = m \log_b c$$

mit etwas Arithmetik die Logarithmen spezieller Zahlen abgeschätzt werden können.

Beispiel 5: Man schätze $\lg e$.

Lösung: Aus $e < 3 < 10^{1/2}$ folgt zunächst

$$\lg e < \tfrac{1}{2}.$$

Andererseits gilt

$$2 < e \quad \text{und daher} \quad \lg 2 < \lg e.$$

Zur Abschätzung von lg 2 beginnen wir mit der Ungleichung

$$10^3 = 1000 < 1024 = 2^{10}.$$

Wir erhalten

$$\lg 10^3 < \lg 2^{10} \quad \text{oder} \quad 3 < 10 \lg 2$$

und daher

$$\frac{3}{10} < \lg 2.$$

Kombinieren wir diese Ungleichung mit der Ungleichung $\lg 2 < \lg e$, so ergibt sich

$$\frac{3}{10} < \lg e \quad \text{und schließlich}$$

$$\frac{3}{10} < \lg e < \frac{1}{2}.$$

Eine etwas anspruchsvollere Methode liefert:

$$\lg e \approx 0{,}434. \bullet$$

Im letzten Beispiel verwenden wir Logarithmen zur Lösung von Gleichungen, deren Unbekannte im Exponenten auftritt.

Beispiel 6: Man bestimme x mit

$$5 \cdot 3^x = 2.$$

Lösung: Zuerst bilde man auf beiden Seiten den Logarithmus mit der Basis 10:

$\lg(5 \cdot 3^x) = \lg 2$

$\lg 5 + \lg 3^x = \lg 2$ Logarithmus eines Produkts

$\lg 5 + x \lg 3 = \lg 2$ Logarithmus einer Exponentialfunktion

Dann löst man die letzte Gleichung nach x auf:

$$x = \frac{\lg 2 - \lg 5}{\lg 3} \approx \frac{0{,}3010 - 0{,}6990}{0{,}4771}$$

wobei wir eine Tabelle oder einen Taschenrechner verwendet haben. Es folgt $x \approx -0{,}8342$. •

Übungen:

1. Man übersetze die folgenden Gleichungen in die logarithmische Sprache.
   (*a*) $2^5 = 32$, (*b*) $3^4 = 81$,
   (*c*) $10^{-3} = 0{,}001$, (*d*) $5^0 = 1$,
   (*e*) $1000^{1/3} = 10$, (*f*) $7 = \sqrt{49}$.
2. Es sei $f(x) = \log_2 x$.
   (*a*) Man berechne $f(x)$ für $x = \frac{1}{8}, \frac{1}{4}, \frac{1}{2}, 1, 2, 4$ und zeichne das Schaubild von f.
   (*b*) Welchen Wert hat
   $$\lim_{x \to 0^+} f(x)? \quad \lim_{x \to \infty} f(x)?$$
3. Man berechne:
   (*a*) $\log_2 4$ und $\log_4 2$, (*b*) $\log_2 8$ und $\log_8 2$,
   (*c*) $\log_{10} 100$ und $\log_{100} 10$.
4. Aus $\lg 2 \approx 0{,}30$ und $\lg 3 \approx 0{,}48$ schätze man die folgenden Zahlen ab
   (*a*) $\lg 4$, (*b*) $\lg 5$, *Hinweis:* $5 = \frac{10}{2}$
   (*c*) $\lg 6$, (*d*) $\lg 8$,
   (*e*) $\lg 9$, (*f*) $\lg 1{,}5$ *Hinweis:* $1{,}5 = \frac{3}{2}$
   (*g*) $\lg 1{,}2$, (*h*) $\lg 1{,}33$,
   (*i*) $\lg 20$, (*j*) $\lg 200$,
   (*k*) $\lg 0{,}006$.
5. Man übersetze diese Gleichungen in die Sprache der Exponentialfunktion
   (*a*) $\log_2 7 = x$, (*b*) $\log_5 2 = s$,
   (*c*) $\log_3 \frac{1}{3} = -1$, (*d*) $\log_7 49 = 2$.
6. Man berechne
   (*a*) $\log_4 2$, (*b*) $\log_5 25$,
   (*c*) $\log_5 \frac{1}{25}$, (*d*) $\log_7 7$,
   (*e*) $\log_2 4$.
7. Man berechne
   (*a*) $\log_5 0{,}2$, (*b*) $\log_3 (3\sqrt{3})$,
   (*c*) $\log_6 1$.
8. Man berechne
   (*a*) $2^{\log_2 8}$, (*b*) $2^{\log_2 16}$,
   (*c*) $10^{\lg 100}$, (*d*) $3^{\log_3 7}$.
9. Man berechne
   (*a*) $\log_3 (\sqrt{3}\sqrt[3]{9})$, (*b*) $\log_3 (1/\sqrt{3})$,
   (*c*) $\log_3 (\sqrt[3]{3}/\sqrt{3})$.
10. Aus $\log_4 A = 2{,}1$ bestimme man
    (*a*) $\log_4 A^2$, (*b*) $\log_4 64 A$,
    (*c*) $\log_4 16/A$, (*c*) $\log_2 A$.
11. Man bestimme x aus $2 \cdot 3^x = 7$.
12. Man bestimme x aus $3 \cdot 5^x = 6^x$.
13. Eine Tabelle von gewöhnlichen Logarithmen soll zur Berechnung von Logarithmen mit anderen Basen verwendet werden. So kann man etwa den $\log_3 2$ folgendermaßen finden. Sei $x = \log_3 2$.
    (*a*) Warum ist $3^x = 2$?
    (*b*) Man zeige, daß $x \lg 3 = \lg 2$ ist.
    (*c*) Man bestimme aus (*b*) und einer Tabelle von gewöhnlichen Logarithmen nun $x = \log_3 2$.
    ■
14. (Siehe Übung 2.)
    (*a*) Man zeichne das Schaubild von $g(x) = \log_4 x$.
    (*b*) Für ein gegebenes x zeige man $\log_4 x = (\frac{1}{2}) \log_2 x$.
    (*c*) Was sagt (*b*) über die Schaubilder der Übungen 2(*a*) und 14(*a*)?
15. (*a*) Man verwende eine Tabelle von $\lg x$ oder einen Taschenrechner und ergänze die folgende Tabelle

x	0,01	0,1	1	2	3	4	10	100
$\lg x$								
$\frac{\lg x}{x}$								

    (*b*) Mit Hilfe von (*a*) zeichne man das Schaubild von $y = (\lg x)/x$.
    (*c*) Für welchen Wert von x ist $(\lg x)/x$ vermutlich am größten?
16. Man zeige (*a*) $8^x = 2^{3x}$ und (*b*) $10^x = 2^{x \log_2 10}$.
    Wie (*a*) und (*b*) zeigen, kann eine Exponentialfunktion mit einer gegebenen Basis durch eine Exponentialfunktion mit einer anderen Basis dargestellt werden.
17. Man zeige
    $$\log_b x = \frac{\lg x}{\lg b}.$$

Hinweis: Man bilde lg von beiden Seiten der Gleichung $b^{\log_b x} = x$. Dies ist das allgemeine Verfahren, um von lg zum $\log_b$ zu kommen.

18. (*a*) Für $b^3 = c$ können wir schreiben $3 =$ ________ .
 (*b*) Für $b^3 = c$ können wir schreiben $b =$ ________ .
19. Aus $b^{-x} = 1/b^x$ beweise man $\log_b(1/c) = -\log_b c$.
20. Aus $b^{x-y} = b^x/b^y$ beweise man
 $$\log_b(c/d) = \log_b c - \log_b d.$$
21. Man beweise für $a, b > 0$, daß
 $$\log_b a \cdot \log_a b = 1.$$
22. Aus $(b^x)^y = b^{xy}$ beweise man $\log_b c^m = m \log_b c$.
23. Seien a und b feste positive Zahlen.
 (*a*) Man beweise, daß
 $$\frac{\log_b x}{\log_a x}$$
 von x unabhängig ist. Also ist die Funktion
 $$f(x) = \frac{\log_b x}{\log_a x} \quad \text{eine Konstante.}$$
 (*b*) Was impliziert (*a*) über die Beziehung zwischen den Schaubildern von $y = \log_b x$ und $y = \log_a x$?
24. Seien A und k Konstante.
 (*a*) Man bestimme die Konstanten B und m, so daß für alle x gilt: $A(2^{kx}) = B(3^{mx})$.
 (*b*) Man stelle B und m durch A und k dar.
25. Sei $y = A \cdot 10^{kx}$.
 (*a*) Das Schaubild von $z = \lg y$, (z als Funktion von x) ist eine gerade Linie. Man zeige dies!
 (*b*) Wie groß ist der Anstieg der Geraden in (*a*)?
26. Der Geräuschpegel von Schall mit dem Druck p wird nach der Formel
 $$D = k \log \frac{p}{p_0}$$
 in Dezibel gemessen, wobei k und p_0 Konstanten sind und log den Logarithmus bezüglich einer bestimmten Basis bezeichnet. Die Größe D wird in Erinnerung an Alexander Graham Bell mit Dezi-bel bezeichnet. Der Lärm in einer Untergrundbahn erreicht etwa 95 Dezibel, gewöhnlicher Gesprächston im Abstand von 3 Metern 60 Dezibel und der Lärm in einer durchschnittlichen Wohnung 30 Dezibel.
 (*a*) Wird durch eine bestimmte Schallbarriere wie etwa ein Fenster oder eine Mauer der Schalldruck p auf die Hälfte reduziert, so sinkt der Dezibel-Wert eines jeden Geräusches um einen fixen Betrag. Man beweise dies! (Eine Tür etwa vermindert D um 15 Dezibel und ein 1 cm dickes Glasfenster um 30 Dezibel.)
 (*b*) Man berechne den Schalldruck p aus dem Geräuschpegel D.
27. Man beweise, daß die Zahl $\log_2 3$ nicht rational ist.

Für die folgenden zwei Beispiele ist ein Taschenrechner erforderlich.

28. Wie verhält sich $y = [(2^x + 5^x)/2]^{1/x}$ für $x \to 0$? Anstelle dies direkt zu berechnen, untersucht man besser
 $$\lg y = \frac{1}{x} \lg\left(\frac{2^x + 5^x}{2}\right).$$
 Kann man den Wert von $\lim\limits_{x \to 0} \lg y$ erraten? $\lim\limits_{x \to 0} y$?
29. (Siehe Übung 17.) Man verwende das Logarithmusprogramm des Taschenrechners zur Berechnung von $\log_3 5$.

4.4 Die Ableitung der Logarithmusfunktion

In diesem Abschnitt berechnen wir die Ableitung der Logarithmusfunktion $\log_b x$. Wir werden dabei sehen, daß für die Infinitesimalrechnung die Zahl e die günstigste Basis für Logarithmen ist.

Aus dem Schaubild der Funktion $y = \lg x$ (Abschnitt 4.3) entnehmen wir, daß $d(\lg x)/dx$ für große x fast Null sein muß, da die Kurve weiter rechts sich immer mehr einer Horizontalen nähert. Für sehr kleine x ist die Kurve hingegen sehr steil; die Ableitung wird daher sehr groß sein. Für jedes x aus dem Definitionsbereich der Funktion $\lg x$ ist die Ableitung positiv, da die Tangenten alle nach rechts ansteigen. Die Ableitung der Funktion $\lg x$ (Theorem 1) wird mit diesen Beobachtungen verglichen.

Im Beweis von Theorem 1 verwenden wir zwei Annahmen, die erst durch weitergehende Überlegungen gerechtfertigt werden können: Die Funktion $\lg x$ ist stetig und für alle positiven x definiert. Die in den Abschnitten 3.2 und 3.4 definierte Zahl e wird ebenfalls benötigt. Die näherungsweise Darstellung von e durch (1 + eine kleine Zahl $s)^{1/s}$ wird sich als nützlich erweisen.

Theorem 1: Die Ableitung der Funktion $\lg x$ ist für alle positiven Zahlen x durch

$$\frac{\lg e}{x}$$

gegeben. $\left[\text{Die Zahl e ist definiert als } \lim\limits_{n \to \infty} \left(1 + \frac{1}{n}\right)^n.\right]$

Beweis: Die Funktion, deren Ableitung wir suchen, ordnet jeder Zahl x den Wert $\lg x$ zu. Wir müssen daher den folgenden Grenzwert bestimmen:

$$\lim_{h \to 0} \frac{\lg(x+h) - \lg x}{h}$$

Dabei wird x festgehalten, während $h \to 0$ strebt.

Für $h \to 0$ strebt der Zähler $\lg(x + h) - \lg x$ nach Null, da die logarithmische Funktion stetig ist. Also gehen für $h \to 0$ sowohl Zähler als auch Nenner nach Null. Da der Ausdruck 0/0 nicht definiert ist, scheint der Grenzwert des Quotienten zunächst unbestimmt. Glücklicherweise gestatten uns jedoch die Eigenschaften der Logarithmen, den Quotienten umzuformen und seinen Grenzwert in der neuen Form zu berechnen.

Aus der Identität

$$\log_b c - \log_b d = \log_b \frac{c}{d}$$

ergibt sich für diesen Quotienten vorerst

$$\frac{\lg[(x+h)/x]}{h}.$$

Nun gilt $\dfrac{x+h}{x} = 1 + \dfrac{h}{x}$

und daher folgt

$$\frac{\lg[(x+h)/x]}{h} = \frac{\lg[1+h/x]}{h}.$$

Wie verhält sich nun der Quotient $\dfrac{\lg[1+h/x]}{h}$ für $h \to 0$? Der Zähler strebt gegen $\lg 1 = 0$ und der Nenner geht ebenfalls nach Null. Der Grenzwert dieses Quotienten ist noch immer nicht direkt abzulesen, da der Ausdruck 0/0 nach wie vor unbestimmt ist.

Nun ist allerdings h/x für kleine h ebenfalls klein und

$$\left(1+\frac{h}{x}\right)^{x/h}$$

ist für kleine h ungefähr gleich e. Wir erhalten

$$\lim_{h\to 0}\left(1+\frac{h}{x}\right)^{x/h} = \mathrm{e}.$$

Dies führt uns zu folgenden Schritten:

$$\frac{\lg(1+h/x)}{h} = \frac{1}{h}\lg\left(1+\frac{h}{x}\right)$$

$$= \lg\left(1+\frac{h}{x}\right)^{1/h} \qquad \log_b c^m = m\log_b c$$

$$= \lg\left(1+\frac{h}{x}\right)^{(x/h)(1/x)}$$

$$= \lg\left[\left(1+\frac{h}{x}\right)^{x/h}\right]^{1/x} \qquad (b^x)^y = b^{xy}$$

$$= \frac{1}{x}\lg\left(1+\frac{h}{x}\right)^{x/h} \qquad \log_b c^m = m\log_b c$$

Nach diesen Umformungen kann der Grenzwert nun leicht berechnet werden. Aus der Stetigkeit der Logarithmusfunktion folgt für festes x

$$\lim_{h\to 0}\frac{1}{x}\lg\left(1+\frac{h}{x}\right)^{x/h} = \frac{1}{x}\lg\left[\lim_{h\to 0}\left(1+\frac{h}{x}\right)^{x/h}\right]$$

$$= \frac{1}{x}\lg\mathrm{e}.$$

Daher besitzt $\lg x$ eine Ableitung und sie ist gleich

$$\frac{1}{x}\lg\mathrm{e}.$$

Damit ist der Beweis abgeschlossen. •

Stimmt dieses Resultat mit den Beobachtungen über das Schaubild von $y = \lg x$ überein, die wir an den Anfang dieses Abschnittes gestellt haben? Wie in Beispiel 5 von Abschnitt 4.3 gezeigt wurde, gilt $\lg \mathrm{e} \approx 0{,}434$ und es folgt

$$\frac{d(\lg x)}{dx} \approx \frac{0{,}434}{x}.$$

Mit positivem x ist auch $0{,}434/x$ erwartungsgemäß positiv. Desgleichen ist $0{,}434/x$ für große x klein; liegt x in der Nähe von Null, so wird $0{,}434/x$ groß. Alle diese Ergebnisse stimmen mit unseren früheren Aussagen über $d(\lg x)/dx$ überein.

Die Herleitung von $(\lg x)'$ läßt sich für jede beliebige Basis b auf $\log_b x$ verallgemeinern. So kommen wir zu Theorem 2.

Theorem 2: Die Ableitung der Funktion $\log_b x$ ist durch

$$\frac{\log_b \mathrm{e}}{x}$$

gegeben.

Welche ist nun die für die Anwendungen zweckmäßigste Basis? Oder für welche Basis b nimmt, genauer gesagt, die Formel

$$\frac{\log_b \mathrm{e}}{x}$$

die einfachste Gestalt an? Sicherlich nicht für $b = 10$. Die günstigste Wahl für b ergibt sich im Falle

$$\log_b \mathrm{e} = 1.$$

Dies aber ist gleichbedeutend mit $b^1 = \mathrm{e}$, also b ist gleich e. Die günstigste Basis ist daher e. Die Ableitung der Funktion $\log_\mathrm{e}$ lautet einfach

$$\frac{d(\log_\mathrm{e} x)}{dx} = \frac{\log_\mathrm{e}\mathrm{e}}{x} = \frac{1}{x},$$

und wir müssen uns keine weitere Konstante, wie etwa 0,434, einprägen.

Der natürliche Logarithmus. Aufgrund dieser Überlegungen wird die Zahl e in der Infinitesimalrechnung als Basis für Logarithmen bevorzugt. Wir schreiben in Zukunft für $\log_\mathrm{e} x$ kurz $\ln x$ und sagen *natürlicher Logarithmus von x.* (Nur für arithmetische Verwendungen, wie etwa Multiplikation mit Hilfe von Logarithmen, ist die Basis 10 vorzuziehen.) Viele mathematische Tabellenwerke enthalten Tabellen von $\lg x$ (gewöhnlicher Logarithmus) und $\ln x$ (natürlicher Logarithmus). Ein kurzer Vergleich der beiden Tabellen ist lehrreich.

Die wesentlichen Ergebnisse dieses Abschnittes sind in einer einfachen Gleichung zusammenzufassen:

$$\frac{d(\ln x)}{dx} = \frac{1}{x} \qquad x > 0.$$

Oder in Worten: Die Ableitung der natürlichen Logarithmusfunktion $\ln x$ ist die „Kehrwert"-Funktion $1/x$. Die Bedeutung dieser Tatsache wird im folgenden Beispiel veranschaulicht.

Beispiel: Welche Funktion hat die Ableitung (*a*) $1/x^2$ bzw. (*b*) $1/x$.

Lösung:

(*a*) In der Ableitung von $1/x$ erscheint $1/x^2$, d.h. genauer

$$D\left(\frac{1}{x}\right) = -\frac{1}{x^2}.$$

Daher gilt

$$D\left(-\frac{1}{x}\right) = \frac{1}{x^2}.$$

(*b*) Die Ableitung von $\ln x$ ist $1/x$. Die Gegenüberstellung von (*a*) und (*b*) erklärt auch eine der Anwendungen von $\ln x$, die wir in späteren Kapiteln kennenlernen werden. ●

Übungen:

1. Wie lautet die Ableitung von
   (a) $\lg x$? (b) $\log_2 x$?
   (c) $\log_5 x$? (d) $\log_e x$?
   (e) $\ln x$?
2. Man berechne $(\lg x)'$ für
   (a) $x = 2$, (b) $x = 3$,
   (c) $x = \frac{1}{2}$.
3. Man berechne $(\ln x)'$ für
   (a) $x = 2$, (b) $x = 3$,
   (c) $x = \frac{1}{2}$.
4. Aus den Näherungswerten $\ln 2 \approx 0{,}69$ und $\ln 3 \approx 1{,}10$ schätze man
   (a) $\ln \frac{1}{2}$, (b) $\ln 6$,
   (c) $\ln 12$, (d) $\ln \frac{2}{3}$,
   (e) $\ln 1{,}5$ (f) $\ln 2^7$,
   (g) $\ln \frac{1}{9}$.
5. (a) Man zeichne das Schaubild $y = \ln x$. (Tabelle der natürlichen Logarithmen.)
   (b) Unter welchem Winkel schneidet das Schaubild die x-Achse?
6. Man gebe eine Funktion an mit der Ableitung
   (a) $4x^3$, (b) $4x^2$, (c) $4x$, (d) $4/x$, (e) $4/x^2$.
7. Eine Linse projiziert für $x > 0$ ein Bild von $\ln x$ auf einen Schirm.
   (a) Wie groß ist ihre Vergrößerung bei $x = 2$?
   (b) Wie lang ist ungefähr die Abbildung des Intervalls $[2; 2{,}08]$?
8. (a) Mit Hilfe eines Lineals bestimme man den Anstieg des Schaubildes von $y = \lg x$ im Punkt $(1; 0)$. (Das Schaubild ist im vorangehenden Abschnitt gezeigt.)
   (b) Was ergibt der Vergleich dieses Wertes mit der Formel
   $$\frac{d(\lg x)}{dx} \approx \frac{0{,}434}{x}.$$
9. Aus einer Tabelle der gewöhnlichen Logarithmen können die natürlichen Logarithmen wie folgt berechnet werden:
   (a) Man bilde den natürlichen Logarithmus von beiden Seiten der Gleichung
   $$10^{\lg x} = x$$
   und zeige, daß
   $$\ln x = (\ln 10) \lg x.$$
   (b) Aus $\ln 10 \approx 2{,}3$ und der Formel (a) schätze man $\ln 2$, $\ln 3$, $\ln 7$.
10. In Übung 21 des vorhergehenden Abschnittes wurde gezeigt
    $$\log_a b \cdot \log_b a = 1.$$
    Mit Hilfe dieses Resultats sowie des Theorems 2 zeigt man:
    $$\frac{d(\log_b x)}{dx} = \frac{1}{(\log_e b)\, x}$$
    ■
11. Ein Teilchen bewege sich entlang der x-Achse. Seine Koordinate zur Zeit $t > 0$ sei $x = \ln t$.
    (a) Man bestimme seine Geschwindigkeit für $t = 3$.
    (b) Man berechne aus (a) wie weit sich ungefähr das Teilchen im Zeitintervall $[3; 3{,}06]$ bewegt.
12. Im Intervall $[1; 2]$ gibt es eine Zahl x mit $\ln x = 1/x$. Man beweise dies!
13. Es gibt eine Zahl x, für die $\ln x$ und $\sin x$ die gleichen Ableitungen besitzen. Man zeige dies!
14. Bild 4.5 zeigt die Tangente an die Kurve $y = \ln x$ in einem Punkt $(x_0; y_0)$. Der Abstand AB besitzt unabhängig von der Wahl des Punktes $(x_0; y_0)$ die Länge 1. Man beweise dies!

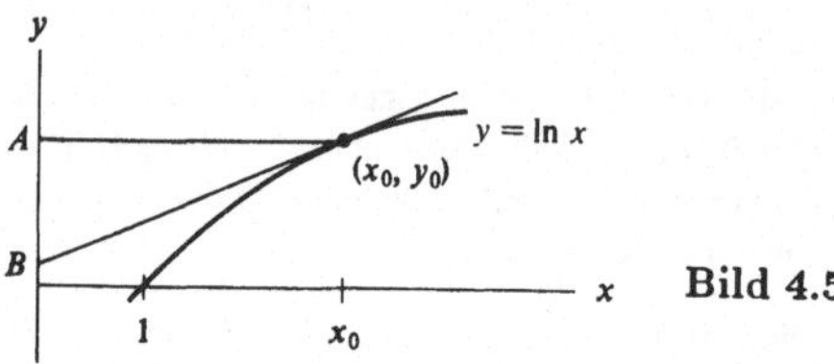

Bild 4.5

15. Die Ableitung von $x \ln x$ ist definitionsgemäß
    $$\lim_{x_1 \to x} \frac{x_1 \ln x_1 - x \ln x}{x_1 - x}.$$
    Man schreibe den Zähler in der Form $x_1 \ln x_1 - x_1 \ln x + x_1 \ln x - x \ln x$ und beweise
    $$D(x \ln x) = 1 + \ln x.$$

Die Überlegungen der folgenden Übung werden im nächsten Abschnitt ausführlicher untersucht.

16. Siehe Übung 15.
    (a) Man beweise
    $$D\left(\frac{\ln x}{x}\right) = \frac{1 - \ln x}{x^2}.$$
    (b) Man zeichne das Schaubild von $y = (\ln x)/x$.
    (c) Wo ist der Anstieg der Kurve (b) positiv? negativ? gleich Null?
    (d) Für welche Wahl von x ergibt sich der größte Wert von $(\ln x)/x$?

4.5 Die Ableitung der Summe, der Differenz und des Produktes von Funktionen

Mit Hilfe algebraischer, trigonometrischer und logarithmischer Identitäten wurden folgende Ableitungen berechnet:

$$\frac{d(x^2)}{dx} = 2x, \qquad \frac{d(x^3)}{dx} = 3x^2,$$

$$\frac{d(\sin x)}{dx} = \cos x \quad \text{und} \quad \frac{d(\ln x)}{dx} = \frac{1}{x}.$$

Müssen wir zur Bestimmung der Ableitung von

$$x^2 \cos x + x^3 \ln x$$

nun auf die Definition der Ableitung zurückgehen und den Grenzwert eines Quotienten studieren? Die Antwort darauf ist „nein", und die Theoreme dieses Abschnittes geben uns Regeln zur Berechnung solcher Ableitungen.

Bis jetzt wurden zwei Schreibweisen für die Definition der Ableitung verwendet:

$$\lim_{x_1 \to x} \frac{f(x_1) - f(x)}{x_1 - x} \quad \text{und} \quad \lim_{h \to 0} \frac{f(x+h) - f(x)}{h}.$$

Wir führen nun eine dritte Bezeichnungsweise ein, die sehr einfach ist und sich zur allgemeinen Behandlung von Ableitungen nützlich erweist.

Die Deltabezeichnung. Der Zähler

$$f(x+h)-f(x)$$

gibt die *Veränderung der Funktion* an. Wir bezeichnen ihn nun mit

$$\Delta f$$

gelesen als „Delta f". Der Nenner h beschreibt den *Zuwachs der unabhängigen Variablen* x. Wir schreiben

$$\Delta x.$$

Die beiden Größen Δx und Δf können positiv oder negativ sein; Δf kann auch Null sein, Δx darf jedoch genau so wie h nicht Null sein. Die Ableitung von f an der Stelle x ist in der neuen Bezeichnung durch

$$\lim_{\Delta x \to 0} \frac{\Delta f}{\Delta x}$$

gegeben.

Aus der Definition von Δf und Δx folgt

$$\Delta f = f(x+\Delta x) - f(x)$$

und

$$f(x+\Delta x) = f(x) + \Delta f.$$

Am Schaubild der Funktion f kann mit Hilfe der Abschnitte Δx und Δf der Anstieg abgeschätzt werden (Bild 4.6). Ist f stetig in x, so gilt $\lim\limits_{\Delta x \to 0} \Delta f = 0$. In den folgenden Beweisen ist es einfacher, mit Δf anstelle des längeren Ausdrucks $f(x+\Delta x)-f(x)$ zu arbeiten.

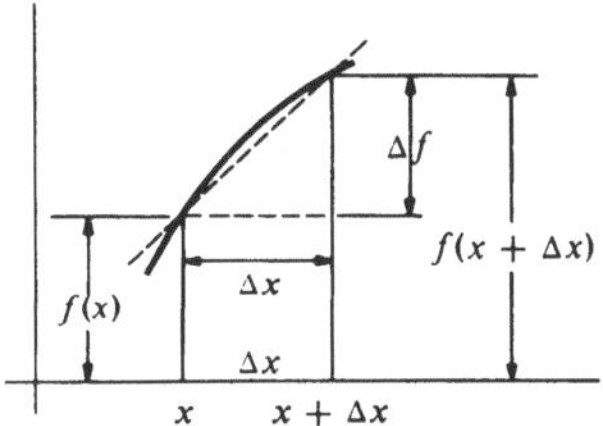

Bild 4.6

Ehe wir uns den Theoremen zuwenden, müssen wir noch eine weitere Vorfrage klären. Aus zwei Funktionen f und g können wir auf folgende Weise eine neue Funktion $u = f+g$ konstruieren (Bild 4.7): Für jede Zahl x, die im Definitionsbereich von f und g liegt, setzen wir $u(x) = f(x) + g(x)$. Das Schaubild von $f+g$ ergibt sich aus den Schaubildern von f und g einfach durch Addition der y-Werte an der Stelle x. So kann die Funktion, die der Zahl x den Wert $x^2 + \cos x$ zuordnet, als Summe der Quadratfunktion und der Kosinusfunktion aufgefaßt werden. In ähnlicher Weise kann man $f-g$, fg (das Produkt von zwei Funktionen) und für $g(x) \neq 0$ schließlich f/g (den Quotienten) definieren.

Die Funktion $x^2 \cos x$ ist das Produkt der Quadratfunktion und der Kosinusfunktion. Die in der Einleitung erwähnte Funktion

$$x^2 \cos x + x^3 \ln x$$

wird aus den einfachen Funktionen x^2, x^3, $\cos x$ und $\ln x$ durch Bildung von Summen und Produkten aufgebaut.

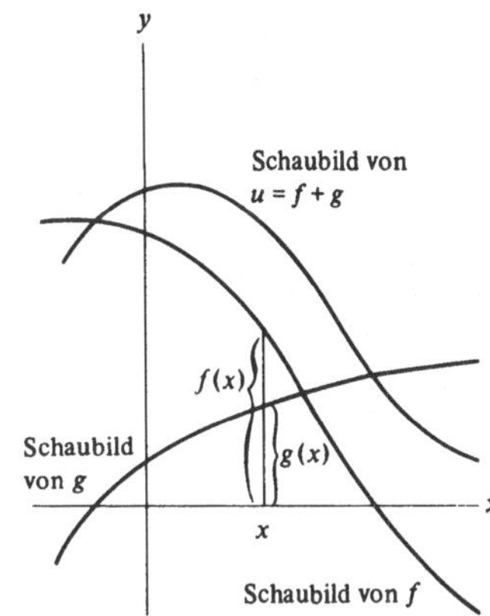

Bild 4.7

Die drei Theoreme dieses Abschnitts werden bei der Berechnung fast jeder Ableitung verwendet.

Theorem 1: Ist c eine Konstante und f differenzierbar, dann ist auch cf differenzierbar und es gilt

$$\frac{d(cf)}{dx} = c\,\frac{df}{dx}.$$

Beweis: Wir geben der Funktion cf den Namen u. Dann gilt

$$u(x+\Delta x) = cf(x+\Delta x)$$

und

$$u(x) = cf(x).$$

Daher folgt

$$\begin{aligned}\Delta u = u(x+\Delta x) - u(x) &= cf(x+\Delta x) - cf(x)\\ &= c\,[f(x+\Delta x) - f(x)]\\ &= c \cdot \Delta f.\end{aligned}$$

Außerdem gilt

$$\begin{aligned}\frac{du}{dx} &= \lim_{\Delta x \to 0} \frac{\Delta u}{\Delta x}\\ &= \lim_{\Delta x \to 0} \frac{c \cdot \Delta f}{\Delta x}\\ &= \lim_{\Delta x \to 0} c\,\frac{\Delta f}{\Delta x}\\ &= c \lim_{\Delta x \to 0} \frac{\Delta f}{\Delta x}.\end{aligned}$$

Schließlich ergibt sich

$$\frac{d(cf)}{dx} = c\,\frac{df}{dx},$$

was zu beweisen war. ●

Beispiel 1: Man verwende Theorem 1 zur Berechnung von

$$\frac{d(5x^3)}{dx}, \qquad D(6 \ln x),$$

$$(\sqrt{2} \sin x)', \qquad \frac{d(\frac{3}{5} \cos x)}{dx}.$$

Lösung:

$$\frac{d(5x^3)}{dx} = 5\,\frac{d(x^3)}{dx} = 5 \cdot 3x^2 = 15x^2;$$

$$D(6 \ln x) = 6D(\ln x) = 6\frac{1}{x} = \frac{6}{x};$$

$$(\sqrt{2} \sin x)' = \sqrt{2}(\sin x)' = \sqrt{2} \cos x;$$

$$\frac{d(\frac{3}{5} \cos x)}{dx} = \frac{3}{5}\frac{d(\cos x)}{dx} = \frac{3}{5}(-\sin x) = \frac{-3}{5} \sin x. \bullet$$

Das nächste Theorem behandelt die Ableitung der Summe zweier Funktionen. Man findet

$$\frac{d(f+g)}{dx} = \frac{df}{dx} + \frac{dg}{dx}$$

oder in Worten: „Die Ableitung einer Summe ist die Summe der Ableitungen". Wir formulieren kurz:

Theorem 2: Seien f und g zwei differenzierbare Funktionen, dann ist auch $f+g$ differenzierbar. Die Ableitung ist gegeben durch

$$(f+g)' = f' + g'$$

und ebenso gilt

$$(f-g)' = f' - g'.$$

Beweis: Wir bezeichnen die Funktion $f+g$ mit u oder

$$u(x) = f(x) + g(x).$$

Dann gilt

$$u(x + \Delta x) = f(x + \Delta x) + g(x + \Delta x)$$

und

$$\begin{aligned}\Delta u &= u(x + \Delta x) - u(x)\\ &= [f(x + \Delta x) + g(x + \Delta x)] - [f(x) + g(x)]\\ &= [f(x + \Delta x) - f(x)] + [g(x + \Delta x) - g(x)]\\ &= \Delta f + \Delta g.\end{aligned}$$

Es folgt

$$\begin{aligned}u'(x) &= \lim_{\Delta x \to 0} \frac{\Delta u}{\Delta x}\\ &= \lim_{\Delta x \to 0} \frac{\Delta f + \Delta g}{\Delta x}\\ &= \lim_{\Delta x \to 0} \left(\frac{\Delta f}{\Delta x} + \frac{\Delta g}{\Delta x}\right)\\ &= \lim_{\Delta x \to 0} \frac{\Delta f}{\Delta x} + \lim_{\Delta x \to 0} \frac{\Delta g}{\Delta x}\\ &= f'(x) + g'(x).\end{aligned}$$

Daher ist $f+g$ differenzierbar und wir erhalten als Ableitung

$$(f+g)' = f' + g'.$$

Ein ähnliches Argument gilt für $f-g$. ●

Beispiel 2: Mit Hilfe von Theorem 2 berechne man folgende Ableitungen:

$$\frac{d(x^2 + x^3)}{dx}, \quad D(\ln x - x^5) \text{ und } (\lg x + \cos x)'.$$

Lösung:

$$\frac{d(x^2 + x^3)}{dx} = \frac{d(x^2)}{dx} + \frac{d(x^3)}{dx} = 2x + 3x^2,$$

$$D(\ln x - x^5) = D(\ln x) - D(x^5) = \frac{1}{x} - 5x^4,$$

$$\begin{aligned}(\lg x + \cos x)' &= (\lg x)' + (\cos x)'\\ &= \frac{\lg e}{x} + \sin x. \bullet\end{aligned}$$

Die Theoreme 1 und 2 rechtfertigen unser früheres Verfahren (Abschnitt 2.2) zur Berechnung der Ableitung eines Polynoms. Das nächste Beispiel macht dies deutlich.

Beispiel 3: Mit Hilfe der Theoreme 1 und 2 differenziere man $2x^4 - 6x^2 + x$.

Lösung:

$$\begin{aligned}\frac{d(2x^4 - 6x^2 + x)}{dx} &= \frac{d(2x^4 - 6x^2)}{dx} + \frac{d(x)}{dx}\\ &= \left[\frac{d(2x^4)}{dx} - \frac{d(6x^2)}{dx}\right] + \frac{d(x)}{dx}\\ &= (8x^3 - 12x) + 1\\ &= 8x^3 - 12x + 1. \bullet\end{aligned}$$

Das folgende Theorem bezieht sich auf die Ableitung eines Produkts von zwei Funktionen und mag auf den ersten Blick überraschend erscheinen, da sich für die Ableitung des Produkts nicht das Produkt der Ableitungen ergibt. Der entstehende Ausdruck ist viel komplizierter als jener für die Ableitung einer Summe. Daher ist seine Anwendung auch schwieriger. (Das Theorem lautet in Worten: Die Ableitung eines Produkts ist gegeben durch „die erste Funktion mal der Ableitung der zweiten plus der zweiten Funktion mal der Ableitung der ersten".)

Theorem 3: Seien f und g differenzierbare Funktionen. Dann ist auch fg differenzierbar. Die Ableitung ist gegeben durch

$$(fg)' = fg' + gf'.$$

Da diese Gleichung etwas komplizierter ist, wollen wir dem Beweis einige Beispiele vorausschicken.

Beispiel 4: Mit Hilfe von Theorem 3 differenziere man $x^2 \sin x$.

Lösung:

$$\begin{aligned}(x^2 \sin x)' &= x^2 (\sin x)' + \sin x\, (x^2)'\\ &= x^2 \cos x + (\sin x)(2x).\end{aligned}$$

Dies wird üblicherweise umgeformt in

$$x^2 \cos x + 2x \sin x. \bullet$$

Beispiel 5: Mit Hilfe von Theorem 3 berechne man die Ableitung von $x^3 \cdot x^5$.

Lösung:

$$\begin{aligned}\frac{d(x^3 \cdot x^5)}{dx} &= x^3 \frac{d(x^5)}{dx} + x^5 \frac{d(x^3)}{dx}\\ &= x^3 \cdot 5x^4 + x^5 \cdot 3x^2\\ &= 5x^7 + 3x^7\\ &= 8x^7.\end{aligned}$$

Dies stimmt mit dem Resultat von Kap. 2, $(x^8)' = 8x^7$, überein. ●

Beweis von Theorem 3: Wir bezeichnen die Funktion fg einfach mit u oder

$$u(x) = f(x)\,g(x).$$

Dann gilt

$$u(x + \Delta x) = f(x + \Delta x)\,g(x + \Delta x).$$

Anstelle direkt zu subtrahieren, schreiben wir zunächst

$$f(x + \Delta x) = f(x) + \Delta f$$

und

$$g(x + \Delta x) = g(x) + \Delta g.$$

Es folgt

$$\begin{aligned} u(x + \Delta x) &= [f(x) + \Delta f]\,[g(x) + \Delta g] \\ &= f(x)g(x) + f(x)\Delta g + g(x)\Delta f + \Delta f\Delta g. \end{aligned}$$

Wir erhalten

$$\begin{aligned} \Delta u &= u(x + \Delta x) - u(x) \\ &= f(x)g(x) + f(x)\Delta g + g(x)\Delta f + \Delta f\Delta g - f(x)g(x) \\ &= f(x)\Delta g + g(x)\Delta f + \Delta f\Delta g \end{aligned}$$

und

$$\frac{\Delta u}{\Delta x} = f(x)\frac{\Delta g}{\Delta x} + g(x)\frac{\Delta f}{\Delta x} + \Delta f\frac{\Delta g}{\Delta x}.$$

Für $\Delta x \to 0$ gilt $\Delta g/\Delta x \to g'(x)$, $\Delta f/\Delta x \to f'(x)$. Da f differenzierbar und somit auch stetig ist, folgt $\Delta f \to 0$. Wir erhalten

$$\lim_{\Delta x \to 0} \frac{\Delta u}{\Delta x} = f(x)g'(x) + g(x)f'(x) + 0g'(x).$$

Daher ist u differenzierbar nach der Formel

$$u' = fg' + gf'. \text{ ●}$$

Wir untersuchen am nächsten Beispiel, wie man mit Hilfe dieser Theoreme Ableitungen berechnen kann, ohne auf Grenzwerte zurückgreifen zu müssen.

Beispiel 6: Man differenziere $x^2 \cos x + x^3 \ln x$.

Lösung:

$$\frac{d(x^2\cos x + x^3\ln x)}{dx} = \frac{d(x^2\cos x)}{dx} + \frac{d(x^3\ln x)}{dx}$$

$$= \left[x^2\frac{d(\cos x)}{dx} + \cos x\frac{d(x^2)}{dx}\right] + \left[x^3\frac{d(\ln x)}{dx} + \ln x\frac{d(x^3)}{dx}\right]$$

$$= x^2(-\sin x) + (\cos x)(2x) + x^3\frac{1}{x} + (\ln x)(3x^2).$$

Dies wird üblicherweise ohne Klammern angeschrieben:

$$-x^2\sin x + 2x\cos x + x^2 + 3x^2\ln x. \text{ ●}$$

Manchmal ist der Ausdruck für die Ableitung einfacher als die Funktion selbst, wie das nächste Beispiel zeigt.

Beispiel 7: Man differenziere $\cos x \sin x - x$.

Lösung:

$$\frac{d(\cos x\sin x - x)}{dx} = \frac{d(\cos x\sin x)}{dx} - \frac{d(x)}{dx}$$

$$\begin{aligned} &= \cos x\frac{d(\sin x)}{dx} + \sin x\frac{d(\cos x)}{dx} - 1 \\ &= \cos x\cos x + \sin x(-\sin x) - 1 \\ &= \cos^2 x - \sin^2 x - 1 \\ &= (1 - \sin^2 x) - \sin^2 x - 1 \\ &= -2\sin^2 x. \text{ ●} \end{aligned}$$

Im nächsten Beispiel wird die Ableitung eines Produkts von drei Funktionen berechnet.

Beispiel 8: Man differenziere $(x^2 + 1)(\sin x)(\ln x)$.

Lösung:

$$\begin{aligned} &D[(x^2 + 1)\sin x\ln x] \\ &= (x^2 + 1)D(\sin x\ln x) + (\sin x\ln x)D(x^2 + 1) \\ &= (x^2 + 1)[\sin x D(\ln x) + \ln x D(\sin x)] + \\ &\quad + \sin x\ln x(2x) \\ &= (x^2 + 1)\left[\sin x\cdot\frac{1}{x} + \ln x\cos x\right] + 2x\sin x\ln x. \text{ ●} \end{aligned}$$

Wie in Übung 29 gezeigt wird, ergibt sich allgemein für drei Funktionen f, g und h

$$(fgh)' = f'gh + fg'h + fgh'.$$

Übungen:

In den Übungen 1 bis 27 sind die gegebenen Funktionen mit Hilfe der hergeleiteten Theoreme zu differenzieren:

1. $\cos x + \sin x$	**2.** $2x^3 - 3\cos x$
3. $8\sqrt{x}$	**4.** $x^3 + x$
5. $x^3 + 5\sin x$	**6.** $5x^2 + \sqrt{2}/x - 15$
7. $\pi^2 + \sin x$	**8.** $6x - 7\sin x$
9. $x + 1/x$	**10.** $5x^3 - 2x^2 + 6x + 4$
11. $x\sin x + \cos x$	**12.** $3\cos x + 5\sin x$
13. $4x^3\sin x$	**14.** $8x^5\ln x$
15. $3\sin x\cos x$	**16.** $2x\cos x + (x^2 - 2)\sin x$
17. $5\ln x - x\cos x$	**18.** $3x^2(1 + \sqrt{x})$

19. $(\ln x)^2$ (man schreibe $\ln x\cdot\ln x$)

20. $\sin^3 x$ (man schreibe $\sin x\cdot\sin x\cdot\sin x$)

21. $2\ln x^5$ (zuerst vereinfachen)

22. $x\ln x - x$	**23.** $\frac{x^2\ln x}{2} - \frac{x^2}{4}$
24. $\frac{x^3}{3}\ln x - \frac{x^3}{9}$	**25.** $x(\ln x)^2 - 2x\ln x + 2x$
26. $x^5\left(\frac{\ln x}{5} - \frac{1}{25}\right)$	**27.** $(\ln x)^3$

■

28. Man beweise $(f - g)' = f' - g'$.

29. Mit Hilfe von Theorem 3 beweise man die Formel für die Ableitung des Produkts dreier Funktionen:

$$(fgh)' = f'gh + fg'h + fgh'.$$

30. Mit der Formel von Übung 29 differenziere man:
(*a*) $x^2\sin x\ln x$, (*b*) $x^3\cos x(1 + \sin x)$.

31. Man gebe ein Beispiel einer Funktion mit der Ableitung
(*a*) $x/5$, (*b*) $5/x$,
(*c*) $x - 3/x$, (*d*) $(x^2 + 2x - 1)/x$,
(*e*) $2\cos x + 3\sin x$.

■■

32. (*a*) Man zeichne das Schaubild
$y = 2\cos x + 3\sin x$ für x aus $[0; \pi/2]$.

(*b*) Man schätze aus dem Schaubild die x-Koordinate des Punktes ab, wo die Tangente horizontal verläuft.

(*c*) Man zeige, daß diese x-Koordinate die Gleichung $\tan x = \frac{3}{2}$ erfüllt.

(*d*) Mit Hilfe einer Tabelle von $\tan x$ (mit Winkeln im Bogenmaß) oder eines Taschenrechners berechne man x aus (*b*).

33. (*a*) Mit Hilfe von $(x^5)' = 5x^4$ und $(x)' = 1$ sowie Theorem 3 berechne man $(x^6)'$.

(*b*) Wie kann aus Theorem 3 und der Formel $(x)' = 1$ schrittweise hergeleitet werden: $(x^2)' = 2x$, $(x^3)' = 3x^2$ und so weiter. Die gleiche Überlegung führt zu $(x^n)' = nx^{n-1}$ für positive ganze n.

4.6 Die Ableitung des Quotienten zweier Funktionen

Der Quotient f/g zweier Funktionen f und g ist die Funktion, die jedem Wert x die Zahl

$$\frac{f(x)}{g(x)}$$

zuordnet. Ist $g(x) = 0$, so ist der Quotient nicht definiert. Daher besteht der Definitionsbereich der Funktion f/g aus allen Zahlen x, für die $f(x)$ und $g(x)$ definiert sind und $g(x)$ von Null verschieden ist.

Theorem 1: Seien f und g differenzierbare Funktionen. Dann ist auch f/g differenzierbar und es gilt

$$\left(\frac{f}{g}\right)' = \frac{gf' - fg'}{g^2}.$$

Beweis: Bezeichnet man den Quotienten f/g mit u, so folgt

$$u(x) = \frac{f(x)}{g(x)} \quad \text{und} \quad u(x + \Delta x) = \frac{f(x + \Delta x)}{g(x + \Delta x)}.$$

(Wir betrachten nur solche Werte von x mit $g(x) \neq 0$. Da g stetig ist, gilt auch für hinreichend kleine Δx stets $g(x + \Delta x) \neq 0$.) Bevor wir Δu bestimmen, stellen wir $f(x + \Delta x)$ durch $f(x) + \Delta f$ und $g(x + \Delta x)$ durch $g(x) + \Delta g$ dar. Dann ergibt sich

$$\Delta u = \frac{f(x) + \Delta f}{g(x) + \Delta g} - \frac{f(x)}{g(x)}.$$

Wir bringen die rechte Seite auf einen gemeinsamen Nenner und erhalten

$$\Delta u = \frac{g(x)[f(x) + \Delta f] - f(x)[g(x) + \Delta g]}{g(x)[g(x) + \Delta g]}$$

$$= \frac{g(x)f(x) + g(x)\Delta f - f(x)g(x) - f(x)\Delta g}{g(x)[g(x) + \Delta g]}.$$

Die Terme $g(x)f(x)$ und $f(x)g(x)$ heben sich weg, es bleibt

$$\Delta u = \frac{g(x)\Delta f - f(x)\Delta g}{g(x)[g(x) + \Delta g]}.$$

Der Quotient $\Delta u/\Delta x$ kann nun noch umgeformt werden:

$$\frac{\Delta u}{\Delta x} = \frac{g(x)\Delta f/\Delta x - f(x)\Delta g/\Delta x}{g(x)[g(x) + \Delta g]}.$$

Aus diesem Ausdruck läßt sich $\lim_{\Delta x \to 0} \Delta u/\Delta x$ direkt ermitteln. Aus

$$\lim_{\Delta x \to 0} \frac{\Delta f}{\Delta x} = f'(x)$$

$$\lim_{\Delta x \to 0} \frac{\Delta g}{\Delta x} = g'(x)$$

und

$$\lim_{\Delta x \to 0} \Delta g = 0$$

folgt

$$\lim_{\Delta x \to 0} \frac{\Delta u}{\Delta x} = \frac{g(x)f'(x) - f(x)g'(x)}{g(x)[g(x) + 0]}.$$

Daher ist u differenzierbar und es gilt schließlich

$$u' = \frac{gf' - fg'}{g^2}.$$

Damit ist das Theorem bewiesen. •

Beispiel 1: Man differenziere $\dfrac{1 + x^2}{5 + x^3}$.

Lösung: Aus

$$\left(\frac{1 + x^2}{5 + x^3}\right)' = \frac{(5 + x^3)(1 + x^2)' - (1 + x^2)(5 + x^3)'}{(5 + x^3)^2}$$

$$(1 + x^2)' = (1)' + (x^2)' = 0 + 2x$$

und

$$(5 + x^3)' = 3x^2$$

ergibt sich

$$\left(\frac{1 + x^2}{5 + x^3}\right)' = \frac{(5 + x^3)(2x) - (1 + x^2)(3x^2)}{(5 + x^3)^2}$$

Dies könnte noch weiter vereinfacht werden. •

Hinweis zur Anwendung der Formel für die Ableitung eines Quotienten. Zur Anwendung der Formel für $(f/g)'$ schreibe man zuerst:

$$\frac{g \qquad\qquad\qquad}{g^2}.$$

Auf diese Weise erhält man den korrekten Nenner und einen ersten Bestandteil des Zählers. Dann kann der Zähler ergänzt werden, wobei das Minuszeichen zu beachten ist.

Beispiel 2: Man berechne langsam und schrittweise die Ableitung $(x/\cos x)'$.

Lösung:

Schritt 1:

$$\left(\frac{x}{\cos x}\right)' = \frac{\cos x \ldots\ldots\ldots\ldots}{\cos^2 x},$$

Schritt 2:

$$\left(\frac{x}{\cos x}\right)' = \frac{\cos x\,(x)' - x\,(\cos x)'}{\cos^2 x},$$

man beachte das Minuszeichen.

Schritt 3:

$$\left(\frac{x}{\cos x}\right)' = \frac{(\cos x)\,(1) - x\,(-\sin x)}{\cos^2 x}.$$

Schritt 4:

$$\left(\frac{x}{\cos x}\right)' = \frac{\cos x + \sin x}{\cos^2 x}. \bullet$$

Aus der Gleichung für die Ableitung eines Quotienten kann eine Vielzahl von Aussagen gewonnen werden. Dies zeigen etwa die folgenden Sätze. Das Symbol $(f/g)'$ wird häufig als Kurzschreibweise für die Ableitung von Quotienten verwendet.

Satz 1: n sei eine negative ganze Zahl, $n = -1, -2, -3, \ldots$, dann gilt

$$(x^n)' = nx^{n-1}.$$

Beweis: Es sei $n = -m$, wobei m eine positive ganze Zahl ist. Wir erhalten

$$(x^n)' = (x^{-m})' = \left(\frac{1}{x^m}\right)'$$

$$\underset{(f/g)'}{=} \frac{x^m(1)' - 1(x^m)'}{(x^m)^2}$$

$$= \frac{x^m \cdot 0 - 1 \cdot mx^{m-1}}{x^{2m}}$$

$$= \frac{-mx^{m-1}}{x^{2m}} = -mx^{m-1-2m}$$

$$= -mx^{-m-1} = nx^{n-1}.$$

Damit ist der Satz bewiesen. •

Beispiel 3: Mit Hilfe von Satz 1 differenziere man x^{-1}.

Lösung:

$$(x^{-1})' = -1x^{-1-1} = -1 \cdot x^{-2}$$

$$= \frac{-1}{x^2}.$$

Berücksichtigen wir $x^{-1} = 1/x$, so stimmt dies mit der Formel aus Kap. 2 überein:

$$\left(\frac{1}{x}\right)' = \frac{-1}{x^2}. \bullet$$

Beispiel 4: Mit Hilfe von Satz 1 differenziere man $1/x^3$.

Lösung:

$$\left(\frac{1}{x^3}\right)' = (x^{-3})' = -3x^{-4}$$

$$= \frac{-3}{x^4}. \bullet$$

Der folgende Satz ist als Spezialfall von Theorem 1 ebenfalls wichtig und sollte eingeprägt werden. Wir bestimmen die Ableitung des Kehrwerts einer Funktion f, $1/f$, aus f'.

Satz 2:

$$\left(\frac{1}{f}\right)' = \frac{-f'}{f^2}. \bullet$$

Der Beweis sei dem Leser überlassen.

Beispiel 5: Mit Hilfe von Satz 2 differenziere man $1/\cos x$.

Lösung:

$$\left(\frac{1}{\cos x}\right)' = \frac{-(\cos x)'}{(\cos x)^2} = \frac{-(-\sin x)}{\cos^2 x}$$

$$= \frac{\sin x}{\cos^2 x}. \bullet$$

Die Funktionen

$$\frac{\sin x}{\cos x}, \quad \frac{1}{\cos x}, \quad \frac{\cos x}{\sin x} \quad \text{und} \quad \frac{1}{\sin x}$$

treten häufig auf und erhalten daher eigene Bezeichnungen:

$$\tan x = \frac{\sin x}{\cos x}, \qquad \cot x = \frac{\cos x}{\sin x}$$

$$\sec x = \frac{1}{\cos x}, \qquad \operatorname{cosec} = \frac{1}{\sin x}.$$

(Die Abkürzung „cot“ steht kurz für Kotangens, „sec“ für Sekans, „cosec“ für Kosekans.) Mit Hilfe der Formel für $(f/g)'$ sind ihre Ableitungen sehr einfach zu berechnen.

Die Funktionen $\tan x$ und $\sec x$ sind durch die Gleichung verknüpft

$$1 + \tan^2 x = \sec^2 x.$$

Zum Beweis dividieren wir beide Seiten der Gleichung

$$\cos^2 x + \sin^2 x = 1$$

durch $\cos^2 x$ und erhalten

$$\frac{\cos^2 x}{\cos^2 x} + \frac{\sin^2 x}{\cos^2 x} = \frac{1}{\cos^2 x}$$

oder

$$1 + \tan^2 x = \sec^2 x.$$

Analog ergibt sich bei Division durch $\sin^2 x$ anstelle von $\cos^2 x$

$$1 + \cot^2 x = \operatorname{cosec}^2 x.$$

Satz 3:

$$(\tan x)' = \sec^2 x, \quad (\cot x)' = -\operatorname{cosec}^2 x,$$
$$(\sec x)' = \sec x \tan x \text{ und } (\operatorname{cosec} x)' = -\operatorname{cosec} x \cot x.$$

Beweis: Berechnen wir beispielsweise $(\tan x)'$ und $(\sec x)'$.

$$(\tan x)' = \left(\frac{\sin x}{\cos x}\right)'$$

$$= \frac{\cos x(\sin x)' - \sin x(\cos x)'}{\cos^2 x}$$

$$= \frac{(\cos x)(\cos x) - \sin x(-\sin x)}{\cos^2 x}$$

$$= \frac{\cos^2 x + \sin^2 x}{\cos^2 x}$$

$$= \frac{1}{\cos^2 x}$$

$$= \sec^2 x.$$

Zur Berechnung von $(\sec x)'$ schreiben wir zunächst $(\sec x)' = (1/\cos x)'$. Nach Beispiel 5 ist dies gleich $\sin x/\cos^2 x$. Dieser Quotient kann folgendermaßen umgeformt werden in

$$\frac{\sin x}{\cos x} \frac{1}{\cos x}$$

oder $\tan x \cdot \sec x$.

Merkregel: Die Ableitung der „co"-Funktionen, Kosinus, Kotangens und Kosecans trägt ein Minuszeichen.

Beispiel 6: Man differenziere

$$5x^{-2} + \tan x + \ln x.$$

Lösung:

$$(5x^{-2} + \tan x + \ln x)' \underset{(f+g)'}{=} (5x^{-2} + \tan x)' + (\ln x)'$$

$$\underset{(f+g)'}{=} (5x^{-2})' + (\tan x)' + (\ln x)'$$

$$\underset{(cf)'}{=} 5(x^{-2})' + (\tan x)' + (\ln x)'$$

$$= 5(-2x^{-3}) + \sec^2 x + \frac{1}{x}$$

$$= \frac{-10}{x^3} + \sec^2 x + \frac{1}{x}.$$

Hier wurde die Ableitung einer Summe mehrerer Funktionen in die Summe von deren Ableitungen aufgelöst.

Übungen:

In den Übungen 1 bis 21 sind die gegebenen Funktionen mit Hilfe der Theoreme und Sätze zu differenzieren.

1. $\frac{2x+1}{3x+2}$
2. $\frac{(2x-1)^2}{x^2+1}$
3. $\frac{\ln x}{x^2}$
4. $\frac{(\ln x)^2}{x}$
5. $\frac{4x^3 - 6x + 1}{x^2+1}(x^5 + 2x)$
6. $5 \operatorname{cosec} x$
7. $\ln x \tan x$
8. $5 \sec x - \tan x$
9. $\frac{\sin x}{1 + \sec x}$
10. $(1 + \cos x)^2$
11. $\sin x \ln x \cos x$
12. $\frac{x}{\sin x}$
13. $\frac{\ln x}{x}$
14. $\frac{3 \cos x}{x^3}$
15. $\frac{1}{x^2 + 3x^5}$
16. $\frac{1}{x^7}$
17. $\frac{8}{x^8}$
18. $\frac{1}{2}x^{-4}$
19. $\frac{5 \tan x}{x^3}$
20. $x \sec x + \tan x$
21. $4 \operatorname{cosec} x + 3 \cot x$

■

22. Man differenziere
    (a) $x^4 - \tan x$, (b) $x^4 + \tan x$,
    (c) $x^4/\tan x$, (d) $x^4 \tan x$.
23. Man beweise Satz 2
    $$\left(\frac{1}{f}\right)' = \frac{-f'}{f^2}.$$
24. Man beweise, daß $(\cot x)' = -\operatorname{cosec}^2 x$ und $(\operatorname{cosec} x)' = -\operatorname{cosec} x \cdot \cot x$.
25. (a) Man ergänze folgende Tabelle

x	0	$\frac{\pi}{6}$	$\frac{\pi}{4}$	$\frac{\pi}{3}$	π	$\frac{3\pi}{4}$	$\frac{7\pi}{4}$
$\sec x$							

    (b) Welches ist der Definitionsbereich von $\sec x$?
    (c) Man zeichne das Schaubild von $y = \sec x$.

In Übung 26 wird mit Hilfe von Grenzwerten das Schaubild einer Funktion diskutiert. In Kap. 5 werden wir dieses Verfahren ausführlich behandeln.

26. Es sei $f(x) = x + 3/x$. Wir betrachten $x > 0$.
    (a) Man berechne $f(0{,}1)$, $f(1)$ und $f(10)$.
    (b) Man bestimme $\lim_{x \to \infty} f(x)$ und $\lim_{x \to 0^+} f(x)$.
    (c) Man berechne $f'(x)$.
    (d) Für welche Werte von x ist $f'(x)$ positiv? negativ? Null?
    (e) Man zeichne das Schaubild f und ermittle alle Punkte, in denen die Tangente waagerecht verläuft.

■■

27. (a) Man ergänze die folgende Tabelle

x	$\frac{\pi}{6}$	$\frac{\pi}{3}$	$\frac{\pi}{4}$	$\frac{\pi}{2}$	$\frac{3\pi}{4}$
$\cot x$					

    (b) Wie verhält sich $\cot x$ für kleine x, $x > 0$?
    (c) Wie verhält sich $\cot x$ für kleine x, $x < 0$?
28. (a) Mit $\lim_{\theta \to 0} \sin\theta/\theta = 1$ beweise man $\lim_{\theta \to 0} \tan\theta/\theta = 1$.
    (b) Aus (a) und der Identität $\tan(A+B) = (\tan A + \tan B)/(1 - \tan A \tan B)$ berechne man $(\tan x)' = \sec^2 x$.

4.7 Zusammengesetzte Funktionen

In diesem Kapitel wurden bereits Formeln für die Ableitung von Funktionen wie $1 + x^2$, $\sin x$ und $\ln x$ hergeleitet. Wie finden wir aber nun die Ableitung von $(1+x^2)^{100}$, $\sin x^3$ und $\ln(1+2x)$? Im Fall von $(1+x^2)^{100}$ könnten wir $1+x^2$ 100mal mit sich selbst multiplizieren. Dies ergibt dann ein Polynom vom Grad 200 mit 101 Termen, dessen Ableitung man mit den oben bereits bekannten Methoden berechnen könnte. Glücklicherweise aber wird uns Abschnitt 4.8 einen schnelleren Weg liefern, mit dessen Hilfe auch $\sin x^3$ und $\ln(1+2x)$ leicht differenziert werden können.

Dieser Abschnitt beschäftigt sich mit Funktionen, die wie etwa $(1+x^2)^{100}$, $\sin x^3$ und $\ln(1+2x)$ aus einfacheren Funktionen aufgebaut sind. Wir werden den Begriff einer *zusammengesetzten Funktion* kennenlernen und im nächsten Abschnitt weiter anwenden.

Die Funktion

$$y = (1+x^2)^{100}$$

ist als hundertste Potenz von $1+x^2$ aus

$$y = u^{100} \quad \text{mit} \quad u = 1+x^2$$

aufgebaut. In analoger Weise entsteht

$$y = \sin x^3$$

durch Bildung von x^3 und Einsetzen des Results in

$$y = \sin u \quad \text{mit} \quad u = x^3.$$

Ebenso ist $y = \ln(1+2x)$ aus $y = \ln u$ mit $u = 1+2x$ aufgebaut.

Der Grundgedanke dieser drei Beispiele wird in der folgenden Definition zusammengefaßt.

Definition der zusammengesetzten Funktion: Gegeben seien die Funktionen f und g. Die Werte von $g(x)$ mögen für jedes x aus dem Definitionsbereich von g im Definitionsbereich von f liegen. Die Funktion, die jedem x aus dem Definitionsbereich von g den Wert

$$f(g(x))$$

zuordnet, nennt man die Zusammensetzung von f und g; sie wird mit h oder $f \circ g$ bezeichnet. Wir schreiben mit

$$y = f(u) \quad \text{und} \quad u = g(x),$$

daher

$$y = h(x)$$

und

$$h(x) = f(g(x))$$

oder

$$y = (f \circ g)(x).$$

($f \circ g$ lesen wir als „f Kreis g“.)

Mit einfachen Worten sagt unsere Definition: „Um $f \circ g$ zu berechnen, wende man zuerst g auf x und dann f auf das Resultat von g an.“

Stellt man sich die Funktionen als Eingabe-Ausgabe-Automaten vor, so ist $f \circ g$ der Automat, der durch Aneinanderreihen der Automaten für f und für g entsteht (Bild 4.8).

Beispiel 1: Die Funktion f sei die Quadratfunktion, zu der man 1 addiert: $f(x) = 1 + x^2$, und g sei die Kubusfunktion; es soll $f \circ g$ und $g \circ f$ ermittelt werden.

Lösung: Nach Definition der zusammengesetzten Funktion gilt

$$(f \circ g)(x) = f(g(x)) = f(x^3) = 1 + (x^3)^2,$$

Das Endprodukt des g-Automaten wird in den f-Automaten eingegeben

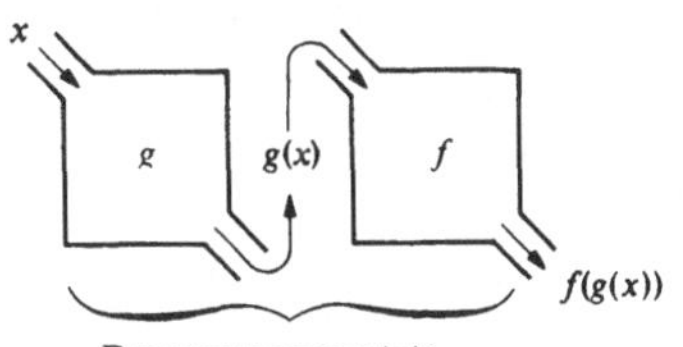

Der zusammengesetzte Automat für h oder $f \circ g$

Bild 4.8

und andererseits

$$(g \circ f)(x) = g(f(x)) = g(1+x^2) = (1+x^2)^3.$$

Die Zusammensetzung der f- und g-Automaten zu $f \circ g$ bzw. $g \circ f$ gibt völlig verschiedene Ergebnisse. •

Beispiel 2: Die Funktion f erhebe jede Zahl zur hundertsten Potenz

$$y = u^{100}.$$

Die Funktion g bilde das Quadrat und addiere 1:

$$u = 1 + x^2.$$

Man berechne die zusammengesetzte Funktion $f \circ g$.

Lösung: In diesem Fall ist die zusammengesetzte Funktion $h = f \circ g$ durch die Formel

$$y = u^{100} \quad \text{mit} \quad u = 1 + x^2$$

definiert, d.h.

$$y = h(x) = (1+x^2)^{100}.$$

Diese Funktion haben wir bereits zu Beginn dieses Abschnitts angeführt. In Worten entsprechen dieser Funktion die folgenden Anweisungen: Man nehme eine Zahl, bilde das Quadrat, addiere 1 und erhebe alles zur hundertsten Potenz. •

Beispiel 3: Man zeige, daß die anderen beiden zu Beginn angeführten Funktionen, $\sin x^3$ und $\ln(1+2x)$, ebenfalls zusammengesetzte Funktionen sind.

Lösung: $y = \sin x^3$ ist die Zusammensetzung von $y = \sin u$ mit $u = x^3$; $y = \ln(1+2x)$ ist die Zusammensetzung von $y = \ln u$ mit $u = 1 + 2x$. •

Beispiel 3: Man zeige, daß die anderen beiden zu Beginn angeführten Funktionen, $\sin x^3$ und $\ln(1+2x)$, ebenfalls zusammengesetzte Funktionen sind.

Lösung: $y = \sin x^3$ ist die Zusammensetzung von $y = \sin u$ mit $u = x^3$; $y = \ln(1+2x)$ ist die Zusammensetzung von $y = \ln u$ mit $u = 1 + 2x$. •

Zusammengesetzte Funktionen können mittels Projektion von Dias auf Schirme sehr anschaulich dargestellt werden. Entspricht g einer komplizierten Projektion eines Dias auf einen Schirm (siehe Kap. 2.1) und entspricht f einer Projektion des Bildes auf diesem Schirm auf einen zweiten Schirm, dann ist $h = f \circ g$ die Projektion des Dias auf den zweiten Schirm (Bild 4.9).

Diese Betrachtungsweise wird sich im nächsten Abschnitt und in den folgenden bewähren, wo Dia und Schirm nicht mehr länger durch Geraden, sondern ganz realistisch durch Gebiete einer Ebene dargstellt werden.

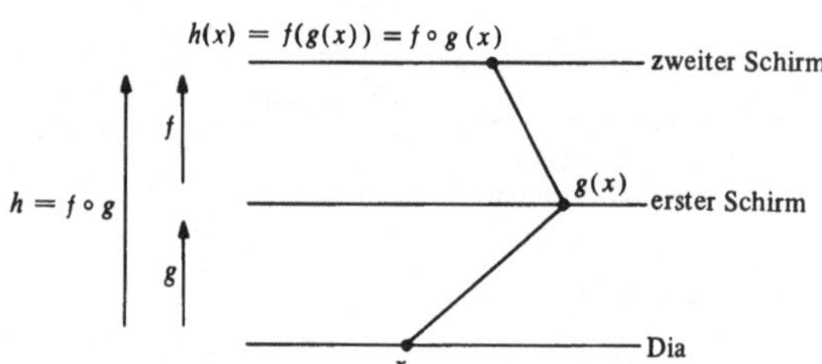

Bild 4.9

Sehr oft wird eine Funktion wie im nächsten Beispiel als Zusammensetzung von mehr als zwei Funktionen dargestellt.

Beispiel 4: Sei $y = (1 + \cos 2x)^3$. Man stelle diese Funktion als Zusammensetzung von drei Funktionen dar.

Lösung: Zuerst gilt

$$y = u^3 \quad \text{mit} \quad u = 1 + \cos 2x.$$

Andererseits kann $1 + \cos 2x$ selbst als zusammengesetzte Funktion dargestellt werden:

$$u = 1 + \cos v \quad \text{mit} \quad v = 2x.$$

So ergibt sich die Funktion $(1 + \cos 2x)^3$ in drei Schritten

$$y = u^3 \quad \text{mit} \quad u = 1 + \cos v \quad \text{und} \quad v = 2x. \bullet$$

Übungen:

Für die zusammengesetzten Funktionen in den Übungen 1 bis 9 bestimme man $y = f(u)$ und $u = g(x)$.

1. $\cos x^2$
2. $\sqrt{1 + x^2}$
3. $(\cos x)^3$
4. $\ln(3 + x^2)$
5. $3 + (\ln x)^2$
6. $(1 + \sin x)^{10}$
7. $\sec 5x$
8. $(1 + 5x^2)^{20}$
9. $\sin(1 + \ln x)$

In den Übungen 10 bis 12 soll jede der gegebenen Funktionen wie in Beispiel 4 als Zusammensetzung von drei Funktionen ausgedrückt werden.

10. $\sqrt{\tan 3x}$.
11. $\sin^3 5x$
12. $\ln \cos 5x$
13. Man berechne $(f \circ g)(x)$ und $(g \circ f)(x)$.
(*a*) f ist die Sinusfunktion und g die Absolutwertfunktion;
(*b*) f die Quadratfunktion und g die natürliche Logarithmusfunktion;
(*c*) f ist die Quadratfunktion und g ist die Kubusfunktion.
14. Aus den folgenden Tabellen zweier Funktionen f und g berechne man:

x	1	2	3	4
$f(x)$	3	4	1	2

x	1	2	3	4
$g(x)$	4	3	2	1

(*a*) $(f \circ g)(1)$, (*b*) $(g \circ f)(1)$,
(*c*) $(f \circ g)(2)$, (*d*) $(g \circ f)(2)$.

15. Aus den Tabellen zweier differenzierbarer Funktionen f und g

x	4	4,2
$f(x)$	7	7,6

x	3	3,1
$g(x)$	4	4,2

(*a*) Schätze man $g'(3)$, $f'(4)$ und $h'(3)$ mit $h = f \circ g$.
(*b*) In welchem Zusammenhang stehen $g'(3)$, $f'(4)$ und $h'(3)$?
16. Man bestimme $y = h(x)$ für:
(*a*) $y = u^2$ und $u = 1 + 2x$;
(*b*) $y = 1 + 2u$ und $u = x^2$;
(*c*) $y = 3 \sin u$ und $u = 2 \sin x$;
(*d*) $y = e^u$ und $u = \ln x$.

■

17. Folgende Vorschriften seien für die Berechnung von zwei Funktionen f und g gegeben:

Vorschrift für f: Quadriere die Zahl;
Vorschrift für g: Addiere 1 zu der Zahl.

(*a*) Wie ist die Vorschrift für $f \circ g$?
(*b*) Wie ist die Vorschrift für $g \circ f$?
(*c*) Wie ist die algebraische Formel für $f \circ g$?
(*d*) Wie ist die algebraische Formel für $g \circ f$?
18. Sei h die Zusammensetzung von $y = u^2$ und $u = 3x + 1$. Man berechne

$$\frac{h(x_1) - h(x)}{x_1 - x}$$

für (*a*) $x_1 = 3$ und $x = 2$;
(*b*) $x_1 = 2{,}1$ und $x = 2$;
(*c*) $x_1 = 2{,}01$ und $x = 2$.
19. Mathematische Tabellenwerke besitzen üblicherweise eine Tabelle „Gewöhnliche Logarithmen trigonometrischer Funktionen". (Zum Beispiel $\lg \sin(44°) = 9{,}841\,77 - 10$.) Diese Tabelle enthält eigentlich nur Werte einer zusammengesetzten Funktion $f \circ g$, die Tabellen für f und g sind ebenfalls vorhanden.
20. Sei $f(x) = -x$ für alle x. Man zeige $(f \circ f)(x) = x$ für alle x.
21. Man bestimme $f \circ g$ und $g \circ f$ für
(*a*) $f(x) = x^3$ und $g(x) = x^{1/3}$,
(*b*) $f(x) = 10^x$ und $g(x) = \lg x$.

■■

22. Sei $f(x) = 1/(1 - x)$. Welches ist der Definitionsbereich von f? $f \circ f$? $f \circ f \circ f$? Für alle x im Definitionsbereich von $f \circ f \circ f$ gilt $(f \circ f \circ f)(x) = x$. Man zeige dies!
23. Sei $(f \circ g)(x) = x$ für alle x. f und g seien für alle reellen Zahlen definiert. Jede reelle Zahl möge mit irgendeinem Wert x in der Form $g(x)$ darstellbar sein. Man zeige $(g \circ f)(x) = x$.
24. Sei $f(x) = x/(1 + x)$. Man berechne $(f \circ f \circ f \circ f)(x)$.

4.8 Die Ableitung einer zusammengesetzten Funktion

In diesem Abschnitt wird eine einfache Methode zur Differentiation von zusammengesetzten Funktionen wie etwa $(1 + x^2)^{100}$, $\sin x^3$ und $\ln(1 + 2x)$ hergeleitet.

Wir werden in der Folge zwei Fragen beantworten: Wenn f und g differenzierbare Funktionen sind, ist dann die zusammengesetzte Funktion $h = f \circ g$ ebenfalls differenzierbar? Und wenn dies der Fall ist, wie lautet ihre Ableitung?

Unsere Erfahrung mit Projektionen gibt schon einen Hinweis auf die Antwort. Sei $h = f \circ g$. Der erste Projektor, der x vom Dia auf $g(x)$ abbildet (erster Schirm), vergrößert um einen Faktor $g'(x)$. Welches ist dann der Effekt des

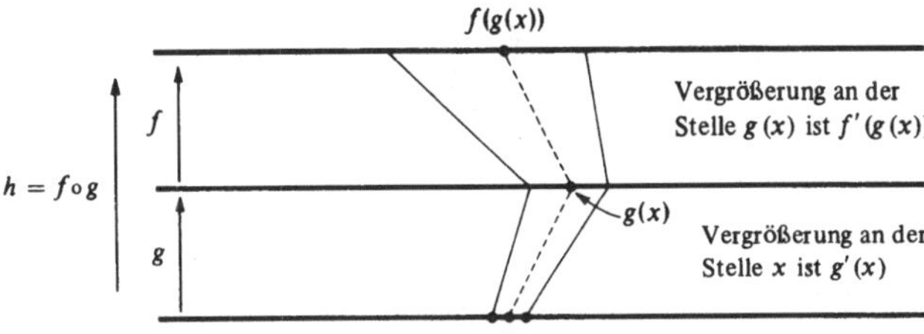

Bild 4.10

zweiten Projektors f, der den Wert $g(x)$ vom ersten Schirm auf $f(g(x))$ projiziert (zweiter Schirm) (Bild 4.10)? Die Projektion vergrößert um einen Faktor f', berechnet an der Stelle $g(x)$, d.h. $f'(g(x))$. Werden nun zwei Vergrößerungen nacheinander wirksam, so ist die Gesamtvergrößerung gleich dem Produkt der beiden Vergrößerungen. Folgt etwa eine zweifache Vergrößerung auf eine dreifache Vergrößerung, so erhalten wir eine sechsfache Vergrößerung. Erwartungsgemäß müßte also die gesamte Vergrößerung gleich $f'(g(x)) \cdot g'(x)$ sein.

Stellen wir die Ableitungen durch Differentiale dar, so wird diese Formel viel einfacher. Sei

$$y = f(u) \quad \text{mit} \quad u = g(x)$$

und sei

$$y = h(x)$$

die zusammengesetzte Funktion

$$h = f \circ g.$$

Wir erwarten dann für die Ableitung von h

$$\frac{dy}{dx} = \frac{dy}{du}\,\frac{du}{dx}.$$

(Diese Relation erscheint plausibel. Hätte das Symbol du für sich selbst einen Sinn, so ließe sich die Formel durch Kürzen bestätigen.)

In der D-Bezeichnung nimmt diese wichtige Gleichung, *die Kettenregel*, folgende Gestalt an

$$D_x(y) = D_u(y) \cdot D_x(u).$$

Bevor wir unsere Vermutungen beweisen, wollen wir einen speziellen Fall behandeln.

Beispiel 1: Sei $y = 5u$ und $u = 3x$. Man zeige

$$\frac{dy}{dx} = \frac{dy}{du}\,\frac{du}{dx}.$$

Lösung: Die zusammengesetzte Funktion h ist durch

$$y = 5u \quad \text{mit} \quad u = 3x$$

gegeben:

$$\begin{aligned} h(x) &= 5(3x) \\ &= 15x. \end{aligned}$$

In diesem Fall gilt

$$\frac{dy}{dx} = 15, \quad \frac{dy}{du} = 5 \quad \text{und} \quad \frac{du}{dx} = 3.$$

Tatsächlich bestätigt sich

$$\frac{dy}{dx} = \frac{dy}{du}\,\frac{du}{dx}$$

entsprechend

$$15 = 5 \cdot 3. \ \bullet$$

Nun wollen wir unsere Überlegungen exakt beweisen.

Theorem: Die Kettenregel: Seien f und g differenzierbare Funktionen, dann ist auch $h = f \circ g$ differenzierbar und es gilt

$$h'(x) = f'(g(x))\,g'(x).$$

In Worten: Gilt $y = f(u)$ sowie $u = g(x)$ und daher $y = h(x)$, dann folgt

$$\frac{dy}{dx} = \frac{dy}{du}\,\frac{du}{dx}.$$

(In dieser Form ist die Kettenregel am einfachsten einzuprägen und anzuwenden.)

Beweis: Um $h'(x)$ zu berechnen, müssen wir auf die Definition der Ableitung zurückgreifen (Bild 4.11).

$$h'(x) = \lim_{\Delta x \to 0} \frac{\Delta y}{\Delta x}.$$

In unserer Rechnung werden Δx, $\Delta u = \Delta g$ und Δy auftreten. Δx ist von Null verschieden und bestimmt eine Zahl Δu, die Änderung von u,

$$\Delta u = g(x + \Delta x) - g(x)$$

und eine Zahl Δy, die Änderung von y,

$$\Delta y = h(x + \Delta x) - h(x).$$

Da g differenzierbar ist, geht für $\Delta u \to 0$ auch $\Delta x \to 0$. Andererseits kann Δu auch Null werden, obwohl Δx nicht gleich Null ist. Da wir etwas später durch Δu dividieren wollen, müssen wir hier voraussetzen, daß

$g'(x)$ nicht gleich Null ist.

Aus

$$g'(x) = \lim_{\Delta x \to 0} \frac{\Delta u}{\Delta x}$$

folgt dann für hinreichend kleine Δx unmittelbar $\Delta u \neq 0$.

Unter dieser Voraussetzung, die von den meisten Funktionen für die meisten Werte von x erfüllt wird, ist der

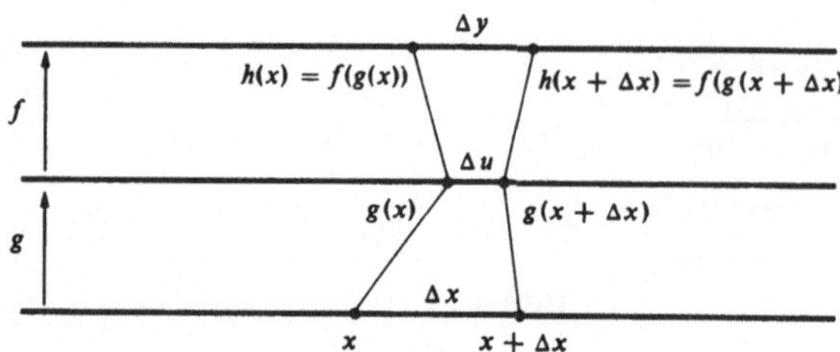

Bild 4.11

Beweis der Kettenregel sehr kurz:

$$\begin{aligned} h'(x) &= \lim_{\Delta x \to 0} \frac{\Delta y}{\Delta x} \\ &= \lim_{\Delta x \to 0} \frac{\Delta y}{\Delta u} \frac{\Delta u}{\Delta x} \\ &= \lim_{\Delta x \to 0} \frac{\Delta y}{\Delta u} \lim_{\Delta x \to 0} \frac{\Delta u}{\Delta x} \\ &= \lim_{\Delta u \to 0} \frac{\Delta y}{\Delta u} \lim_{\Delta x \to 0} \frac{\Delta u}{\Delta x} \qquad \text{da } \Delta u \to 0 \text{ für } \Delta x \to 0 \\ &= \frac{dy}{du} \frac{du}{dx}. \end{aligned}$$

(Der Spezialfall $g'(x) = 0$ wird in Übung 37 behandelt.) Damit ist der Beweis abgeschlossen. ●

Beispiel 2: Mit Hilfe der Kettenregel differenziere man $(1 + x^2)^{100}$.

Lösung: Sei $y = (1 + x^2)^{100}$ oder

$$y = u^{100} \quad \text{mit} \quad u = 1 + x^2.$$

Aus der Kettenregel folgt

$$\begin{aligned} \frac{dy}{dx} &= \frac{dy}{du} \frac{du}{dx} \\ &= \frac{d(u^{100})}{du} \frac{d(1 + x^2)}{dx} \\ &= 100u^{99} \cdot 2x \\ &= 100(1 + x^2)^{99} \cdot 2x \\ &= 200x(1 + x^2)^{99}. \end{aligned}$$

Das heißt schließlich

$$\frac{d(1 + x^2)^{100}}{dx} = 200x(1 + x^2)^{99}.$$

Mit Hilfe der Kettenregel ergibt sich die Ableitung von $(1 + x^2)^{100}$, ohne 100-fache Multiplikation von $(1 + x^2)$ mit sich selbst. ●

Beispiel 3: Mit Hilfe der Kettenregel differenziere man $\sin x^3$.

Lösung: Sei $y = \sin x^3$, also $y = \sin u$ mit $u = x^3$. Aus der Kettenregel folgt

$$\begin{aligned} \frac{dy}{dx} &= \frac{dy}{du} \frac{du}{dx} \\ &= \frac{d(\sin u)}{du} \frac{d(x^3)}{dx} \\ &= \cos u \cdot 3x^2 \\ &= \cos x^3 \cdot 3x^2 \\ &= 3x^2 \cos x^3, \end{aligned}$$

und schließlich

$$\frac{d(\sin x^3)}{dx} = 3x^2 \cos x^3. \; ●$$

Beispiel 4: Mit Hilfe der Kettenregel differenziere man $\sin 2x$.

Lösung: Sei $y = \sin 2x$. Dies ist eine zusammengesetzte Funktion mit

$$y = \sin u \quad \text{und} \quad u = 2x.$$

Nach der Kettenregel gilt

$$\begin{aligned} \frac{dy}{dx} &= \frac{dy}{du} \frac{du}{dx} \\ &= \frac{d(\sin u)}{du} \frac{d(2x)}{dx} \\ &= (\cos u)(2) \\ &= (\cos 2x)2 \\ &= 2 \cos 2x. \; ● \end{aligned}$$

Häufig wird bei Anwendung der Kettenregel (siehe etwa Beispiel 4) für $(\sin 2x)'$ gleich $\cos 2x$ gesetzt und der Zusatzfaktor 2 vergessen. Diesen Fehler müssen wir sorgfältig vermeiden. Solange man zusammengesetzte Funktionen differenziert, ergibt sich immer das „Produkt von zwei Vergrößerungen". In diesem Fall besitzt bereits die Projektion von x auf $2x$ einen Vergrößerungseffekt, nämlich 2.

Beispiel 5: Mit Hilfe der Kettenregel differenziere man $\ln(x^2 + 1)$.

Lösung: Sei $y = \ln(x^2 + 1)$, also

$$y = \ln u \quad \text{und} \quad u = x^2 + 1.$$

Es folgt

$$\begin{aligned} \frac{dy}{dx} &= \frac{dy}{du} \frac{du}{dx} \\ &= \frac{1}{u} 2x = \frac{1}{x^2 + 1} 2x \\ &= \frac{2x}{x^2 + 1}. \; ● \end{aligned}$$

Diese Beispiele zeigen die „Automatik" der Kettenregel an einigen Ableitungen. Die Gleichung

$$\frac{dy}{dx} = \frac{dy}{du} \frac{du}{dx}$$

lesen wir: „Die Ableitung von y bezüglich x ist gleich der Ableitung von y bezüglich u multipliziert mit der Ableitung von u bezüglich x". In unserem Bild aus der Optik sagt dies: „Die Vergrößerung zweier Projektionen ist gleich der Vergrößerung der zweiten Projektion mal der Vergrößerung der ersten Projektion".

Beispiel 6: Man differenziere $\ln|x|$.

Lösung: Man beachte zuerst, daß der Definitionsbereich dieser Funktion aus allen von Null verschiedenen Zahlen besteht. (Demgegenüber besteht der Definitionsbereich von $\ln x$ nur aus den positiven Zahlen.)

Ist x positiv, so gilt $|x| = x$ und $\ln|x| = \ln x$. Für positive x erhalten wir sogar ohne Kettenregel

$$\frac{d(\ln|x|)}{dx} = \frac{d(\ln x)}{dx} = \frac{1}{x}.$$

Als nächstes betrachten wir negative x. Dann gilt $|x| = -x$ und es folgt

$$y = \ln|x| = \ln(-x).$$

Diese Funktion ist zusammengesetzt:

$$y = \ln u \quad \text{mit} \quad u = -x.$$

Nach der Kettenregel ergibt sich

$$\begin{aligned}\frac{dy}{dx} &= \frac{d(\ln u)}{du}\frac{d(-x)}{dx}\\ &= \frac{1}{u}(-1)\\ &= \frac{1}{-x}(-1)\\ &= \frac{1}{x}.\end{aligned}$$

So gilt für alle x, ob positiv oder negativ,

$$\frac{d(\ln|x|)}{dx} = \frac{1}{x}. \bullet$$

Im nächsten Beispiel wird die Kettenregel auf eine Funktion angewendet, die aus mehr als zwei Funktionen zusammengesetzt ist.

Beispiel 7: Man differenziere $y = \cos^2 3x$.

Lösung: Hier ist $y = u^2$ mit $u = \cos 3x$. Aber auch $\cos 3x$ ist eine zusammengesetzte Funktion,

$$u = \cos v \quad \text{mit} \quad v = 3x.$$

Daher ist $y = \cos^2 3x$ insgesamt aus den drei Funktionen

$$y = u^2 \quad \text{mit} \quad u = \cos v \quad \text{und} \quad v = 3x$$

aufgebaut. Sinngemäß erhält man die Vergrößerung dieser drei Projektionen durch Multiplikation

$$\begin{aligned}\frac{dy}{dx} &= \frac{dy}{du}\frac{du}{dv}\frac{dv}{dx}\\ &= 2u\cdot(-\sin v)\cdot 3\\ &= 2\cos v\cdot(-\sin 3x)\cdot 3\\ &= 2\cos 3x\cdot(-\sin 3x)\cdot 3\\ &= -6\cos 3x\sin 3x.\end{aligned}$$

Mit einiger Übung können solche Berechnungen auch ohne Einführung neuer Bezeichnungen wie etwa u und v durchgeführt werden. •

Beispiel 7 erklärt auch die Bezeichnung „Kettenregel": Eine Funktion kann die Zusammensetzung einer beliebigen Anzahl von Funktionen sein, die wie Glieder einer Kette aneinandergereiht sind.

Das nächste Beispiel wendet die Kettenregel in Kombination mit den anderen Regeln dieses Kapitels auf eine sehr komplizierte Funktion an.

Beispiel 8: Man berechne

$$\frac{d(x^2\sin^5 2x)}{dx}.$$

Lösung: Zuerst gilt für die Ableitung eines Produkts

$$\frac{d(x^2\sin^5 2x)}{dx} = x^2\frac{d(\sin^5 2x)}{dx} + \sin^5 2x\frac{d(x^2)}{dx}.$$

Die Kettenregel erlaubt uns die Berechnung von

$$\frac{d(\sin^5 2x)}{dx}.$$

Ohne Ausführung der Details (neue Symbole u und v, usw.) erhalten wir schrittweise:

$$\begin{aligned}\frac{d(\sin^5 2x)}{dx} &= 5\sin^4 2x\cdot\cos 2x\cdot 2\\ &= 10\sin^4 2x\cos 2x\end{aligned}$$

und

$$\begin{aligned}\frac{d(x^2\sin^5 2x)}{dx} &= x^2(10\sin^4 2x\cos 2x) + \sin^5 2x\cdot(2x)\\ &= 10x^2\sin^4 2x\cos 2x + 2x\sin^5 2x. \bullet\end{aligned}$$

Die Kettenregel ist die wichtigste Vorschrift zur Berechnung von Ableitungen, wie auch dieses Beispiel zeigt.

Die folgende Tabelle wiederholt einige spezielle Fälle der Kettenregel. Diese Fälle treten häufig auf, man sollte sie sich einprägen. In jedem Fall ist u eine differenzierbare Funktion von x.

y	$\frac{dy}{dx}$
u^n	$nu^{n-1}\frac{du}{dx}$
$\sin u$	$\cos u\frac{du}{dx}$
$\cos u$	$-\sin u\frac{du}{dx}$
$\ln u$	$\frac{1}{u}\frac{du}{dx}$

Übungen:

In den Übungen 1 bis 24 ist die angegebene Funktion zu differenzieren.

1. $(2x^3 - 2x + 5)^4$
2. $(\sin x)^5$
3. $(\sin 3x)^5$
4. $\cos 2x$
5. $(1 + 2x)^5 \cos 3x$
6. $(t^2 + 1)^3 (3t - 1)$
7. $(1 + \ln 2x)^3$
8. $5 \cos^3 2x$
9. $\dfrac{\sin 3x}{(x^2 + 1)^5}$
10. $x\left(\dfrac{x^2}{1 + x}\right)^3$
11. $\cos 3x \sin 4x$
12. $\left(\dfrac{1 + 2x}{1 + 3x}\right)^4$
13. $\tan \sqrt{x}$
14. $x \sec 3x$
15. $\dfrac{\cot 5x}{1 + x^2}$
16. $[\ln (x^2 + 1)]^3$
17. $\lg (\sin 3x)$
18. $\dfrac{(x^3 - 1)^3 (x^{10} + 1)^4}{(2x + 1)^5}$
19. $\operatorname{cosec} 3x^2$
20. $\dfrac{1}{1 + \sin^2 3x}$
21. $\sqrt{x^2 - 1}$
22. $\sqrt{5 - x^2}$
23. $\dfrac{1}{\sqrt{1 - x^2}}$
24. $\dfrac{x}{\sqrt{1 - x^2}}$

Die Funktionen aus den Übungen 25 bis 32 sind wesentlich komplizierter als ihre Ableitungen. Man überprüfe dies durch direkte Berechnung.

25. $\dfrac{x}{3} - \dfrac{5}{9} \ln (3x + 5)$

26. $\dfrac{2(9x - 2)}{135} \sqrt{(3x + 1)^3}$

27. $\dfrac{1}{3} \ln \left(\dfrac{\sqrt{2x + 3} - 3}{\sqrt{2x + 3} + 3}\right)$ (zuerst durch logarithmische Rechenregeln vereinfachen)

28. $\dfrac{x}{2} \sqrt{4x^2 + 3} + \dfrac{3}{4} \ln (2x + \sqrt{4x^2 + 3})$

29. $-\frac{1}{3} \cos 3x + \frac{1}{9} \cos^3 3x$

30. $\dfrac{3x}{8} - \dfrac{3 \sin 10x}{80} - \dfrac{\sin^3 5x \cos 5x}{20}$

31. $\frac{1}{3} \ln (\tan 3x + \sec 3x)$

32. $\frac{1}{6} \tan^2 3x + \frac{1}{3} \ln \cos 3x$

33. (*a*) Man zeichne das Schaubild von $y = \ln |x|$.
(*b*) Man überprüfe mit Hilfe eines Lineals, daß der Anstieg an der Stelle $x = -1$ durch die Ableitung $1/x$ gegeben ist.

34. Sei $y = (1 + x^2)^2$.
(*a*) Man bestimme dy/dx durch Entwicklung von $(1 + x^2)^2$.
(*b*) Man bestimme dy/dx mit Hilfe der Kettenregel.

35. Wir verwendeten die „Vergrößerungs"-Interpretation der Ableitung, um die Kettenregel zu begründen. Die „Anstiegs"-Interpretation ist nicht so hilfreich. Was sagt die Kettenregel über Anstiege aus?

(*a*) Seien f und g differenzierbare Funktionen mit $g(1) = 2$ und $f(2) = 3$. Man zeige, daß $(1; 2)$ auf dem Schaubild von g, $(2; 3)$ auf dem Schaubild von f und $(1; 3)$ auf dem Schaubild von $f \circ g$ liegt.
(*b*) Ist der Anstieg des Schaubildes von g im Punkt $(1; 2)$ gleich 5 und der Anstieg des Schaubildes von f in $(2; 3)$ gleich 7, wie groß ist der Anstieg des Schaubildes von $f \circ g$ im Punkt $(1; 3)$?

36. Man berechne $(\ln x^5)'$
(*a*) mit Hilfe der Kettenregel;
(*b*) unter Verwendung der Identität $\ln c^m = m \ln c$.

37. Diese Übung beweist die Kettenregel für $g'(x) = 0$.
(*a*) In diesem Fall genügt es zu zeigen, daß

$$\lim_{\Delta x \to 0} \frac{\Delta y}{\Delta x} = 0.$$

Man begründe dies!
(*b*) Es gibt zwei Arten von Δx, diejenigen mit $\Delta u \neq 0$ und diejenigen mit $\Delta u = 0$. Strebt Δx durch Werte der ersten Art nach Null, so zeige man $\Delta y/\Delta x = 0$.
Hinweis: Man schreibe

$$\Delta y/\Delta x = (\Delta y/\Delta u)(\Delta u/\Delta x).$$

(*c*) Ist Δx von der zweiten Art, so gilt $\Delta y = 0$ und weiter

$$\frac{\Delta y}{\Delta x} = 0.$$

Man zeige dies. Für $\Delta x \to 0$ und $\Delta u = 0$ gilt $\Delta y/\Delta x \to 0$.
(*d*) Aus (*b*) und (*c*) zeige man für $\Delta x \to 0$ nun $\Delta y/\Delta x \to 0$.

4.9 Umkehrfunktionen

In Abschnitt 4.10 werden wir die Ableitung von Funktionen wie 2^x, e^x, 10^x, $\sqrt[5]{x}$ und $x^{3/7}$ berechnen. Der Begriff der *Umkehrfunktion* wird dabei eine wesentliche Rolle spielen. Er wird in diesem Abschnitt eingeführt und erläutert.

Für gewisse Funktionen führen verschiedene Eingabewerte immer zu verschiedenen Ausgabewerten. Für die Verdopplungsfunktion folgt aus $2x_1 = 2x_2$ sofort $x_1 = x_2$. Hingegen gilt für die Quadratfunktion:

$$(-3)^2 = 3^2,$$

obwohl -3 von 3 verschieden ist. Funktionen, die verschiedenen Eingabewerten auch verschiedenen Ausgabewerten zuordnen (Verdopplungsfunktion), nennt man *eineindeutig*. Mit ihnen beschäftigt sich dieser Abschnitt.

Definition der eineindeutigen Funktion: Eine Funktion f mit dem Definitionsbereich X heißt eineindeutig, wenn für beliebige verschiedene Elemente x_1 und x_2 aus X, die Werte $f(x_1)$ und $f(x_2)$ ebenfalls verschieden sind.

Bildet die Funktion f Zahlen wiederum auf Zahlen ab – dies ist der interessanteste Fall in der Infinitesimalrechnung – so kann ihre Eineindeutigkeit direkt aus dem Schaubild abgelesen werden. Wir beschreiben diese Eigenschaft zunächst negativ: Schneidet irgendeine Parallele zur x-Achse das Schaubild von f in *mehr* als einem Punkt, dann ist f *nicht* eineindeutig. Nehmen wir nämlich an, eine horizontale Gerade schneide das Schaubild von f in zwei verschiedenen Punkten, wie im Bild 4.12 gezeigt wird. Da die Gerade parallel zur x-Achse ist, haben P_1 und P_2 die gleichen y-Koordinaten, nämlich

$$f(x_1) \quad \text{und} \quad f(x_2)$$

und es gilt

$$f(x_1) = f(x_2);$$

f ist also nicht eineindeutig.

Ganz analog sehen wir: Schneidet jede Parallele zur x-Achse das Schaubild von f in *höchstens* einem Punkt, dann ist f eineindeutig.

Beispiel 1: Die kubische Funktion $y = x^3$ ist eineindeutig.

Aus $x_1^3 = x_0^3$ folgt $x_1 = x_0$. Das Schaubild von $y = x^3$ (Bild 4.13) schneidet jede horizontale Gerade in genau einem Punkt! •

Beispiel 2: Die Quadratfunktion wird eineindeutig, wenn man ihren Definitionsbereich auf nicht negative Zahlen beschränkt. Sind x_1 und x_2 beliebige verschiedene nicht negative Zahlen, dann gilt

$$x_1^2 \neq x_2^2$$

(Bild 4.14). Jede horizontale Gerade unterhalb der x-Achse trifft das Schaubild nicht, jede andere horizontale Gerade schneidet es genau einmal. •

Wird eine Funktion durch einen Eingabe-Ausgabe-Automaten beschrieben, so kann für eine eineindeutige Funktion der Eingabewert aus der Formel für f und dem Ausgabewert berechnet werden. Man kann daher einen anderen Automaten g angeben, der aus dem Ausgabewert von f wieder den entsprechenden Eingabewert liefert (Bild 4.15).

Beispiel 3: f sei die Kubusfunktion und g die Kubikwurzelfunktion. Man stelle sich diese beiden Funktionen als Eingabe-Ausgabe-Automaten vor und verbinde sie miteinander.

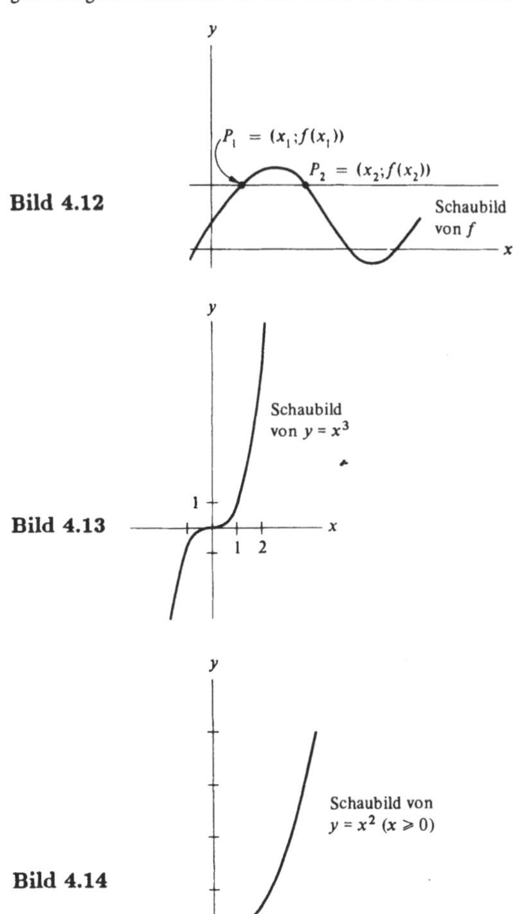

Bild 4.12

Bild 4.13

Bild 4.14

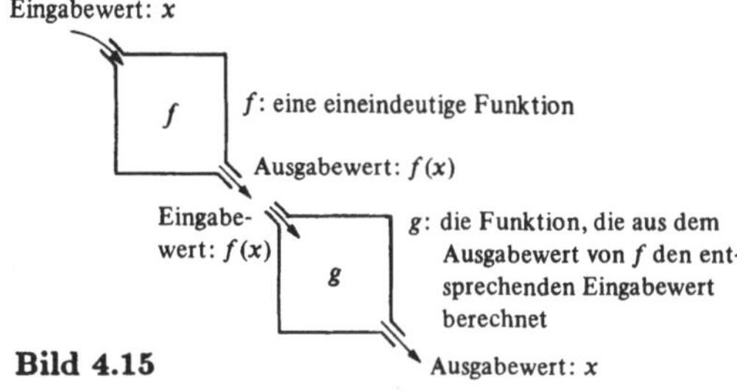

Bild 4.15

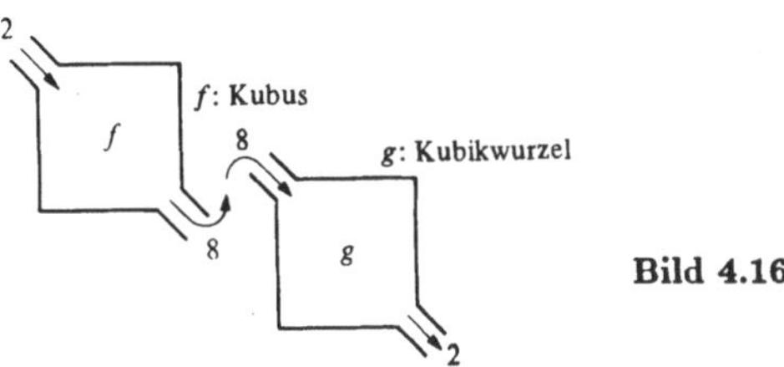

Bild 4.16

Was ergibt sich, wenn wir mit dem Eingabewert 2 in den Kubus-Automaten eingehen?

Lösung: Der Ausgabewert des f-Automaten ist $2^3 = 8$. Wird 8 in den Kubikwurzel-Automaten g eingegeben, so ergibt sich $\sqrt[3]{8} = 2$, der Effekt von f (Bild 4.16) wird wieder aufgehoben. Offensichtlich ist der Kubikwurzel-Automat genau die Umkehrung des Kubus-Automaten. (Alle „Räder" im g-Automaten laufen in umgekehrter Richtung wie die im f-Automaten.) •

Die Beziehung zwischen Kubus- und Kubikwurzelfunktion legt folgende allgemeine Definition nahe:

Definition der Umkehrfunktion: Sei f eine eineindeutige Funktion. Jene Funktion g, die jedem Wert $f(x)$ die Zahl x zuordnet, wird die Umkehrfunktion von f genannt.

Überlegen wir uns einige Beispiele von eineindeutigen Funktionen und ihren Umkehrfunktionen.

Beispiel 4: Man bestimme die Umkehrung der Verdopplungsfunktion $f(x) = 2x$.

Lösung: Durch Auflösung von $y = 2x$ nach x läßt sich jedem Wert von y genau ein Wert x zuordnen. Das Resultat ist $x = y/2$. So ist f eine eineindeutige Funktion und ihre Umkehrfunktion g ist die „Halbierungs"-Funktion: Wird y in die Funktion g eingegeben, so ist die Ausgabe gleich $y/2$.

Es gilt $f(3) = 6$ und $g(6) = 3$. Der Punkt $(3; 6)$ liegt auf dem Schaubild von f und $(6; 3)$ auf dem Schaubild von g. Da wir nun zumeist die x-Achse für Eingabewerte verwenden, sollten wir für g, die Halbierungsfunktion, schreiben:

$$g(x) = \frac{x}{2}.$$

f hat die Formel $y = 2x$ (Verdopplung)

und g hat die Formel $y = \frac{x}{2}$ (Halbierung).

Die Schaubilder von f und g sind Geraden (Bild 4.17), die eine hat den Anstieg 2, die andere den Anstieg $\frac{1}{2}$. •

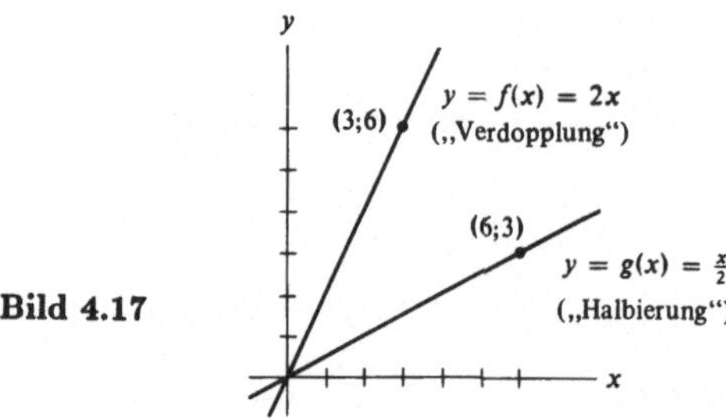

Bild 4.17

Beispiel 5: Man bestimme die Umkehrung der Funktion $\lg x$. Sei $y = \lg x$. Wir können x aus dem Wert von $\lg x$ berechnen. So folgt aus $\lg x = 2$ sofort $x = 10^2 = 100$: Die Logarithmusfunktion ist eineindeutig und ihre Umkehrung ist die Exponentialfunktion. Ist y der Logarithmus von x zur Basis 10, dann ist x gleich 10^y.

Um die Schaubilder der Logarithmus- und der Exponentialfunktion zu zeichnen, machen wir zunächst eine kleine Tabelle.

x	10	1	0,1
$\lg x$	1	0	−1

x	1	0	−1
10^x	10	1	0,1

Mit Hilfe dieser Tabellen können die Kurven gezeichnet werden (Bild 4.18).

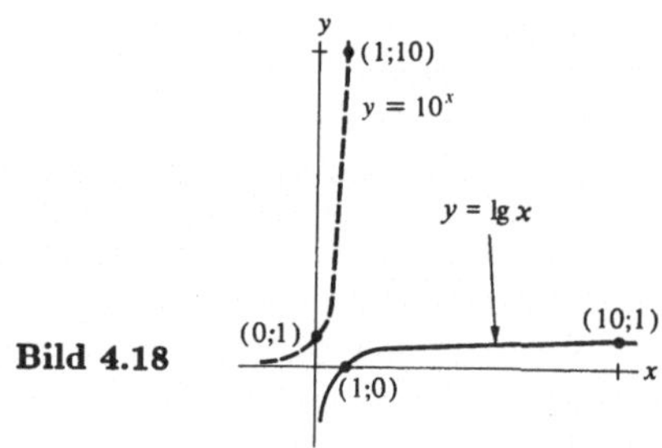

Bild 4.18

Man beachte den Zusammenhang zwischen den beiden Tabellen in Beispiel 5. Die eine ergibt sich aus der anderen durch Vertauschung von Eingabe und Ausgabe. Dies gilt für jede eineindeutige Funktion und ihre Umkehrung. Seien a und b die numerischen Werte in der Spalte der einen Funktion, so sind b und a die numerischen Werte in der Spalte für die Umkehrfunktion. Man beachte auch den Zusammenhang zwischen den Schaubildern in den Beispielen 4 und 5. Das eine Schaubild erhält man aus dem anderen durch Spiegelung an der Geraden $y = x$. Liegt nämlich $(a; b)$ auf dem Schaubild der einen Funktion, so befindet sich $(b; a)$ auf dem Schaubild der anderen. Wird das Zeichenpapier um die Linie $y = x$ gedreht, so wird der Punkt $(b; a)$ bis zum Punkt $(a; b)$ bewegt, wie man aus Bild 4.19 entnehmen kann. Auch dies gilt für jede eineindeutige Funktion und ihre Umkehrung.

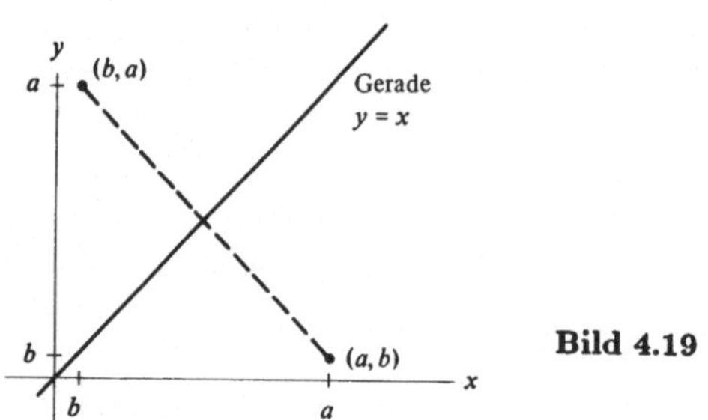

Bild 4.19

Solche Überlegungen sind typisch für den Zusammenhang zwischen einer eineindeutigen Funktion und ihrer Umkehrung. Manchmal wird anstelle der Bezeichnung Umkehrfunktion auch das Wort *inverse* Funktion verwendet. Noch etwas zur Bezeichnungsweise: Es ist allgemein üblich, die Umkehrfunktion anstelle von g durch das Symbol f^{-1} (gelesen als „Inverse von f") zu bezeichnen. Wir haben diese Bezeichnung erst jetzt eingeführt, um Verwechslungen mit der Kehrwertfunktion zu vermeiden. Es muß aber infolge der Beispiele klar sein, daß f^{-1} *nicht* für $1/f$ steht.

Die folgende Tabelle faßt die Ergebnisse dieses Abschnitts zusammen.

Bereich von f	Funktion f	Umkehrfunktion f^{-1}	Bereich von f^{-1}
x-Achse	Kubus	Kubikwurzel	x-Achse
$x > 0$	Quadrat	Quadratwurzel	$x \geqslant 0$
x-Achse	Verdopplung	Halbierung	x-Achse
$x > 0$	lg	Exponentialfunktion mit Basis 10	x-Achse

Übungen:

Die in den Übungen 1 bis 6 angegebenen Funktionen besitzen Umkehrfunktionen. In jedem Fall ist das Schaubild der gegebenen und der Umkehrfunktion (in bezug auf die gleichen Achsen) zu zeichnen.

1. $y = 3x$
2. $y = 3^x$
3. $y = \log_2 x$
4. $y = \sqrt[3]{x}$
5. $y = 2x + 1$
6. $y = x^5$
7. (*a*) Man zeige, daß $y = x^4$ nicht eineindeutig ist.
   (*b*) Wird $y = x^4$ auf den Bereich $x \geqslant 0$ beschränkt, ist die Funktion eineindeutig. Wie sieht die Umkehrfunktion aus?
8. Für welche der folgenden Definitionsbereiche ist die Funktion $f(x) = \sin x$ eineindeutig?
   (*a*) alle reellen Zahlen, (*b*) $[0; \pi]$,
   (*c*) $[\pi/2; 3\pi/2]$, (*d*) $[-\pi/2; \pi/2]$.
9. Für welche der folgenden Definitionsbereiche ist die Funktion $f(x) = \cos x$ eineindeutig?
   (*a*) alle reellen Zahlen, (*b*) $[0; \pi]$,
   (*c*) $[\pi; 2\pi]$, (*d*) $[-\pi/2; \pi/2]$.
10. Sei $f(x) = \tan x$ für x in $(-\pi/2; +\pi/2)$. f ist eineindeutig. Man berechne:
   (*a*) $f^{-1}(1)$, (*b*) $f^{-1}(\sqrt{3})$,
   (*c*) $f^{-1}(0)$, (*d*) $f^{-1}(-1)$,
   (*e*) $f^{-1}(-\sqrt{3}/2)$, (*f*) $f^{-1}(-\sqrt{3})$.

11. Sei $f(x) = \sin x$ für x in $[-\pi/2; +\pi/2]$. Man berechne:
(*a*) $f^{-1}(1)$, (*b*) $f^{-1}(\frac{1}{2})$,
(*c*) $f^{-1}(0)$, (*d*) $f^{-1}(-\frac{1}{2})$,
(*e*) $f^{-1}(-\sqrt{3/2})$, (*f*) $f^{-1}(-1)$.
12. Sei $f(x) = \cos x$ für x in $[0; \pi]$. Aus einer Tabelle von $\cos x$-Werten (Winkel im Bogenmaß) berechne man
(*a*) $f^{-1}(0{,}9)$, (*b*) $f^{-1}(0{,}8)$,
(*c*) $f^{-1}(0{,}7)$, (*d*) $f^{-1}(0{,}1)$.
13. Sei $y = (x+1)/(x-1)$. Diese Funktion ist eineindeutig und stimmt mit ihrer Umkehrfunktion überein. Man zeige dies!

In den Übungen 14 bis 19 sollen die angegebenen Funktionen differenziert werden.

14. $3\cot 5x + 5\operatorname{cosec} 3x$
15. $\dfrac{\sqrt{4-9x^2}}{x}$
16. $\dfrac{1}{\sqrt{6+3x^2}}$
17. $(1+x^2)^5 \sin 3x$
18. $\ln|\sin 2x|$
19. $\cos[\lg(3x+1)]$

In den Übungen 20 bis 22 sollen die angegebenen Formeln mit Hilfe der Gesetze des Logarithmus vereinfacht und dann differenziert werden.

20. $\ln\sqrt{\dfrac{1+x^2}{1+x^3}}$
21. $\ln\left[\dfrac{(5x+1)^3(6x+1)^2}{(2x+1)^4}\right]$
22. $\ln\left(\dfrac{1}{6x^2+3x+1}\right)$

■

23. Die folgende Tabelle einer bestimmten eineindeutigen Funktion sei vorgegeben.

x	1	3	5
$f(x)$	-2	4	8

Man gebe drei Punkte des Schaubilds von f und drei Punkte des Schaubilds von f^{-1} an (bezüglich der gleichen Achsen).
24. (*a*) Eine Gerade mit dem Anstieg $m \neq 0$ wird an der Geraden $y = x$ gespiegelt. Man bestimme den Anstieg der resultierenden Geraden.
(*b*) Eine Gerade mit dem Anstieg m wird an der x-Achse gespiegelt. Man bestimme den Anstieg der resultierenden Geraden.
(*c*) Eine Gerade mit dem Anstieg m wird an der y-Achse gespiegelt. Man bestimme den Anstieg der resultierenden Geraden.
25. Zur Zeit t hat ein bewegter Körper die x-Koordinate $x = t^2 \sin 2\pi t$. Man bestimme seine Geschwindigkeit für $t = 0, \frac{1}{4}, \frac{1}{2}$ und 1.
26. (*a*) Die Funktion $y = \sqrt[5]{1+x^3}$ besitzt eine Umkehrfunktion. Man zeige dies durch Auflösen der Gleichung nach x!
(*b*) Welches ist der Definitionsbereich der Funktion $y = \sqrt[5]{1+x^3}$?
(*c*) Welches ist der Definitionsbereich der Umkehrfunktion?

■■

27. Sei $f(x) = -2x$ für $x \leq 0$ und $f(x) = -x/2$ für $x > 0$. Man zeige $f = f^{-1}$.
28. Es sei $f(f(x)) = x$ für alle x.
(*a*) f ist eineindeutig. Man beweise dies!
(*b*) Man zeige $f^{-1} = f$.
29. Sei X eine Menge von Personen und f eine Funktion, die jeder Person ihren Vater zuordnet. Ist f eineindeutig?
30. Sei X die Menge aller verheirateten Männer in einer monogamen Gesellschaft. Sei $f(x)$ die Frau von x.
(*a*) Unter welchen Voraussetzungen ist f eineindeutig?
(*b*) Wie würde man f^{-1} beschreiben, sofern f eineindeutig ist?

Die Übungen 31 und 32 illustrieren Umkehrfunktionen mit Hilfe eines Taschenrechners.

31. Man gebe eine positive Zahl in den Rechner ein, drücke das $\sqrt{x}$- und dann das x^2-Programm (in dieser Reihenfolge). Wie lautet das Resultat? Man versuche dies für verschiedene Eingabewerte.
32. Die Funktion $y = \sin x$ ist eineindeutig für $0 \leq x \leq \pi/2$. Wie kann man auf einem Taschenrechner aus $\sin x = 0{,}3$ den zugehörigen x-Wert ermitteln? (Manche Rechner besitzen eine Arcustaste). Die Umkehrfunktionen der trigonometrischen Funktionen werden in Abschnitt 4.11 definiert.

4.10 Die Ableitung von b^x und x^a

Wir verwenden nun den Begriff der Umkehrfunktion, um in diesem Abschnitt die Ableitung von e^x zu berechnen. Aus ihr folgen dann die Ableitung der allgemeinen Exponentialfunktion b^x und der allgemeinen Potenz x^a.

Man betrachte eine eineindeutige Funktion f, differenzierbar für alle x im Intervall $[a; b]$. Da f eineindeutig war, ist $f(a) \neq f(b)$ und daher entweder $f(a)$ kleiner oder größer als $f(b)$. Für die weitere Diskussion der Schaubilder von f und f^{-1} sei etwa $f(a) < f(b)$. Der Fall $f(a) > f(b)$ ist vollkommen analog zu behandeln. f ist differenzierbar und daher auch stetig (siehe Abschnitt 3.7).

Für jede Zahl m zwischen $f(a)$ und $f(b)$ schneidet die zur x-Achse parallele Gerade

$$y = m$$

aufgrund des Zwischenwertsatzes aus Abschnitt 3.7 das Schaubild von f. Darüber hinaus kann gezeigt werden, daß das Schaubild von f von links nach rechts ansteigt (Bild 5.20). Der Definitionsbereich von f^{-1} ist $[f(a); f(b)]$, f^{-1} ordnet jeder Zahl in diesem Intervall eine Zahl aus dem Intervall $[a; b]$ zu.

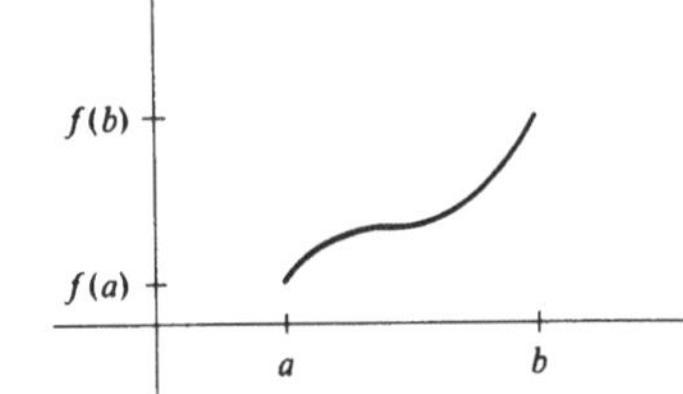

Bild 4.20

Weiterführende Überlegungen zeigen, daß f^{-1} stetig und sogar an jeder Stelle $f(x)$ differenzierbar ist, wo $f'(x) \neq 0$ gilt. (Eine waagerechte Tangente an das Schaubild von f geht bei Spiegelung an der Geraden $y = x$ in eine vertikale Tangente an das Schaubild von f^{-1} über (Bild 4.21).)

Unsere bildliche Vorstellung gibt bereits einen Hinweis für den Zusammenhang zwischen den Ableitungen von f und f^{-1}. Man denke sich f als Projektion eines Dias auf den Schirm und f^{-1} als die Umkehrprojektion, die jedem Punkt auf dem Schirm den ursprünglichen Punkt

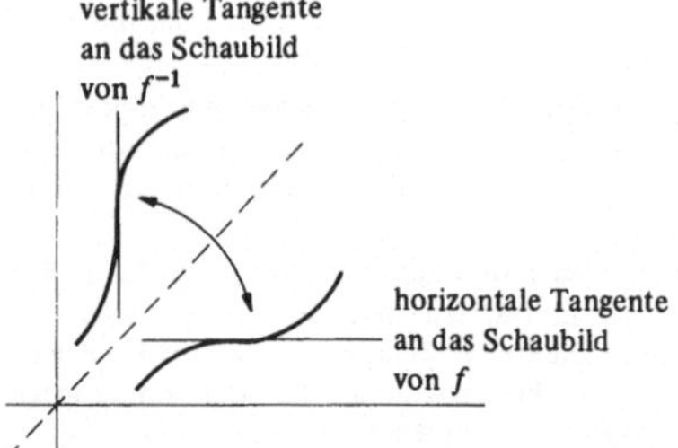

Bild 4.21

auf dem Dia zuordnet. Besitzt f an der Stelle x eine bestimmte Vergrößerung, etwa 3, so sollte f^{-1} bei $f(x)$ um einen Faktor 3 verkleinern bzw. um einen Faktor $\frac{1}{3}$ vergrößern. So folgern wir: Hat f an der Stelle x eine Ableitung, so besitzt f^{-1} eine Ableitung und es gilt

$$(f^{-1})'(f(x)) = \frac{1}{f'(x)},$$

vorausgesetzt $f'(x) \neq 0$.

In der Differentialbezeichnung sieht diese Relation einfacher aus. Sei $y = f(x)$ eine bestimmte Funktion und $x = f^{-1}(y)$ ihre Umkehrfunktion. Für differenzierbares f sei ferner auch f^{-1} differenzierbar, wenn $f'(x) \neq 0$ gilt. Wir wollen die Kettenregel auf diesen speziellen Fall anwenden:

$$x = f^{-1}(y) \quad \text{und} \quad y = f(x).$$

Nach der Kettenregel folgt

$$\frac{dx}{dx} = \frac{dx}{dy} \cdot \frac{dy}{dx} \quad \text{oder} \quad 1 = \frac{dx}{dy} \cdot \frac{dy}{dx}.$$

Diese Gleichung liegt dem Beweis von Theorem 1 zugrunde: Die Ableitung von e^x ist gleich e^x. Aus dieser Tatsache wiederum ergeben sich die Ableitungen verschiedener anderer Funktionen.

Theorem 1: Die Ableitung von e^x. Sei $y = e^x$ die Exponentialfunktion mit der Basis e. (Wir erinnern uns an die Definition $e = \lim_{n \to \infty} (1 + 1/n)^n$.) Dann gilt

$$\frac{d(e^x)}{dx} = e^x.$$

Beweis: Sei $y = e^x$. Diese Funktion ist die Umkehrfunktion des natürlichen Logarithmus,

$$y = e^x \text{ ist äquivalent zu } x = \ln y.$$

Falls dx/dy ungleich Null ist, folgt aus der Existenz der Ableitung dx/dy auch die Existenz von dy/dx. Aus

$$x = \ln y$$

ergibt sich

$$1 = \frac{dx}{dx} = \frac{dx}{dy} \cdot \frac{dy}{dx}$$

oder

$$1 = \frac{d(\ln y)}{dy} \cdot \frac{dy}{dx} \quad \text{und} \quad 1 = \frac{1}{y} \cdot \frac{dy}{dx}.$$

Es folgt

$$\frac{dy}{dx} = y$$
$$= e^x$$

oder kurz

$$\frac{dy}{dx} = e^x.$$

Damit ist das Theorem bewiesen. ●

Nach Theorem 1 stimmt e^x mit seiner eigenen Ableitung überein. Wie im nächsten Kapitel gezeigt wird, haben alle Funktionen, die mit ihrer eigenen Ableitung übereinstimmen, die Gestalt Ae^x (A ist eine beliebige Konstante).

Beispiel 1: Man bestimme die Ableitung von e^{3x}.

Lösung: Sei $y = e^{3x}$. Dann gilt $y = e^u$ mit $u = 3x$. Es folgt

$$\frac{dy}{dx} = \frac{dy}{du} \cdot \frac{du}{dx} \quad \text{Kettenregel}$$
$$= \frac{d(e^u)}{du} \frac{d(3x)}{dx}$$
$$= e^u \cdot 3 \quad \text{Theorem 1}$$
$$= e^{3x} \cdot 3$$
$$= 3e^{3x}. \; ●$$

Die Ableitung von e^x ist also sehr einfach. Nun wollen wir die Ableitung von 10^x berechnen.

Beispiel 2: Man bestimme die Ableitung von 10^x.

Lösung: Wir schreiben 10 als Potenz von e: $10 = e^{\ln 10}$. Dann gilt $10^x = (e^{\ln 10})^x$ und nach der Regel für das Potenzieren von Potenzen

$$(e^{\ln 10})^x = e^{(\ln 10)x}$$

und weiter

$$10^x = e^{(\ln 10)x}.$$

Da ln 10 eine Konstante ist, können wir wie in Beispiel 1 vorgehen. Sei $y = e^{(\ln 10)x}$.

Wir schreiben $y = e^u$ mit $u = (\ln 10)x$. Dann gilt

$$\frac{dy}{dx} = \frac{d(e^u)}{du} \frac{d((\ln 10)x)}{dx} \quad \text{Kettenregel}$$
$$= e^u \cdot \ln 10 \quad \text{Theorem 1}$$
$$= e^{(\ln 10)x} \cdot \ln 10$$
$$= 10^x \cdot \ln 10$$
$$= (\ln 10) \cdot 10^x$$

und schließlich

$$\frac{d(10^x)}{dx} = (\ln 10) \cdot 10^x.$$

Die Ableitung 10^x ist also nicht gleich 10^x, sondern proportional zu 10^x mit der Proportionalitätskonstanten $\ln 10 \approx 2{,}3$. ●

Vom Standpunkt der Infinitesimalrechnung ist also 10 für Exponentialfunktionen ebenso wie für Logarithmen eine ungünstige Basis. Wir merken uns die Formel $(e^x)' = e^x$ und berechnen $(b^x)'$ für eine andere Basis b mit Hilfe der

Relation $b = e^{\ln b}$ und der Kettenregel (wie in Beispiel 2).

Die Bedeutung der Exponentialfunktion e^x zeigt sich auch im Beweis des folgenden Theorems. In diesem Theorem wird die Formel $(x^n)' = nx^{n-1}$ (für ganzzahlige n, siehe Abschnitte 2.2 und 4.6) auf $(x^a)' = ax^{a-1}$ und beliebige reelle Zahlen a verallgemeinert.

Theorem 2: Sei a eine feste Zahl, dann gilt

$$\frac{d(x^a)}{dx} = ax^{a-1}.$$

Beweis: Sei $y = x^a$. Aus

$$x = e^{\ln x}$$

folgt

$$y = (e^{\ln x})^a.$$

Nach der Vorschrift für das Potenzieren von Potenzen heißt dies

$$y = e^{a \ln x}.$$

Wir schreiben nun $y = e^u$ mit $u = a \ln x$. Aus der Kettenregel ergibt sich

$$\frac{dy}{dx} = \frac{d(e^u)}{du}\,\frac{d(a \ln x)}{dx}$$

$$= e^u \frac{a}{x} = e^{a \ln x}\frac{a}{x}$$

$$= x^a \frac{a}{x} = ax^{a-1}.$$

Damit ist das Theorem bewiesen. ●

Beispiel 3: Man berechne die Ableitung von $x^{1/2}$.

Lösung:

$$\frac{d(x^{1/2})}{dx} = \frac{1}{2}x^{1/2-1} \quad \text{Theorem 2 mit } a = \tfrac{1}{2}$$

$$= \frac{1}{2}x^{-1/2}$$

$$= \frac{1}{2x^{1/2}}.$$

Dieses Resultat stimmt völlig mit Abschnitt 2.3 überein:

$$\frac{d(\sqrt{x})}{dx} = \frac{1}{2\sqrt{x}}. \quad ●$$

Beispiel 4: Man differenziere $\sqrt[3]{x^2}$.

Lösung:

$$\frac{d(\sqrt[3]{x^2})}{dx} = \frac{d(x^{2/3})}{dx}$$

$$= \frac{2}{3}x^{2/3-1} \quad \text{Theorem 2 mit } a = \tfrac{2}{3}$$

$$= \frac{2}{3}x^{-1/3}$$

$$= \frac{2}{3x^{1/3}}$$

$$= \frac{2}{3\sqrt[3]{x}}. \quad ●$$

Das nächste Beispiel gibt die Ableitung von x^x. Für diese Exponentialfunktion ist weder Basis noch Exponent konstant.

Beispiel 5: Man berechne $(x^x)'$.

Lösung: Sei $y = x^x$. Wir führen zunächst die Basis e ein und schreiben x als $e^{\ln x}$. Dann gilt

$$x^x = (e^{\ln x})^x$$

$$= e^{x \ln x}$$

oder weiter

$$y = e^{x \ln x}.$$

Aus $y = e^u$ mit $u = x \ln x$ folgt

$$\frac{dy}{dx} = \frac{d(e^u)}{du}\,\frac{d(x \ln x)}{dx}$$

$$= e^u \left[x \frac{d(\ln x)}{dx} + \ln x \frac{dx}{dx}\right]$$

$$= e^{x \ln x} \cdot \left(x \frac{1}{x} + \ln x\right)$$

$$= x^x \cdot (1 + \ln x)$$

und

$$\frac{d(x^x)}{dx} = (1 + \ln x)x^x. \quad ●$$

Die nächsten beiden Beispiele wiederholen einige der Differentiationsformeln und Techniken dieses Kapitels. Der Leser möge die Differentiationen selbst ausführen und dann mit dem Text vergleichen.

Beispiel 6: Man differenziere

$$f(x) = \frac{e^{ax}}{a^3}(a^2x^2 - 2ax + 2)$$

($a \neq 0$ ist konstant).

Lösung: Zunächst bringen wir a^3 an den Anfang des Ausdrucks und schreiben

$$f(x) = \frac{1}{a^3}e^{ax}(a^2x^2 - 2ax + 2).$$

Dann differenzieren wir schrittweise

$$f'(x) = \frac{1}{a^3}[e^{ax}(a^2x^2 - 2ax + 2)]'$$

Ableitung einer Konstanten multipliziert mit einer Funktion

$$= \frac{1}{a^3}[e^{ax}(a^2 \cdot 2x - 2a) + (a^2x^2 - 2ax + 2)ae^{ax}]$$

Ableitung eines Produktes, Kettenregel usw.

$$= \frac{1}{a^3}[(2a^2x - 2a + a^3x^2 - 2a^2x + 2a)e^{ax}]$$

Zusammenfassung der Terme

$$= x^2e^{ax}. \quad ●$$

Beispiel 7: Man differenziere

$$y = \frac{e^{ax}}{a^2 + b^2}(a \sin bx - b \cos bx), \qquad (a \neq 0,\ b \neq 0).$$

Lösung:

$$\frac{dy}{dx} = \frac{1}{a^2 + b^2} \frac{d[e^{ax}(a \sin bx - b \cos bx)]}{dx}$$

$$= \frac{1}{a^2 + b^2}[e^{ax}(ab \cos bx + b^2 \sin bx) + (a \sin bx - b \cos bx) a e^{ax}]$$

$$= \frac{1}{a^2 + b^2}(e^{ax})(ab \cos bx + b^2 \sin bx + a^2 \sin bx - ab \cos bx)$$

$$= \frac{1}{a^2 + b^2} e^{ax}(a^2 + b^2) \sin bx$$

$= e^{ax} \sin bx$. ●

Übungen:

Man differenziere die Funktionen in den Übungen 1 bis 21.

1. $5e^{3x}$
2. 5^x
3. 2^{3x}
4. xe^x
5. e^{-x}
6. x^2e^{-x}
7. $e^x(x^2 - 2x + 2)$
8. $x - \ln(1 + e^x)$
9. $\dfrac{x^2}{1 + e^{3x}}$
10. $6x^{7/4}$
11. $x^{\sqrt{2}}$
12. $(\sqrt{2})^x$
13. $(\sqrt{2})^\pi$
14. $(1 + x)^x$
15. $\dfrac{e^{3x}(3x - 1)}{9}$
16. $\dfrac{10^x}{\ln 10}$
17. $x \sin 3x + \frac{1}{3} \cos 3x$
18. $e^{-x/5}(\sin 2x + 2 \cos 2x)$
19. $\frac{1}{10}[2x - \ln(5 + 3e^{2x})]$
20. $\ln(\ln(1 + x^2))$
21. $x(\ln 5x)^2 - 2x \ln 5x + 2x$
22. Man schreibe jede der folgenden Funktionen in der Form x^a und differenziere sie.
    (*a*) $\sqrt{x^3}$ (*b*) $\sqrt[3]{x}$
    (*c*) $\dfrac{1}{\sqrt{x}}$ (*d*) $x\sqrt[3]{x}$
    (*e*) $\sqrt[3]{x^4}$ (*f*) $\dfrac{\sqrt[5]{x^6}}{x}$
    (*g*) $xx^{\sqrt{2}}$.

■

23. Seien A und k Konstante. Die Ableitung von Ae^{kx} ist proportional zu Ae^{kx}. Man zeige dies!
24. (*a*) Man zeichne die Schaubilder $y = e^x$ und $y = -x$ bezüglich derselben Achsen.
    (*b*) Unter Verwendung der Schaubilder von (*a*) zeichne man das Schaubild von $y = e^x - x$.
    (*c*) Man bestimme alle Punkte des Schaubildes von (*b*) mit horizontaler Tangente.
25. Die Formel $y = e^{-t} \sin t$ beschreibt einen gedämpften Wechselstrom. Man betrachte t in $[0; 2\pi]$.
    (*a*) Man ergänze die folgende Tabelle und zeichne die resultierenden Punkte.

t	0	$\frac{\pi}{2}$	π	$\frac{3\pi}{2}$	2π	$\frac{5\pi}{2}$	3π	$\frac{7\pi}{2}$	4π
$e^{-t} \sin t$									

    (*b*) Man zeichne das Schaubild von $y = e^{-t} \sin t$ für t in $[0; 2\pi]$.
    (*c*) Man finde alle Punkte des Schaubildes von (*b*) mit horizontaler Tangente.
26. (*a*) Man zeichne das Schaubild $y = x^{1/x}$ für $x > 0$.
    (*b*) Man bestimme alle Punkte des Schaubildes von (*a*) mit horizontaler Tangente.
    (*c*) Wo ist dy/dx positiv? und wo negativ?
    (*d*) Welches ist der größte mögliche Wert von $x^{1/x}$?
27. Man vereinfache die Darstellung der folgenden Funktionen und verwende hierzu die Identitäten $\ln cd = \ln c + \ln d$, $\ln c^m = m \ln c$ und $\ln c/d = \ln c - \ln d$. Man differenziere die vereinfachten Funktionen:
    (*a*) $\ln(x^2 + 3)^5$
    (*b*) $\ln[(1 + e^{3x})(x^6)]$
    (*c*) $\ln[\sqrt{(1 + 2x)}\sqrt[3]{1 + x^3}]$
    (*d*) $\ln \dfrac{(x^3 - 2x)^5}{\sqrt{(x^2 + 5)}}$.

■■

28. Man verwende die Resultate dieses Abschnittes und die Definition der Ableitung zur Berechnung von
    (*a*) $\lim\limits_{h \to 0} \dfrac{e^h - 1}{h}$, (*b*) $\lim\limits_{x \to 1} \dfrac{2^x - 2}{x - 1}$,
    (*c*) $\lim\limits_{h \to 0} \dfrac{10^h - 1}{h}$.

4.11 Die Ableitung der inversen trigonometrischen Funktionen

Die Ableitung von $\frac{1}{2} \ln(1 + x^2)$ lautet $x/(1 + x^2)$. Hingegen haben wir bis jetzt keine Funktion mit der Ableitung $1/(1 + x^2)$ kennengelernt. Genausowenig kennen wir eine

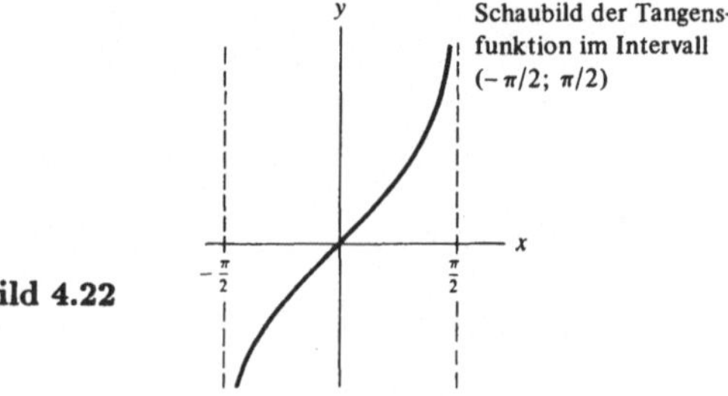

Bild 4.22 Schaubild der Tangensfunktion im Intervall $(-\pi/2; \pi/2)$

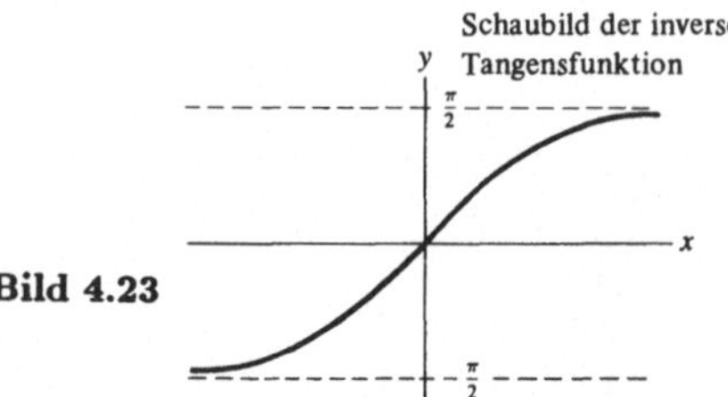

Bild 4.23 Schaubild der inversen Tangensfunktion

Funktion mit der Ableitung $1/\sqrt{1-x^2}$ oder $\sqrt{1-x^2}$. Derartige Funktionen sind jedoch in der Integralrechnung sehr wichtig, wir werden sie daher in diesem Abschnitt behandeln und überraschenderweise mit den Inversen der trigonometrischen Funktionen identifizieren können.

Zunächst suchen wir eine Funktion mit der Ableitung $1/(1+x^2)$. Wir betrachten die Funktion $y = \tan x$ im offenen Intervall $-\pi/2 < x < \pi/2$ (**Bild 4.22**). Steigt x in diesem Intervall an, so steigt auch $\tan x$ an: Die Funktion $\tan x$ ist im Definitionsbereich $(-\pi/2; +\pi/2)$ eineindeutig. Für $x \to \pi/2$ und $x \to -\pi/2$ wird $\tan x$ sehr groß.

Das Schaubild der Umkehrfunktion g erhält man aus dem Schaubild der Funktion $y = \tan x$ durch Spiegelung an der Geraden $y = x$ (**Bild 4.23**). Für sehr große x gilt $g(x) \to \pi/2$.

Die Umkehrung der Tangensfunktion wird Arcustangens-Funktion genannt und mit $\arctan x$ oder $\tan^{-1} x$ bezeichnet. $\arctan x$ ist nicht der Kehrwert von $\tan x$; dieser wird zur besseren Unterscheidung $\cot x$ oder $1/\tan x$ oder

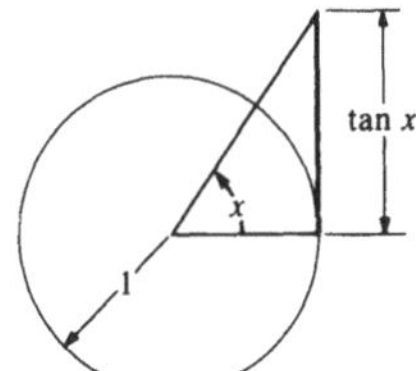

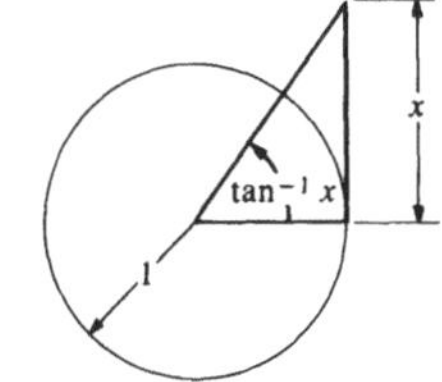

Bild 4.24

$(\tan x)^{-1}$ geschrieben. Beispielsweise folgt aus $\tan \pi/4 = 1$ sofort

$$\arctan 1 = \pi/4 \quad \text{oder} \quad \tan^{-1} 1 = \pi/4.$$

Der Definitionsbereich der arctan-Funktion umfaßt die gesamte x-Achse, für sehr große $|x|$ bewegt sich arctan in der Nähe von $\pi/2$ oder $-\pi/2$.

Häufig werden die Tangens- und Arcustangens-Funktionen auf dem Einheitskreis veranschaulicht (**Bild 4.24**).

Theorem 1:

$$D(\arctan x) = \frac{1}{1+x^2}.$$

Beweis: Sei $y = \arctan x$. Wir suchen dy/dx. Aus der Definition der inversen Tangensfunktion folgt $x = \tan y$. Man beachte $dx/dy = \sec^2 y$.

Wie im vorhergehenden Abschnitt finden wir

$$\frac{dx}{dx} = \frac{dx}{dy} \cdot \frac{dy}{dx}$$

$$1 = \sec^2 y \frac{dy}{dx}.$$

Es folgt

$$\frac{dy}{dx} = \frac{1}{\sec^2 y}$$

$$= \frac{1}{1+\tan^2 y}$$

$$= \frac{1}{1+x^2}.$$

Damit ist der Beweis abgeschlossen. •

Beispiel 1: Man bestimme $D(\arctan \sqrt{x})$.

Lösung: Wir verwenden Theorem 1 und die Kettenregel. Sei $y = \arctan \sqrt{x}$; dann gilt $y = \arctan u$ mit $u = \sqrt{x}$. Weiter ergibt sich

$$\frac{dy}{dx} = \frac{dy}{du} \cdot \frac{du}{dx}$$

$$= \frac{d(\arctan u)}{du} \cdot \frac{d(\sqrt{x})}{dx}$$

$$= \frac{1}{1+u^2} \cdot \frac{1}{2\sqrt{x}}$$

$$= \frac{1}{1+x} \cdot \frac{1}{2\sqrt{x}}$$

$$= \frac{1}{2\sqrt{x}(1+x)}. \quad \bullet$$

Nun wenden wir uns der Umkehrung der Sinusfunktion zu.

Die Sinusfunktion ist nicht eineindeutig. So gilt $\sin(\pi/4) = \sqrt{2}/2 = \sin(3\pi/4)$. Beschränkt man hingegen den Definitionsbereich auf $[-\pi/2; \pi/2]$, so ergibt sich eine eineindeutige Funktion. Das Schaubild von $y = \sin x$ steigt von $x = -\pi/2$ bis $x = \pi/2$ an (**Bild 4.25**).

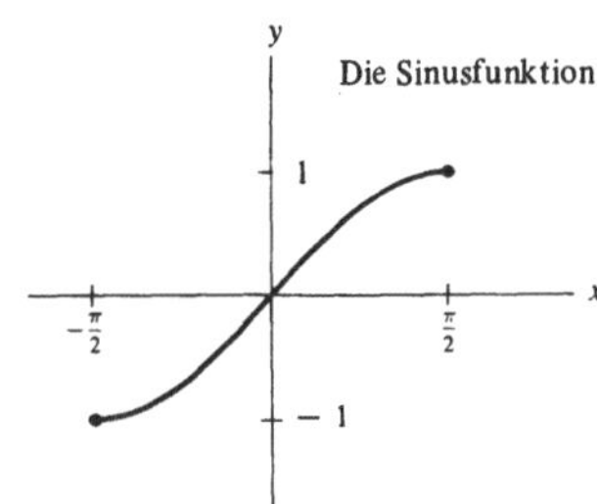

Bild 4.25

Die Umkehrfunktion wird Arcussinus genannt und mit $\arcsin x$ oder $\sin^{-1} x$ bezeichnet (**Bild 4.26**). Aus $\sin \pi/2 = 1$ erhalten wir

$$\text{arscin } 1 = \pi/2 \quad \text{oder} \quad \sin^{-1} 1 = \pi/2.$$

In Worten: „Der Sinus wird für den Winkel $\pi/2$ gleich 1".

Wiederum erhält man durch Darstellung am Einheitskreis eine anschauliche Interpretation (**Bild 4.27**). Man beachte

$$-\pi/2 \leqslant \arcsin x \leqslant \pi/2.$$

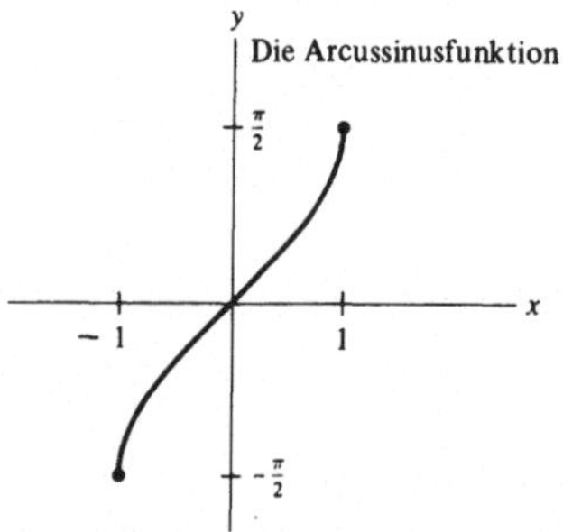

Bild 4.26

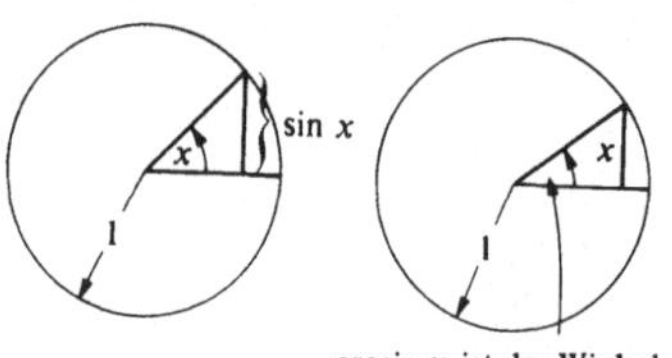

arcsin x ist der Winkel, dessen Sinus gleich x ist

Bild 4.27

Der Beweis des nächsten Theorems verläuft wie für Theorem 1.

Theorem 2:

$$D(\arcsin x) = \frac{1}{\sqrt{1-x^2}} .$$

Beweis: Sei $y = \arcsin x$, d.h. $x = \sin y$. Dann gilt

$$\frac{dx}{dx} = \frac{d(\sin y)}{dx}$$

$$= \frac{d(\sin y)}{dy}\,\frac{dy}{dx} \qquad \text{oder} \qquad 1 = \cos y\,\frac{dy}{dx}$$

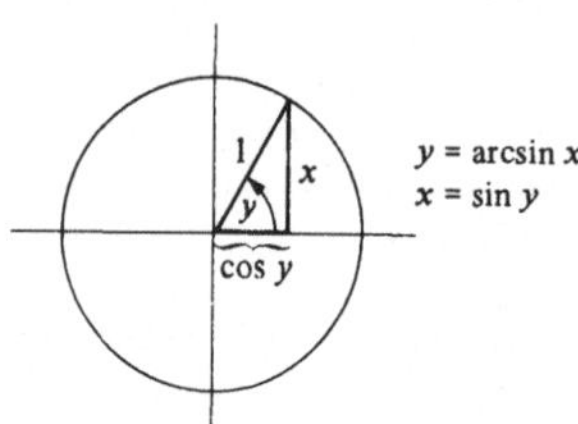

Bild 4.28

und schließlich

$$\frac{dy}{dx} = \frac{1}{\cos y} .$$

Um nun $\cos y$ durch x auszudrücken, tragen wir auf dem Einheitskreis den Wert $x = \sin y$ ein. Nach Bild 4.28 ist $\cos y$ für $-\pi/2 \leqslant y \leqslant \pi/2$ positiv und es gilt

$$\cos^2 y + x^2 = 1.$$

Daraus folgt $\cos y = \sqrt{1-x^2}$ (positive Quadratwurzel) und dy/dx erhält die Gestalt

$$\frac{dy}{dx} = \frac{1}{\sqrt{1-x^2}} .$$

Damit ist gezeigt:

$$\frac{d(\arcsin x)}{dx} = \frac{1}{\sqrt{1-x^2}} . \bullet$$

Beispiel 2: Man bestimme die Ableitung von $\arcsin 3x/4$.

Lösung: Sei $y = \arcsin 3x/4$. Diese zusammengesetzte Funktion kann aufgelöst werden in

$$y = \arcsin u \quad \text{mit} \quad u = 3x/4.$$

Nun gilt

$$\frac{dy}{du} = \frac{1}{\sqrt{1-u^2}} \qquad \text{und} \qquad \frac{du}{dx} = \frac{3}{4} .$$

Wir erhalten weiter

$$\frac{dy}{dx} = \frac{dy}{du} \cdot \frac{du}{dx}$$

$$= \frac{1}{\sqrt{1-u^2}} \cdot \frac{3}{4}$$

$$= \frac{1}{\sqrt{1-(3x/4)^2}} \cdot \frac{3}{4}$$

$$= \frac{\sqrt{16}}{\sqrt{16-9x^2}} \cdot \frac{3}{4}$$

$$= \frac{3}{\sqrt{16-9x^2}} . \bullet$$

Beispiel 3: Man differenziere $x\sqrt{1-x^2} + \arcsin x$.

Lösung:

$$\frac{d(x\sqrt{1-x^2} + \arcsin x)}{dx} = \frac{d(x\sqrt{1-x^2})}{dx} + \frac{d(\arcsin x)}{dx}$$

$$= \frac{x\,d(\sqrt{1-x^2})}{dx} + \sqrt{1-x^2}\,\frac{dx}{dx} + \frac{1}{\sqrt{1-x^2}}$$

$$= x \cdot \frac{1}{2}\,\frac{-2x}{\sqrt{1-x^2}} + \sqrt{1-x^2} + \frac{1}{\sqrt{1-x^2}}$$

$$= \frac{-x^2}{\sqrt{1-x^2}} + \sqrt{1-x^2} + \frac{1}{\sqrt{1-x^2}}$$

$$= \frac{1-x^2}{\sqrt{1-x^2}} + \sqrt{1-x^2}$$

$$= \sqrt{1-x^2} + \sqrt{1-x^2}$$

$$= 2\sqrt{1-x^2} .$$

Auch diese Ableitung ist wesentlich einfacher als die zugehörige Funktion. ●

Wiewohl $\arctan x$ und $\arcsin x$ die häufigsten inversen trigonometrischen Funktionen sind, tritt auch die Inverse der Sekansfunktion gelegentlich auf. Man erinnere sich an die Definition der Sekansfunktion aus Abschnitt 4.6:

$$\sec x = 1/\cos x .$$

Aus $|\cos x| \leqslant 1$ folgt $|\sec x| \geqslant 1$. Für kleine $\cos x$ nimmt

$\sec x$ große Werte an. Das Schaubild von $y = \sec x$ ist in Bild 4.29 dargestellt. $\sec x$ besitzt wie $\cos x$ die Periode 2π.

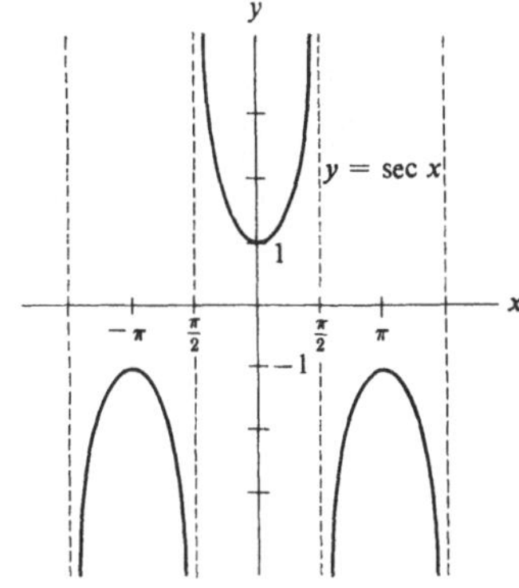

Bild 4.29

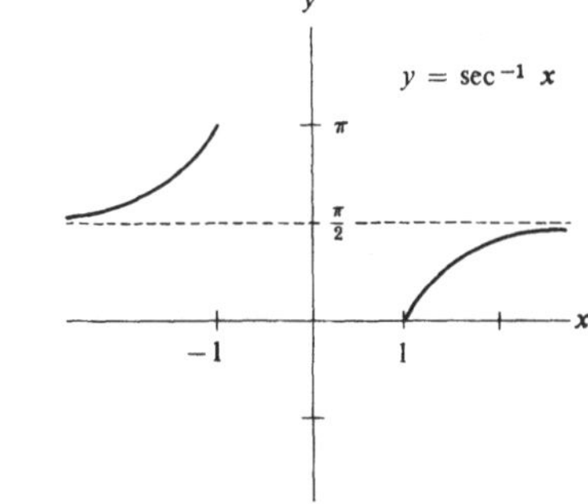

Bild 4.30

Wird x auf die Werte zwischen Null und π beschränkt, so ist $\sec x$ eine eineindeutige Funktion und besitzt daher eine Umkehrfunktion, die wir mit $\sec^{-1} x$ bezeichnen. Ihr Schaubild zeigt Bild 4.30. $\sec^{-1} x$ ist nur für Werte von $x \geqslant 1$ oder $x \leqslant -1$ definiert. Um etwa $y = \sec^{-1} 2$ zu berechnen, hätte man folgendermaßen vorzugehen:

$$\begin{aligned} y &= \text{Winkel, dessen Sekans} = 2 \\ &= \text{Winkel, dessen Kosinus} = \tfrac{1}{2} \\ &= \pi/3 \end{aligned}$$

oder

$$\sec^{-1} 2 = \frac{\pi}{3}.$$

Theorem 3:

$$D(\sec^{-1} x) = \frac{1}{|x|\sqrt{x^2 - 1}}$$

für $|x| > 1$.

Beweis: Sei $y = \sec^{-1} x$. Dann gilt

$$x = \sec y$$

und

$$\frac{dx}{dx} = \frac{dx}{dy} \cdot \frac{dy}{dx}$$

oder

$$1 = \sec y \tan y \frac{dy}{dx}.$$

Daraus folgt

$$\frac{dy}{dx} = \frac{1}{\sec y \tan y} = \frac{1}{x \tan y}.$$

Nun müssen wir nur noch $\tan y$ durch x ausdrücken. Aus

$$\sec^2 y = 1 + \tan^2 y$$

oder

$$x^2 = 1 + \tan^2 y$$

ergibt sich

$$\tan y = \pm\sqrt{x^2 - 1} \quad \text{für } |x| > 1.$$

Welches Vorzeichen soll nun gewählt werden? Für $x > 1$ bewegt sich $y = \sec^{-1} x$ im Bereich von $(0; \pi/2)$, $\tan y$ ist positiv. Für $x < -1$ liegt $y = \sec^{-1} x$ im Bereich $(\pi/2; \pi)$ und $\tan y$ ist negativ. In beiden Fällen ist jedoch das Produkt $x \cdot \tan y$ positiv und es folgt

$$\frac{dy}{dx} = \frac{1}{|x|\sqrt{x^2 - 1}}.$$

(Die Ableitung von $y = \sec^{-1} x$ ist in Übereinstimmung mit dem Schaubild immer positiv; die Tangenten steigen immer nach rechts an.) •

Beispiel 4: Man differenziere $y = \sec^{-1} 5x$.

Lösung: Wir verwenden die Kettenregel. Es gilt $y = \sec^{-1} u$ mit $u = 5x$. Wir erhalten

$$\begin{aligned} \frac{dy}{dx} &= \frac{1}{|u|\sqrt{u^2 - 1}} \cdot 5 \\ &= \frac{1}{|5x|\sqrt{25x^2 - 1}} \cdot 5 \\ &= \frac{1}{|5||x|\sqrt{25x^2 - 1}} \cdot 5 \\ &= \frac{1}{|x|\sqrt{25x^2 - 1}}. \end{aligned}$$ •

Die Umkehrfunktionen der restlichen drei trigonometrischen Funktionen $\cos x$, $\cot x$ und $\operatorname{cosec} x$ werden selten benötigt. Sie können wie folgt definiert werden:

$$\arccos x = \frac{\pi}{2} - \arcsin x,$$

$$\operatorname{arccot} x = \frac{\pi}{2} - \arctan x,$$

$$\operatorname{cosec}^{-1} x = \arcsin \frac{1}{x}.$$

Gelegentlich wird die Relation

$$\frac{d(\arccos x)}{dx} = \frac{-1}{\sqrt{1 - x^2}}$$

benötigt.

Übungen:

1. Man zeichne das Bild eines Kreises mit dem Radius 10 cm und schätze mit Zentimetermaßstab und Winkelmesser folgende Größen:
   (*a*) arctan 1,5 (*b*) arctan 0,7
   (*c*) arctan (− 1,2) (*d*) arcsin 0,4
   (*e*) arcsin (− 0,5) (*f*) arcsin 0,8.
   Gibt der Winkelmesser Gradmaß, so soll die Antwort auf Bogenmaß umgerechnet werden (Division durch 57 entspricht ungefähr $180/\pi$).
2. Man berechne
   (*a*) arcsin 1 (*b*) arctan 1
   (*c*) $\arcsin(-\sqrt{3}/2)$ (*d*) $\arctan(-\sqrt{3})$
   (*e*) $\sec^{-1}\sqrt{2}$.

In den Übungen 3 bis 8 ist der entsprechende Ausdruck numerisch anzugeben. Eine Skizze des Einheitskreises oder eines entsprechenden rechtwinkligen Dreiecks ist nützlich.

3. $\sin(\arctan 1)$
4. $\tan[\arcsin(\sqrt{3}/2)]$
5. $\tan(\sec^{-1} 2)$
6. $\sin(\arcsin 0{,}3)$
7. $\tan[\arcsin(-\sqrt{2}/2)]$
8. $\sin(\arctan 0)$

In den Übungen 9 bis 20 sind die angegebenen Funktionen zu differenzieren.

9. $\arcsin 5x$
10. $\arcsin e^{-x}$
11. $\arctan 3x$
12. $\arctan \sqrt[3]{x}$
13. $\sec^{-1} 3x$
14. $-\frac{1}{3}\arcsin\frac{3}{x}$
15. $\frac{x}{2}\sqrt{2-x^2}+\arcsin x\sqrt{\frac{1}{2}}$
16. $\sqrt{3x^2-1}-\arctan\sqrt{3x^2-1}$
17. $\frac{2}{5}\sec^{-1}\sqrt{3x^5}$
18. $\frac{1}{2}\left[(x-3)\sqrt{6x-x^2}+9\arcsin\frac{x-3}{3}\right]$
19. $\sqrt{1+x}\sqrt{2-x}-3\arcsin\sqrt{(2-x)/3}$
20. $\arcsin x-\sqrt{1-x^2}$

■

In den Übungen 21 bis 23 sind die angegebenen Funktionen zu differenzieren. (Völlig verschiedene Funktionen besitzen oft sehr ähnliche Ableitungen.)

21. (*a*) $\ln(x+\sqrt{x^2-9})$,
    (*b*) $\arcsin x/3$.
22. (*a*) $-\frac{1}{5}\ln\frac{5+\sqrt{25-x^2}}{x}$,
    (*b*) $-\frac{1}{5}\arcsin\frac{5}{x}$.
23. (*a*) $\ln\frac{\sqrt{2x^2+1}-1}{x}$,
    (*b*) $\sec^{-1} x\sqrt{2}$.

In den Übungen 24 bis 26 sind die angegebenen Funktionen zu differenzieren. In jedem der angegebenen Fälle hat die Ableitung eine sehr einfache Gestalt.

24. $x\arcsin 3x+\frac{1}{3}\sqrt{1-9x^2}$
25. $x(\arcsin 2x)^2-2x+\sqrt{1-4x^2}\arcsin 2x$
26. $x\arctan 5x-\frac{1}{10}\ln(1+25x^2)$
27. (*a*) Man zeichne das Schaubild von $y=\arccos x$.
    (*b*) Man zeige $(\arccos x)'=-1/\sqrt{1-x^2}$.

■■

28. Man zeige $\arctan\frac{1}{2}+\arctan\frac{1}{3}=\frac{\pi}{4}$.

4.12 Zusammenfassung

Wir haben in diesem Kapitel Verfahren zur Berechnung der Ableitung der Funktionen hergeleitet, die durch Addition, Subtraktion, Multiplikation, Division und Zusammensetzung aus den Funktionen x^a, den trigonometrischen Funktionen und ihrer Umkehrungen sowie den Exponential- und Logarithmusfunktionen aufgebaut werden können. Solche Funktionen nennt man elementare Funktionen. Sie treten in vielen Problemen der Infinitesimalrechnung auf. Wie die verschiedenen Verfahren dieses Kapitels gezeigt haben, ist die Ableitung einer elementaren Funktion wieder eine elementare Funktion.

Begriffe und Symbole

$\frac{dy}{dx}, \frac{df}{dx}, D(f), y'$	Logarithmus
	eineindeutige Funktion
	Umkehrung einer eineindeutigen Funktion f^{-1}
Zusammengesetzte Funktion	$\arcsin x$
$f\circ g$	$\arctan x$
Kettenregel	$\sec^{-1} x$

Aus der Kettenregel sowie einigen der oben angewendeten Formeln ergeben sich die folgenden Vorschriften für die differenzierbare Funktion $u(x)$

$$\frac{d(1/u)}{dx}=-\frac{1}{u^2}\frac{du}{dx}$$

$$\frac{d(\sin u)}{dx}=\cos u\frac{du}{dx}$$

$$\frac{d(\cos u)}{dx}=-\sin u\frac{du}{dx}$$

$$\frac{d(\tan u)}{dx}=\sec^2 u\frac{du}{dx}$$

$$\frac{d(\sec u)}{dx}=\sec u\tan u\frac{du}{dx}$$

$$\frac{d(\cot u)}{dx}=-\operatorname{cosec}^2 u\frac{du}{dx}$$

$$\frac{d(\operatorname{cosec} u)}{dx}=-\operatorname{cosec} u\cot u\frac{du}{dx}$$

$$\frac{d(\ln|u|)}{dx}=\frac{1}{u}\frac{du}{dx}$$

$$\frac{d(e^u)}{dx}=e^u\frac{du}{dx}$$

$$\frac{d(\arcsin u)}{dx}=\frac{1}{\sqrt{1-u^2}}\frac{du}{dx}$$

$$\frac{d(\arctan u)}{dx}=\frac{1}{1+u^2}\frac{du}{dx}$$

$$\frac{d(\sec^{-1} u)}{dx}=\frac{1}{|u|\sqrt{u^2-1}}\frac{du}{dx}$$

Wichtige Ergebnisse

Die folgende Tabelle faßt dieses Kapitel zusammen und weist auf bestimmte Funktionen hin.

f	Ableitung von f	Kommentar
Konstante Funktion (c)	0	
x^a	ax^{a-1}	
$\sqrt{x}$	$\frac{1}{2\sqrt{x}}$	
$\frac{1}{x}$	$\frac{-1}{x^2}$	
$\sqrt{1+x^2}$	$\frac{x}{\sqrt{1+x^2}}$	
$\sin x$	$\cos x$	
$\cos x$	$-\sin x$	Man beachte das Minuszeichen
$\tan x$	$\sec^2 x$	
$\sec x$	$\sec x \tan x$	
$\operatorname{cosec} x$	$-\operatorname{cosec} x \cot x$	nicht üblich
$\cot x$	$-\operatorname{cosec}^2 x$	nicht üblich
$\ln \lvert x \rvert$	$\frac{1}{x}$	
$\log_{10} \lvert x \rvert$	$\frac{\log_{10} e}{x}$	nicht üblich
$\log_a \lvert x \rvert$	$\frac{\log_a e}{x}$	nicht üblich
e^x	e^x	
e^{kx}	$k e^{kx}$	
e^{-x}	$-e^{-x}$	
a^x	siehe Kommentar	Diese Formel für $d(a^x)/dx$ muß nicht eingeprägt werden. Es ist besser, a^x als $e^{(\ln a)x}$ zu schreiben und dann zu differenzieren.
$\arcsin x$	$\frac{1}{\sqrt{1-x^2}}$	
$\arctan x$	$\frac{1}{1+x^2}$	
$\sec^{-1} x$	$\frac{1}{\lvert x \rvert \sqrt{x^2-1}}$	

Regeln zur Berechnung von Ableitungen

$$(f+g)' = f' + g'$$
$$(cf)' = cf'$$
$$(fg)' = fg' + gf'$$
$$\left(\frac{1}{f}\right)' = \frac{-f'}{f^2}$$
$$\left(\frac{f}{g}\right)' = \frac{gf' - fg'}{g^2}$$

Bei Verwendung der Formel

$$\left(\frac{f}{g}\right)' = \frac{gf' - fg'}{g^2}$$

beachte man das Minuszeichen im Zähler. Man schreibe zuerst den Faktor g^2 im Nenner und dann sofort das g aus dem Term gf' des Zählers. Der Rest des Zählers ist dann sehr leicht zu ergänzen.

Am wichtigsten für alle Anwendungen ist die Kettenregel: Wenn

$$y = f(u) \qquad \text{und} \qquad u = g(x),$$

dann gilt

$$\frac{dy}{dx} = \frac{dy}{du}\frac{du}{dx}.$$

Testaufgaben zu Kapitel 4 (Rechnungen)

1. Man differenziere $1/\sqrt{x}$ auf drei verschiedene Arten:
   (*a*) x^a und Differentiation,
   (*b*) Darstellung durch $(1/f)' = -f'/f^2$.
   (*c*) Mit der Formel für $(f/g)'$.
2. Man differenziere:
   (*a*) $(x^3 + x)^6$, (*b*) $\frac{(\sin 2x)^3}{x^4}$,
   (*c*) $x^3 \ln(x^2)$, (*d*) $\sec^5 3x$.
3. Man differenziere:
   (*a*) $\sqrt{1+x^3}$, (*b*) $\cos^2 3x$,
   (*c*) e^{-3x}, (*d*) $\arcsin 3x$,
   (*e*) 5^{x^2}, (*f*) $\sqrt{x^3}$.
4. Man differenziere:
   (*a*) $\frac{e^x(\sin 2x - 2\cos 2x)}{5}$,
   (*b*) $x \arcsin x + \sqrt{1-x^2}$,
   (*c*) $x \arctan x - \frac{1}{2}\ln(1+x^2)$,
   (*d*) $\sec^{-1} 3x \cdot \sec 3x$.
5. Man berechne:
   (*a*) $\arctan(-1)$, (*b*) $\arctan\sqrt{3}$,
   (*c*) $\arcsin(\frac{1}{2})$, (*d*) $\sec^{-1}(-2)$,
   (*e*) $\sec^{-1}(-1)$, (*f*) $\arcsin(-1)$.

Testaufgaben zu Kapitel 4 (Begriffe)

1. Mit Hilfe der Definition der Ableitung und der Grenzwerte
   $$\lim_{h\to 0} \frac{\sin h}{h} \qquad \text{und} \qquad \lim_{h\to 0} \frac{1-\cos h}{h},$$
   zeige man
   $$\frac{d(\cos x)}{dx} = -\sin x.$$
2. (*a*) Man beweise $\lg x = (\lg e) \cdot \ln x$ ausgehend von $x = e^{\ln x}$.
   (*b*) Man verwende (*a*), und die Formel für $(\ln x)'$, um $(\lg x)'$ zu finden.
3. Man berechne
   (*a*) $\lim_{x\to 2} \frac{e^x - e^2}{x-2}$, (*b*) $\lim_{h\to 0} \frac{10^h - 1}{h}$.
4. Man zeige, daß
   (*a*) $(f+g)' = f' + g'$, (*b*) $(fg)' = fg' + gf'$.
5. (*a*) Man beweise für $f(x) = x^3$ und $g(x) = x^2$, $f \circ g = g \circ f$.
   (*b*) Man zeige für $f(x) = x^3$ und $g(x) = 1 + x^2$, $f \circ g \neq g \circ f$.
6. (*a*) Warum verwendet man in der Infinitesimalrechnung das Bogenmaß?
   (*b*) Warum verwendet man in der Infinitesimalrechnung die Basis e für den Logarithmus?
   (*c*) Warum verwendet man in der Infinitesimalrechnung die

Basis e für die Exponentialfunktion?

7. Sei $f(x)$ die Mutter von x und sei $g(x)$ der Vater von x.
   (a) Was ist $(f \circ f)(x)$?
   (b) Was ist $(f \circ g)(x)$?
   (c) Was ist $(g \circ f)(x)$?
   (d) Wenn $f(x_1) = f(x_2)$ und $g(x_1) = g(x_2)$ gilt, wie nennt man dann x_1 und x_2?
   (e) Wenn $(f \circ f)(x_1) = (f \circ f)(x_2)$, aber $f(x_1) \neq f(x_2)$ gilt, wie werden dann x_1 und x_2 genannt. Es sei $x_1 \neq x_2$.
8. Wie lauten die Umkehrungen der folgenden Funktionen?
   (a) $\ln x$, (b) e^x,
   (c) x^3, (d) $3x$,
   (e) $\sqrt[3]{x}$, (f) $\sin^{-1} x$.
9. Sei $y = x^{1/5}$; dies ist die Umkehrung der Funktion x^5. Man zeige $dy/dx = (1/5)x^{-4/5}$.
10. Die folgende Tabelle enthält die Werte von f, g, f' und g' für $x = 1$ und $x = 2$.

x	$f(x)$	$g(x)$	$f'(x)$	$g'(x)$
1	2	2	4	5
2	5	7	9	3

Mit Hilfe dieser Zahlenwerte bestimme man, wenn möglich,
   (a) $(f+g)'$ für $x = 2$, (d) $(g \circ f)'$ für $x = 1$,
   (b) $(f/g)'$ für $x = 1$, (e) $(f^2)'$ für $x = 2$.
   (c) $(f \circ g)'$ für $x = 1$,
11. Man beweise
   (a) $D(\arcsin x) = 1/\sqrt{1-x^2}$
   (b) $D(e^x) = e^x$
   (c) $D(\arctan x) = 1/(1+x^2)$

Übungen zu Kapitel 4

Man differenziere die Funktionen in den Übungen 1 bis 23.

1. $6x^2 + 3x - 1$
2. $(x^2 + 1)\sin 2x$
3. $\dfrac{\sin^2 x}{\cos x}$
4. $\left(\dfrac{x^3 - 2x}{x^4}\right)^2$
5. $e^{-3x}\cos 2x$
6. $(2x + 1)^5$
7. (a) $\ln(x^3(1-2x)^5)$.
   (b) $\ln\sqrt[3]{\cos x}$. (Zuerst nach den logarithmischen Rechenregeln vereinfachen!)
8. $\dfrac{1}{\sqrt{x}}$
9. $\dfrac{1}{3}\arctan\dfrac{x}{3}$
10. $\sqrt[3]{2x}$
11. $\sqrt{\sin x}$
12. $\cos\sqrt{x}$
13. $\ln(x + \sqrt{x^2+1})$
14. $x\sqrt{1+3x^2}$
15. $\dfrac{\sin^3 2x}{x^2 + x}$
16. $e^{-x}\tan x^2$
17. $e^{-x}\arctan x^2$
18. $\ln|\sec x + \tan x|$
19. $(e^{x^2})^3$
20. $5^{\cos x}$
21. $\arcsin 2x$
22. $\operatorname{cosec} 3x$
23. $\lg(x^2 + 1)$

In den Übungen 24 bis 29 seien a, b und c Konstante. Man beweise, daß die Ableitung der Funktion in der linken Spalte gleich der Funktion in der rechten Spalte ist.

24. $\frac{1}{2}[x\sqrt{x^2+a^2} + a^2\ln(x + \sqrt{x^2+a^2})]$ $\quad \sqrt{x^2+a^2}$
25. $\frac{1}{2}\left(x\sqrt{a^2-x^2} + a^2\arcsin\dfrac{x}{a}\right)$ $\quad \sqrt{a^2-x^2}$
26. $\ln(x + \sqrt{x^2+a^2})$ $\quad 1/\sqrt{x^2+a^2}$
27. $\frac{1}{2}[x\sqrt{x^2-a^2} - a^2\ln(x + \sqrt{x^2-a^2})]$ $\quad \sqrt{x^2-a^2}$
28. $-\dfrac{1}{a}\arcsin\dfrac{a}{x}$ $\quad \dfrac{1}{x\sqrt{x^2-a^2}}$
29. $\dfrac{1}{2a}\ln\dfrac{a+x}{a-x}$ $\quad \dfrac{1}{a^2-x^2}$
30. $\dfrac{1}{a}\arctan\dfrac{x}{a}$ $\quad \dfrac{1}{a^2+x^2}$
31. $\dfrac{x}{2}\sqrt{ax^2+c} + \left(\dfrac{c}{2\sqrt{a}}\right)\ln(x\sqrt{a} + \sqrt{ax^2+c})$ $\quad \sqrt{ax^2+c}$ $\quad a > 0$
32. $\dfrac{x}{2}\sqrt{ax^2+c} + \dfrac{c}{2\sqrt{-a}}\arcsin\left(x\sqrt{\dfrac{-a}{c}}\right)$ $\quad \sqrt{ax^2+c}$ $\quad a < 0$
33. $\sqrt{ax^2+c} + \sqrt{c}\ln\dfrac{\sqrt{ax^2+c} - \sqrt{c}}{x}$ $\quad \dfrac{\sqrt{ax^2+c}}{x}$ $\quad c > 0$
34. $\sqrt{ax^2+c} - \sqrt{-c}\arctan\dfrac{\sqrt{ax^2+c}}{\sqrt{-c}}$ $\quad \dfrac{\sqrt{ax^2+c}}{x}$ $\quad c < 0$
35. $\dfrac{1}{\sqrt{b^2-4ac}}\ln\dfrac{2ax+b-\sqrt{b^2-4ac}}{2ax+b+\sqrt{b^2-4ac}}$ $\quad \dfrac{1}{ax^2+bx+c}$ $\quad b^2 > 4ac$
36. $\dfrac{2}{\sqrt{b^2-4ac}}\arctan\dfrac{2ax+b}{\sqrt{4ac-b^2}}$ $\quad \dfrac{1}{ax^2+bx+c}$ $\quad b^2 < 4ac$
37. $-\dfrac{2}{2ax+b}$ $\quad \dfrac{1}{ax^2+bx+c}$ $\quad b^2 = 4ac$
38. $\dfrac{x}{2} - \dfrac{\sin 2ax}{4a}$ $\quad \sin^2 ax$
39. $-\dfrac{1}{a}\cos ax + \dfrac{1}{3a}\cos^3 ax$ $\quad \sin^3 ax$
40. $-\dfrac{1}{a}\ln\cos ax$ $\quad \tan ax$
41. $\dfrac{x}{8} - \dfrac{\sin 4ax}{32a}$ $\quad \sin^2 ax\cos^2 ax$
42. $\dfrac{1}{a}\tan ax - x$ $\quad \tan^2 ax$
43. $\dfrac{1}{2a}\tan^2 ax + \dfrac{1}{a}\ln\cos ax$ $\quad \tan^3 ax$
44. $-\dfrac{1}{2a}\cot^2 ax - \dfrac{1}{a}\ln\sin ax$ $\quad \cot^3 ax$
45. $\dfrac{1}{a^2}\sin ax - \dfrac{1}{a}x\cos ax$ $\quad x\sin ax$
46. $\dfrac{x^2}{4} - \dfrac{x\sin 2ax}{4a} - \dfrac{\cos 2ax}{8a^2}$ $\quad x\sin^2 ax$
47. $\dfrac{1}{ab}[ax - \ln(b + ce^{ax})]$ $\quad \dfrac{1}{b + ce^{ax}}$
48. $x(\ln ax)^2 - 2x\ln ax + 2x$ $\quad (\ln ax)^2$
49. $\dfrac{x^2}{2}\arcsin ax - \dfrac{1}{4a^2}\arcsin ax + \dfrac{x}{4a}\sqrt{1-a^2x^2}$ $\quad x\arcsin ax$
50. Man beweise $\sec^{-1} x = \arccos(1/x)$. (Dies wird gelegentlich auch als Definition für $\sec^{-1} x$ verwendet.)
51. Sei $f(x) = e^x + e^{-x}$. Man bestimme $(f^{-1})'$ für $e + e^{-1}$.

Man stelle jeden der Grenzwerte in den Übungen 52 bis 55 als Ableitung dar und berechne ihn.

52. $\displaystyle\lim_{x_1 \to 2}\frac{(1+x_1^2)^3 - 125}{x_1 - 2}$
53. $\displaystyle\lim_{x_1 \to 3}\frac{\ln(1+2x_1) - \ln 7}{x_1 - 3}$
54. $\displaystyle\lim_{h \to 0}\frac{e^{(3+h)^2} - e^9}{h}$
55. $\displaystyle\lim_{\Delta x \to 0}\frac{\sin\sqrt{3+\Delta x} - \sin\sqrt{3}}{\Delta x}$
56. Die Ableitung von $2^{3x}5^{7x}$ ist proportional zu $2^{3x}5^{7x}$. Man zeige dies!
57. Man gebe ein Beispiel für eine Funktion mit der Ableitung (a) $1/x^3$, (b) $1/x^2$, (c) $1/x$.
58. Man gebe ein Beispiel einer Funktion mit der Ableitung (a) e^x, (b) 10^x, (c) $1/(1+x^2)$, (d) $x/(1+x^2)$.

59. In jeder der angegebenen Funktionen sei y eine differenzierbare Funktion von x. Man stelle die Ableitung hinsichtlich x durch y und dy/dx dar.

(a) y^3, (b) $\cos y$, (c) e^y, (d) $1/y$.

60. (a) Man berechne die Ableitung von $y = \sqrt{9 + x^2}$ für $x = 4$.
(b) Man bestimme den Anstieg der Tangente an die Kurve $y = \sqrt{9 + x^2}$ im Punkt (4; 5).
(c) Man bestimme die Geschwindigkeit eines Teilchens zur Zeit $t = 4$, dessen Lage y auf einer Gerade zur Zeit t durch $y = \sqrt{9 + t^2}$ gegeben ist.

61. Man bestimme $\lim\limits_{h \to 0} \dfrac{f(x+h) - f(x)}{h}$ für $x = 9$ und $f(x) = \arctan \sqrt{x}$.

62. Man bestimme $\lim\limits_{x_1 \to 2} \dfrac{f(x_1) - f(2)}{x_1 - 2}$ für $f(x) = \sqrt{1 + 4x}$.

63. Man betrachte das Bild einer Funktion f (Bild 4.31). Die Funktion f besitze eine Umkehrfunktion g. Man berechne:

(a) $f(1)$, (b) $f(3)$, (c) $g(1)$, (d) $g(2)$, (e) $g(3)$.

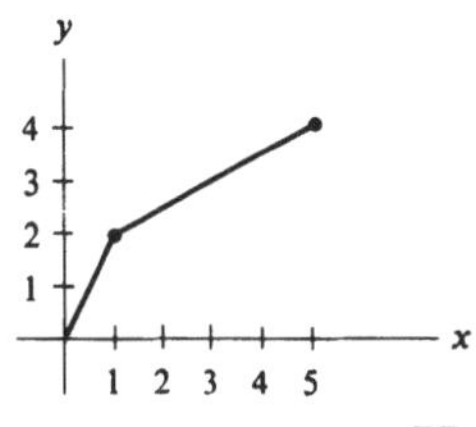

Bild 4.31

■■

64. Sei f für alle positiven Werte x definiert. Es gelte für alle positiven Werte x und y stets $f(x/y) = f(x) - f(y)$. Desgleichen sei $f' = 1$ für $x = 1$. Man zeige

(a) $f(1) = 0$; (b) $f(1/x) = -f(x)$;
(c) $f(xy) = f(x) + f(y)$;
(d) f besitzt für jedes positive x eine Ableitung und diese ist gleich $1/x$.
(e) Welche bekannte Funktion f genügt der Gleichung $f(x/y) = f(x) - f(y)$?

65. Man definiere $f(x)$ als $x^2 \sin 1/x$ für $x \neq 0$ und $f(0)$ als Null.
(a) Man zeige, daß f an der Stelle Null eine Ableitung besitzt, nämlich Null. (Man berechne
$$\lim_{h \to 0} \frac{f(h) - f(0)}{h}.)$$
(b) Man zeige, daß f für $x \neq 0$ eine Ableitung besitzt.
(c) Man zeige, daß die Ableitung von f bei $x = 0$ nicht stetig ist.

66. Was ist an dem folgenden Beweis der „Gleichung" 2 = 1 falsch: x^2 kann als $x^2 = x \cdot x = x + x + \ldots + x$ (x mal) geschrieben werden. Differentiation hinsichtlich x gibt die Gleichung $2x = 1 + 1 + \ldots + 1$ (x Einser). Daraus folgt $2x = x$. Setzt man $x = 1$, so erhält man $2 = 1$.

67. Der Quotient $\log_2 3/\log_2 7$ ist irrational. Man zeige dies!

68. Das Schaubild 4.32 zeigt die Tangente an die Kurve $y = e^x$ in einem Punkt (x_0, y_0). Man bestimme die Länge der Strecke AB.

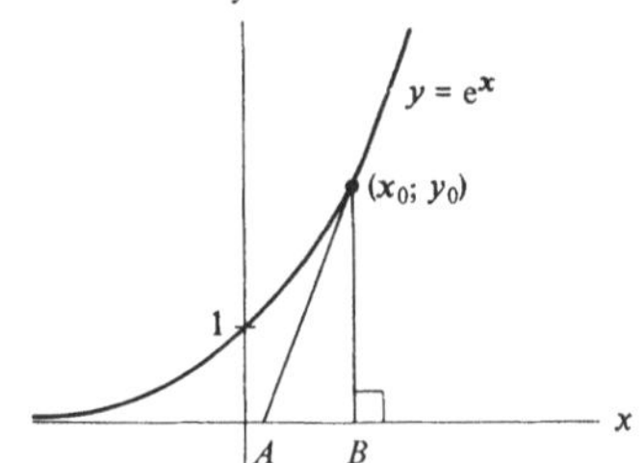

Bild 4.32

5 Anwendungen der Ableitung

Im Abschnitt 2.1 wurde die Geschwindigkeit eines fallenden Steines untersucht und gleichzeitig das Konzept der Ableitung plausibel gemacht. In Kapitel 1 wurde der Begriff der Funktionen und in Kapitel 2 die formale Definition der Ableitung eingeführt. Geschwindigkeit, Anstieg, Vergrößerung und Dichte waren verschiedene einfache Anwendungen der Ableitung einer Funktion. Mit Hilfe der in Kapitel 3 entwickelten Grenzwerte wurden in Kapitel 4 elementare Funktionen differenziert, die durch Addition, Subtraktion, Multiplikation, Division sowie Zusammensetzung aus x^n, der Exponential- und Logarithmusfunktion und den trigonometrischen Funktionen aufgebaut sind. Alle diese Begriffe sollen nun weiter auf die graphische Darstellung von Funktionen, die Bestimmung von Extremwerten und die Untersuchung von Wachstums- und Zerfallsraten angewendet werden.

5.1 Der Satz von Rolle

Die nächsten zwei Abschnitte beschäftigen sich mit dem sogenannten *Mittelwertsatz* der Differentialrechnung. Er folgt aus einigen einfacheren Theoremen, die wir später auch in anderem Zusammenhang noch benötigen werden.

Das erste dieser Theoreme wird in weiterführenden Vorlesungen über höhere Mathematik bewiesen. Es lautet: Eine stetige Funktion nimmt in einem Intervall $[a; b]$ einen größten und einen kleinsten Wert an.

Satz vom Maximum: f sei stetig in $[a; b]$. Dann existiert mindestens eine Zahl X in $[a; b]$, für die f einen größten Wert annimmt; für diese eine Zahl X aus $[a; b]$ gilt dann

$$f(X) \geqslant f(x) \quad \text{für alle } x \text{ aus } [a; b].$$

In analoger Weise nimmt f irgendwo in diesem Intervall seinen minimalen Wert an.

Man kann sich sehr leicht von der Plausibilität dieses Satzes überzeugen, wenn man die Darstellung einer stetigen Funktion betrachtet (Bild 5.1). Während der Bleistift die Skizze von einem Endpunkt des Graphen zum anderen entlang fährt, durchläuft er einmal einen höchsten und einmal einen niedrigsten Punkt.

Während der Bleistift das Schaubild einer stetigen Funktion von einem Punkt zum anderen durchläuft, passiert er einen größten und einen kleinsten Wert der Funktion

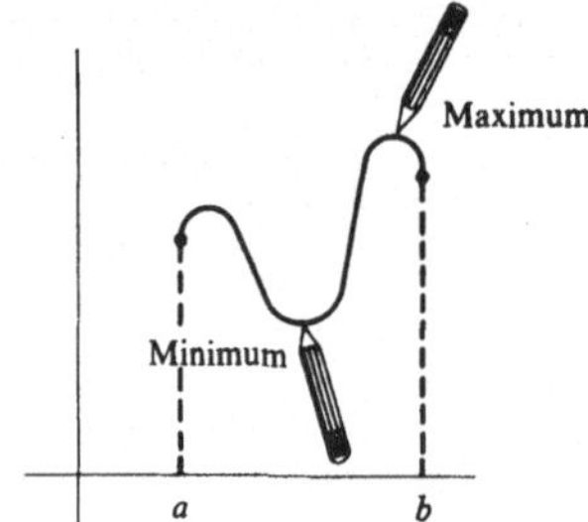

Bild 5.1

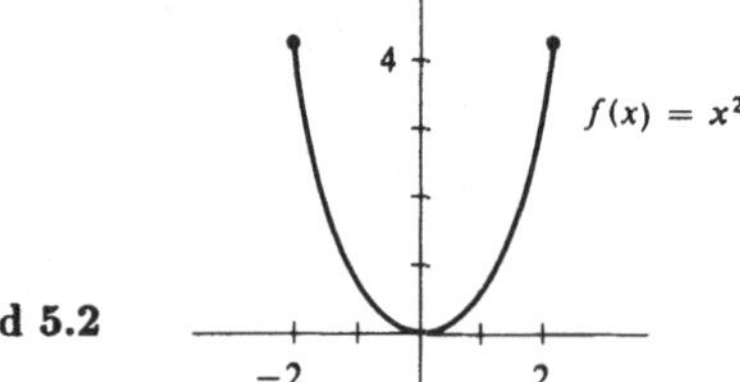

Bild 5.2

Beispiel 1: Sei $f(x) = x^2$ und $[a; b] = [-2; 2]$. Man bestimme alle Zahlen X, die den Aussagen des Satzes vom Maximum entsprechen.

Lösung: Der Maximalwert von $f(x)$ für x aus $[-2; 2]$ beträgt 4. Als Stelle X kann daher sowohl 2 als auch -2 genommen werden (Bild 5.2). ●

Das nächste Beispiel zeigt uns, daß der Satz vom Maximum nur in abgeschlossenen Intervallen gilt. Wir untersuchen eine Funktion, die nur in einem offenen Intervall stetig ist und dort daher auch keinen maximalen Wert zu besitzen braucht.

Beispiel 2: Sei $f(x) = 1/(1-x^2)$ und $(a; b)$ das offene Intervall $(-1; 1)$. Man zeige, daß f für x aus $(a; b)$ keinen Maximalwert besitzt.

Lösung: Für x in der Nähe von 1 wird $f(x)$ beliebig groß, da dort der Nenner $1-x^2$ sehr klein ist. Den Graph von f

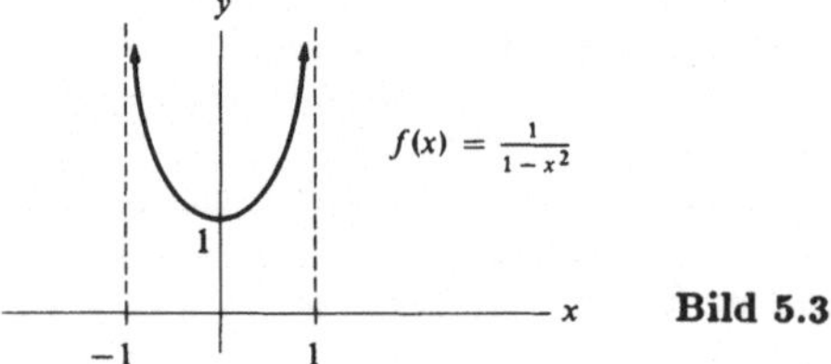

Bild 5.3

für x aus $(-1; 1)$ zeigt **Bild 5.3**. Diese Funktion ist im offenen Intervall $(-1; 1)$ stetig, es existiert dort jedoch keine Zahl X, für die f einen Maximalwert annimmt. ●

Nehmen wir nun an, die Funktion f sei differenzierbar. Was kann man über ihre Ableitung an der Stelle X des Maximalwertes aussagen?

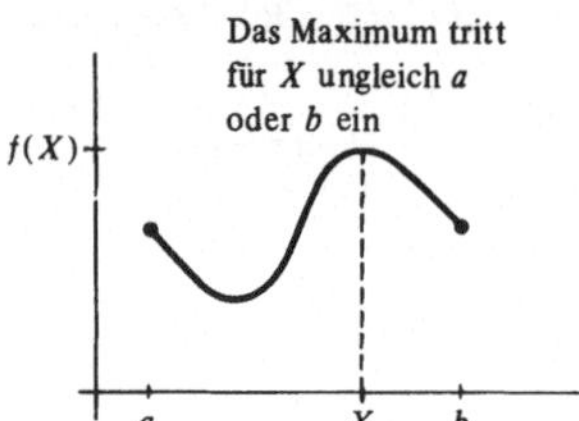

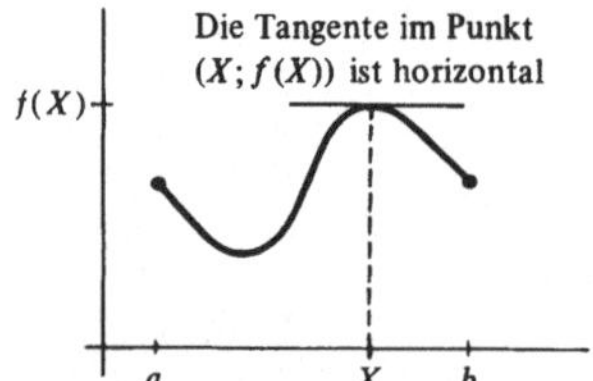

Bild 5.4

Ist X weder gleich a noch b, dann liegt X im offenen Intervall $(a; b)$. Wie **Bild 5.4** nahelegt, muß dann die Tangente an den Graphen im Punkt $(X; f(X))$ parallel zur x-Achse sein und es gilt

$$f'(X) = 0.$$

Tritt das Maximum in einem Endpunkt des Intervalls, a oder b, auf (**Bild 5.5**), so braucht die Ableitung in einem solchen Punkt nicht Null zu sein. Für den dargestellten Graphen liegt das Maximum bei $X = b$ und $f'(X)$ ist ungleich Null.

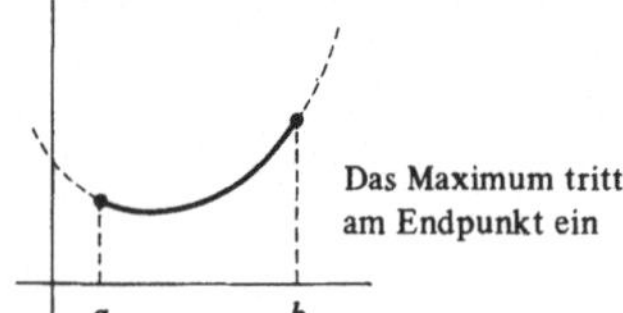

Bild 5.5

Für ein Maximum im Inneren des Intervalls wollen wir ein gesondertes Theorem formulieren und rechnerisch beweisen.

Theorem 1: Die Funktion f sei im geschlossenen Intervall $[a; b]$ definiert. Nimmt f den Maximalwert an einer Stelle X aus dem offenen Intervall $(a; b)$ an und existiert $f'(X)$, dann gilt

$$f'(X) = 0.$$

(Das gleiche gilt für den *Minimalwert.*)

Beweis: Wir wollen aus den gegebenen Voraussetzungen sowohl $f'(X) \geqslant 0$ als auch $f'(X) \leqslant 0$ herleiten. Dann folgt sofort $f'(X) = 0$.

Man betrachte den Quotienten

$$\frac{f(X+h)-f(X)}{h}$$

in der Definition von $f'(X)$ und nehme h so klein, daß $X+h$ im Intervall $[a; b]$ liegt. Da nun $f(X)$ der Maximalwert von $f(x)$ für x aus $[a; b]$ ist, ergibt sich

$$f(X+h) \leqslant f(X)$$

oder

$$f(X+h)-f(X) \leqslant 0.$$

Daraus folgt für positive h

$$\frac{f(X+h)-f(X)}{h} \leqslant 0.$$

Infolgedessen ist für $h \to 0^+$ der Ausdruck

$$\frac{f(X+h)-f(X)}{h}$$

immer negativ oder Null und kann keinen positiven Wert annehmen. Es gilt daher

$$f'(X) = \lim_{h \to 0^+} \frac{f(X+h)-f(X)}{h} \leqslant 0.$$

Ist andererseits h negativ, dann ist der Nenner von

$$\frac{f(X+h)-f(X)}{h}$$

negativ und der Zähler negativ oder gleich Null. Für negative h gilt daher

$$\frac{f(X+h)-f(X)}{h} \geqslant 0$$

(der Quotient zweier negativer Zahlen ist immer positiv). Wenn also $h \to 0^-$ strebt, erreicht der untersuchte Quotient eine Zahl $\geqslant 0$. Daraus folgt $f'(X) \geqslant 0$.

Es gilt nun $0 \leqslant f'(X) \leqslant 0$, also muß $f'(X)$ gleich Null sein; damit ist das Theorem bewiesen. ●

Dieses Theorem liefert die Grundlage für das Aufsuchen eines Maximums einer Funktion (siehe Abschnitt 5.5), In diesem Abschnitt werden wir mit Hilfe des Theorems 1 eine andere Eigenschaft der Ableitung beweisen, die im Satz von Rolle – benannt nach einem Mathematiker des 18. Jahrhunderts – formuliert wird.

Definition der Sehne von f: f sei eine Funktion. Ein Geradenabschnitt, der zwei Punkte des Graphen von f verbindet, ist eine *Sehne von f*.

Eine bestimmte differenzierbare Funktion f besitze nun eine Sehne parallel zur x-Achse, wie sie Bild 5.6a zeigt. Es erscheint plausibel, daß der Graph dann wenigstens eine horizontale Tangente besitzt. (Im gezeigten Fall existieren drei solche Tangenten an den Graphen (Bild 5.6b)). Daß dies kein Zufall ist, zeigt der Inhalt des nächstens Theorems.

Theorem 2: Der Satz von Rolle. f sei im geschlossenen Intervall $[a; b]$ eine stetige Funktion und besitze für alle x im offenen Intervall $(a; b)$ eine Ableitung. Gilt nun $f(a) = f(b)$, so existiert im offenen Intervall $(a; b)$ mindestens eine Zahl X mit $f'(X) = 0$.

Beweis: Da die Funktion f stetig ist, hat sie in $[a; b]$ einen Maximalwert M und einen Minimalwert m. Selbstverständlich gilt $m \leqslant M$.

Für $m = M$ ist f eine Konstante und $f'(x) = 0$ für alle x aus $[a; b]$. In diesem Fall kann jede Zahl x aus $(a; b)$ als die gesuchte Zahl X herangezogen werden.

Für $m < M$ können das Minimum und das Maximum nicht beide an den Enden des Intervalls a und b auftreten, denn es gilt $f(a) = f(b)$. Zumindest einer der Extremwerte liegt an einer Stelle X mit $a < X < b$. Für dieses X ist $f'(X)$ gleich Null. Damit ist der Satz von Rolle bewiesen. ●

Beispiel 3: Man veranschauliche den Satz von Rolle für den Fall $f(x) = x^2 - 2x + 5$ und $[a; b] = [0; 2]$.

Lösung: Es gilt $f(0) = 5 = f(2)$. Desgleichen ist f stetig und f' existiert (auch für $x = a$ und $x = b$, obwohl dies für die Anwendung des Satzes von Rolle nicht erforderlich ist). Aufgrund des Satzes von Rolle existiert in $(0; 2)$ ein X, für das $f'(X) = 0$ gilt. Man findet dieses X sehr leicht aus $f'(x) = 2x - 2$. Es folgt $X = 1$ (in diesem Fall gibt es nur ein X). ●

Beispiel 4: Man wende den Satz von Rolle auf den Fall $f(x) = \sqrt{1-x^2}$ und $[a; b] = [-1; 1]$ an.

Lösung: Es gilt: $f(-1) = 0 = f(1)$, f ist stetig. Die Ableitung $f'(x) = -x/\sqrt{1-x^2}$ ist für alle x in $(-1; 1)$ definiert. Der Satz von Rolle garantiert dann die Existenz zumindestens einer Zahl X aus $(-1; 1)$ mit $f'(X) = 0$. Man kann X finden, indem man die Ableitung von f gleich Null setzt:

$$\frac{-x}{\sqrt{1-x^2}} = 0.$$

Wir erhalten $X = 0$ (X ist in diesem Fall wieder eindeutig). ●

Die Interpretation der Ableitung als Anstieg der Tangente führte uns zum Satz von Rolle. Das nächste Beispiel

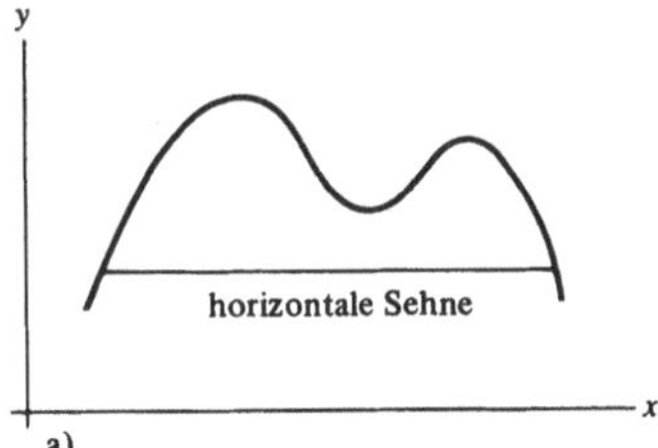

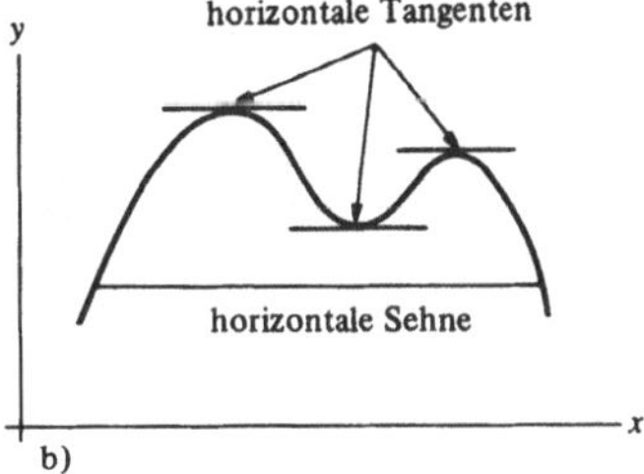

Bild 5.6

wendet den Satz von Rolle auf einen geradlinig bewegten Körper an.

Beispiel 5: Ein Teilchen bewegt sich entlang der y-Achse und hat zur Zeit t die y-Koordinate $y = f(t)$, wobei f eine differenzierbare Funktion ist. Zur Anfangszeit $t = a$ besitzt es die Koordinate $f(a)$. Es bewegt sich entlang der Geraden und kommt schließlich zur Zeit $t = b$ zu seiner Ausgangsposition $f(b) = f(a)$ zurück. Was sagt der Satz von Rolle in diesem Fall?

Lösung: Der Satz von Rolle sagt uns hierzu, daß zu irgendeinem Zeitpunkt t der Bewegung die Geschwindigkeit $f'(t) = 0$ gewesen ist.

Dies ist eine plausible Behauptung; denn wäre die Geschwindigkeit immer positiv gewesen, so hätte sich das Teilchen immer entlang der y-Achse fortbewegt und könnte niemals zu seiner Ausgangsposition zurückkehren. Desgleichen hätte sich für den Fall einer stets negativen Geschwindigkeit das Teilchen entlang der negativen y-Achse fortbewegt. Geht das Teilchen am weitest entfernten Punkt seiner Reise von positiver zu negativer Geschwindigkeit über, so besitzt es in diesem Moment die Geschwindigkeit Null. •

Das nächste Beispiel zeigt, daß der Satz von Rolle nur für Funktionen gilt, die im gesamten Intervall $(a; b)$ differenzierbar sind.

Beispiel 6: Kann man den Satz von Rolle auf die Funktion $f(x) = |x|$ im Intervall $[a; b] = [-2; 2]$ anwenden?

Lösung: Zunächst gilt $f(-2) = 2 = f(2)$; zweitens ist f stetig. Die Funktion ist allerdings bei Null nicht differenzierbar. (Siehe Beispiel 3 im Abschnitt 2.3.) Nicht alle Voraussetzungen des Satzes von Rolle sind erfüllt; also besteht auch keine Notwendigkeit für die Gültigkeit der Schlußfolgerung des Satzes. Tatsächlich existiert keine Zahl X mit $f'(X) = 0$, wie eine kurze Untersuchung des Graphen von f zeigt (Bild 5.7).

Das letzte Beispiel illustriert den Satz von Rolle an einer Exponentialfunktion.

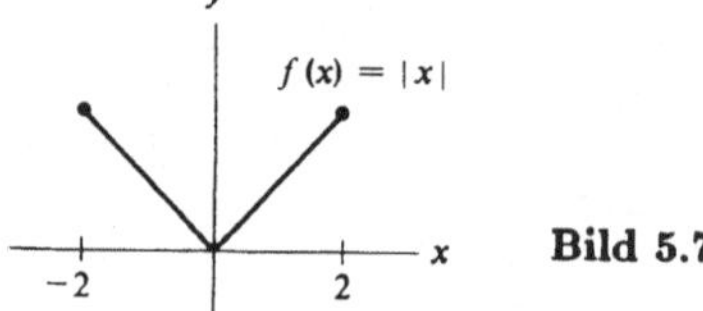

Bild 5.7

Beispiel 7: Man veranschauliche den Satz von Rolle für $f(x) = (x - x^2)e^{-x}$ im Intervall $[0; 1]$.

Lösung: Es gilt $f(0) = 0 = f(1)$, f ist differenzierbar für alle x und daher stetig. Damit sind alle Voraussetzungen des Satzes von Rolle erfüllt. Der Satz garantiert dann die Existenz wenigstens einer Zahl X im offenen Intervall $(0; 1)$ mit $f'(X) = 0$.

Um X zu finden, setzen wir $f'(x) = 0$:

$$(x - x^2)(-e^{-x}) + e^{-x}(1 - 2x) = 0$$

$$e^{-x}(-x + x^2 + 1 - 2x) = 0.$$

Da e^{-x} niemals gleich Null ist, gilt

$$x^2 - 3x + 1 = 0$$

und als Lösung der quadratischen Gleichung

$$x = \frac{3 \pm \sqrt{5}}{2}.$$

Die Lösung mit dem positiven Vorzeichen liegt außerhalb des Intervalls $(0; 1)$. Die einzige Zahl X in diesem Bereich ist daher auch

$$\frac{3 - \sqrt{5}}{2} \approx \frac{3 - 2{,}24}{2} = 0{,}38$$

gegeben. Auch dieses Resultat kann leicht im Bild 5.8 überprüft werden. •

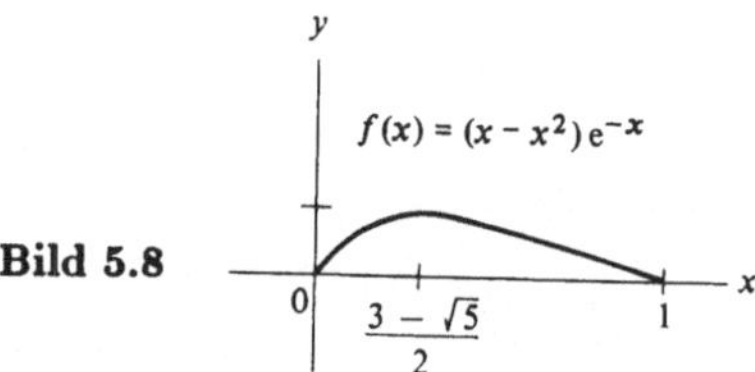

Bild 5.8

Übungen:

1. Sei $f(x) = \cos x$ für $0 \leq x \leq 2\pi$. Man beachte $f(0) = f(2\pi)$.
   (*a*) Was sagt der Satz von Rolle in diesem Fall?
   (*b*) Man bestimme alle Werte X, die den Schlußfolgerungen des Satzes von Rolle entsprechen.
2. Sei $f(x) = x^3 - x + 2$ für x aus $[-1; 1]$. Man beachte $f(-1) = f(1)$.
   (*a*) Was sagt der Satz von Rolle?
   (*b*) Man bestimme alle Werte X, die den Schlußfolgerungen des Satzes von Rolle entsprechen.
3. Sei $f(x) = x^4 - 2x^2 + 1$ für x aus $[-2; 2]$. Man beachte $f(-2) = f(2)$. Es sind alle X zu bestimmen, die dem Satz von Rolle entsprechen.
4. (*a*) Wie groß ist der Maximalwert von $\sin x$ für x aus $[0; 4\pi]$?
   (*b*) Für welche X aus $[0; 4\pi]$ erreicht die Funktion ihren Maximalwert?
   (*c*) Man verifiziere das Theorem 1 für die in (*b*) gefundenen Werte von X.
5. (*a*) Wie groß ist der Maximalwert von $\cos x$ für x aus $[\pi/4; 7\pi/4]$?
   (*b*) Für welche X aus $[\pi/4; 7\pi/4]$ hat die Funktion ihren Maximalwert?
   (*c*) Ist die Ableitung der Kosinusfunktion für die Werte von X aus (*b*) gleich Null?
   (*d*) Man vergleiche (*c*) mit Theorem 1. Ist das Theorem 1 für die Kosinusfunktion falsch?
6. Sei $f(x) = 5 + (x - x^2)e^x$.
   (*a*) Man zeige $f(0) = f(1)$.
   (*b*) Man bestimme alle Zahlen X im Intervall $(0; 1)$, deren Existenz aufgrund des Rolleschen Satzes sichergestellt ist.
7. Ein in die Luft geworfener Ball hat zur Zeit t Sekunden die Höhe $f(t) = -5t^2 + 10t + 40$ (Meter).
   (*a*) Man zeige, daß der Ball nach 2 s zu seiner anfänglichen Lage $f(0)$ zurückkehrt.
   (*b*) Was sagt der Satz von Rolle über die Geschwindigkeit des Balles aus?
   (*c*) Man verifiziere den Satz von Rolle in diesem Fall durch Berechnung des entsprechenden Zeitpunktes.

8. Man betrachte die Funktion f, mit $f(x) = x^3 - 3x$.
   (*a*) Für welche Zahlen x gilt $f'(x) = 0$?
   (*b*) Mit Hilfe von Theorem 1 zeige man, daß der Maximalwert von $x^3 - 3x$ für x aus $[1; 5]$ entweder bei 1 oder bei 5 eintritt.
   (*c*) Wie groß ist der Maximalwert von $x^3 - 3x$ für x aus $[1; 5]$?
9. Sei $f(x) = \sqrt[3]{x^2}$. Man beachte $f(1) = f(-1)$. Gibt es eine Zahl X in $(-1; 1)$ mit $f'(X) = 0$? Ist dies der Fall, so ist sie zu bestimmen. Ist dies nicht der Fall, so ist anzugeben, welche Voraussetzungen des Satzes von Rolle nicht erfüllt sind.
10. Man differenziere (zur Übung):
   (*a*) $x \arctan 5x - \frac{1}{10} \ln(1 + 25x^2)$,
   (*b*) $x e^{-x^2}$,
   (*c*) $\sqrt[3]{5 + 2x}$,
   (*d*) $x \sec^{-1} 2x - \frac{1}{2} \ln(2x + \sqrt{4x^2 - 1})$,
   (*e*) $\dfrac{\sin 3x}{\sqrt{1 + 4x}}$,
   (*f*) $\sqrt{1 + 3\cos^2 5x}$.
11. Sei $f(x) = (x^2 - 4)/(x + \frac{1}{2})$. Man beachte $f(2) = f(-2)$.
   (*a*) Was sagt der Satz von Rolle über f?
   (*b*) Für welche Werte von x gilt $f'(x) = 0$?
12. Sei $f(x) = e^{-x} \sin x$. Es gilt $f(0) = f(2\pi)$. Man bestimme alle X aus $(0; 2\pi)$ mit $f'(X) = 0$.

■

13. Das Theorem 1 wurde für den Maximalwert von f bewiesen. Man beweise es für den Minimalwert.
14. (*a*) Besitzt die Funktion x^2 im offenen Intervall $(1; 2)$ einen Maximalwert?
   (*b*) Besitzt die Funktion x^2 im offenen Intervall $(-1; 2)$ oder im offenen Intervall $(1; 2)$ einen Minimalwert?

■■

15. Man definiere die folgende Funktion f für alle nichtnegativen Zahlen: Sei x eine nichtnegative Zahl. Man stelle x als Summe einer nichtnegativen ganzen Zahl N und einer Zahl y mit $0 \leq y < 1$ dar. $f(x)$ sei dann gleich y. Zum Beispiel ist $f(3{,}5) = 0{,}5$, $f(4) = 0$ und $f(2{,}9) = 0{,}9$.
   (*a*) Man zeichne den Graphen von f.
   (*b*) Besitzt f für x aus dem geschlossenen Intervall von $[0; 1]$ einen Maximalwert?
   (*c*) Läßt sich das Theorem 1 auf f anwenden?
16. Man zeige, daß zwischen je zwei Wurzeln eines Polynoms mindestens eine Wurzel seiner Ableitung liegt.
17. (*a*) Angenommen, jedes Polynom von Grad 5 besitzt höchstens fünf reelle Wurzeln. Man beweise nun mit Hilfe des Satzes von Rolle, daß jedes Polynom vom Grad 6 höchstens 6 reelle Wurzeln besitzt. *Hinweis:* Man verwende Übung 16.
   (*b*) Wie in (*a*) zeige man, daß ein Polynom vom Grad n höchstens n reelle Wurzeln besitzt.
18. Sei $f(x) = x \sin x$.
   (*a*) Man zeige $f(0) = f(\pi)$.
   (*b*) Man verwende den Satz von Rolle und zeige die Existenz einer Zahl X aus $(0; \pi)$ mit $\tan X = -X$.
   (*c*) Man zeichne die Graphen von $y = -x$ und $y = \tan x$ und untersuche, wie viele solche Zahlen X vorhanden sind. (Man betrachte jene Punkte, in denen sich die beiden Graphen schneiden.)
19. Man zeige, daß die Gleichung $x^5 + 2x^3 - 2 = 0$ im Intervall $[0; 1]$ genau eine Lösung besitzt. (Warum hat sie überhaupt eine Lösung? Mit Hilfe des Satzes von Rolle zeige man, daß höchstens eine Lösung existiert.)
20. Man zeige, daß die Gleichung $3 \cdot \tan x + x^3 = 2$ im Intervall $[0; \pi/4]$ genau eine Lösung besitzt.

5.2 Der Mittelwertsatz

Der Satz von Rolle garantiert, daß eine Funktion mit einer waagerechten Sehne auch eine waagerechte Tangente besitzt. Der Mittelwertsatz liefert eine Verallgemeinerung des Satzes von Rolle, da er für beliebige und nicht nur waagerechte Sehnen von f gilt.

Die geometrische Interpretation dieses Satzes sagt uns: Wenn man eine Sehne an den Graphen einer differenzierbaren Funktion zeichnet (Bild 5.9), dann gibt es irgendwo – darüber oder darunter – parallel zu dieser Sehne eine Tangente an den Graphen.

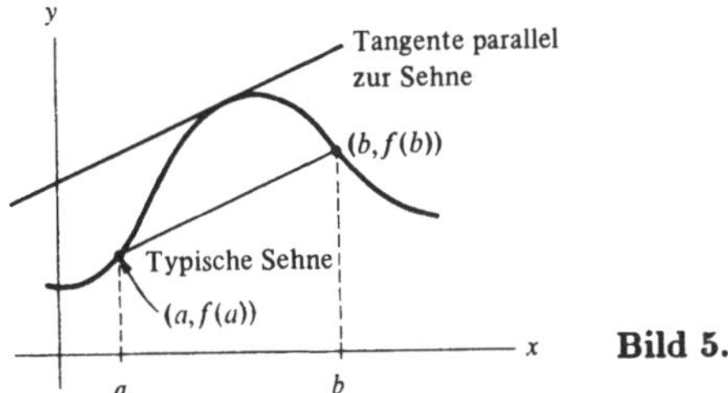

Bild 5.9

Nun wollen wir unsere geometrische Aussage in die Sprache der Funktionen übersetzen. Die Enden der Sehne seien $(a; f(a))$ und $(b; f(b))$. Der Anstieg der Sehne ist dann durch

$$\frac{f(b) - f(a)}{b - a}$$

gegeben, während der Anstieg der Tangente in einem typischen Punkt $(x; f(x))$ des Bildes durch

$$f'(x)$$

gegeben ist. Der Mittelwertsatz garantiert dann die Existenz mindestens einer Zahl X aus dem offenen Intervall $(a; b)$ mit

$$f'(X) = \frac{f(b) - f(a)}{b - a}.$$

Theorem: Mittelwertsatz. f sei im abgeschlossenen Intervall $[a; b]$ eine stetige Funktion und besitze in jedem Punkt x des offenen Intervalls $(a; b)$ eine Ableitung. Dann existiert im offenen Intervall $(a; b)$ mindestens eine Zahl X mit

$$f'(X) = \frac{f(b) - f(a)}{b - a}. \bullet$$

Wir verschieben den Beweis des Mittelwertsatzes auf das Ende dieses Abschnittes, um zunächst verschiedene wichtige Folgerungen herauszuarbeiten.

Beispiel 1: Man verifiziere den Mittelwertsatz für die Funktion

$$f(x) = 2x^3 - 8x + 1, \; a = 1 \text{ und } b = 3.$$

Lösung:

$$f(a) = f(1) = 2(1)^3 - 8(1) + 1 = -5$$

und

$$f(b) = f(3) = 2(3)^3 - 8(3) + 1 = 31.$$

Als Folge des Mittelwertsatzes existiert zumindest eine Zahl X zwischen $a = 1$ und $b = 3$ mit

$$f'(X) = \frac{31 - (-5)}{3 - 1} = \frac{36}{2} = 18.$$

Mit $f'(x) = 6x^2 - 8$ lösen wir zur Bestimmung von X die Gleichung

$$6x^2 - 8 = 18$$

oder

$$6x^2 = 26$$

$$x^2 = \frac{26}{6}.$$

Die Lösungen lauten $\sqrt{13/3}$ und $-\sqrt{13/3}$. Aber nur der Wert $\sqrt{13/3}$ liegt im Intervall $(1; 3)$. Es existiert daher genau eine Zahl, nämlich $\sqrt{13/3}$, die der Aussage des Mittelwertsatzes entspricht. •

Die Interpretation der Ableitung als Anstieg der Tangente führte uns zum Mittelwertsatz. Was sagt aber der Mittelwertsatz aus, wenn die Ableitung etwa als Geschwindigkeit aufgefaßt wird? Diese Frage wird in Beispiel 2 untersucht.

Beispiel 2: Ein Auto bewegt sich entlang der x-Achse und hat zur Zeit t die x-Koordinate $f(t)$. Zur Zeit a ist seine Position $f(a)$. Zu irgendeiner späteren Zeit b ist die Position $f(b)$. Was behauptet der Mittelwertsatz für die Bewegung dieses Autos?

Lösung: Der Quotient

$$\frac{f(b) - f(a)}{b - a}$$

oder

$$\frac{\text{Änderung der Lage}}{\text{Änderung der Zeit}}$$

ist gleich der „mittleren Geschwindigkeit" im Zeitintervall $[a; b]$. Der Mittelwertsatz behauptet nun, daß mindestens in einem Zeitpunkt dieses Zeitintervalls die Geschwindigkeit des Wagens gleich seiner mittleren Geschwindigkeit gewesen sein muß. Um ein spezielles Beispiel zu geben: Legt das Auto 210 km in 3 h zurück, so muß zu irgendeinem Zeitpunkt der Geschwindigkeitsmesser 70 km/h angezeigt haben. •

Es gibt verschiedene Möglichkeiten, den Mittelwertsatz zu schreiben. Zum Beispiel ist die Gleichung

$$f'(X) = \frac{f(b) - f(a)}{b - a}$$

äquivalent zu

$$f(b) - f(a) = (b - a) f'(X)$$

oder

$$f(b) = f(a) + (b - a) f'(X).$$

In dieser Form behauptet der Mittelwertsatz, daß $f(b)$ durch die Summe von $f(a)$ und einer weiteren Größe gegeben ist, die die Ableitung f' beinhaltet. Die folgenden beiden Korollare (Folgetheoreme) formulieren diese alternative Darstellung des Mittelwertsatzes.

Korollar 1: Ist die Ableitung einer Funktion in einem Intervall durchweg gleich Null, so ist die Funktion in diesem Intervall konstant.

Beweis: Seien a und b zwei beliebige Zahlen aus dem gegebenen Intervall. Um das Theorem zu beweisen, zeigen wir

$$f(b) = f(a).$$

Der Mittelwertsatz sagt nun aus, daß eine Zahl X zwischen a und b mit

$$f(b) = f(a) + (b - a) f'(X)$$

existiert. Da aber $f'(X) = 0$, für alle X aus dem gegebenen Intervall gilt, erhalten wir

$$f(b) = f(a) + (b - a)(0)$$

oder

$$f(b) = f(a). \quad \bullet$$

Wird das Korollar 1 in den Begriffen einer Bewegung interpretiert, so scheint es ziemlich trivial: Ein Körper, der während eines ganzen Zeitintervalls die Geschwindigkeit Null besitzt, bewegt sich in diesem Zeitintervall nicht von der Stelle.

Beispiel 3: Mit Hilfe von Korollar 1 zeige man, daß

$$f(x) = \cos^2 3x + \sin^2 3x$$

eine Konstante ist. Man bestimme diese Konstante.

Lösung: $f'(x) = -6 \cos 3x \sin 3x + 6 \sin 3x \cos 3x = 0$. Das Korollar 1 sagt dann, daß f eine Konstante ist. Um diese Konstante zu finden, berechnen wir f für irgendeinen bestimmten Wert, etwa $x = 0$ und finden

$$f(0) = \cos^2(3 \cdot 0) + \sin^2(3 \cdot 0) = \cos^2 0 + \sin^2 0 = 1.$$

Das heißt

$$\cos^2 3x + \sin^2 3x = 1$$

für alle x. Dies ist keine besondere Überraschung, denn als Folge des pythagoräischen Lehrsatzes gilt

$$\cos^2 \theta + \sin^2 \theta = 1. \quad \bullet$$

Korollar 2: Besitzen zwei Funktionen in einem Intervall die gleiche Ableitung, so unterscheiden sie sich dort nur durch eine Konstante: Gilt für alle x in einem Intervall $f'(x) = g'(x)$, so existiert eine Konstante C mit $f(x) = g(x) + C$.

Beweis: Man definiere durch die Gleichung

$$h(x) = f(x) - g(x)$$

eine dritte Funktion, dann gilt

$$h'(x) = f'(x) - g'(x) = 0.$$

Da die Ableitung von h gleich Null ist, folgt aus dem Korollar 1

$$h(x) = C$$

mit einer bestimmten Konstanten C. Wir erhalten

$$f(x) - g(x) = C$$

oder

$$f(x) = g(x) + C$$

und das Korollar ist bewiesen. •

Erscheint das Korollar 2 plausibel, wenn man die Ableitungen als Anstiege interpretiert? In diesem Fall behauptet das Theorem: Die Graphen zweier Funktionen, deren entsprechende Tangenten in den jeweiligen Punkten mit der gleichen x-Koordinate parallel sind, unterscheiden sich voneinander nur durch Addition oder Subtraktion einer Konstanten C. Zeichnet man zwei solche Graphen (Bild 5.10), so wird das Korollar anschaulich einsichtig.

Besitzen zwei Graphen in entsprechenden Punkten mit derselben x-Koordinate parallele Tangenten, so entsteht der eine Graph aus dem anderen durch Parallelverschiebung

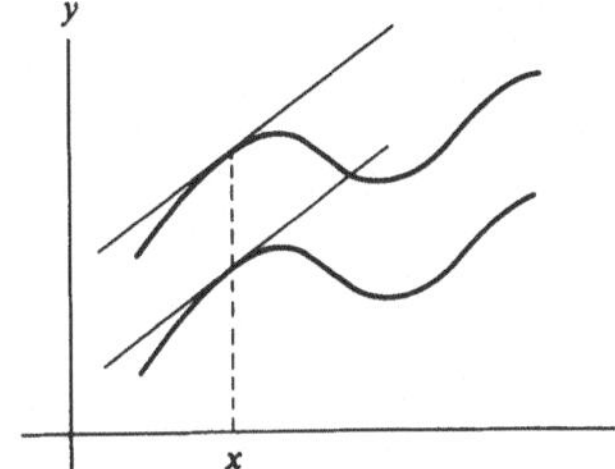

Bild 5.10

Beispiel 4: Welche Funktion f besitzt für alle x die Ableitung $f'(x) = 2x$?

Lösung: Eine solche Funktion ist durch x^2 oder $x^2 + 25$ gegeben. Mit jeder Konstante C gilt nämlich $D(x^2 + C) = 2x$. Gibt es noch andere Möglichkeiten? Korollar 2 schließt dies aus: Für eine derartige Funktion mit $f'(x) = 2x$ muß für alle $f'(x) = (x^2)'$ gelten und die Funktionen f und x^2 unterscheiden sich nur durch eine Konstante C:

$$f(x) = x^2 + C.$$

Alle Funktionen mit der Ableitung $2x$ haben die Form $x^2 + C$. •

Gemäß Korollar 1 ist eine Funktion mit $f'(x) = 0$ für alle x eine Konstante. Was kann über f ausgesagt werden, wenn $f'(x)$ für alle x positiv ist? In bezug auf den Graphen von f heißt dies, daß die Tangenten alle ansteigen. Daher sollte die y-Koordinate des Schaubildes ansteigen, wenn man sich entlang der Kurve von links nach rechts bewegt (Bild 5.11). In Korollar 3 wird dies bewiesen.

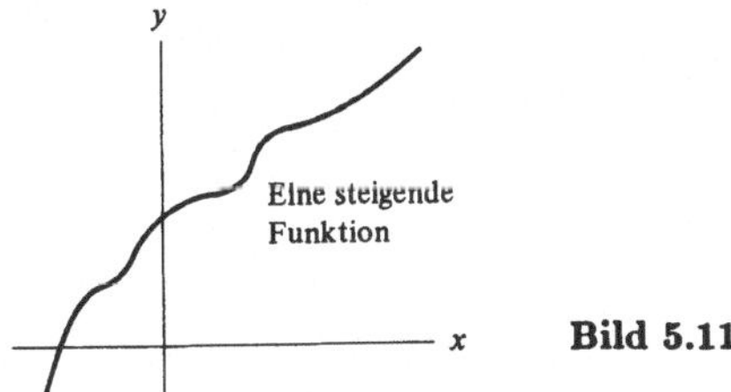

Bild 5.11

Definition der steigenden (fallenden) Funktion: Sei $f(x_1) > f(x_2)$ für alle Werte $x_1 > x_2$ aus einem gegebenen Intervall, dann heißt f in diesem Intervall eine *steigende* Funktion. Ist $f(x_1) < f(x_2)$ für alle Werte $x_1 < x_2$ aus dem Intervall, dann heißt f in diesem Intervall eine *fallende* Funktion.

Korollar 3: Sei f stetig in $[a; b]$ und besitze im offenen Intervall $(a; b)$ eine positive Ableitung. Dann ist f im Intervall $[a; b]$ steigend.

Beweis: Wir gehen von zwei Werten x_1 und x_2 mit

$$a \leqslant x_2 < x_1 \leqslant b$$

aus. Nach dem Mittelwertsatz gilt dann für einen bestimmten Wert X zwischen x_1 und x_2

$$f(x_1) = f(x_2) + (x_1 - x_2) f'(X).$$

Da x_1 und x_2 positiv und $f'(X)$ ebenfalls als positiv angenommen wurde, folgt sofort

$$(x_1 - x_2) f'(X) > 0$$

und $f(x_1) > f(x_2)$. Damit ist das Korollar bewiesen. (Der Beweis für fallende Funktionen verläuft ähnlich.) •

Im nächsten Beispiel wird das Korollar 3 angewendet.

Beispiel 5: Man zeige mit Hilfe von Korollar 3 die Ungleichung $e^x > 1 + x$ für $x > 0$.

Lösung: Man betrachte die Funktion f mit der Darstellung

$$f(x) = e^x - (1 + x)$$
$$= e^x - 1 - x.$$

Die Ableitung von f ist durch

$$f'(x) = e^x - 1$$

gegeben. Da für $x > 0$ stets $e^x > 1$ gilt, ist f in diesem Bereich eine ansteigende Funktion (also für jedes Intervall $[0; b]$). Speziell gilt für $x > 0$ auch $f(x) > f(0)$ oder

$$e^x - (1 + x) > e^0 - (1 + 0) \quad \text{für } x > 0.$$

Mit $e^0 - (1 + 0) = 1 - 1 = 0$ folgt die Ungleichung

$$e^x - (1 + x) > 0$$

und daher

$$e^x > 1 + x \quad \text{für } x > 0.$$

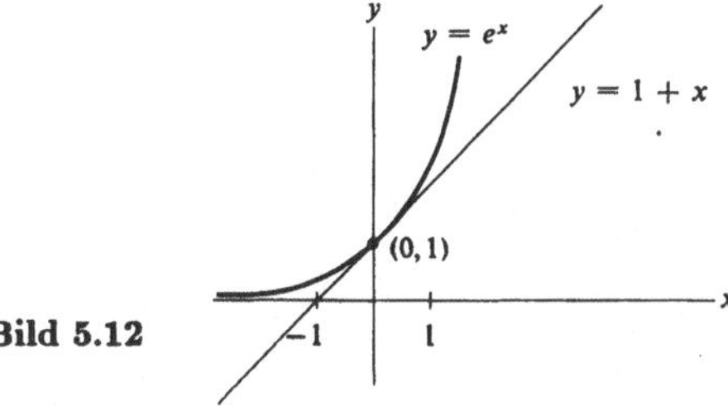

Bild 5.12

Die Ungleichung $e^x > 1 + x$ ist sehr leicht an Hand der Graphen von $y = e^x$ und $y = 1 + x$ zu veranschaulichen. Die Gerade $y = 1 + x$ ist im Punkt $(0; 1)$ Tangente an die Kurve $y = e^x$. Bild 5.12 zeigt, daß für alle $x \neq 0$ stets e^x größer als $1 + x$ ist. Im nächsten Abschnitt wird diese Ungleichung benötigt. •

Zum Abschluß dieses Abschnittes führen wir einen Beweis des Mittelwertsatzes durch.

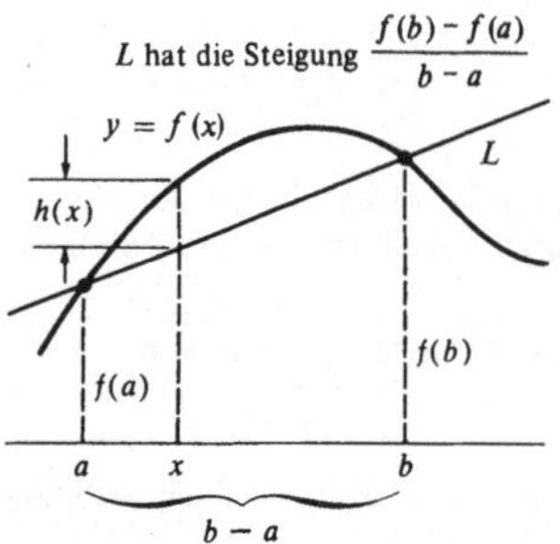

Bild 5.13

Beweis des Mittelwertsatzes: Wir beweisen den Mittelwertsatz mit Hilfe einer bestimmten Funktion, auf die man den Satz von Rolle anwenden kann. Die Sehne durch die Punkte $(a; f(a))$ und $(b; f(b))$ ist Bestandteil der Geraden L, deren Gleichung durch $y = g(x)$ gegeben sei (Bild 5.13). Mit $h(x) = f(x) - g(x)$, führen wir eine Funktion ein, die in jedem Punkt x den Abstand zwischen der Kurve f und der Geraden angibt. Aus Bild 5.13folgt $h(a) = h(b) = 0$.

Als Folge des Satzes von Rolle existiert daher im offenen Intervall $(a; b)$ mindestens eine Zahl X mit

$$h'(X) = 0.$$

Andererseits gilt

$$h'(X) = f'(X) - g'(X).$$

Nun ist $y = g(x)$ die Gleichung der Geraden durch $(a; f(a))$ und $(b; f(b))$ und wir erhalten daher für alle x

$$g'(x) = \frac{f(b) - f(a)}{b - a}.$$

So folgt

$$0 = h'(X) = f'(X) - \frac{f(b) - f(a)}{b - a}$$

oder kurz

$$f'(X) = \frac{f(b) - f(a)}{b - a}.$$

Damit ist der Mittelwertsatz bewiesen. ●

Übungen:

In den Übungen 1 bis 7 sind für die vorgegebenen Funktionen und für das vorgegebene Intervall alle vom Mittelwertsatz geforderten Werte explizit zu bestimmen.

1. $f(x) = x^3 - x^2$, $a = -1$, $b = 2$.
2. $f(x) = x^3 - x$, $a = -1$, $b = 2$.
3. $f(x) = 5x$, $a = 1$, $b = 3$.
4. $f(x) = x^3$, $a = -2$, $b = 1$.
5. $f(x) = \cos x$, $a = 0$, $b = 4\pi$.
6. $f(x) = e^x$, $a = 2$, $b = 3$.
7. $f(x) = x \ln x$, $a = 1$, $b = e$.

Die Lösungen der Übungen 8 und 9 sollten in Worten gegeben werden (in Abschnitt 2.1 wurden die Begriffe Dichte und Vergrößerung eingeführt).

8. Man formuliere den Mittelwertsatz für die Begriffe Dichte und Masse. x sei der Abstand vom linken Ende einer Saite und $f(x)$ die Masse der Saite im Abschnitt zwischen Null und x. Kann der Mittelwertsatz für diese Begriffe sinnvoll formuliert werden?
9. Man formuliere den Mittelwertsatz für die Begriffe Dia und Projektionsschirm. x sei die Lage des Punktes auf dem Dia und $f(x)$ die Lage des Bildes auf dem Schirm. Was behauptet der Mittelwertsatz für dieses optische Beispiel?
10. Man differenziere (zur Übung):
    (*a*) $\sqrt{1+x^5}$, (*b*) $\frac{\cos^2 3x}{\sin 2x}$, (*e*) $\ln|\sec 2x|$.
    (*c*) $e^{-x} \sec 3x$, (*d*) $\arcsin x^3$,
11. f besitze für alle x eine Ableitung, ferner sei $f(3) = 7$ und $f(8) = 17$. Was kann man über f' aussagen?
12. Aus welchem der Korollare des Mittelwertsatzes ergeben sich jeweils die folgenden Aussagen?
    (*a*) Wenn zwei Autos auf einer geraden Straße in jedem Augenblick die gleiche Geschwindigkeit besitzen, so bleiben sie durch einen konstanten Abstand voneinander getrennt.
    (*b*) Wenn alle Tangenten an eine Kurve horizontal sind, so ist die Kurve eine horizontale Gerade.
13. (*a*) Man differenziere $\ln 3x$ und $\ln 2x$.
    (*b*) Die Ableitungen in (*a*) sind gleich. Entsprechend dem Korollar 2 unterscheiden sich $\ln 3x$ und $\ln 2x$ daher nur durch eine Konstante. Wie groß ist diese Konstante?
14. (*a*) Man differenziere $\cos^2 x$ und $-\sin^2 x$.
    (*b*) Die Ableitungen in (*a*) sind gleich. Entsprechend dem Korollar 2 unterscheiden sich die beiden Funktionen nur durch eine Konstante. Wie groß ist diese?

■

15. (*a*) Man erinnere sich an die Definition von $g(x)$ im Beweis des Mittelwertsatzes und zeige
    $$g(x) = f(a) + \frac{x-a}{b-a}[f(b) - f(a)].$$
    (*b*) Unter Verwendung von (*a*) zeige man
    $$g'(x) = \frac{f(b) - f(a)}{b-a}$$

■■

16. Mit Hilfe des Mittelwertsatzes zeige man für negative x $e^x > 1 + x$.

Die Übungen 12 bis 23 befassen sich mit steigenden Funktionen.

17. Seien f und g in $(a; b)$ zwei differenzierbare Funktionen und stetig im abgeschlossenen Intervall $[a; b]$. Es gelte $f(a) = g(a)$ und $f'(x) < g'(x)$ für alle x in $(a; b)$. Dann beweise man $f(b) < g(b)$.
18. (Siehe Übung 17.)
    (*a*) Man zeige $\tan x > x$ für $x > 0$.
    (*b*) Was sagt (*a*) über gewisse Strecken im Zusammenhang mit dem Einheitskreis aus?
19. (Siehe Übung 17.) Man zeige für $x > 0$
    $$\frac{x}{1+x^2} < \arctan x < x.$$
20. (*a*) Mittels algebraischer Umformungen zeige man für x aus $(0; 1)$
    $$1 - x + x^2 - x^3 < \frac{1}{1+x} < 1 - x + x^2 - x^3 + x^4.$$
    (*b*) (Siehe Übung 17.) Man zeige
    $$x - \frac{x^2}{2} + \frac{x^3}{3} - \frac{x^4}{4} < \ln(1+x) < x - \frac{x^2}{2} + \frac{x^3}{3} - \frac{x^4}{4} + \frac{x^5}{5}.$$
    (*c*) Mit Hilfe von (*b*) schätze man $\ln(1{,}2)$.

21. Man verallgemeinere die Übung 20(*b*) auf mehr Summanden.

22. (Siehe Übung 17.)

(*a*) Aus den Ungleichungen

$0 < \cos x < 1,$

die für alle x aus $(0; \pi/2)$ gelten, leite man die Ungleichungen

$0 < \sin x < x$

für das gleiche Intervall her.

(*b*) Mit Hilfe der Ungleichungen aus (*a*) zeige man

$$-1 < -\cos x < -1 + \frac{x^2}{2}$$

für x aus $(0; \pi/2)$.

(*c*) Man leite daraus die folgenden Ungleichungen für x aus $(0; \pi/2)$ ab:

$$-x < -\sin x < -x + \frac{x^3}{2 \cdot 3}$$

$$1 - \frac{x^2}{2} < \cos x < 1 - \frac{x^2}{2} + \frac{x^4}{4 \cdot 3 \cdot 2}$$

$$x - \frac{x^3}{3 \cdot 2} < \sin x < x - \frac{x^3}{3 \cdot 2} + \frac{x^5}{5 \cdot 4 \cdot 3 \cdot 2}$$

23. Die Fortsetzung von Übung 22 zeigt für x aus $(0; \pi/2)$,

(*a*) $$1 - \frac{x^2}{2} + \frac{x^4}{4 \cdot 3 \cdot 2} - \frac{x^6}{6 \cdot 5 \cdot 4 \cdot 3 \cdot 2} < \cos x < 1 - \frac{x^2}{2} + \frac{x^4}{4 \cdot 3 \cdot 2}$$

(*b*) $$x - \frac{x^3}{3 \cdot 2} + \frac{x^5}{5 \cdot 4 \cdot 3 \cdot 2} - \frac{x^7}{7 \cdot 6 \cdot 5 \cdot 4 \cdot 3 \cdot 2} < \sin x < x - \frac{x^3}{3 \cdot 2} + \frac{x^5}{5 \cdot 4 \cdot 3 \cdot 2}$$

24. (*a*) Man verwende den Mittelwertsatz, um mit beliebigen Zahlen x_1 und x_2 für die Funktion $f(x) = \sin x$ die Ungleichung

$$|f(x_1) - f(x_2)| \leqslant |x_1 - x_2|$$

zu beweisen.

(*b*) Man bestimme alle Funktionen, die der Ungleichung

$$|f(x_1) - f(x_2)| \leqslant |x_1 - x_2|^{1{,}01}$$

für alle x_1 und x_2 genügen.

5.3 Die relativen Größen von e^x, x^n und $\ln x$

Wird x sehr groß, so werden auch 2^x und x^3 sehr groß. Dies zeigt die nachstehende Tabelle.

x	1	2	3	4	5	6	7	8	9	10	11	12
2^x	2	4	8	16	32	64	128	256	512	1 024	2 048	4 096
x^3	1	8	27	64	125	216	343	512	729	1 000	1 331	1 728

Für $x = 2, 3, \ldots, 9$ ist die Exponentialfunktion 2^x kleiner als die Potenz x^3. Für $x = 10$ sind die beiden Funktionen etwa gleich, dann wird die Exponentialfunktion größer. Für $x = 12$ ist die Exponentialfunktion bereits viel größer als die Potenz x^3. Wegen der allgemeinen Bedeutung der Exponentialfunktion b^x und der Potenzfunktion x^n wollen wir die Rate bestimmen, mit der sich diese Funktionen für große x verändern. Darüberhinaus wird in Abschnitt 5.4 das Wachstum der Exponentialfunktion für das Studium des Bevölkerungswachstums wichtig sein.

Man erinnere sich an Beispiel 5 aus Abschnitt 5.2. Für $x > 0$ gilt

$$e^x > 1 + x.$$

Das folgende Theorem präzisiert dieses Resultat und bildet die Grundlage des vorliegenden Abschnitts.

Theorem 1: Für positive x gilt

$$e^x > 1 + x + \frac{x^2}{2}.$$

Beweis: Man betrachte die Funktion f mit der Darstellung

$$f(x) = e^x - (1 + x + \frac{x^2}{2}).$$

Für $x > 0$ gilt $e^x > 1 + x$ und ihre Ableitung

$$f'(x) = e^x - (1 + x)$$

ist in diesem Bereich positiv: f ist daher aufgrund des Korollars 3 von Abschnitt 5.2 für $x \geqslant 0$ eine ansteigende Funktion. Für $x > 0$ gilt insbesondere

$$f(x) > f(0).$$

Es folgt

$$e^x - \left(1 + x + \frac{x^2}{2}\right) > e^0 - \left(1 + 0 + \frac{0^2}{2}\right) = 1 - 1 = 0$$

und

$$e^x > 1 + x + \frac{x^2}{2}$$

für $x > 0$. Damit ist das Theorem bewiesen. ●

Zum Beweis von Theorem 2 entnehmen wir dem Theorem 1 die Aussage $e^x > x^2/2$ für $x > 0$.

Theorem 2:

$$\lim_{x \to \infty} \frac{x}{e^x} = 0.$$

Beweis: Aus $e^x > x^2/2$ folgt für $x > 0$

$$\frac{x}{e^x} < \frac{x}{x^2/2} = \frac{2}{x}.$$

Für große Werte von x ist $2/x$ eine kleine positive Zahl. Wegen

$$0 < \frac{x}{e^x} < \frac{2}{x}$$

strebt x/e^x für große x gegen Null, wie das Theorem behauptet. ●

Obwohl sowohl der Zähler als auch der Nenner von x/e^x für $x \to \infty$ sehr groß werden, wächst der Nenner viel stärker und der Quotient strebt gegen Null.

Da e^x/x der Kehrwert von x/e^x ist, folgt aus Theorem 2 unmittelbar

$$\lim_{x \to \infty} \frac{e^x}{x} = \infty.$$

Das nächste Theorem überträgt die Aussage von Theorem 3 auf die Logarithmusfunktionen.

Theorem 3:

$$\lim_{x \to \infty} \frac{\ln x}{x} = 0.$$

Beweis: Im Quotienten

$$\frac{x}{e^x}$$

ist der Zähler der natürliche Logarithmus des Nenners. Wird nun e^x mit t bezeichnet, so ist der Zähler gleich $\ln t$. Darüberhinaus geht für $x \to \infty$ auch $t = \ln x \to \infty$, und es folgt

$$0 = \lim_{x \to \infty} \frac{x}{e^x} = \lim_{x \to \infty} \frac{\ln t}{t} = \lim_{t \to \infty} \frac{\ln t}{t}.$$

Damit ist das Theorem bewiesen. ●

Theorem 3 wiederum ist die Grundlage des nächsten Theorems, demzufolge jede Exponentialfunktion b^x mit $b > 1$ viel stärker anwächst als irgendeine feste Potenz von x: b^x mit einer festen Basis $b > 1$ steigt schneller an als x^a mit einem festen Exponenten a.

Theorem 4: Sei $b > 1$ und a eine Konstante. Dann folgt

$$\lim_{x \to \infty} \frac{b^x}{x^a} = \infty.$$

Beweis: Sei $y = b^x/x^a$. Nun wird $\ln y$ beliebig groß für $x \to \infty$. Es gilt nämlich

$$\ln y = \ln\left(\frac{b^x}{x^a}\right)$$
$$= \ln b^x - \ln x^a$$
$$= x \ln b - a \ln x$$

und schließlich

$$\ln y = x\left(\ln b - a\frac{\ln x}{x}\right).$$

$\ln b$ ist positiv. Gemäß Theorem 3 geht $\ln x/x \to 0$ für $x \to \infty$. So ist für genügend große x der Betrag $|(a \ln x)/x|$ sehr nahe bei Null und daher kleiner als etwa $\frac{1}{2} \ln b$. Für genügend große x gilt daher

$$x\left(\ln b - a\frac{\ln x}{x}\right) > x(\ln b - \tfrac{1}{2} \ln b)$$

oder

$$x\left(\ln b - a\frac{\ln x}{x}\right) > x(\tfrac{1}{2} \ln b)$$

und

$$\ln y > x(\tfrac{1}{2} \ln b).$$

Aus $x(\frac{1}{2} \ln b) \to \infty$ für $x \to \infty$ folgt $\ln y \to \infty$ und daraus $y \to \infty$. Damit ist das Theorem bewiesen. ●

Beispiel: Welche der beiden Funktionen ist für große Werte von x größer, $(1,1)^x$ oder x^{10}?

Lösung: Aus Theorem 4 folgt mit $b = 1,1$ und $a = 10$, daß $(1,1)^x$ für große x viel größer wird als x^{10}. Das mag überraschend erscheinen, denn für $x = 2$ oder 3 ist x^{10} sehr viel größer als $(1,1)^x$:

$$2^{10} = 1\,024 \quad \text{während} \quad (1,1)^2 = 1,21$$

und

$$3^{10} = 59\,049 \quad \text{während} \quad (1,1)^3 = 1,331.$$

Trotz des langsamen Starts überholt $(1,1)^x$ die Funktion x^{10} und steigt später sehr viel rascher an. Die Funktion $(1,1)^x$ übersteigt die Funktion x^{10} in der Nähe von $x = 685$.

Bild 5.14 vergleicht die Graphen von $y = (1,1)^x$ und $y = x^{10}$. Sie schneiden einander für positive x zweimal, einmal gleich in der Nähe von $x = 1$ und das zweite Mal in der Nähe von $x = 685$. ●

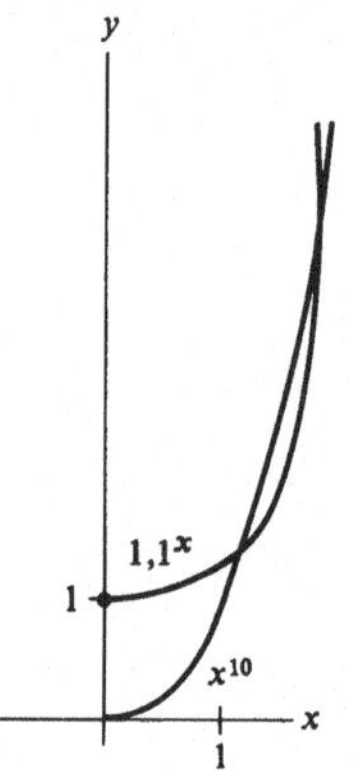

Bild 5.14

Während e^x viel schneller ansteigt als irgendeine feste Potenz von x, wächst $\ln x$ viel langsamer als irgendeine feste Potenz von x:

$$\lim_{x \to \infty} \frac{\ln x}{x^a} = 0 \qquad a > 0.$$

(Siehe Übung 21.)

Übungen:

In den Übungen 1 bis 12 sind die angegebenen Grenzwerte zu berechnen.

1. $\lim_{x \to \infty} x^3/e^x$
2. $\lim_{x \to \infty} x^5 e^{-x}$
3. $\lim_{x \to -\infty} x^5 e^{-x}$
4. $\lim_{x \to -\infty} x^4 e^{-x}$
5. $\lim_{x \to \infty} \frac{(1,01)^x}{x^{50}}$
6. $\lim_{x \to \infty} \frac{(\ln x)^2}{2^x}$
7. $\lim_{x \to \infty} \frac{\ln x}{x^3}$
8. $\lim_{x \to 0^+} \frac{\ln x}{x^3}$
9. $\lim_{x \to \infty} \frac{\lg x}{x}$
10. $\lim_{x \to \infty} \frac{2^x}{e^x}$
11. $\lim_{x \to \infty} \frac{\log_2 x}{\log_3 x}$
12. $\lim_{x \to -\infty} 2^x e^{-x}$
13. Man bestimme $\lim_{x \to 0^+} x \ln x$.
    Hinweis: Man ersetze x durch $1/t$.
14. Man bestimme $\lim_{x \to \infty} x^{1/x}$.
    Hinweis: Man bestimme zunächst $\lim_{x \to \infty} \ln x^{1/x}$.

15. (a) Man berechne $(\lg x)/x$ für $x = 10^2, 10^3$ und 10^4.
(b) Man berechne $\lim_{x \to \infty} (\lg x)/x$.

16. Man differenziere (zur Übung):
(a) $\dfrac{\sqrt{3x^2 - 1}}{e^{5x}}$, (b) $\sec\sqrt{x}$,
(c) $(\cos 5x)^3$
(d) $\ln\sqrt[3]{(1 + \tan 2x)^2}$. (Man vereinfache zuerst nach den Gesetzen des Logarithmierens.)
(e) $\sqrt{x}\arctan 2x$, (f) $x^3 \arcsin e^{2x}$.

Die nächste Übung dient der Vorbereitung späterer Berechnungen.

17. Man gebe das Beispiel einer Funktion an, deren Ableitung gegeben ist durch:
(a) $\dfrac{1}{x^4}$, (b) $\sqrt[3]{x}$,
(c) $\dfrac{3}{x}$, (d) $x^3 - 2x^2$,
(e) $\dfrac{5}{1+x^2}$, (f) $\dfrac{3x}{1+x^2}$,
(g) $\dfrac{1}{(1+3x)^2}$, (h) $\dfrac{1}{1+3x}$,
(i) $\dfrac{1}{\sqrt{1-4x^2}}$.

■

18. Diese Übung ist das Gegenstück zur Übung 17 aus Abschnitt 5.2. Seien f und g in $(a;b)$ zwei differenzierbare Funktionen und stetig in $[a;b]$. Es gelte $f(b) = g(b)$ und $f'(x) < g'(x)$ für alle x aus $(a;b)$. Man beweise $f(a) > g(a)$.

19. Siehe Übung 18. Sei $f(x) = (1+x)^{1/x}$ für $x > -1$, $(x \neq 0)$, und $f(0) = e$. Die Funktion wurde in Abschnitt 3.4 dargestellt. Man zeige, daß $f(x)$ eine fallende Funktion ist. *Hinweis:* $\ln f$ ist eine fallende Funktion. Man betrachte die Fälle $x > 0$ und $-1 < x < 0$ gesondert.

20. Man berechne $\lim_{x \to \infty} \dfrac{\ln x}{x^a}$ für $a < 0$.

21. Sei a eine positive Zahl. Mit Hilfe der Variablen $t = x^a$ zeige man $\lim_{x \to \infty} \dfrac{\ln x}{x^a} = 0$.

22. Man beweise $\lim_{x \to \infty} \dfrac{\log_b x}{x} = 0$ für $b > 0$.

23. Sei $f(x) = 1/x$.
(a) $f'(x)$ ist für alle x aus dem Definitionsbereich von f negativ. Man zeige dies!
(b) Folgt aus $x_1 > x_2$ auch $f(x_1) > f(x_2)$?

Die Übungen 24 bis 27 demonstrieren die Anwendung des Mittelwertsatzes auf die Näherung von Funktionswerten durch benachbarte Funktionswerte.

24. Für $a \neq b$ gilt mit einer bestimmten Zahl X zwischen a und b
$$f(b) = f(a) + (b - a) f'(X).$$
Man beweise dies!
Hinweis: Man betrachte die Fälle $b > a$ und $b < a$ gesondert mit Hilfe des Mittelwertsatzes.

25. Sei $f(x) = \sqrt{x}$ in Übung 24, $a = 100$ und $b = 105$.
(a) Man zeige
$$\sqrt{105} = 10 + \frac{5}{2\sqrt{X}}$$
für einen Wert X, $100 < X < 105$.
(b) Aus $100 < X < 121$ leite man ab:
$$10 + \frac{5}{2 \cdot 11} < \sqrt{105} < 10 + \frac{5}{2 \cdot 10}.$$
(c) Aus (b) leite man ab:
$$10{,}22 < \sqrt{105} < 10{,}25.$$

26. Siehe Übungen 24 und 25. Man verwende die Methode von Übung 24, um $\sqrt{67}$ zu berechnen.

27. Siehe Übungen 24 und 25.
(a) Man verwende die Methode von Übung 25, um zu zeigen, daß
$$\frac{\pi}{4} + \frac{0{,}1}{1{,}1^2} < \arctan 1{,}1 < \frac{\pi}{4} + 0{,}1.$$
(b) Aus (a) leite man ab:
$$0{,}868 < \arctan 1{,}1 < 0{,}886.$$

■■

Die Übungen 28 bis 33 demonstrieren eine Methode, um e^x für $0 \leq x \leq 1$ zu berechnen. In Kapitel 15 wird das Ergebnis dieses Verfahrens mit Hilfe einer anderen Methode auf alle Werte von x verallgemeinert.

28. Man betrachte den Beweis von Theorem 1. Die Bezeichnung $n!$ ist eine Abkürzung für das Produkt $1 \cdot 2 \cdot 3 \dots (n-1)n$. Zum Beispiel ist $5! = 1 \cdot 2 \cdot 3 \cdot 4 \cdot 5$. Man beweise für $x > 0$
(a) $e^x > 1 + x + \dfrac{x^2}{2!} + \dfrac{x^3}{3!}$;
(b) $e^x > 1 + x + \dfrac{x^2}{2!} + \dfrac{x^3}{3!} + \dfrac{x^4}{4!}$.
(c) Man verallgemeinere (b).

29. Siehe Übung 28. Sei $0 < x \leq 1$. Man beweise
(a) $e^x < 1 + ex$;
(b) $e^x < 1 + x + \dfrac{ex^2}{2}$;
(c) $e^x < 1 + x + \dfrac{x^2}{2!} + \dfrac{ex^3}{3!}$;
(d) $e^x < 1 + x + \dfrac{x^2}{2!} + \dfrac{x^3}{3!} + e\dfrac{x^4}{4!}$.
(e) Man verallgemeinere (d).

30. Siehe Übungen 28 und 29. Gemäß Abschnitt 3.2 ist e kleiner als 4.
(a) Man zeige, daß
$$1 + 1 + \frac{1}{2} + \frac{1}{6} + \frac{1}{24} < e < 1 + 1 + \frac{1}{2} + \frac{1}{6} + \frac{1}{24} + \frac{4}{120}.$$
(b) Mit Hilfe von (a) zeige man $2{,}708 < e < 2{,}742$.

Für die nächsten Übungen wird ein Taschenrechner benötigt.

31. (a) Die Gleichung $b^x = x^a$ ist äquivalent zur Gleichung
$$\frac{\ln x}{x} = \frac{\ln b}{a}.$$
Man zeige dies!
(b) Die Gleichung
$$1{,}5^x = x^5$$
besitzt zwei Lösungen, eine davon in der Nähe von 1. Man verwende einen Taschenrechner, um die zweite Lösung abzuschätzen.

32. Siehe Übung 31. Die Gleichung $(1{,}2)^x = x^{20}$ besitzt zwei positive Lösungen.
(a) Man berechne die in der Nähe von 1 gelegene Lösung auf zwei Dezimalstellen.
(b) Man bestimme die der anderen Lösung nächstgelegene ganze Zahl.

33. Man verwende die allgemeine in den Übungen 28 bis 30 beschriebene Methode, um auf drei Dezimalstellen zu berechnen:
(a) $\sqrt{e} = e^{1/2}$.
(b) e.

5.4 Natürliches Wachstum und natürlicher Zerfall

Die Veränderung von Bevölkerungszahlen wird durch zwei grundlegende Variablen bestimmt: Die Geburtenrate und die Sterberate. Sind diese beiden Raten gleich, so ist die Größe der Bevölkerung konstant; überwiegt die eine oder die andere, so steigt die Bevölkerungszahl oder sie sinkt.

Die Geburtenrate und die Sterberate werden ihrerseits wiederum durch jeweils völlig verschiedene Umstände bestimmt. Daher wäre es ein Zufall, wenn diese beiden Größen gleich wären. Die Geburtenrate wird etwa von dem Alter bei der Verehelichung, von der Kindersterblichkeit, dem Alter der Entwöhnung des Kindes, von der Einstellung gegenüber Geburtenkontrolle und Abtreibung, vom Selbstverständnis der Frauen und von der Haltung der Kinder gegenüber der Versorgung ihrer alten Eltern beeinflußt. Die Sterberate hingegen wird von Faktoren wie Volksgesundheit, Kriege, Ernährung, Umweltverschmutzung und körperliche Beanspruchung bestimmt. Da die Menschheit Hungersnöte und Epidemien weitgehend unter Kontrolle gebracht hat, hat sich die Sterberate bis unter die Geburtenrate gesenkt.

Als Folge davon ist in den letzten zwei Jahrhunderten die Weltbevölkerung drastisch angestiegen. Dies zeigt das Schaubild in Beispiel 6 von Abschnitt 1.1, das einen Überblick über die Entwicklung der Weltbevölkerung in den letzten 10000 Jahren gibt.

Im Jahr 1977 lag die Weltbevölkerung etwa bei 3,8 Milliarden. Es ist vorherzusehen, daß sie im Jahre 2000 etwa 6 Milliarden betragen wird, wenn sich das Wachstum mit der jetzigen Rate fortsetzt.

Wie kommt man nun zu einer derartigen Voraussage? Das Studium des Bevölkerungswachstums führt uns auf die Exponentialfunktion b^x, die schneller als jede Potenz von x ansteigt (siehe Abschnitt 5.3)!

Um die Bevölkerungszahl mathematisch zu erfassen, bezeichnen wir die Größe der Bevölkerung zu einem bestimmten Zeitpunkt t mit $f(t)$. Daher ist $f(t)$ eine ganze Zahl und das Schaubild von f hat immer dann „Sprünge", wenn irgendjemand zur Welt kommt oder stirbt. Wir nehmen vereinfachend an, daß die „stufenlose" (differenzierbare) Funktion f die Größe der Bevölkerung jeweils annähert.

Die Ableitung f' beschreibt dann den Zuwachs der Bevölkerung. Bleiben soziale, medizinische und technologische Faktoren konstant, so wird die Wachstumsrate $f'(t)$ im allgemeinen proportional zur jeweiligen Größe der Bevölkerung $f(t)$ sein: Eine große Bevölkerung bringt in einem Jahr entsprechend mehr Babys zur Welt als eine kleine Bevölkerung. Mathematisch ausgedrückt gilt für eine feste Zahl k, unabhängig von der Zeit

$$f'(t) = kf(t).$$

In dieser Gleichung tritt die Ableitung von f auf und wir sprechen daher von einer *Differentialgleichung*[1]), nämlich der *Differentialgleichung des natürlichen Wachstums* (oder *Zerfalls*, – wenn k negativ ist). Die Konstante k wird *momentane Wachstumsrate* genannt.

Um die Größe der Bevölkerung vorherzusagen, müssen wir diese Differentialgleichung lösen. Eine mögliche Lösung lautet

$$f(t) = A e^{kt},$$

wobei A eine feste Zahl ist:

$$f'(t) = A k e^{kt} = kA e^{kt} = kf(t).$$

Die Funktion $f(t) = Ae^{kt}$ genügt für jede Konstante A der Differentialgleichung des natürlichen Wachstums. Gibt es noch andere Funktionen f, die die Differentialgleichung $f'(t) = kf(t)$ erfüllen? Das folgende Theorem zeigt, daß natürliches Wachstum immer gemäß der Formel Ae^{kt} verläuft.

Theorem: Jede Funktion f, die der Differentialgleichung

$$f'(t) = kf(t)$$

genügt, hat die Form

$$f(t) = Ae^{kt}$$

(mit einer beliebigen Konstanten A).

Beweis: Wir zeigen zuerst, daß für eine solche Funktion der Quotient

$$g(t) = \frac{f(t)}{e^{kt}}$$

eine Konstante ist. Dies ist dann der Fall, wenn für alle t stets $g'(t) = 0$ gilt. Aufgrund des Korollars aus Abschnitt 5.2 ist dann g eine Konstante.

Die Berechnung von g' ist sehr einfach:

$$g'(t) = \frac{e^{kt} f'(t) - f(t) k e^{kt}}{(e^{kt})^2}.$$

Ferner gilt $f'(t) = kf(t)$. So erhalten wir

$$g'(t) = \frac{e^{kt} kf(t) - f(t) k e^{kt}}{(e^{kt})^2}.$$

Da der Zähler des Quotienten verschwindet, folgt

$$g'(t) = 0$$

für alle t. Nach dem Korollar 1 aus Abschnitt 5.2 existiert daher für alle t eine Konstante A mit

$$g(t) = A$$

oder

$$\frac{f(t)}{e^{kt}} = A$$

für alle t. Es folgt $f(t) = Ae^{kt}$, und damit ist das Theorem bewiesen. ●

Korollar: Eine Funktion f, die der Differentialgleichung

$$f'(t) = kf(t)$$

genügt, ist von der Form

$$f(t) = A b^t$$

[1]) Differentialgleichung nennt man eine Relation, in der neben einer bestimmten Funktion auch deren Ableitungen auftritt.

mit entsprechenden Konstanten A und b.

Beweis: Aufgrund des vorhergehenden Theorems gilt $f(t) = Ae^{kt}$ mit einer bestimmten Konstanten A. Setzen wir $b = e^k$, so finden wir

$$\begin{aligned} f(t) &= Ae^{kt} \\ &= A(e^k)^t \\ &= Ab^t. \end{aligned}$$

Damit ist das Korollar bewiesen. ●

Beispiel 1: Die Zahl der Weltbevölkerung betrug 1977 etwa 3,8 Milliarden. Wenn diese Zahl weiter mit einer Wachstumsrate von 2 Prozent pro Jahr ansteigt, welchen Stand erreicht sie im Jahr 2000? Man bestimme die momentane Wachstumsrate k und die Konstante b.

Lösung: Man messe die Zeit t in Jahren. Sei $t = 0$ für das Jahr 1977 und $f(t)$ die Bevölkerung zur Zeit t. (Wie schon erwähnt, nimmt die Bevölkerung nur ganzzahlige Werte an. Die Funktion f ist daher eine differenzierbare Näherung für die Bevölkerungszahl.)

Aufgrund des Folgetheorems existieren Konstanten A und b mit

$$f(t) = Ab^t.$$

Um A zu finden, setzen wir $t = 0$:

$$f(0) = Ab^0 = A \cdot 1 = A$$

oder

$$A = 3{,}8 \text{ Milliarden}.$$

Wie finden wir b? Wir wissen, daß die Bevölkerung pro Jahr um 2 Prozent ansteigt, d.h.

$$\frac{f(t+1)}{f(t)} = 1{,}02.$$

Daher gilt

$$\frac{Ab^{t+1}}{Ab^t} = 1{,}02$$

und

$$b = 1{,}02.$$

So ist auch b bestimmt. Folglich erhalten wir

$$f(t) = 3{,}8 \cdot 1{,}02^t \text{ Milliarden}.$$

Um die Größe der Bevölkerung im Jahr 2000 zu bestimmen – 23 Jahre nach dem Jahr 1977 – berechnen wir $f(23)$:

$$\begin{aligned} f(23) &= 3{,}8\,(1{,}02)^{23} \\ &\approx 3{,}8 \cdot 1{,}577 \quad \text{(Berechnung mit Hilfe eines Rechners oder einer Logarithmentafel)} \\ &= 6 \text{ Milliarden}. \end{aligned}$$

Schließlich wollen wir noch die momentane Wachstumsrate k berechnen. Man erinnere sich an $b = e^k$ oder

$$e^k = 1{,}02.$$

Daraus folgt

$$\begin{aligned} k &= \ln 1{,}02 \\ &\approx 0{,}0198. \ ● \end{aligned}$$

Wie Beispiel 1 zeigt, ist die Konstante b in der Formel $f(t) = Ab^t$ gleich dem Verhältnis

$$\frac{\text{Größe am Ende des Einheitsintervall der Zeit}}{\text{Größe am Beginn des Einheitsintervalls}}.$$

Also ist b üblicherweise sehr einfach zu bestimmen: Man bestimmt den relativen Zuwachs in einem Einheitsintervall der Zeit und addiert 1. In Beispiel 1 betrug der relative Zuwachs in einem Jahr gleich 0,02, es folgt $b = 1{,}02$.

Die momentane Wachstumsrate k kann nicht direkt aus der Beobachtung entnommen werden. Ist hingegen b bekannt, so kann man k aus der Gleichung

$$e^k = b$$

bestimmen, es gilt

$$k = \ln b.$$

In Beispiel 1 mußten wir die Zahl $(1{,}02)^{23}$ berechnen: Das kann sehr einfach mit Hilfe des y^x Programms auf einem Rechner geschehen. Ist kein Rechner bei der Hand, so bestimmen wir diese Zahl folgendermaßen: Man verwendet zuerst eine Tabelle der natürlichen Logarithmen, um $k \approx 0{,}0198$ zu ermitteln. Daraus folgt $f(t) \approx 3{,}8e^{0{,}0198t}$ und

$$\begin{aligned} f(23) &\approx 3{,}8e^{0{,}0198 \cdot 23} \\ &\approx 3{,}8e^{0{,}455}. \end{aligned}$$

Mit Hilfe einer e^x Tabelle berechnen wir

$$\begin{aligned} f(23) &\approx 3{,}8 \cdot 1{,}577 \\ &\approx 6{,}0 \text{ Milliarden}. \end{aligned}$$

Beispiel 1 veranschaulicht gleichzeitig einen anderen wichtigen Gesichtspunkt. Die momentane Wachstumsrate $k = 0{,}0198$ liegt sehr nahe an der experimentell gemessenen relativen Wachstumsrate pro Zeiteinheit, die in unserem Fall 2 Prozent oder 0,02 beträgt. Im Falle *kleiner* Wachstumsraten ist die Approximation

$$k = \text{relative Wachstumsrate pro Zeiteinheit},$$

eine gute Approximation: Wenn k klein ist und b in der Nähe von 1 liegt, so gilt

$$b = \text{ungefähr gleich } 1 + k.$$

(Die Übungen 18 bzw. 19 rechtfertigen diese Behauptung.) Im Hinblick auf die Ungenauigkeit der Angaben über die Größe der Bevölkerung ist die Verwendung von $k = 0{,}02$ durchaus gerechtfertigt. Sogar die Angaben über die Bevölkerung der Vereinigten Staaten können um eine Größe von etwa 4 Millionen differieren; es ist völlig sinnlos, diese Zahl auf neun Stellen genau zu berechnen.

Das nächste Beispiel behandelt das natürliche Wachstum anhand eines Problems aus dem Gebiet der Biologie.

Beispiel 2: Um 13.00 Uhr hatte eine Bakterienkultur ein Gewicht von 100 g, um 16.30 Uhr wiegt sie 250 g. Vorausgesetzt das Wachstum ist proportional der jeweiligen Anzahl der Bakterien, so wollen wir untersuchen, wann die Kultur auf 400 g angewachsen sein wird. Wie groß ist die momentane Wachstumsrate?

Lösung: Die Zeit $t = 0$ entspricht 13.00 Uhr. $f(t)$ sei die Bakterienmenge, die nach t Stunden vorhanden ist. Es gibt dann die Konstanten A und k mit $f(t) = Ae^{kt}$.

Diese Information läßt sich in den folgenden zwei Gleichungen darstellen:

$$f(0) = 100$$
$$f(3{,}5) = 250.$$

So gilt $A = 100$ und $Ae^{k(3,5)} = 250$, daher folgt

$$100e^{k(3,5)} = 250$$

oder

$$e^{k(3,5)} = 2{,}5.$$

Wir erhalten weiter

$$k(3{,}5) = \ln 2{,}5 \approx 0{,}92$$

und

$$k \approx \frac{0{,}92}{3{,}5} \approx 0{,}26.$$

Die momentane Wachstumsrate k beträgt somit 0,26.

Nach wieviel Stunden ist die Bakterienkultur auf 400 g angewachsen? Um dies herauszufinden, lösen wir die Gleichung

$$100e^{0,26t} = 400.$$

Wir finden

$$e^{0,26t} = 4$$

oder

$$0{,}26t = \ln 4 \approx 1{,}39.$$

Somit

$$t \approx \frac{1{,}39}{0{,}26}\,\mathrm{h} \approx 5{,}35\ \mathrm{h} \approx 5\ \mathrm{h\ und\ } 21\ \mathrm{min}.$$

Da $t = 0$ der Zeit 13.00 Uhr entspricht, wird die Bakterienkultur um 18.21 Uhr etwa 400 g wiegen. ●

In den ersten beiden Beispielen war die *Zuwachsrate* zur jeweiligen Größe proportional. Genausogut kann eine *Zerfallsrate* proportional zur jeweiligen Größe sein. In diesem Fall gilt dieselbe Differentialgleichung

$$f'(t) = kf(t),$$

allerdings sind $f'(t)$ und daher auch k nun negativ. Das nächste Beispiel behandelt einen solchen Zerfall.

Beispiel 3: Kohlenstoff 14 mit dem chemischen Symbol ^{14}C ist eines der drei Isotope von Kohlenstoff und zerfällt radioaktiv mit einer Rate proportional zur jeweils vorhandenen Substanzmenge. Nach etwa 5 730 Jahren ist die Hälfte des Materials zerfallen. (Wir sagen: Die *Halbwertszeit* ist gleich 5 730 Jahre. Die Halbwertszeit wird allgemein mit $t_{1/2}$ bezeichnet.) Man bestimme in diesem Falle die Konstante k in der Formel Ae^{kt}.

Lösung: Sei $f(t) = Ae^{kt}$ die nach t Jahren vorhandene Menge. Ist A die Anfangsmenge, so gilt

$$f(5\,730) = \frac{A}{2}.$$

Es folgt

$$Ae^{k(5\,730)} = \frac{A}{2}$$

oder

$$e^{5\,730k} = \frac{1}{2}.$$

Wir erhalten weiter

$$5\,730\,k = \ln\frac{1}{2} = -\ln 2 \approx -0{,}69.$$

Lösen wir nach k auf, so ergibt sich

$$k \approx \frac{-0{,}69}{5730} \approx -0{,}000\,12$$

oder

$$f(t) = Ae^{-0,000\,12t}.$$

Übung 21 zeigt, wie mit Hilfe dieser Gleichung das Alter von Fossilien oder anderen abgestorbenen Lebewesen bestimmt werden kann.

Die beiden Graphen für natürliches Wachstum und natürlichen Zerfall sehen sehr verschieden aus (Bild 5.15). Der erstere wird mit der Zeit sehr steil, der zweite nähert sich der Zeitachse und wird fast horizontal.

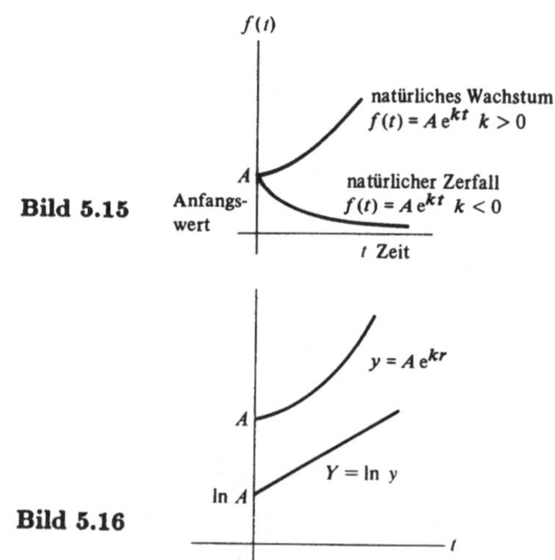

Bild 5.15

Bild 5.16

Entwickelt sich eine Größe nach dem Gesetz des natürlichen Wachstums, so schießt das Diagramm dieser Entwicklung sehr bald über jedes beliebig große Stück Papier hinaus. Als Beispiel führen wir die Bevölkerungskurve in Beispiel 6 aus Abschnitt 1.1 an. Das nächste Beispiel liefert ein spezielles Verfahren zur graphischen Darstellung von Gleichungen der Form $y = Ae^{kt}$.

Beispiel 4: Sei $y = Ae^{kt}$. Sei weiterhin $Y = \ln y$. Man zeige, daß das Schaubild von Y in Abhängigkeit von t eine gerade Linie darstellt.

Lösung:

$$Y = \ln y = \ln Ae^{kt} = \ln A + \ln e^{kt}$$

$= \ln A + kt.$

Dieser Graph ist eine gerade Linie mit dem y-Abschnitt $\ln A$ und dem Anstieg k. Bild 5.16 zeigt den Unterschied zwischen den beiden Schaubildern. •

Es gibt ein spezielles Zeichenpapier, sogenanntes *halblogarithmisches* Papier, das auf den Ergebnissen von Beispiel 4 beruht. Es erlaubt uns, das Schaubild $Y = \ln y$ ohne Berechnung von Logarithmen zu zeichnen. Auf der vertikalen Achse ist die Zahl y in einem Abstand von der x-Achse aufgetragen, der proportional zu $\ln y$ ist. Diese Darstellung entspricht der Skaleneinteilung eines Rechenstabes.

Übungen:

1. Das Gewicht einer bestimmten Bakterienkultur beträgt nach t Stunden $10(3^t)$ g.
   (*a*) Wie groß ist der anfängliche Wert?
   (*b*) Wie groß ist die momentane Wachstumsrate k?
   (*c*) Wie groß ist der prozentuelle Anstieg in 1 h?
2. Sei $f(t) = 3(2^t)$.
   (*a*) Man löse die Gleichung $f(t) = 12$.
   (*b*) Man löse die Gleichung $f(t) = 5$.
   (*c*) Man bestimme k aus $f(t) = 3e^{kt}$.
3. Angenommen, die Bevölkerungszahl wächst um 1 Prozent pro Jahr. In welcher Zeit wird sie sich verdoppeln?
4. Wann wird die Bevölkerungszahl der Vereinigten Staaten bei einer Wachstumsrate von 1 Prozent pro Jahr den Wert von 1 Milliarde erreicht haben. (Die Bevölkerung betrug im Jahr 1977 rund 220 Millionen.)
5. Man löse die Gleichung $5^{0,3t} = 2$.
6. Eine Bakterienkultur wächst innerhalb von 10 h von 100 g auf 400 g an.
   (*a*) Welche Menge war nach 3 h vorhanden!
   (*b*) Wie lange dauert es, bis sich die Masse verdoppelt, bis sie sich vervierfacht, verdreifacht hat?
7. Siehe Übung 1. Wann wird die Weltbevölkerung 20 Milliarden erreichen, wenn die gegenwärtige Wachstumsrate anhält?
8. Es sei $f(t) = Ae^{kt}$, $f(0) = 4$ und $f(1) = 8$. Man bestimme
   (*a*) A, (*b*) k, (*c*) b.
9. Siehe Übung 3. Wieviel Kohlenstoff 14 bleibt nach
   (*a*) 11 460 Jahren,
   (*b*) 2 000 Jahren
   übrig?
10. Sei $f(t) = Ae^{-ct}$ und c eine positive Zahl. Dann beschreibt die Funktion f einen Zerfall. Man stelle die Halbwertszeit $t_{1/2}$ durch die Größe c dar und bestimme hierzu t aus $f(t) = A/2$.
11. Sei $f(t) = 10^t$.
   (*a*) Man zeige, daß $f'(t)$ proportional zu $f(t)$ ist.
   (*b*) Stimmt dies mit dem Theorem überein, demzufolge $f(t)$ dann von der Form Ae^{kt} sein muß?
12. Die Menge einer bestimmten Substanz vergrößert sich pro Stunde um 10 %.
   (*a*) Man bestimme b.
   (*b*) Man bestimme k.
13. Eine radioaktive Substanz zerfällt während eines Tages von 12 g auf 11 g.
   (*a*) Man bestimme b.
   (*b*) Man bestimme k.
14. Eine radioaktive Substanz zerfällt bei einer Masse von 10 g mit einer momentanen Zerfallsrate von 0,05 g/d.
   (*a*) Welcher Anteil der Anfangsmenge A wird nach t Tagen übrigbleiben?
   (*b*) Wie groß ist die Halbwertszeit?
15. Man bestimme alle Funktionen, die mit ihrer Ableitung übereinstimmen.
16. Angenommen, die Geschwindigkeit eines aus der Ruhelage fallenden Balles ist proportional zur zurückgelegten Weglänge s.
   (*a*) Dann würde s exponentiell als Funktion der Zeit ansteigen. Man zeige dies!
   (*b*) Man zeige mit Hilfe von (*a*), daß dann auch die Geschwindigkeit exponentiell ansteigen würde.
   (*c*) Da die Anfangsgeschwindigkeit Null war, führt (*b*) zu einer absurden Schlußfolgerung. Man untersuche dies!

   Tatsächlich ist ds/dt proportional zur Zeit t und nicht zur Wegstrecke s.
17. Die nachfolgende Tabelle gibt die Entwicklung der Bevölkerung der Vereinigten Staaten zwischen 1945 und 1977 an.

Jahr	1945	1950	1955	1960	1965	1970	1975
Bevölkerung in Millionen	140	152	166	181	194	205	215

   Hat diese Tabelle einen exponentiellen Charakter? Man diskutiere das Ergebnis!
18. Man zeige für sehr kleine k die Relation $\ln(1+k) \approx k$. Genauer gilt
$$\lim_{k \to 0} \frac{\ln(1+k)}{k} = 1.$$
   Hinweis: Man betrachte diesen Grenzwert als Ableitung einer bestimmten Funktion an einer bestimmten Stelle.
19. Man zeige für sehr kleine k die Relation $e^k \approx 1 + k$. Genauer gilt
$$\lim_{k \to 0} \frac{e^k - 1}{k} = 1.$$
20. Eine Größe wächst nach dem Gesetz des natürlichen Wachstums. Die zur Zeit $t = 0$ vorhandene Menge sei A. Sie wird sich bis $t = 10$ verdoppeln.
   (*a*) Man stelle die zur Zeit t vorhandene Menge in der Form Ae^{kt} dar!
   (*b*) Man stelle die zur Zeit t vorhandene Menge in der Form Ab^t dar!

■

21. Ist der Kohlenstoff-14-Anteil am Kohlenstoff eines abgestorbenen Stückes Holz halb so groß wie derjenige eines entsprechenden Stückes Holz der lebenden Pflanze, so ist das Stück Holz etwa vor 5 730 a abgestorben. Seien A_l und A_t die radioaktiven Intensitäten der Proben des lebenden und des toten Materials. Man zeige, daß dann das Alter des toten Materials etwa $t = 8\,300 \ln(A_l/A_t)$ beträgt. (Diese Methode ist bis zu einem Alter von etwa 70 000 a anwendbar.)

Die Übungen 22 bis 25 behandeln die stetige Verzinsung.

22. In Abschnitt 3.2 wurden n mal pro Jahr kapitalisierte Zinsen diskutiert.
   (*a*) Eine Bank zahle nun 5 % Zinsen pro Jahr mit n-maliger Kapitalisierung. Man zeige, daß in t Jahren 1 DM auf
$$\left(1 + \frac{0{,}05}{n}\right)^{nt} \text{ DM}$$
   anwächst.
   (*b*) Man zeige, daß
$$\lim_{n \to \infty} \left(1 + \frac{0{,}05}{n}\right)^{nt} = e^{0{,}05t}.$$
   Kapitalisiert die Bank die Zinsen laufend – stetige Verzinsung – so wächst 1 DM in t Jahren auf $e^{0{,}05t}$ DM an.
   (*c*) Man zeige, daß sich eine Konteneinlage dann in etwa 14 a verdoppelt. (Bei gewöhnlicher Verzinsung würde man $1/0{,}05$ a ≈ 20 a zur Verdoppelung brauchen.)

23. Siehe Übung 22. Man zeige, daß sich bei stetiger Verzinsung 1 DM in etwa 70 % jener Zeit verdoppelt, die hierzu bei gewöhnlicher Verzinsung notwendig wäre.

24. Siehe Übungen 22 und 23. Die Verdopplungszeit für eine mit einer Rate von p Prozent pro Jahr anwachsende Bevölkerung ist etwa $70/p$ Jahre. Man zeige dies.

25. Siehe Übung 22. Welcher jährlicher Zinssatz entspricht ohne Kapitalisierung einer 8 prozentigen stetigen Verzinsung?

■■

26. Ein Geschäftsmann will einen Industriellen überreden, in einem Investment Fonds zu investieren. Er zeigt ihm das Schaubild 5.17, das den Anstieg eines ähnlichen Investments seit 1960 aufzeichnet: „Sehen Sie, in den ersten 5 Jahren stieg das Investment um 1 000 DM an, aber in den letzten 5 Jahren

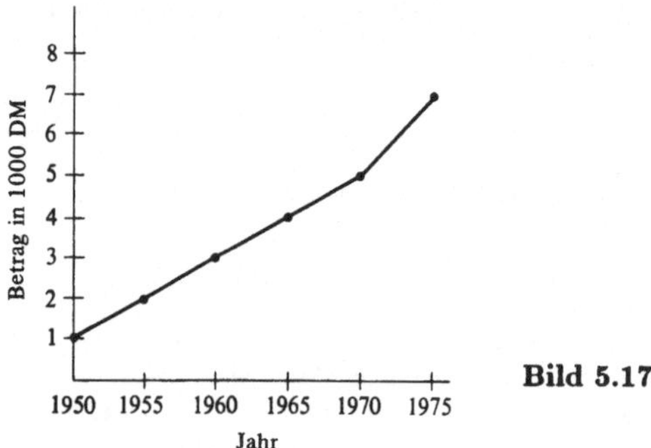

Bild 5.17

wuchs es um 2 000 DM. Sehen Sie sich den Anstieg von 1970 bis 1975 an, der Zuwachs hat sich gesteigert!"

Der Industrielle antwortet: „Unsinn! Für eine korrekte Darstellung müßten Sie halblogarithmisches Papier verwenden. Obwohl der Graph von 1970 bis 1975 steiler verläuft, ist doch die Gewinnrate kleiner als in der Zeit von 1950 bis 1955." Tatsächlich war dies die beste Periode.

(*a*) Man zeichne den Graphen, falls der prozentuale Gewinn eines Investments in jeder 5-Jahres-Periode derselbe geblieben wäre wie in der ersten.

(*b*) Man erkläre das Argument des Industriellen.

Die Übungen 27 bis 30 behandeln einfache Differentialgleichungen.

27. Man bestimme alle Funktionen $y = f(t)$, die der Differentialgleichung

$$\frac{dy}{dt} = kt \qquad k \text{ ist konstant}$$

genügen. Die Wachstumsrate ist proportional der verstrichenen Zeit.

28. Man bestimme alle Funktionen $y = f(t)$ mit der Eigenschaft

$$\frac{dy}{dt} = k(y - A),$$

wobei k und A Konstanten sind. *Hinweis:* Man zeige zunächst

$$\frac{d(y - A)}{dt} = k(y - A).$$

Für negative k ist dies das Newtonsche Abkühlungsgesetz; y ist die Temperatur eines erhitzten Objekts zur Zeit t. Die Raumtemperatur betrage A. Die Differentialgleichung $dy/dt = k(y - A)$ sagt uns: „Das Objekt kühlt sich mit einer Rate ab, die proportional zur Temperaturdifferenz zwischen Raum und Objekt ist."

29. In vielen Fällen gibt es einen ganz bestimmten oberen Wert M, bis zu dem eine Größe anwachsen kann. In diesem Fall kann man oft sinnvollerweise ansetzen

$$\frac{dy}{dt} = ky(M - y).$$

Diese Differentialgleichung sagt uns: „Die Zuwachsrate einer Größe ist erstens proportional zur augenblicklichen Größe und zweitens proportional zu jener Größe, um die sie noch anwachsen kann." Sei A die zur Zeit $t = 0$ vorhandene Größe. Die Funktion

$$y = f(t) = \frac{MA}{A + (M - A)e^{-Mkt}}$$

besitzt die folgenden Eigenschaften:

(*a*) Sie erfüllt die Differentialgleichung,

(*b*) $f(0) = A$,

(*c*) $\lim_{t \to \infty} f(t) = M$.

Man beweise diese Eigenschaften von f. Diese Art des Wachstums wird *logistisches* oder *sigmoidales Wachstum* genannt.

30. Man betrachte die Differentialgleichung

$$\frac{dx}{dy} = e^{-y}.$$

(*a*) Man zeige, daß y eine ansteigende Funktion von x ist.

(*b*) Die Funktion y ist ansteigend und differenzierbar. Daher kann x als Funktion von y aufgefaßt werden. Man zeige

$$\frac{dy}{dx} = e^{-y}.$$

(*c*) Man bestimme alle Funktionen, die diese Differentialgleichung befriedigen.

(*d*) Gibt es eine Lösung der Differentialgleichung $dy/dx = e^{y}$, die für die gesamte y-Achse definiert ist?

5.5 Ableitungen und Grenzwerte: Hilfsmittel für die graphische Darstellung von Funktionen

In diesem Abschnitt wird gezeigt, wie mit Hilfe von Ableitungen und Grenzwerten der Graph einer Funktion gezeichnet werden kann. Die meisten Ergebnisse dieses Abschnitts sind bereits in früheren Abschnitten entwickelt worden. Zusätzlich werden einige wichtige Definitionen eingeführt, die nicht nur für graphische sondern auch für viele andere Anwendungen von Nutzen sein werden. Das erste Beispiel illustriert das grundsätzliche Verfahren; die Definitionen folgen später.

Beispiel 1: Zeichne den Graphen von $y = f(x) = x^2 e^{-x}$.

Lösung: Der Definitionsbereich dieser Funktion umfaßt die gesamte x-Achse.

Wo schneidet der Graph die x-Achse? Wir lösen die Gleichung $f(x) = 0$, d.h.

$$x^2 e^{-x} = 0.$$

Da e^{-x} niemals Null wird, lautet die einzige Lösung $x = 0$. Als nächstes suchen wir den Punkt, in dem die Tangente horizontal ist. Dazu lösen wir die Gleichung $f'(x) = 0$. Nun gilt

$$\begin{aligned} f'(x) &= \frac{d(x^2 e^{-x})}{dx} \\ &= x^2 \frac{d(e^{-x})}{dx} + e^{-x} \frac{d(x^2)}{dx} \\ &= -x^2 e^{-x} + 2x e^{-x} \end{aligned}$$

und

$$f'(x) = e^{-x}(2x - x^2).$$

$$f'(x) = 0$$

gilt aber nur für

$$2x - x^2 = 0$$

oder

$$x(2-x) = 0.$$

Die Lösungen lauten

$$x = 0 \qquad \text{und} \qquad x = 2.$$

Bei diesen Werten von x hat die Funktion die Werte

$$f(0) = 0$$

und

$$f(2) = 2^2 e^{-2} = 4e^{-2} \approx 0{,}54.$$

Bild 5.18 beinhaltet die bisher gewonnenen Informationen. Die dicken, kurzen horizontalen Linien zeigen Punkte mit horizontaler Tangente an.

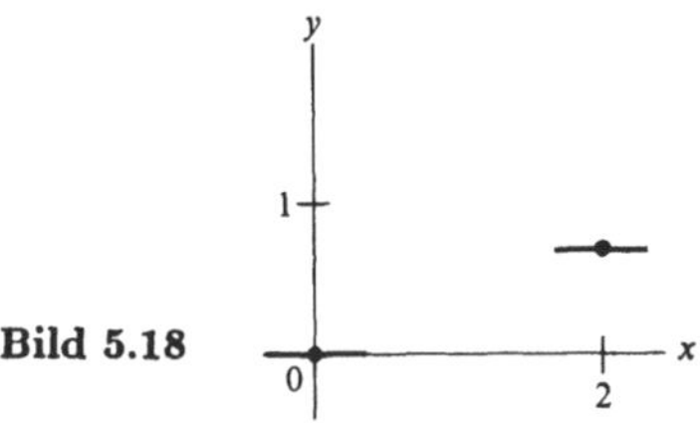

Bild 5.18

Als nächstes bestimmen wir die Bereiche, in denen f ansteigt oder abnimmt. Auf Grund der Betrachtungen von Abschnitt 5.2 müssen wir dazu das Vorzeichen der Ableitung f' bestimmen. Wie bereits gezeigt, gilt

$$f'(x) = e^{-x}(2x - x^2)$$

oder

$$f'(x) = x(2-x)e^{-x}.$$

Da e^{-x} immer positiv ist, ist das Vorzeichen von $f'(x)$ durch das Vorzeichen von $x(2-x)$ bestimmt. Um dieses Vorzeichen zu ermitteln, legen wir eine kleine Tabelle für die Vorzeichen der beiden Faktoren x und $2-x$ in den verschiedenen Bereichen von x an.

Vorzeichen	$x<0$	$0<x<2$	$x>2$
von x	−	+	+
von $2-x$	+	+	−
von $x(2-x)$	−	+	−

Somit ist $f'(x) = x(2-x)e^{-x}$ positiv für x aus $(0;2)$ und negativ für $x<0$ oder $x>2$. Die Funktion f ist daher für x aus $(0;2)$ ansteigend, sonst überall fallend. Diese Information ist in Bild 5.19 verwendet worden.

Um den Graphen zu vervollständigen, benötigen wir noch das Verhalten von $f(x)$ für sehr große Werte von $|x|$.

Wir berechnen

$$\lim_{x\to\infty} x^2 e^{-x} \quad \text{und} \quad \lim_{x\to-\infty} x^2 e^{-x}.$$

Nach Theorem 4 aus Abschnitt 5.3 gilt

$$\lim_{x\to\infty} x^2 e^{-x} = 0.$$

Desgleichen finden wir

$$\lim_{x\to-\infty} x^2 e^{-x} = \infty,$$

da für absolut große und negative x sowohl x^2 als auch e^{-x} sehr groß werden.

Mit dieser zusätzlichen Information können wir nun das allgemeine Verhalten der Funktion skizzieren, obwohl wir nur die zwei Punkte 0 und 2 exakt bestimmt haben (Bild 5.20). Der Graph von Beispiel 1 illustriert die Grundgedanken des allgemeinen Verfahrens. ●

Definition der horizontalen Asymptote: Gilt

$$\lim_{x\to\infty} f(x) = L \quad \text{oder} \quad \lim_{x\to-\infty} f(x) = L,$$

so heißt die Gerade $y = L$ *horizontale Asymptote* an den Graphen von f.

Im Beispiel 1 ist die Gerade $y = 0$, also die x-Achse, eine horizontale Asymptote, denn $\lim_{x\to\infty} x^2 e^{-x} = 0$. Horizontale Asymptote ist jede Parallele zur x-Achse, die dem Graphen von f, entweder weit rechts oder weit links, immer näher und näher kommt. Der Graph kann mit seiner Asymptote zusammenfallen oder sie unendlich oft schneiden. In den meisten praktischen Fällen ist der Graph mit seiner Asymptote nicht identisch.

Definition der vertikalen Asymptote: Gilt

$$\lim_{x\to a^+} f(x) = \infty \ (\text{oder} -\infty)$$

oder

$$\lim_{x\to a^-} f(x) = \infty \ (\text{oder} -\infty)$$

dann heißt die Gerade $x = a$ *vertikale Asymptote* an den Graphen von f.

In Beispiel 1 existiert keine vertikale Asymptote. In Beispiel 2 wird dies für $a = 1$ der Fall sein. Asymptoten, die weder horizontal noch vertikal sind, werden in den Übungen 82 bis 86 der Zusammenfassung (Abschnitt 5.11) diskutiert werden.

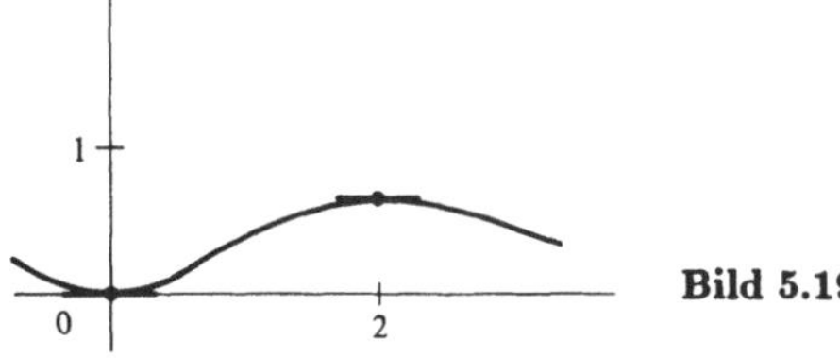

Bild 5.19

Definition der kritischen Stelle (oder des kritischen Punktes): Eine Stelle x, mit $f'(x) = 0$ wird kritische Stelle der Funktion f genannt. Der entsprechende Punkt $(x; f(x))$ des Graphen von f heißt kritischer Punkt. •

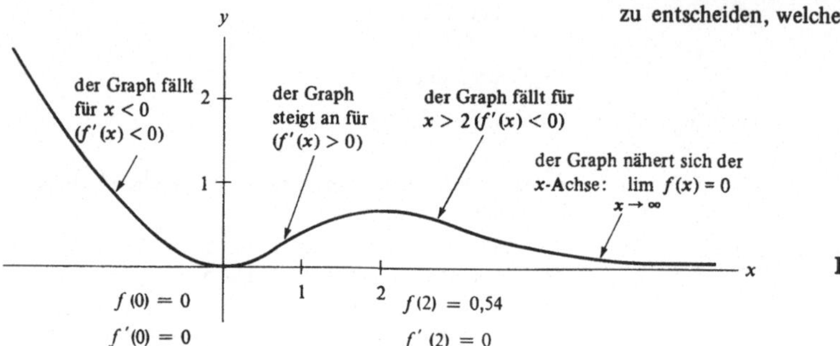

Bild 5.20

In einem kritischen Punkt ist die Tangente waagerecht. Die Kurve in Beispiel 1 besitzt zwei kritische Punkte, nämlich $(0; 0)$ und $(2; 4e^{-2})$.

Definition des relativen Maximums (lokalen Maximums): Die Funktion f besitzt an der Stelle X ein relatives oder lokales Maximum, wenn ein offenes Intervall $(a; b)$ um X existiert, in dem für alle x aus $(a; b)$ und aus dem Definitionsbereich von f die Ungleichung $f(X) \geqslant f(x)$ gilt. Ein „lokales" oder „relatives Minimum" ist analog definiert.

Definition des absoluten Maximums (globalen Maximums): Die Funktion f besitzt ein absolutes oder globales Maximum an der Stelle X, wenn für alle x aus dem Definitionsbereich von f die Ungleichung $f(X) \geqslant f(x)$ gilt. Ein globales Minimum ist analog definiert.

Die Funktion von Beispiel 1 hat folgende Eigenschaften:

ein relatives (lokales) Maximum bei $x = 2$,
ein relatives (lokales) Minimum bei $x = 0$,
ein absolutes (globables) Minimum bei $x = 0$,

aber kein absolutes (globales) Maximum. (Beschränken wir hingegen den Definitionsbereich von $f(x) = x^2 e^{-x}$ auf $x \geqslant 0$, dann hat die Funktion ein globales Maximum bei $x = 2$.)

Der folgende Test für das Vorhandensein eines lokalen Maximums oder lokalen Minimums folgt unmittelbar aus der Erkenntnis, daß die Funktion für eine positive Ableitung ansteigt und für eine negative Ableitung fällt.

Ableitungstest für lokale Maxima (oder lokale Minima): f sei eine Funktion und a eine Zahl. Angenommen, es existieren Zahlen b und c mit $b < a < c$ und den folgenden Eigenschaften:

1. f ist stetig im offenen Intervall $(b; c)$.
2. f ist differenzierbar im offenen Intervall $(b; c)$ ausgenommen höchstens für $x = a$.
3. $f'(x)$ ist im Intervall $(b; c)$ positiv für alle $x < a$ und negativ für alle $x > a$.

Dann besitzt f ein *lokales Maximum* bei a. Ein ähnlicher Test kann für ein *lokales Minimum* gegeben werden, wenn die Begriffe positiv und negativ vertauscht werden.

Mit anderen Worten heißt dies: „Wenn die Ableitung bei a ihr Vorzeichen ändert, dann liegt dort entweder ein lokales Minimum oder ein lokales Maximum vor." Um nun zu entscheiden, welcher von beiden Extremwerten vorhanden ist, fertigt man am besten in der Nähe von $(a; f(a))$ eine grobe Skizze des Graphen an (Bild 5.21).

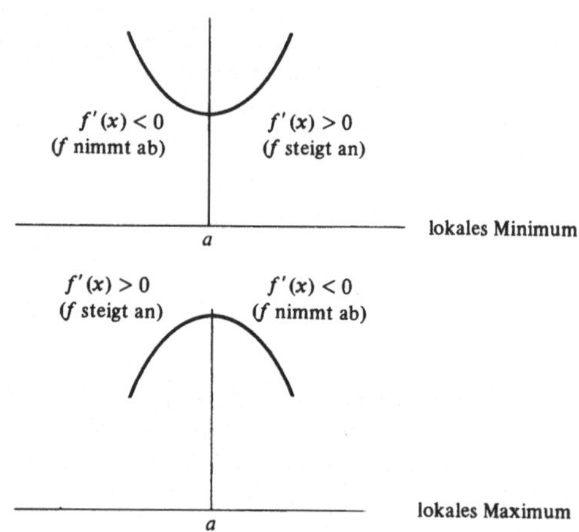

Bild 5.21

Der Ableitungstest trifft keine Aussage über die Existenz der Ableitung bei $x = a$. So ist der Test auf $f(x) = |x|$ anwendbar. Diese Funktion besitzt ein lokales Minimum bei $x = 0$, wo die Ableitung von -1 auf 1 springt. Wie bereits bekannt, ist $f(x) = |x|$ bei $x = 0$ nicht differenzierbar (siehe Beispiel 3 von Abschnitt 2.3).

Definition des x-Abschnitts: Eine Stelle x mit $f(x) = 0$ wird *x-Abschnitt* genannt.

Die Funktion in Beispiel 1 besitzt nur einen x-Abschnitt, nämlich $x = 0$. Ein x-Abschnitt gibt an, wo der Graph mit der x-Achse zusammentrifft.

Definition des y-Abschnitts: Der Wert $f(0)$ wird y-Abschnitt genannt.

Beispiel 2: Man zeichne den Graphen von

$$f(x) = \frac{2x - 5}{x - 1}.$$

Lösung: Für $x = 1$ ist die Funktion nicht definiert. Ferner findet man $f(0) = 5$, während $f(x) = 0$ nur dann gilt, wenn der Zähler Null ist. Daher beträgt der y-Abschnitt 5 und der einzige x-Abschnitt liegt bei $x = \frac{5}{2}$, entsprechend der Gleichung $2x - 5 = 0$. Diese Informationen sind im Bild 5.22 berücksichtigt.

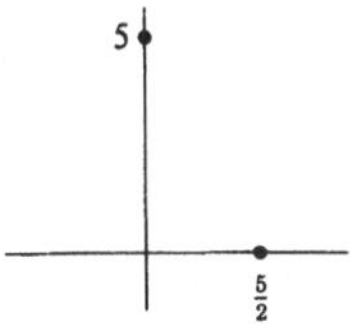

Bild 5.22

Allgemeines Verfahren zur graphischen Darstellung einer Funktion.

Bezeichnung	*Berechnung*	*Geometrische Bedeutung*
Definitionsbereich	1. Man bestimme, wo $f(x)$ definiert ist.	Man bestimme den horizontalen Bereich des Schaubildes.
Abschnitte	2. Man bestimme $f(0)$ und die Werte von x mit $f(x) = 0$.	Man bestimme, wo das Schaubild die Achsen schneidet.
kritische Stellen	3. Man bestimme, wo $f'(x) = 0$.	Man bestimme, wo die Tangente horizontal ist.
	4. Man bestimme $f(x)$ für alle kritischen Zahlen.	Funktionswerte für die kritischen Punkte.
steigend, fallend	5. Man bestimme die Werte von x, für die $f'(x)$ positiv, und diejenigen, für die $f'(x)$ negativ ist.	Man bestimme, wo das Schaubild ansteigt und wo es fällt, während man sich mit dem Bleistift nach rechts bewegt.
horizontale Asymptoten	6. Man bestimme $\lim_{x \to \infty} f(x)$ und $\lim_{x \to -\infty} f(x)$	Man bestimme die waagerechten Asymptoten oder das allgemeine Verhalten für große $\lvert x \rvert$.
vertikale Asymptoten	7. Man bestimme Werte von a mit $\lim_{x \to a^+} f(x) = \infty$ oder $\lim_{x \to a^-} f(x) = \infty$	Man bestimme die vertikalen Asymptoten (wo das Schaubild „explodiert“).
	8. Skizziere das Schaubild mit Hilfe der Abschnitte, kritischen Punkte, Asymptoten, lokalen und globalen Maxima und Minima	

Als nächstes untersucht man die kritischen Stellen von f. Dazu müssen wir $f'(x)$ berechnen:

$$f'(x) = D\left(\frac{2x-5}{x-1}\right) = \frac{(x-1)\cdot 2 - (2x-5)\cdot 1}{(x-1)^2}$$

$$= \frac{3}{(x-1)^2}.$$

Da der Zähler niemals Null wird, gibt es *keine kritischen Werte.*

Wo steigt die Funktion an und wo fällt sie? Mit $f'(x) = 3/(x-1)^2$ ist die Ableitung im gesamten Definitionsbereich positiv. Die Funktion *steigt immer an.*

Wie verhält sich die Funktion, wenn $\lvert x \rvert$ sehr groß ist? Wir finden

$$\lim_{x \to \infty} \frac{2x-5}{x-1} = \lim_{x \to \infty} \frac{2-5/x}{1-1/x} = \frac{2}{1} = 2.$$

Analog gilt

$$\lim_{x \to -\infty} \frac{2x-5}{x-1} = 2.$$

Die Gerade $y = 2$ ist sowohl weit rechts als auch weit links eine *horizontale Asymptote* des Graphen. Da die Funktion immer *ansteigt*, hat der Graph für große $\lvert x \rvert$ die im **Bild 5.23** skizzierte Form.

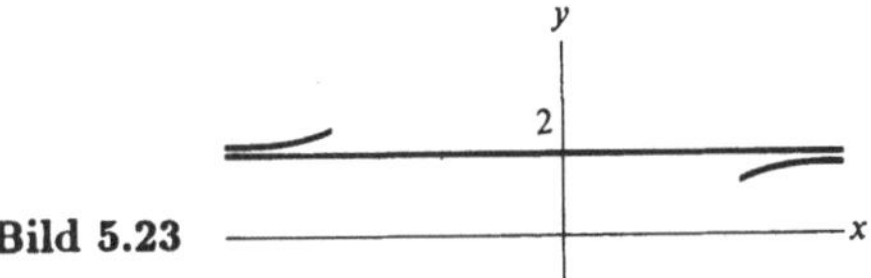

Bild 5.23

Gibt es *vertikale Asymptoten?* Mit anderen Worten: Gibt es irgendwelche Stellen a, in deren Nähe die Funktion beliebig groß wird? Da $x - 1$ sehr klein wird, wenn x sich an 1 annähert, wird die Funktion

$$f(x) = \frac{2x-5}{x-1}$$

bei $x = 1$ beliebig groß. Ist x rechts in der Nähe von 1, so liegt der Zähler in der Nähe von $2 \cdot 1 - 5 = -3$ und ist negativ. Der Nenner ist in diesem Fall eine kleine positive Zahl:

$$\lim_{x \to 1^+} \frac{2x-5}{x-1} = -\infty.$$

Analog findet man

$$\lim_{x \to 1^-} \frac{2x-5}{x-1} = \infty.$$

Die Gerade $x = 1$ ist eine vertikale Asymptote. Mit diesen Informationen kann das Schaubild vollständig gezeichnet werden (Bild 5.24). •

Das nächste Beispiel behandelt den Graphen eines Polynoms.

Beispiel 3: Man skizziere den Graphen von $f(x) = 2x^3 - 3x^2 - 12x$.

Lösung: Mit $f(0) = 2 \cdot 0^3 - 3 \cdot 0^2 - 12 \cdot 0 = 0$ liegt der *y-Abschnitt* bei Null. Um den *x-Abschnitt* zu finden, lösen wir die Gleichung

$$f(x) = 0.$$

Dies führt sehr leicht zu:

$$2x^3 - 3x^2 - 12x = 0$$

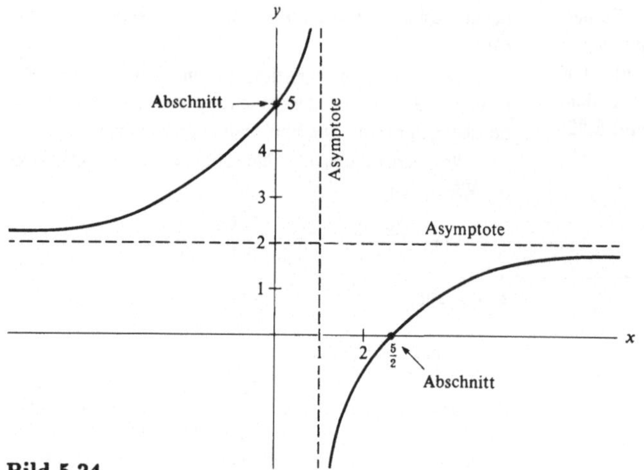

Bild 5.24

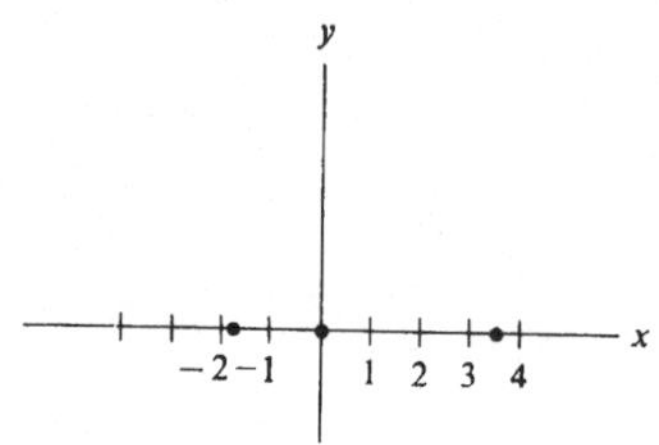

Bild 5.25

oder

$$x(2x^2 - 3x - 12) = 0.$$

Entweder $x = 0$ oder

$$2x^2 - 3x - 12 = 0.$$

Die letzte Gleichung kann mit Hilfe der Formel zur Lösung von quadratischen Gleichungen gelöst werden:

$$x = \frac{-(-3) \pm \sqrt{(-3)^2 - 4(2)(-12)}}{2(2)}$$

$$= \frac{3 \pm \sqrt{9 + 96}}{4}$$

$$= \frac{3 \pm \sqrt{105}}{4}.$$

Diese beiden Lösungen liegen ungefähr bei $-1{,}8$ und $3{,}3$. Die entsprechenden *Abschnitte* sind in Bild 5.25 eingezeichnet.

Wo gilt $f'(x) = 0$? Man findet

$$f'(x) = 6x^2 - 6x - 12$$
$$= 6(x^2 - x - 2)$$
$$= 6(x - 2)(x + 1).$$

Also erhalten wir $f'(x) = 0$ für

$$6(x - 2)(x + 1) = 0$$

oder für

$$x = 2 \quad \text{und} \quad x = -1.$$

An diesen *kritischen Stellen* hat die Funktion die Werte

$$f(2) = 2(2)^3 - 3(2)^2 - 12(2) = -20$$

und

$$f(-1) = 2(-1)^3 - 3(-1)^2 - 12(-1) = 7.$$

Bild 5.26 berücksichtigt alle bisher gewonnenen Informationen.

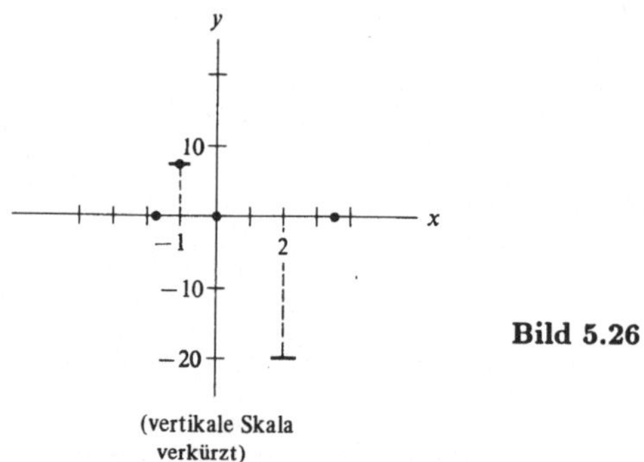

Bild 5.26

Als nächstes wollen wir das Vorzeichen von $f'(x) = 6(x - 2)(x + 1)$ bestimmen.

		−1		2	
Vorzeichen von $x - 2$	− − −		− − −		+ + +
Vorzeichen von $x + 1$	− − −		+ + +		+ + +
Vorzeichen von $6(x - 2)(x + 1)$	+ + +		− − −		+ + +

Nach unseren allgemeinen Erkenntnissen *steigt* die Funktion für $x < -1$ und für $x > 2$; sie *fällt* für $-1 < x < 2$. Berücksichtigt man auch diese Information so entsteht Bild 5.27.

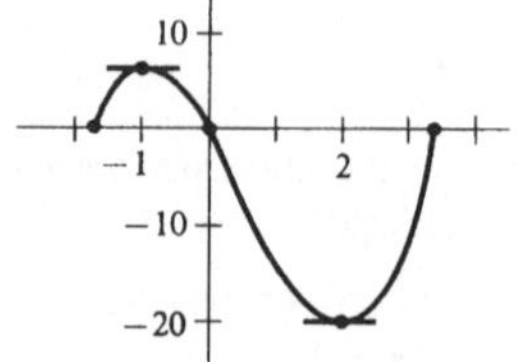

Bild 5.27

Schließlich ist das Verhalten von

$$f(x) = 2x^3 - 3x^2 - 12x$$

für große Werte von $|x|$ zu untersuchen. Wegen

$$\lim_{x \to \infty} f(x) = \lim_{x \to \infty} (2x^3 - 3x^2 - 12x)$$

$$\lim_{x \to \infty} f(x) = \lim_{x \to \infty} x^3 \left(2 - \frac{3}{x} - \frac{12}{x^2}\right)$$

$$= \infty$$

besitzt das Schaubild für $x \to \infty$ *keine horizontalen Asymptote.* Eine ähnliche Überlegung zeigt, daß auch für $x \to -\infty$ keine horizontale Asymptote existiert. Tatsächlich gilt

$$\lim_{x \to -\infty} f(x) = -\infty.$$

Mit dieser letzten Information kann die Kurve endgültig skizziert werden. Der Graph ist in **Bild 5.28** gezeigt. Es gibt ein lokales Maximum bei $x = -1$, ein lokales Minimum bei $x = 2$, aber keine globalen Maxima oder Minima. ●

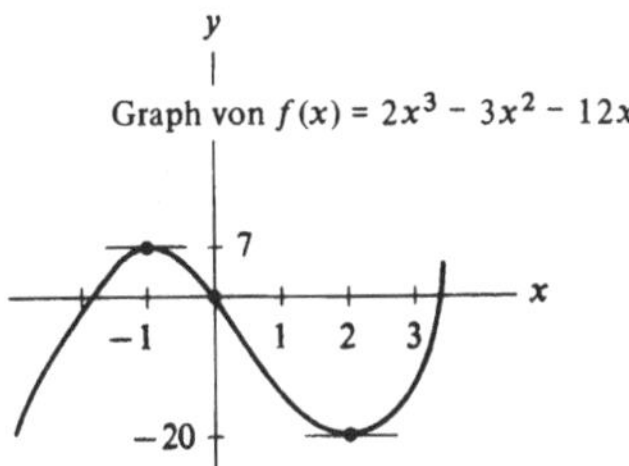

Bild 5.28 Der Graph schneidet die x-Achse bei $x = 0$, $\frac{3 - \sqrt{105}}{4} \approx -1{,}8$ und $\frac{3 + \sqrt{105}}{4} \approx 3{,}3$

Beispiel 4: Man zeichne den Graphen von $f(x) = 3x^4 - 4x^3$ und diskutiere relative Maxima und Minima.

Lösung: Um die Abschnitte zu finden, berechnen wir $f(0) = 0$ und ermitteln aus $3x^4 - 4x^3 = 0$ oder $x^3(3x - 4) = 0$ die Werte $x = 0$ und $x = \frac{4}{3}$. Die Ableitung ist durch

$$f'(x) = 12x^3 - 12x^2$$
$$= 12x^2(x - 1)$$

gegeben. Die kritischen Stellen sind die Lösungen der Gleichung

$$12x^2(x - 1) = 0,$$

also 0 und 1.

Wie verhält sich das Vorzeichen von

$$f'(x) = 12x^2(x - 1)$$

in der Nähe von $x = 0$? Für $x < 0$ ist $12x^2$ positiv und $x - 1$ negativ; daher ist $12x^2(x - 1)$ negativ. Für $0 < x < 1$ ist $12x^2$ positiv und $x - 1$ negativ: Das Vorzeichen von $f'(x)$ ändert sich nicht, wenn x durch den 0-Punkt geht. Da $f'(x)$ negativ bleibt (ausgenommen bei 0), fällt die Funktion f für $x < 1$ und es ist bei $x = 0$ kein relatives Maximum oder Minimum vorhanden.

Wie verhält sich das Vorzeichen von $f'(x) = 12x^2(x - 1)$ in der Nähe von $x = 1$? Der Faktor $12x^2$ ist positiv, aber $x - 1$ ändert sein Vorzeichen von negativ auf positiv: Bei $x = 1$ hat die Funktion ein lokales Minimum.

Schreiben wir nun

$$f(x) = 3x^4 - 4x^3$$

in der Form:

$$f(x) = x^4 \left(3 - \frac{4}{x}\right).$$

Daraus folgt: Für sehr große $|x|$ verhält sich die Funktion $f(x)$ wie $3x^4$ ($4/x$ geht gegen 0). Da $3x^4$ für große $|x|$ beliebig groß wird, besitzt die Funktion kein globales Maximum. **Bild 5.29** zeigt den x-Abschnitt und die kritischen Punkte. Man beachte das globale Minimum bei $x = 1$. ●

Für viele praktische Probleme interessiert uns das Verhalten einer differenzierbaren Funktion nur in einem geschlossenen Intervall $[a; b]$. Eine solche Funktion besitzt auf Grund des Satzes vom Maximum (Abschnitt 5.1) ein globales Maximum. Das Maximum kann entweder an den Endpunkten a oder b oder irgendwo an einer Stelle X im offenen Intervall $(a; b)$ liegen. Im letzten Fall muß X eine kritische Stelle sein, denn aufgrund des Theorems 1 aus Abschnitt 5.1 gilt dort $f'(X) = 0$.

Die beiden Zeichnungen in **Bild 5.30** zeigen einige Möglichkeiten eines relativen oder globalen Maximums bzw. Minimums im Falle einer Funktion, die nur in einem geschlossenen Intervall $[a; b]$ betrachtet wird.

Bild 5.30

y
globales Maximum
relatives Maximum
relatives Minimum
x
a
b

Die Ableitung ist an diesen beiden Stellen gleich Null.

Das globale Maximum tritt am Ende des Intervalls ein (die Ableitung braucht nicht Null zu sein).

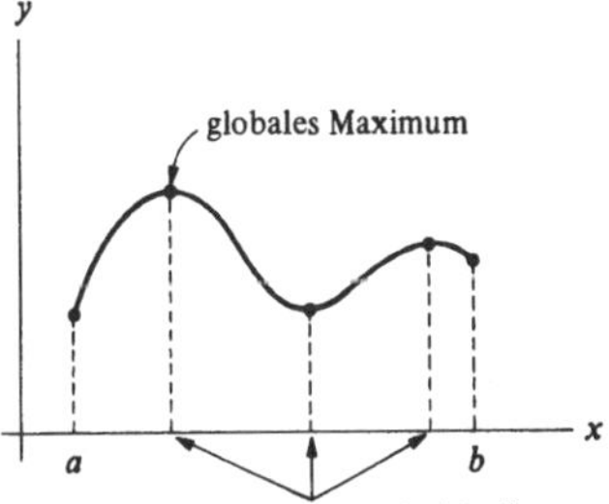

Die Ableitung ist an diesen drei Stellen gleich Null.

Das globale Maximum liegt zwischen a und b (die Ableitung ist dort Null).

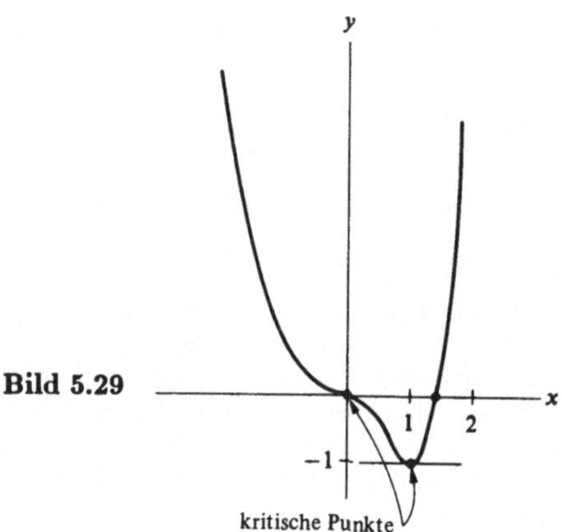

Bild 5.29

Somit kann der Maximalwert einer differenzierbaren Funktion f in einem geschlossenen Intervall in folgenden Fällen auftreten:

1. an einem Ende des Intervalls, oder
2. an einer kritischen Stelle, wo $f'(x) = 0$ ist.

Beispiel 5: Man bestimme den Maximalwert von $f(x) = x^3 - 3x^2 + 3x$ für x aus $[0;2]$.

Lösung: Man berechnet zuerst f an den Endpunkten des Intervalls 0 und 2:

$$f(0) = 0 \quad \text{und} \quad f(2) = 2.$$

Als nächstes berechnet man $f'(x) = 3x^2 - 6x + 3$. Wo gilt $f'(x) = 0$? Wir setzen

$$3x^2 - 6x + 3 = 0$$

oder

$$3(x^2 - 2x + 1) = 0$$

und

$$3(x-1)^2 = 0.$$

Somit ist 1 die einzige kritische Stelle, sie liegt im Inneren des Intervalls $[0; 2]$.

Das Maximum von f muß daher an den Endpunkten des Intervalls (bei 0 oder 2) oder an der kritischen Stelle 1 eintreten. Wir müssen nun den Wert $f(1)$ berechnen:

$$f(1) = (1)^3 - 3(1)^2 + 3(1) = 1.$$

Da $f(0) = 0$, $f(2) = 2$ und $f(1) = 1$, beträgt der Maximalwert 2 und tritt am Endpunkt $x = 2$ auf.

Nun ist es sehr instruktiv, den Graphen der Funktion zu skizzieren. Da

$$f'(x) = 3(x-1)^2$$

für alle x, ausgenommen $x = 1$, positiv bleibt, ist die Funktion stets ansteigend. Bild 5.31 zeigt den Graphen. Man beachte das Minimum bei $x = 0$. ●

Das folgende Flußdiagramm faßt das Verfahren zur Bestimmung des Maximums einer in einem geschlossenen Intervall differenzierbaren Funktion zusammen.

Flußdiagramm zur Ermittlung von M, dem Maximalwert von $f(x)$ für x aus $[a; b]$

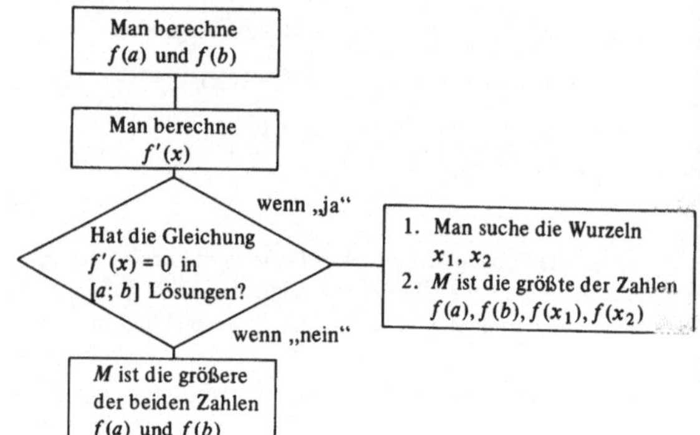

Übungen:

In den Übungen 1 bis 24 sind die Funktionen unter Angabe der x-Abschnitte, y-Abschnitte, kritischen Stellen, lokalen und globalen Maxima und Minima, sowie der horizontalen und vertikalen Asymptoten zu zeichnen.

1. xe^{-x} **2.** $x^2 - 6x + 5$
3. x^3 **4.** $x/(x^2 + 1)$
5. $(3x^2 + 5)/(x^2 - 1)$ **6.** $e^{2x} + e^{-x}$
7. $x^3 + (1/x)$ **8.** $x + 2\ln(1 + x^2)$
9. $(\ln x)/x^2$ **10.** $1/[(x-1)^2(x-2)]$
11. $e^{-x}\sin x$ **12.** $e^{-x}\sin\sqrt{3}x$
13. $\dfrac{\sin x}{1 + 2\cos x}$ **14.** $2x^3 + 3x^2 - 6x$
15. $x^3 - 3x^2 + 3x$ **16.** $e^x - ex + 1$
17. $e^x + 2e^{-x}$ **18.** $x^4 - 4x$
19. $x^4 - 4x^3 + 4x^2$ **20.** $x^4 + 2x^3 - 3x^2$
21. $2x^{1/3} + x^{4/3}$ **22.** $(x^3 - 1)/(x^2 - 1)$
23. $\sqrt{x^2 - 1}/x$ **24.** $x^4 - 4x + 3$

Die Übungen 25 bis 32 behandeln Funktionen, die in einem abgeschlossenen Intervall definiert sind. Es sind in jedem Fall das Maximum und das Minimum der gegebenen Funktion im gegebenen Intervall zu bestimmen.

25. $(\ln x)/x$; $[1, 10]$ **26.** $4x - x^2$; $[0, 5]$
27. $4x - x^2$; $[0, 1]$ **28.** $2x^2 - 5x$; $[-1, 1]$
29. $x^3 - 2x^2 + 5x$; $[-1, 3]$ **30.** $x/(x^2 + 1)$; $[0, 3]$
31. $e^{-x}\sin x$; $[0, 2\pi]$ **32.** $(x + 1)/\sqrt{x^2 + 1}$; $[0, 3]$

■

33. Man differenziere (zur Übung):
(*a*) $\sqrt[5]{x^2}$, (*b*) $x^3 \arcsin 3x$,
(*c*) $e^{-2x}\cos 5x$, (*d*) $\sqrt{\dfrac{2x+1}{3x+2}}$,
(*e*) $\operatorname{cosec}^3 5x$, (*f*) $x^{\arctan 2x}$.

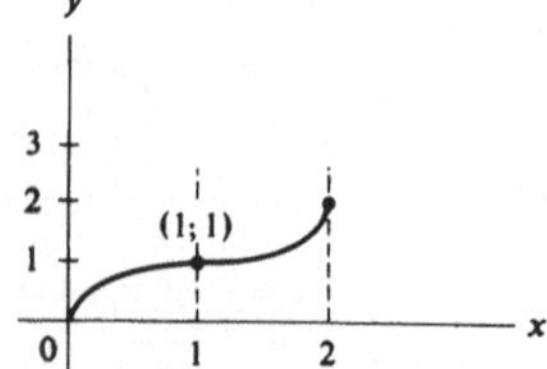

Bild 5.31

Die Tangente im Punkt (1; 1) ist horizontal

5.6 Die zweite Ableitung: Anwendung von höheren Ableitungen auf das Studium von Bewegungen

Geschwindigkeit ist die Rate, mit der sich die Distanzen verändern. Die Änderungsrate der Geschwindigkeit wird *Beschleunigung* genannt. Gibt $y = f(t)$ zur Zeit t die Lage eines bestimmten Punktes auf einer Geraden an, so ist die Ableitung $dy/dt = \dot{y}$ gleich der Geschwindigkeit und die Ableitung der Ableitung $d(dy/dt)/dt$, ergibt die Beschleunigung.

Ist $y = f(x)$, so wird die *zweite Ableitung* $d(dy/dx)/dx$ durch die folgenden Symbole bezeichnet:

$$\frac{d^2y}{dx^2}, D^2y, y'', f'', D^2f, f^{(2)}, f^{(2)}_{(x)}, \frac{d^2f}{dx^2}, D^2_x y.$$

Ist $y = f(t)$, so schreibt man für D^2y auch $\ddot{y}$.

Für $y = x^3$ gilt

$$\frac{dy}{dx} = 3x^2$$

und

$$\frac{d^2y}{dx^2} = 6x.$$

Andere Möglichkeiten für die Bezeichnung der zweiten Ableitung dieser Funktion sind

$$D^2(x^3) = 6x$$

$$\frac{d^2(x^3)}{dx^2} = 6x$$

und

$$(x^3)'' = 6x.$$

Die folgende Tabelle gibt für einige bekannte Funktionen die erste Ableitung dy/dx und die zweite Ableitung d^2y/dx^2 an. Die erste Ableitung von f, also $f'(x)$, wird auch manchmal mit $f^{(1)}(x)$ bezeichnet.

Die meisten Funktionen der Infinitesimalrechnung können mehrfach differenziert werden: Abgesehen von Df, existiert die Ableitung von Df, nämlich D^2f, ebenfalls.

y	$\frac{dy}{dx}$	$\frac{d^2y}{dx^2}$
x^3	$3x^2$	$6x$
$\ln x$	$\frac{1}{x}$	$-\frac{1}{x^2}$
$\sin 3x$	$3 \cos 3x$	$-9 \sin 3x$
e^{2x}	$2e^{2x}$	$4e^{2x}$

Schließlich existiert die Ableitung von D^2f, die Ableitung der zweiten Ableitung, so schreiben wir

$$\frac{d\left(\frac{d^2y}{dx^2}\right)}{dx}$$

für die *dritte Ableitung*. Auch sie kann auf vielfache Weise bezeichnet werden, etwa durch

$$\frac{d^3y}{dx^3}, D^3y, y''', f''', f^{(3)}, f^{(3)}(x), \frac{d^3f}{dx^3}, D^3_x f.$$

Die *vierte Ableitung* $f^{(4)}(x)$ ist als Ableitung der dritten Ableitung definiert und wird mit ähnlichen Symbolen bezeichnet. Auf analoge Weise wird $f^{(n)}(x)$ für $n = 5, 6 \ldots$ definiert. Die Ableitungen $f^{(n)}(x)$ mit $n \geqslant 2$ werden *höhere Ableitungen* von f genannt.

Beispiel 1: Man berechne $f^{(n)}(x)$ für $f(x) = e^{-3x}$ und $n \geqslant 1$.

Lösung:

$$f^{(1)}(x) = \frac{df}{dx} = \frac{d(e^{-3x})}{dx} = -3e^{-3x};$$

$$f^{(2)}(x) = \frac{d(f^{(1)}(x))}{dx} = \frac{d(-3e^{-3x})}{dx} = 9e^{-3x};$$

$$f^{(3)}(x) = \frac{d(f^{(2)}(x))}{dx} = \frac{d(9e^{-3x})}{dx} = -27e^{-3x}$$

und so fort. Bei jeder nachfolgenden Differentiation wird der Koeffizient von e^{-3x} mit -3 multipliziert. Daraus folgt ganz allgemein

$$f^{(n)}(x) = (-3)^n e^{-3x}. \bullet$$

Die höheren Ableitungen, $f^{(n)}(x)$, können zur Bestimmung der Wachstumsrate einer Funktion $f(x)$ herangezogen werden. Dies wird in Bd. 4, Kap. 2 diskutiert werden. Die zweite Ableitung findet hauptsächlich zwei Anwendungen: einerseits gibt sie die Rate der Veränderung einer Rate, also die *Beschleunigung*, andererseits können mit ihrer Hilfe Schaubilder von Funktionen einfacher gezeichnet werden. Dieser Abschnitt widmet sich hauptsächlich der Beschleunigung, während Abschnitt 5.7 die zweite Ableitung auf bestimmte Eigenschaften von Graphen anwendet.

Das folgende Beispiel illustriert die Anwendung der zweiten Ableitung auf das Studium einer Bewegung.

Beispiel 2: Ein fallender Stein legt in den ersten t Sekunden $5t^2$ Meter zurück. Man bestimme seine Geschwindigkeit und seine Beschleunigung.

Lösung: Man lege die y-Achse in die übliche Lage (0 an den Ausgangspunkt und die positive Halbachse nach oben gerichtet, Bild 5.32). Zur Zeit t hat dann das Objekt die y-Koordinate

$$y = -5t^2.$$

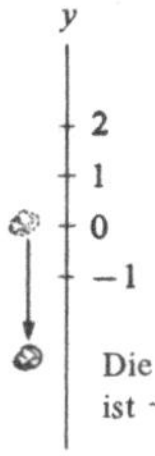

Die Koordinate des Steins zur Zeit t ist $-5t^2$

Bild 5.32

Die Geschwindigkeit in m/s ist durch

$$(-5t^2)' = -10t$$

gegeben und die Beschleunigung beträgt in m/s/s = m/s²

$$(-10t)' = -10.$$

Die Geschwindigkeit ändert sich also mit einer konstanten Rate, die Beschleunigung ist daher konstant. ●

Die zweite Ableitung charakterisiert die Beschleunigung auch in anderem Zusammenhang, wie das nächste Beispiel zeigt.

Beispiel 3: Man übersetze die folgende Zeitungsmeldung in die Sprache der Infinitesimalrechnung: „Aufgrund der neuesten Arbeitslosenzahlen könnte vermutet werden, daß sich die Rezession ihrem Maximalwert nähert. Obwohl die Arbeitslosenzahl weiter ansteigt, tut sie dies nun mit einer geringeren Rate als früher."

Lösung: y sei die Anzahl der Arbeitslosen zur Zeit t. (Wir setzen y wieder als differenzierbare Funktion von t an, um die tatsächliche Arbeitslosenzahl zu approximieren). y verändert sich mit der Zeit t:

$$y = f(t).$$

Die Rate der Veränderungen dieser Arbeitslosenzahl ist daher durch die Ableitung

$$\frac{dy}{dt}$$

gegeben. Wenn „die Arbeitslosenzahl nach wie vor ansteigt", so ist dies gleichbedeutend mit der Ungleichung

$$\frac{dy}{dt} > 0.$$

Aus der Zeitungsnotiz spricht jedoch ein gewisser Optimismus: Die Rate des Anstiegs, dy/dt, ist selbst abnehmend („Arbeitslosenzahl steigt nach wie vor an ... nun aber mit einer *langsameren Rate* als früher"). Die Funktion dy/dt ist fallend: Ihre Ableitung

$$\frac{d\left(\frac{dy}{dt}\right)}{dt}$$

ist negativ:

$$\frac{d^2y}{dt^2} < 0.$$

Die schlechte Nachricht sagt uns, daß dy/dt noch immer positiv ist. Dem gegenüber steht aber die gute Nachricht: d^2y/dt^2 ist negativ!

Und wenn tatsächlich „die Rezession ihren Maximalwert erreicht" so wird demnächst $dy/dt = 0$ sein und in der Folge zu negativen Werten übergehen: In der Zukunftsvision des Ökonomen ist ein lokales Maximum im Schaubild von $y = f(t)$ vorhergesagt. ●

Die folgenden Beispiele konzentrieren sich auf die Verwendung der zweiten Ableitung beim Studium von Bewegungen.

Beispiel 4: Die einfachste Bewegung ist die kräftefreie Bewegung. Angenommen, ein Körper bewege sich entlang der x-Achse und es wirken keine Kräfte auf ihn. Seine Lage zur Zeit t sei

$$x = f(t) \text{ Meter}.$$

Zu Beginn der Bewegung ($t = 0$) sei $x = 3$ m und die Geschwindigkeit 5 m/s. Man bestimme $f(t)$.

Lösung: Wenn auf den Körper keine Kraft wirkt, so gilt $d^2x/dt^2 = 0$. Bezeichnen wir die Geschwindigkeit mit v, so erhalten wir

$$\frac{dv}{dt} = \frac{d^2x}{dt^2} = 0.$$

Nun ist v selbst eine Funktion der Zeit. Da ihre Ableitung gleich Null ist, muß v konstant sein:

$$v(t) = C$$

(mit einer bestimmten Konstanten C). Aus $v(0) = 5$ folgt nun sofort

$$v(0) = C = 5$$

und

$$C = 5.$$

Um die Lage x als Funktion der Zeit zu bestimmen, gehen wir von

$$v = \frac{dx}{dt} = 5$$

aus. Aufgrund dieser Relation muß x die Form

$$x = 5t + K$$

haben (mit einer bestimmten Konstanten K). Nun gilt für $t = 0$ in diesem Falle $x = 3$ und es folgt $K = 3$. So befindet sich das Teilchen zur Zeit t am Ort

$$x = 5t + 3. \bullet$$

Im nächsten Beispiel ist die Beschleunigung zwar konstant, aber von Null verschieden.

Beispiel 5: Ein Ball wird mit einer Geschwindigkeit von 20 m/s von einer 30 m hohen Klippe in die Luft geworfen (Bild 5.33). Wo befindet sich der Ball nach t Sekunden? Wann erreicht er seine maximale Höhe? Wie hoch steigt der Ball über das Grundniveau hinaus? Wann erreicht der Ball den Boden? (Wir vernachlässigen den Luftwiderstand und nehmen die Beschleunigung infolge der Schwerkraft als konstant an.)

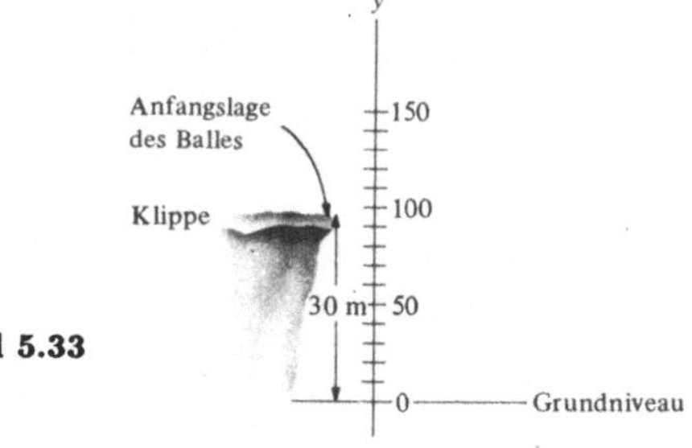

Bild 5.33

Lösung: Man beschreibe die Lage des Balles auf einer vertikalen y-Koordinatenachse. Dann ist die Geschwindigkeit durch dy/dt und die Beschleunigung durch d^2y/dt^2 gegeben. Der Ursprung wird auf das Grundniveau gelegt, der positive Teil der y-Achse kennzeichnet die Höhe über dem Boden.

Zur Zeit $t = 0$ beträgt die Geschwindigkeit $dy/dt = 20$, da der Ball mit einer Geschwindigkeit von 20 m/s in die Luft geworfen wurde. (Falls er hinuntergeworfen worden wäre, wäre dy/dt gleich -20 gewesen.) Im Laufe der Zeit fällt dy/dt von 20 auf 0 (der Ball erreicht seine maximale Höhe und beginnt wieder zu fallen) und durchläuft in der Folge negative Werte, bis der Ball auf dem Boden liegt. v ist eine fallende Funktion, daher ist die Beschleunigung dv/dt negativ. Der (konstante) Wert von dv/dt, den man aus Experimenten kennt, beträgt etwa -10 m/s^2.

Aus der Gleichung

$$\frac{dv}{dt} = -10$$

folgt sofort

$$v = -10t + C.$$

(C ist eine bestimmte Konstante.) Um C zu finden, erinnern wir uns an $v = 20$ für $t = 0$ oder

$$20 = -10(0) + C$$

und $C = 20$. Daher gilt zur Zeit t

$$v = -10t + 20,$$

jedenfalls bis der Ball am Boden auftrifft. Nun folgt aus $v = dy/dt$ sofort

$$\frac{dy}{dt} = -10t + 20.$$

Diese Gleichung impliziert

$$y = -5t^2 + 20t + K$$

(mit einer bestimmten Konstanten K). K ergibt sich aus $y = 30$ für $t = 0$:

$$30 = -5(0)^2 + 20(0) + K$$

und $K = 30$.

Wir haben damit eine vollständige Beschreibung der momentanen Lage des Balles gefunden:

$$y = -5t^2 + 20t + 30.$$

Dies liefert zusammen mit $v = -10t + 20$ die Antwort auf alle Fragen nach der Bewegung des Balles.

Wann erreicht der Ball also seine maximale Höhe? Dies geschieht für $v = 0$ oder $-10t + 20 = 0$, also nach $t = 2$.

Wie hoch steigt der Ball über den Boden hinaus? Man berechne einfach y für $t = 2$. Das gibt

$$(-5(2)^2 + 20(2) + 30)\text{ m} = 50\text{ m}$$

Wann erreicht der Ball den Boden? Für $y = 0$! Man findet den Wert aus

$$y = -5t^2 + 20t + 30 = 0.$$

Division durch -5 ergibt die etwas einfachere Gleichung

$$t^2 - 4t - 6 = 0$$

mit der Lösung

$$t = \frac{4 \pm \sqrt{16 + 24}}{2}$$

oder einfach

$$t = 2 \pm \sqrt{10}.$$

Da $2 - \sqrt{10}$ negativ ist, und der Ball den Grund nicht erreichen kann, bevor er überhaupt abgeworfen wurde, ist die physikalisch sinnvolle Lösung durch $2 + \sqrt{10}$ gegeben. Der Ball landet also $(2 + \sqrt{10})$ s nach seinen Start auf dem Boden: Er ist etwa 5,2 s in der Luft.

Die Graphen von y, v und $|v|$ veranschaulichen die Bewegung des Balles noch deutlicher (**Bild 5.34a)** bis c).

Tatsächlich ist die Bewegung des Balles nicht durch eine einfache vertikale Linie gegeben, sondern sieht etwa so aus wie in **Bild 5.34d)** •

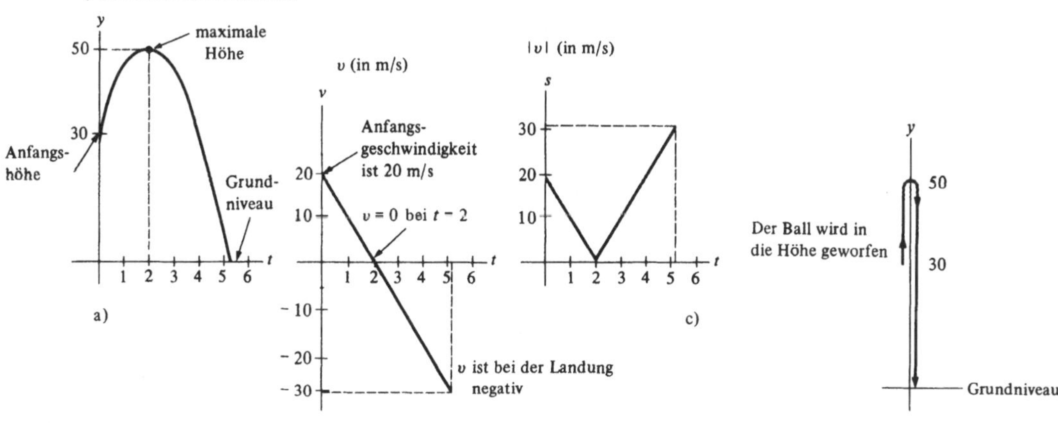

Bild 5.34

Die Gravitationsbeschleunigung ist genau genommen nicht konstant. Sie verändert sich umgekehrt proportional zum Quadrat des Abstandes vom Erdmittelpunkt. Sie ist aber annähernd konstant, wenn sich ein Körper nur über kleine Strecken bewegt – etwa ein paar Meter in die Höhe: Damit ist die Annahme einer konstanten Schwerkraft in vielen praktischen Anwendungen gerechtfertigt. Das nächste Beispiel behandelt die Bewegung unter dem Einfluß einer nicht konstanten Beschleunigung. Dieser etwas schwierigere Exkurs gilt dem interessierten Leser und kann zunächst auch übergangen werden. Die mathematische Grundlage für die Bestimmung der Fluchtgeschwindigkeit wurde in Newtons *Principia* entwickelt und im Jahre 1687 veröffentlicht. In dieser Publikation wurde nicht nur das Gesetz des inversen Quadrats, sondern auch andere Gesetze der Anziehung wie etwa das Gesetz des *inversen Kubus* untersucht. (Dieses tritt in der Natur allerdings nicht auf.)

Beispiel 6: Man bestimme die Anfangsgeschwindigkeit einer Nutzlast, die „ins Unendliche" fliegen und nicht mehr auf die Erde zurückfallen soll. Diese Last wird dabei senkrecht in die Höhe geschossen (Bild 5.35).

Lösung: Zuerst studieren wir die Bewegung eines Projektils, das mit einer Anfangsgeschwindigkeit von v_0 km/s von der Erdoberfläche abgeschossen wird. Zu diesem Zweck führen wir ein Koordinatensystem ein, dessen Ursprung im Erdmittelpunkt liegt. r sei der Abstand des Projektils vom Erdmittelpunkt.

Die Geschwindigkeit des Projektils ist als

$$v = \frac{dr}{dt}$$

und seine Beschleunigung ist durch $d^2r/dt^2 = dv/dt$ definiert. Die Gravitationsbeschleunigung ist proportional zur Schwerkraft des Teilchens:

$$\text{Beschleunigung} = \frac{dv}{dt} = \frac{-K}{r^2} \tag{1}$$

(K ist eine positive Konstante). (Das negative Zeichen in (1) erinnert uns, daß die Schwerkraft das aufsteigende Projektil verlangsamt.)

Ehe wir Gleichung (1) näher untersuchen, bestimmen wir K. An der Erdoberfläche, d.h. für $r = 6000$ km, beträgt die Schwerebeschleunigung rund -10 m/s² oder $-0{,}01$ km/s². Daher erfüllt K die Gleichung

$$-0{,}01 = \frac{-K}{6000^2}$$

und

$$K = 6\,000^2 \cdot 0{,}01. \tag{2}$$

Gleichung (1) stellt nun die Verbindung zwischen Geschwindigkeit, Zeit und Abstand her. Mit Hilfe der Kettenregel kann man aus (1) die Zeit eliminieren:

$$\frac{dv}{dt} = \frac{dv}{dr} \cdot \frac{dr}{dt} = \frac{dv}{dr}\, v.$$

(1) liest sich nun folgendermaßen:

$$v\,\frac{dv}{dr} = \frac{-K}{r^2}. \tag{3}$$

Diese Gleichung setzt die Geschwindigkeit und den Abstand in Beziehung und ist äquivalent zur Gleichung

$$\frac{d(v^2/2)}{dr} = \frac{d(K/r)}{dr}.$$

So folgt

$$\frac{v^2}{2} = \frac{K}{r} + C, \tag{4}$$

wobei C irgendeine Konstante ist. Um C zu bestimmen, verwenden wir $v = v_0$ für $r = 6000$ km. Aus (4) folgt dann

$$\frac{v_0^2}{2} = \frac{K}{6000} + C$$

und

$$C = \frac{v_0^2}{2} - \frac{K}{6000}. \tag{5}$$

Die Kombination der Gln. (2), (4) und (5) ergibt

$$\begin{aligned}\frac{v^2}{2} &= \frac{K}{r} + \left(\frac{v_0^2}{2} - \frac{K}{6000}\right)\\ &= \frac{v_0^2}{2} + K\left(\frac{1}{r} - \frac{1}{6000}\right)\\ &= \frac{v_0^2}{2} + 6000^2 \cdot 0{,}01\left(\frac{1}{r} - \frac{1}{6000}\right)\end{aligned}$$

und daher

$$v^2 = v_0^2 + 6000^2 \cdot 0{,}02\left(\frac{1}{r} - \frac{1}{6000}\right). \tag{6}$$

Gleichung (6) beschreibt v als Funktion von r. Wenn v in (6) niemals Null wird, erreicht die Nutzlast niemals einen Maximalabstand von der Erde und wird daher auch nicht auf die Erde zurückfallen. Also muß v_0 in (6) so bestimmt werden, daß die Gleichung

$$0 = v_0^2 + 6000^2 \cdot 0{,}02\left(\frac{1}{r} - \frac{1}{6000}\right) \tag{7}$$

keine Lösung für r besitzt. Dann ist v_0 groß genug, um die Nutzlast auf eine endlose Reise zu schicken. Um ein solches

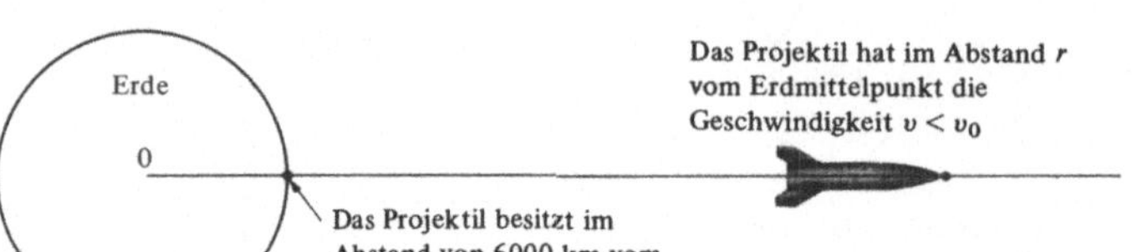

Bild 5.35

v_0 zu finden, schreiben wir (7) in der Form

$$6000 \cdot 0{,}02 - v_0^2 = 6000^2 \cdot 0{,}02\left(\frac{1}{r}\right). \tag{8}$$

Ist die linke Seite in (8) größer als Null, dann existiert eine Lösung für r und die Nutzlast wird sich nur bis zu diesem Maximalabstand entfernen; ist die linke Seite von (8) kleiner oder gleich Null, dann gibt es keine solche Lösung für r.

Der kleinste Wert v_0, der dieser Ungleichung $6000 \cdot 0{,}02 - v_0^2 \leqslant 0$ genügt, lautet

$$v_0 = \sqrt{6000 \cdot 0{,}02}\ \text{km/s} = \sqrt{120}\ \text{km/s} \approx 11\ \text{km/s}.$$

Die Fluchtgeschwindigkeit beträgt daher rund 11 km/s (etwa 40 000 km/h). •

In Band 3; Kap. 2 wird gezeigt, daß die *Umlaufgeschwindigkeit* um die Erde gleich der Fluchtgeschwindigkeit dividiert durch $\sqrt{2}$ ist. Ein Satellit muß daher mit einer Geschwindigkeit von mindestens $11/\sqrt{2} \approx 8$ km/s um die Erde kreisen. Das sind ungefähr 29 000 km/h.

Übungen:

Die Übungen 1 bis 9 behandeln die höheren Ableitungen einer Funktion.

1. Sei $f(x) = x^3 - 2x^2 + 5x - 1$.
   (*a*) Man berechne $f^{(n)}x$ für $n = 1, 2, 3, 4$.
   (*b*) Man bestimme $f^{(n)}(x)$ für $n > 4$.
2. Sei $y = \sin 3x$. Man berechne
   $$\frac{dy}{dx}, \frac{d^2y}{dx^2}, \frac{d^3y}{dx^3}, \frac{d^4y}{dx^4} \text{ und } \frac{d^5y}{dx^5}.$$
3. Man bestimme y', y'' und y''' für $y = \arctan 2x$.
4. Man bestimme $D(y), D^2(y), D^3(y)$ und $D^4(y)$ für $y = x \ln x - x$.
5. Man bestimme $f^{(n)}(x)$ für $n = 1, 2, 3$ wenn $f(x) = \sqrt{1 + 2x}$.
6. Man bestimme $D^n(y)$ für $n = 1, 2, 3$ und $y = e^{-x^2}$.
7. Man bestimme die erste, zweite und dritte Ableitung von $\operatorname{cosec} 2x$.
8. Man bestimme $\dfrac{d^3(\arcsin 3x)}{dx^3}$.
9. Man bestimme $D_t^3(e^{-t} \cos \pi t)$.

Die Übungen 10 bis 13 behandeln die zweite Ableitung.

10. Man übersetzte folgenden Zeitungsbericht über den schiefen Turm von Pisa in die Sprache der Infinitesimalrechnung. „Der Neigungswinkel des schiefen Turms steigt immer schneller an". *Hinweis:* Sei $\theta = f(t)$ zur Zeit t der Winkel der Abweichung von der Vertikalen.
    Der Turm, der 1174 begonnen und 1350 vollendet wurde, ist 60 m hoch und an der Spitze etwa 3,5 m von der Vertikalen entfernt. Jeden Tag neigt er sich im Mittel um etwa 1/2000 cm.
11. Sei $y = ae^x + be^{-x}$ (a und b konstant)! Man zeige $d^2y/dx^2 = y$.
12. Man zeige für $y = a \sin kt + b \cos kt$ (a und b konstant) die Gleichung $D_t^2(y) = -k^2y$. Diese Gleichung beschreibt übrigens die Bewegung eines Körpers am Ende einer auf- und abschwingenden Feder oder unter dem Einfluß einer anderen Kraft, deren Beschleunigung proportional zur Entfernung von einem bestimmten Punkt ist. Eine solche Bewegung wird ***harmonisch*** genannt.
13. Sei $y = (t - 1)^{2/3}$. Man zeige, daß y die Differentialgleichung
    $$\frac{d^2y}{dt^2} = -\frac{2}{9} \cdot \frac{1}{y^2}$$
    erfüllt. Diese Differentialgleichung setzt die Beschleunigung von y dem inversen Quadrat von y gleich. Sie beschreibt die Bewegung eines Objektes, das senkrecht aus dem Weltraum auf die Erde stürzt.

Die Übungen 14 bis 22 behandeln Bewegungen mit konstanter Beschleunigung.

14. Sei $y = f(t)$ eine Bewegung entlang der y-Achse mit der konstanten Beschleunigung a. Man zeige
    $$y = \frac{a}{2}t^2 + v_0 t + y_0$$
    (v_0 ist die Geschwindigkeit für $t = 0$ und y_0 die Lage für $t = 0$).
15. In Beispiel 5 war der Ursprung der y-Achse am Grundniveau angenommen. Wie würde die Formel für den fallenden Stein aussehen, wenn der Ursprung auf der Höhe der Klippe angenommen worden wäre?
16. (*a*) Zu welchem Zeitpunkt nach Beginn des Wurfes erreicht der Ball aus Beispiel 5 das zweite Mal die Spitze der Klippe!
    (*b*) Wie groß ist dann seine Geschwindigkeit und deren Absolutbetrag?
17. Wenn der Ball aus Beispiel 5 einfach von der Höhe der Klippe fallen gelassen worden wäre, wie würde dann y als Funktion der Zeit aussehen? Wie lange würde der Ball fallen?
18. Im Hinblick auf das Resultat von Übung 17 ist jeder der drei Terme auf der rechten Seite der Formel $y = -5t^2 + 20t + 30$ physikalisch zu interpretieren.
19. Welche physikalische Interpretation der zweiten Lösung $2 - \sqrt{10}$ in Beispiel 5 gibt es?
20. Ein Auto beschleunigt konstant von 0 (Ruhelage) in 15 s auf 90 km/h. Wie weit bewegt es sich in dieser Zeit? (Die Berechnungen müssen entweder in Sekunden oder in Stunden stattfinden.)
21. Die Reaktionszeit eines Autofahrers ist etwa 0,6 s. Ein Auto besitzt eine Verzögerung von 5 m/s². Wie lang ist der gesamte Weg vom Beginn der Bremsung bis zum Stillstand des Wagens, wenn der Wagen am Beginn der Bremsung eine Geschwindigkeit von
    (*a*) 90 km/h,
    (*b*) 50 km/h,
    (*c*) 10 km/h
    besitzt.
22. Ein Ball, der senkrecht in die Luft geworfen wird, steigt genauso lange, wie er benötigt, um zu seiner ursprünglichen Position zurückzufallen. Wie sieht seine Endgeschwindigkeit im Vergleich zu seiner Anfangsgeschwindigkeit aus? Wie groß ist der Absolutbetrag der Endgeschwindigkeit?

■

Die Übungen 23 bis 28 beschäftigen sich mit Beispiel 6 (Abschuß einer Nutzlast in den Weltraum).

23. Die Nutzlast wird mit einer Geschwindigkeit von 12 km/s (größer als die Fluchtgeschwindigkeit) abgeschossen. Welchen Wert nimmt die Geschwindigkeit während dieser langen Reise schließlich an? Mit anderen Worten, man bestimme $\lim\limits_{r \to \infty} v$.
24. Eine Last wird nur mit einer Geschwindigkeit von 8 km/s abgeschossen. Wie weit wird sie sich vom Erdmittelpunkt entfernen?
25. Mit welcher Geschwindigkeit muß man eine Last abschießen, damit sie den Mond erreicht (400 000 km vom Erdmittelpunkt entfernt)? Das Gravitationsfeld des Mondes werde vernachlässigt!
26. Eine Last wird exakt mit der Fluchtgeschwindigkeit abgeschossen. Wie verhält sich die Geschwindigkeit für große r? Mit ande-

ren Worten, es sei $\lim_{r \to \infty} v$ zu bestimmen.

27. (Man vernachlässige den Luftwiderstand.) Wie groß muß die Abschußgeschwindigkeit eines Objektes sein, damit es 150 km aufsteigt, wenn

(*a*) die Gravitationskraft wie in Beispiel 6 variiert,

(*b*) die Gravitationskraft wie im Beispiel 4 konstant ist?

28. Kann ein Projektil, das senkrecht von der Erde abgeschossen wird, irgendwo in einer endlichen festen Position zum Stillstand kommen und dort verharren?

29. Eine Masse oszilliert am Ende einer Feder. Zur Zeit t (in Sekunden) ist ihre Position (relativ zur Ruhelage) gleich $y = 6 \sin t$ (in Zentimeter).

(*a*) Man zeichne y als Funktion von t.

(*b*) Wie groß ist die maximale Auslenkung der Masse?

(*c*) Man zeige, daß die Beschleunigung proportional zur Auslenkung y ist.

(*d*) Wann nimmt die Geschwindigkeit ein Maximum an?

(*e*) Wann nimmt der Absolutwert der Beschleunigung ein Maximum an!

30. Ein Teilchen hat zur Zeit t die x-Koordinate $3e^{5t} + 6$. Man zeige, daß seine Beschleunigung zur Geschwindigkeit proportional ist.

31. (*a*) Seien a und b Konstante und es gelte $y = ax + b$. Man zeige $d^2y/dx^2 = 0$.

(*b*) Die Funktion f sei für alle x definiert und ihre zweite Ableitung sei für alle x gleich 0. Folgt daraus, daß $f(x)$ die Form $ax + b$ mit bestimmten Konstanten a und b besitzt?

32. (*a*) Man zeige, daß die zweite Ableitung irgendeines Polynoms vom Grad 2, also $ax^2 + bx + c$, konstant ist.

(*b*) Die Funktion f sei für alle x definiert und besitze eine konstante zweite Ableitung. Muß dann $f(x)$ von der Form $ax^2 + bx + c$ mit irgendwelchen Konstanten a, b und c sein?

33. Wenn ein Körper durch die Luft fällt, so ist der Luftwiderstand proportional zu seiner Geschwindigkeit. Die Höhe zur Zeit t ist durch die Formel

$$y = a(1 - e^{-kt}) - bt + c$$

gegeben, wobei a, b, c und k positive Konstanten sind.

(*a*) Man bestimme seine Geschwindigkeit v zur Zeit t.

(*b*) Wie verhält sich v für sehr große t?

(*c*) Man bestimme die Beschleunigung zur Zeit t.

(*d*) Wie verhält sich die Beschleunigung für sehr große t?

■■

34. Ein Körper, der sich durch eine Flüssigkeit bewegt, spürt einen Widerstand proportional zu seiner Geschwindigkeit: Seine negative Beschleunigung ist proportional zu seiner Geschwindigkeit.

(*a*) Es gibt dann eine positive Konstante k mit

$$\frac{dv}{dt} = -kv.$$

Man zeige dies!

(*b*) Man zeige, daß es eine Konstante A gibt mit

$$v = Ae^{-kt}.$$

(*c*) Man zeige, daß es eine Konstante B gibt mit

$$x = -\frac{1}{k}Ae^{-kt} + B.$$

(*d*) Wie weit bewegt sich der Körper, wenn t von 0 bis ∞ geht?

5.7 Das Vorzeichen der Ableitung und seine geometrische Bedeutung

Ob die erste Ableitung positiv, negativ oder Null ist, hat seine Bedeutung für die Funktion und ihr Schaubild. Der folgende Abschnitt erklärt die geometrische Bedeutung der zweiten Ableitung und ihres Vorzeichens.

Angenommen, $f''(x)$ ist für alle x aus dem offenen Intervall $(a; b)$ positiv. Da f'' die Ableitung von f' angibt, ist dann f' im Intervall $(a; b)$ eine ansteigende Funktion. Mit x nimmt also auch der Anstieg des Schaubildes von $y = f(x)$ – zumindest im Intervall $(a; b)$ – zu. Der Anstieg kann von negativen auf positive Werte ansteigen, wie dies im Bild 5.36a gezeigt ist. Der Anstieg kann aber auch im ganzen Intervall $(a; b)$ positiv und ansteigend sein, wie im Bild 5.36b. Oder der Anstieg kann negativ und ansteigend sein, wie im Bild 5.36c.

Wenn man entlang einer solchen Kurve mit dem Auto von links nach rechts fährt, so befindet sich das Auto konstant in einer Linkskurve.

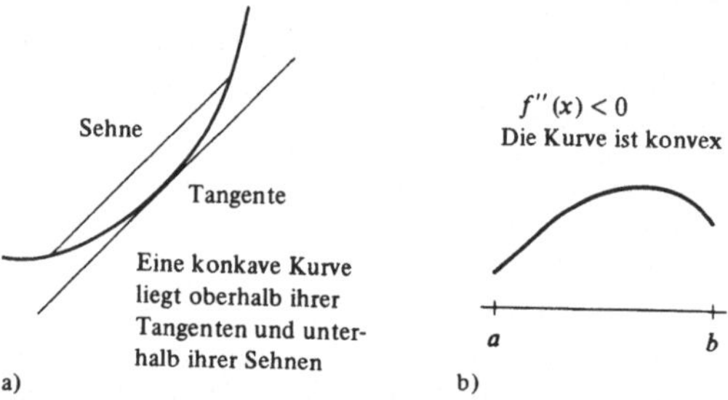

Bild 5.37

Definition von konkav: Eine Funktion f, deren zweite Ableitung in einem offenen Intervall $(a; b)$ positiv ist, heißt in diesem Intervall *konkav* (Bild 5.37a).

Eine konkave Funktion ist wie eine Tasse geformt. Es kann gezeigt werden, daß eine konkave Kurve immer *oberhalb ihrer Tangenten* und *unterhalb ihrer Sehnen* liegt (siehe Übungen 34 bis 36).

Ist andererseits $f''(x)$ in einem Intervall $(a; b)$ negativ, so ist f' eine fallende Funktion und das Schaubild von f sieht wie ein Teil der Kurve in Bild 5.37b aus.

Definition von konvex: Eine Funktion, deren zweite Ableitung in einem offenen Intervall negativ ist, wird in diesem Intervall *konvex* genannt.

Ist eine Funktion konvex, so liegt sie immer *unterhalb ihrer Tangenten* und *oberhalb ihrer Sehnen*.

Beispiel 1: Wo ist das Schaubild von $f(x) = x^3$ konkav und wo ist es konvex (Bild 5.38)?

Lösung: Wir berechnen die zweite Ableitung. Aus $D(x^3) = 3x^2$ folgt $D^2(x^3) = 6x$.

Natürlich ist $6x$ für alle positiven x positiv und für alle negativen x negativ. Das Schaubild ist für $x > 0$ konkav

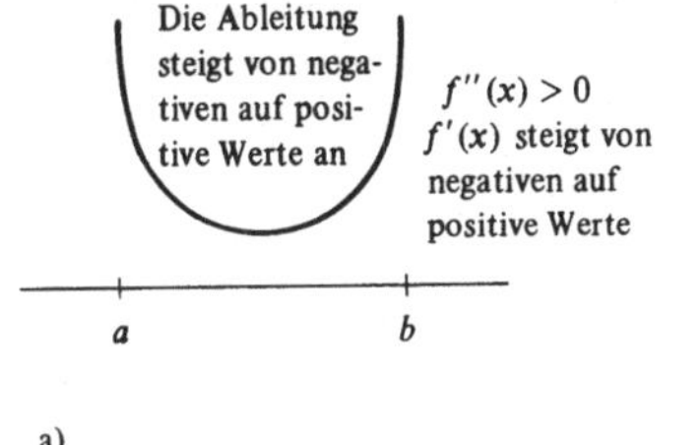

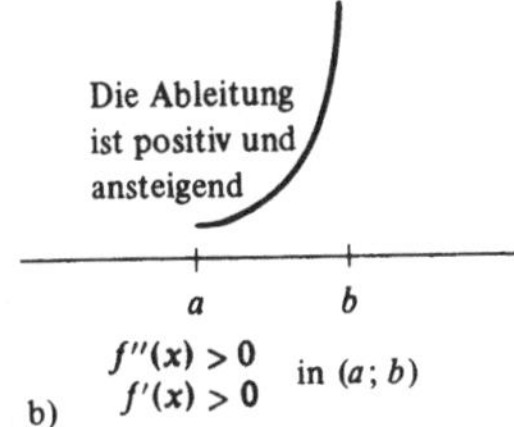

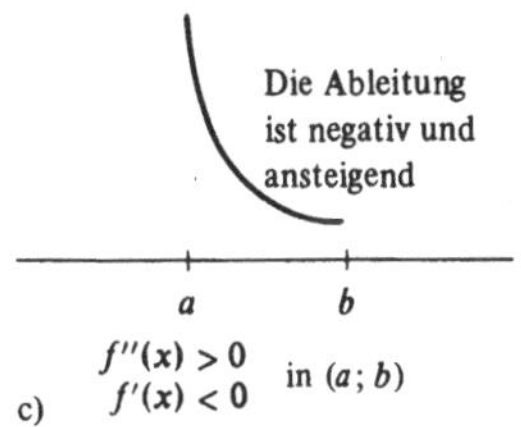

Bild 5.36

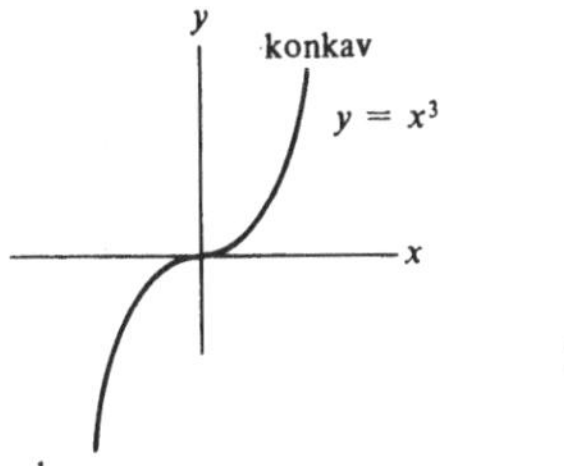

Bild 5.38

und für $x < 0$ konvex. Man beachte die Veränderung des Verhaltens bei $x = 0$. Wenn man entlang einer solchen Kurve von links nach rechts mit dem Auto fährt, so befindet sich das Auto bis zum Punkt (0;0) in einer Rechtskurve. Von dort an befindet es sich in einer Linkskurve.

Beispiel 2: Man berechne die zweite Ableitung für $f(x) = xe^x$ und zeichne die Kurve.

Lösung: In diesem Fall ist

$$f'(x) = (x+1)e^x$$

und

$$f''(x) = (x+2)e^x.$$

Für welche x ist $f''(x)$ positiv? negativ?

Da e^x für alle x positiv ist, ist das Vorzeichen von $f''(x)$ durch das Vorzeichen von $x + 2$ bestimmt. Es gilt:

$$x + 2 \text{ ist positiv für } x > -2$$

und

$$x + 2 \text{ ist negativ für } x < -2.$$

Somit ist $x = -2$ eine für die Form des Schaubildes von $y = xe^x$ entscheidende Stelle.

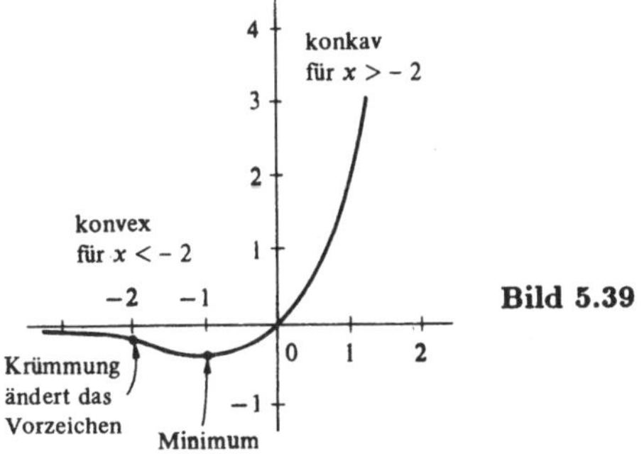

Bild 5.39

Ehe man $f(x) = xe^x$ zeichnet, untersuche man die Stellen $f(x) = 0$ und $f'(x) = 0$. Da $f(x) = xe^x$ ist, gilt $f(x) = 0$ nur für $x = 0$. Da die Ableitung $f'(x) = (x+1)e^x$ lautet, ist sie nur 0 für $x = -1$. Ferner ist $f'(x)$ positiv für $x > -1$ und negativ für $x < -1$: Die Kurve hat ihr Minimum bei $x = -1$.

Der Einfachheit halber stellen wir die Werte von $f(x)$ für $x = 0, -1, -2$ und einige andere Zahlen in einer Tabelle zusammen:

x	xe^x
-2	$-2e^{-2} \approx -0{,}3$
-1	$-1e^{-1} \approx -0{,}4$
0	$0e^0 = 0$
1	$1e^1 \approx 2{,}7$
2	$2e^2 \approx 14{,}8$

Zeichnen wir die ersten vier Punkte und beachten dabei das Vorzeichen von f' und f'', so erhalten wir das Schaubild von $y = xe^x$ (Bild 5.39). ●

Das Vorzeichen der Krümmung ist eine wichtige Hilfe für das Zeichnen des Schaubildes einer Funktion. Von besonderem Interesse ist in beiden Beispielen der Punkt, in dem sich das Vorzeichen der Krümmung ändert. Ein solcher Punkt wird *Wendepunkt* genannt.

Definition des Wendepunktes: f sei eine Funktion und a eine Zahl. Angenommen, es gibt Zahlen b und c mit $b < a < c$ und

1. f ist stetig im offenen Intervall $(b; c)$;
2. $f''(x)$ ist im Intervall $(b; c)$ positiv für alle $x < a$ und negativ für alle $x > a$ oder umgekehrt.

Dann wird der Punkt $(a; f(a))$ *Wendepunkt* genannt: In einem Wendepunkt ändert die zweite Ableitung ihr Vorzeichen.

Existiert in einem Wendepunkt die zweite Ableitung, so muß sie Null sein. Es kann aber auch dann ein Wendepunkt vorliegen, wenn f'' dort gar nicht definiert ist. Dies zeigt das nächste Beispiel, das sehr eng mit Beispiel 1 verwandt ist.

Beispiel 3: Man untersuche die Krümmung von $y = x^{1/3}$.

Lösung: Hier gilt

$$y' = \frac{1}{3}x^{-2/3} \qquad \text{und} \qquad y'' = \frac{1}{3} \cdot \frac{-2}{3}x^{-5/3}.$$

Weder y' noch y'' ist für $x = 0$ definiert; hingegen ändert sich dort das Vorzeichen von y''. Wenn x negativ ist, ist y'' positiv; ist x positiv, so ist y'' negativ. Die Krümmung ändert sich bei $x = 0$ von aufwärts nach abwärts.

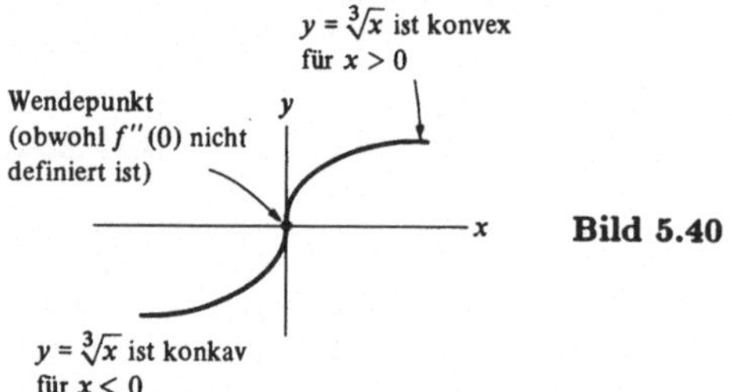

Bild 5.40

Man vergleiche das Schaubild 5.40 mit dem Bild aus Beispiel 1. Da die Kubusfunktion und die Kubikwurzelfunktion zueinander invers sind, geht ein Schaubild aus dem anderen durch Reflexion an der Geraden $y = x$ hervor. •

Beim Zeichnen einer Funktion f suchen wir die Stellen $f(x) = 0$, $f'(x) = 0$ und $f''(x) = 0$ – wenn die Lösungen dieser Gleichung sehr einfach zu finden sind. Weiterhin untersuchen wir, wo $f'(x)$ positiv bzw. negativ ist. Schließlich bestimmen wir auch die Bereiche, in denen $f''(x)$ positiv bzw. negativ ist. Die folgende Tabelle gibt eine Zusammenfassung der Interpretation des Vorzeichens von f, f' und f'' (dabei wird angenommen, daß f, $f^{(1)}$ und $f^{(2)}$ stetig sind).

	ist positiv	ist negativ	wechselt das Vorzeichen
Die Ordinate $f(x)$	Das Schaubild liegt oberhalb der x-Achse	Das Schaubild liegt unterhalb der x-Achse	Das Schaubild schneidet die x-Achse
Der Anstieg $f'(x)$	Das Schaubild steigt nach rechts an	Das Schaubild fällt nach rechts ab	Das Schaubild besitzt eine waagerechte Tangente und ein relatives Maximum oder Minimum
Die zweite Ableitung $f''(x)$	Das Schaubild ist konkav (wie eine Tasse)	Das Schaubild ist konvex	Das Schaubild hat einen Wendepunkt

Man darf nicht vergessen, daß eine Kurve auch dann einen Wendepunkt bei x_0 besitzen kann, wenn dort die zweite Ableitung gar nicht definiert ist (Beispiel 3). In gleicher Weise kann eine Kurve ein Maximum oder Minimum bei x_0 besitzen, auch wenn die erste Ableitung gar nicht definiert ist (man denke an $f(x) = |x|$ für $x_0 = 0$).

Die zweite Ableitung ist ebenfalls für das Aufsuchen von relativen Maxima und Minima sehr nützlich. a sei eine kritische Zahl der Funktion f und $f''(a)$ sei negativ. Ist f'' in einem offenen Intervall um a stetig, so bleibt $f''(a)$ für ein hinreichend kleines Intervall um a negativ. Somit ist das Schaubild von f in der Nähe von $(a; f(a))$ konvex und liegt unterhalb seiner Tangenten (Bild 5.41). Im speziellen liegt es im kritischen Punkt $(a; f(a))$ unterhalb einer waagerechten Tangente. Daraus folgt, daß die Funktion an der Stelle a ein *relatives Maximum* besitzt. Diese Beobachtung führt zu folgendem Test für das Auftreten eines relativen Maximums oder Minimums.

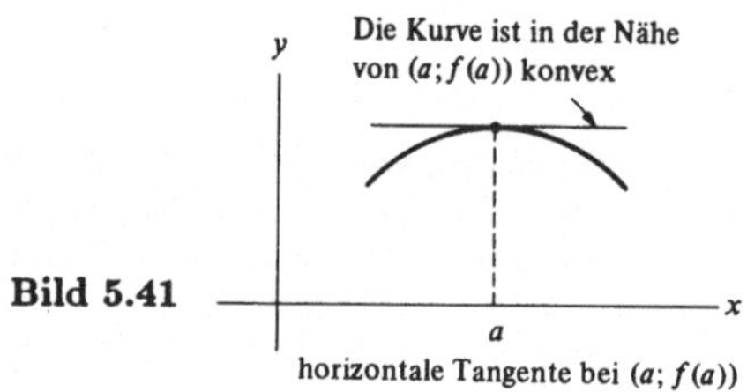

Bild 5.41

Theorem: (*Test der zweiten Ableitung für ein lokales Maximum oder Minimum.*) f sei eine Funktion mit stetiger Ableitung und stetiger zweiter Ableitung und a sei eine kritische Stelle mit $f'(a) = 0$.

Ist $f''(a) < 0$, so hat f bei a ein lokales Maximum. Ist $f''(a) > 0$, so besitzt f bei a ein lokales Minimum. •

Wie Übung 38 zeigt, können diese Voraussetzungen abgeschwächt werden.

Beispiel 4: Man bestimme alle lokalen Maxima oder Minima von $f(x) = x^3 e^{-x}$.

Lösung: Da f differenzierbar ist, kann ein lokales Maximum oder Minimum nur an einer kritischen Stelle auftreten. Nun gilt

$$f'(x) = (3x^2 - x^3)e^{-x} = x^2(3 - x)e^{-x}.$$

Die kritischen Stellen sind daher

$$x = 3 \quad \text{und} \quad x = 0.$$

Als nächstes berechne man $f''(x)$:

$$f''(x) = (x^3 - 6x^2 + 6x)e^{-x}.$$

An den kritischen Stellen hat die zweite Ableitung die Werte

$$f''(3) = -9e^{-3}$$

und

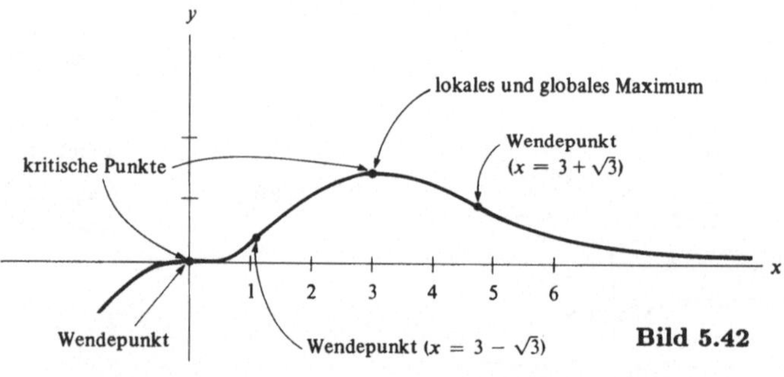

Bild 5.42

$f''(0) = 0.$

Da $f''(3)$ negativ ist, liegt bei 3 ein lokales Maximum vor. Bei diesem Verfahren müssen wir nicht mehr explizit untersuchen, ob $f'(x)$ das Vorzeichen bei $x = 3$ wechselt.

An der kritischen Stelle $x = 0$ gibt uns die zweite Ableitung keine direkte Information, da sie weder positiv noch negativ ist. In diesem Fall müssen wir $f'(x)$ oder $f(x)$ in der Nähe von Null sorgfältiger untersuchen.

Ist x fast Null (aber nicht exakt Null), so ist die Ableitung

$$f'(x) = x^2(3-x)e^{-x}$$

positiv, da e^{-x} positiv, x^2 positiv und $3-x$ positiv ist. f ist in der Nähe von Null eine ansteigende Funktion. Sie besitzt dort weder ein lokales Maximum noch ein Minimum.

Eine Darstellung der Funktion ist sehr hilfreich, um das Verhalten der Funktion an den beiden kritischen Stellen zu studieren (Bild 5.42). ●

Beispiel 4 zeigt uns: Wenn die zweite Ableitung an einem kritischen Punkt Null ist, so liegt dort weder ein lokales Maximum noch ein lokales Minimum vor. Tatsächlich kann dort alles mögliche passieren. Um dies zu sehen, betrachten wir die Funktionen x^3, x^4 und $-x^4$ bei $x = 0$. Für jede dieser Funktionen ist sehr leicht nachzuprüfen, daß $x = 0$ eine kritische Stelle ist und daß auch die zweite Ableitung dort verschwindet. Hingegen hat die Funktion x^3 dort weder ein lokales Maximum noch ein lokales Minimum; x^4 hat ein lokales Minimum; $-x^4$ hat ein lokales Maximum. Der Leser möge diese Schaubilder in der Nähe von $(0;0)$ skizzieren und unsere Behauptung nachprüfen.

Übungen:

1. Sei $f(x) = x^3 - 6x^2 - 15x$.
   (a) Wo wechselt f das Vorzeichen?
   (b) Wo wechselt f' das Vorzeichen?
   (c) Wo wechselt f'' das Vorzeichen?
   (d) Man berechne $f(x)$ in diesem Punkt und zeichne eine grobe Skizze des Schaubildes von f.
2. Man zeichne $y = x^3 - 3x^2$, zeige wo $f(x) = 0$, $f'(x) = 0$, $f''(x) = 0$ und wo f' und f'' das Vorzeichen wechseln.
3. Man zeichne das Schaubild $y = x^2/2 + 1/x$ und zeige, wo y' und y'' das Vorzeichen wechseln.
4. Sei $f(x) = 2x^4 - 4x^3$.
   (a) Wo steigt das Schaubild an?
   (b) Wo ist das Schaubild konkav?
   (c) Wo wechselt die Ordinate das Vorzeichen?
   (d) Wo wechselt der Anstieg das Vorzeichen?
   (e) Wo liegen die Wendepunkte, sofern welche vorhanden sind?
   (f) Man skizziere die Kurve mit Hilfe von (a) bis (e).
5. Sei $y = 1/(1+x^2)$. Wo wechseln y' und y'' das Vorzeichen? Man zeichne mit diesen Angaben eine einfache Skizze.
6. Sei $f(x) = \sin x$. Für welche Werte von x ist $f(x) > 0$? $f'(x) > 0$? $f''(x) > 0$? Wo wechseln f, f' und f'' das Vorzeichen? Man zeige diese Informationen in einem Schaubild von $y = \sin x$.
7. Man zeichne $y = e^{-x^2}$ und zeige die Wendepunkte.
8. Sei $y = x^4$.
   (a) Ist y'' irgendwo gleich 0?
   (b) Hat das Schaubild Wendepunkte? Man gebe eine Erklärung.
   (c) Hat das Schaubild relative Maxima oder Minima? Man erkläre das Ergebnis.
9. Man zeichne $y = xe^{-x}$ und zeige, wo y', y'' das Vorzeichen wechseln.
10. Man zeichne $y = x^4 + 2x^3$ und zeige die Wendepunkte.
11. Man zeichne das Schaubild $y = 3x^5 - 5x^4$ und gebe die Wendepunkte an.
12. (a) Man zeichne das Schaubild $y = xe^{x^2}$.
    (b) Besitzt das Schaubild in (a) Wendepunkte?
13. Das Diagramm in Bild 6.43 stellt die Funktion f dar
    (a) Wo wechselt f das Vorzeichen?
    (b) Wo ist $f(x) \geqslant 0$?
    (c) Wo wechselt f' das Vorzeichen?
    (d) Wo ist $f'(x) \geqslant 0$?
    (e) Wo wechselt f'' das Vorzeichen?
    (f) Wo ist $f''(x) \geqslant 0$?

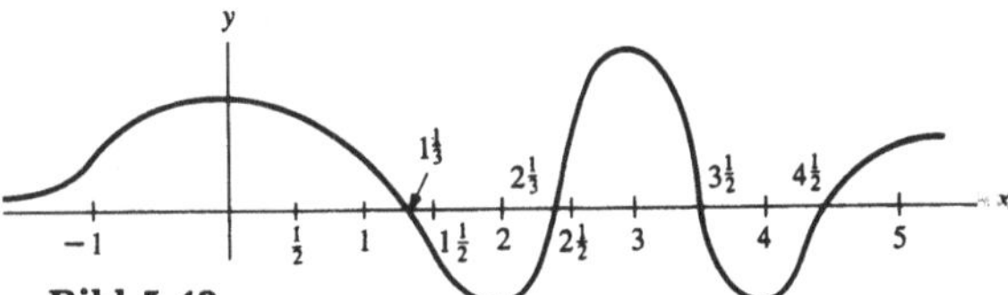

Bild 5.43

14. Sei $f(x) = e^x \sin x$.
    (a) Für welche x gilt $f'(x) = 0$?
    (b) Für welche x gilt $f''(x) = 0$?
    (c) Wie viele Wendepunkte besitzt die Kurve?
15. Man zeichne das Schaubild $y = \sin x + \cos x$ sowie die zugehörigen Maxima, Minima und Wendepunkte.
16. Man zeichne das Schaubild $y = 1/(x^3 + 1)$ für $x > -1$ und zeige die Wendepunkte.
17. Man zeichne das Schaubild $y = x^4 + \ln x$ für $x > 0$. Ist y' jemals 0? Ist y'' jemals 0? Man zeige die Wendepunkte.
18. Man bestimme die Wendepunkte von $y = \arctan x$.

In den Übungen 19 bis 27 sind alle relativen Maxima und Minima der gegebenen Funktion zu bestimmen. Man verwende – falls möglich – den Test der zweiten Ableitung.

19. $y = x^2e^{-x}$
20. $y = x^4e^{-x}$
21. $y = x^5e^{-x}$
22. $y = x^2 \ln x$
23. $y = x^4 + 2x^3$
24. $y = x^3 - 3x^2 + 3x$
25. $y = x + \dfrac{1}{x}$
26. $y = \dfrac{1}{x^2 + 2}$
27. $y = (x^2 - x)e^x$

■

28. Man skizziere das Schaubild einer Funktion f, so daß für alle x gilt:
    (a) $f(x) > 0$, $f'(x) > 0$, $f''(x) > 0$;
    (b) $f'(x) < 0$, $f''(x) < 0$.
    (c) Gibt es eine Funktion, so daß für alle x stets $f(x) > 0$, $f'(x) < 0$, $f''(x) < 0$ gilt? Man erkläre das Ergebnis!
29. Sei f eine Funktion mit $f''(x) = (x-1)(x-2)$.
    (a) Für welche x ist f konkav?
    (b) Für welche x ist f konvex?
30. Man finde eine spezielle Funktion f, deren zweite Ableitung durch $(x-1)(x-2)$ gegeben ist.
31. Man skizziere das Schaubild von $y = f(x)$ in der Nähe von $(1;1)$ wenn

(*a*) $f(1) = 1$, $f'(1) = 0$, $f''(1) = -1$;
(*b*) $f(1) = 1$, $f'(1) = -1$, $f''(1) = 1$. (f'' sei stetig.)

32. Eine bestimmte Funktion $y = f(x)$ hat die Eigenschaft

$$y' = e^y + 2y + x.$$

Man zeige, daß die Funktion an einer kritischen Stelle ein lokales Minimum besitzt.

33. Für das in Abschnitt 5.4 diskutierte natürliche Wachstum ist die Größe der Bevölkerung nicht beschränkt. In der Theorie des sogenannten beschränkten Wachstums wird angenommen, daß die wachsende Größe y irgendeinem Höchstwert M zustrebt. Im speziellen nimmt man an, daß die Wachstumsrate sowohl der vorhandenen Menge als auch der noch fehlenden Menge proportional ist:

$$\frac{dy}{dt} = ky(M - y).$$

Man beweise, daß das Schaubild von y dort einen Wendepunkt besitzt, wo y genau die Hälfte der Größe M beträgt.

■■

34. Sei f eine Funktion mit $f(0) = 0 = f(1)$ und $f''(x) \geqslant 0$ für alle x aus $[0; 1]$.
(*a*) Mit Hilfe einer Skizze erkläre man, warum für alle x aus $[0; 1]$ stets $f(x) \leqslant 0$ gilt.
(*b*) Man beweise ohne eine Skizze $f(x) \leqslant 0$ für alle x in $[0; 1]$.

35. (Siehe Übung 34.) Man beweise, daß für eine Funktion mit $f''(x) > 0$ für alle x das Schaubild von $y = f(x)$ unterhalb seiner Sehnen liegt; d.h.

$$f(ax_1 + (1 - a)x_2) < af(x_1) + (1 - a)f(x_2)$$

für alle a zwischen 0 und 1, und für beliebige x_1 und x_2.

36. Man beweise ohne Zeichnung, daß für konkave f die Kurve immer oberhalb ihrer Tangenten liegt.

37. Man beweise ohne Zeichnung, daß für das Schaubild einer Funktion, die für alle x aus $[a; b]$ oberhalb ihrer Tangenten liegt, stets $f''(x) \geqslant 0$ für alle x aus $[a; b]$ gilt. (Der Fall $y = x^4$ zeigt, daß wir nicht versuchen sollten, $f''(x) > 0$ für alle x zu beweisen.)

38. Das folgende Theorem präzisiert den Test der zweiten Ableitung: f sei in einem offenen Intervall um a eine differenzierbare Funktion. Sei $f'(a) = 0$ und $f''(a)$ existiere und sei negativ. Man beweise, daß f für $x = a$ ein lokales Maximum hat. *Hinweis:* Die erste Ableitung von f wechselt bei a das Vorzeichen (für ansteigende x von positiv auf negativ).

5.8 Anwendungen der Maximum- und Minimumrechnung

Eine der wichtigsten Anwendungen der Infinitesimalrechnung ist das Aufsuchen der optimalen Gestaltung von Erzeugnissen. Üblicherweise stellt sich das Problem, die Kosten eines Objektes zu minimieren oder sein Volumen zu maximieren. Dies reduziert sich zumeist darauf, eine bestimmte Funktion $f(x)$ zu maximieren oder zu minimieren. In diesem Fall kann man alle Methoden anwenden, die in den Abschnitten 5.5 und 5.7 entwickelt wurden. Es sind dies: Die Verwendung der kritischen Punkte, der Test der ersten Ableitung und der Test der zweiten Ableitung. Will man eine Funktion in einem geschlossenen Intervall maximieren oder minimieren, so muß man die Funktion schließlich auch an den Endpunkten des Intervalls untersuchen.

Die fünf folgenden Beispiele sind typisch. Wir müssen das jeweilige Problem zunächst in die Terminologie von Funktionen übersetzen und dann mit dem bekannten Verfahren lösen.

Beispiel 1: Schneidet man aus einem quadratischen Stück Karton mit 12 cm Seitenlänge an den Ecken kleine Quadrate heraus, so kann man die vier verbleibenden Streifen aufklappen und erhält eine Schachtel ohne Deckel. Welche Größe sollten die herausgeschnittenen Quadrate haben, damit das Volumen der Schachtel möglichst groß wird?

Lösung: Wir entfernen kleine Quadrate mit der Seitenlänge x (Bild 5.44). Falten wir den Karton dann entlang der gepunkteten Linien, so ergibt sich ein Behälter mit dem Volumen

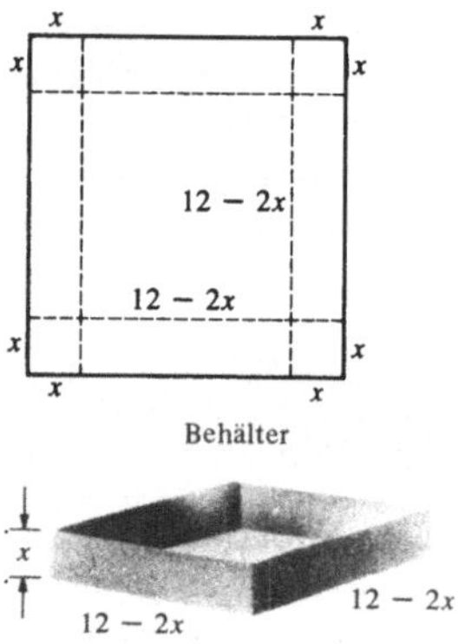

Bild 5.44

$$V(x) = (12 - 2x)^2 \cdot x = 4x^3 - 48x^2 + 144x.$$

Da jede Seite des Behälters die Länge 12 cm besitzt, sind nur Werte von x aus dem Intervall $[0; 6]$ interessant. Wir suchen die Zahl x aus dem geschlossenen Intervall von $[0; 6]$, die $V(x)$ maximiert.

$V(x) = (12 - 2x)^2 \cdot x$ ist klein, wenn x in der Nähe von 0 liegt (wenn wir also versuchen, das Problem im Bereich kleiner Höhen zu lösen). $V(x)$ ist auch klein, wenn x in der Nähe von 6 liegt (wenn wir versuchen, das Problem im Bereich kleiner Basislänge zu lösen). Wir haben hier ein „Zwei-Faktoren"-Problem. Um den besten Ausgleich zwischen diesen beiden Tendenzen zu finden, müssen wir die Infinitesimalrechnung anwenden.

Der Maximalwert von $V(x)$ für x aus $[0; 6]$ tritt bei 0, bei 6 oder einem kritischen Wert ein, wo $V'(x) = 0$ gilt. Nun ist $V(0) = 0$ (der Behälter hat die Höhe 0) und $V(6) = 0$ (der Behälter besitzt die Grundfläche 0). Das sind die Minimalwerte für das Volumen, selbstverständlich nicht die Maximalwerte, so daß das Maximum an irgendeiner kritischen Stelle aus $(0; 6)$ auftreten muß.

Als nächstes berechnen wir $V'(x)$:

$$\begin{aligned} V'(x) &= (4x^3 - 48x^2 + 144x)' \\ &= 12x^2 - 96x + 144 \\ &= 12(x^2 - 8x + 12) \\ &= 12(x - 6)(x - 2). \end{aligned}$$

Die Gleichung

$$12(x-6)(x-2)=0$$

besitzt zwei Wurzeln in $[0;6]$, nämlich 2 und 6. Die kritischen Zahlen sind also 2 und 6. Wie wir bereits bemerkt haben, tritt das Maximum nicht für 0 oder 6 auf und liegt daher an der Stelle $x = 2$. Für $x = 2$ ist das Volumen gleich

$$\begin{aligned} V(2) &= (12-2(2))^2 \cdot 2 \\ &= 8^2 \cdot 2 \\ &= 128 \text{ cm}^3. \end{aligned}$$

Dies ist das größtmögliche Volumen, das man erhält, wenn die Seite des herausgeschnittenen Quadrates 2 cm beträgt.

Des Interesses halber wollen wir das Schaubild der Funktion V aufzeichnen, um ihr Verhalten für alle x zu untersuchen. Man beachte (Bild 5.45), daß bei $x = 6$ die Tangente horizontal verläuft. •

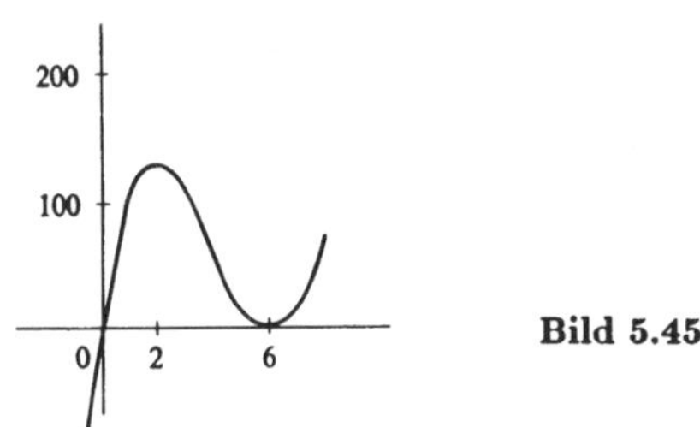

Bild 5.45

Nur Werte von x aus dem Bereich $[0; 6]$ entsprechen einem Behälter

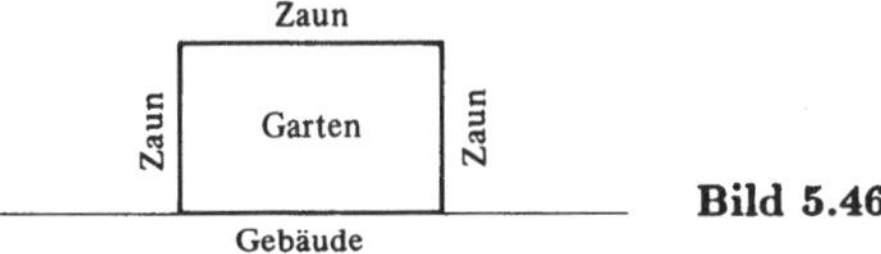

Bild 5.46

Die drei Seiten des Gartens, die nicht entlang des Gebäudes liegen, haben zusammen eine Länge von 100 m

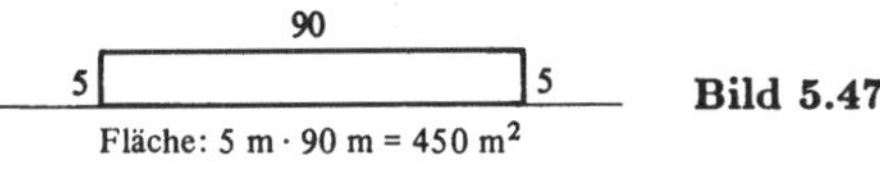

Bild 5.47

Fläche: $5\text{ m} \cdot 90\text{ m} = 450\text{ m}^2$

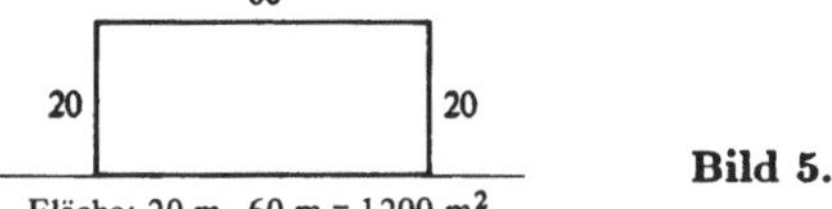

Bild 5.48

Fläche: $20\text{ m} \cdot 60\text{ m} = 1200\text{ m}^2$

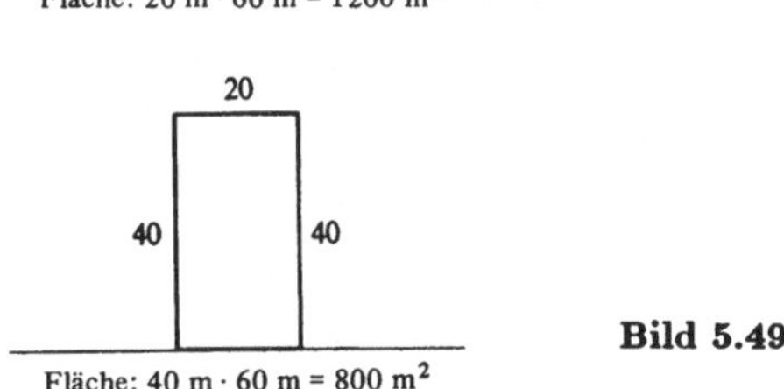

Bild 5.49

Fläche: $40\text{ m} \cdot 60\text{ m} = 800\text{ m}^2$

Beispiel 2: Ein Ehepaar besitzt Maschendraht für 100 m eines Gartenzaunes, der drei Seiten eines rechtwinkelig angelegten Gartens begrenzen soll. Die vierte Seite wird durch das Gebäude abgeschlossen. Welche Form muß der Garten haben, damit der Zaun die größtmögliche Fläche einschließt (Bild 5.46)?

Lösung: Die Bilder 5.47 bis 5.49 zeigen einige Möglichkeiten für die Aufstellung der 100 m Gartenzaun. Der Einfachheit halber sei x die Länge senkrecht zu dem Gebäude und y die Länge parallel zum Gebäude. Da 100 m Zaun verfügbar ist, gilt $2x + y = 100$. Für $x = 5$ m beträgt die Fläche 450 m^2. Wird x auf 20 m verlängert, so hat sich y auf 60 m verkürzt und die Fläche beträgt 1200 m^2. Für $x = 40$ m gilt $y = 20$ m und die Fläche beträgt nur mehr 800 m^2. Es ist von vornherein nicht ohne weiteres klar, wie x gewählt werden muß, um die Fläche des Gartens zu maximieren. Die Vergrößerung der einen Dimension des Rechtecks verkleinert automatisch die andere. Die Fläche, die ja das Produkt der beiden Dimensionen ist, wird also von zwei einander entgegenwirkenden Faktoren beeinflußt. Der eine verursacht ihre Vergrößerung, der andere ihre Verkleinerung. Diese Art von Problemen ist mit Hilfe der Ableitung leicht zu lösen.

Zuerst drücken wir die Fläche A des Gartens durch x und y aus:

$$A = xy.$$

Dann verwenden wir die Gleichung $100 = 2x + y$, um y durch x auszudrücken:

$$y = 100 - 2x.$$

Das heißt, die Fläche A ist durch

$$A = x(100-2x)$$

gegeben (Bild 5.50).

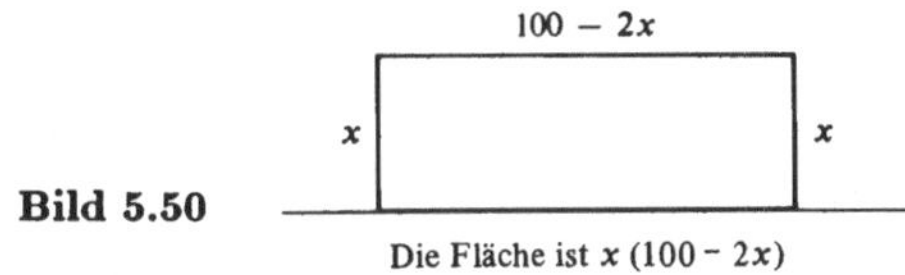

Bild 5.50

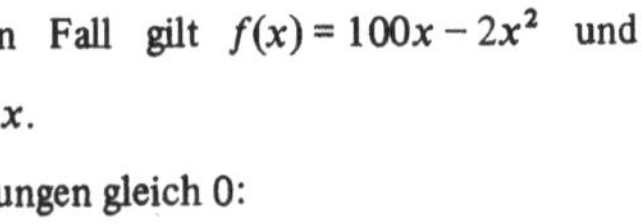

Die Fläche ist $x(100-2x)$

Logischerweise ist $0 \leqslant x \leqslant 50$. Das Problem nimmt nun folgende Gestalt an: Maximiere $f(x) = x(100-2x)$ für x aus $[0;50]$.

Im vorligenden Fall gilt $f(x) = 100x - 2x^2$ und

$$f'(x) = 100 - 4x.$$

Setzen wir die Ableitungen gleich 0:

$$0 = 100 - 4x \quad \text{oder} \quad 4x = 100,$$

daher

$$x = 25.$$

Also ist 25 die einzige kritische Stelle dieser Funktion. Das Maximum von f tritt entweder bei $x = 25$ oder an den Endpunkten des Intervalls, $x = 0$ oder $x = 50$, ein. Nun gilt

$$f(0) = 0(100-2(0)) = 0,$$

$$f(50) = 50(100 - 2(50)) = 0,$$
$$f(25) = 25(100 - 2(25)) = 1250.$$

Somit beträgt der Maximalwert der Fläche $1250\,\text{m}^2$ und der Zaun sollte so angelegt werden, wie es Bild 5.51 zeigt.

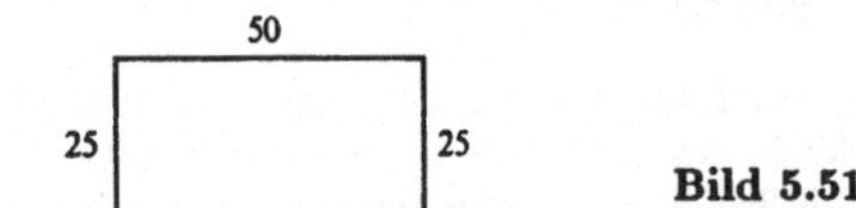

Bild 5.51

Die Beispiele 1 und 2 zeigten das allgemeine Verfahren zur Lösung angewandter Extremwert-Probleme (Maxima, Minima).

1. Man bezeichnet die auftretenden Größen mit Buchstaben wie etwa x, y, A, V.
2. Man drücke die zu maximierende Funktion durch eine oder mehrere andere Größen aus.
3. Man drücke die zu maximierende Funktion durch Elimination der anderen Variablen als Funktion f von nur einer Variablen aus.
4. Man maximiere die in Schritt 3 angegebene Funktion f.

Beispiel 3 illustriert diese Regeln.

Beispiel 3: Ein mit der Post zu befördernder Karton darf als Summe von Basis-Umfang und Höhe höchstens 100 cm besitzen. Wie groß sind die Kantenlängen des Kartons mit dem größten Volumen bei quadratischer Grundfläche?

Lösung: Zuerst bezeichnen wir die Kanten eines typischen Kartons mit quadratischer Grundfläche (Bild 5.52): Die Seite des Kartons sei x, die Höhe y.

Das Volumen soll maximiert werden, man bezeichne es mit V. Es gilt

$$V = \text{Grundfläche mal Höhe}$$
$$= x^2 y.$$

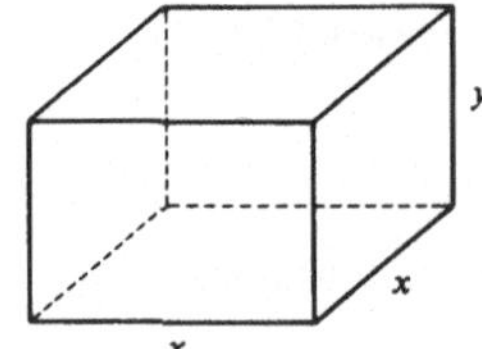

Bild 5.52

Für den größten erlaubten Karton muß gelten

$$\text{Basis-Umfang} + \text{Höhe} = 100$$

oder

$$4x + y = 100.$$

Aus dieser letzten Gleichung kann y durch x oder x durch y ausgedrückt werden. In diesem Fall lösen wir nach y auf und schreiben

$$y = 100 - 4x.$$

Damit kann nun das Volumen allein durch x dargestellt werden:

$$V = x^2 y$$
$$= x^2(100 - 4x)$$
$$= 100x^2 - 4x^3.$$

Die Werte von x variieren hier im Intervall $[0; 25]$.

Nun bilden wir die Ableitung von V und suchen ihre Nullstellen:

$$\frac{dV}{dx} = \frac{d(100x^2 - 4x^3)}{dx}$$
$$= 200x - 12x^2.$$

Wir betrachten die Gleichung

$$200x - 12x^2 = 0$$

oder

$$x(200 - 12x) = 0.$$

Die Lösungen dieser Gleichung sind

$$x = 0 \quad \text{und} \quad x = \frac{200}{12} = 16\tfrac{2}{3}.$$

Das Maximum tritt daher entweder für $x = 16\frac{2}{3}$ oder an den Endpunkten des Intervalls $[0; 25]$ auf. Für $x = 0$ oder $x = 25$ hat der Karton aber das Volumen 0, da entweder die Grundfläche oder die Höhe gleich 0 ist. Somit liegt das Maximum bei

$$x = 16\tfrac{2}{3}\ \text{cm}.$$

Die Höhe dieses größten Kartons beträgt

$$y = 100\ \text{cm} - 4 \cdot 16\tfrac{2}{3}\ \text{cm}$$
$$= 100\ \text{cm} - 66\tfrac{2}{3}\ \text{cm}$$
$$= 33\tfrac{1}{3}\ \text{cm}.$$

Der Karton ist doppelt so hoch wie breit. ●

Eine Blechdose mit einem Volumen von $100\ \text{cm}^3$: $\pi r^2 h = 100\ \text{cm}^3$. Die Dose kann flach oder länglich sein.

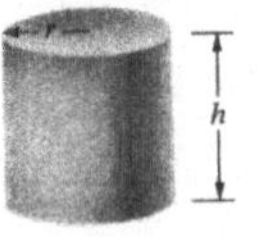

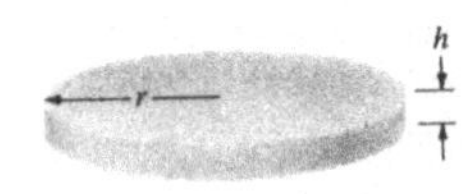

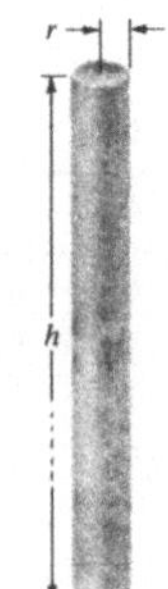

Bild 5.53

Das nächste Beispiel minimiert eine Funktion, die für alle positiven Zahlen definiert ist.

Beispiel 4: Welche Blechdose mit einem Volumen von $100\ \text{cm}^3$ erfordert den geringsten Materialaufwand?

Lösung: Der Radius der Dose wird mit r und ihre Höhe mit h bezeichnet. Man kann sie flach oder hoch machen (Bild 5.53). Ist die Dose sehr flach, so wird an den Seiten wenig Metall verwendet, aber die Grundfläche und die Deckfläche sind sehr groß. Ist die Dose eher stabförmig, so erfordern die beiden Grundflächen wenig Metall, aber die gekrümmte Mantelfläche benötigt viel Blech. Wo liegt der ideale Kompromiß zwischen diesen beiden Extremen?

Die Oberfläche A der Blechdose ist

$$A = 2\pi r^2 + 2\pi rh, \tag{1}$$

bestehend aus den beiden Grundflächen und der Seitenfläche. Da die verwendete Materialmenge proportional zu A ist, muß A minimiert werden.

Für die betrachtete Blechdose stehen Radius und Höhe miteinander in der Beziehung

$$\pi r^2 h = 100. \tag{2}$$

Um nun A als Funktion von einer Variablen auszudrücken, verwenden wir Gleichung (2). Um r zu eliminieren, lösen wir Gleichung (2) nach h auf:

$$h = \frac{100}{\pi r^2}.$$

Einsetzen in Gleichung (1) ergibt

$$A = 2\pi r^2 + 2\pi r \frac{100}{\pi r^2}$$

oder

$$A = 2\pi r^2 + \frac{200}{r}. \tag{3}$$

Gleichung (3) drückt A als Funktion von nur einer Variablen r aus. Der Definitionsbereich dieser Funktion ist durch $r > 0$ gegeben, da die Blechdose nur einen positiven Radius besitzen kann.

Berechnen wir dA/dr:

$$\frac{dA}{dr} = 4\pi r - \frac{200}{r^2} = \frac{4\pi r^3 - 200}{r^2}. \tag{4}$$

Diese Ableitung verschwindet für

$$4\pi r^3 = 200 \tag{5}$$

oder

$$r = \sqrt[3]{\frac{50}{\pi}}.$$

Somit ist $r = \sqrt[3]{50/\pi}$ die einzige kritische Stelle. Liegt dort tatsächlich ein Minimum?

Wir wenden den Test der zweiten Ableitung an. Eine weitere Differentiation von Gleichung (4) gibt

$$\frac{d^2A}{dr^2} = 4\pi + \frac{400}{r^3}.$$

Für $r = \sqrt[3]{50/\pi}$ folgt $r^3 = 50/\pi$ und

$$\frac{d^2A}{dr^2} = 4\pi + \frac{400\pi}{50} = 12\pi.$$

Da d^2A/dr^2 positiv ist, liegt mit $dA/dr = 0$ ein lokales Minimum vor. Ist es auch ein globables Minimum?

Die Untersuchung der ersten Ableitung kann uns diese Frage bereits beantworten. Man beachte

$$\frac{dA}{dr} = \frac{4\pi r^3 - 200}{r^2}.$$

An der kritischen Stelle ist der Zähler gleich 0. Ist r kleiner als die kritische Zahl, so ist der Zähler und damit der Quotient *negativ*. Ist r größer als die kritische Zahl, so ist der Quotient positiv. D.h., die Funktion fällt für $0 < r < \sqrt[3]{50/\pi}$ und steigt für $r > \sqrt[3]{50/\pi}$. Die kritische Zahl liefert uns in diesem Fall tatsächlich ein globales Minimum.

Dieselbe Schlußfolgerung hätte man auch mit Hilfe der zweiten Ableitung finden können

$$\frac{d^2A}{dr^2} = 4\pi + \frac{400}{r^3},$$

die für alle positiven r ebenfalls positiv ist. Ein kritischer Punkt auf einer konkaven Kurve liegt immer in einem globalen Minimum. ●

Die ersten vier Beispiele hatten alle geometrischen Charakter. Das letzte Beispiel behandelt ein wichtiges und typisches Problem aus der Geschäftswelt. Der interessierte Leser kann diesen Punkt in dem Buch von C. R. Carr und C. W. Howe, "Quantitative Decision Procedures in Management and Economics", McGraw-Hill, New York 1964, speziell auf den Seiten 10 bis 14 weiterverfolgen.

Beispiel 5: (*Das Problem des idealen Lagers.*) Eine Firma verkauft während des ganzen Jahres mit einer konstanten Rate B Einheiten irgendeines bestimmten Artikels. (Wir nehmen an, daß es keine Spitzenzeiten und keine besonderen Veränderungen während der Verkaufsperiode gibt.) Gemeinsam bestellte Einheiten werden gemeinsam geliefert. Wenn die Firma sich alle B Einheiten am Beginn des Jahres liefern läßt, dann spart sie eine Menge *Bestellkosten* (wie etwa Büroarbeit und Beförderungskosten), aber sie bezahlt höhere *Lagerkosten* (da der mittlere Lagerbestand während des Jahres gleich $B/2$ ist). Wenn sie andererseits jeden Tag nachbestellt, so hält sie die Lagerkosten niedrig, aber in diesem Fall werden die Bestellkosten unter Umständen viel zu hoch. Daher versucht die Firma, die Gesamtkosten als Funktion der Größe der Bestellungen zu minimieren. Wieviel Einheiten soll die Firma jeweils auf einmal bestellen?

Lösung: Seien $C(x)$ die gesamten jährlichen Lager- und Bestellkosten, wenn die Firma jeweils x Einheiten gemeinsam bestellt. Sie gibt daher B/x Bestellungen pro Jahr auf. Nehmen wir weiter an, daß die Kosten einer Bestellung aus einem Fixkostenbetrag F (z.B. Büromaterial) und einem linearen Kostenbetrag Px aufgebaut sind, der eine lineare Funktion der Größe der Bestellung ist (etwa Verpackung und Versandspesen). In diesem Fall sind die gesamten Bestellkosten pro Jahr durch

$$(F + Px)\frac{B}{x} \tag{6}$$

gegeben. (Man beachte, daß nach (6) kleinere Mengen x die Bestellkosten ansteigen lassen.) Nehmen wir weiter an, daß die jährlichen Lagerkosten für eine Einheit gleich I sind. Wenn die Größe eines Bestellpostens gleich x ist, so ist der mittlere Lagerbestand gleich $x/2$. Das heißt, die Lagerkosten pro Jahr sind

$$I \cdot \frac{x}{2}. \tag{7}$$

Aus (7) folgt, daß kleinere Mengen x die jährlichen Lagerkosten verringern. Kombinieren wir (6) und (7) so erhalten wir

$$C(x) = \frac{Ix}{2} + \frac{(F+Px)B}{x} = \frac{Ix}{2} + \frac{FB}{x} + PB. \quad (8)$$

Um die Funktion C (für $x > 0$) zu studieren, untersuchen wir dC/dx und finden

$$\frac{dC}{dx} = \frac{I}{2} - \frac{FB}{x^2} = \frac{Ix^2 - 2FB}{2x^2}. \quad (9)$$

Aus (9) folgt, daß dC/dx negativ ist, wenn x die Ungleichung $Ix^2 < 2FB$ erfüllt, aber positiv wenn x der Ungleichung $Ix^2 > 2FB$ genügt. Ist hingegen $Ix^2 = 2FB$ oder

$$x = \sqrt{\frac{2FB}{I}} \quad (10)$$

so gilt $dC/dx = 0$. Somit fällt $C(x)$ für x kleiner als $2\sqrt{FB/I}$ und steigt für x größer als $\sqrt{2FB/I}$. Für $x = \sqrt{2FB/I}$ erreicht die Funktion $C(x)$ einen Minimalwert(Bild 5.54).

Die Funktion $C(x)$ besitzt ein globales Minimum für $x > 0$ bei $x = \sqrt{2FB/I}$. Aus praktischen Gründen könnte es sein, daß die Firma nicht in der Lage ist, jeweils diese Menge von Einheiten zu bestellen. Dann jedenfalls möchte sie zumindestens einmal pro Jahr eine Bestellung aufgeben. Sie will daher auf keinen Fall mehr als B Einheiten gleich-

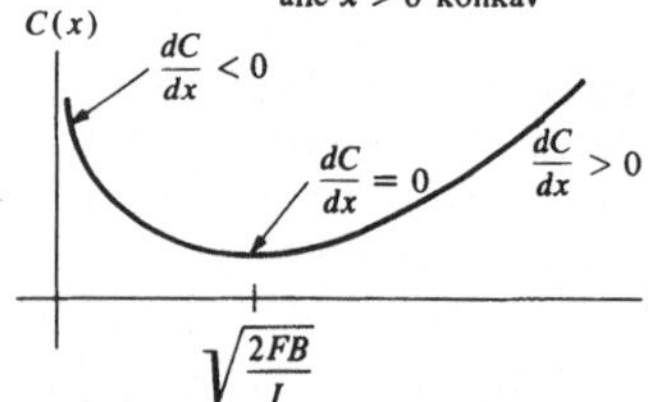

Bild 5.54

zeitig bestellen; wir dürfen daher nur $x \leq B$ betrachten. Ist B größer als $\sqrt{2FB/I}$, so ist das keine weitere Einschränkung. Ist aber B kleiner als $\sqrt{2FB/I}$ dann sollte die Funktion $C(x)$ nur in dem Bereich $0 < x \leq B$ betrachtet werden. Ein kurzer Blick auf das Schaubild zeigt, daß in diesem Fall das Minimum bei B eintritt: Die Firma soll in diesem Fall einmal pro Jahr bestellen.

Ist B größer als $\sqrt{2FB/I}$, so ist die ideale Bestellgröße gleich $\sqrt{2FB/I}$, sie ist proportional zu $\sqrt{B}$. Wenn daher B *vervierfacht* wird, sollten sich die Bestellgröße und die Bestellfrequenz *verdoppeln*. Dies ist wesentlich günstiger, als einfach die Bestellungsgröße bei gleichbleibender Frequenz der Bestellungen zu vervierfachen. •

Übungen:

1. (*a*) Wie in Beispiel 1 wird ein Behälter folgendermaßen konstruiert. Man schneidet aus einem rechteckigen Stück Karton, dessen Maße 6 cm mal 12 cm sind, an jeder Ecke kleine Quadrate mit der Seitenlänge x heraus. Man zeige, daß das Volumen des Behälters durch $V = f(x) = (4x^3 - 36x^2 + 72x)$ cm³ gegeben ist.
   (*b*) Man zeichne V als Funktion von x für alle x.
   (*c*) Warum wollen wir $f(x)$ nur für x aus $[0; 3]$ untersuchen?
   (*d*) Man finde unter Verwendung der Ableitung $f'(x) = 0$ die Zahl x aus $[0; 3]$, die den Maximalwert von $f(x)$ angibt.
2. Man bestimme das Volumen des größten Behälters, der auf dieselbe Weise aus einem rechteckigen Stück Papier von der Größe 4 cm mal 5 cm gebaut werden kann.
3. (*a*) Von allen Rechtecken mit dem Umfang 4 cm ist dasjenige mit der größten Fläche zu finden.
   (*b*) Von allen Rechtecken mit der Fläche 1 cm² sei dasjenige mit dem kleinsten Umfang zu bestimmen.
4. (*a*) Wie soll man zwei nicht negative Zahlen mit der Summe gleich 1 wählen, so daß die Summe ihrer Quadrate maximiert wird?
   (*b*) So daß die Summe ihrer Quadrate minimiert wird?
5. Wie muß man zwei nicht negative Zahlen mit der Summe gleich 1 wählen, damit das Produkt des Quadrats der einen mit dem Kubus der anderen Zahl maximiert wird?
6. Wie sind zwei nicht negative Zahlen mit der Summe gleich 1 zu wählen, um die Summe des Quadrats der einen und des Kubus der anderen Zahl zu maximieren?
7. Die linken x Zentimeter einer Seite von 12 cm Länge haben eine Masse von $(18x^2 - x^3)$ g.
   (*a*) Wie groß ist ihre Dichte x Zentimeter vom linken Ende entfernt?
   (*b*) Wo ist die Dichte am größten?
8. Ein Abwasserkanal aus Beton hat einen Querschnitt von der Form eines gleichschenkeligen Trapezes, bei dem drei Seiten je 4 m lang sind (Bild 5.55). Wie soll das Trapez geformt sein, damit der Kanal den größtmöglichen Querschnitt hat?
   (*a*) Man betrachte die Fläche als Funktion von x und löse die Gleichung auf.
   (*b*) Man betrachte die Fläche als eine Funktion von θ und löse die Gleichung.
   (*c*) Stimmen die beiden Lösungen überein?

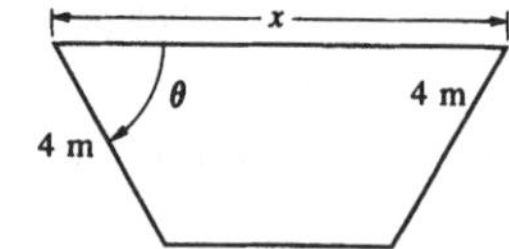

Bild 5.55

9. Ein in die Höhe geworfener Ball steigt in t Sekunden auf $-5t^2 + 20t$ Meter.
   (*a*) Wann erreicht er seine maximale Höhe?
   (*b*) Wie hoch steigt er?
10. Ein rechteckiger Garten soll mit 100 m Gartenzaun eingezäunt werden. Man zeige, daß die Umzäunung in der Form eines Quadrats angelegt werden muß, um die größtmögliche Fläche zu umfassen.
11. Ein Optiker weiß, daß er von Sonnenbrillen mit dem Preis p und $0 < p \leq 3$ insgesamt $(9 - p^2) \cdot 10^3$ Stück verkaufen kann.
   (*a*) Wie groß ist die maximale Einnahme des Optikers, wenn er die Sonnengläser für einen festen Preis p verkauft?
   (*b*) Wie soll der Optiker die Preise ansetzen, um maximalen Gewinn zu erzielen, wenn er zwei feste Preise vorgibt, von denen der eine 1 DM höher ist als der andere?
12. Die Kosten für den Betrieb eines bestimmten Lastwagens (für Benzin, Öl und Abnützung) betragen $(15 + s/3)$ Pfennig pro Kilometer, wenn der Lastwagen mit einer Geschwindigkeit von s km/h fährt. Ein Lastwagenfahrer verdiene 15 DM/h. Wie groß ist die günstigste Geschwindigkeit, mit der der Lastwagen während einer 600 km langen Reise fahren soll?
   (*a*) Wenn man nur den Lastwagen betrachtet, soll dann s klein oder groß sein?

(b) Wenn man nur die Kosten für die Bezahlung des Fahrers betrachtet, soll dann s klein oder groß sein?

(c) Man drücke die Gesamtkosten als Funktion von s aus und löse das Problem.

13. Die Steife eines rechteckigen Balkens ist proportional zum Produkt seiner Breite und dem Kubus seiner Höhe. In welcher Form soll der Balken aus einem Holzklotz mit der Form eines Kreiszylinders vom Radius r herausgeschnitten werden, um seine Versteifung zu maximieren?

14. Ein Drucker will 200 000 Kopien eines Werbeslogans produzieren. Der Betrieb der Druckpresse kostet 8 DM/h. Sie erzeugt 1200 Abzüge pro Stunde. Eine Metallmatrize des Satzes kostet 2 DM. Wie viele Kopien des Satzes soll der Drucker verwenden, um die Kosten zu minimieren?

Man beachte: Je mehr Kopien des Satzes der Drucker verwendet, um so mehr Slogans kann er auf jeder Fahne produzieren. Wenn er hingegen zu viele Kopien des Satzes anfertigt, sind die Kosten für die Matrize zu hoch.

15. Durch eine binäre Sendequelle (etwa ein Telegraph, der nur Striche und Punkte übermittelt), werden zwei Einheitswerte mit den Wahrscheinlichkeiten p und $1 - p$ übertragen. Der Informationsgehalt oder die Entropie der Quelle ist definiert als

$$H(p) = -p \ln p - (1-p)\ln(1-p),$$

wobei $0 < p < 1$ ist. Man zeige, daß H für $p = \frac{1}{2}$ ein Maximum hat. Daher wird es am ökonomischten sein, wenn Punkte und Striche in gleicher Anzahl vorkommen.

16. (Siehe Übung 15.) Sei p beschränkt mit $0 < p < 1$. Man definiere $M(q) = -p \ln q - (1-p)\ln(1-q)$ und zeige, daß $H(p) \leq M(q)$ für $0 < q < 1$. Das Gleichheitszeichen gilt nur für $p = q$.

17. Wenn ein Stück Wald abgeholzt werden soll, legt man zumeist einen Forstweg an, von dem kleinere Wege als Zubringer abzweigen (Bild 5.56). Die Frage ist, wie viele Zubringer man in der Praxis anlegen soll. Werden zuviele angelegt, steigen die Kosten für die Wege. Werden zuwenige angelegt, so geht zuviel Zeit verloren, um die Holzstämme auf die Straße zu bringen und dies erhöht ebenfalls die Kosten. Die Formel für die Gesamtkosten

$$y = \frac{CS}{4} + \frac{R}{VS},$$

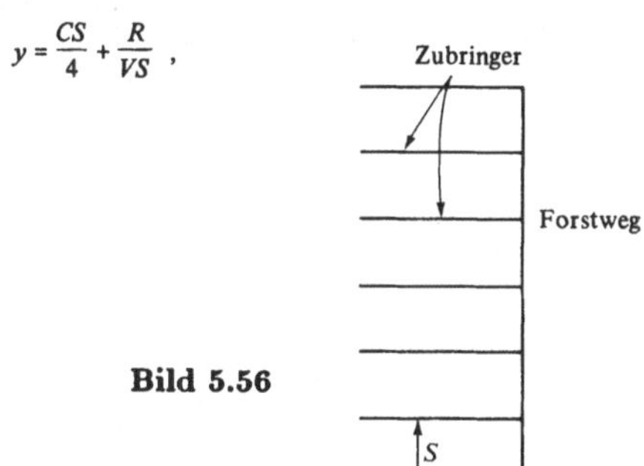

Bild 5.56

ist dem Handbuch für Holzfäller entnommen. R, C und V sind bekannte Konstanten: R sind die Straßenbaukosten pro Einheitsfläche; C sind die Kosten für die Bewegung eines Holzstammes pro Einheitsdistanz; V ist die Anzahl der Baumstämme pro Hektar. S bezeichnet den Abstand zwischen den gleichmäßig angelegten Zubringerstraßen. Die Kosten y sind eine Funktion von S und wir suchen den Wert von S, der y minimiert. Das Handbuch sagt dazu: „Um den gesuchten Wert S zu finden, setze man die zwei Summanden gleich:

$$\frac{CS}{4} = \frac{R}{VS}$$

und löse die Gleichung.“ Man zeige, daß diese Methode tatsächlich richtig ist.

18. Eine Transportfirma hat zu entscheiden, wie viele Lagerhäuser sie in einer großen Stadt anlegen soll. Die Lagerhäuser sollen Regionen von gleicher Fläche A und mit einer gleichen Anzahl von Bewohnern versorgen.

(a) Warum sind die Transportkosten pro Artikel vermutlich proportional zu $\sqrt{A}$?

(b) Angenommen, die Lagerkosten pro Artikel seien umgekehrt proportional zu A. Es ist zu zeigen, daß die Kosten C für Transport und Lagerung pro Artikel von der Form $t\sqrt{A} + w/A$ sind, wobei t und w entsprechende Konstante sind.

(c) Man zeige, daß C für $A = (2w/t)^{2/3}$ ein Minimum besitzt.

19. An dem einen Ufer eines 1 km breiten Flusses befindet sich ein elektrisches Kraftwerk, an dem anderen Ufer s Kilometer weiter stromauf liegt eine Fabrik. Es kostet 20 DM/m, um ein Kabel über Land zu verlegen und 40 DM/m, um es unter Wasser zu verlegen. Welches ist der kostengünstigste Weg für ein Kabel vom Kraftwerk zur Fabrik?

(a) Man schätze ohne Rechnung den günstigsten Weg ab, falls s sehr klein oder sehr groß ist.

(b) Man löse das Problem mit Hilfe der Infinitesimalrechnung und zeichne die Wege für $s = 0{,}5$ km, 0,75 km und 2 km ein.

(c) Man löse das Problem für beliebiges s.

20. (a) Die Belegschaft des Kraftwerks aus Übung 19 soll die Anschlüsse in der Fabrik inspizieren. Ihr Boot bewegt sich mit 9 km/h. Welche Route sollen sie nehmen, um die Fabrik in der kürzesten Zeit zu erreichen, wenn sie zunächst den Fluß überqueren?

(b) Man vergleiche die Antwort auf (a) mit der Antwort in Übung 19.

21. Man bestimme das Volumen des größten Kreiskegels, der einer Kugel vom Radius a eingeschrieben werden kann.

22. Welcher Punkt auf der Geraden $y = 3x + 7$ liegt am nächsten zum Ursprung? (Anstatt den Abstand zu minimieren, ist es viel einfacher das Quadrat des Abstandes zu minimieren, um Quadratwurzeln zu vermeiden.)

23. Man bestimme die Form des größten Kreiszylinders, den man mit der Post verschicken kann. Die Summe von Höhe und Umfang des Objektes darf nicht größer als 100 cm sein.

■

24. Welcher gerade Kreiskegel mit gegebenem Volumen V hat einschließlich der Grundfläche die kleinste Oberfläche? (Die Fläche des Kegelmantels mit der Seitenlänge l und dem Radius r ist $\pi r l$.)

25. Welcher Kreiskegel mit vorgegebener Oberfläche A (inklusive der Grundfläche) hat das größte Volumen?

26. Welche Gestalt hat eine zylindrische Blechdose mit kreisförmiger Grundfläche, die das größte Volumen besitzt, das aus einer vorgegebenen Blechmenge herzustellen ist?

27. Ein rechteckiges kastenförmiges Haus besitzt einen quadratischen Grundriß. Durch das Dach strömt dreimal soviel Wärme herein wie durch die Mauern. Welche Form soll das Haus haben, wenn es ein bestimmtes Volumen einschließen muß und der Wärmeeintritt möglichst gering gehalten werden soll? (Durch den Fußboden möge keine Wärme kommen.)

28. Wenn die Blechdosen aus Beispiel 4 oben offen wären, welche Form müßten sie dann haben, um aus möglichst wenig Metall konstruiert zu sein?

29. Der Deckel und der Boden der Blechdose aus Beispiel 4 sollen pro Quadratzentimeter zweimal so teuer sein wie die Seitenwand. Wie sieht dann die billigste Form der Dose aus?

30. In Beispiel 4 wurde der Radius der billigsten Blechdose berechnet.

(a) Man bestimme die Höhe aus der Kenntnis des Radius.

(b) Man zeige, daß die Höhe der billigsten Blechdose gleich ihrem Durchmesser ist.

31. Man löse Beispiel 4 durch Elimination von r anstelle von h.

32. Ein Bauunternehmer, der auf einer Baustelle Aushubarbeiten durchführt, kann seine Lastwagen über zwei verschiedene Straßen schicken. Es sind insgesamt 10 000 m³ Erde zu bewegen. Jeder Lastwagen befördert 10 m³. Auf der einen Straße sind die Kosten pro Lastwagenladung gleich $1 + 2x^2$ DM, wenn x Lastwagen diese Straße benutzen; diese Funktion zeigt also die Kosten der Stauung von Lastwagen auf. Auf der anderen Straße sind die Kosten gleich $2 + x^2$ DM pro Lastwagenfuhre, wenn x Lastwagen auf dieser Straße fahren. Wie viele Lastwagen sollen jede der beiden Straßen wählen?

33. Die Geschwindigkeit des Verkehrs durch den Lincoln-Tunnel in New York City hängt von der Dichte des Verkehrs ab. S sei die Geschwindigkeit in Kilometer je Stunde und D sei die Anzahl der Fahrzeuge pro Kilometer. Die Beziehung zwischen S und D wurde approximativ durch folgende Formel ermittelt

$$S = 63 - \frac{D}{2}$$

für $D \leqslant 66$.

(*a*) Man drücke die gesamte Anzahl von Fahrzeugen durch S und D aus, die in einer Stunde durch den Tunnel fahren.

(*b*) Welcher Wert von D wird den Fluß in (*a*) maximieren?

34. Die Unterkante eines Gemäldes liegt a Meter über dem Auge eines Beobachters. Die vertikale Seite des Gemäldes ist b Meter lang (Bild 5.57). Wie weit entfernt soll der Beobachter von der Mauer stehen, um den Gesichtswinkel des gesamten Gemäldes zu maximieren? *Hinweis:* Es ist günstiger $\tan\theta$ anstelle von θ zu maximieren.

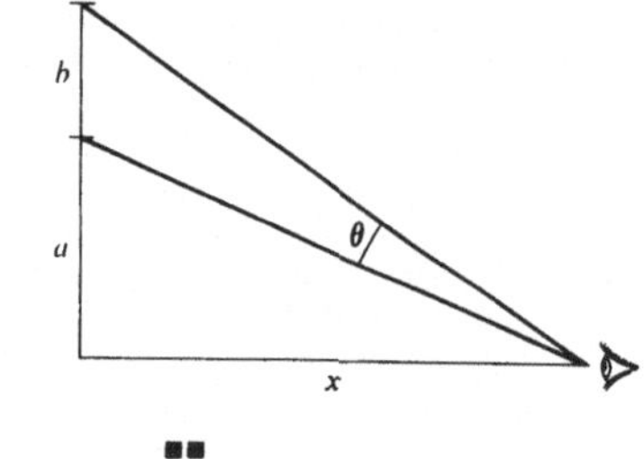

Bild 5.57

■■

35. Bild 5.58 zeigt zwei Gänge, die sich in einem rechten Winkel treffen. Der eine hat die Breite 8 m; der andere die Breite 27 m. Bestimme die Länge der längsten Stange, die waagerecht um die Ecke von einem Raum in den anderen transportiert werden kann.

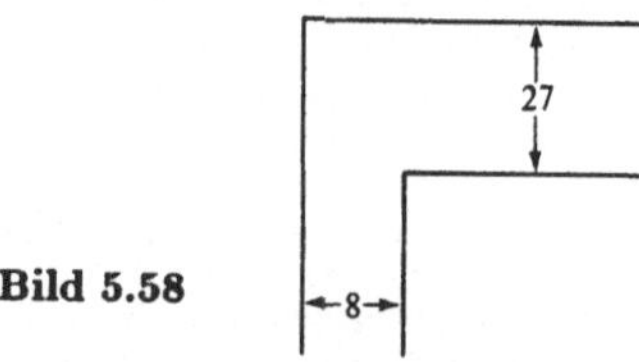

Bild 5.58

36. Zwei Häuser A und B sind in einem Abstand von p Metern erbaut. Sie besitzen die Abstände q und r von einer geraden Straße und liegen auf derselben Seite dieser Straße. Bestimme die Länge des kürzesten Weges, der von A zur Straße und von dort wieder zum Haus B führt.

(*a*) Man verwende dazu die Infinitesimalrechnung.

(*b*) Man verwende nur elementare Geometrie. *Hinweis:* Man führe ein imaginäres Haus C ein, so daß der Mittelpunkt von BC auf der Straße liegt und die Strecke BC senkrecht zur Straße ist: man „reflektiere" B über die Straße auf das Haus C.

5.9 Das Differential

$f(x)$ sei die Außentemperatur (in Grad Celsius) zur Zeit x (in Stunden). Zu einer bestimmten Zeit, etwa $x = 15.00$ Uhr, sei die Temperatur 30 °C. Welche Temperatur wird nun voraussichtlich eine viertel Stunde später herrschen? Wahrscheinlich wird sich die Temperatur nicht sehr geändert haben und ebenfalls etwa 30 °C betragen. Dies entspricht der Annahme, daß die Funktion stetig ist: Ihre Werte sollten sich nicht sprunghaft ändern. Wenn wir zusätzlich wissen, daß sich die Temperatur um 15.00 Uhr mit einer Rate von 4 °C pro Stunde verändert, dann kann eine genauere Aussage getroffen werden: Eine viertel Stunde später ist die Temperatur wahrscheinlich um 1 °C angestiegen und hat daher den Wert 31 °C. Diese schon etwa bessere Abschätzung folgt aus der Annahme, daß die Temperatur eine differenzierbare Funktion ist und daß ihre Ableitung in diesem Intervall von 15 min konstant bleibt.

Der vorliegende Abschnitt behandelt die Schätzung von Funktionswerten unter Verwendung der Ableitung. Dabei gehen wir von der geometrischen Interpretation der Ableitung als Anstieg einer Kurve aus: Ein kurzes Stück des Schaubildes einer differenzierbaren Funktion sieht in der Umgebung eines Punktes P wie eine gerade Linie aus und fällt mit einem kurzen Stück der Tangente in P zusammen (Bild 5.59a). Daher kann die Tangente zur Abschätzung jener kleinen Veränderung des Funktionswertes verwendet werden, die mit einer Änderung von x einhergeht.

Wenn sich nämlich die x-Koordinate von x auf $x + \Delta x$ erhöht, so bewegt sich der zugehörige Punkt auf dem Schaubild von P nach Q und der entsprechende Punkt auf der Tangente wandert von P nach T (Bild 5.59b). Ist Δx klein, so liegen die Punkte T und Q nahe beieinander. Daher gibt die y-Koordinate von T eine gute Näherung für $f(x + \Delta x)$, die y-Koordinate von Q, wenn Δx tatsächlich klein ist. Wir wollen dies zunächst an einem Beispiel verifizieren.

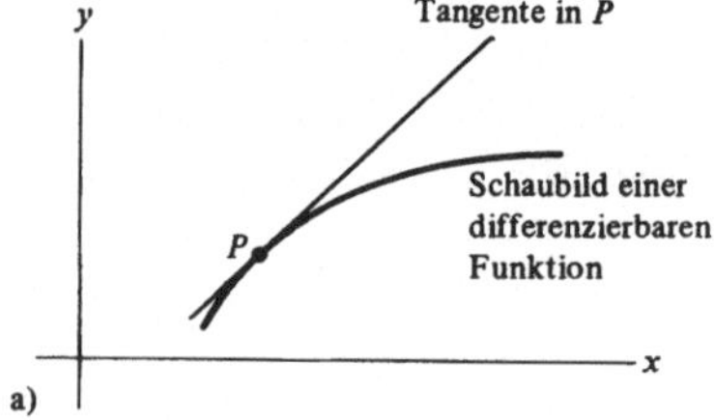

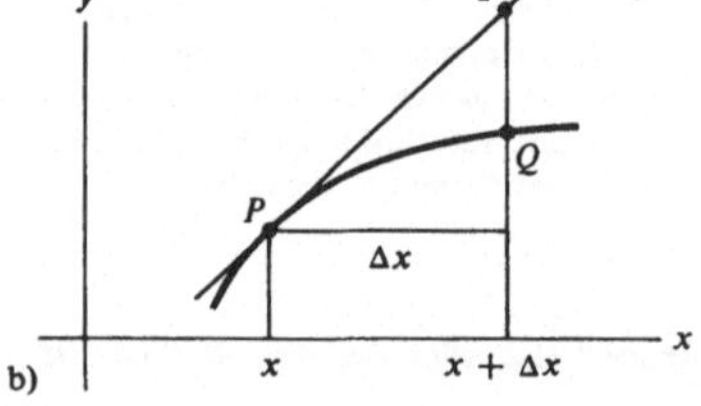

Bild 5.59

Beispiel 1: f sei die Quadratwurzelfunktion, $f(x) = \sqrt{x}$. Ferner sei $x = 4$ und $\Delta x = 0{,}3$. In diesem Fall ist $P = (4; \sqrt{4}) = (4; 2)$. Man berechne den Unterschied zwischen den y-Koordinaten von Q und T.

Lösung: Zunächst führen wir den Punkt A ein, in dem die horizontale Gerade durch P die vertikale Gerade durch T schneidet (Bild 5.60). Die y-Koordinate von Q ist durch $f(4) + \overline{AQ}$ gegeben. Die Strecke $\overline{AQ}$ beschreibt die Veränderung von y, die durch die Bewegung von $x = 4$ nach $x = 4{,}3$ hervorgerufen wird:

$$f(4{,}3) = f(4) + \overline{AQ} = f(4) + \Delta f.$$

(Hier ist die Strecke $\overline{AQ}$ positiv, für andere Funktionen kann sie auch negativ sein.)

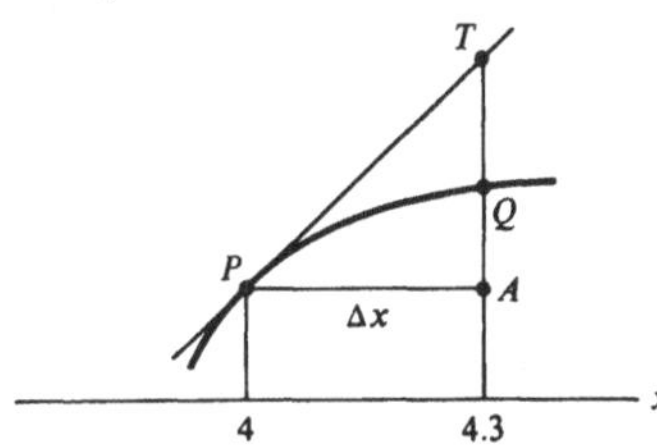

Bild 5.60

Schaubild von $y = \sqrt{x}$ (der Einfachheit halber etwas verzerrt)

Zur Berechnung von $\overline{AT}$ verwenden wir die Relation

$$\frac{\overline{AT}}{\overline{PA}} = \text{Anstieg der Tangente im Punkt } P = f'(4),$$

es folgt

$$\begin{aligned}\overline{AT} &= f'(4) \cdot \overline{PA} \\ &= f'(4) \cdot \Delta x \\ &= f'(4) \cdot (0{,}3).\end{aligned}$$

Aus $f(x) = \sqrt{x}$ und $f'(x) = \dfrac{1}{2\sqrt{x}}$ erhalten wir

$$f'(4) = \frac{1}{2\sqrt{4}} = \frac{1}{4} = 0{,}25.$$

Daher ist die vertikale Änderung längs der Tangente durch

$$\overline{AT} = 0{,}25 \cdot 0{,}3 = 0{,}075$$

gegeben. Die y-Koordinate von T lautet daher

$$2 + 0{,}075 = 2{,}075.$$

Andererseits ist die y-Koordinate von Q gleich

$$\sqrt{4{,}3} = 2{,}0736.$$

Die y-Koordinaten von Q und T unterscheiden sich somit wirklich sehr wenig, nämlich etwa um

$$2{,}0736 - 2{,}075 = -0{,}0014.$$

Dieses Beispiel zeigt, daß die y-Koordinate von T eine ausgezeichnete Näherung für die y-Koordinate von Q liefert. •

Die in Beispiel 1 skizzierte Methode läßt sich auf jede differenzierbare Funktion anwenden: Die vertikale Veränderung entlang der Tangente gibt eine gute Näherung der vertikalen Veränderung entlang der Kurve.

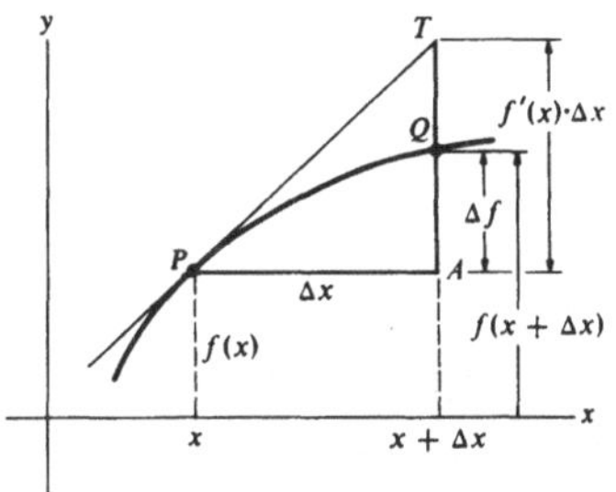

Bild 5.61

Bild 5.61 zeigt die Situation für eine beliebige differenzierbare Funktion: Die Veränderung entlang der Tangente ist durch $\overline{AT}$ gegeben. Aus

$$\begin{aligned}\frac{\overline{AT}}{\Delta x} &= \text{Anstieg der Tangente in } P \\ &= f'(x),\end{aligned}$$

folgt

$$\overline{AT} = f'(x) \cdot \Delta x.$$

Daher liefert $f'(x) \cdot \Delta x$ eine gute Näherung für Δf, die Veränderung entlang der Kurve, sofern jedenfalls Δx klein ist.

Die Abschätzung von Δf durch $f'(x) \cdot \Delta x$ ist sowohl von praktischem als auch von theoretischem Interesse. Aus diesem Grund besitzt diese Abschätzung einen eigenen Namen.

Definition des Differentials: Ist f eine differenzierbare Funktion und sind x und Δx Zahlen, so heißt das Produkt $f'(x) \cdot \Delta x$ das Differential von f an der Stelle x. Es wird mit df bezeichnet.

Schreiben wir $y = f(x)$, so wird das Differential auch mit dy bezeichnet.

Das Differential df ist eine Funktion von zwei Variablen x und Δx. Für $y = f(x) = \sqrt{x}$ folgt etwa

$$df = \frac{1}{2\sqrt{x}} \cdot \Delta x$$

oder

$$dy = \frac{1}{2\sqrt{x}} \cdot \Delta x.$$

Bild 5.62 zeigt Δx und $df = dy$. Liegt die Tangente unterhalb des Schaubildes, dann ergibt sich die in Bild 5.63 dargestellte Situation (df liegt in diesem Fall unter dem exakten Wert von Δf).

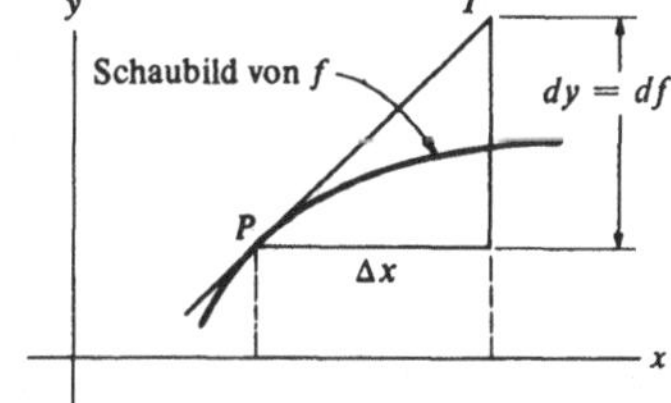

Bild 5.62

In Beispiel 1 wurde der Wert des Differentials für $x = 4$ und $\Delta x = 0{,}3$ berechnet. Nun wollen wir uns einem weiteren Beispiel zuwenden.

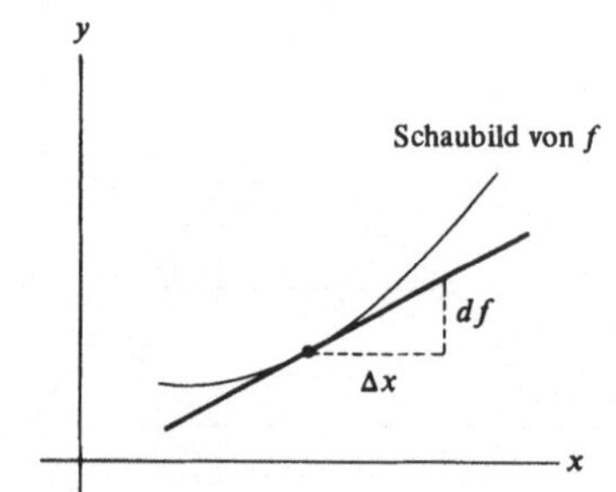

Bild 5.63

Beispiel 2: Sei $y = f(x) = x^3$, $x = 5$ und $\Delta x = 0{,}1$. Man berechne df und Δf und vergleiche die beiden Werte.

Lösung: In diesem Fall gilt $f'(x) = 3x^2$ und $df = 3x^2 \cdot \Delta x$. Für $x = 5$ und $\Delta x = 0{,}1$ folgt

$$df = 3\,(5)^2 \cdot 0{,}1 = 7{,}5.$$

Nun ist Δf durch $f(5 + \Delta x) - f(5)$ oder

$$5{,}1^3 - 5^3 = 132{,}651 - 125 = 7{,}651$$

definiert. Wieder liefert $df = 7{,}5$ eine gute Näherung für $\Delta f = 7{,}651$.

Wann gibt nun das Differential df eine gute Näherung für die Änderung Δf? Nach allem bisherigen sind beide Werte df und Δf für kleine Δx ebenfalls klein. Daher muß auch der Unterschied zwischen df und Δf sehr klein sein: So gesehen erscheinen unsere bisherigen Aussagen fast selbstverständlich. Das folgende Theorem gibt uns hier weitergehende Informationen:

Theorem: f sei an der Stelle x differenzierbar und $f'(x) \neq 0$. Dann gilt

$$\lim_{\Delta x \to 0} \frac{\Delta f}{df} = 1.$$

Beweis: Man betrachte den Quotienten

$$\frac{\Delta f}{df} = \frac{\Delta f}{f'(x)\Delta x} = \frac{\Delta f}{\Delta x}\,\frac{1}{f'(x)}.$$

[Wegen $f'(x) \neq 0$ ist die Division erlaubt.] Weiter folgt

$$\lim_{\Delta x \to 0} \frac{\Delta f}{df} = \lim_{\Delta x \to 0} \frac{\Delta f}{\Delta x}\,\frac{1}{f'(x)} = f'(x)\,\frac{1}{f'(x)} = 1.$$

Damit ist das Theorem bewiesen. ●

Beispiel 3: Die Seitenlänge eines Würfels wird mit einem Fehler von höchstens 1 % bestimmt. Mit welchem prozentualen Fehler kann das Volumen aus der Seitenlänge berechnet werden?

Lösung: Sei x die Kante des Würfels und V das Volumen. Sei ferner dx der mögliche Fehler von x. Der relative Fehler

$$\frac{dx}{x}$$

beträgt absolut höchstens 0,01: $|dx|/x \leqslant 0{,}01$.

Das Differential dV gibt eine Abschätzung für den tatsächlichen Fehler in der Berechnung des Volumens. Daher liefert

$$\frac{dV}{V}$$

einen Näherungswert für den relativen Fehler des Volumens. Aus

$$\begin{aligned} dV &= d(x^3) \\ &= 3x^2 dx, \end{aligned}$$

folgt

$$\begin{aligned} \frac{dV}{V} &= \frac{3x^2 dx}{x^3} \\ &= 3\,\frac{dx}{x}. \end{aligned}$$

Daher wird der relative Fehler im Volumen etwa dreimal so groß sein wie der relative Fehler in der Messung der Seitenlänge und somit höchstens 3 % betragen. ●

Die folgende Tabelle gibt die Differentiale von verschiedenen wichtigen Funktionen an. Das Differential ist jeweils durch das Produkt aus der Ableitung und Δx gegeben. So gilt etwa

$$\begin{aligned} d(\ln x) &= \frac{1}{x}\,\Delta x, \\ d(e^x) &= e^x\,\Delta x, \\ d(x) &= 1 \cdot \Delta x = \Delta x. \end{aligned}$$

Man beachte, daß $d(x) = \Delta x$. Aus diesem Grund ist es üblich, Δx auch als dx zu schreiben. Das Differential von f wird dann durch

$$df = f'(x)\,dx$$

oder

$$dy = f'(x)\,dx$$

dargestellt.

Funktion	*Differential*
$\sqrt{x}$	$\frac{\Delta x}{2\sqrt{x}}$
x^2	$2x\,\Delta x$
$\ln x$	$\frac{\Delta x}{x}$
e^x	$e^x\,\Delta x$
$\sin x$	$\cos x \cdot \Delta x$
x	Δx

Die Symbole dy und dx haben nun eine individuelle Bedeutung. Es ist daher sinnvoll, beide Seiten der Gleichung

$$dy = f'(x)\,dx$$

durch dx zu dividieren:

$$\frac{dy}{dx} = f'(x).$$

Die Relation erklärt auch die Wahl des Symbols dy/dx für die Ableitung. Dieses Symbol wurde Ende des 17. Jahrhunderts von Leibnitz eingeführt. Er verstand unter dx das Konzept einer „verschwindend kleinen“ Zahl, das von Bischof Berkeley 1834 als „Geist einer verschwundenen Größe“ verflucht wurde.

Für zwei differenzierbare Funktionen f und g gilt

$$d(f+g)=df+dg.$$

Um dies zu zeigen, verwenden wir die Definition des Differentials:

$$\begin{aligned} d(f+g) &= (f+g)'dx \\ &= (f'+g')\,dx \\ &= f'dx+g'dx \\ &= df+dg. \end{aligned}$$

Ähnlich gilt

$$d(f-g)=df-dg, \quad d(fg)=f\,dg+g\,df$$

und

$$d\left(\frac{f}{g}\right)=\frac{g\,df-f\,dg}{g^2} \qquad g\neq 0.$$

Es ist sehr instruktiv, dy und $\Delta y (=\Delta f)$ für große und kleine Werte von $dx (=\Delta x)$ zu vergleichen. Wir wollen dazu die Funktion x^3 an der Stelle $x=5$ untersuchen. Es gilt $f'(x)=3x^2=75$ und

$$dy=75\,dx$$

sowie

$$\begin{aligned} \Delta y &= (5+dx)^3-5^3 \\ &= 125+75\,dx+15(dx)^2+(dx)^3-125 \\ &= 75\,dx+15(dx)^2+(dx)^3. \end{aligned}$$

Für kleine dx sind die Terme $15(dx)^2$ und $(dx)^3$ im Vergleich zu $75\,dx$ verschwindend klein.

Die folgende Tabelle gibt die Werte der Kubusfunktion $y=x^3$ an der Stelle $x=5$ für verschiedene Werte von dx an. Je kleiner dx ist, desto besser wird dy durch Δy approximiert, wie auch auf Grund des Theorems zu erwarten ist. Wie wir im übrigen gesehen haben, ist dy zumeist einfacher zu berechnen als Δy.

dx	dy	Δy
3	225	387
2	150	218
1	75	91
0,1	7,5	7,651
0,01	0,75	0,751 501
0	0	0
−1	−75	−61

$dy=75\,dx$
$\Delta y=(5+dx)^3-5^3$

Übungen:

Man berechne dy und Δy für die folgenden Funktionen und Werte von x und dx und stelle sie am Schaubild der Funktion graphisch dar.

1. x^2 für $x=1$ und $dx=0{,}3$.
2. x^3 für $x=\frac{1}{2}$ und $dx=0{,}1$.
3. x^3 für $x=1$ und $dx=-0{,}1$.
4. $\sqrt{x}$ für $x=9$ und $dx=0{,}5$.
5. $\ln x$ für $x=1$ und $dx=-0{,}2$.
6. $\sin x$ für $x=\pi/4$ und $dx=\pi/12$.
7. (a) Man berechne das Differential der Funktion $1/x$ für $x=1$ und $dx=0{,}02$.
   (b) Mit Hilfe von (a) zeige man, daß $1/1{,}02$ ungefähr gleich $0{,}98$ ist.
8. (a) Man berechne das Differential der Funktion $1/x$ für $x=1$ und $dx=h$.
   (b) Mit Hilfe von (a) zeige man, daß $1-h$ für kleine h ein guter Näherungswert von $1/(1+h)$ ist.
9. (a) Man berechne das Differential der Funktion $\sqrt{x}$ für $x=1$ und $dx=h$.
   (b) Man zeige mit Hilfe von (a), daß $1+h/2$ für kleine h eine gute Näherung von $\sqrt{1+h}$ ist.
   (c) Man berechne $1+h/2$ und $\sqrt{1+h}$ für $h=0{,}21$. Um wieviel unterscheiden sich die beiden Werte?
10. (a) Man berechne das Differential der Funktion $\ln x$ für $x=1$ und $dx=h$.
    (b) Mit Hilfe von (a) zeige man $\ln(1+h)\approx h$ für kleine h.
11. Man ergänze die folgende Tabelle der Funktion $y=x^3$ für die angegebenen Werte von x und dx.

x	dx	dy	Δy	$\Delta y/dy$
3	1			
3	−0,5			
1	0,1			
2	−0,1			

In den Übungen 12 bis 20 sind die angegebenen Größen durch x und dx auszudrücken:

12. $d(e^{-x})$
13. $d[\ln(1+x)]$
14. $d(\sqrt{1+x^2})$
15. $d(\arctan x)$
16. $d(\sec x^2)$
17. $d(\arcsin x)$
18. $d(\sec^{-1} 5x)$
19. $d(2^{x^2})$
20. $d(\cos 5x)$
21. Die Seite eines Quadrates wird mit einem Fehler von höchstens 5 % bestimmt. Man berechne den größtmöglichen Fehler, den diese Ungenauigkeit bei der Ermittlung der Fläche verursachen kann.

■

22. (a) Man zeige mit Hilfe von Differentialen, daß $\lg(1+h)\approx 0{,}434\,h$ für kleine h.
    (b) Wie groß ist der prozentuale Fehler der Näherung in (a) für die Berechnung von $\lg(1{,}2)$?
23. Sei $f(x)=x^2$ die Fläche eines Quadrats der Seite x (Bild 5.64).
    (a) Man berechne df und Δf aus x und Δx.
    (b) Man kennzeichne im dargestellten Quadrat den Teil mit der Fläche Δf.
    (c) Man kennzeichne den Teil mit der Fläche df.

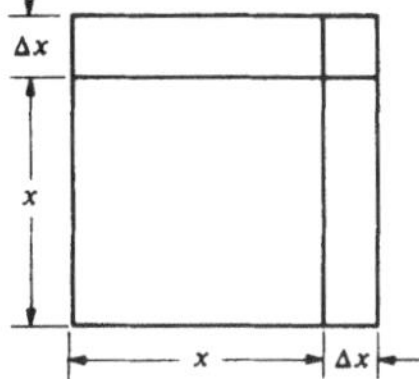

Bild 5.64

24. Man zeige für zwei differenzierbare Funktionen f und g
(a) $d(f-g) = df - dg$;
(b) $d(fg) = f(dg) + g(df)$;
(c) $d(f/g) = (g(df) - f(dg))/g^2$.

■■

25. Sei y eine differenzierbare Funktion von u und weiterhin u eine differenzierbare Funktion von x. Dann gilt $dy = D_u(y)\,du$ und $du = D_x(u)\,dx$. Da aber y eine zusammengesetzte Funktion von x ist, kann man schreiben: $dy = D_x(y)\,dx$. Man zeige, daß die beiden Werte von dy übereinstimmen.

5.10 Die Regel von de l'Hospital

Die Ermittlung von Grenzwerten war für das Zeichnen von Kurven nützlich und wird uns in den nächsten Kapiteln noch öfter begegnen. In Bd.2/4 beispielsweise werden Grenzwerte von größter Wichtigkeit für die Berechnung von bestimmten Flächen sein. Glücklicherweise gibt es einige allgemeine Verfahren, mit deren Hilfe eine große Klasse von Grenzwerten bestimmt werden kann. Dieser Abschnitt diskutiert eines der wichtigsten Verfahren, die Regel von de l'Hospital, die den Grenzwert eines Quotienten von zwei Funktionen angibt. Seien f und g Funktionen und es gelte

$$\lim_{x\to a} f(x) = 2 \quad \text{und} \quad \lim_{x\to a} g(x) = 3,$$

dann folgt sofort

$$\lim_{x\to a} \frac{f(x)}{g(x)} = \frac{2}{3}.$$

Dieses Ergebnis erfordert keine weitere Information über die Funktionen f und g. Gilt aber

$$\lim_{x\to a} f(x) = 0 \quad \text{und} \quad \lim_{x\to a} g(x) = 0,$$

dann wird das Aufsuchen von

$$\lim_{x\to a} \frac{f(x)}{g(x)}$$

schwieriger. Wir haben zum Beispiel in Abschnitt 3.6 die Relation

$$\lim_{\theta\to 0} \frac{\sin\theta}{\theta} = 1$$

bewiesen.

Hier ist $f(\theta) = \sin\theta \to 0$ und $g(\theta) = \theta \to 0$ für $\theta \to 0$. Für den Quotienten haben wir $f(\theta)/g(\theta) \to 1$ erhalten. Im selben Abschnitt wurde auch

$$\lim_{\theta\to 0} \frac{1-\cos\theta}{\theta} = 0$$

bewiesen. In diesem zweiten Fall strebt der Zähler so viel schneller gegen 0 als der Nenner, daß der Quotient ebenfalls nach 0 geht. Diese beiden Beispiele zeigen, daß aus der Kenntnis von

$$\lim_{x\to a} f(x) = 0 \quad \text{und} \quad \lim_{x\to a} g(x) = 0,$$

noch nichts über den Grenzwert des Quotienten

$$\lim_{x\to a} \frac{f(x)}{g(x)}$$

ausgesagt werden kann.

Das Theorem 1 gibt nun ein allgemeines Verfahren zur Behandlung des Quotienten

$$\frac{f(x)}{g(x)}$$

falls $f(x) \to 0$ und $g(x) \to 0$.

Theorem 1: Regel von de l'Hospital. (Spezialfall „Null durch Null".) Sei a eine Zahl und seien f und g differenzierbar in einem offenen Intervall $(a; b)$. Sei ferner $g'(x)$ in diesem Intervall von Null verschieden. Gilt nun

$$\lim_{x\to a^+} f(x) = 0, \qquad \lim_{x\to a^+} g(x) = 0$$

und

$$\lim_{x\to a^+} \frac{f'(x)}{g'(x)} = L,$$

so folgt

$$\lim_{x\to a^+} \frac{f(x)}{g(x)} = L. \bullet$$

Bevor wir dieses Theorem beweisen, soll es an einem Beispiel genauer illustriert werden.

Beispiel 1: Man bestimme

$$\lim_{x\to 1^+} \frac{x^5-1}{x^3-1}.$$

In diesem Fall ist

$$a = 1, \quad f(x) = x^5 - 1 \text{ und } g(x) = x^3 - 1.$$

Die Voraussetzungen zur Anwendung der Regel von de l'Hospital sind damit erfüllt. Speziell gilt

$$\lim_{x\to 1^+} (x^5-1) = 0 \quad \text{und} \quad \lim_{x\to 1^+} (x^3-1) = 0.$$

Entsprechend der Regel von de l'Hospital folgt

$$\lim_{x\to 1^+} \frac{x^5-1}{x^3-1} = \lim_{x\to 1^+} \frac{(x^5-1)'}{(x^3-1)'}$$

sofern dieser Grenzwert existiert. Differenzieren ergibt nun

$$\lim_{x\to 1^+} \frac{(x^5-1)'}{(x^3-1)'} = \lim_{x\to 1^+} \frac{5x^4}{3x^2} \qquad \text{differenzieren von Zähler und Nenner}$$

$$= \lim_{x\to 1^+} \frac{5}{3}x^2$$

$$= \frac{5}{3}$$

und daher

$$\lim_{x\to 1^+} \frac{x^5-1}{x^3-1} = \frac{5}{3}. \bullet$$

Ein vollständiger Beweis von Theorem 1 wird in den Übungen 92 und 93 von Abschnitt 5.11 gegeben. Wir wollen das Theorem hier lediglich plausibel machen.

Spezialfall von Theorem 1: Dazu betrachten wir den Fall, bei dem f, f', g und g' im offenen Intervall um a stetig sind. Außerdem gelte in diesem Intervall $g'(x) \neq 0$. Aus

$$\lim_{x \to a^+} f(x) = 0 \quad \text{und} \quad \lim_{x \to a^+} g(x) = 0,$$

folgt aufgrund der Stetigkeit $f(a) = 0$ und $g(a) = 0$. Dann gilt

$$\begin{aligned}
\lim_{x \to a^+} \frac{f(x)}{g(x)} &= \lim_{x \to a^+} \frac{f(x) - f(a)}{g(x) - g(a)} && \text{denn } f(a) = 0 \text{ und } g(a) = 0 \\
&= \lim_{x \to a^+} \frac{\dfrac{f(x) - f(a)}{x - a}}{\dfrac{g(x) - g(a)}{x - a}} \\
&= \frac{f'(a)}{g'(a)} && \text{laut Definition von } f'(a) \text{ und } g'(a) \\
&= \frac{\lim\limits_{x \to a^+} f'(x)}{\lim\limits_{x \to a^+} g'(x)} && f' \text{ und } g' \text{ sind stetig} \\
&= \lim_{x \to a^+} \frac{f'(x)}{g'(x)} && \text{„Grenzwert des Quotienten"} \\
&= L && \text{laut Annahme.}
\end{aligned}$$

Daraus folgt

$$\lim_{x \to a^+} \frac{f(x)}{g(x)} = L.$$

Analoge Theoreme gelten für $x \to a^-$ oder $x \to a^+$, oder $x \to \infty$ bzw. $x \to -\infty$. Selbstverständlich sind hierbei auch die Voraussetzungen entsprechend zu modifizieren.

Manchmal muß die Regel von de l'Hospital – wie im nächsten Beispiel – mehrmals angewendet werden.

Beispiel 2: Man bestimme

$$\lim_{x \to 0} \frac{\sin x - x}{x^3}.$$

Lösung: Für $x \to 0$ erreichen sowohl Zähler als auch Nenner den Wert Null. Nach der Regel von de l'Hospital gilt

$$\lim_{x \to 0} \frac{\sin x - x}{x^3} = \lim_{x \to 0} \frac{\cos x - 1}{3x^2}.$$

Aber für $x \to 0$ gilt $\cos x - 1 \to 0$ und $3x^2 \to 0$. Daher wenden wir die Regel von de l'Hospital nochmals an

$$\lim_{x \to 0} \frac{\cos x - 1}{3x^2} = \lim_{x \to 0} \frac{-\sin x}{6x}.$$

Beide Werte $\sin x$ und $6x$ gehen für $x \to 0$ wiederum gegen Null. Daher wenden wir die Regel von de l'Hospital ein weiteres Mal an.

$$\begin{aligned}
\lim_{x \to 0} \frac{-\sin x}{6x} &= \lim_{x \to 0} \frac{-\cos x}{6} \\
&= -\frac{1}{6}.
\end{aligned}$$

Auf diese Weise finden wir nach dreimaliger Anwendung der Regel von de l'Hospital

$$\lim_{x \to 0} \frac{\sin x - x}{x^3} = -\frac{1}{6}. \bullet$$

Theorem 1 behandelt den Grenzwert von $f(x)/g(x)$, falls $f(x)$ und $g(x)$ nach Null streben. Völlig analoge Überlegungen gelten, wenn sowohl $f(x)$ als auch $g(x)$ für $x \to a$ oder $x \to \infty$ beliebig groß werden. Das Verhalten des Quotienten $f(x)/g(x)$ hängt nun davon ab, wie rasch $f(x)$ und $g(x)$ groß werden.

In Abschnitt 5.3 wurden die Funktionen

$$f(x) = x \quad \text{und} \quad g(x) = e^x$$

untersucht. In diesem Fall gilt

$$\lim_{x \to \infty} f(x) = \infty \quad \text{und} \quad \lim_{x \to \infty} g(x) = \infty$$

sowie

$$\lim_{x \to \infty} \frac{f(x)}{g(x)} = \lim_{x \to \infty} \frac{x}{e^x} = 0.$$

Hier geht der Nenner viel rascher gegen Unendlich als der Zähler.

Andererseits erhalten wir direkt

$$\begin{aligned}
\lim_{x \to \infty} \frac{4x + 1}{2x} &= \lim_{x \to \infty} \left(2 + \frac{1}{2x}\right) \\
&= 2.
\end{aligned}$$

In diesem Fall steigt der Zähler etwa zweimal so rasch an wie der Nenner.

Das folgende Theorem behandelt die Fälle, für die $f(x)$ und $g(x)$ gegen Unendlich gehen. Wir sprechen von der *Unendlich-durch-Unendlich*-Form der Regel von de l'Hospital.

Theorem 2 (*Regel von de l'Hospital*): Seien f und g für alle x größer als eine bestimmte Zahl und differenzierbar. Gilt dann

$$\lim_{x \to \infty} f(x) = \infty \quad \text{und} \quad \lim_{x \to \infty} g(x) = \infty$$

sowie

$$\lim_{x \to \infty} \frac{f'(x)}{g'(x)} = L,$$

so folgt weiter

$$\lim_{x \to \infty} \frac{f(x)}{g(x)} = L. \bullet$$

Den exakten Beweis dieser Tatsache überlassen wir weiterführenden Lehrbüchern. Es ist aber leicht einzusehen, daß die Aussage des Theorems plausibel ist. Mögen $f(t)$ und $g(t)$ etwa die Lage von zwei Autos auf der x-Achse zur Zeit t beschreiben (Bild 5.65). Nennen wir die beiden Fahrzeuge f-Wagen und g-Wagen. Ihre Geschwindigkeiten sind dann durch $f'(t)$ und $g'(t)$ gegeben. Die beiden Wagen befinden sich auf einer „endlosen" Reise. Für $t \to \infty$ möge sich nun die Geschwindigkeit des f-Wagens der L-fachen Geschwindigkeit des g-Wagens annähern. Wir schreiben also

$$\lim_{t\to\infty} \frac{f'(t)}{g'(t)} = L.$$

erstes Auto:
Lage $f(t)$
Geschwindigkeit $f'(t)$

zweites Auto:
Lage $g(t)$
Geschwindigkeit $g'(t)$

Bild 5.65

Unabhängig davon, wie sich die beiden Autos während der Anfangszeit bewegen, scheint es naheliegend, daß der f-Wagen auf der langen Reise etwa L-mal soweit fährt wie der g-Wagen: So schließen wir

$$\lim_{t\to\infty} \frac{f(t)}{g(t)} = L.$$

Diese Überlegungen können auch als Basis für einen exakten Beweis herangezogen werden.

Beispiel 3: Mit Hilfe von Theorem 2 bestimme man

$$\lim_{x\to\infty} \frac{x}{e^x}.$$

Lösung: Nach Theorem 2 folgt

$$\lim_{x\to\infty} \frac{x}{e^x} = \lim_{x\to\infty} \frac{x'}{(e^x)'} = \lim_{x\to\infty} \frac{1}{e^x} = 0.$$

Dieses Ergebnis wurde bereits in Abschnitt 5.3 hergeleitet. ●

Es gibt außer den beiden bereits angeführten noch weitere Variationen der Regel von de l'Hospital. So kann in Theorem 2 an einer der beiden oder an beiden Stellen ∞ durch $-\infty$ ersetzt werden. Desgleichen kann $x \to \infty$ durch $x \to a^+$ oder $x \to a^-$ ersetzt werden. Schließlich kann an die Stelle L entweder ∞ oder $-\infty$ treten. Selbstverständlich sind die Voraussetzungen des Theorems entsprechend zu modifizieren. Wir geben ein Beispiel hierfür.

Beispiel 4: Man bestimme

$$\lim_{x\to 0^+} \frac{\ln x}{1/x}.$$

Lösung: In diesem Fall ist $f(x) = \ln x$ und $g(x) = 1/x$. Man beachte

$$\lim_{x\to 0^+} \ln x = -\infty \quad \text{und} \quad \lim_{x\to 0^+} \frac{1}{x} = \infty.$$

Analog zu Theorem 2 kann behauptet werden:

$$\lim_{x\to 0^+} \frac{\ln x}{1/x} = \lim_{x\to 0^+} \frac{1/x}{-1/x^2} = \lim_{x\to 0^+} (-x) = 0.$$

Somit gilt

$$\lim_{x\to 0^+} \frac{\ln x}{1/x} = 0.$$

Zwar wird $\ln x$ für $x \to 0^+$ sehr groß (in Absolutwerten), wächst aber doch viel langsamer als $1/x$. ●

Sehr viele Grenzwertprobleme können nach geringfügiger Umformung mit der Regel von de l'Hospital behandelt werden. So kann die Regel von de l'Hospital auf den ersten Blick nicht auf

$$\lim_{x\to 0^+} x \ln x$$

angewendet werden, da es sich nicht um den Quotienten zweier Funktionen handelt. Eine einfache Umformung führt jedoch zu einem geeigneten Quotienten:

$$x \ln x = \frac{\ln x}{1/x}.$$

Dieser Grenzwert wurde bereits in Beispiel 4 untersucht. Daher gilt

$$\lim_{x\to 0^+} x \ln x = 0.$$

Die weiteren Beispiele behandeln Grenzwerte, die erst nach einigen algebraischen Umformungen mit der Regel von de l'Hospital bestimmt werden können.

Beispiel 5: Man berechne

$$\lim_{x\to 0^+} x^x.$$

Lösung: Da dieser Grenzwert eine Exponentialfunktion und keinen Quotienten enthält, paßt er zunächst nicht in das Schema der Regel von de l'Hospital. Durch einige Umformungen kann die Exponentialfunktion aber in die übliche Form gebracht werden.

Sei

$$y = x^x.$$

Dann gilt

$$\ln y = \ln x^x = x \ln x.$$

In Beispiel 4 folgte dazu mit Hilfe der Regel von de l'Hospital

$$\lim_{x\to 0^+} \ln y = 0$$

und wir schließen

$$\lim_{x\to 0^+} y = 1$$

oder kurz

$$\lim_{x\to 0^+} x^x = 1. \quad ●$$

Das nächste Beispiel behandelt die Differenz zweier Funktionen, die beide sehr groß werden.

Beispiel 6: Man bestimme $\lim_{x\to 0^+} \left[\frac{1}{x} - \frac{1}{\sin x}\right]$.

Lösung: Dieser Ausdruck ist zunächst kein Quotient. Der Grenzwert kann also nicht direkt mit der Regel von de l'Hospital bestimmt werden. Aber es gilt die Relation

$$\frac{1}{x} - \frac{1}{\sin x} = \frac{\sin x - x}{x \sin x},$$

durch die man eine Form erhält, auf die die Regel von de l'Hospital anwendbar ist. Man beachte, daß $\sin x - x \to 0$, und $x \sin x \to 0$ für $x \to 0^+$.

Nach der Regel von de l'Hospital folgt

$$\lim_{x\to 0^+} \frac{\sin x - x}{x \sin x} = \lim_{x\to 0^+} \frac{\cos x - 1}{x \cos x + \sin x}.$$

Wenden wir noch einmal die Regel von de l'Hospital an:

$$\lim_{x\to 0^+} \frac{\sin x - x}{x \sin x} = \lim_{x\to 0^+} \frac{-\sin x}{-x\sin x + 2\cos x}$$

$$= \frac{-0}{0+2} = 0.$$

So erhalten wir schließlich für $x \to 0^+$

$$\frac{1}{x} - \frac{1}{\sin x} \to 0.$$

Die Größen $1/x$ und $1/\sin x$ werden zwar für $x \to 0^+$ beide sehr groß, nähern sich dabei aber immer mehr einander an. ●

Beispiel 7: Man bestimme

$$\lim_{x\to -\infty} e^x x^3.$$

Lösung: In dieser Form enthält die Aufgabe keinen Quotienten. Die Lösung scheint zunächst sehr unklar, da für $x \to -\infty$ einerseits $e^x \to 0$ und andererseits $x^3 \to -\infty$ geht. Das Produkt einer kleinen Zahl und einer großen Zahl kann alle möglichen Werte haben. Wir können das Produkt jedoch auf die Form eines Quotienten bringen.

$$\lim_{x\to -\infty} e^x x^3 = \lim_{x\to -\infty} \frac{x^3}{e^{-x}}.$$

Für $x \to -\infty$, geht $x^3 \to -\infty$ und $e^{-x} \to \infty$; die Regel von de l'Hospital ist anwendbar. Wiederholte Anwendung dieser Regel ergibt den Grenzwert

$$\lim_{x\to -\infty} \frac{x^3}{e^{-x}} = \lim_{x\to -\infty} \frac{3x^2}{-e^{-x}} \quad \text{Regel von de l'Hospital}$$

$$= \lim_{x\to -\infty} \frac{6x}{e^{-x}} \quad \text{Regel von de l'Hospital}$$

$$= \lim_{x\to -\infty} \frac{6}{-e^{-x}} \quad \text{Regel von de l'Hospital}$$

$$= 0,$$

da $e^{-x} \to \infty$ für $x \to -\infty$. ●

Im allgemeinen ist die Regel von de l'Hospital dann anwendbar, wenn man sie benötigt, und dann nicht, wenn man sie nicht benötigt. Sie ist vor allem auf Grenzwerte anwendbar, die zu Ausdrücken der Form

$$\frac{0}{0}, \frac{\infty}{\infty}, \frac{-\infty}{\infty} \ldots \quad \text{und} \quad 0\cdot\infty,\ 0^0,\ \infty^0,\ \infty-\infty, \ldots$$

führen. Die zweitgenannten Fälle können fast immer auf „Null durch Null" oder „Unendlich durch Unendlich" zurückgeführt werden.

Übungen:

Man bestimme die Grenzwerte (sofern sie existieren) in den Üungen 1 bis 36. In manchen dieser Übungen ist die Regel von de l'Hospital nicht sehr hilfreich und ihre sorglose Anwendung kann falsche Antworten ergeben.

1. $\lim_{x\to 0} \frac{xe^x}{e^x - 1}$
2. $\lim_{x\to 1} \frac{e^x + 1}{e^x - 1}$
3. $\lim_{x\to 2} \frac{x^3 - 8}{x^2 - 4}$
4. $\lim_{x\to 2} \frac{x^3 + 8}{x^2 + 2}$
5. $\lim_{x\to \infty} \frac{\sin x^2}{x \sin x}$
6. $\lim_{x\to \pi/4} \frac{\cos x^2}{\cos x}$
7. $\lim_{x\to \pi/2} \frac{\sin x}{1 + \cos x}$
8. $\lim_{x\to 3^+} \frac{\ln(x-3)}{x-3}$
9. $\lim_{x\to 0} \frac{1 - \cos x}{x^2}$
10. $\lim_{x\to -\infty} \frac{5^x + 3^x}{4^x}$
11. $\lim_{x\to 0^+} \left(\frac{\sin x}{x}\right)^{1/x}$
12. $\lim_{x\to \infty} \frac{2^x}{3^x}$
13. $\lim_{x\to \infty} \frac{2x + 5\cos x}{3x - 7\sin x}$
14. $\lim_{x\to \infty} \frac{3x^2 + 6\sqrt{x}}{x^2 + 8\sqrt{x}}$
15. $\lim_{x\to \infty} \frac{x^2 + 5}{2x^2 + 6x}$
16. $\lim_{x\to 0^-} \frac{1 - \cos x}{x + \tan x}$
17. $\lim_{x\to 0^+} \frac{1 - \cos x}{x - \tan x}$
18. $\lim_{x\to \infty} \frac{e^{-x}}{x^2}$
19. $\lim_{x\to \infty} \frac{\cos x}{x}$
20. $\lim_{x\to \infty} \frac{\ln(x^2 + 1)}{\ln(x^2 + 8)}$
21. $\lim_{x\to 2} \frac{5^x + 3^x}{x}$
22. $\lim_{x\to \pi/2} \frac{\sin 2x}{\sin 3x}$
23. $\lim_{x\to 0} \frac{5^x - 3^x}{x}$
24. $\lim_{x\to \infty} e^{-x} \ln x$
25. $\lim_{x\to \infty} [(x^2 - 2x)^{1/2} - x]$
26. $\lim_{x\to 0} \left(\frac{1}{1 - \cos x} - \frac{2}{x^2}\right)$
27. $\lim_{x\to 0} (1 + 3x)^{2/x}$
28. $\lim_{x\to 0^+} x^{x^2}$
29. $\lim_{x\to 1^+} (x-1)\ln(x-1)$
30. $\lim_{x\to 0^+} \sin x \ln x$
31. $\lim_{x\to \infty} x \sin x$
32. $\lim_{x\to 0} (\sin x)^x$
33. $\lim_{x\to 0} (\cos x)^{1/x}$
34. $\lim_{x\to \pi/2^-} (1 - \sin x)^{\tan x}$
35. $\lim_{x\to \infty} x^{1/x}$
36. $\lim_{x\to \infty} (2^x - x^{10})^{1/x}$

■

37. Man löse Übung 1 ohne die Regel von de l'Hospital.
38. Man löse Übung 4 mit Hilfe der Resultate aus Abschnitt 5.3.
39. Man bestimme $\lim_{x\to \infty} \frac{(x^3 - x^2 - 4x)^{1/3}}{x}$
40. Man bestimme $\lim_{x\to 0} \left(\frac{1 + 2^x}{2}\right)^{1/x}$

■■

41. Im Bild 5.66 ist ein Einheitskreis um den Ursprung gezeichnet; $\overline{BQ}$ ist eine vertikale Tangente: $\overline{BQ} = \overline{BP}$. Man beweise: Die x-Koordinate von R erreicht für $P \to B$ den Wert -2.

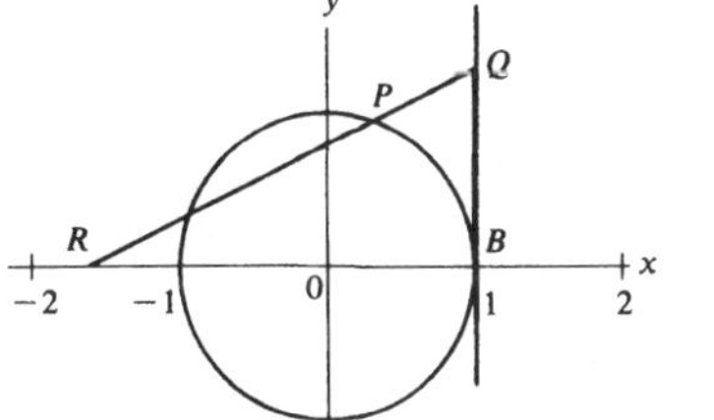

Bild 5.66

42. Man bestimme $\lim_{x \to 0} \frac{\sin^2 2x - 4x^2}{(e^{x^2} - 1)^2}$.
Dies kann mit Hilfe der Regel von de l'Hospital geschehen. Ein einfacheres Verfahren wird in Band 4; Kap. 1 entwickelt.

43. Im Bild 5.67 sei $f(\theta)$ die Fläche des Dreiecks ABC und $g(\theta)$ die Fläche des schraffierten Bereichs, die aus dem Sektor OBC durch Entfernen des Dreiecks OAC entsteht. Logischerweise gilt $0 < f(\theta) < g(\theta)$.

(a) Was würde man für den Wert von $\lim_{\theta \to 0} f(\theta)/g(\theta)$ schätzen?

(b) Man bestimme $\lim_{\theta \to 0} f(\theta)/g(\theta)$.

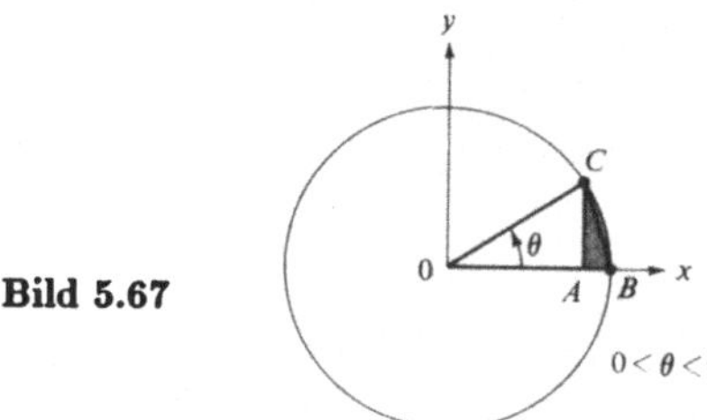

Bild 5.67

5.11 Zusammenfassung

Kapitel 5 behandelte eine Anzahl von Anwendungen der Ableitung. Die Abschnitte 5.1 und 5.2 gingen auf den Mittelwertsatz und einige seiner Konsequenzen ein. So steigt etwa für positives f' die Funktion f stets an. Abschnitt 5.3 folgerte daraus, daß e^x schneller als $x^2/2$ wächst. Daraus wieder ergibt sich mit Hilfe von algebraischen Umformungen, daß die Exponentialfunktion b^x für x gegen Unendlich und festes $b > 1$ schneller als irgendeine Potenz x^a mit beliebigem Exponenten a ansteigt. So war $(1{,}1)^x$ für sehr große x viel größer als x^{10}.

Abschnitt 5.4 behandelte die Differentialgleichung des natürlichen Wachstums und des natürlichen Zerfalls

$$f'(t) = kf(t).$$

Die einzigen Funktionen, die diese Differentialgleichung erfüllen, hatten die Form Ae^{kt} mit bestimmten Konstanten A und k.

Das Vorzeichen der Ableitung $f'(x)$ stand im Mittelpunkt unserer Überlegungen in Abschnitt 5.5. Dort wurden Regeln für das Zeichnen einer Funktion gegeben.

Höhere Ableitungen wurden im Abschnitt 5.6 eingeführt. Die zweite Ableitung wurde zur Analyse einer Bewegung herangezogen.

Im Abschnitt 5.7 wurde die zweite Ableitung auf das Schaubild von Funktionen angewendet. Speziell sagt sie aus, wo das Schaubild konkav und wo es konvex ist. Schließlich lieferte die zweite Ableitung auch einen Test für die Existenz eines relativen Maximums oder Minimums.

Abschnitt 5.8 wendete die in den Abschnitten 5.5 und 5.7 entwickelten Methoden auf praktische Extremwertaufgaben an.

Mit Hilfe des in Abschnitt 5.9 eingeführten Differentials konnten kleine Veränderungen einer Funktion approximiert werden.

Schließlich behandelte Abschnitt 5.10 die Regel von de l'Hospital, mit deren Hilfe Grenzwerte von bestimmten Quotienten und anderen Ausdrücken berechnet werden können.

Wichtige Ergebnisse

Eine, in einem geschlossenen Intervall definierte stetige Funktion nimmt dort einen Maximal- und einen Minimalwert an.

Wenn eine differenzierbare Funktion in irgendeinem Punkt eines offenen Intervalls ein lokales Maximum besitzt, so muß ihre Ableitung in diesem Punkt gleich Null sein. (Eine ähnliche Aussage gilt für den Minimalwert.)

Der Mittelwertsatz: Sei f in $[a; b]$ stetig und in $(a; b)$ differenzierbar, dann existiert eine Zahl X aus $(a; b)$ mit

$$f'(X) = \frac{f(b) - f(a)}{b - a}.$$

Für das Schaubild der Funktion heißt dies, daß es für jede Sehne von f mindestens eine zu ihr parallele Tangente gibt. Dies ist nur eine Verallgemeinerung des Theorems von Rolle für horizontale Sehnen mit $f(a) = f(b)$.

Schreibt man den Mittelwertsatz für die Zahl X aus $(a; b)$ in der Form

$$f(b) = f(a) + f'(X)(b - a),$$

so führt er zu drei wichtigen Folgetheoremen:

Eine Funktion, deren Ableitung über ein ganzes Intervall Null bleibt, ist dort konstant.

Funktionen, deren Ableitungen über ein ganzes Intervall übereinstimmen, können sich dort nur durch eine Konstante unterscheiden.

Besitzt eine Funktion über ein ganzes Intervall eine positive Ableitung, so steigt die Funktion dort. (Ist die Ableitung dort negativ, so fällt die Funktion.)

$\lim_{x \to \infty} x^n/e^x = 0$	e^x steigt viel schneller als jede Potenz von x.
$\lim_{x \to \infty} x^a/b^x = 0$	wenn $b > 1$.
$\lim_{x \to \infty} \ln x/x^a = 0$	$\ln x$ steigt viel langsamer als jede feste Potenz von x.

Die Differentialgleichung

$$f'(t) = kf(t)$$

beschreibt für $k > 0$ das natürliche Wachstum und für $k < 0$ den natürlichen Zerfall. Die Funktion f muß von der Form

$$f(t) = Ae^{kt}$$

sein. Dabei gibt A die zur Zeit $t = 0$ vorhandene Menge an. Die einzigen Lösungen der Differentialgleichung $dy/dt = ky$ sind von der Gestalt $y = Ae^{kt}$ oder anders geschrieben $y = Ab^t$, wobei $b = e^k$.

Soll das Schaubild einer Funktion gezeichnet werden, so ist es nützlich, das Vorzeichen der Ableitung und der zweiten Ableitung, die kritischen Punkte, die x-Abschnitte, die Wendepunkte, Asymptoten und das Verhalten der Funktion für große $|x|$ zu kennen. Alle relativen oder globalen Maxima und Minima sollten eingezeichnet werden.

Man beachte auch die Tabelle in Abschnitt 5.5, wo die einzelnen Verfahren beschrieben wurden (ausgenommen die Verwendung der zweiten Ableitung).

Um den Maximal- oder Minimalwert einer Funktion f in einem geschlossenen Intervall zu finden, muß man die Funktion in den Endpunkten des Intervalls und an den kritischen Stellen untersuchen. Man beachte das Flußdiagramm für das Verfahren von Abschnitt 5.5.

Die zweite Ableitung einer Funktion ist die Ableitung ihrer ersten Ableitung. Beschreibt die Funktion die Lage eines Teilchens auf einer Geraden, dann liefert die zweite Ableitung die Beschleunigung, nämlich die Änderungsrate der Geschwindigkeit. Die zweite Ableitung bestimmt auch den Krümmungssinn einer Kurve.

Um zu entscheiden, ob in einem kritischen Punkt ein relatives Maximum oder ein relatives Minimum vorliegt, verwendet man üblicherweise die erste oder zweite Ableitung. Wechselt die erste Ableitung an der kritischen Stelle das Vorzeichen oder ist die zweite Ableitung ungleich Null, so ist der kritische Punkt entweder ein relatives Maximum oder ein relatives Minimum.

Das Differential einer Funktion f ist durch $f'(x)\Delta x$ definiert und wird mit df bezeichnet. Es ist somit eine Funktion von x und Δx, die zur Schätzung von Δf herangezogen werden kann. Wegen $dx = \Delta x$ wird df üblicherweise als $f'(x)\,dx$ geschrieben.

Um den Grenzwert eines Quotienten $f(x)/g(x)$ zu bestimmen, können die verschiedenen Formen der Regel von de l'Hospital angewendet werden. Aus

$$\lim_{x\to a^+} f(x) = \infty \quad \text{und} \quad \lim_{x\to a^+} g(x) = \infty$$

sowie

$$\lim_{x\to a^+} \frac{f'(x)}{g'(x)} = L$$

folgt etwa

$$\lim_{x\to a^+} \frac{f(x)}{g(x)} = L.$$

Ähnliche Regeln gelten für $x \to \infty$, $x \to a^-$, $f(x) \to 0$ und $g(x) \to 0$ usw.

Begriffe und Symbole

Satz vom Maximum
offenes Intervall $(a; b)$
geschlossenes Intervall $[a; b]$
Theorem von Rolle
Sehne einer Funktion
Mittelwertsatz
steigende Funktion
fallende Funktion
Differentialgleichung
natürliches Wachstum und natürlicher Zerfall
Halbwertszeit $t_{1/2}$
kritische Stelle
kritischer Punkt
Asymptote
x-Abschnitte
relative (lokale) Maxima und Minima
globale Maxima oder Minima
höhere Ableitungen $D^n f, D^n y, d^n y/dx^n, \ldots$
zweite Ableitung
konkav
konvex
Wendepunkt
Differential df, dy, dx
Regel von de l'Hospital

Testaufgaben zu Kapitel 5

1. (*a*) Man formuliere die Voraussetzungen des Theorems von Rolle.
   (*b*) Man formuliere die Schlußfolgerungen des Theorems von Rolle.
2. (*a*) Man formuliere die Voraussetzung des Mittelwertsatzes.
   (*b*) Man formuliere die Schlußfolgerung des Mittelwertsatzes.
3. Welche Informationen liefert jede der folgenden Behauptungen über das Schaubild einer Funktion?
   (*a*) Wenn man sich von links nach rechts bewegt, wechselt bei a das Vorzeichen von $f(x)$ von positiv auf negativ.
   (*b*) Wenn man sich von links nach rechts bewegt, wechselt bei a das Vorzeichen von $f'(x)$ von positiv auf negativ.
   (*c*) Wenn man sich von links nach rechts bewegt, wechselt bei a das Vorzeichen von $f''(x)$ von positiv auf negativ.
4. Mit Hilfe des Mittelwertsatzes zeige man, daß eine Funktion, deren Ableitung in einem ganzen Intervall gleich Null ist, dort konstant bleibt.
5. (*a*) Man beweise, daß $\tan x - x$ für $0 \leqslant x < \pi/2$ eine ansteigende Funktion von x ist.
   (*b*) Man zeige: $\tan x > x$ für x aus $(0; \pi/2)$.
   (*c*) Mit Hilfe von (*b*) beweise man für x aus $(0; \pi/2)$ die Ungleichung $x \cos x - \sin x < 0$.
   (*d*) Man beweise, daß $\sin x/x$ für x aus $(0; \pi/2)$ eine fallende Funktion ist.
6. (*a*) Man beschreibe alle Funktionen mit der Ableitung $\sin 3x$.
   (*b*) Wieso sind wir sicher, alle Möglichkeiten von (*a*) gefunden zu haben?
7. Man reihe die folgenden Funktionen nach der Schnelligkeit ihres Ansteigens (für sehr große x)

   $$(1{,}001)^x, \lg x, x^{100}, 2^x.$$
8. (*a*) Sei $f(x) = 5^{7x}6^{8x+3}$. Man zeige, daß $f'(x)$ proportional zu $f(x)$ ist.
   (*b*) Steht (*a*) in Widerspruch zu der Behauptung, die einzigen zu ihrer Ableitung proportionalen Funktionen seien von der Form Ae^{kt}?
9. (*a*) Die Fläche eines Kreises mit dem Radius r ist πr^2. Man verwende das Differential, um die Änderung der Fläche zu berechnen, die sich aus einer Änderung des Radius r auf $r + dr$ ergibt.
   (*b*) Der Umfang eines Kreises vom Radius r ist $2\pi r$. Man erkläre, warum in der Antwort zu (*a*) der Ausdruck $2\pi r$ vorkommt.
10. Das Schaubild einer bestimmten Funktion ist in Bild 5.68 dargestellt. Man stelle die x-Koordinaten der
    (*a*) relativen Maxima, (*b*) relativen Minima,
    (*c*) kritischen Punkte, (*d*) globalen Maxima und
    (*e*) globalen Minima zusammen.

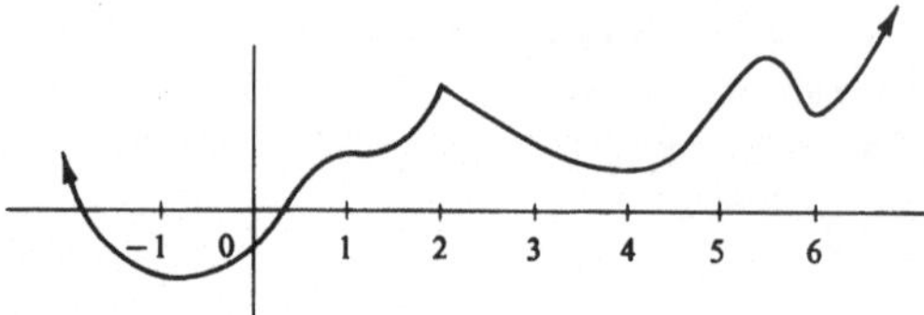

Bild 5.68

11. Aus

$$\frac{dy}{dx} = 3y^4$$

folgt

$$\frac{d^2y}{dx^2} = 36y^7.$$

Man zeige dies!

12. m sei eine positive Zahl. Man zeige $(1+x)^m > 1+mx$ für alle $x > 0$. Diese Tatsache ist als Bernoullische Ungleichung bekannt.

13. Man zeichne das Schaubild von $y = xe^{-x^2}$ und gebe alle kritischen Punkte, Asymptoten und Wendepunkte an.

14. Die Halbwertszeit von Radium beträgt etwa 1600 Jahre (genau 1590 Jahre).
    (*a*) Man bestimme daraus k und den Ausdruck Ae^{kt}.
    (*b*) Wie lange dauert es, bis 75 % des Radiums zerfallen sind?
    (*c*) Löse (*b*) ohne Infinitesimalrechnung.
    (*d*) Wie lange dauert es, bis 90 % des Radiums zerfallen sind?
    (*e*) Man zeige ohne Infinitesimalrechnung, daß die Lösung zu (*d*) irgendwo zwischen 4800 und 6400 Jahren liegt.

15. Eine Bakterienkultur wächst mit einer Zuwachsrate, die proportional zur jeweils vorhandenen Menge ist. Von 9 bis 11 Uhr wächst sie von 100 auf 200 g an. Wieviel wird sie um 12 Uhr wiegen?

16. Wie sind zwei nichtnegative Zahlen mit der Summe 1 zu wählen, um die Summe des Quadrates der einen und des Kubus der anderen zu minimieren?

17. Ein Schienenstrang der Länge L soll in Form von zwei Halbkreisen am Ende eines Rechtecks ausgelegt werden (Bild 5.69). Man wähle das relative Verhältnis des Radius des Kreises r und der Länge des geraden Abschnittes x des Schienenstranges derart, daß die eingeschlossene Fläche ein Maximum wird. Man diskutiere auch den Fall der minimalen eingeschlossenen Fläche.

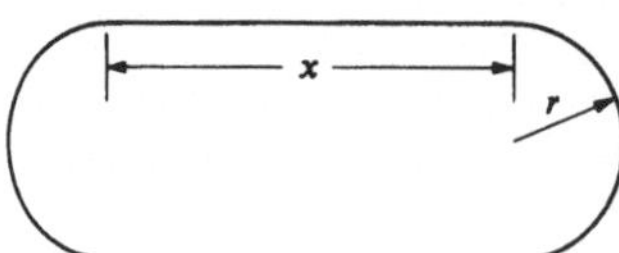

Bild 5.69

18. Man zeige mit Hilfe von Differentialen, daß eine gute Näherung
    (*a*) für $\sqrt{25+dx}$ durch $5 + dx/10$,
    (*b*) für $\sqrt{a^2+dx}$ durch $a + dx/2a$ (wenn a positiv ist) gegeben ist.
    (*c*) Man verwende die Formel aus (*b*), um die $\sqrt{65{,}6}$ zu bestimmen.

19. Man bestimme
    (*a*) $\lim\limits_{x\to 0} \dfrac{e^{x^2}-1}{1-\cos x}$, (*b*) $\lim\limits_{x\to 0} \dfrac{x-\arctan x}{x-\sin x}$
    (*c*) $\lim\limits_{x\to 0} x^{1-\cos x}$.

20. Man bestimme $D^3(f)$ für
    (*a*) $f(x) = \operatorname{cosec} 5x$, (*b*) $f(x) = \arcsin x^2$,
    (*c*) $f(x) = \ln\sqrt{1+x^2}$, (*d*) $f(x) = \sec 5x$,
    (*e*) $f(x) = e^{-\cos 2x}$, (*f*) $f(x) = 5x^3 + 2x + 1$.

Testaufgaben zu Kapitel 1 – 5 (Rechnungen)

1. Man berechne
   (*a*) $e^{\ln 2}$, $\ln e^8$, $\arctan(\tan\pi/3)$,
   (*b*) $\sin 3\pi/2$, $\tan\pi/6$, $\cos\pi/3$,
   (*c*) $\arcsin\frac{1}{2}$, $\arctan(-1)$, $\arccos(-\frac{1}{2})$.

2. (*a*) Wieviel Grad umfaßt etwa ein Winkel von 1 Radiant?
   (*b*) Wie groß ist die Fläche eines Sektors mit dem Winkel gleich θ Radiant?
   (*c*) Wie ist e definiert!
   (*d*) Wie lautet die Dezimaldarstellung der Zahl e auf drei Dezimalen?

3. y sei eine differenzierbare Funktion von x, $y = f(x)$. Aus $f(3) = 5$ und $f'(3) = 4$ bestimme man $d(y^2)/dx$ für $x = 3$.

4. Man zeichne das Schaubild von $y = e^{-x^2}$.

5. Man differenziere:
   (*a*) e^{3x}, (*b*) 10^{-5x},
   (*c*) $x^2 \sin 3x$, (*d*) $\dfrac{\cos 5x}{x^2}$,
   (*e*) $x^{5/6} \arcsin x$, (*f*) $\cot x^2$.

6. Man differenziere:
   (*a*) $x^5 - 2x + \ln(2x+3)$, (*b*) $\sec^{-1} 3x$,
   (*c*) $(x^7 + x^2)^{10}$, (*d*) $\dfrac{x^2}{1+3x}$.

7. Man differenziere:
   (*a*) $\ln|x + \sqrt{x^2+25}|$,
   (*b*) $(x-3)\sqrt{6x-x^2} + 9\arcsin\left(\dfrac{x-3}{3}\right)$.

8. Man gebe das Beispiel einer Funktion mit der Ableitung
   (*a*) $\dfrac{3}{1+x^2}$, (*b*) $\dfrac{5}{\sqrt{1-x^2}}$,
   (*c*) $6e^{-x}$, (*d*) x^4,
   (*e*) $\dfrac{1}{\sqrt{1-4x^2}}$, (*f*) $\dfrac{1}{x^2}$,
   (*g*) $\dfrac{1}{x}$, (*h*) $\dfrac{x}{\sqrt{1-x^2}}$.

9. Man gebe das Beispiel einer Funktion mit der Ableitung
   (*a*) $3x^2 + 2x$, (*b*) $\cos x$,
   (*c*) $\cos 2x$, (*d*) $\dfrac{1}{\sqrt{x}}$, (*e*) $\dfrac{1}{2x+1}$.

10. Wird bei der Messung einer Würfelkante ein Fehler von 2 % gemacht, welcher Fehler entsteht dadurch bei der Berechnung seiner Oberfläche? (Man verwende Differentiale.)

11. In welchen Fällen kann der Grenzwert $\lim\limits_{x\to a} f(x)^{g(x)}$ ohne weitere Information über die Funktionen bestimmt werden?
    (*a*) $\lim\limits_{x\to a} f(x) = 0$; $\lim\limits_{x\to a} g(x) = 7$.
    (*b*) $\lim\limits_{x\to a} f(x) = 2$; $\lim\limits_{x\to a} g(x) = 0$.
    (*c*) $\lim\limits_{x\to a} f(x) = 0$; $\lim\limits_{x\to a} g(x) = 0$.
    (*d*) $\lim\limits_{x\to a} f(x) = 0$; $\lim\limits_{x\to a} g(x) = \infty$.
    (*e*) $\lim\limits_{x\to a} f(x) = \infty$; $\lim\limits_{x\to a} g(x) = 0$.

(*f*) $\lim_{x \to a} f(x) = \infty$; $\lim_{x \to a} g(x) = -\infty$.

12. In welchen der folgenden Fälle kann $\lim_{x \to a} f(x)/g(x)$ ohne weitere Informationen über die Funktionen bestimmt werden?
(*a*) $\lim_{x \to a} f(x) = 0$; $\lim_{x \to a} g(x) = \infty$.
(*b*) $\lim_{x \to a} f(x) = 0$; $\lim_{x \to a} g(x) = 1$.
(*c*) $\lim_{x \to a} f(x) = 0$; $\lim_{x \to a} g(x) = 0$.
(*d*) $\lim_{x \to a} f(x) = \infty$; $\lim_{x \to a} g(x) = -\infty$.

13. (*a*) Man formuliere die Voraussetzungen für den „Null durch Null"-Fall der Regel von de l'Hospital.
(*b*) Man formuliere die Schlußfolgerungen.

14. In jedem der folgenden Fälle ist zu bestimmen, ob eine Funktion mit all den geforderten Eigenschaften existiert. Ist dies der Fall, so skizziere man das Schaubild dieser Funktion. Ist dies nicht der Fall, begründe man die Aussage.
(*a*) $f'(x) > 0$ und $f''(x) < 0$ für alle x,
(*b*) $f(x) > 0$ und $f''(x) < 0$ für alle x,
(*c*) $f(x) > 0$ und $f'(x) > 0$ für alle x.

15. (*a*) Wie geht man vor, um in einem geschlossenen Intervall ein globales Maximum einer differenzierbaren Funktion zu finden!
(*b*) Man gebe zwei verschiedene Tests für ein relatives (lokales) Minimum in einem kritischen Punkt an.

Testaufgaben zu Kapitel 1 – 5 (Begriffe)

1. (*a*) Mit Hilfe der Definition der Ableitung und der Identität für $c^4 - d^4$ zeige man $(x^4)' = 4x^3$.
(*b*) Man verwende $(e^x)' = e^x$ und schreibe x^4 als Potenz von e, um $(x^4)' = 4x^3$ zu zeigen.

2. (*a*) Warum wird in der Infinitesimalrechnung für die Winkel das Bogenmaß verwendet?
(*b*) Warum wird in der Infinitesimalrechnung die Zahl e als Basis für die Logarithmen verwendet?

3. Man berechne
(*a*) $\lim_{x \to \pi/4} \frac{\sin x}{x}$, (*b*) $\lim_{x \to \pi/4} \frac{\sin x - \sqrt{2}/2}{x - \pi/4}$,
(*c*) $\lim_{h \to 0} \frac{e^{3+h} - e^3}{1 - h}$, (*d*) $\lim_{h \to 0} \frac{e^{3+h} - e^3}{h}$,
(*e*) $\lim_{x \to 0} (1 + 3x)^{1/x}$, (*f*) $\lim_{x \to 1} \frac{\sin \pi x}{x - 1}$,
(*g*) $\lim_{x \to \infty} x^{1/\log_2 x}$, (*h*) $\lim_{x \to 0} \frac{\cos\sqrt{x} - 1}{\tan x}$.

4. (*a*) Warum sind die beiden folgenden Definitionen der Tangente nicht ausreichend:
(1) Eine Gerade L ist im Punkt P Tangente an eine Kurve, wenn L die Kurve nur in P schneidet.
(2) Eine Gerade L ist im Punkt P Tangente an eine Kurve, wenn L die Kurve in P schneidet und nicht durchsetzt.
(*b*) Wie ist die Tangente definiert?
(*c*) Wie ist die Geschwindigkeit definiert?

5. Seien f und g differenzierbare Funktionen mit $f(0) = g(0)$ und $f'(x) \geq g'(x)$ für alle x, ist dann $f(x) \geq g(x)$ für alle x? Für alle positiven x? Man erkläre das Ergebnis!

6. Sei f definiert für alle x und $f(0) = 0$ sowie $f'(x) \geq 1$ für alle x! Wie lautet dann die weitestgehende Aussage über $f(3)$? Man begründe dies!

7. (*a*) Man zeige unter Verwendung von Differentialen für kleine h die Relation $\sqrt[3]{8 + h} \approx 2 + h/12$.
(*b*) Wie groß ist der prozentuale Fehler für $h = 1$ und $h = -1$?

8. Für welchen Wert des Exponenten a löst die Funktion x^a die Differentialgleichung

$$\frac{dy}{dx} = -y^2?$$

9. Man bestimme alle Funktionen $f(x)$ mit

$$\frac{d^2f}{dx^2} = x.$$

Übungen zu Kapitel 1 – 5

In den Übungen 1 bis 18 ist die Ableitung der gegebenen Funktion zu finden.

1. (*a*) $\sqrt{x}$, (*b*) $\frac{1}{\sqrt{x}}$
2. (*a*) x^3, (*b*) $\frac{1}{x^3}$
3. $\frac{x}{3} - \frac{4}{9}\ln(3x + 4)$
4. (*a*) e^{x^2}, (*b*) $e^{x^2}/2x$
5. (*a*) $e^{\sqrt{x}}$, (*b*) $2e^{\sqrt{x}}(\sqrt{x} - 1)$
6. (*a*) $x^2 e^{3x}$, (*b*) $x^2 e^{-3x}$
7. (*a*) $\sin^2 2x$, (*b*) $\sin^3 2x$
8. (*a*) $\ln(\sec 3x + \tan 3x)$, (*b*) $\ln(\cos 3x)$
9. (*a*) $\frac{1}{x^2 + 1}$, (*b*) $\frac{x}{x^2 + 1}$
10. (*a*) $\frac{1}{5}\arctan\frac{x}{5}$, (*b*) $\arcsin\frac{x}{5}$
11. (*a*) 10^x, (*b*) $\log_{10} x$
12. (*a*) $\frac{(3x + 1)^4}{12}$, (*b*) $\frac{12}{(3x + 1)^4}$
13. (*a*) $x^2 \ln x$, (*b*) $\frac{\ln x}{x^2}$
14. $\frac{x}{3} - \frac{4}{9}\ln|3x + 4|$
15. $x - 2\ln(x + 1) - \frac{1}{x + 1}$
16. $\frac{1}{8}\left[\ln(2x + 1) + \frac{2}{2x + 1} - \frac{1}{2(2x + 1)}\right]$
17. $\sqrt{\frac{2}{15}(5x + 7)^3}$
18. (*a*) $x\cos 5x + \sin 5x$, (*b*) $\cos^2 5x$

In den Übungen 19 bis 22 soll zunächst nach den Gesetzen des Logarithmierens vereinfacht und dann differenziert werden.

19. $\ln\sqrt[3]{x}$
20. $\ln(\sqrt{4 + x}\sqrt[3]{x^2 + 1})$
21. $\ln\frac{10^x}{\sin x}$
22. $\ln(1 + \cos x)^2$

In den Übungen 23 bis 26 ist die Existenz des Grenzwertes sowie sein Wert zu untersuchen.

23. $\lim_{x \to 0} \frac{\sin 2x}{e^{3x} - 1}$
24. $\lim_{x \to \infty} \frac{(x^2 + 1)^5}{e^x}$
25. $\lim_{x \to \infty} \frac{3x - \sin x}{x + \sqrt{x}}$
26. $\lim_{x \to 0} \frac{1 - \cos^2 3x}{x^2 + x^3}$

In den Übungen 27 bis 29 ist du zu berechnen.

27. $u = x^5$
28. $u = \arctan 3x$

29. $u = -\cos 5x$

30. (*a*) Wie groß ist der Maximalwert der Funktion $y = 3 \sin t + 4 \cos t$?

(*b*) Wie groß ist der Maximalwert der Funktion $y = A \sin kt + B \cos kt$ (A, B und k sind Konstanten ungleich Null)?

31. (*a*) Man zeichne das Schaubild $y = \sqrt{x}$ für $0 \leq x \leq 5$.

(*b*) Man berechne dy für $x = 4$ und $dx = 1$.

(*c*) Man berechne Δy für $x = 4$ und $\Delta x = 1$.

(*d*) Man verwende das Schaubild von (*a*) und zeichne dy und Δy ein.

32. Man ergänze die folgende Tabelle.

Interpretation von $f(x)$	*Interpretation von* $f'(x)$
y-Koordinate in einem Schaubild von $y = f(x)$	
gesamter bis zur Zeit x zurückgelegter Weg	
Projektion durch eine Linse	
Größe der Bevölkerung zur Zeit x	
gesamte Masse der ersten x Zentimeter einer Seite	
Geschwindigkeit zur Zeit x	

33. Sei F eine differenzierbare Funktion mit der Ableitung f. Seien c und d zwei Zahlen, dann gibt es eine Zahl X zwischen c und d mit der Eigenschaft

$$F(d) - F(c) = f(X)(d - c).$$

Man zeige dies!

34. Bild 5.70 zeigt das Schaubild einer Funktion f mit dem Definitionsbereich $[0; 4]$. (Die Punkte geben $f(1)$ und $f(2)$ an.)

(*a*) Für welche Zahlen a existiert $\lim_{x \to a} f(x)$ nicht?

(*b*) Für welche Zahlen a ist f nicht stetig?

(*c*) Für welche Zahlen a ist f nicht differenzierbar?

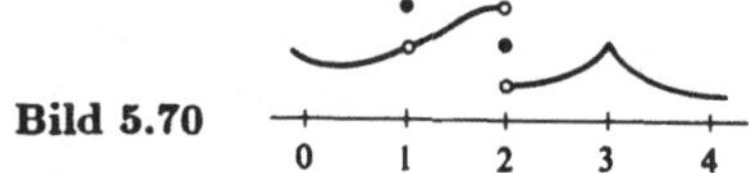

Bild 5.70

35. (*a*) Man zeige unter Verwendung von Differentialen für kleine h

$$\arctan(1 + h) \approx \frac{\pi}{4} + \frac{h}{2}.$$

(*b*) Man verwende $\pi = 3{,}14$ und berechne arctan 0,8 mit Hilfe von (*a*).

(*c*) Wie groß ist der prozentuale Fehler?

36. Man zeige unter Verwendung von Differentialen für kleine h

$$\sin\left(\frac{\pi}{6} + h\right) \approx \frac{1}{2} + \frac{\sqrt{3}}{2} h.$$

37. Man zeige unter Verwendung von Differentialen für kleine h

$$\arcsin\left(\frac{\sqrt{3}}{2} + h\right) \approx \frac{\pi}{3} + 2h.$$

38. Besitzt jedes Polynom von geradem Grad $n \geq 2$ mindestens einen kritischen Punkt? Mindestens einen Wendepunkt? Ein globales Maximum oder Minimum?

39. Besitzt jedes Polynom von ungeradem Grad $n \geq 3$ mindestens einen kritischen Punkt? Mindestens einen Wendepunkt? Ein globales Maximum bzw. Minimum?

40. Ein Fenster hat die Form eines Rechtecks mit einem aufgesetzten gleichseitigen Dreieck (Bild 5.71). Wie müssen die Abmessungen des Fensters sein, um seine Fläche bei gegebenem Umfang zu maximieren?

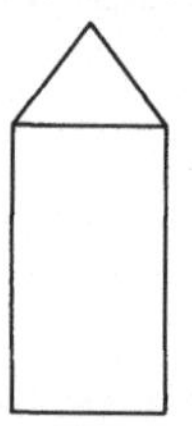

Bild 5.71

41. Ein Draht mit Länge l soll in zwei Stücke zerschnitten werden. Das eine Stück soll in der Form eines gleichseitigen Dreiecks und das andere in der Form eines Quadrats gebogen werden. Wie muß man den Draht teilen, um

(*a*) die Summe der Flächen des Dreiecks und des Quadrates zu minimieren?

(*b*) die Summe der Flächen zu maximieren?

42. 1 m^2 Glas soll geschmolzen und in zwei Formen gegossen werden. Der eine Teil soll die Oberfläche eines Würfels liefern. Der Rest soll die Oberfläche einer Kugel ergeben. Wieviel Glas muß man für den Würfel und wieviel für die Kugel verwenden, wenn

(*a*) das gesamte Volumen ein Minimum,

(*b*) das gesamte Volumen ein Maximum sein soll?

43. Man zeige, daß für $n > 3$ die Kurve $y = e^x$ die Kurve $y = x^n$ zweimal auf der rechten Seite der y-Achse schneidet.

44. Man betrachte die Funktion $f(x) = x^3 + ax^2 + c$ und zeige, daß f für $a < 0$ und $c > 0$ genau eine negative Wurzel besitzt.

45. In einer Zeitung des Jahres 1975 stand: „In Indien werden pro Tag 57 000 Babys geboren, das sind 21 Millionen im Jahr. Da im Jahr 8 Millionen Inder sterben, nimmt die Bevölkerung jährlich um 13 Millionen zu. Die derzeitige Bevölkerung von etwa 570 Millionen wird voraussichtlich am Ende des Jahrhunderts eine Milliarde erreichen."

(*a*) Man nehme ein natürliches Wachstumsgesetz an und schätze die Bevölkerung von Indien im Jahr 2000 ab.

(*b*) Wie groß ist die momentane Wachstumsrate k?

(*c*) Wie groß ist die prozentuale Wachstumsrate pro Jahr?

46. (*a*) Man ergänze die folgende Tabelle:

x	y	$x + y$	$\lvert x \rvert + \lvert y \rvert$	$\lvert x + y \rvert$
2	3			
−2	3			
−2	−3			
2	−2			

(*b*) Welche Beziehung besteht zwischen $\lvert x + y \rvert$ und $\lvert x \rvert + \lvert y \rvert$?

(*c*) Für welche Paare x, y gilt $\lvert x + y \rvert = \lvert x \rvert + \lvert y \rvert$?

47. Wenn irgendeine Größe mit einer Rate proportional zur jeweils vorhandenen Menge wächst oder zerfällt, so bilden ihre Änderungen in aufeinanderfolgenden gleichen Zeitintervallen eine geometrische Progression. Man zeige dies!

48. (*a*) Man verwende Differentiale, um zu zeigen, daß $\lg(1 + x)$ ungefähr gleich $x \lg e \approx 0{,}434x$ ist.

(*b*) Man entnehme lg 1,5 und lg 1,1 einer Tabelle der gewöhnlichen Logarithmen oder verwende einen Taschenrechner.

(*c*) Wie groß sind die prozentualen Fehler der Abschätzung aus (*a*) für die zwei Fälle aus (*b*)?

49. Die Beschleunigung eines Teilchens zur Zeit t sei e^{-t}. Man bestimme die allgemeinste Formel für seine Lage x als Funktion $x = f(t)$.

50. Die Ableitung einer bestimmten Funktion f sei 5 für $x = 2$.

(*a*) Ist $f(x)$ der Abstand in Metern, den eine Rakete in x

Sekunden zurücklegt, wie weit bewegt sich die Rakete zwischen $x = 2$ und $x = 2{,}1$?

(*b*) Ist $f(x)$ die Projektion von x (auf einem Dia), wie lang wird die Projektion des Intervalls $[2; 2{,}1]$?

(*c*) Gibt $f(x)$ die Tiefe in Metern an, die Wasser in den ersten x Stunden in den Boden eindringt, wie weit dringt das Wasser in den 6 min zwischen 2 h und 2,1 h ein?

51. Eine bestimmte Funktion $y = f(x)$ hat die Eigenschaft

$$\frac{dy}{dx} = 3y^2.$$

Man beweise dann

$$\frac{d^2y}{dx^2} = 18y^3.$$

■

52. Ist der nachfolgende Beweis des Mittelwertsatzes korrekt? *Beweis:* Man drehe die x- und die y-Achse solange, bis die x-Achse parallel zur vorgegebenen Sehne ist. Die Sehne ist nun „horizontal" und man kann das Theorem von Rolle anwenden.

53. Ein Lichtstrahl bewegt sich so von P nach Q, daß die verstrichene Zeit ein Minimum ist (Bild 5.72). Der Weg des Lichtstrahls von P nach Q führt dann zur Relation

$$\frac{\sin\theta_1}{\sin\theta_2} = \frac{v_1}{v_2}.$$

Dies ist das Snelliussche Brechungsgesetz. Man beweise es!

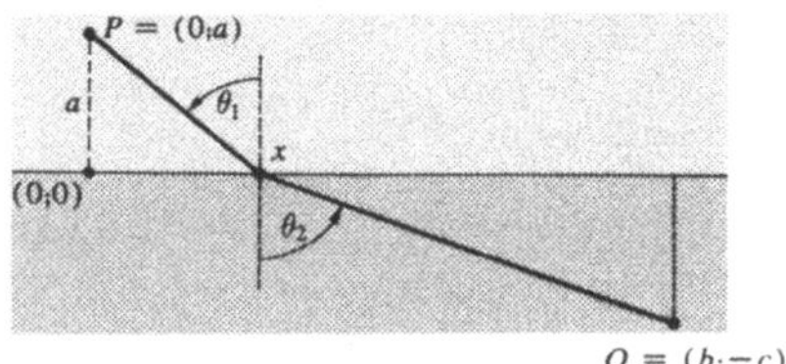

Bild 5.72

54. Man gebe das Beispiel einer Funktion f, die für alle x definiert, differenzierbar und ansteigend ist, und deren Ableitung für alle x nicht positiv ist.

55. Man zeichne das Schaubild von $y = 1/x^2 + 1/(x-1)$.

56. Eine Funktion heißt gerade, wenn in ihrem ganzen Definitionsbereich $f(-x) = f(x)$ gilt. Zum Beispiel ist die Kosinusfunktion gerade, da $\cos(-x) = \cos x$. Eine Funktion f heißt ungerade, wenn $f(-x) = -f(x)$. Zum Beispiel ist die Sinusfunktion ungerade, da $\sin(-x) = -\sin x$. Welche von den folgenden Funktionen ist gerade, ungerade, keines von beiden?

(*a*) x^4, (*b*) x^3, (*c*) $x^3 + x^2$, (*d*) $|x|$, (*e*) $\tan x$, (*f*) $\sin 3x$, (*g*) e^x, (*h*) e^{x^2}.

57. (Siehe Übung 56.)

(*a*) Liegt der Punkt $(x; y)$ auf dem Schaubild einer geraden Funktion, welcher andere Punkt liegt ebenfalls auf dem Schaubild?

(*b*) Liegt der Punkt $(x; y)$ auf dem Schaubild einer ungeraden Funktion, welcher andere Punkt liegt ebenfalls auf dem Schaubild?

(*c*) Wie kann man das Schaubild einer geraden oder ungeraden Funktion zeichnen und sich dabei die Hälfte der Arbeit ersparen?

58. Man zeige, daß jede Funktion f die Summe einer geraden und einer ungeraden Funktion ist (siehe Übung 56). *Hinweis:* Man zeige zuerst, daß $g(x) = f(x) + f(-x)$ gerade und $h(x) = f(x) - f(-x)$ ungerade ist.

59. Wie groß ist ungefähr $(1{,}03)^{100} - 1$?

(*a*) Man schätze die Zahl unter Verwendung des Differentials der Funktion x^{100}.

(*b*) Man schätze die Zahl durch Umformung der Größe $(1{,}03)^{100} - 1$ in einen Ausdruck, der die Zahl e beinhaltet.

60. dy/dx sei proportional zu x^2. Man zeige, daß d^2y/dx^2 proportional zu x ist!

61. dy/dx sei proportional y^2. Man zeige, daß d^2y/dx^2 proportional zu y^3 ist!

62. Man übersetze den folgenden Auszug eines Zeitungsartikels in die Terminologie der Infinitesimalrechnung.

„Angesichts aller Konjunkturbremsungsmaßnahmen, scheinen sich die ersten Anzeichen einer Verlangsamung der Inflation anzuzeigen. Einige Preisindizes für empfindliche Waren sind niedrig; der mittlere Preisindex steigt mit einer etwas langsameren Rate."

■■

63. Man zeige, daß dy für kleine dx und $f'(x) \neq 0$ eine gute Näherung von Δy darstellt:

$$\lim_{dx \to 0} \frac{\Delta y - dy}{dx} = 0.$$

64. Ein Schwimmer befindet sich im Punkt A des Ufers eines kreisförmigen Teiches mit 60 m Durchmesser. Er möchte den gegenüberliegenden Punkt B erreichen und denkt daran, zu einem anderen Punkt P des Ufers zu schwimmen und von dort den Bogen PB am Ufer entlang zu gehen. Wenn er mit einer Geschwindigkeit von 60 m/min schwimmt und mit 120 m/min geht, zu welchem Punkt P muß er schwimmen, um den gegenüberliegenden Punkt B in der kürzest möglichsten Zeit zu erreichen?

65. f sei überall differenzierbar. Sei $f'(a) = 0$ und $f'(b) = 1$. Man beweise die Existenz einer Zahl X mit $a < X < b$ und $f'(X) = \frac{1}{2}$. (f' braucht nicht stetig zu sein!)

66. f besitze überall eine Ableitung und es sei $f' = f$ sowie $f(0) = 1$. Die folgenden Fragen sollen nicht mit Hilfe der expliziten Formel $f(x) = e^x$ beantwortet werden.

(*a*) Man zeige für jede beliebige Kosntante k

$[f(x) f(k-x)]' = 0.$

(*b*) Welche Art von Funktion muß im Hinblick auf (*a*) das Produkt $f(x) f(k-x)$ sein?

(*c*) Man beweise $f(x) f(k-x) = f(k)$ für alle x.

(*d*) Man beweise aus (*c*) nun $f(x+y) = f(x) f(y)$ für alle x und y.

67. f besitze eine Ableitung für alle $x > 0$ mit $f'(x) = 1/x$ und $f(1) = 0$.

(*a*) Man beweise $f(xy) = f(x) + f(y)$, ohne dabei die tatsächliche Funktion $\ln x$ zu verwenden (siehe auch Übung 66).

(*b*) Ohne (*a*) beweise man $f(x) = \ln x$.

68. f besitze für alle x eine Ableitung.

(*a*) Ist jede Sehne des Schaubildes von f parallel zu irgendeiner Tangente an das Schaubild von f?

(*b*) Ist jede Tangente an das Schaubild von f parallel zu irgendeiner Sehne des Schaubilds von f?

69. Ein U-Bahnzug startet mit einer konstanten Beschleunigung, dann fährt er mit seiner maximalen Geschwindigkeit und schließlich bremst er mit einer konstanten (negativen) Verzögerung. Er braucht 120 s, um ohne Aufenthalt von der 42. Straße zur 72. Straße und 96 s um von der 72. Straße zur 96. Straße zu kommen.

(*a*) Man skizziere in jedem Fall das Schaubild der Geschwindigkeit als Funktion der Zeit.

(*b*) Wie groß ist die maximale Geschwindigkeit? 1 km umfasse 15 Häuserblöcke.

Die Übungen 70 bis 73 geben verschiedene Definitionen für den Mittelwert zweier Zahlen.

70. Die häufigste Definition des Mittelwerts zweier positiver Zahlen ist das sogenannte arithmetische Mittel: Man bilde die Summe und dividiere durch zwei

$$\frac{a+b}{2}.$$

Es gibt aber noch andere Möglichkeiten a und b zu mitteln. Das logarithmische Mittel ist definiert durch

$$L(a;b) = \frac{a-b}{\ln a - \ln b} \qquad a;b>0,\ a \neq b.$$

Man beweise, daß $L(a;b)$ zwischen a und b liegt. (Das logarithmische Mittel wird vor allem beim Studium der Wärmeleitung und in der Theorie der Flüssigkeiten verwendet.)

71. Das sogenannte *Potenzmittel* ist definiert durch die Gleichung

$$M_p(a;b) = \left(\frac{a^p+b^p}{2}\right)^{1/p} \qquad a;b>0,\ p \text{ fest.}$$

Es wird hauptsächlich für das Studium von Wirtschaftsproblemen verwendet. Der Fall $p=\frac{1}{3}$ tritt auch in der Gastheorie auf.

(*a*) Man zeige, daß sich für $p=1$ das arithmetische Mittel von a und b ergibt.

(*b*) Man zeige $M_2(a;b) \geqslant M_1(a;b)$.

(*c*) Man zeige $\lim\limits_{p\to 0} M_p(a;b) = \sqrt{ab}$.

72. (Siehe Übung 71.) Im American Mathematical Monthly, Bd. 81, Oktober 1974, wird von Harley Flanders der folgende Beweis eines Theorems von Tung-po-Lin angegeben.

Theorem: Für $p=\frac{1}{3}$ und alle voneinander verschiedenen Werte $x, y>0$ gilt die Ungleichung $L(x;y) < M_p(x;y)$.

Beweis: Man betrachte

$$f(t) = \frac{3}{8}\ln t - \frac{t^3-1}{(t+1)^3}$$

für $t \geqslant 1$. Eine kurze Rechnung zeigt

$$f'(t) = \frac{3}{8}\,\frac{(t-1)^4}{t(t+1)^4}$$

und $f'(t)>0$ für $t>1$. Aus $f(1)=0$ schließen wir $f(t)>0$ für $t>1$. Nun sei $0<y<x$ und man berechne $f(t)$ für $t=x^{1/3}/y^{1/3}$. Das Resultat ist

$$\left(\frac{\sqrt[3]{x}+\sqrt[3]{y}}{2}\right)^3 > \frac{x-y}{\ln x - \ln y}.$$

Man ergänze alle Zwischenschritte.

73. Sei $0<a<b$. Man berechne

$$\lim_{x\to\infty}\left(\frac{a^x+b^x}{2}\right)^{1/x}.$$

74. Man berechne

$$\lim_{x\to 0}\frac{5^x-3^x}{4^x-2^x}.$$

75. In den R. P. Feyman Lectures on Physics steht folgende Bemerkung: „Hier findet sich nun der quantative Ausdruck für jene Größe, die anstelle von kT zu stehen kommt. Dieser Ausdruck

$$\frac{h\omega}{e^{h\omega/kT}-1}$$

soll selbstverständlich für $\omega \to 0$ oder für $T\to\infty$ gegen kT streben. Versuchen Sie den Beweis! Lernen Sie, wie man Mathematik anwendet". Lernen wir es!

76. Es sei $\lim\limits_{x\to\infty} f'(x) = 1$. Muß sich dann das Schaubild von $y=f(x)$ asymptotisch einer Geraden der Form $y=x+k$ mit irgendeiner Konstanten k nähern? Muß es also eine Konstante k geben, so daß gilt $\lim\limits_{x\to\infty}[f(x)-(x+k)]=0$?

77. Seien f und g zwei steigende Funktionen mit

$$\lim_{x\to\infty} f(x)=\infty \quad \text{und} \quad \lim_{x\to\infty} g(x)=\infty.$$

Impliziert eine der folgenden drei Behauptungen irgendeine der anderen?

(*a*) $\lim\limits_{x\to\infty}\dfrac{f(x)}{g(x)}=1,$

(*b*) $\lim\limits_{x\to\infty}\dfrac{e^{f(x)}}{e^{g(x)}}=1,$

(*c*) $\lim\limits_{x\to\infty}\dfrac{\ln f(x)}{\ln g(x)}=1.$

78. Sei $f(x)=\left(\dfrac{e^x+1}{2}\right)^{1/x}$ für $x>0$.

(*a*) Man bestimme $\lim\limits_{x\to 0^+} f(x)$.

(*b*) Man bestimme $\lim\limits_{x\to\infty} f(x)$.

(*c*) Man zeige, daß f für $x>0$ eine steigende Funktion ist. *Hinweis:* Man zeige, daß $\ln f$ ansteigt.

79. Man zeichne das Schaubild von $f(x)=x+\sin 2x$.

80. Sei $f(x)=(x-1)^n(x-2)$, wobei n eine ganze Zahl $n\geqslant 2$ ist.

(*a*) Man zeige, daß $x=1$ eine kritische Stelle ist.

(*b*) Für welche Werte von n liefert $x=1$ ein relatives Maximum, ein relatives Minimum, keines von beiden?

81. Seien p und q Konstanten!

(*a*) Man zeige, daß für $p>0$ die Gleichung $x^3+px+q=0$ genau eine reelle Wurzel hat.

(*b*) Man zeige, daß die kubische Gleichung $x^3+px+q=0$ für $4p^3+27q^2<0$ drei verschiedene reelle Wurzeln hat.

Die Übungen 82 bis 86 behandeln Asymptoten, die weder horizontal noch vertikal sind.

82. Die Gerade $y=ax+b$ heißt Asymptote zum Schaubild einer Funktion f, wenn

$$\lim_{x\to\infty}[f(x)-(ax+b)]=0$$

oder wenn

$$\lim_{x\to-\infty}[f(x)-(ax+b)]=0$$

gilt.

(*a*) Man zeige

$$\lim_{x\to\infty}\left[\frac{2x^2+3x+5}{x+1}-(2x+1)\right]=0.$$

(*b*) Man zeige

$$\lim_{x\to-\infty}\left[\frac{2x^2+3x+5}{x+1}-(2x+1)\right]=0.$$

(*c*) Man zeichne das Schaubild von $f(x)=(2x^2+3x+5)/(x+1)$.

83. (*a*) Man bestimme die Asymptoten an das Schaubild von

$$f(x)=\frac{3x^2+2x+3}{2x-5} \quad \text{und}$$

(*b*) zeichne f.

84. (*a*) Man bestimme eine Asymptote an das Schaubild von

$$f(x)=\sqrt{x^2+2x} \quad \text{und}$$

(*b*) zeichne f.

85. a und b seien positive Konstanten. Außerdem sei

$$y = f(x) = \frac{b}{a}\sqrt{x^2 - a^2}.$$

(*a*) Man zeige, daß das Schaubild von f eine schräge Asymptote besitzt und

(*b*) zeichne f.

Dies zeigt, daß sich die Hyperbel $x^2/a^2 - y^2/b^2 = 1$ den Geraden $y = \pm (b/a)x$ für sehr große $|x|$ nähert.

86. Sei $P(x)$ ein Polynom vom Grad $n \geqslant 1$ und $Q(x)$ ein Polynom vom Grad $m \geqslant 1$. Welche Beziehung muß zwischen m und n gelten, wenn das Schaubild von $f(x) = P(x)/Q(x)$

(*a*) die x-Achse als Asymptote besitzt?

(*b*) eine waagerechte Asymptote hat, die nicht gleich der x-Achse ist?

(*c*) eine schräge Asymptote besitzt?

Die Übungen 87 bis 90 liefern Ergebnisse, die zunächst überraschend erscheinen.

87. Ein Projektil wurde senkrecht mit einer Anfangsgeschwindigkeit v_0 in die Luft geschossen. Die Schwerebeschleunigung sei konstant und der Luftwiderstand sei proportional zur Geschwindigkeit des Projektils.

(*a*) Man zeige $dv/dt = -10 - kv$, wobei k eine positive Konstante ist.

(*b*) Man zeige, daß die Ableitung von $v + 10/k$ proportional zu $v + 10/k$ ist.

(*c*) Man zeige $v = (1/k)(c\mathrm{e}^{-kt} - 10)$, wobei c eine Konstante ist.

(*d*) Man zeige $y = (c/k^2)(1 - \mathrm{e}^{-kt}) - 10t/k$.

88. Man zeige, daß das Projektil aus Übung 87 seine maximale Höhe $(c - 10)/k^2 - (10/k^2)\ln(c/10)$ zur Zeit $T = (1/k)\ln(c/10)$ erreicht.

89. Man beweise $(\ln x)^2 < 2(x - 1 - \ln x)$ für $x > 1$. *Hinweis:* Sei $y = \ln x$, man schreibe die Ungleichung in Termen von y.

90. (Siehe Übung 88.) Bei zwei verschiedenen Experimenten wird ein Ball senkrecht in die Luft geschossen. Das erste Experiment wird im Vakuum durchgeführt, das zweite in gewöhnlicher Luft. Beide Bälle erreichen dieselbe Maximalhöhe. Welcher von beiden braucht länger dazu?

(*a*) Man versuche die Antwort zu erraten.

(*b*) Man verwende die Infinitesimalrechnung.

91. Für das Theorem 1 aus Abschnitt 5.10 wurde folgender Beweis vorgeschlagen. Es gilt

$$\lim_{x \to a^+} f(x) = 0, \quad \lim_{x \to a^+} g(x) = 0 \quad \text{und}$$

wir definieren $f(a) = 0$ und $g(a) = 0$. Als nächstes betrachte man $x > a$ in der Nähe von a.

Die Funktionen f und g sind im geschlossenen Intervall $[a; x]$ stetig und im offenen Intervall $(a; x)$ differenzierbar. Daraus kann man unter Verwendung des Mittelwertsatzes schließen, daß eine Zahl X mit $a < X < x$ existiert, für die

$$\frac{f(x) - f(a)}{x - a} = f'(X) \quad \text{und} \quad \frac{g(x) - g(a)}{x - a} = g'(X)$$

gilt. Mit $f(a) = 0$ und $g(a) = 0$ folgt aus diesen beiden Gleichungen

$$f(x) = (x - a)f'(X) \quad \text{und} \quad g(x) = (x - a)g'(X)$$

sowie

$$\frac{f(x)}{g(x)} = \frac{f'(X)}{g'(X)}.$$

Daraus schließen wir

$$\lim_{x \to a^+} \frac{f(x)}{g(x)} = \lim_{x \to a^+} \frac{f'(X)}{g'(X)} = L.$$

Diese Argumentation ist jedoch fehlerhaft! Warum?

Die nächste Übung verallgemeinert den Mittelwertsatz.

92. Der Beweis von Theorem 1 in Abschnitt 5.10 (siehe Übung 93) hängt von folgendem verallgemeinerten Mittelwertsatz ab: *Verallgemeinerter Mittelwertsatz:* Seien f und g zwei Funktionen, die in $[a; b]$ stetig und in $(a; b)$ differenzierbar sind.

Ferner sei $g'(x)$ für alle x aus $(a; b)$ niemals Null. Dann existiert eine Zahl X aus $(a; b)$ mit

$$\frac{f(b) - f(a)}{g(b) - g(a)} = \frac{f'(X)}{g'(X)}.$$

(*a*) In einem gegebenen Zeitintervall bewegt sich ein Auto zweimal so weit wie ein anderes. Man zeige mit Hilfe des verallgemeinerten Mittelwertsatzes, daß es mindestens einen Augenblick gibt, in dem sich der erste Wagen mit exakt der doppelten Geschwindigkeit wie der zweite Wagen bewegt.

(*b*) Um den verallgemeinerten Mittelwertsatz zu beweisen, führen wir eine Funktion h ein:

$$h(x) = f(x) - f(a) - \frac{f(b) - f(a)}{g(b) - g(a)}[g(x) - g(a)].$$

Man zeige $h(b) = 0$ und $h(a) = 0$. Dann wende man den Satz von Rolle auf h an.

Bemerkung: Die Funktion h ist geometrisch sehr ähnlich zu der Funktion h, die für den Beweis des Mittelwertsatzes in Abschnitt 5.2 verwendet wurde. $h(x)$ gibt die senkrechte Distanz zwischen dem Punkt $(f(x); g(x))$ und der Geraden durch die Punkte $(f(a); g(a))$ und $(f(b); g(b))$ an.

Die nächste Übung beweist das Theorem 1 von Abschnitt 5.10.

93. Die Voraussetzungen des Theorems 1 aus Abschnitt 5.10 seien erfüllt. Man definiere $f(a) = 0$ und $g(a) = 0$ und beachte

$$\frac{f(x)}{g(x)} = \frac{f(x) - f(a)}{g(x) - g(a)}.$$

Schließlich wende man den verallgemeinerten Mittelwertsatz aus Übung 92 an.

94. Folgt aus $\lim_{t \to \infty} f(t) = \lim_{t \to \infty} g(t) = \infty$

und

$$\lim_{t \to \infty} \frac{\ln f(t)}{\ln g(t)} = 1$$

auch

$$\lim_{t \to \infty} \frac{f(t)}{g(t)} = 1?$$

95. Was folgt aus $\lim_{t \to \infty} f(t) = \lim_{t \to \infty} g(t) = \infty$

und

$$\lim_{t \to \infty} \frac{f(t)}{g(t)} = 3$$

für

$$\lim_{t \to \infty} \frac{\ln f(t)}{\ln g(t)}?$$

(f und g müssen nicht differenzierbar sein!)

6 Weitere Anwendungen der Ableitung

In Kapitel 5 wurde gezeigt, wie die erste und die zweite Ableitung zur Darstellung von Kurven, zur Bestimmung ihrer Maxima und Minima und zur Untersuchung der Bewegung von Körpern verwendet werden kann. In diesem Kapitel werden wir nun fünf weitere Problemkreise behandeln, bei denen die Ableitung eine Rolle spielt. Der Abschnitt 6.1 beschäftigt sich mit der Berechnung der Ableitung, wenn die Ausgangsfunktion indirekt gegeben ist; diese Methode wird zur Bestimmung von Maxima und Minima verwendet werden. Abschnitt 6.2 stellt den Zusammenhang zwischen der zweiten Ableitung und den Zuwachsraten verschiedener Größen her. In Abschnitt 6.3 wird die Ableitung zur Abschätzung der Lösungen einer Gleichung herangezogen. Die erste und zweite Ableitung kommen im Abschnitt 6.4 bei der Beschreibung von Kurvenkrümmungen zur Anwendung. In Abschnitt 6.5 wird die Bestimmung des Winkels zwischen einer Geraden und einer Tangente besprochen.

6.1 Implizite Ableitung

Manchmal ist eine Funktion $y = f(x)$ indirekt durch eine Gleichung zwischen x und y gegeben. Betrachten wir etwa

$$x^2 + y^2 = 25. \tag{1}$$

Diese Gleichung kann nach y aufgelöst werden.

$$y^2 = 25 - x^2$$
$$y = \sqrt{25 - x^2} \quad \text{oder} \quad y = -\sqrt{25 - x^2}.$$

Es gibt daher zwei stetige Funktionen, die Gl. (1) erfüllen. Man sagt: Die Gleichung $x^2 + y^2 = 25$ beschreibt die Funktion $y = f(x)$ *implizit*, während die Gleichungen

$$y = \sqrt{25 - x^2} \quad \text{und} \quad y = -\sqrt{25 - x^2}$$

die Funktion $y = f(x)$ *explizit* beschreiben.

In diesem Abschnitt wollen wir zeigen, wie eine implizit gegebene Funktion differenziert werden kann, ohne dabei die gegebene Gleichung vorher so aufzulösen, daß y durch x explizit ausgedrückt wird. Ein Beispiel wird zeigen, daß es einfach genügt, beide Seiten der Gleichung zu differenzieren, die die Funktion implizit definiert. Diesen Vorgang nennen wir *implizite Differentiation*.

Beispiel 1: Die stetige Funktion $y = f(x)$ erfülle die Gleichung

$$x^2 + y^2 = 25,$$

so daß z.B. für $y = 4$ gilt $x = 3$. Man bestimme dy/dx für $x = 3$ und $y = 4$.

Lösung: Durch Differenzieren beider Seiten der Gleichung

$$x^2 + y^2 = 25$$

bezüglich x erhalten wir

$$\frac{d(x^2 + y^2)}{dx} = \frac{d(25)}{dx},$$

$$2x + 2y\frac{dy}{dx} = 0.$$

Daraus folgt:

$$x + y\frac{dy}{dx} = 0.$$

Insbesondere ergibt sich für $x = 3$ und $y = 4$

$$3 + 4\frac{dy}{dx} = 0 \quad \text{und weiter} \quad \frac{dy}{dx} = -\frac{3}{4}.$$

Man hätte das Problem auf durch Differenzieren von $\sqrt{25 - x^2}$ lösen können. Dazu wären jedoch kompliziertere Rechnungen nötig gewesen, wie sie eben bei der Differentiation einer Quadratwurzel auftreten. ●

Im nächsten Beispiel ist die implizite Differentiation der einzige Weg zur Herleitung der Ableitung, weil es in diesem Fall keine elementare Formel gibt, die y explizit durch x ausdrückt.

Beispiel 2: Die Gleichung $2xy + \pi \sin y = 2\pi$ definiere eine Funktion $y = f(x)$. Man bestimme dy/dx für $x = 1$ und $y = \pi/2$. (Man beachte, daß die Gleichung durch $x = 1$ und $y = \pi/2$ erfüllt wird.)

Lösung: Die implizite Ableitung ergibt

$$\frac{d(2xy + \pi \sin y)}{dx} = \frac{d(2\pi)}{dx},$$

$$2\left(x\frac{dy}{dx} + y\frac{dx}{dx}\right) + \pi \cos y \frac{dy}{dx} = 0$$

oder

$$2x\frac{dy}{dx} + 2y + \pi \cos y \frac{dy}{dx} = 0.$$

Für $x = 1$ und $y = \pi/2$ ergibt sich aus der letzten Gleichung

$$2 \cdot 1 \frac{dy}{dx} + 2\frac{\pi}{2} + \pi \cos\frac{\pi}{2}\frac{dy}{dx} = 0$$

oder

$$2\frac{dy}{dx} + 2\frac{\pi}{2} = 0 \quad \text{und damit} \quad \frac{dy}{dx} = -\frac{\pi}{2}. \bullet$$

Logarithmische Differentiation: Das nächste Beispiel behandelt einen Spezialfall der impliziten Differentiation, die *logarithmische Differentiation*. Diese Methode dient zur Differenzierung von Funktionen, deren Logarithmus einfacher ist als die Funktion selbst.

Beispiel 3: Man differenziere $y = \dfrac{\sqrt[3]{x}\sqrt{(1 + x^2)^3}}{x^{4/5}}$.

Lösung: Anstatt dy/dx direkt zu berechnen, bilden wir von beiden Seiten der Gleichung den Logarithmus und erhalten

$$\ln y = \tfrac{1}{3} \ln x + \tfrac{3}{2} \ln(1+x^2) - \tfrac{4}{5} \ln x.$$

Diese Gleichung differenzieren wir implizit

$$\frac{1}{y}\frac{dy}{dx} = \frac{1}{3x} + \frac{3 \cdot 2x}{2(1+x^2)} - \frac{4}{5}\frac{1}{x}$$

und lösen nach dy/dx auf:

$$\frac{dy}{dx} = y\left(\frac{1}{3x} + \frac{3x}{1+x^2} - \frac{4}{5x}\right)$$
$$= \frac{\sqrt[3]{x}\sqrt{(1+x^2)^3}}{x^{4/5}}\left(\frac{1}{3x} + \frac{3x}{1+x^2} - \frac{4}{5x}\right).$$

Um den Vorteil der logarithmischen Differentiation zu erkennen, möge der Leser dy/dx aus der direkten Formel für y herleiten. •

In Beispiel 4 von Abschnitt 5.8 beantworteten wir die Frage: „Welche Zinndose mit dem Volumen 500 cm³ erfordert am wenigsten Blech?" Wir haben für den Radius der wirtschaftlichsten Dose $\sqrt[3]{50/\pi}$ gefunden. Aus diesem Wert und dem Dosenvolumen von 500 cm³ können wir leicht die Höhe der Dose errechnen. Im nächsten Beispiel wird die implizite Differentiation verwendet, um die gleiche Frage zu beantworten. Mit Hilfe unseres neuen Verfahrens werden nicht nur die Rechnungen einfacher als in Beispiel 4 des Abschnittes 5.8, sondern wir werden darüber hinaus zusätzliche Informationen über die allgemeine Form der Dose – nämlich der Verhältnisse zwischen Höhe und Radius – erhalten. Vor dem Studium des nächsten Beispiels empfiehlt es sich, dessen Lösung aus Abschnitt 5.8 nochmals zu lesen.

Beispiel 4: Welche Abmessungen muß eine Zinndose mit einem Volumen von 500 cm³ haben, damit am wenigsten Metall erforderlich ist?

Lösung: Höhe h und Radius r jeder zylindrischen Dose mit dem Volumen 500 cm³ sind durch die Gleichung

$$\pi r^2 h = 100 \tag{2}$$

verknüpft. Die Oberfläche S der Dose beträgt

$$S = 2\pi r^2 + 2\pi rh. \tag{3}$$

Betrachten wir nun h und damit auch S als Funktion von r, *ohne jedoch diese Funktionen explizit zu bestimmen.*

Die Differentiation von Gl. (2) und Gl. (3) bezüglich r ergibt

$$\pi\left(r^2\frac{dh}{dr} + 2rh\right) = \frac{d(100)}{dr} = 0 \tag{4}$$

und

$$\frac{dS}{dr} = 4\pi r + 2\pi\left(r\frac{dh}{dr} + h\right). \tag{5}$$

Da nun S ein Minimum annehmen soll, gilt $dS/dr = 0$ und wir erhalten

$$0 = 4\pi r + 2\pi\left(r\frac{dh}{dr} + h\right). \tag{6}$$

Die Gleichungen (4) und (6) ergeben nach kurzer Rechnung eine Relation zischen h und r.

Wir kürzen Gl. (4) durch $r\pi$ und Gl. (6) durch 2π und erhalten so

$$r\frac{dh}{dr} + 2h = 0, \quad 2r + r\frac{dh}{dr} + h = 0. \tag{7}$$

Aus Gl. (7) eliminieren wir dh/dr und kommen damit zu

$$2r + r\left(\frac{-2h}{r}\right) + h = 0.$$

Dies vereinfacht sich auf

$$2r = h. \tag{8}$$

Gl. (8) sagt uns, daß die Höhe der wirtschaftlichsten Dose mit deren Durchmesser übereinstimmt. Dies folgt unabhängig vom vorgeschriebenen Volumen als ideale Form der Dose. (Gl. (4) folgt aus Gl. (2), weil die Ableitung einer Konstanten unabhängig von deren Wert verschwindet.) Die zahlenmäßigen Abmessungen unserer wirtschaftlichen Dose erhalten wir aus der Kombination der Gleichungen

$$2r = h \quad \text{und} \quad \pi r^2 h = 100.$$

Durch eliminieren von h ergibt sich

$$\pi r^2(2r) = 100$$

oder

$$r^3 = \frac{50}{\pi} \quad \text{und daraus} \quad r = \sqrt[3]{\frac{50}{\pi}}.$$

Schließlich erhalten wir

$$h = 2r = 2\sqrt[3]{\frac{50}{\pi}}. \bullet$$

Allgemeines Verfahren zur Lösung von Extremwertaufgaben mit Hilfe impliziter Differentiation: Das allgemeine Verfahren, das dem vorangehenden Beispiel zu Grunde liegt, umfaßt folgende Schritte:

1. Man bezeichnet die verschiedenen Größen der Aufgabe durch Buchstaben, wie etwa x, y, A, V.
2. Man stellt die Größe, die einen Extremwert annehmen soll, durch die anderen Größen, wie etwa x und y dar.
3. Man sucht eine Gleichung zwischen x und y (sie wird Nebenbedingung genannt).
4. Man differenziert sowohl die Nebenbedingung als auch den Ausdruck, der maximiert oder minimiert werden soll, und behandelt alle auftretenden Größen als Funktionen von x (oder vielleicht y).
5. Man leitet aus der Gleichung des 4. Schrittes jene Beziehung her, die zwischen x und y an der Stelle des Maximums oder Minimums gilt.

Übungen:

In den Übungen 1 bis 4 bestimme man dy/dx für die gegebenen Werte von x und y auf zwei Wegen: explizit (durch Auflösung nach y) und implizit.

1. $xy = 4$ für $(1; 4)$
2. $x^2 - y^2 = 3$ für $(2; 1)$
3. $x^2y + xy^2 = 12$ für $(3; 1)$
4. $x^2 + y^2 = 100$ für $(6; -8)$

In den Übungen 5 bis 8 bestimme man dy/dx durch implizite Differentiation am gegebenen Punkt.

5. $\frac{2xy}{\pi} + \sin y = 2$ für $(1; \pi/2)$

6. $xy + \ln y = 1$ für (1; 1)
7. $2y^3 + 4xy + x^2 = 7$ für (1; 1)
8. $e^y = \sin(x + y)$ für ($\pi/2$; 0)

Man bestimme die Ableitungen der Funktionen in den Übungen 9 bis 14 mit Hilfe logarithmischer Differentiation.

9. $(x^3 - 1)^{3/2}(x^5)$
10. $\dfrac{(\sin 2x)^3 \sqrt{1+x}}{(1+x^2)^5}$
11. $(\sqrt{\cos x}\,\sqrt[3]{\ln x})^5$
12. x^{x^2}
13. $(1+3x)^x$
14. $y = \dfrac{\sqrt{(1+3x)^7}}{(1+4x)^8}\,e^{x^2}$
15. Eine Funktion $y = f(x)$ genüge der Gleichung

$$e^{xy} + \sin x + y = 1.$$

Man bestimme $f'(0)$.
16. Man löse das Beispiel 3 aus Abschnitt 5.8 mit dem Verfahren dieses Abschnitts.

In den Übungen 17 bis 23 löse man die nachstehend genannten Übungen aus Abschnitt 5.8 mit den Verfahren dieses Abschnitts.

17. Übung 3
18. Übung 21
19. Übung 22
20. Übung 23
21. Übung 24
22. Übung 25
23. Übung 26
24. Eine rechteckige Weide habe eine Fläche von 1 km^2. Die eine Seite liegt an einer Straße. Der Besitzer will nun die Weide einzäunen. Die Kosten für die Einzäunung entlang der Straße sind höher und betragen 30 DM/m. Die Einzäunung der anderen drei Seiten kostet 20 DM/m. Welche Form der Weide ist in diesem Fall am wirtschaftlichsten.
25. Eine quaderförmige Schachtel mit einer quadratischen Grundfläche möge ein bestimmtes Volumen V besitzen. Man bestimme das Verhältnis zwischen Höhe und Seitenlänge der Grundfläche für die Schachtel mit der geringsten Oberfläche.

■

Übung 26 demonstriert die implizite Bestimmung von d^2y/dx^2.

26. Die Funktion $y = f(x)$ erfülle die Gleichung $x^3y + y^2 = 2$ und es sei $y = 1$ für $x = 1$.
   (*a*) Man zeige $x^3y' + 3x^2y + 2yy' = 0$.
   (*b*) Man differenziere die Gleichung (*a*) bezüglich x und zeige $x^3y'' + 6x^2y' + 6xy + 2yy'' + 2(y')^2 = 0$.
   (*c*) Man drücke in Gleichung (*a*) nun y' durch x und y aus und setze das erhaltene Resultat in Gleichung (*b*) ein. Dann löse man die für y'' entstehende Gleichung nach x und y auf.
   (*d*) Man bestimme y'' für $x = 1$ und $y = 1$.
27. Man bestimme für die Funktion der Übung 6 den Wert von y'' an der Stelle $x = 1$; $y = 1$.
28. Man bestimme für die Funktion der Übung 8 den Wert von y'' an der Stelle $x = \pi/2$; $y = 0$.

6.2 Der Zusammenhang von Zuwachsraten

Häufig ist die Zuwachsrate einer bestimmten Größe bekannt und wir möchten die Rate für eine verwandte Größe bestimmen. Beispiel 1 ist typisch für solche Probleme und gibt ein allgemeines Lösungsverfahren an.

Beispiel 1: Ein Angler hat am Ende seiner Angelleine einen Fisch, den er mit einer Geschwindigkeit von 50 cm/s von einer 10 m über dem Wasser liegenden Brücke einholt (Bild 6.1). Mit welcher Geschwindigkeit bewegt sich der Fisch durch das Wasser, wenn die Länge der ausgelegten Angelleine 15 m und wenn sie 11 m beträgt? Der Fisch sei an der Wasseroberfläche.

Lösung: s sei die Länge der Leine und x der horizontale Abstand des Fisches von der Brücke. Da die Leine mit einer Geschwindigkeit von 0,5 m/s eingeholt wird, gilt

$$\frac{ds}{dt} = -0{,}5.$$

Die Geschwindigkeit des Fisches durch das Wasser ist durch die Ableitung

$$\frac{dx}{dt}$$

gegeben. Wir müssen daher dx/dt für $s = 15$ und $s = 11$ bestimmen.

Die Größen x und s hängen durch den pythagoräischen Lehrsatz zusammen (Bild 6.2):

$$x^2 + 10^2 = s^2$$

x und s sind beide Funktionen von t. Daher können wir beide Seiten der Gleichung nach t differenzieren und erhalten

$$\frac{d(x^2)}{dt} + \frac{d(10^2)}{dt} = \frac{d(s^2)}{dt}$$

oder

$$2x\frac{dx}{dt} + 0 = 2s\frac{ds}{dt}.$$

Daraus folgt

$$x\frac{dx}{dt} = s\frac{ds}{dt}.$$

Mit Hilfe der letzten Gleichung können wir unsere Fragen beantworten.

Aus

$$\frac{ds}{dt} = -0{,}5 = -\frac{1}{2}$$

folgt

$$x\frac{dx}{dt} = s\left(-\frac{1}{2}\right) \quad \text{und} \quad \frac{dx}{dt} = -\frac{s}{2x}.$$

Zunächst stellen wir fest, daß dx/dt negativ ist. Das bedeutet jedoch nur, daß sich x vermindert, während der Fisch herangezogen wird. Die Geschwindigkeit des Fisches beträgt $s/2x$, wobei wir die Geschwindigkeit immer positiv annehmen.

Aus dem rechtwinkeligen Dreieck mit der Hypotenuse s und den Katheten 10 und x zeigt sich

$$\frac{s}{x} > 1.$$

Deshalb wird sich der Fisch immer rascher bewegen, als die Leine aufgespult wird. Ist die Leine sehr lang, so wird das Dreieck schmal und das Verhältnis s/x ist nahe bei 1 (Bild

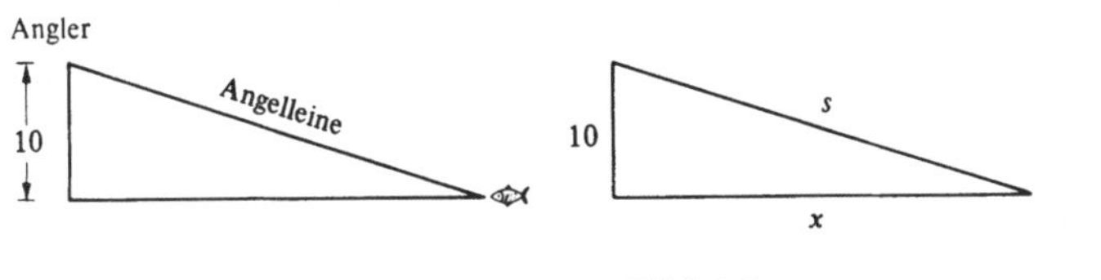

Bild 6.1 **Bild 6.2**

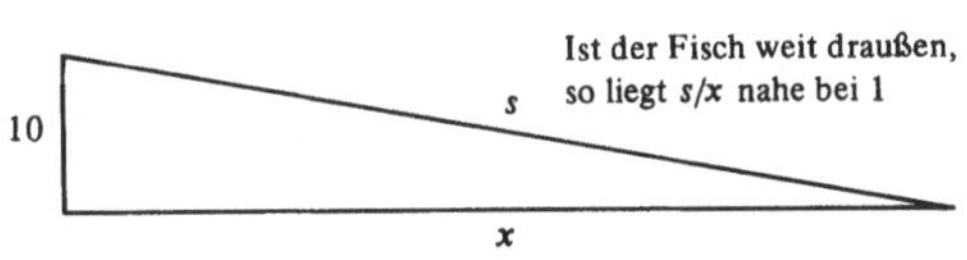

Bild 6.3

6.3). Befindet sich der Fisch also weit draußen, ist seine Geschwindigkeit beim Einholen nur wenig größer als die Geschwindigkeit mit der die Leine aufgerollt wird. Befindet sich der Fisch jedoch fast unter der Brücke (x sei klein), so ist das Verhältnis s/x groß (Bild 6.4). Dann bewegt sich der Fisch sehr rasch.

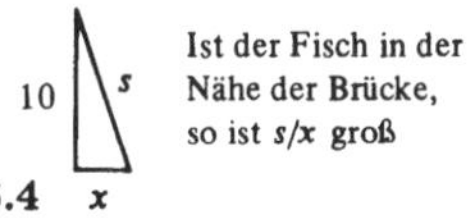

Für $s = 15$ erhalten wir

$$x^2 + 10^2 = 15^2$$

10 s x Ist der Fisch in der Nähe der Brücke, so ist s/x groß

Bild 6.4

und daraus

$$x = \sqrt{125} = 5\sqrt{5}.$$

Sind also 15 m Leine ausgespult, so beträgt die Geschwindigkeit des Fisches

$$\frac{s}{2x} = \frac{15}{2 \cdot 5\sqrt{5}} \approx 0{,}67 \text{ m/s}.$$

Für $s = 11$ erhalten wir

$$x^2 + 10^2 = 11^2$$

und weiter

$$\begin{aligned} x &= \sqrt{11^2 - 10^2} \\ &= \sqrt{121 - 100} \\ &= \sqrt{21}. \end{aligned}$$

Sind also 11 m Leine ausgespult, bewegt sich der Fisch mit einer Geschwindigkeit von

$$\frac{s}{2x} = \frac{11}{2\sqrt{21}} \approx 1{,}2 \text{ m/s}.$$

Allgemeines Verfahren zur Bestimmung der voneinander abhängigen Zuwachsraten: Das Verfahren des Beispiels 1 kann auf viele verwandte Zuwachsprobleme angewendet werden. Es läßt sich ganz allgemein in drei Schritte gliedern.

1. Man sucht eine Gleichung zwischen den variierenden Größen.
2. Man differenziert beide Seiten der Gleichung nach der Zeit.
3. Man benutze die Gleichung aus Schritt 2, um die unbekannte Zuwachsrate aus der bekannten Zuwachsrate zu bestimmen.

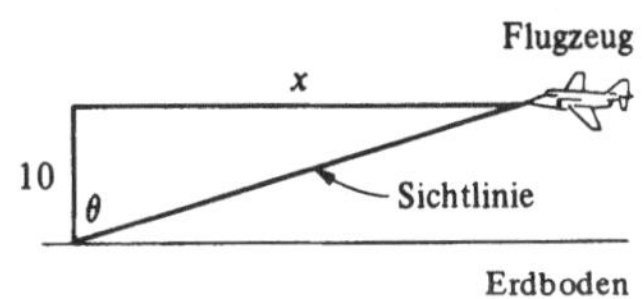

Bild 6.5

Beispiel 2: Eine Frau beobachtet vom Boden aus durch ein Fernrohr ein Düsenflugzeug, das sich mit einer Geschwindigkeit von 15 km/min in einer Höhe von 10 km nähert. Wie verändert sich der Winkel des Fernrohres, wenn der horizontale Abstand zwischen der Frau und den Flugzeug 36 km beträgt? Oder wenn sich das Flugzeug direkt oberhalb der Frau befindet?

Lösung: Zunächst machen wir eine Skizze und bezeichnen die relevanten Größen wie in Bild 6.5. Wir erhalten

$$\frac{dx}{dt} = -15 \text{ km/min}.$$

Die Änderungsrate von θ, also $d\theta/dt$ ist zu bestimmen.

Im ersten Schritt suchen wir eine Gleichung zwischen θ und x. Eine solche Gleichung lautet

$$\tan\theta = \frac{x}{10}.$$

Im zweiten Schritt wird diese Gleichung nach der Zeit differenziert

$$\frac{d(\tan\theta)}{dt} = \frac{d(x/10)}{dt}.$$

Wir erhalten mit Hilfe der Kettenregel

$$\sec^2\theta \frac{d\theta}{dt} = \frac{1}{10}\frac{dx}{dt}.$$

Aus

$$\frac{dx}{dt} = -15$$

folgt

$$\begin{aligned} \frac{d\theta}{dt} &= \frac{1}{10}\frac{(-15)}{\sec^2\theta} \\ &= \frac{-3}{2\sec^2\theta} = -\frac{3}{2}\cos^2\theta \text{ (rad/min)}. \end{aligned}$$

Aus dem negativen Vorzeichen der Formel, $-(3/2)\cos^2\theta$, ergibt sich, daß θ abnimmt.

Bestimmen wir nun $d\theta/dt$ für $x = 36$. Zunächst müssen wir $\cos\theta$ aus Bild 6.6 berechnen. Wir erhalten

$$s^2 = 10^2 + 36^2 = 100 + 1296 = 1396$$

36 10 θ s

Bild 6.6

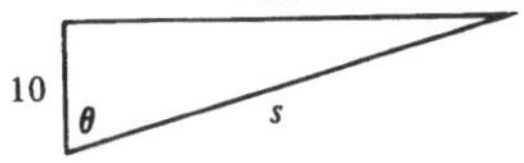

und schließlich

$$s = 2\sqrt{349}.$$

Daher ergibt sich

$$\cos\theta = \frac{5}{\sqrt{349}}$$

und

$$\frac{d\theta}{dt} = -\frac{3}{2}\cdot\left(\frac{5}{\sqrt{349}}\right)^2 = -\frac{75}{698}$$

$$\approx -0{,}11 \text{ rad/min} \approx 6°/\text{min}.$$

Befindet sich das Flugzeug direkt oberhalb der Frau, $x = 0$, $\theta = 0$, $\cos\theta = 1$ so folgt aus der Formel

$$\frac{d\theta}{dt} = -\frac{3}{2}\cos^2\theta,$$

weiter

$$\frac{d\theta}{dt} = -\frac{3}{2}(1)^2$$

$$= -\frac{3}{2} \text{ rad/min} \approx -86°/\text{min}.$$

Folglich bewegt sich das Fernrohr wesentlich rascher, wenn sich das Flugzeug direkt oberhalb des Beobachters befindet. ●

Das Verfahren, mit dem wir in Beispiel 1 aus bekannten Zuwachsraten unbekannte Zuwachsraten bestimmen konnten, läßt sich auf die Berechnung unbekannter Beschleunigungen ausdehnen, wenn wir ein weiteres Mal differenzieren. Beispiel 3 illustriert diesen Vorgang.

Beispiel 3: In einen kegelförmigen Tank fließt Wasser mit einer konstanten Geschwindigkeit von $3\ \text{m}^3/\text{s}$. Der Radius des Kegels sei 5 m und seine Höhe 4 m (Bild 6.7). Durch $h(t)$ sei die Höhe des Wassers über dem Boden des Kegels zur Zeit t gegeben. Man bestimme dh/dt (die Zuwachsrate, mit der das Wasser im Tank ansteigt) und d^2h/dt^2 für den Zeitpunkt, zu dem der Tank bis zu einer Höhe von 2 m gefüllt ist.

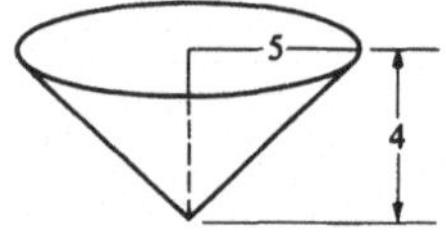

Bild 6.7

Lösung: Es sei $V(t)$ das Wasservolumen im Tank zur Zeit t. Aus den Angaben folgt

$$\frac{dV}{dt} = 2 \quad \text{und daher} \quad \frac{d^2V}{dt^2} = 0.$$

Um dh/dt und d^2h/dt^2 aufzufinden, benötigen wir zunächst eine Gleichung zwischen V und h.

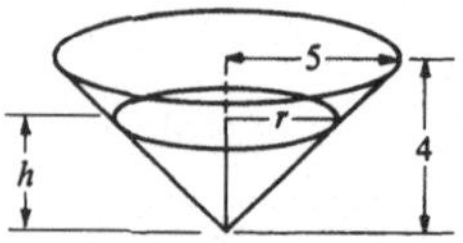

Bild 6.8

Ist der Tank bis zur Höhe h gefüllt, so bildet das Wasservolumen einen Kegel mit der Höhe h und dem Radius r. Mit Hilfe ähnlicher Dreiecke (Bild 6.8) erhalten wir

$$\frac{r}{h} = \frac{5}{4} \quad \text{oder} \quad r = \frac{5}{4}h.$$

Daraus folgt

$$V = \frac{1}{3}\pi r^2 h = \frac{1}{3}\pi\left(\frac{5}{4}h\right)^2 h = \frac{25}{48}\pi h^3.$$

Somit gilt zwischen V und h die Gleichung

$$V = \frac{25\pi}{48}h^3. \tag{1}$$

Von nun an läuft unser Verfahren automatisch ab: Wir differenzieren so oft wie nötig. Einmalige Differentiation (mit Hilfe der Kettenregel) führt zu

$$\frac{dV}{dt} = \frac{25\pi}{48}\frac{d(h^3)}{dh}\frac{dh}{dt} \quad \text{oder} \quad \frac{dV}{dt} = \frac{25\pi}{16}h^2\frac{dh}{dt}. \tag{2}$$

Nun gilt für alle Zeiten $dV/dt = 3$ und $h = 2$ für den untersuchten Zeitpunkt. Setzen wir diese Werte in Gl. (2) ein, so ergibt sich

$$3 = \frac{25\pi}{16}2^2\frac{dh}{dt}.$$

Hieraus folgt für $h = 2$

$$\frac{dh}{dt} = \frac{12}{25\pi}\ \text{m/s}.$$

Um d^2h/dt^2 zu bestimmen, differenzieren wir Gl. (2) und erhalten

$$\frac{d^2V}{dt^2} = \frac{25\pi}{16}\left(h^2\frac{d^2h}{dt^2} + 2h\frac{dh}{dt}\frac{dh}{dt}\right). \tag{3}$$

Da für alle Zeiten $d^2V/dt^2 = 0$ gilt, können wir für den untersuchten Zeitpunkt mit $h = 2$ und $dh/dt = 12/(25\pi)$ aus Gl. (3) herleiten

$$0 = \frac{25\pi}{16}\left[2^2\frac{d^2h}{dt^2} + 2\cdot 2\left(\frac{12}{25\pi}\right)^2\right]. \tag{4}$$

Lösen wir Gl. (4) nach d^2h/dt^2 auf, so zeigt sich

$$\frac{d^2h}{dt^2} = \frac{-144}{625\pi^2}\ \text{m/s}^2.$$

Da d^2h/dt^2 negativ ist, nimmt die Zuwachsrate des Wassers im Tank im Laufe der Zeit ab. Ganz allgemein wird das Wasser um so langsamer steigen, je höher es bereits steht. Obwohl das Volumen V eine konstante Zuwachsrate besitzt, gilt dies nicht für die Höhe h. ●

Manchmal sind die Ableitungen

$$\frac{dx}{dt} \quad \text{und} \quad \frac{dy}{dt}$$

gegeben und dy/dx soll bestimmt werden. (Wir nehmen an, daß y als Funktion von x betrachtet werden kann.) Wie in Bd. 2, Kap. 4 führt uns die Kettenregel zu

$$\frac{dy}{dt} = \frac{dy}{dx}\frac{dx}{dt} \quad \text{und} \quad \frac{dy}{dx} = \frac{dy/dt}{dx/dt}. \tag{5}$$

Bezeichnen wir der Einfachheit halber nach Newton die Ableitungen nach der Zeit durch einen Punkt, $\dot{x} = dx/dt$ und $\dot{y} = dx/dt$. Dann kann Gl. (5) als

$$\frac{dy}{dx} = \frac{\dot{y}}{\dot{x}} \tag{6}$$

geschrieben werden.

Wie aber kann nun d^2y/dx^2 berechnet werden, wenn zusätzlich die zweiten Ableitungen $\ddot{x}$ und $\ddot{y}$ bekannt sind? Das nächste Beispiel gibt hierfür eine allgemeine Formel an.

Beispiel 4: x und y seien Funktionen von t. Man bestimme d^2y/dx^2 wenn $\dot{x}$, $\ddot{x}$, $\dot{y}$ und $\ddot{y}$ bekannt sind.

Lösung: Wir differenzieren Gl. (6) nach x:

$$\frac{d^2y}{dx^2} = \frac{d(dy/dx)}{dx} = \frac{d(\dot{y}/\dot{x})}{dx}.$$

Mit denselben Überlegungen, die uns zur Gl. (5) geführt haben, findet man nun

$$\frac{d(\dot{y}/\dot{x})}{dx} = \frac{d(\dot{y}/\dot{x})/dt}{dx/dt}. \tag{7}$$

Daraus folgt:

$$\frac{d(\dot{y}/\dot{x})}{dt} = \frac{\dot{x}\ddot{y} - \dot{y}\ddot{x}}{(\dot{x})^2}. \tag{8}$$

Fassen wir nun Gl. (7) und Gl. (8) zusammen, so gelangen wir mit

$$\frac{d^2y}{dx^2} = \frac{\dot{x}\ddot{y} - \dot{y}\ddot{x}}{(\dot{x})^3}$$

zu einer Formel von wesentlich komplizierterer Gestalt, als dies bei der intuitiv naheliegenden Formel (6) der Fall ist. ●

Anstatt sich die allgemeine Formel für d^2y/dx^2 aus Beispiel 4 einzuprägen, ist es einfacher die gesamte Herleitung für jeden Einzelfall zu wiederholen, wie dies im Beispiel 5 gezeigt wird.

Beispiel 5: Man bestimme d^2y/dx^2 für die Zykloide

$$x = a\theta - a\sin\theta, \quad y = a - a\cos\theta.$$

Lösung: Der Parameter θ spielt hier die Rolle von t. Nun gilt

$$\frac{dx}{d\theta} = a - a\cos\theta \quad \text{und} \quad \frac{dy}{d\theta} = a\sin\theta.$$

Es folgt

$$\frac{dy}{dx} = \frac{dy/d\theta}{dx/d\theta} = \frac{a\sin\theta}{a - a\cos\theta} = \frac{\sin\theta}{1-\cos\theta}$$

und

$$\frac{d^2y}{dx^2} = \frac{\dfrac{d(dy/dx)}{d\theta}}{dx/d\theta} = \frac{\dfrac{d[\sin\theta/(1-\cos\theta)]}{d\theta}}{a - a\cos\theta}$$

$$= \frac{\left[\dfrac{(1-\cos\theta)\cos\theta - \sin\theta\sin\theta}{(1-\cos\theta)^2}\right]}{a(1-\cos\theta)}$$

$$= \frac{\cos\theta - 1}{a(1-\cos\theta)^3}$$

$$= -\frac{1}{a(1-\cos\theta)^2}. \quad ●$$

Übungen:

1. Eine 3 m hohe Leiter lehnt an der Wand. Zieht man nun das untere Ende der Leiter mit einer Geschwindigkeit von 30 cm/s von der Wand weg, mit welcher Geschwindigkeit senkt sich dann das obere Ende der Leiter entlang der Wand, wenn das untere Leiterende

   (*a*) 2 m, (*b*) 2,5 m, (*c*) 2,8 m von der Wand entfernt ist?

2. Ein Mann läßt einen Drachen in eine Höhe von 100 m steigen. Der horizontale Wind bläst den Drachen von dem Mann weg. Nachdem 150 m von der Leine abgelaufen sind, zieht der Drachen die Leine mit einer Geschwindigkeit von 6 m/s. Wie groß ist die Windgeschwindigkeit?

3. Ein Spaziergänger geht mit einer Geschwindigkeit von 2 km/h einen Strand entlang, während eine 3 km vom Strand entfernte rotierende Lichtquelle ihm folgt.

   (*a*) Welches Verhalten für die Rotationsgeschwindigkeit der Lichtquelle würde man intuitiv erwarten, wenn der Mann sich entlang des Strandes weiter und weiter vom Leuchtturm entfernt?

   (*b*) Man beschreibe durch x den Ort des Mannes und durch θ den Winkel des Lichtstrahles und suche eine Gleichung zwischen θ und x (Bild 6 .9).

Bild 6.9

   (*c*) Mit Hilfe von (*b*) zeige man $d\theta/dt = 6/(9 + x^2)$ (Radiant pro Minute).

   (*d*) Stimmt Formel (*c*) mit der Schätzung (*a*) überein?

4. Ein kugelförmiger Ballon verliert mit einer Rate von 10 cm^3/s Luft. Mit welcher Rate verändert sich sein Radius, wenn er gerade (*a*) 5 cm, (*b*) 3 cm beträgt? (Das Volumen einer Kugel mit dem Radius r beträgt $4\pi r^3/3$.)

5. Bulldozer befördern Erde mit einer Rate von 300 m^3/h auf einen kegelförmigen Hügel, für den das Verhältnis von Höhe und Radius konstant bleibt. Mit welcher Rate nimmt die Höhe des Hügels zu, wenn der Hügel gerade

   (*a*) 15 m hoch ist,

   (*b*) 70 m hoch ist?

   (Das Volumen eines Kegels mit dem Radius r und der Höhe h beträgt $\pi r^2 h/3$.)

6. Die Längen der beiden Katheten eines rechtwinkeligen Dreiecks mögen von der Zeit abhängen. Die eine Kathete mit der Länge x wächst mit einer Rate vom 5 m/s, während die andere mit der Länge y mit einer Rate von 6 m/s abnimmt. Mit welcher Rate verändert sich die Hypotenuse für $x = 3$ und $y = 4$? Nimmt die Länge der Hypotenuse dann zu oder ab?

7. Zwei Seiten eines Dreiecks und der von ihnen eingeschlossene Winkel ändern sich mit der Zeit. Der Winkel wächst mit einer Rate von 1 rad/s. Die eine Seite wächst mit einer Rate von 3 m/s und die andere Seite schrumpft mit einer Rate von 2 m/s. Man bestimme die Änderungsrate der Dreiecksfläche, wenn der Winkel gerade $\pi/4$ beträgt und die erste Seite 4 m, die zweite Seite 5 m lang ist. Nimmt die Fläche dann ab oder zu?

In den Übungen 8 bis 10 bestimme man dy/dx und d^2y/dx^2, wobei gegeben ist

8. $\dot{x} = 3$, $\dot{y} = 4$, $\ddot{x} = -2$, $\ddot{y} = 5$
9. $\dot{x} = -1$, $\dot{y} = 1$, $\ddot{x} = 3$, $\ddot{y} = 2$
10. $\dot{x} = 1$, $\dot{y} = 5$, $\ddot{x} = 0$, $\ddot{y} = 3$
11. Man bestimme dy/dx und d^2y/dx^2, wenn $x = e^t + t$ und $y = \sin t + t^2$.
12. Man bestimme dy/dx und d^2y/dx^2, wenn $y = t^3 + t$ und $x = t^4 + t$.

13. Welche Beschleunigung besitzt der Fisch von Beispiel 1, wenn die Länge der Leine (*a*) 100 m, (*b*) 11 m beträgt?

14. Ein Teilchen bewegt sich derart auf der Parabel $y = x^2$, daß während der gesamten Bewegung $\dot{x} = 3$ gilt? Man bestimme Formeln für (*a*) $\dot{y}$ und (*b*) $\ddot{y}$.

15. Einer der spitzen Winkel eines rechtwinkeligen Dreiecks sei θ. Die anliegende Kathete habe die Länge x und die gegenüberliegende Kathete die Länge y.
    (*a*) Man suche eine Gleichung zwischen x, y und θ.
    (*b*) Man suche eine Gleichung zwischen $\dot{x}$, $\dot{y}$ und $\dot{\theta}$ (und anderen Variablen).
    (*c*) Man suche eine Gleichung zwischen $\ddot{x}$, $\ddot{y}$ und $\ddot{\theta}$ (und anderen Variablen).

16. In einen halbkugelförmigen Kessel mit dem Radius 5 m fließt mit einer konstanten Rate von 1 m^3/min Wasser.
    (*a*) Man bestimme die Rate, mit der das Wasser ansteigt, wenn seine Höhe über dem Boden des Tanks jeweils 3 m, 4 m und 5 m beträgt.
    (*b*) Ist $h(t)$ die Tiefe in Meter zur Zeit t, so bestimme man $\ddot{h}$ für $h = 3, 4, 5$.

17. Bei einem bestimmten Tafelspiel wird eine Feder durch zwei Knöpfe über ein Stück Papier bewegt, das als xy-Ebene betrachtet werden könnte. Einer der Knöpfe kontrolliert die y-Koordinate, der andere Knopf die x-Koordinate. Zu einem bestimmten Zeitpunkt verändert sich die x-Koordinate doppelt so schnell wie die y-Koordinate, aber die y-Koordinate beschleunigt doppelt so schnell wie die x-Koordinate. Man bestimme – falls möglich – für diesen Augenblick dy/dx und d^2y/dx^2.

6.3 Zweite Ableitung und Krümmung einer Kurve

Die Änderungsrate von y bezüglich x ist ein Maß für die Steilheit einer Kurve. Wie können wir ein vernünftiges Maß für ihre „Gebogenheit" oder Krümmung finden? Eine Gerade besitzt keine Krümmung. Es scheint daher vernünftig, ihr die Krümmung Null zuzuordnen. Darüber hinaus sollte ein großer Kreis eine geringere Krümmung besitzen als ein kleiner Kreis. (Der Erdhorizont, Teil eines sehr großen Kreises erscheint praktisch geradlinig.)

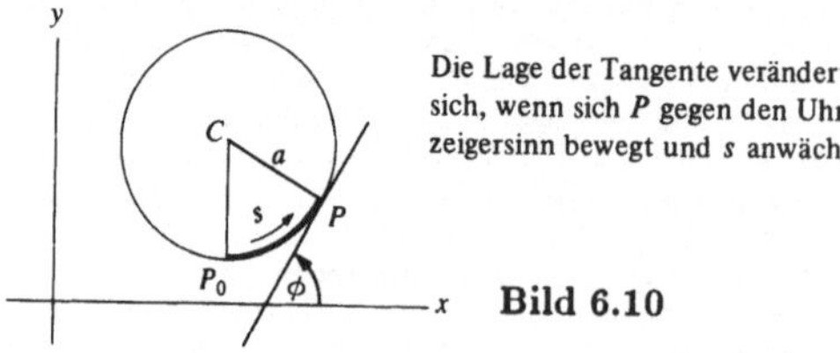

Die Lage der Tangente verändert sich, wenn sich P gegen den Uhrzeigersinn bewegt und s anwächst

Bild 6.10

Wenn man sich auf einem kleinen Kreis bewegt, verändert man seine Richtung viel rascher, als wenn man sich auf einem großen Kreis bewegen würde. Um diese Überlegungen zu präzisieren und ein Maß für die Krümmung eines Kreises zu erhalten, betrachten wir einen Kreis mit dem Radius a, an den eine Tangente gelegt ist (Bild 6.10). Man beginne am tiefstliegenden Punkt des Kreises P_0 und bewege sich auf dem Kreis gegen den Uhrzeigersinn. Nachdem wir entlang des Kreises den Bogen s zurückgelegt und den Punkt P erreicht haben, sei der Winkel zwischen der positiven x-Achse und der Tangente in Punkt P durch ϕ gegeben. Der Winkel ϕ hängt von s ab. Man definiert die *Krümmung des Kreises* als die Rate, mit der sich ϕ bezüglich s verändert, also $d\phi/ds$.

Das nächste Theorem zeigt, daß $d\phi/ds$ für einen großen Kreis klein und für einen kleinen Kreis groß ist. $d\phi/ds$ ist gleich dem Kehrwert $1/a$ des Radius.

Theorem 1: Durchläuft man einen Kreis mit dem Radius a gegen den Uhrzeigersinn, so ist die Krümmung $d\phi/ds$ konstant und gleich $1/a$, dem Kehrwert des Radius.

Beweis: Mit ein wenig Geometrie finden wir, daß ϕ mit dem Winkel P_0CP Bild 6.10 übereinstimmt. Aus der Definition des Bogenmaßes folgt für den Winkel P_0CP das Maß s/a. Daher gilt $\phi = s/a$ und $d\phi/ds = 1/a$, und das Theorem ist bewiesen. ●

Da $d\phi/ds$, die Rate der Richtungsänderung bezüglich der Bogenlänge, ein vernünftiges Maß der Krümmung darstellt – je größer der Kreis, desto kleiner die Krümmung – liegt es nahe, diese Definition der Krümmung auch für andere Kurven zu übernehmen.

Bevor wir die Krümmung im allgemeinen definieren, wollen wir die Bogenlänge s und den Winkel ϕ etwas genauer besprechen. Zunächst vereinbaren wir, die Bogenlänge s stets so zu messen, daß sie mit zunehmender Entfernung vom Basispunkt der Kurve anwächst.

Nun betrachten wir den Winkel ϕ. Die Wahl von ϕ ist nicht eindeutig, denn auch $\phi + n\pi$ beschreibt für jedes ganzzahlige n den gleichen Winkel. Es ist jedoch nicht wichtig, welchen Wert von ϕ wir hier wählen. Wesentlich ist nur, daß ϕ stetig variiert, wenn wir die Kurve durchlaufen. Betrachten wir wieder das Diagramm mit der typischen Tangente an einen Kreis mit dem Radius a. Wählen wir für die horizontale Tangente im Punkt P_0 den Wert $\phi = 0$ und durchlaufen den Kreis gegen den Uhrzeigersinn, dann ist für alle anderen Tangenten an den Kreis der Winkel ϕ ebenfalls eindeutig bestimmt. Bild 6.11 zeigt uns, daß ϕ von 0 bis 2π anwächst, wenn P den ganzen Kreisbogen durchläuft.

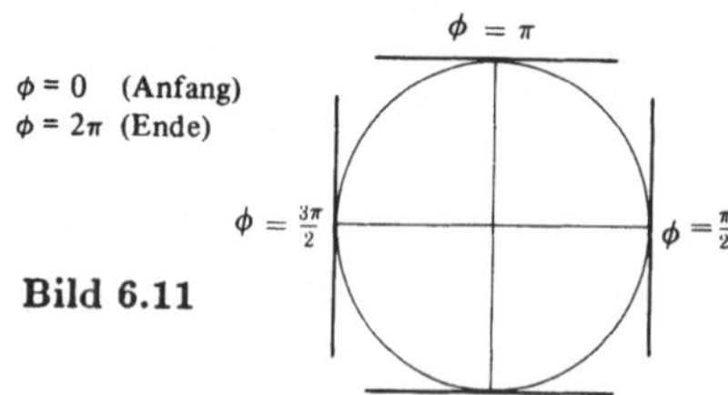

Bild 6.11

Hätten wir für die anfängliche Tangente in P_0 den Wert $\phi = \pi$ gewählt, dann würde ϕ beim Umlauf um den Kreis von π auf 3π anwachsen. Da wir uns hier mit der Zuwachsrate und nicht mit dem tatsächlichen Wert von ϕ beschäftigen, ist unsere Definition nicht von der hier besprochenen Mehrdeutigkeit abhängig.

Definition der Krümmung: Angenommen eine Kurve sei in Parameterdarstellung gegeben. Der Parameter für einen typischen Punkt P sei durch s, den entlang der Kurve gemessene Abstand zwischen dem Punkt P und einem festen

Punkt P_0 bestimmt. Ferner sei ϕ der Winkel zwischen der Tangente in P und der positiven x-Achse. Dann ist die Krümmung in P durch die Ableitung

$$\frac{d\phi}{ds}$$

gegeben (falls diese Ableitung existiert).

Man beachte, daß eine Gerade überall die Krümmung Null besitzt, da für sie ϕ konstant ist. Man beachte ferner, daß im Bild 6.12 die Krümmung im Punkt P negativ, aber im Punkt P_0 positiv ist. Würde die Kurve im entgegengesetzten Sinn durchlaufen, so wäre die Krümmung in P positiv und in P_0 negativ. (Warum?) Aus dem Bild ergibt sich, daß die Krümmung im Wendepunkt ihr Vorzeichen

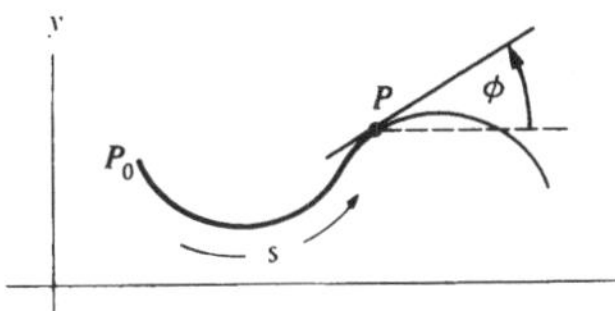

Die Bogenlänge von P_0 nach P beträgt s. Der Winkel zwischen positiver x-Achse und Tangente in P ist ϕ

Bild 6.12

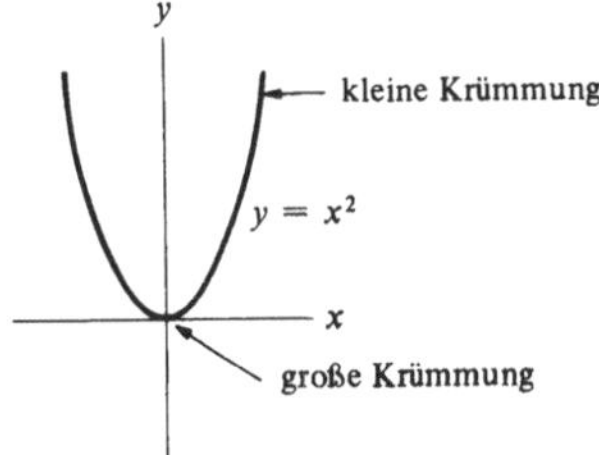

Bild 6.13

wechselt. Deshalb ist es auch nicht überraschend, daß die Krümmung zwar durch eine erste Ableitung definiert wird, aber mit der zweiten Ableitung d^2y/dx^2 eng zusammenhängt. Daß noch andere Größen als die zweite Ableitung in die Krümmung eingehen, zeigt die Diskussion der Parabel $y = x^2$ (Bild 6.13). Weit entfernt vom Punkt (0; 0) hat die Parabel $y = x^2$ eine kleine Krümmung. In der Nähe von (0; 0) scheint sie sich stärker zu krümmen. Daher ist die Krümmung entlang der Kurve nicht konstant, während die zweite Ableitung d^2y/dx^2 konstant ist (sie beträgt 2 für alle x). Wie Theorem 2 zeigt, ist die Krümmung durch die beiden Funktionen d^2y/dx^2 und dy/dx bestimmt.

Theorem 2: Angenommen, die Kurve $y = f(x)$ sei durch die Bogenlänge s in Parameterform dargestellt, und es wachse x gemeinsam mit s. Dann erhalten wir für die Krümmung

$$\frac{d^2y/dx^2}{[1 + (dy/dx)^2]^{3/2}}\,.$$

Beweis: Aufgrund der Kettenregel ist

$$\frac{d\phi}{ds} = \frac{d\phi/dx}{ds/dx}\,.$$

Wie in Bd. 2, Kap. 4 gezeigt wurde, gilt

$$\frac{ds}{dx} = \left[1 + \left(\frac{dy}{dx}\right)^2\right]^{1/2}$$

und wir müssen nun lediglich $d\phi/dx$ durch dy/dx und d^2y/dx^2 darstellten.

Man beachte, daß

$$\tan\phi = \text{Anstieg der Tangente} = \frac{dy}{dx}$$

oder

$$\phi = \arctan\frac{dy}{dx} + n\pi,$$

wobei n eine bestimmte feste ganze Zahl ist (Bild 6.14). Wir erinnern uns an

$$\frac{d(\arctan u)}{du} = \frac{1}{1 + u^2}\,.$$

ϕ ist gleich $\arctan \frac{dy}{dx}$ oder unterscheidet sich von diesem Wert um ein Vielfaches von π

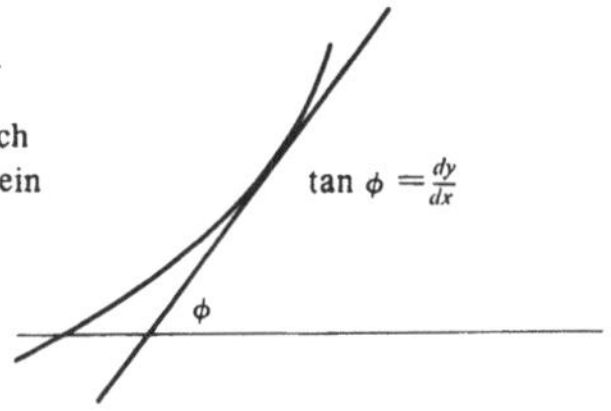

$\tan\phi = \frac{dy}{dx}$

ϕ

Bild 6.14

So folgt aus der Kettenregel

$$\frac{d\phi}{dx} = \frac{1}{1 + (dy/dx)^2}\,\frac{d(dy/dx)}{dx} = \frac{d^2y/dx^2}{1 + (dy/dx)^2}\,.$$

Daher erhalten wir

$$\frac{d\phi}{ds} = \frac{d\phi/dx}{ds/dx} = \frac{d^2y/dx^2}{[1 + (dy/dx)^2]\sqrt{1 + (dy/dx)^2}}$$

und das Theorem ist bewiesen. •

Beispiel 1: Man bestimme in einem typischen Punkt $(x; y)$ die Krümmung der Kurve $y = x^2$.

Lösung: In diesem Fall erhalten wir $dy/dx = 2x$ und $d^2y/dx^2 = 2$. Daher ist die Krümmung in $(x; y)$ durch $2/[1 + (2x)^2]^{3/2}$ gegeben. Im Punkt (0; 0) beträgt sie 2, so daß die Kurve in der Nähe des Ursprungs einem Kreis mit dem Radius $\frac{1}{2}$ ähnlich ist (Bild 6.15). Wenn $|x|$ an-

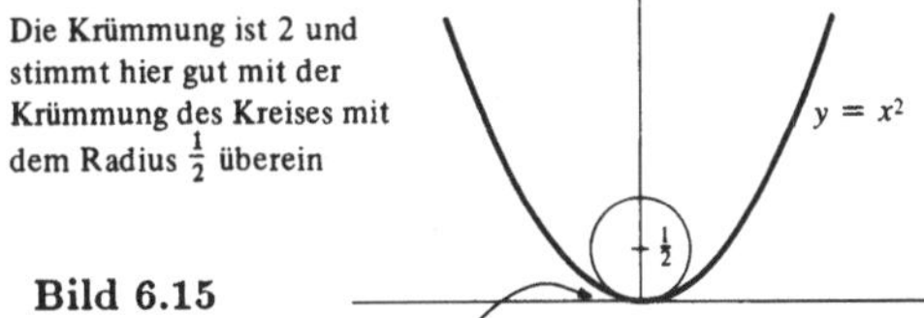

Die Krümmung ist 2 und stimmt hier gut mit der Krümmung des Kreises mit dem Radius $\frac{1}{2}$ überein

Bild 6.15

wächst, nähert sich die Krümmung Null und die Kurve wird immer „gerader".

Theorem 2 beschreibt die Krümmung einer Kurve, wenn y als Funktion von x vorliegt. Ist die Kurve in Parameterdarstellung gegeben, so verwenden wir vorteilhafterweise die Gleichungen des vorigen Abschnitts:

$$\frac{dy}{dx} = \frac{\dot y}{\dot x} \quad \text{und} \quad \frac{d^2y}{dx^2} = \frac{\dot x\ddot y - \dot y\ddot x}{(\dot x)^3}\,.$$

Mit Hilfe dieser beiden Formeln und der Formel des Theorems 2 können wir die Krümmung einer in Parameterdarstellung gegebenen Kurve berechnen.

Theorem 3: Wenn für die Kurve mit der Parameterdarstellung $x = g(t)$ und $y = f(t)$ zugleich x und die Bogenlänge s gemeinsam mit dem Parameter t anwachsen, so besitzt die Kurve die

$$\text{Krümmung} = \frac{\dot{x}\ddot{y} - \dot{y}\ddot{x}}{[(\dot{x})^2 + (\dot{y})^2]^{3/2}}.$$

Zum Beweis substituiere man einfach in die Formel von Theorem 2.

Beispiel 2: Ein Rad mit dem Radius 1 erzeuge eine Zykloide (Bild 6.16). Sie hat die Parameterdarstellung

$$x = \theta - \sin\theta, \quad y = 1 - \cos\theta.$$

Man bestimme die Krümmung in einem typischen Punkt dieser Kurve.

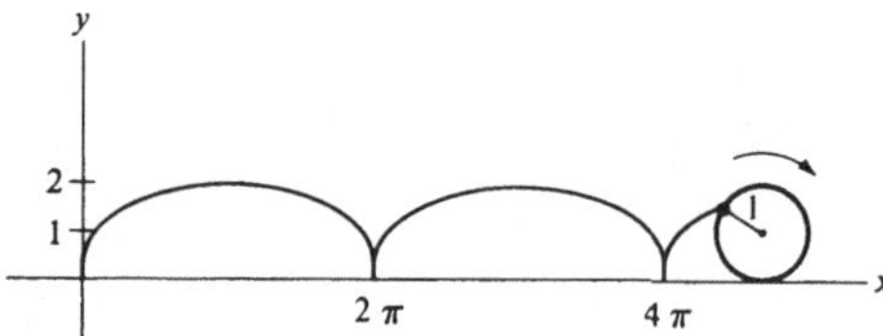

Bild 6.16

Lösung: Zu diesem Zweck übernimmt θ die Rolle des Parameters t. So gilt

$$\frac{dx}{d\theta} = 1 - \cos\theta, \qquad \frac{dy}{d\theta} = \sin\theta,$$

$$\frac{d^2x}{d\theta^2} = \sin\theta, \qquad \frac{d^2y}{d\theta^2} = \cos\theta.$$

Aus Theorem 3 ergibt sich

$$\begin{aligned}\text{Krümmung} &= \frac{(1-\cos\theta)\cos\theta - (\sin\theta)\sin\theta}{[(1-\cos\theta)^2 + (\sin\theta)^2]^{3/2}} \\ &= \frac{\cos\theta - (\cos^2\theta + \sin^2\theta)}{[1 - 2\cos\theta + (\cos^2\theta + \sin^2\theta)]^{3/2}} \\ &= \frac{\cos\theta - 1}{(2 - 2\cos\theta)^{3/2}} \\ &= \frac{\cos\theta - 1}{2^{3/2}(1-\cos\theta)^{3/2}} \\ &= \frac{-1}{2^{3/2}}\,\frac{1-\cos\theta}{(1-\cos\theta)^{3/2}} \\ &= \frac{-1}{2\sqrt{2}}\,\frac{1}{(1-\cos\theta)^{1/2}}.\end{aligned}$$

Mit Hilfe von $y = 1 - \cos\theta$ erhalten wir

$$\text{Krümmung} = -\frac{1}{2\sqrt{2}\sqrt{y}} = -\frac{1}{\sqrt{8y}}. \bullet$$

Die Krümmung der Zykloide von Beispiel 2 ist negativ. Dementsprechend ist $d\phi/ds$ negativ oder der Winkel ϕ nimmt mit s ab. Da wir uns für wachsendes s auf dem Bogen der Kurve nach rechts bewegen und sich die Tangente dabei im Uhrzeigersinn verändert, ist dies plausibel: ϕ nimmt als Funktion der Bogenlänge s ab. Allgemein hängt das Vorzeichen der Bogenlänge von den folgenden beiden Bedingungen ab: Von der Wahl des Punktes, von dem aus wir die Bogenlänge messen, und von der Richtung, in der wir die Kurve durchlaufen.

Im Beispiel 1 erhielten wir für die Parabel $y = x^2$ im Punkt (0; 0) die Krümmung 2. Sie stimmt mit der Krümmung eines Kreises mit dem Radius $\frac{1}{2}$ überein. In diesem Sinne ist daher die Parabel in der Nähe des Punktes (0; 0) einem Kreis mit dem Radius $\frac{1}{2}$ sehr ähnlich. Diese Erkenntnis legt die folgende Definition nahe.

Definition des Krümmungsradius: Der Krümmungsradius einer Kurve in einem Punkt ist gleich dem Absolutbetrag des Kehrwertes der Krümmung:

$$\text{Krümmungsradius} = \left|\frac{1}{\text{Krümmung}}\right|.$$

Wie man leicht zeigen kann, beträgt der Krümmungsradius eines Kreises mit dem Radius 2 erwartungsgemäß ebenfalls 2.

Die Zykloide des Beispiels 2 hat im Punkt $(y; x)$ den Krümmungsradius

$$\left|\frac{1}{-(1/\sqrt{8y})}\right| = \sqrt{8y}.$$

Insbesondere beträgt im obersten Punkt des Bogens der Krümmungsradius $\sqrt{8\cdot 2} = \sqrt{16} = 4$.

Übungen:

1. Man bestimme den Krümmungsradius der Kurve aus Beispiel 1 in (*a*) (1; 1), (*b*) (2; 4).

In den Übungen 2 bis 6 bestimme man den Krümmungsradius der gegebenen Kurve im gegebenen Punkt. In den Übungen 2 bis 4 zeichne man die Graphen der Kurven.

2. $y = \cos x$ für (0; 1)
3. $y = e^{-x}$ für (1; 1/e)
4. $y = x^3$ für (1; 1)
5. $x = 2\cos 3t$, $y = 2\sin 3t$ für $t = 0$
6. $x = 1 + t^2$, $y = t^3 + t^4$ für $t = 2$
7. (*a*) Man berechne Krümmung und Krümmungsradius für die Kurve $y = (e^x + e^{-x})/2$.
   (*b*) Man zeige, daß der Krümmungsradius im Punkt $(x; y)$ durch y^2 gegeben ist.
8. Man bestimme den Krümmungsradius entlang der Kurve $y = \sqrt{a^2 - x^2}$, wobei a eine Konstante ist.
9. Man bestimme den Krümmungsradius entlang der Kurve $y = \ln|\cos x|$.

In den Übungen 10 bis 12 bestimme man die Krümmung und den Krümmungsradius.

10. $x = e^{-t}\cos t$, $y = e^{-t}\sin t$
11. $x = \cos^3\theta$, $y = \sin^3\theta$
12. $x + y + \ln x = 2y^5$
13. Für welchen Wert von x ist der Krümmungsradius von $y = e^x$ am kleinsten?

14. Für welchen Wert von x ist der Krümmungsradius von $y = x^3$ am kleinsten?

15. (*a*) Man beweise: Ist die Tangente im Punkt einer Kurve parallel zur x-Achse, so ist dort ihre Krümmung einfach durch die zweite Ableitung d^2y/dx^2 gegeben.
(*b*) Man zeige, daß der Absolutbetrag der Krümmung niemals größer als der Absolutbetrag von d^2y/dx^2 ist.

16. Ein Ingenieur legt den Verlauf einer Bahnlinie wie in Bild 6 .17 fest. Der Bogen BC ist Teil eines Kreises. AB und CD sind Geraden und Tangenten an dem Kreis. Nachdem der Zug das erste Mal diese Spur befahren hatte, wurde der Konstrukteur entlassen. Warum? Wie sollte man einen Bogen anlegen, der zwei gerade Streckenteile verbindet?

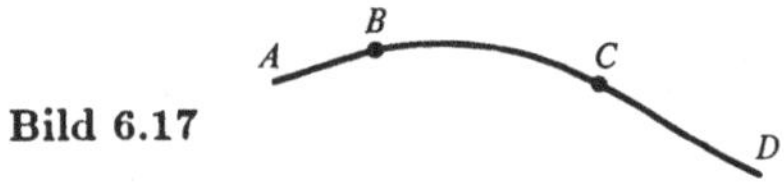

Bild 6.17

Die Übungen 17 bis 19 sind gemeinsam zu behandeln.

17. Man bestimme den Krümmungsradius in einem typischen Punkt der Kurve

$$x = a\cos\theta, \quad y = b\sin\theta$$

18. (*a*) Man beweise durch Elimination von θ, daß die Kurve von Übung 17 mit der Ellipse

$$\frac{x^2}{a^2} + \frac{y^2}{b^2} = 1$$

übereinstimmt.
(*b*) Wie groß ist der Krümmungsradius dieser Ellipse in $(a; 0)$ und $(0; b)$.

19. Eine Ellipse hat ein große Halbachse der Länge 3 und eine kleine Halbachse der Länge 2. Man zeichne die Kreise, die die Ellipse in den vier Endpunkten ihrer Halbachsen am besten annähern.

■

20. Entlang einer Kurve sei $dy/dx = y^3$. Man stelle die Krümmung durch y dar.

21. Durch Theorem 2 erhielten wir eine Formel für die Krümmung einer Kurve, die in rechtwinkeligen Koordinaten gegeben war, $y = f(x)$. Ist die Kurve in Polarkoordinaten, $r = f(\theta)$ gegeben, so leite man für die Krümmung

$$[r^2 + 2(r')^2 - rr'']/[r^2 + (r')^2]^{3/2}$$

her. *Hinweis:* Man betrachte die Parameterdarstellung der Kurve durch $x = r\cos\theta$ und $y = r\sin\theta$, wobei $r = f(\theta)$.

22. Man benutze die Formel von Übung 21, um für die Kardioide $r = 1 + \cos\theta$ die Krümmung $3\sqrt{2}/(4\sqrt{r})$ im Punkt $(r; \theta)$ herzuleiten.

23. Man benutze die Formel der Übung 21, um die Krümmung von $r = a\cos\theta$ zu finden.

24. Man benutze die Formel der Übung 21, um die Krümmung von $r = \cos 2\theta$ zu finden.

■■

25. Im höchsten Punkt der Zykloide von Beispiel 2 ist der Krümmungsradius doppelt so groß wie der Durchmesser des abrollenden Kreises. Was würde man für den Krümmungsradius in diesem Punkt vermutet haben? Warum entspricht er nicht einfach gerade dem Durchmesser des Rades, wenn doch das Rad in jedem Augenblick gerade um jenen Punkt rotiert, in dem es den Boden berührt?

Die Übungen 26 und 27 hängen zusammen.

26. s sei die Bogenlänge entlang einer Kurve. Man zeige, daß die Krümmung in einem Punkt durch $x'y'' - y'x''$ gegeben ist, wenn die Differentiation nach der Bogenlänge s erfolgt.

27. (Siehe Übung 26.) Man zeige
(*a*) $(x')^2 + (y')^2 = 1$,
(*b*) $x'x'' + y'y'' = 0$,
(*c*) $x'y'' - y'x'' = y''[(x')^2 + (y')^2]/x' = y''/x'$.

28. Man beweise Theorem 3 mit Hilfe von Theorem 2.

29. Man beweise Theorem 3 direkt, ohne Theorem 2 zu verwenden.

6.4 Das Newtonsche Näherungsverfahren zur Lösung einer Gleichung

Angenommen, wir wollen die Lösung oder Wurzel r einer Gleichung $f(x) = 0$ abschätzen. Gibt x_1 entsprechend dem Bild 6.18 eine erste Schätzung, dann sehen wir sofort, daß x_2, der Punkt, in dem die Tangente in $(x_1; f(x_1))$ die x-Achse schneidet, dem tatsächlichen Wert von r näherkommt.

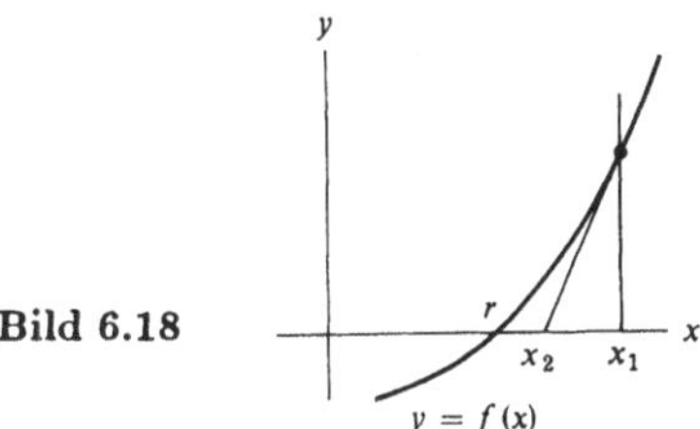

Bild 6.18

Newtons Rekursionsformel zur Abschätzung der Wurzel einer Gleichung: Um x_2 explizit zu bestimmen, gehen wir davon aus, daß sich für den Anstieg der Tangente im Punkt $(x_1; f(x_1))$ die beiden Werte $f(x_1)/(x_1 - x_2)$ und $f'(x_1)$ ergeben. Setzen wir diese beiden Formeln für den Anstieg gleich und lösen nach x_2 auf, so ergibt sich

$$x_2 = x_1 - \frac{f(x_1)}{f'(x_1)}. \tag{1}$$

Dieser Ausdruck ist sinnvoll, solange $f'(x_1)$ nicht Null wird.

Formel (1) ist nach der obenstehenden Zeichnung die Grundlage des Newtonschen Verfahrens zur Abschätzung der Wurzel einer Gleichung. Im allgemeinen wird diese Formel zur Erhöhung der Genauigkeit mehrmals angewendet.

Beispiel 1: Man benutze das Newtonsche Verfahren, um die Quadratwurzel von 3, also die positive Wurzel der Gleichung $x^2 - 3 = 0$ abzuschätzen.

Lösung: Wir erhalten $f(x) = x^2 - 3$ und $f'(x) = 2x$. Nach Gl. (1) ergibt sich aus der ersten Schätzung x_1 die nächste Schätzung x_2:

$$x_2 = x_1 - \frac{f(x_1)}{f'(x_1)} = x_1 - \frac{x_1^2 - 3}{2x_1} = \frac{x_1 + 3/x_1}{2}.$$

Mit der Wahl $x_1 = 2$ erhalten wir dann

$$x_2 = \frac{2 + \frac{3}{2}}{2} = 1{,}75.$$

Für eine bessere Abschätzung der Wurzel 3 wiederholen wir den Vorgang mit dem Ausgangswert 1,75 anstatt 2. Dann gilt

$$x_3 = \frac{x_2 + 3/x_2}{2} = \frac{1{,}75 + 3/1{,}75}{2} \approx 1{,}73214$$

für die dritte Schätzung bis auf 5 Dezimalen. Eine weitere Wiederholung des Vorgangs ergibt bis auf 5 Dezimalen, $x_4 = 1{,}73205$; dies kommt dem tatsächlichen Wert von $\sqrt{3}$ ziemlich nahe, dessen Dezimaldarstellung mit 1,732051 beginnt. ●

Da der Rekursionsvorgang der Newtonschen Methode von praktischer Bedeutung ist und leicht für Computer-Rechnungen programmiert werden kann, interessieren wir uns für die Bedingungen, unter denen sich $|x_i - r|$ mit $i \to 0$ an Null annähert. Ist der Graph von f eine nicht horizontale Gerade, so zeigt uns eine kurze Skizze, daß unabhängig von x_1 bereits die zweite Näherung x_2 mit der exakten Wurzel r übereinstimmt. Mit anderen Worten: Die Newtonsche Methode ist dann exakt, wenn $f''(x)$ identisch Null wird. Daher ist zu erwarten, daß die Genauigkeit der Newtonschen Methode von $f''(x)$ abhängt. (Voraussichtlich ist die Methode für kleines $f''(x)$ genauer als für großes.) Andererseits ist die Tangente im Punkt $(x_1; f(x_1))$ fast horizontal und kann daher bis zu ihren Schnittpunkten mit der x-Achse stark vom Graphen der Funktion f abweichen. Daher sollte auch $f'(x)$ die Genauigkeit beeinflussen. (Für großes $f'(x)$ sollte die Methode genauer als für kleines sein.)

Ist $f''(x)$ nicht zu groß und $f'(x)$ nicht zu klein, so sagt uns das folgende Theorem, daß $|x_i - r|$ mit $i \to \infty$ nach Null geht. Der Beweis ist in Übung 22 von **Band 4 Kap. 2** skizziert.

Theorem: r sei eine Wurzel von $f(x) = 0$ und x_i eine Schätzung von r, für die $f'(x_i)$ von Null verschieden ist. Es sei

$$x_{i+1} = x_i - \frac{f(x_i)}{f'(x_i)}.$$

Sind f' und f'' stetig und gilt mit einer bestimmten Zahl M für alle x und t im Intervall zwischen x und r

$$\left|\frac{f''(x)}{f'(t)}\right| \leqslant M,$$

so folgt

$$|x_{i+1} - r| \leqslant \frac{M}{2}|x_i - r|^2.$$

Wenn nun $f''(x), f'(x)$ und $f(x)$ zwischen $x = r$ und $x = x_i > r$ positiv sind, dann können wir Bild 6.19 $x_1 > x_2 > \ldots > r$ entnehmen. Demzufolge liegen die sukzessiven Schätzungen $x_2, x_3, \ldots$ zwischen dem ersten Schätzwert x_1 und der Wurzel r. Dann gilt die Hypothese des Theorems für alle x_i.

Wie schnell nähert sich dann die abnehmende Folge $x_1, x_2, x_3, \ldots$ dem Wert r? Liegt x_1 nahe bei r, angenommen $|x_1 - r| \leqslant 0{,}1$, dann erhalten wir

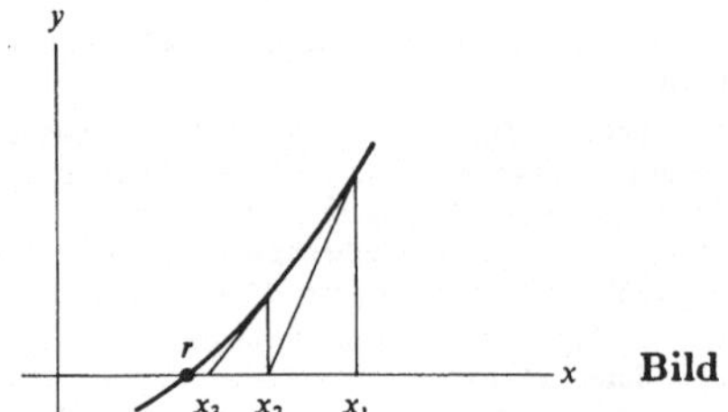

Bild 6.19

$$|x_2 - r| \leqslant \left(\frac{M}{2}\right)(0{,}1)^2 = \left(\frac{M}{2}\right)(0{,}01).$$

Ist daher M nicht zu groß, so stellt x_2 eine bessere Näherung für r dar als x_1. Zum Beispiel ergibt sich mit $M = 2$

$$|x_2 - r| \leqslant 0{,}01$$

und

$$|x_3 - r| \leqslant \frac{M}{2}(x_2 - r)^2 \leqslant 0{,}0001$$

und so fort. Stimmt daher x_1 bis auf eine Dezimale mit r überein, dann ist x_2 bis auf zwei Dezimale genau, x_3 bis auf 4 Dezimale genau usw. Die Anzahl der exakten Dezimalstellen hat die Tendenz, sich mit jedem Schritt der Newtonschen Rekursion zu verdoppeln. Zum Beispiel ergibt die Newtonsche Rekursionsformel für $\sqrt{10} \approx 3{,}162278$

$$x_{i+1} = \frac{x_i + 10/x_i}{2}.$$

Folgende Tabelle zeigt die Resultate des Rekursionsvorganges, wenn wir von der ersten Schätzung $x = 3$ ausgehen.

Schritt	*Schätzung*	*exakte Ziffern*	*Anzahl der exakten Ziffern*
1	$x_1 = 3$	3	0
2	$x_2 = 3{,}166667$	3,16	2
3	$x_3 = 3{,}162281$	3,1622	4

Beispiel 2: Die Gerade $y = 2x/3$ schneidet die Kurve $y = \sin x$ im Punkt P, dessen x-Koordinate r zwischen Null und π liegt (Bild 6.20). Die Zahl r ist die Lösung der Gleichung $2x/3 = \sin x$, da die Graphen an der Stelle $x = r$ die gleichen y-Koordinaten besitzen. Man verwende das Newtonsche Verfahren zur Annäherung von r.

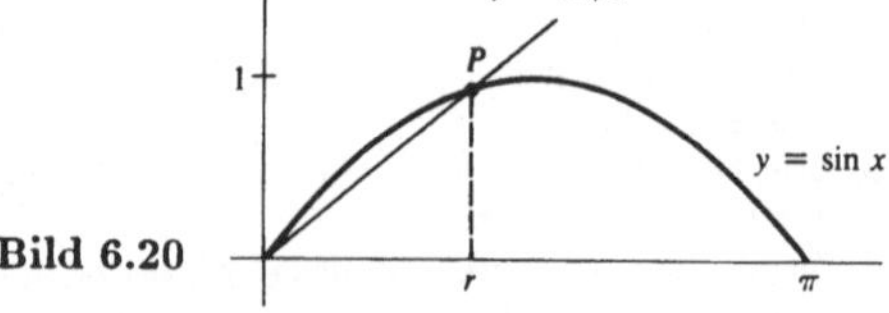

Bild 6.20

Lösung: Ein Blick auf den Graphen ergibt für r die Schätzung 1,5. Um einen besseren Wert zu erhalten, untersuchen wir r als Lösung der Gleichung

$$f(x) = \sin x - \frac{2x}{3} = 0.$$

Mit $f'(x) = \cos x - \frac{2}{3}$ erhalten wir mit dem Newtonschen Verfahren die folgende zweite Schätzung von r:

$$x_2 = 1{,}5 - \frac{f(1{,}5)}{f'(1{,}5)} = 1{,}5 - \frac{\sin 1{,}5 - 2(1{,}5)/3}{\cos 1{,}5 - \frac{2}{3}}$$

Mit Hilfe einer Tabelle für $\sin x$ und $\cos x$ finden wir

$$x_2 \approx 1{,}5 - \frac{0{,}997 - 1}{0{,}071 - 0{,}667} = 1{,}5 - \frac{0{,}003}{0{,}596} = 1{,}495.$$

Tatsächlich gilt exakt bis zur dritten Dezimale $r = 1{,}496$. ●

Übungen:

1. a sei eine positive Zahl. Man zeige, daß die Newtonsche Rekursionsformel für die Abschätzung von $\sqrt{a}$ durch

$$x_{i+1} = \frac{x_i + a/x_i}{2}$$

gegeben ist.

2. Man benutze die Formel von Übung 1 um $\sqrt{15}$ abzuschätzen. Man wähle $x_1 = 4$ und berechne x_2 und x_3 bis auf drei Dezimalen.
3. Man benutze die Formel von Übung 1 um $\sqrt{19}$ abzuschätzen. Man wähle $x_1 = 4$ und berechne x_2 und x_3 auf drei Dezimalen.
4. Bei der Abschätzung von $\sqrt{3}$ ging ein Computer von $x_1 = 50$ aus. Was ergab die Newtonsche Methode für x_2, x_3 und x_4?
5. (*a*) Man zeige nach der Newtonschen Methode für die Abschätzung von $\sqrt[3]{7}$ die folgende Rekursionsformel:

$$x_{i+1} = \frac{2}{3}x_i + \frac{7}{3x_i^2}.$$

(*b*) Sei $x_1 = 1$; man berechne x_2 und x_3.
(*c*) Sei $x_1 = 2$; man berechne x_2 und x_3.

6. Es sei $f(x) = x^4 + x - 19$.
(*a*) Man zeige $f(2) < 0 < f(3)$, so daß f zwischen 2 und 3 eine Wurzel r besitzen muß.
(*b*) Man wende das Newtonsche Verfahren an und beginne mit $x_1 = 2$. Man berechne x_2 und x_3 und zeichne die entsprechenden Tangenten in den Graphen.
7. Es sei $f(x) = x^5 + x - 1$.
(*a*) Man zeige, daß die Gleichung $f(x) = 0$ im Intervall $[0; 1]$ genau eine Wurzel besitzt. (Man untersuche f').
(*b*) Man verwende $x_1 = \frac{1}{2}$ als erste Schätzung und bestimme nach dem Newtonschen Verfahren eine zweite Schätzung x_2.
8. Es sei $f(x) = 2x^3 - x^2 - 2$.
(*a*) Man zeige, daß die Gleichung $f(x) = 0$ im Intervall $[1; 2]$ genau eine Wurzel besitzt.
(*b*) Man nehme $x_1 = \frac{3}{2}$ als erste Schätzung und bestimme nach dem Newtonschen Verfahren eine zweite Schätzung x_2.
9. (*a*) Man zeichne $y = e^x$ und $y = x + 2$ in das gleiche Koordinatensystem.
(*b*) Mit Hilfe von (*a*) schätze man die Wurzel von $e^x - x - 2 = 0$.
(*c*) Man verwende das Newtonsche Verfahren und eine Tabelle von e^x, um die Wurzel auf zwei Dezimale abzuschätzen.

■

Übung 10 zeigt uns, daß das Newtonsche Verfahren mit Vorsicht angewendet werden muß.

10. Es sei $f(x) = 2x^3 - 4x + 1$.
(*a*) Man zeige $f(1) < 0 < f(0)$. Dementsprechend muß die Gleichung $f(x) = 0$ in $[0; 1]$ eine Wurzel besitzen.
(*b*) Man wähle $x_1 = 1$ und verwende das Newtonsche Verfahren zur Bestimmung von x_2 und x_3 an.
(*c*) Man zeichne f und bestimme graphisch die Folge der Abschätzungen.
11. (*a*) Man zeichne $y = \ln x$ und $y = \sin x$ in das gleiche Koordinatensystem.
(*b*) Mit Hilfe der Graphen von (*a*) schätze man die x-Koordinate des Punktes mit $\sin x - \ln x = 0$.
(*c*) Man verwende die Abschätzung von (*b*) als x_1 und bestimme nach dem Newtonschen Verfahren die zweite Schätzung x_2.
12. Es sei $f(x) = x^2 + 1$.
(*a*) Man berechne aus $x_1 = 2$ nach dem Newtonschen Verfahren x_2, x_3, x_4 und x_5 bis auf zwei Dezimalen.
(*b*) Aus dem Graphen von f zeige man geometrisch den Vorgang von (*a*).
(*c*) Ausgehend von $x_1 = \sqrt{3}/3$ berechne man nach dem Newtonschen Verfahren x_2 und x_3. Wie verhält sich x_n für $n \to \infty$?
(*d*) Ausgehend von $x_1 = (1 + \sqrt{2})/2$ bestimme man nach dem Newtonschen Verfahren x_2, x_3 und x_4.
13. (*a*) Man zeichne $y = x \sin x$ für x aus $[0; \pi]$.
(*b*) Mit Hilfe der ersten und zweiten Ableitung zeige man, daß die Kurve im Intervall $[0; \pi]$ ein eindeutiges relatives Maximum besitzt.
(*c*) Man zeige, daß $x \sin x$ sein Maximum für $x \cos x + \sin x = 0$ annimmt.
(*d*) Man beginne mit $x_1 = \pi/2$, bestimme nach dem Newtonschen Verfahren eine zweite Schätzung x_2 für die Wurzel der Gleichung $x \cos x + \sin x = 0$.
(*e*) Man bestimme nach dem Newtonschen Verfahren x_3.

■■

Für die folgenden beiden Übungen ist ein Rechner von Vorteil.

14. (*a*) Man zeichne $y = e^x$ und $y = \tan x$ in das gleiche Koordinatensystem.
(*b*) Man zeige, daß die Gleichung $e^x - \tan x = 0$ zwischen Null und $\pi/2$ eine Lösung besitzt.
(*c*) Man wähle die erste Schätzung x_1 für die Lösung von (*b*) mit Hilfe des Graphen aus (*a*). Dann bestimme man x_2 nach dem Newtonschen Verfahren.
15. (*a*) Man zeige, daß die Gleichung $3x + \sin x - e^x = 0$ zwischen 0 und 1 eine Lösung besitzt.
(*b*) Man beginne mit $x_1 = 0{,}5$ und berechne x_2 und x_3 als Näherungslösungen von (*a*) mit der Newtonschen Rekursion.

6.5 Der Winkel zwischen einer Geraden und einer Tangente

In diesem Abschnitt befassen wir uns etwa mit den folgenden Fragen: „Wie finden wir den Winkel zwischen zwei sich schneidenden Geraden?“ „Warum ist ein Reflexionsspiegel parabolisch?“ „Wie können wir für eine Kurve in Polarkoordinaten den Winkel zwischen dem Radiusvektor r und der Tangente bestimmen.“ Die Antworten auf all diese Fragen können auf die Bestimmung eines Winkels zwischen zwei Geraden zurückgeführt werden, die wir nun besprechen wollen.

Betrachten wir eine Gerade L in der x-y-Ebene (Bild 6.21). Sie schließt mit der positiven x-Achse einen Winkel α mit $0 \leqslant \alpha < \pi$ ein. Der Anstieg m von L ist $\tan \alpha$. (Für $\alpha = \pi/2$ ist der Anstieg nicht definiert.)

Man betrachte nun zwei Geraden L und L' mit den Neigungswinkeln α und α' und den Anstiegen m und m' (Bild 6.22). Die zwei Geraden schließen miteinander zwei Winkel ein. Folgende Definition hilft uns, einen dieser beiden Winkel als *den* Winkel zwischen L und L' auszuzeichnen.

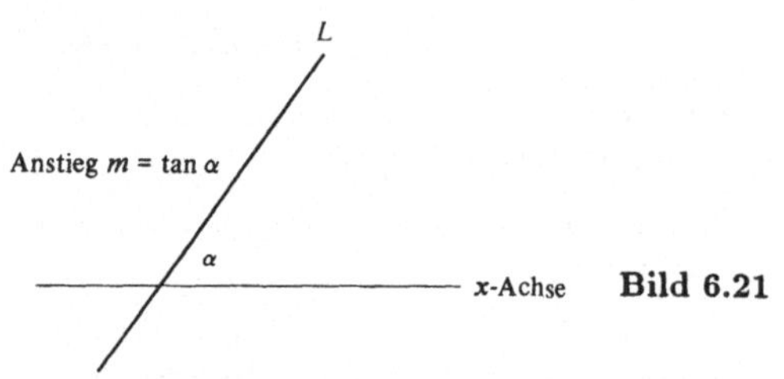

Bild 6.21

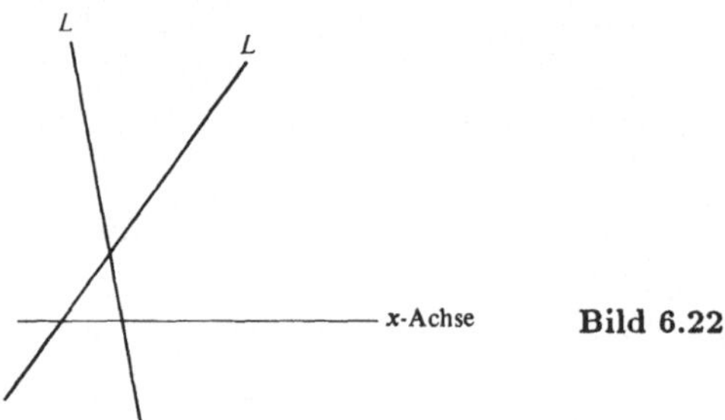

Bild 6.22

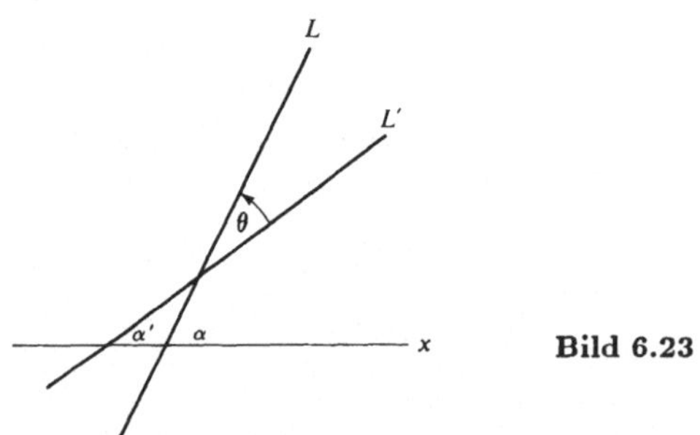

Bild 6.23

Definition des Winkels zwischen zwei Geraden: Es seien L und L' zwei Geraden, wobei L den größeren Neigungswinkel, $\alpha > \alpha'$, besitzen soll (Bild 6.23). Dann ist der Winkel θ zwischen L und L' wie folgt definiert:

$$\theta = \alpha - \alpha'.$$

Sind L und L' parallel, definieren wir $\theta = 0$.

Die Bilder 6.23 bis 6.25 illustrieren θ für einige typische L und L'. In jedem Falle ist θ gegen den Uhrzeigersinn von L' nach L gerechnet. Man beachte stets $0 \leqslant \theta < \pi$.

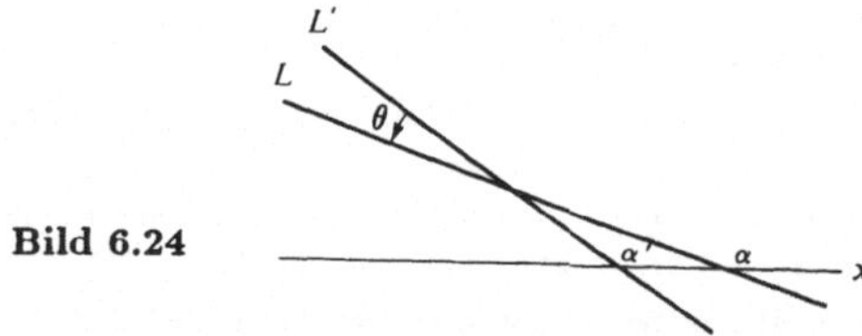

Bild 6.24

Der Tangens von θ kann leicht durch die Anstiege von m und m' dargestellt werden. Mit Hilfe der trigonometrischen Identität für $\tan(A - B)$ erhalten wir

$$\tan\theta = \tan(\alpha - \alpha')$$

$$= \frac{\tan\alpha - \tan\alpha'}{1 + \tan\alpha\tan\alpha'} = \frac{m - m'}{1 + mm'}.$$

Daher erhalten wir als *Formel für den Tangens des Winkels zwischen zwei Geraden:*

$$\tan\theta = \frac{m - m'}{1 + mm'}.$$

In dieser Formel ist m der Anstieg der Geraden mit dem größeren Neigungswinkel. Für $mm' = -1$ ergibt sich $\theta = \pi/2$, da nämlich für $mm' \to -1$ auch $|\tan\theta| \to \infty$.

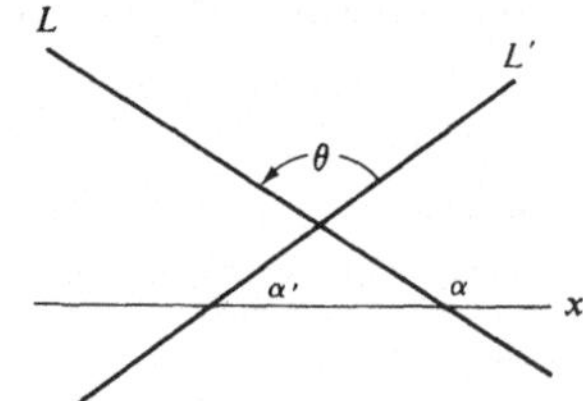

Bild 6.25

Der Winkel zwischen zwei Kurven: Im ersten Beispiel wird die obige Formel verwendet, um den Winkel zwischen zwei einander schneidende Kurven zu berechnen. Unter dem „Winkel zwischen den beiden Kurven" verstehen wir „den Winkel zwischen ihren Tangenten im Schnittpunkt".

Beispiel 1: Die Kurven $y = x^2$ und $y = \sqrt{x}$ schneiden einander im Punkt (1; 1). Man bestimme den Winkel zwischen ihnen.

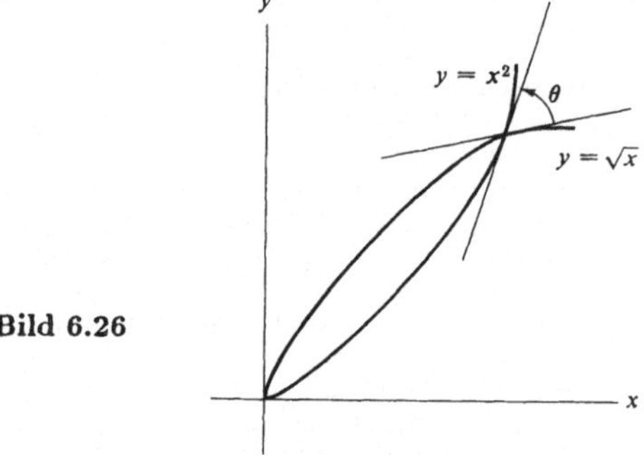

Bild 6.26

Lösung: Wie wir Bild 6.26 entnehmen, hat die Tangente an $y = x^2$ in (1; 1) die größere Steigung als die Tangente von $y = \sqrt{x}$. Daher sei L die Tangente an $y = x^2$ in (1; 1) und L' die entsprechende Tangente an $y = \sqrt{x}$. Aus $D(x^2) = 2x$ erhalten wir für L den Anstieg $m = 2 \cdot 1 = 2$; ferner ergibt sich aus $D(\sqrt{x}) = 1/(2\sqrt{x})$ für L' der Anstieg $m' = \frac{1}{2}$. Daher folgt

$$\tan\theta = \frac{2 - \frac{1}{2}}{1 + 2 \cdot \frac{1}{2}} = \frac{\frac{3}{2}}{2} = \frac{3}{4}.$$

Aus einer trigonometrischen Tabelle oder mit Hilfe eines Rechners erhalten wir $\theta \approx 0{,}64$ Radiant. •

Das nächste Beispiel zeigt uns, warum Blitzlichtreflektoren und Mikrowellenantennen im Idealfall parabolisch sein sollten. Dabei verwenden wir das Reflexionsgesetz: Der Reflexionswinkel eines Lichtstrahls ist gleich seinem Einfallswinkel (Bild 6.27).

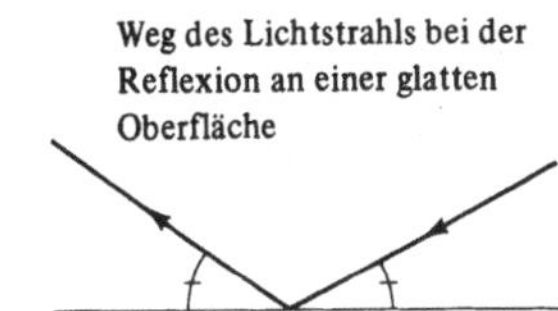

Bild 6.27

Beispiel 2: P sei ein beliebiger Punkt auf der Parabel $y=\sqrt{x}$ und F sei der Punkt $(\frac{1}{4};0)$ (Bild 6.28). Man zeige, daß der Winkel zwischen der Geraden FP und der in P an die Parabel gelegten Tangente dem Winkel zwischen der x-Achse und der Tangente in P gleicht.

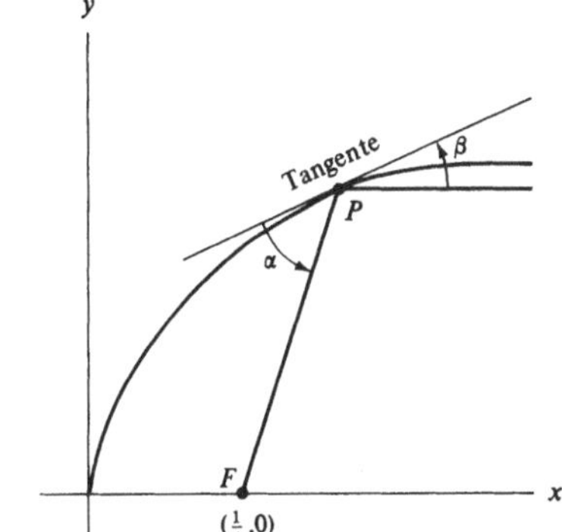

Bild 6.28

Lösung: Der Anstieg der Tangente in einem Punkt der Parabel $y=\sqrt{x}$ ist gleich $1/(2\sqrt{x})$. Der Anstieg der Geraden FP ergibt sich nach der Zweipunktformel

$$\frac{y-0}{x-\frac{1}{4}}=\frac{y}{x-\frac{1}{4}}.$$

α sei der Winkel zwischen der Geraden FP und der Tangente, β der Winkel zwischen FP und der durch P gelegten Parallen zur x-Achse. Wir erhalten

$$\tan\alpha=\frac{\frac{y}{x-\frac{1}{4}}-\frac{1}{2\sqrt{x}}}{1+\frac{y}{x-\frac{1}{4}}\,\frac{1}{2\sqrt{x}}}$$

und

$$\tan\beta = \text{Anstieg der Tangente}$$
$$=\frac{1}{2\sqrt{x}}.$$

Um $\alpha=\beta$ zu zeigen, beweisen wir $\tan\alpha=\tan\beta$ wie folgt:

$$\tan\alpha=\frac{\frac{y}{x-\frac{1}{4}}-\frac{1}{2\sqrt{x}}}{1+\frac{y}{x-\frac{1}{4}}\,\frac{1}{2\sqrt{x}}}$$
$$=\frac{2\sqrt{x}\,y-x+\frac{1}{4}}{2(x-\frac{1}{4})\sqrt{x}+y}$$

$$=\frac{2\sqrt{x}\sqrt{x}-x+\frac{1}{4}}{2(x-\frac{1}{4})\sqrt{x}+\sqrt{x}} \qquad (x;y) \text{ liegt auf der Parabel } y=\sqrt{x}$$
$$=\frac{2x-x+\frac{1}{4}}{2x\sqrt{x}-(\sqrt{x}/2)+\sqrt{x}}$$
$$=\frac{x+\frac{1}{4}}{(2x+\frac{1}{2})\sqrt{x}}=\frac{1}{2\sqrt{x}}=\tan\beta. \bullet$$

Auf Grund ähnlicher Überlegungen werden alle parallel zur x-Achse auf die Parabel $y=\sqrt{2cx}$ einfallenden Lichtstrahlen (c ist eine positive Konstante) durch den Punkt $(c/2;0)$ reflektiert. Wir nennen diesen Punkt den *„Brennpunkt"*. Anhang B3 gibt eine geometrische Definition des Brennpunkts.

Betrachten wir nun eine Kurve im Polarkoordinaten $r=f(\theta)$. O sei der Pol, P ein typischer Punkt auf der Kurve. Wie können wir den Winkel γ zwischen der Geraden OP und der im Punkt P an die Kurve gelegten Tangente bestimmen (Bild 6.29)?

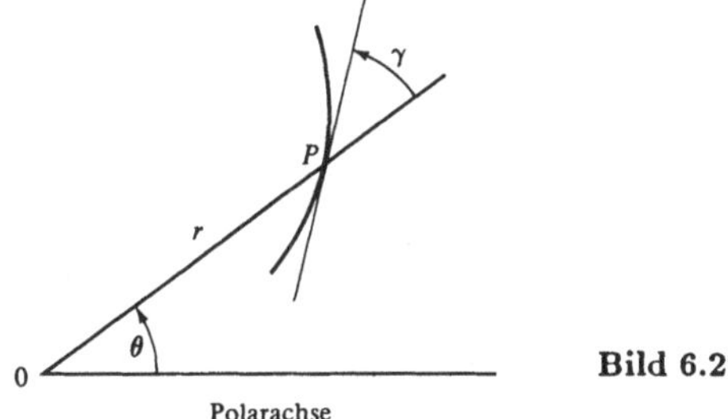

Bild 6.29

Die Merkregel des **Band 2, Kap. 4** legt eine Formel für $\tan\gamma$ nahe. Unsere Überlegungen werden der Denkweise jener Mathematiker ähnlich sein, die im 17. Jahrhundert die Infinitesimalrechnung begründet haben. Betrachten wir Bild 6.30. Für kleine Werte von $d\theta$ sind die beiden Schenkel des Sektors fast parallel. Die Kurve gleicht lokal ihrer Tangente und der Winkel δ sollte ungefähr gleich dem Winkel γ sein. Wenn dem so ist, könnten wir vernünftigerweise

$$\tan\gamma=\frac{r\,d\theta}{dr}=\frac{r}{dr/d\theta}=\frac{r}{r'}$$

erwarten.

Bild 6.30

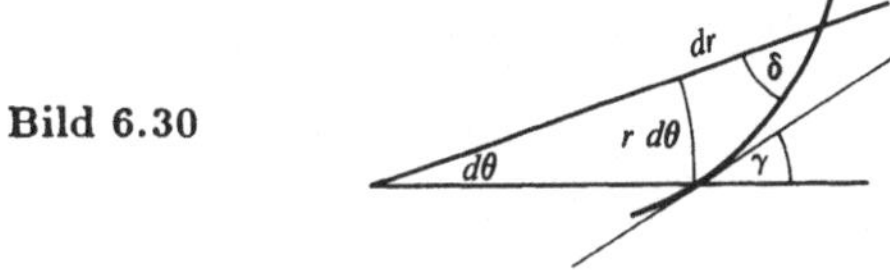

Unsere Überlegungen sind zwar suggestiv, aber sicher nicht exakt. Sie führen jedoch zur korrekten Formel, wie das folgende Theorem zeigt.

Theorem: Es sei γ der Winkel zwischen der Geraden OP und der in Punkt P an die Kurve $r=f(\theta)$ gelegten Tangente. Dann gilt

$$\tan\gamma = \frac{r}{dr/d\theta}.$$

Beweis: Zunächst bestimmen wir den Anstieg der Tangente in P. Da die Kurve in Parameterform durch

$$x = r\cos\theta, \quad y = r\sin\theta$$

gegeben ist, erhalten wir

$$\frac{dy}{dx} = \frac{dy/d\theta}{dx/d\theta} = \frac{r\cos\theta + r'\sin\theta}{-r\sin\theta + r'\cos\theta}.$$

Dies ist die Formel für den Anstieg der Tangente in P. Der Anstieg von OP ist einfach durch $\tan\theta$ gegeben (Bild 6.31).

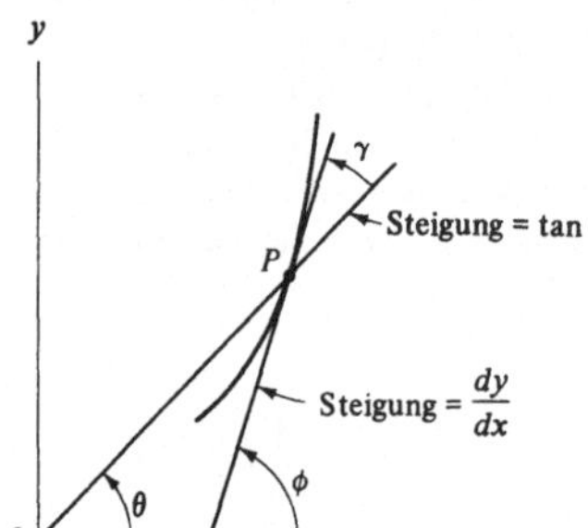

Bild 6.31

Der Einfachheit halber nehmen wir an, daß der Neigungswinkel ϕ der Tangente größer als der Neigungswinkel θ der Geraden OP ist. So ergibt sich mit Hilfe algebraischer Umformungen

$$\tan\gamma = \tan(\phi - \theta) = \frac{dy/dx - \tan\theta}{1 + (dy/dx)\tan\theta}$$

$$= \frac{\dfrac{r\cos\theta + r'\sin\theta}{-r\sin\theta + r'\cos\theta} - \dfrac{\sin\theta}{\cos\theta}}{1 + \dfrac{r\cos\theta + r'\sin\theta}{-r\sin\theta + r'\cos\theta}\,\dfrac{\sin\theta}{\cos\theta}}$$

$$= \frac{r}{r'}.$$

Mit einigem Rechenaufwand und unter Verwendung der Identität $\cos^2\theta + \sin^2\theta = 1$ kann der Leser die Details ausführen. ●

Tatsächlich ist die Formel für $\tan\gamma$ viel einfacher als für $\tan\phi$. Es ist daher günstiger, mit γ zu arbeiten. Wird ϕ jedoch benötigt, drückt man es durch γ und θ aus.

Beispiel 3: P sei ein Punkt auf der Spirale $r = e^\theta$ (Bild 6.32). Man bestimme γ und ϕ.

Lösung: Wir erhalten

$$\tan\gamma = \frac{r}{r'} = \frac{e^\theta}{(e^\theta)'} = \frac{e^\theta}{e^\theta} = 1.$$

Der Winkel γ ist konstant, $\gamma = \pi/4$. Aus dem Dreieck OAP ergibt sich

$$\phi = \theta + \gamma = \theta + \frac{\pi}{4}. \; ●$$

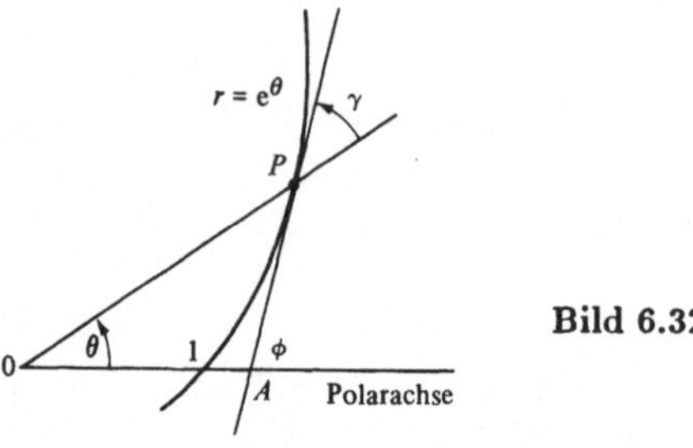

Bild 6.32

Übungen:

1. Wie groß ist der Winkel zwischen einer Geraden mit dem Neigungswinkel $\pi/4$ und einer Geraden mit Neigungswinkel $3\pi/4$.

In den Übungen 2 bis 4 bestimme man den Tangens des Winkels und den Winkel zwischen den beiden Geraden mit den gegebenen Anstiegen.

2. Anstiege 2 und 3
3. Anstiege 2 und $-\frac{1}{2}$
4. Anstiege -2 und -3

In den Übungen 5 bis 7 bestimme man den Tangens des Winkels zwischen den beiden Kurven im angegebenen Schnittpunkt.

5. $y = \sin x$; $y = \cos x$ für $(\pi/4; \sqrt{2}/2)$
6. $y = x^2$; $y = x^3$ für $(1; 1)$
7. $y = e^x$; $y = e^{-x}$ für $(0; 1)$

In den Übungen 8 bis 10 bestimme man γ und ϕ für die gegebene Kurve und den Winkel θ. Man verwende zur Schätzung von γ eine Tabelle oder einen Rechner.

8. $r = e^{\sqrt{3}\theta}$; $\theta = \pi/6$
9. $r = 1 + \cos\theta$; $\theta = \pi/4$
10. $r = \sin 2\theta$; $\theta = \pi/6$
11. Man führe den Beweis des Theorems dieses Abschnitts zu Ende.
12. Man zeige für $r = a\sin\theta$ die Relation $\gamma = \theta$.

■

13. Man zeige für die Kardioide $r = 1 - \cos\theta$ die Relation $\gamma = \theta/2$.
14. (*a*) Man bestimme für die Kardioide $r = 1 + \cos\theta$ den Grenzwert $\lim_{\theta \to \pi^-} \gamma$.
    (*b*) Man zeichne die Kurve $r = 1 + \cos\theta$ mit Hilfe der Information von (*a*).
15. Wenn für eine Kurve $r = f(\theta)$ stets $\gamma = \theta$ gilt, welche Möglichkeiten gibt es dann für f?
16. Wenn für eine Kurve $r = f(\theta)$ der Winkel γ stets unabhängig von θ ist, welche Möglichkeiten gibt es dann für f?

■■

17. Man betrachte die Kurve $r = 1 + a\cos\theta$ mit festem a, $0 \leq a \leq 1$.
    (*a*) Man zeichne die Kurven für $a = 0, \frac{1}{4}, \frac{1}{2}, \frac{3}{4}, 1$ bezüglich derselben Polarachse.
    (*b*) Für $a = \frac{1}{4}$ erhalten wir in (*a*) eine konvexe Kurve, nicht jedoch für $a = 1$. Man zeige, daß die Kurve für $\frac{1}{2} < a \leq 1$ nicht konvex ist.

Die folgende Übung erklärt, warum „Flüster"-Räume elliptisch sind.

18. Die Ellipse $x^2/a^2 + y^2/b^2 = 1$, $a > b > 0$ hat die Brennpunkte $F_1(\sqrt{a^2 - b^2}; 0)$ und $F_2(-\sqrt{a^2 - b^2}; 0)$. P sei ein beliebiger Punkt der Ellipse und T die Tangente an die Ellipse in P. Man zeige, daß eine Schallwelle, die von F_1 ausgeht, an der Ellipse

in P reflektiert wird und durch den Punkt F_2 geht. (Man nehme an, daß für Schall, ebenso wie für Licht der Reflexionswinkel mit dem Einfallswinkel übereinstimmt.) Das Flüstern einer Person, die sich in einem Brennpunkt eines elliptischen Raumes aufhält, kann im anderen Brennpunkt leicht gehört werden.

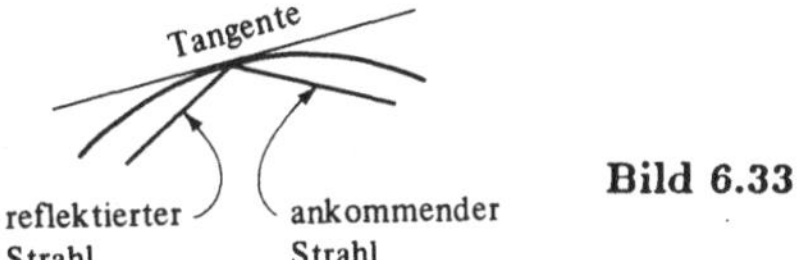

Bild 6.33

19. Vier Hunde folgen einander entgegen dem Uhrzeigersinn mit der gleichen Geschwindigkeit. Anfänglich befinden sie sich an den vier Eckpunkten eines Quadrates der Seitenlänge a (Bild 6 .34). Bei der Verfolgung nähern sie sich dem Mittelpunkt des Quadrates in Spiralform. Welchen Weg legt jeder Hund zurück?

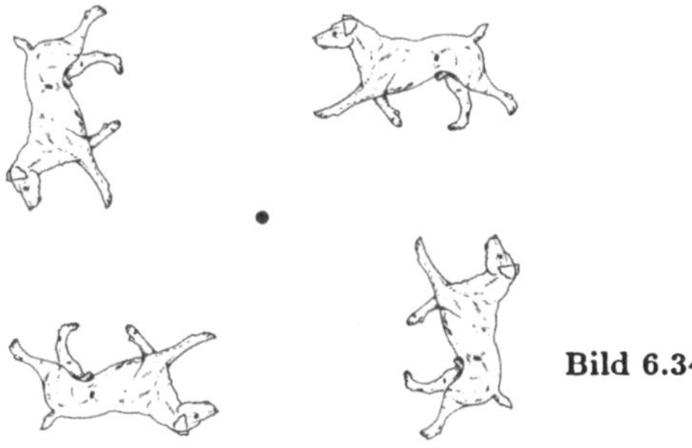

Bild 6.34

(*a*) Zunächst bestimme man die Bewegungsgleichung in Polarkoordinaten, dann bestimme man die Bogenlänge.
(*b*) Man beantworte die Frage ohne Rechnung.

20. $r = f(\theta)$ sei eine Kurve, die nicht durch den Ursprung O geht. Man zeige: In jenem Punkt der Kurve P, der am nächsten von O liegt, ist die Linie OP senkrecht zu der Tangente in P.

6.6 Die hyperbolischen Funktionen

Bestimmte Kombinationen der Exponentialfunktionen e^x und e^{-x} kommen häufig in Differentialgleichungen und bei technischen Aufgaben vor, so daß ihnen eigene Namen gegeben wurden. Dieser Abschnitt definiert diese sogenannten *hyperbolischen Funktionen* und beschäftigt sich mit ihren grundsätzlichen Eigenschaften. Da der Buchstabe x später für andere Zwecke gebraucht wird, verwenden wir das Symbol t zur Bezeichnung der Exponenten, nämlich e^t und e^{-t}.

Definition des hyperbolischen Kosinus: t sei eine reelle Zahl. Der hyperbolische Kosinus von t wird mit $\cosh t$ bezeichnet und ist durch den Ausdruck

$$\cosh t = \frac{e^t + e^{-t}}{2}$$

gegeben. Man beachte

$$\cosh 0 = \frac{e^0 + e^{-0}}{2} = \frac{1+1}{2} = 1.$$

Ebenso gilt:

$$\cosh(-t) = \frac{e^{(-t)} + e^{-(-t)}}{2} = \frac{e^{-t} + e^t}{2} = \cosh t.$$

Also erhalten wir in bemerkenswerter Übereinstimmung mit der trigonometrischen Kosinusfunktion $\cosh 0 = 1$ und $\cosh(-t) = \cosh t$. Allerdings unterscheidet sich der hyperbolische Kosinus ganz wesentlich vom gewöhnlichen Kosinus. Insbesondere ist entsprechend Beispiel 1 der $\cosh t$ stets mindestens 1 und kann beliebig groß werden.

Beispiel 1: Man zeichne $f(t) = \cosh t$.

Lösung: Zunächst tabelliert man einige Werte von $f(t)$.

t	-3	-2	-1	0	1	2	3
$\frac{e^t + e^{-t}}{2}$	10,07	3,76	1,54	1	1,54	3,76	10,07

Man beachte, daß für große positive t der Anteil e^{-t} klein ist; in diesem Bereich ist daher $(e^t + e^{-t})/2$ näherungsweise $\frac{1}{2}e^t$. Mit Hilfe der Tabelle und dieser Feststellung kann der Graph leicht gezeichnet werden (Bild 6.35). Die ent-

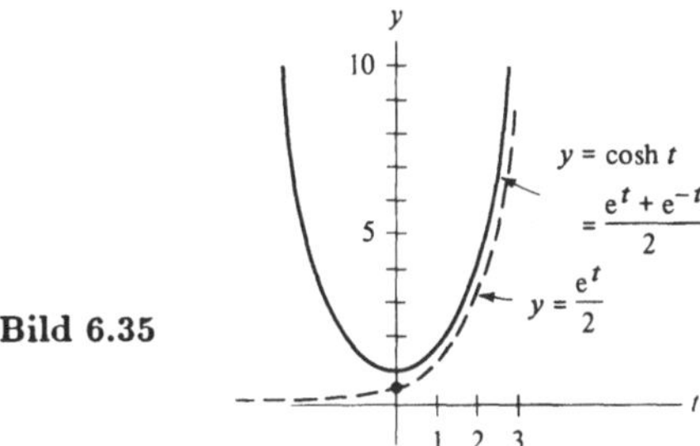

Bild 6.35

stehende Kurve heißt übrigens *Kettenlinie*. Hängt man eine Kette oder ein Seil an den beiden Enden auf, so ist die entstehende Kurve Teil einer Kettenlinie. •

Eine andere in der Praxis verwendete hyperbolische Funktion wird im folgenden definiert.

Definition des hyperbolischen Sinus: t sei eine reelle Zahl. Der hyperbolische Sinus $\sinh t$ wird durch $\sinh t$ bezeichnet und ist durch die Formel

$$\sinh t = \frac{e^t - e^{-t}}{2}$$

gegeben. Wir finden sehr einfach $\sinh 0 = 0$ und $\sinh(-t) = -\sinh t$. Den Graph von $\sinh t$ zeigt Bild 6.36.

Man beachte den Unterschied zwischen $\sinh t$ und $\sin t$. Für große $|t|$ wird der hyperbolische Sinus ebenfalls groß, es gilt

$$\lim_{t \to \infty} \sinh t = \infty \quad \text{und} \quad \lim_{t \to -\infty} \sinh t = -\infty.$$

Während trigonometrische Funktionen periodisch sind, gilt dies für hyperbolische Funktionen nicht.

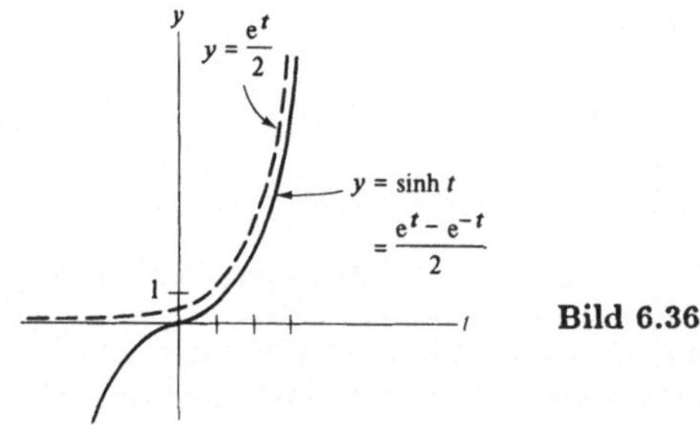

Bild 6.36

Das nächste Beispiel erklärt uns, warum die Funktionen $(e^t + e^{-t})/2$ und $(e^t - e^{-t})/2$ hyperbolisch genannt werden.

Beispiel 2: Man zeige, daß für jede reelle Zahl der Punkt

$$x = \cosh t, \quad y = \sinh t$$

auf der Hyperbel

$$x^2 - y^2 = 1$$

liegt.

Lösung: Man berechne $\cosh^2 t - \sinh^2 t$ und prüfe ob das Ergebnis gleich 1 ist. Wir erhalten

$$\cosh^2 t - \sinh^2 t = \left(\frac{e^t + e^{-t}}{2}\right)^2 - \left(\frac{e^t - e^{-t}}{2}\right)^2 = \frac{e^{2t} + 2e^t e^{-t} + e^{-2t}}{4} - \frac{e^{2t} - 2e^t e^{-t} + e^{-2t}}{4} = \frac{2+2}{4} = 1.$$

Der Punkt $(\cosh t, \sinh t)$ liegt stets auf der rechten Hälfte der Hyperbel $x^2 - y^2 = 1$, denn es gilt $\cosh t \geqslant 1$. ●

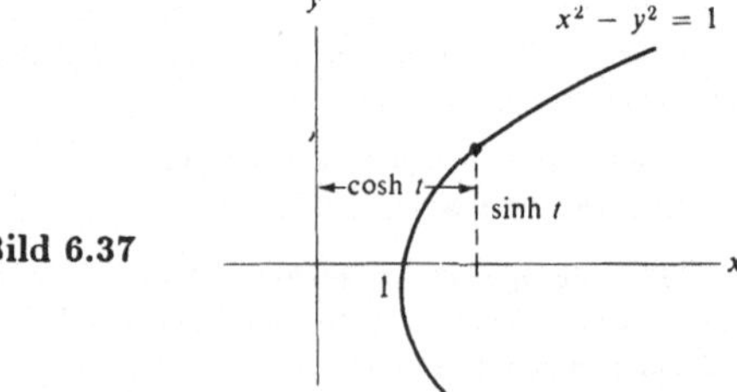

Bild 6.37

Die Funktion $\cosh t$ ist unter anderem deshalb von besonderer Bedeutung, weil ihre Umkehrfunktion mit der Bezeichnung arcosh (Areacosinus) t mit der Funktion $\ln(x + \sqrt{x^2 - 1})$ übereinstimmt. Diese Funktion ist aber das Integral von $1/\sqrt{x^2 - 1}$. Im nächsten Beispiel beweisen wir diese Formel für arcosh x.

Beispiel 3: Für $t \geqslant 0$ ist die Funktion $x = \cosh t$ eindeutig. Man drücke t durch x aus und bestimme auf diese Weise die inverse Funktion arcosh x.

Lösung: Es sei

$$x = \frac{e^t + e^{-t}}{2}.$$

Man löst diese Gleichung nach t auf:

$$e^t + e^{-t} = 2x;$$

$$e^t + \frac{1}{e^t} = 2x;$$

$$(e^t)^2 + 1 = 2xe^t;$$

$$(e^t)^2 - 2xe^t + 1 = 0.$$

Letztere Beziehung ist eine quadratische Gleichung mit der Unbekannten e^t. Die Formel für die Wurzeln einer quadratischen Gleichung ergeben

$$e^t = \frac{2x \pm \sqrt{(-2x)^2 - 4 \cdot 1 \cdot 1}}{2} = \frac{2x \pm \sqrt{4x^2 - 4}}{2} = x \pm \sqrt{x^2 - 1}.$$

Aus $t \geqslant 0$ folgt $e^t \geqslant 1$. Wie in Übung 10 gezeigt, gilt für $x > 1$ stets $x - \sqrt{x^2 - 1} < 1$. Daher erhalten wir

$$e^t = x + \sqrt{x^2 - 1}$$

und weiter

$$t = \ln(x + \sqrt{x^2 - 1}).$$

Zusammenfassend ergibt sich

$$\operatorname{arcosh} x = \ln(x + \sqrt{x^2 - 1}).$$ ●

Weitere Eigenschaften der hyperbolischen Funktionen werden in den Übungen behandelt.

Übungen:

1. Man zeige
   (*a*) $\frac{d(\cosh t)}{dt} = \sinh t$, (*b*) $\frac{d(\sinh t)}{dt} = \cosh t$.
2. Man zeige
   (*a*) $\cosh(x + y) = \cosh x \cosh y + \sinh x \sinh y$,
   (*b*) $\sinh(x + y) = \sinh x \cosh y + \cosh x \sinh y$.
3. Man zeige
   (*a*) $\cosh(x - y) = \cosh x \cosh y - \sinh x \sinh y$,
   (*b*) $\sinh(x - y) = \sinh x \cosh y - \cosh x \sinh y$.
4. Man zeige $\cosh^2 x + \sinh^2 x = \cosh 2x$.
5. Man zeige $\sinh 2x = 2 \sinh x \cosh x$.
6. Man zeige $2 \sinh^2(x/2) = \cosh x - 1$.
7. Man zeige $2 \cosh^2(x/2) = \cosh x - 1$.
8. Es sei $y = \operatorname{arcosh} x$. Man zeige
   $$\frac{dy}{dx} = \frac{1}{\sqrt{x^2 - 1}}$$
   (*a*) durch Differentiation der Gleichung $x = \cosh y$ nach x.
   (*b*) Mit Hilfe der Gleichung $\operatorname{arcosh} x = \ln(x + \sqrt{x^2 - 1})$.
9. Man zeige $\operatorname{arsinh} x = \ln(x + \sqrt{x^2 + 1})$.

■

10. Man zeige für $x > 1$ die Ungleichung $x - \sqrt{x^2} - 1 < 1$. *Hinweis:* Man multipliziere mit
    $$(x + \sqrt{x^2 - 1})/(x + \sqrt{x^2 - 1}).$$
11. Der hyperbolische Tangens ist durch
    $$\tanh x = \frac{\sinh x}{\cosh x}$$

definiert.

(*a*) Man zeige $\tanh x = \dfrac{e^x - e^{-x}}{e^x + e^{-x}}$.

(*b*) Man zeige, daß $\tanh x$ für alle x definiert ist.

(*c*) Man zeige $\tanh(-x) = -\tanh x$.

(*d*) Man bestimme $\lim\limits_{x \to \infty} \tanh x$.

12. (Siehe Übung 11.) Man zeige

$$\tanh(x + y) = \frac{\tanh x + \tanh y}{1 + \tanh x \tanh y}.$$

13. Der *hyperbolische Sekans* wird durch

$$\operatorname{sech} x = \frac{1}{\cosh x}$$

definiert. Man zeichne die Kurve $y = \operatorname{sech} x$.

14. Man zeige $D(\tanh x) = \operatorname{sech}^2 x$.

15. Man zeige $D(\operatorname{sech} x) = \operatorname{sech} x \tanh x$.

16. Der *hyperbolische Kotangens* ist durch

$$\operatorname{cosech} x = \frac{1}{\sinh x}$$

definiert. Man zeichne die Kurve $y = \coth x$.

17. Der *hyperbolische Kosekans* ist durch

$$\operatorname{cosech} x = \frac{1}{\sinh x}$$

definiert.

(*a*) Was ist der Wertebereich von $\operatorname{cosech} x$?

(*b*) Man zeichne die Kurve $y = \operatorname{cosech} x$.

18. Man zeige $D(\coth x) = -\operatorname{cosech}^2 x$.

19. Man zeige $D(\operatorname{cosech} x) = -\operatorname{cosech} x \coth x$.

20. Man zeige

(*a*) $\operatorname{sech}^2 x + \tanh^2 x = 1$,

(*b*) $\operatorname{cosech}^2 x - \coth^2 x = 1$.

21. Man zeige $D(\operatorname{artanh} x) = 1/(1 - x^2)$.

■■

Für die Übungen 22 bis 24 verwende man einen Rechner.

22. (*a*) Was ist der Unterschied zwischen $\cosh x$ und $\frac{1}{2} e^x$ für $x = 3$?

(*b*) Was ist der Unterschied zwischen $\tanh x$ und 1 für $x = 3$?

23. Mit den Methoden des Kapitels 15 können wir zeigen:

$$\cosh x = 1 + \frac{x^2}{2!} + \frac{x^4}{4!} + \frac{x^6}{6!} + \dots.$$

(Je mehr Summanden wir verwenden, desto besser ist die Näherung.)

(*a*) Man verwende vier Summanden, um cosh 1 und cosh 2 abzuschätzen.

(*b*) Was ist der Unterschied zwischen den Abschätzungen von (*a*) und den korrekten Werten?

24. Mit Hilfe der Methoden von Kapitel 15 können wir für $0 \leq x < 1$ zeigen:

$$\operatorname{artanh} x = x + \frac{x^3}{3} + \frac{x^5}{5} + \frac{x^7}{7} + \dots.$$

(*a*) Man verwende vier Summanden, um $\operatorname{artanh} \frac{1}{2}$ abzuschätzen.

(*b*) Was ist der Unterschied zwischen der Abschätzung von (*a*) und dem korrekten Wert?

25. Einige Integraltafeln enthalten die Formeln

$$\int \frac{dx}{\sqrt{ax+b}\,\sqrt{cx+d}} = \frac{2}{\sqrt{-ac}} \arctan \sqrt{\frac{-c(ax+b)}{a(cx+d)}}$$
$$= \frac{2}{\sqrt{ac}} \operatorname{artanh} \sqrt{\frac{c(ax+b)}{a(cx+d)}}.$$

Die erste Formel wird verwendet, wenn a und c entgegengesetzte Vorzeichen haben, die zweite Formel wenn sie gleiche Vorzeichen besitzen. Die Übung behandelt die Funktion $\operatorname{artanh} x$, die in der zweiten Formel auftritt.

(*a*) Man zeichne $y = \tanh x$. Siehe Übung 11 für die Definition von $\tanh x$.

(*b*) Man zeige die Eineindeutigkeit der Funktion $\tanh x$.

(*c*) Die Umkehrfunktion wird mit $\operatorname{artanh} x$ bezeichnet. Man zeige

$$\operatorname{artanh} x = \frac{1}{2} \ln \frac{x+1}{x-1}.$$

Also ist $\operatorname{artanh} x$ durch Logarithmen darstellbar. Einige Rechner haben Tasten für $\tanh x$ und $\operatorname{artanh} x$.

6.7 Zusammenfassung

In diesem Abschnitt wurden einige weitere Aspekte der Ableitung behandelt. Zunächst besprachen wir die implizite Differentiation, sowie ihre Anwendung auf die Bestimmung des Extremwertes einer Funktion, deren Variablen miteinander durch eine weitere Gleichung verbunden sind. Ferner wurde die logarithmische Differentiation behandelt.

Abschnitt 6.2 führte uns zum Zusammenhang zwischen Zuwachsraten. Wenn verschiedene, variierende Größen durch eine bestimmte Gleichung verbunden sind, differenziere man diese Gleichung, um die Beziehung zwischen den Zuwachsraten der einzelnen Größen zu erhalten. Die bei der Differentiation entstehende Gleichung wurde nochmals differenziert, um die Beziehungen zwischen den Beschleunigungen (und Veränderungsraten) zu finden.

In Abschnitt 6.3 wurde die Krümmung einer Kurve durch die erste und zweite Ableitung dargestellt. Abschnitt 6.4 beschäftigte sich mit dem Newtonschen Rekursionsverfahren zur Lösung einer Gleichung. In Abschnitt 6.5 untersuchten wir den Winkel zwischen einer Geraden und einer Tangente, sowohl in rechtwinkeligen als auch in Polarkoordinaten. Insbesondere wurden die Reflexionseigenschaften der Parabel hergeleitet. Die hyperbolischen Funktionen waren als bestimmte Kombinationen von e^x und e^{-x} Gegenstand von Abschnitt 6.6.

Begriffe und Symbole

Implizite Funktionen

Implizite Differentiation

Nebenbedingung

Logarithmische Differentiation

Zusammenhängende Zuwachsraten

Krümmung

Krümmungsradius

Newtonsches Verfahren

Winkel zwischen zwei Geraden

Winkel γ zwischen dem Radius und der Tangente von $r = f(\theta)$

Hyperbolischer Kosinus $\cosh t$

Hyperbolischer Sinus $\sinh t$

Wichtige Ergebnisse

Sind x und y Funktionen von t, dann gilt

$$\frac{dy}{dx} = \frac{\dot{y}}{\dot{x}} \quad \text{und} \quad \frac{d^2y}{dx^2} = \frac{\dfrac{d(dy/dx)}{dt}}{dx/dt}.$$

Der Ausgangspunkt, von dem die Bogenlänge entlang einer Kurve gemessen wird, ist so zu wählen, daß s (Bogenlänge) beim Durchlaufen der Kurve anwächst. Der Neigungswinkel der Tangente wird so gewählt, daß er stetig mit s zunimmt.

$$\text{Krümmung} = \frac{d\phi}{ds};$$

$$\text{Krümmungsradius} = \frac{1}{|d\phi/ds|};$$

$$\text{Krümmung} = \frac{d^2y/dx^2}{[1 + (dy/dx)^2]^{3/2}} = \frac{\dot{x}\,\ddot{y} - \dot{y}\,\ddot{x}}{[(\dot{x})^2 + (\dot{y})^2]^{3/2}},$$

wenn die Kurve in Parameterdarstellung gegeben ist.

Newtonsche Rekursionsformel:

$$x_2 = x_1 - \frac{f(x_1)}{f'(x_1)}$$

Ist θ der Winkel zwischen zwei Geraden, dann gilt

$$\tan\theta = \frac{m - m'}{1 + mm'},$$

m ist der Anstieg der Geraden mit dem größeren Neigungswinkel.

$$\tan\gamma = \frac{r}{r'} \quad \text{Merkregel:}$$

$$\cosh t = \frac{e^t + e^{-t}}{2}$$

$$\sinh t = \frac{e^t - e^{-t}}{2}$$

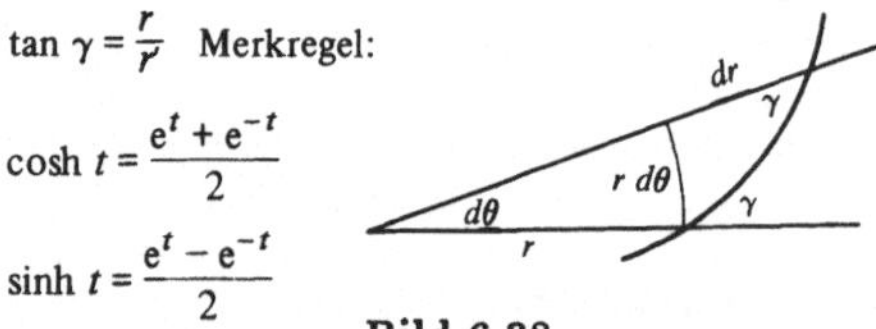

Bild 6.38

Testaufgaben zu Kapitel 6

1. Es sei $y = f(x)$ als Lösung der Gleichung $x^5y + y^3x^4 = 2$ für y gegeben. Man bestimme dy/dx und d^2y/dx^2 für $(x; y) = (1; 1)$.
2. Man differenziere
$$y = \left(\frac{\sec^3 x}{\sqrt[5]{1 + 2x}}\right)^{1/4}$$
mit Hilfe der logarithmischen Ableitung.

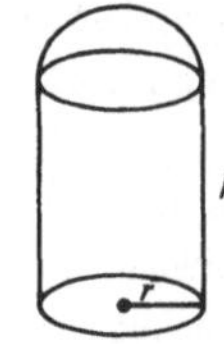

Bild 6.39

3. Ein geschlossener Behälter hat die Form eines Zylinders mit einer aufgesetzten halbkugelförmigen Kappe (Bild 6.39). Man bestimme das Verhältnis zwischen h und r für die wirtschaftlichste Form des Behälters. Man bestimme also ausgehend von einer bestimmten Menge vorhandenen Metalls das maximale Volumen des Behälters.
4. Die Höhe eines geraden Kreiskegels wächst mit einer Rate von 10 cm/s, während der Radius mit einer Rate von 15 cm/s abnimmt.
   (*a*) Man bestimme die Änderungsrate dieses Volumens für $h = 4$ und $r = 2$.
   (*b*) Ist die Änderungsrate des Volumens konstant?
5. (*a*) Man bestimme den Anstieg jener Geraden, die die Kurve $y = x^3$ in der Umgebung von (1; 1) am besten annähert.
   (*b*) Man zeichne die Gerade aus (*a*).
   (*c*) Man bestimme den Radius des Kreises, der die Kurve $y = x^3$ in der Umgebung von (1; 1) am besten annähert.
   (*d*) Man zeichne den Kreis aus (*c*).
6. Man zeige, daß die Kurve $y = x^3$ für $x > 0$ die größte Krümmung an der Stelle $x = \sqrt[4]{1/45}$ besitzt.
7. (*a*) Man gebe eine Rekursionsformel zur Abschätzung der positiven Wurzel der Gleichung $x^4 = 7$ an.
   (*b*) Man gehe von einer ersten Abschätzung $x_1 = 1{,}5$ aus und bestimme x_2.
8. Man zeige für die Parabel $y = \sqrt{2cx}$ mit positivem c, daß ein parallel zur x-Achse einfallender Strahl von der Parabel durch den Punkt $(c/2; 0)$ reflektiert wird.
9. Es sei $r = 1 + \cos 2\theta$.
   (*a*) Man bestimme γ für $\theta = \pi/4$ und gebe eine Abschätzung von γ.
   (*b*) Man bestimme den Winkel, den die Tangente im Punkt mit $\theta = \pi/4$ mit der x-Achse einschließt und gebe eine Abschätzung des Winkels.
10. (*a*) Man zeige: Für großes positives x wird die Kurve $y = \sinh x$ durch die Kurve $y = \frac{1}{2}e^x$ gut angenähert.
    (*b*) Man bestimme den Krümmungsradius von $y = \cosh x$ in (0; 1).

Übungen zu Kapitel 6

Einige Beispiele wiederholen frühere Kapitel.

1. (*a*) Man zeichne das Diagramm für das Newtonsche Verfahren zur Abschätzung der Wurzel einer Gleichung.
   (*b*) Man leite die Newtonsche Rekursionsformel aus diesem Diagramm her.
2. (*a*) Man definiere die Krümmung.
   (*b*) Man zeige, daß die Krümmung durch
   $$\frac{d^2y/dx^2}{[1 + (dy/dx)^2]^{3/2}}$$
   gegeben ist.
3. Man beweise die Formel $\tan\gamma = r/r'$.
   (*a*) durch einfache Überlegungen,
   (*b*) mit Hilfe der Parameterdarstellung $x = r\cos\theta$ und $y = r\sin\theta$.
4. (*a*) Warum definiert man die Krümmung durch $d\phi/ds$?
   (*b*) Warum kann die Krümmung positiv oder negativ sein?
   (*c*) Kann die Krümmung gleich Null sein?
5. x und y seien durch die Gleichung
   $$x^2y + \sin x + \ln y = \pi^2$$
   verknüpft. Man bestimme dy/dx und d^2y/dx^2 für $x = \pi$ und $y = 1$.
6. Für $y = x^3$ bestimme man $y, \dot{y}, \ddot{y}$, wenn $x = 1, \dot{x} = 2, \ddot{x} = 3$.
7. Für $x = \cos 2t$, $y = \sin 3t$ stelle man dy/dx und d^2y/dx^2 durch t dar.
8. Man bestimme den Krümmungsradius der Kurve $y = \ln x$ an der Stelle (e; 1).
9. Ein Zug fährt zu Mittag mit einer Geschwindigkeit von 90 km/h nach Osten ab. Ein anderer Zug fährt eine Stunde später mit einer Geschwindigkeit von 120 km/h nach Norden.

(*a*) Mit welcher Geschwindigkeit entfernen sie sich um 2 Uhr nachmittgags voneinander?
(*b*) Nimmt diese Geschwindigkeit um 2 Uhr nachmittags zu oder ab?

10. Ein Wagen fährt mit einer Geschwindigkeit von 80 km/h nach Norden und nähert sich einer Kreuzung. Ein anderer Wagen fährt mit einer Geschwindigkeit von 60 km/h nach Osten und hat die Kreuzung bereits passiert. Wenn der erste Wagen 1,5 km von der Kreuzung und der zweite Wagen 3 km von der Kreuzung entfernt sind, nimmt dann ihr gegenseitiger Abstand zu oder ab? Mit welcher Änderungsrate?

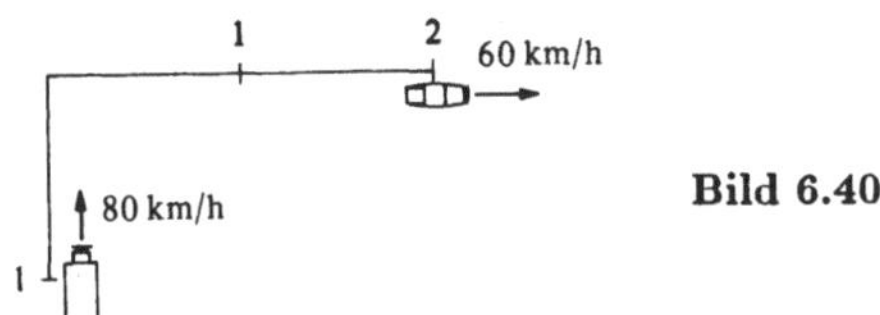

Bild 6.40

In den Übungen 11 und 12 bestimme man y' für die angegebenen Werte von x und y durch implizite Differentiation.

11. $y^7 + xy = 2$ für $x = 1$ und $y = 1$.

12. $\ln(x+y) + x + x^2 + y = 2$ für $x = 1$ und $y = 0$.

Man benutze die logarithmische Ableitung, um in den Übungen 13 und 14 die Größe y' zu bestimmen.

13. $y = (1+x^2)^3 e^{x^2} \sin^5 3x$.

14. $y = \dfrac{(\sqrt{x^3+1})^5}{(x^2+1)^4}$.

15. Ein 1,8 m großer Mann entfernt sich von einer Lampe, die 6 m hoch hängt, mit einer Geschwindigkeit von 1,5 m/s. Mit welcher Rate verlängert sich sein Schatten, wenn er
(*a*) 3 m von der Lampe entfernt ist?
(*b*) 30 m von der Lampe entfernt ist?

16. Die Länge eines Rechtecks wächst mit einer Rate von 2 m/s, die Breite nimmt mit einer Rate von 1 m/s ab. Man bestimme die Änderungsrate
(*a*) der Fläche,
(*b*) des Umfangs,
(*c*) der Diagonale des Rechtecks,
wenn die Länge des Rechtecks gerade 3,5 m und die Breite gerade 1,5 m beträgt.

17. Eine Frau überquert eine Brücke, die sich 6 m oberhalb eines Flusses befindet. Gleichzeitig fährt ein Boot direkt unter dem Mittelpunkt der Brücke (unter einem rechten Winkel zur Brücke) mit einer Geschwindigkeit von 3 m/s. Zu diesem Zeitpunkt befindet sich die Frau 15 m vom Mittelpunkt der Brücke und nähert sich ihm mit einer Geschwindigkeit von 1,5 m/s.
(*a*) Mit welcher Rate ändert sich der Abstand zwischen dem Boot und der Frau in diesem Augenblick?
(*b*) Nimmt diese Rate der Annäherung bzw. Entfernung zu oder ab?

18. Ein kugelförmiger Regentropfen verdampft mit einer Rate, die proportional zu seiner Oberfläche ist. Man zeige, daß ihr Radius mit einer konstanten Rate abnimmt.

19. Ein Pärchen fährt auf einem Jahrmarkt um 12 Uhr Mittag in einem Ringelspiel. Der Durchmesser des Rades sei 15 m und es bewege sich mit einer Geschwindigkeit von 0,1 Umdrehungen/s. Wie groß ist die Geschwindigkeit ihres Schattens auf dem Boden, wenn sie sich in der 2-Uhr-Stellung befinden? Wenn sie sich in der 1-Uhr-Stellung befinden? Man zeige, daß sich ihr Schatten am raschesten bewegt, wenn sie sich am höchsten Punkt befinden und daß er sich am langsamsten bewegt, wenn sie sich in der 3-Uhr-Stellung befinden.

20. Man skizziere den Graphen von f nahe dem Punkt (1; 3), wenn $f(1) = 3$, f' und f'' stetig sind und
(*a*) $f'(1) = 0$, $f''(1) = 4$,
(*b*) $f'(1) = 0$, $f''(1) = -2$,
(*c*) $f'(1) = 0$, $f''(1) = 0$.

21. Eine Funktion besitze für alle x eine erste und zweite Ableitung. Was können wir im Falle $f(1) = f(2) = f(3) = f(4)$ über (*a*) f' und (*b*) f'' aussagen?

22. Eine Funktion f besitze für alle x eine erste und zweite Ableitung. Es sei $g(x) = 1/f(x)$, wobei $f(x)$ nicht gleich Null wird. Für $f(1) = 2$, $f'(1) = 3$, $f''(1) = 4$ bestimme man $g(1)$, $g'(1)$ und $g''(1)$.

23. Es gelte $d^2y/dx^2 = 6$ für alle x. Man zeige $y = 3x^2 + bx + c$ mit bestimmten Konstanten b und c.

24. Man zeichne ein kleines Stück des Graphen von $y = f(x)$ wenn $f(x)$ negativ, $f'(x)$ positv und $f''(x)$ negativ ist.

25. Angenommen x und y seien Funktionen von t. Man stelle d^2y/dx^2 durch die Ableitungen $\dot{x}$, $\ddot{x}$, $\dot{y}$, $\ddot{y}$ dar.

26. Es sei $f(x) = e^{x^2} \sin x$. Man bestimme die kritischen Werte von f im Intervall $[0; \pi]$. Falls sie nicht einfach bestimmt werden können, schätze man sie mit dem Newtonschen Verfahren ab.

27. Man differenziere zur Übung:
(*a*) $2^x \operatorname{arcsec} 3x$, (*b*) $\sqrt{x} \operatorname{arccot} 4x$,
(*c*) $e^{-x} \cos 5x$, (*d*) $\ln\left(\dfrac{\sqrt[5]{1+2x}}{\sqrt[4]{1+3x}}\right)^3$,
(*e*) $\dfrac{(\sqrt[5]{1+2x})^3}{\sin^5 x}$, (*f*) x^{2x}.

28. Zwei der folgenden drei Integrale sind elementar. Man bestimme sie
(*a*) $\int \sqrt{e^x}\, dx$, (*b*) $\int \sqrt{\ln x}\, dx$, (*c*) $\int \frac{1}{x} \sqrt{\ln x}\, dx$.

■

29. Wieso gilt nicht $d^2y/dx^2 = \ddot{y}/\ddot{x}$ obwohl doch $dy/dx = \dot{y}/\dot{x}$? Wie könnte man diese Frage beantworten?

30. Ein ebenes Gebiet, das von einer Kurve begrenzt wird, heißt konvex, falls für beliebige Punkte P und Q aus R die Strecke PQ ebenfalls in R liegt. Eine Kurve heißt konvex, wenn sie die Begrenzung eines konvexen Gebietes ist.
(*a*) Man zeige, warum der Mittelwert des Krümmungsradius bezüglich des Winkels ϕ längs der konvexen Kurve durch den Quotienten (Länge der Kurve/2π) gegeben ist.
(*b*) Man beweise aus (*a*), daß eine konvexe Kurve der Länge L in irgendeinem ihrer Punkte einen Krümmungsradius $L/2\pi$ besitzt.

31. Man beweise, daß der Mittelwert der Krümmung in Abhängigkeit von der Bogenlänge durch den Quotienten (2π/Länge der Kurve) gegeben ist, wenn eine konvexe Kurve entgegengesetzt zum Uhrzeigersinn durchlaufen wird. (Bezüglich der Definition einer konvexen Kurve siehe Übung 30.)

32. Die Krümmungsformel aus der Theorie gekrümmter Balken sagt uns, daß zur Krümmung des Balkens ein Moment M erforderlich ist, das zu der gewünschten Krümmung proportional ist: $M = k/R$, wobei die Konstante k vom Balken abhängt und R den Krümmungsradius angibt. Ein Balken wird zu einer Parabel gebogen. Was ist das Verhältnis zwischen den in (0; 0) und in (2; 4) erforderlichen Momenten.

33. Eisenbahnkurven sind überhöht, um die Abnutzung der Schienen und der Räder herabzusetzen. Je größer der Krümmungsradius, desto weniger muß die Kurve überhöht sein. Der günstigste Winkel für die Überhöhung ergibt sich aus der Gleichung $\tan A = v^2/10R$, wobei v die Geschwindigkeit in m/s und R der Krümmungsradius in m ist. Ein Zug bewegt sich in der elliptischen Spur $x^2/1000^2 + y^2/500^2 = 1$ (dabei sind x und y in Metern gemessen) mit einer Geschwindigkeit von 90 km/h. Man bestimme für die Punkte (1000; 0) und (0; 500) den optimalen Neigungswinkel A.

34. Je größer der Krümmungsradius einer Kurve ist, desto rascher kann ein bestimmtes Fahrzeug die Kurve durchfahren. Der hierfür notwendige Krümmungsradius ist zum Quadrat der maximalen Geschwindigkeit proportional. Die maximale Geschwindigkeit ist umgekehrt proportional zur Quadratwurzel des Krümmungsradius. Wenn sich ein Wagen entlang des Weges $y = x^3$ (x und y im km) mit einer Geschwindigkeit von 45 km/h durch den Punkt (1; 1) bewegen kann, ohne aus der Kurve hinausgetragen zu werden, mit welcher Geschwindigkeit kann dieser Wagen dann den Punkt (2; 8) passieren?

35. Man wiederhole den allgemeinen Mittelwertsatz, der in Übung 92 von Abschnitt 5.11 angegeben wurde.
   (*a*) Welche Schlußfolgerung ergibt sich aus ihm für eine Kurve mit der Parameterdarstellung $x = g(t)$, $y = f(t)$ (hier übernimmt t die Rolle von x aus Übung 92).
   (*b*) Es sei $h(t)$ für t aus $[a; b]$ als der vertikale Abstand zwischen $(g(t); f(t))$ und der Geraden durch $(g(a); f(a))$ und $(g(b); h(b))$ definiert, wie dies im Beweis des Mittelwertsatzes im Abschnitt 4.2 geschah. Man benutze die Funktion h, um den allgemeinen Mittelwertsatz zu beweisen.

7 Partielle Ableitungen

Das Volumen V eines zylindrischen Gefäßes mit dem Radius r und der Höhe h ist durch die Formel

$$V = \pi r^2 h$$

gegeben. Das Volumen hängt von den zwei Zahlen r und h ab. Der Ausdruck $\pi r^2 h$ gibt uns ein Beispiel für eine Funktion zweier Variabler, r und h. Kapitel 6 beschäftigte sich überwiegend mit Funktionen einer Variablen. Kapitel 7 ist den Funktionen zweier Variabler, ihren Graphen, ihren Ableitungen und ihren Extremwerten gewidmet. Da die Graphen solcher Funktionen üblicherweise Flächen im Raum sind (anstatt Kurven in der Ebene), konzentrieren sich die ersten drei Abschnitte auf die Geometrie des Raumes.

7.1 Rechtwinklige Koordinaten für den Raum

Mit Hilfe eines xy-Koordinatensystems kann jeder Punkt einer Ebene durch zwei Zahlen beschrieben werden. Um Punkte im Raum zu beschreiben, benötigen wir drei Zahlen. Wir finden sie am einfachsten in der folgenden Weise durch ein xyz-Koordinatensystem.

Man führe drei aufeinander senkrecht stehende Geraden mit den Bezeichnungen x-Achse, y-Achse und z-Achse ein. Zumeist werden sie so festgelegt, daß die positive Richtung der x-, y- und z-Achse mit dem Daumen-, Zeige- und Mittelfinger der rechten Hand zusammenfallen. (Ein derartiges „Rechtshändiges" Koordinatensystem zeigt Bild 7.1).

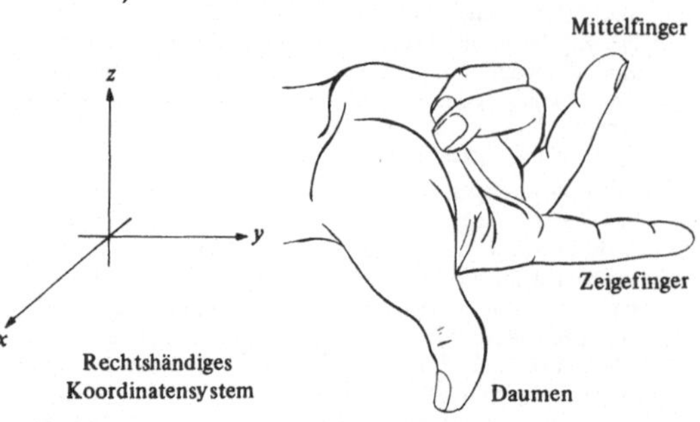

Bild 7.1

Jeder Punkt Q des Raumes ist durch drei Zahlen festgelegt: Zwei dieser drei Zahlen geben die x- und y-Koordinaten des Punktes P an, der in der xy-Ebene direkt unter (oder über) Q liegt. Die Höhe, in der Q über (oder unter) der xy-Ebene liegt, wird durch die z-Koordinate des Punktes R bestimmt, in dem die zur xy-Ebene parallele Ebene durch Q die z-Achse schneidet. Der Punkt Q wird dann durch $(x, y; z)$ gekennzeichnet. Man beachte, daß in Bild 7.2 die Punkte der xy-Ebene durch $z = 0$ beschrieben werden.

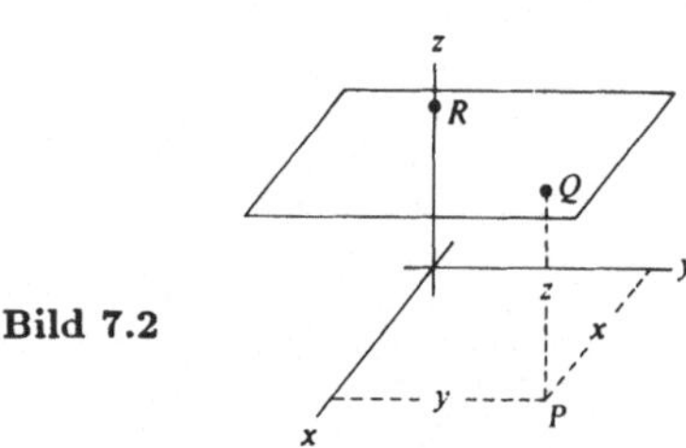

Bild 7.2

Die Bilder 7.3a bis 7.3d stellen die Punkte (1; 0; 0), (0; 1; 0), (−1; 0; 0) und (1; 2; 3) dar. In **Bild 7.3d** ist ein Quader eingezeichnet, mit dessen Hilfe die Lage des Punktes leichter bestimmt werden kann. So wird auch die räumliche Perspektive deutlicher.

Ebenso wie durch die Gleichung $z = 0$ die xy-Ebene beschrieben wird, definiert die Gleichung $x = 0$ die yz-Ebene und die Gleichung $y = 0$ die xz-Ebene. Diese drei Ebenen heißen Koordinatenebenen.

Der Abstand zweier Punkte $(x_1; y_1)$ und $(x_2; y_2)$ in der xy-Ebene ist durch $\sqrt{(x_1 - x_2)^2 + (y_1 - y_2)^2}$ gegeben, wie mit Hilfe des pythagoräischen Lehrsatzes hergeleitet werden kann. Das folgende Theorem verallgemeinert diese Formel auf den Raum.

Theorem: Der Abstand zweier Punkte $(x_1; y_1; z_1)$ und $(x_2; y_2; z_2)$ ist durch

$$\sqrt{(x_1 - x_2)^2 + (y_1 - y_2)^2 + (z_1 - z_2)^2}$$

gegeben.

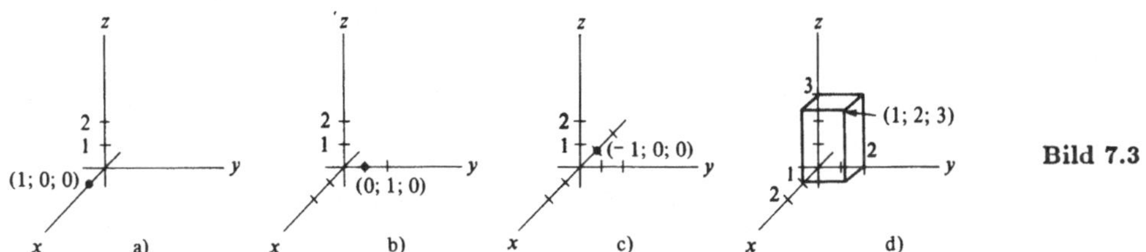

Bild 7.3

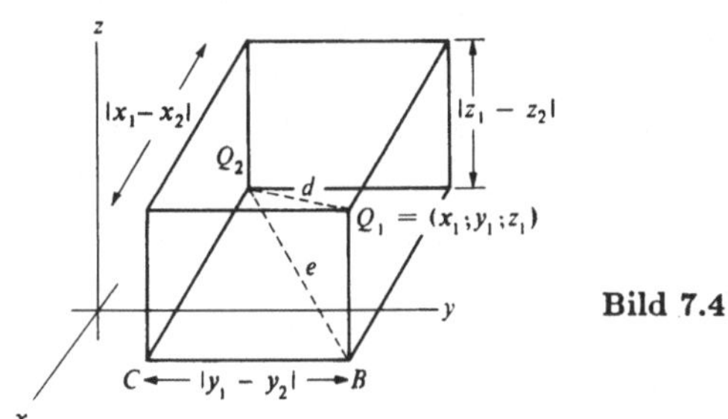

Bild 7.4

Beweis: Bild 7.4 zeigt die Punkte Q_1 *und* Q_2 sowie einen Quader, der durch die Ebenen begrenzt wird, die parallel zu den Koordinatenebenen durch die Punkte gelegt werden können. Die Abmessungen des Quaders sind durch $|x_1 - x_2|$, $|y_1 - y_2|$ und $|z_1 - z_2|$ gegeben. Man bezeichnet zwei der Eckpunkte des Quaders durch B und C. d sei der Abstand zwischen Q_1 und Q_2. Ferner sei e der Abstand zwischen Q_2 und B. Aus dem rechtwinkeligen Dreieck Q_1BQ_2 erhalten wir

$$d^2 = e^2 + |z_1 - z_2|^2.$$

Aus dem rechtwinkeligen Dreieck Q_2CB ergibt sich ferner

$$e^2 = |x_1 - x_2|^2 + |y_1 - y_2|^2.$$

Daraus folgt

$$d^2 = |x_1 - x_2|^2 + |y_1 - y_2|^2 + |z_1 - z_2|^2$$

und

$$d = \sqrt{|x_1 - x_2|^2 + |y_1 - y_2|^2 + |z_1 - z_2|^2}$$
$$= \sqrt{(x_1 - x_2)^2 + (y_1 - y_2)^2 + (z_1 - z_2)^2},$$

womit der Beweis abgeschlossen ist. ●

Beispiel 1: Man bestimme den Abstand zwischen den Punkten (5; 4; 3) und (2; 1; 1).

Lösung: Der Abstand ist gegeben durch

$$\sqrt{(5-2)^2 + (4-1)^2 + (3-1)^2} = \sqrt{3^2 + 3^2 + 2^2}$$
$$= \sqrt{22}. \; ●$$

Beispiel 2: Man bestimme den Abstand zwischen (2; −7; 3) und (4; 1; −2).

Lösung: Der Abstand ist gegeben durch

$$\sqrt{(2-4)^2 + (-7-1)^2 + (3-(-2))^2}$$
$$= \sqrt{(-2)^2 + (-8)^2 + 5^2}$$
$$= \sqrt{2^2 + 8^2 + 5^2}$$
$$= \sqrt{93}. \; ●$$

Beispiel 3: Man bestimme den Abstand zwischen (8; 4; 1) und (0; 0; 0).

Lösung: Der Abstand ist gegeben durch

$$\sqrt{(8-0)^2 + (4-0)^2 + (1-0)^2} = \sqrt{64 + 16 + 1}$$
$$= \sqrt{81} = 9. \; ●$$

Die Menge aller Punkte, die von einem gebenen Punkt (a, b, c) den gleichen Abstand r besitzen, bildet eine Kugeloberfläche mit dem Radius r und dem Mittelpunkt $(a; b; c)$. Um diese Kugel zu zeichnen, trage man den horizontalen Äquator perspektivisch ein (Bild 7.5).

Bild 7.5

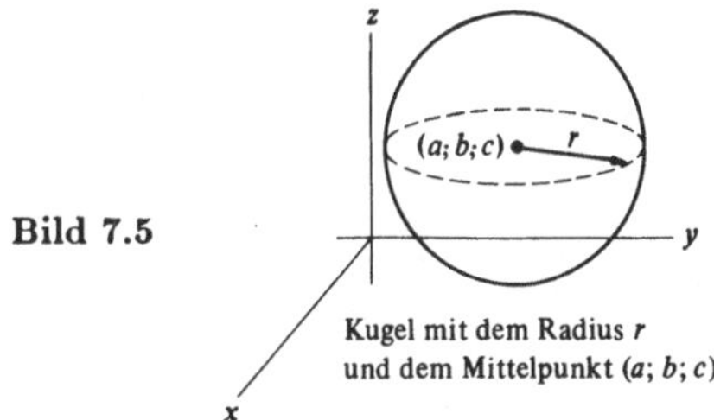

Kugel mit dem Radius r und dem Mittelpunkt $(a; b; c)$

Ein Punkt $(x; y; z)$ liegt auf der Kugel, wenn sein Abstand vom Punkt $(a; b; c)$ gleich r ist, also wenn gilt

$$\sqrt{(x-a)^2 + (y-b)^2 + (z-c)^2} = r$$

oder

$$(x-a)^2 + (y-b)^2 + (z-c)^2 = r^2.$$

Die letzte Gleichung liefert die algebraische Beschreibung einer Kugel mit dem Radius r und dem Mittelpunkt $(a; b; c)$.

In der Praxis wird der Ursprung (0; 0; 0) des *yxz*-Koordinatensystems üblicherweise in den Kugelmittelpunkt gelegt. Dann reduziert sich die Gleichung der Kugel mit dem Radius r und dem Mittelpunkt (0; 0; 0) auf

$$x^2 + y^2 + z^2 = r^2.$$

So beschreibt die Gleichung

$$x^2 + y^2 + z^2 = 25$$

eine Kugel mit dem Radius 5 und dem Mittelpunkt (0; 0; 0). Um ein weiteres Beispiel zu geben, beschreibt

$$x^2 + y^2 + z^2 = 3$$

eine Kugel mit dem Radius $\sqrt{3}$ und dem Mittelpunkt (0; 0; 0).

Übungen:

1. Man zeichne die Punkte (0; 0; 0), (2; 0; 0), (0; 2; 0), (0; 0; 2).
2. Man zeichne die Punkte (1; 2; 0), (– 1; 0; 0), (0; 3; 0), (0; 0; – 2).
3. Zwei gegenüberliegende Eckpunkte eines Quaders, dessen Flächen parallel zu den Koordinatenebenen liegen, sind durch (1; 4; 4) und (5; 6; 7) gegeben.
   (*a*) Man zeichne den Quader.
   (*b*) Welches sind die Koordinaten der anderen sechs Eckpunkte des Quaders?
   (*c*) Wie groß ist das Volumen des Quaders?
   (*d*) Wie groß ist die Oberfläche des Quaders?
   (*e*) Wie lang sind die Kanten des Quaders?
4. Welchen Abstand haben die Punkte
   (*a*) (2; 0; 0) und (– 3; 0; 0)?
   (*b*) (2; 1; 4) und (– 4; 7; – 3)?
   (*c*) (1; 1; 1) und (3; 4; 7)?
5. Man bestimme den Abstand vom Ursprung (0; 0; 0) zum Punkt
   (*a*) (2; 3; 6), (*b*) (6; 6; 7),
   (*c*) (1; 1; 1).
6. Man zeige für $x^2 + y^2 \leqslant 1$, daß der Punkt $(x; y; \sqrt{1 - x^2 - y^2})$ vom Ursprung (0; 0; 0) den Abstand 1 besitzt.
7. Die drei Dimensionen einer rechtwinkeligen Halle seien 10 m, 13 m und 8 m. Welche Länge besitzt das längste Seil, das gerade in diesem Raum aufgespannt werden kann?
8. (*a*) Man zeichne die Kugel mit dem Mittelpunkt (1; 2; 3) und dem Radius 4.
   (*b*) Liegt der Punkt (5; 2; 3) auf der Kugel?
   (*c*) Liegt der Punkt (3; 0; 6) auf der Kugel?
9. Wo schneidet die Kugel $x^2 + y^2 + z^2 = 49$ die
   (*a*) *x*-Achse? (*b*) *y*-Achse?
   (*c*) *z*-Achse?
10. Welche Gleichung hat eine Kugel
   (*a*) mit dem Mittelpunkt in (– 3; 2; 1) und dem Radius 1?
   (*b*) mit dem Mittelpunkt in (1; 1; – 1) und dem Radius $\sqrt{2}$?
11. Liegt der Punkt (4; 4; 4) innerhalb, außerhalb oder auf der Kugel $x^2 + y^2 + z^2 = 49$?
12. (*a*) Man fertige eine genaue Skizze der Kugel $x^2 + y^2 + z^2 = 1$ an.
   (*b*) Man zeige ihre Schnittlinien mit den drei Koordinaten-Ebene. (Es sind dies Großkreise.)

7.2 Der Graph einer Gleichung

Die Menge der Punkte (*x*; *y*; *z*), die eine gegebene Gleichung zwischen *x*, *y* und *z* erfüllen, nennt man den Graphen dieser Gleichung. Wie im vorigen Abschnitt gezeigt, ist der Graph der Gleichung

$$x^2 + y^2 + z^2 = 25$$

die Oberfläche einer Kugel mit dem Radius 5 und dem Mittelpunkt (0; 0; 0). Ebenso haben wir gesehen, daß der Graph von $z = 0$ durch die *xy*-Ebene gegeben ist. (In dieser Gleichung tritt nur der Buchstabe *z* auf. Tatsächlich ist es nicht notwendig, daß alle drei Symbole *x*, *y* und *z* in der Gleichung eines Graphen auftreten.)

Dieser Abschnitt beschreibt einige Graphen, die in diesem und dem folgenden Kapitel benötigt werden.

Beispiel 1: Man zeichne den Graphen der Gleichung $z = 1$.

Lösung: Der Graph besteht aus allen Punkten mit der *z*-Koordinate 1. Wir erhalten somit eine Ebene, die im Abstand 1 parallel oberhalb der Ebene $z = 0$ (der *xy*-Ebene)

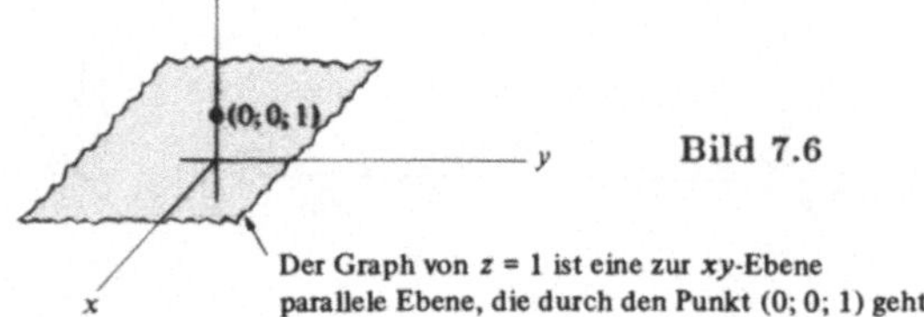

Bild 7.6

Der Graph von $z = 1$ ist eine zur *xy*-Ebene parallele Ebene, die durch den Punkt (0; 0; 1) geht

liegt. Die Ebene $z = 1$ ist unbegrenzt. Dies wird durch den ausgefransten Rand im Bild 7.6 symbolisiert. •

Beispiel 2: Man zeichne den Graphen der Gleichung $x = y$.

Lösung: Der Punkt (*x*; *y*; *z*) liegt auf diesem Graphen, wenn die Gleichung $x = y$ erfüllt ist. Dies gilt für alle *z*. So liegen beispielsweise die Punkte (1; 1; 0), (1; 1; 3), (1; 1; – 7) auf diesem Graphen. Zeichnen wir zunächst jenen Teil des Graphen, für den $z = 0$ gilt, mit anderen Worten den Teil, der in der *xy*-Ebene liegt.

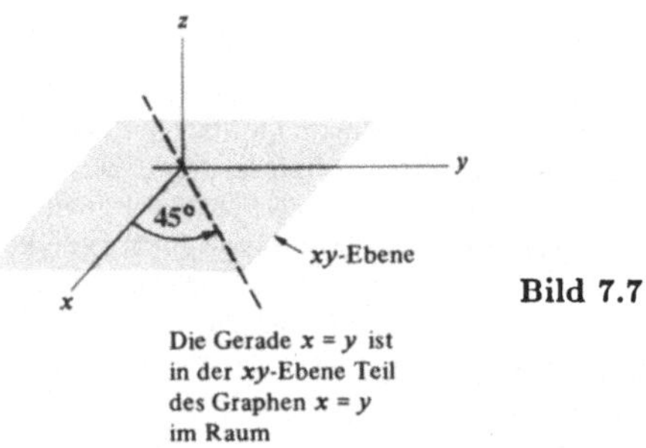

Bild 7.7

Die Gerade $x = y$ ist in der *xy*-Ebene Teil des Graphen $x = y$ im Raum

In der *xy*-Ebene beschreibt die Gleichung $x = y$ eine Gerade (Bild 7.7). Wie bereits festgestellt, ist die *z*-Koordinate keiner Bedingung unterworfen. Liegt daher der Punkt (*x*; *y*; 0) auf dem Graphen, so gilt dies auch für (*x*; *y*; *z*) mit jedem beliebigen Wert von *z*. Also ist der räumliche Graph der Gleichung $x = y$ durch eine Ebene gegeben, die senkrecht auf der *xy*-Ebene steht und diese längs der Geraden $x = y$ schneidet (Bild 7.8). •

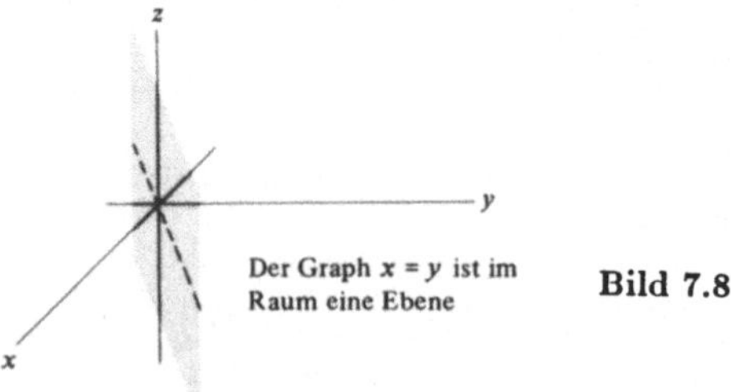

Der Graph $x = y$ ist im Raum eine Ebene

Bild 7.8

Achtung: Der Graph $x = y$ ist im Raum eine Ebene, keine Gerade!

Beispiel 3: Man zeichne den Graphen von $z = x + 2y$.

Lösung: Der Punkt (*x*; *y*; *z*) liegt auf dem Graphen, wenn seine *z*-Koordinate mit der *x*- und *y*-Koordinate durch die Gleichung $z = x + 2y$ verknüpft ist. Mit anderen Worten besteht der Graph aus allen Punkten der Form

$$(x; y; x + 2y),$$

wobei die Zahlen x und y beliebig gewählt werden können. Setzen wir etwa $x = 1$, $y = 2$, so erhalten wir den Punkt (Bild 7.9)

$$(1; 2; 1 + 2 \cdot 2) = (1; 2; 5)$$

auf dem Graphen von

$$z = x + 2y.$$

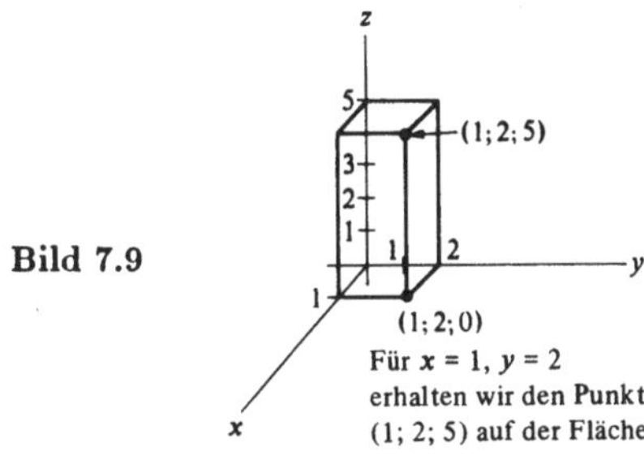

Bild 7.9

Für $x = 1$, $y = 2$ erhalten wir den Punkt (1; 2; 5) auf der Fläche

Auf diese Weise ergibt sich aus der Wahl eines Punktes $(x; y; 0)$ der xy-Ebene ein eindeutig zugeordneter Punkt $(x; y; z) = (x; y; + 2y)$ auf dem Graphen von $z = x + 2y$. Daher ist der Graph von $z = x + 2y$ eine bestimmte Art von Fläche. Um sie zu zeichnen, betrachten wir zunächst ihre Schnittlinien mit den drei Koordinatenebenen. Die Schnittlinie mit der xy-Ebene besteht aus allen Punkten, die den beiden Gleichungen

$$z = x + 2y \quad \text{und} \quad z = 0$$

genügen. Wir erhalten daraus

$$0 = x + 2y \quad \text{oder} \quad y = -\frac{x}{2}.$$

Dies ist eine Gerade in der xy-Ebene, die in Bild 7.10 gestrichelt eingetragen ist.

Der Schnitt der Fläche $z = x + 2y$ und der xz-Ebene besteht aus allen Punkten $(x; y; z)$ mit

$$z = x + 2y \quad \text{und} \quad y = 0.$$

Wir erhalten daher als Schnitt die Gerade $z = x$ in der xz-Ebene (Bild 7.11). Analog können wir zeigen, daß die Fläche $z = x + 2y$ die yz-Ebene längs der Geraden $z = 2y$ schneidet (Bilder 7.12 und 7.13).

In Bd. 3/2 wird der Graph einer beliebigen Gleichung der Form $z = Ax + By + C$ als Ebene identifiziert werden, wobei A, B und C Konstanten sind. Jede der punktierten Geraden der letzten drei Bilder liegt auf dieser Ebene. Zwei beliebige dieser Geraden bestimmen die Ebene und können zu ihrer Darstellung verwendet werden. ●

Beispiel 4: Man zeichne den Graphen von $y = x^2$.

Lösung: Der Graph von $y = x^2$ besteht aus allen Punkten $(x; y; z)$ mit

$$y = x^2.$$

So liegt etwa der Punkt (3; 9; 0) auf dem Graphen von $y = x^2$. Das gleich gilt daher für $(3; 9; z)$ bei beliebiger Wahl von z. Am einfachsten können wir den Graphen der Gleichung $y = x^2$ (im Raum) darstellen, wenn wir den Graphen von $y = x^2$ in der xy-Ebene aufsuchen und dabei berücksichtigen, daß die z-Koordinate keiner Beschränkung unterworfen ist. Da der Graph von $y = x^2$ der xy-Ebene durch eine Parabel gegeben ist, erhalten wir für den räumlichen Graphen von $y = x^2$ eine gekrümmte Fläche (Bild 7.14). ●

Beispiel 4 beschreibt einen Spezialfall eines *Zylinders*.

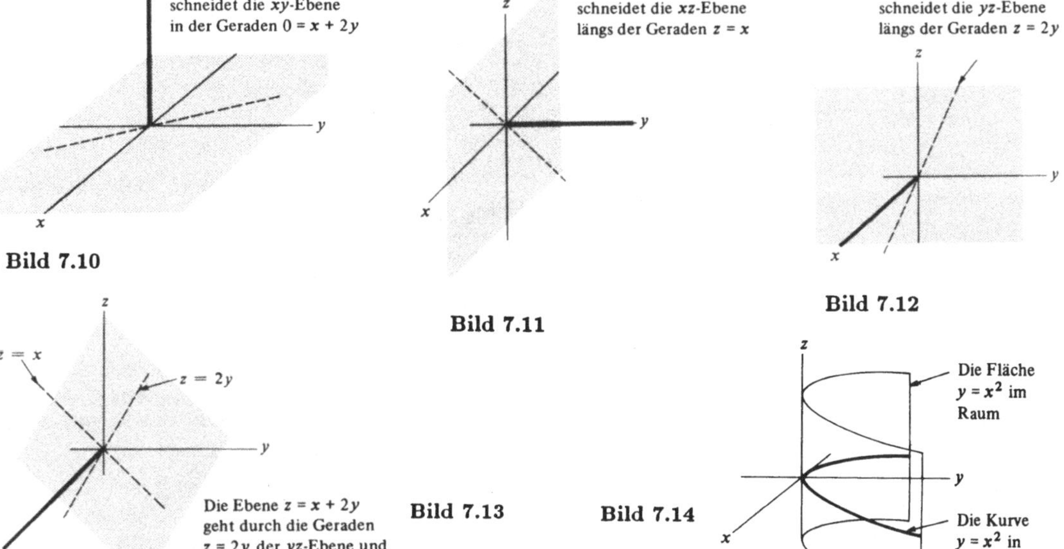

Die Fläche $z = x + 2y$ schneidet die xy-Ebene in der Geraden $0 = x + 2y$

Bild 7.10

Die Fläche $z = x + 2y$ schneidet die xz-Ebene längs der Geraden $z = x$

Bild 7.11

Die Ebene $z = x + 2y$ schneidet die yz-Ebene längs der Geraden $z = 2y$

Bild 7.12

Die Ebene $z = x + 2y$ geht durch die Geraden $z = 2y$ der yz-Ebene und $z = x$ der xz-Ebene

Bild 7.13

Bild 7.14

Definition des Zylinders: R sei eine Menge in einer Ebene. Die Menge aller Geraden, die auf der gegebenen Ebene senkrecht stehen und einen Punkt von R enthalten, bezeichnen wir als den durch R bestimmten *Zylinder*.

Die räumliche Fläche $y = x^2$ aus Beispiel 4 ist ein Zylinder. In diesem Fall ist die Menge R durch die Parabel $y = x^2$ in der xy-Ebene gegeben. Die Ebene $z = 0$ stellt ebenfalls einen Zylinder dar, da sie aus allen Geraden besteht, die senkrecht auf der yz-Ebene stehen und durch die y-Achse gehen. Ist R ein Kreis, so erhalten wir einen Zylinder, der mit dem alltäglichen Begriff eines Zylinders übereinstimmt, einen Kreiszylinder, wenn wir davon absehen, daß er beiderseits ins Unendliche geht und daher keine Grund- und Deckfläche besitzt.

Enthält eine Gleichung höchstens zwei der drei Symbole x, y und z, so ist der Graph ein Zylinder.

Beispiel 5: Man zeichne den Graphen von

$$z^2 = \frac{x^2}{4} + \frac{y^2}{9}.$$

Lösung: Für $z = 0$ ergibt sich die Gleichung

$$0 = \frac{x^2}{4} + \frac{y^2}{9},$$

deren einzige Lösung durch $(x; y) = (0; 0)$ gegeben ist. Daher erhalten wir als Schnitt unserer Fläche mit der xy-Ebene nur den Punkt $(0; 0; 0)$.

Für $z = 1$ nimmt die Gleichung die Form

$$1 = \frac{x^2}{4} + \frac{y^2}{9}$$

an. Dies ist eine Ellipse (Bild 7.15).

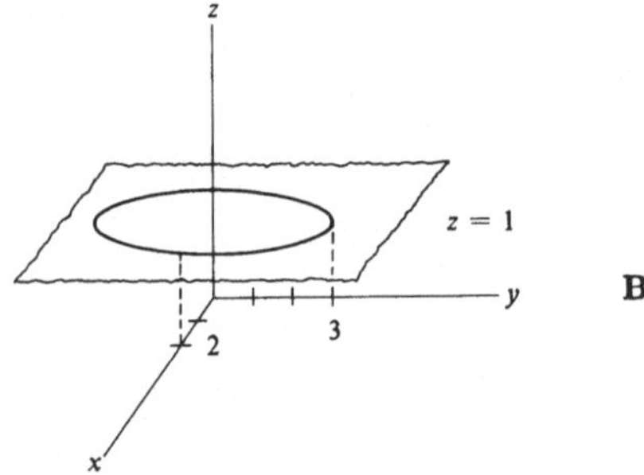

Bild 7.15

Noch allgemeiner: Jede zur xy-Ebene parallel liegende Ebene schneidet die Fläche längs einer Ellipse (oder nur in einem Punkt, wenn es sich dabei um die xy-Ebene handelt).

Längs welcher Linie schneidet nun unsere Fläche die xz-Ebene? Um dies festzustellen, setzen wir $y = 0$. Ein beliebiger Punkt $(x; 0; z)$ der Schnittlinie erfüllt die Gleichung

$$z^2 = \frac{x^2}{4}.$$

Nun ist die Gleichung $z^2 = x^2/4$ äquivalent zu den beiden Beziehungen

$$x = 2z \quad \text{und} \quad x = -2z.$$

Daher besteht die Schnittlinie der Fläche mit der xz-Ebene aus zwei Geraden durch den Ursprung.

Der Graph von

$$z^2 = \frac{x^2}{4} + \frac{y^2}{9}$$

ist ein Doppelkegel mit elliptischen Querschnitten (Bild 7.16). ●

Üblicherweise entspricht dem räumlichen Graphen einer Gleichung eine Fläche, ebenso wie der ebene Graph einer Gleichung im allgemeinen durch eine Kurve dargestellt wird.

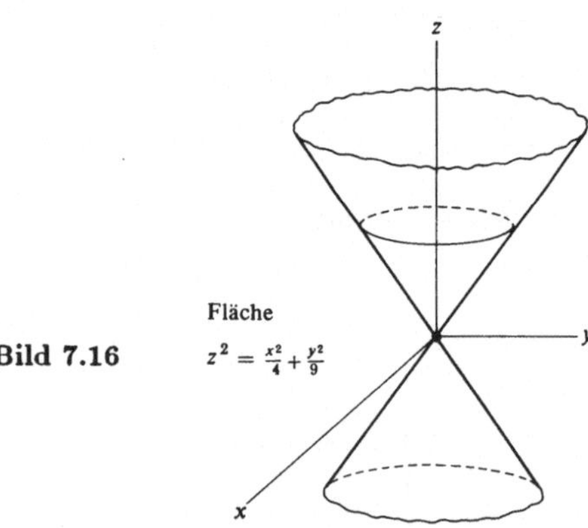

Bild 7.16

Die folgende Tabelle faßt diesen Abschnitt zusammen.

Gleichung	*räumlicher Graph*
$x^2 + y^2 + z^2 = r^2$ (r ist eine positive Konstante)	Kugel mit dem Radius r und dem Mittelpunkt im Ursprung
$z = k$ (k konstant)	Ebene parallel zur xy-Ebene
$x = y$	Ebene senkrecht zur xy-Ebene, die durch die Gerade $x = y$ geht (also ein Zylinder)
$z = Ax + By + C$ (A, B, C konstant)	Ebene
$y = x^2$	der durch die Parabel $y = x^2$ der xy-Ebene bestimmte Zylinder

Übungen:

In den Übungen 1 bis 12 soll der räumliche Graph der gegebenen Gleichung gezeichnet werden.

1. $y = 1$
2. $x = 3$
3. $y = x$
4. $z = y^2$
5. $y = x + 3$
6. $z = x + y$
7. $y = x^3$
8. $x^2 + y^2 + z^2 = 36$
9. $x + y = 1$
10. $x^2 + y^2 = 1$
11. $z = x + 2y + 1$
12. $z = x$

■

13. Man zeichne die Schnittlinie der Ebenen $y = x$ und $z = 2y$.
14. Man zeichne die Fläche $x^2 - y^2 + z^2 = 1$.
15. Man zeichne die Fläche $x^2 - y^2 - z^2 = 1$.
16. Man zeichne die Schnittlinie des Zylinders $x^2 + y^2 = 4$ und des Zylinders (Ebene) $z = x$.
17. Man zeichne die Schnittlinie der Zylinder $x^2 + y^2 = 1$ und $x^2 + z^2 = 1$.

■■

18. (*a*) Man zeichne sorgfältig den Teil der Fläche $x^2 + y^2 = 1$ der oberhalb der xy-Ebene und unterhalb der Ebene $z = x$ liegt.
(*b*) Man bestimme die Fläche dieses Teiles.
19. (*a*) Man zeichne das Dreieck der Ebene $y = x$, das oberhalb der xy-Ebene, unterhalb der Ebene $z = y$ und links von der Ebene $y = 3$ liegt.
(*b*) Man bestimme die Koordinaten seiner Eckpunkte.
(*c*) Man bestimme seine Fläche.

7.3 Funktionen und ihre Graphen

Man betrachte ein Gebiet R der Ebene, das durch ein sehr dünnes Metallstück bedeckt wird. Wir nehmen als Idealisierung an, das Metallstück habe verschwindende Dicke. Wenn wir unter das Metall ein Zündholz halten, wird das Metall in jedem Punkt P von R eine bestimmte Temperatur besitzen, die wir durch $f(P)$ bezeichnen. So erhalten wir das Beispiel für eine Funktion, deren Definitionsbereich durch eine ebene Menge gegeben ist. Die Funktion f ordnet jedem Punkt P aus R eine Zahl $f(P)$ zu.

Möglicherweise ist das Metall nicht homogen. Seine Dichte, gemessen in g/cm², kann von Punkt zu Punkt variieren. Die Funktion, die jedem Punkt P aus R die Dichte in P zuordnet, ist ein anderes Beispiel einer Funktion mit ebenem Definitionsbereich.

Beispiel 1 zeigt, wie wir eine Funktion graphisch darstellen können, deren Definitionsbereich durch eine ebene Menge gegeben ist.

Beispiel 1: Durch die Funktion f sei dem Punkt $P = (x; y)$ der xy-Ebene die Zahl $f(P) = x + 2y$ zugeordnet, etwa $f(1; 2) = 5$. Man zeichne die Funktion.

Lösung: Wir stellen die Information $f = (1; 2) = 5$ dar, indem wir den Punkt $Q = (1; 2; 5)$ in ein räumliches Koordinatensystem eintragen. Hierzu zeichnen wir zunächst den Punkt $P = (1; 2)$ der xy-Ebene und gehen von ihm aus fünf Einheiten nach oben (Bild 7.17): Die z-Koordinate von Q wird also verwendet, um den Wert von $f(P)$ zu speichern.

Ebenso wird ganz allgemein die Information $f(x; y) = x + 2y$ dadurch gespeichert, daß wir den Punkt $Q = (x; y; x + 2y)$ auftragen. Die z-Koordinate des Punktes Q ist $x + 2y$. Daher liegt Q in der Ebene

$$z = x + 2y.$$

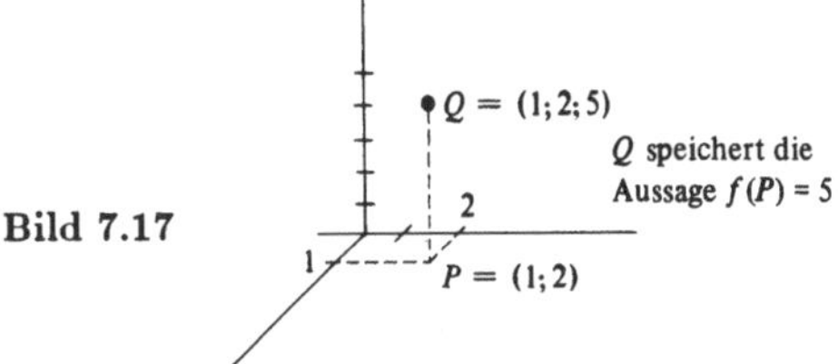

Bild 7.17

Wenn P die xy-Ebene durchläuft, überstreicht der Punkt Q die Fläche $z = x + 2y$. In diesem Fall ist der Graph von f durch die Ebene gegeben, die im Beispiel 3 des vorangehenden Abschnittes dargestellt wurde. ●

Beispiel 1 veranschaulicht die folgende Definition, die der Definition des Graphen einer Funktion $y = f(x)$ ähnlich ist.

Definition des Graphen: Der *Graph* einer Funktion f, deren Wertebereich durch eine Menge R in der xy-Ebene gegeben ist, besteht aus allen räumlichen Punkten der Form $(x; y; f(x; y))$, für die $(x; y)$ in R liegt. Mit anderen Worten: Der Graph von f besteht aus allen Punkten $(x; y; z)$, die der Gleichung

$$z = f(x; y)$$

genügen und für die der Punkt $(x; y)$ zu R gehört. Eine derartige Funktion wird häufig *Funktion zweier Variabler* genannt. Ihr Graph ist üblicherweise eine Fläche.

Wir werden annehmen, daß die Funktion f in folgendem Sinne *stetig* ist. Wenn $(a; b)$ im Definitionsbereich von f liegt und sich der Punkt $(x; y)$ innerhalb des Wertbereiches $f(x; y)$ der Zahl $f(a; b)$. Anschaulich könnte man sagen: Benachbarte Ausgangswerte ergeben benachbarte Ergebnisse.

Die nächsten beiden Beispiele beschäftigen sich mit den Graphen zweier Funktionen, die wir später benötigen werden.

Beispiel 2: Es sei O ein fester Punkt in der Ebene und P ein beliebiger Punkt in der Ebene. Wir definieren $f(P)$ als Quadrat des Abstands zwischen P und O. Man zeichne f.

Lösung: Wir führen in der Ebene ein rechtwinkeliges Koordinatensystem mit dem Ursprung in O ein. Dann ergibt sich für f die Formel

$$f(x; y) = x^2 + y^2.$$

Der Graph von f ist durch die Fläche $z = x^2 + y^2$ gegeben (Bild 7.18). Wegen $x^2 + y^2 \geqslant 0$ liegt diese Fläche oberhalb der xy-Ebene und fällt mit ihr nur im Punkt $(0; 0; 0)$ zusammen. Je weiter der Punkt $P = (x; y)$ von $(0; 0)$ entfernt ist, desto höher liegt der Punkt $Q = (x; y; x^2 + y^2)$ auf der Fläche.

Um den Graphen von

$$z = x^2 + y^2$$

zu veranschaulichen und zu zeichnen, betrachten wir seine Schnittlinien mit den Koordinatenebenen und den zu ihnen parallelen Ebenen (Bild 7.19).

Wie bereits festgestellt, schneidet die Ebene $z = 0$ die Fläche $z = x^2 + y^2$ nur im Punkt (0; 0; 0).

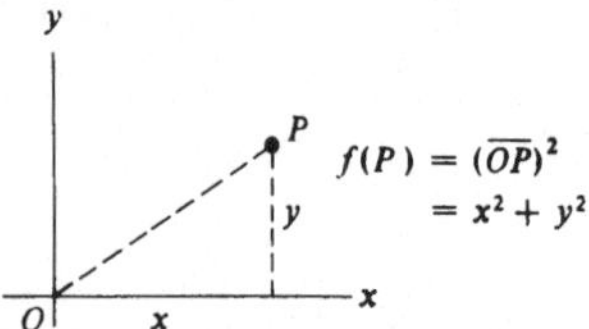

Bild 7.18

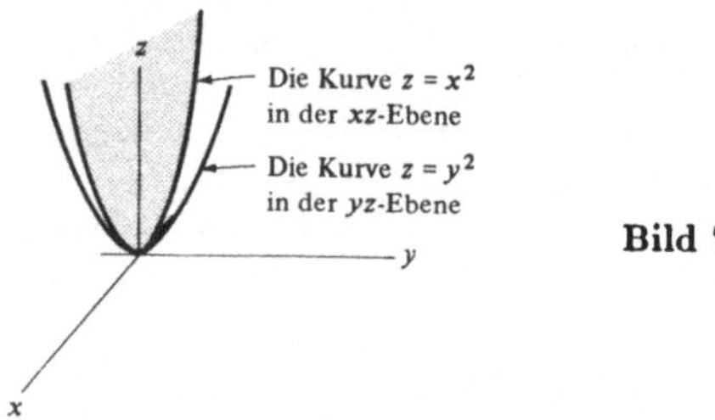

Bild 7.19

Die yz-Ebene, d.h. die Ebene $x = 0$, schneidet die Fläche $z = x^2 + y^2$ längs der Parabel $z = y^2$ in der yz-Ebene.

Analog schneidet die Ebene $y = 0$ die Fläche längs der Parabel $z = x^2$ in der xz-Ebene.

Die Kenntnis dieser beiden Parabeln genügt noch nicht, um den Graphen von f zu zeichnen. Daher betrachten wir als nächstes die Schnittlinie der Fläche $z = x^2 + y^2$ mit einer zur xy-Ebene parallel liegenden Ebene. So betrachten wir die Ebene $z = 4$ (Bild 7.20). Liegt ein Punkt $(x; y; z)$ auf der Fläche $z = x^2 + y^2$ und auf der Ebene $z = 4$, so erfüllen seine Koordinaten die Gleichung

$$4 = x^2 + y^2,$$

er liegt also auf einem Zylinder, der durch den Kreis $4 = x^2 + y^2$ der xy-Ebene bestimmt wird. Daher stimmt die Schnittlinie der Ebene $z = 4$ und der Fläche $z = x^2 + y^2$ mit der Schnittlinie zwischen der Ebene $z = 4$ und dem Kreiszylinder $x^2 + y^2 = 4$ überein (Bild 7.21).

Im allgemeinen wird für eine beliebige Konstante k die Schnittlinie der Ebene $z = k$ mit der Fläche $z = x^2 + y^2$ ein Kreis mit dem Radius $\sqrt{k}$ sein. Wächst k an, so wächst

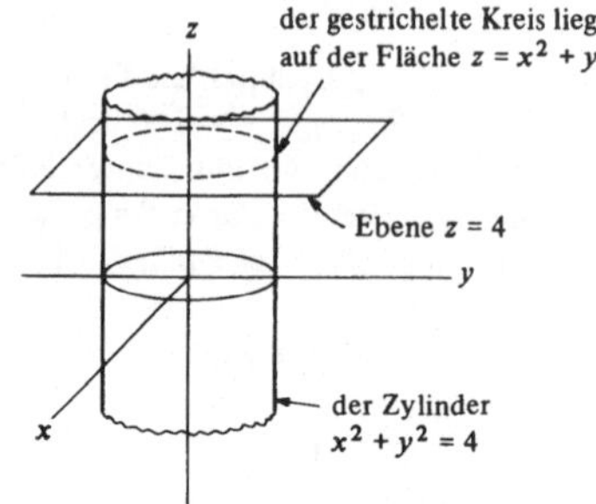

Bild 7.20

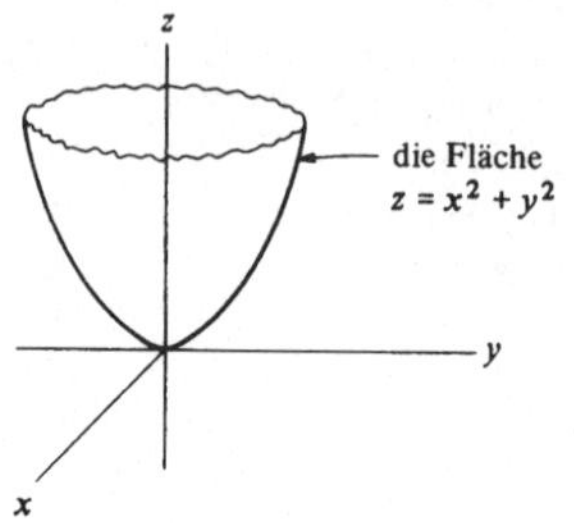

z
die Fläche
z = x² + y²
y
x

Bild 7.21

der Radius des Kreises ebenfalls. Die Fläche $z = x^2 + y^2$ besteht aus Kreisen mit dem Mittelpunkt auf der z-Achse. Am einfachsten kann man sich diese Fläche durch die Rotation der Parabel $z = y^2$ um die z-Achse entstanden denken. Die Fläche hat die Gestalt eines Scheinwerfers. •

Obwohl sich die Funktion des nächsten Beispiels von der in Beispiel 2 dargestellten nur durch die Ersetzung von x^2 durch $-x^2$ unterscheidet, sind die Graphen der beiden Funktionen doch recht unterschiedlich.

Beispiel 3: f sei durch die Formel

$$f(x; y) = x^2 - y^2$$

definiert. Man zeichne den Graphen von f, also die Fläche

$$z = y^2 - x^2.$$

Lösung: Die Schnittlinie dieser Fläche mit der xz-Ebene erhält man für $y = 0$. Sie ist durch die Parabel

$$z = -x^2$$

gegeben, die unterhalb der xy-Ebene liegt.

Die Schnittlinie der Fläche mit der yz-Ebene erhält man für $x = 0$. Sie ist durch die Parabel $z = y^2$ gegeben, die oberhalb der xy-Ebene liegt.

Für $z = 0$ erhalten wir die Schnittlinie der Fläche mit der xy-Ebene. Diese Schnittlinie hat die Gleichung

$$0 = y^2 - x^2.$$

Die rechte Seite dieser Gleichung kann in Faktoren zerlegt werden:

$$0 = (y - x)(y + x).$$

Daher besteht der zugehörige Graph in der xy-Ebene aus den beiden Graphen

$$0 = y - x \quad \text{und} \quad 0 = y + x$$

oder

$$y = x \quad \text{und} \quad y = -x.$$

Insgesamt erhalten wir für die gegebene Fläche die Form eines Sattels (Bild 7.22). Dieser Graph wird später noch behandelt. •

Für die Darstellung des Graphen einer Funktion $z = f(x; y)$ entnehmen wir aus dem Beispiel folgende Hinweise:

Enthält $f(x; y)$ nur x und y, so ist der Graph ein Zylinder.

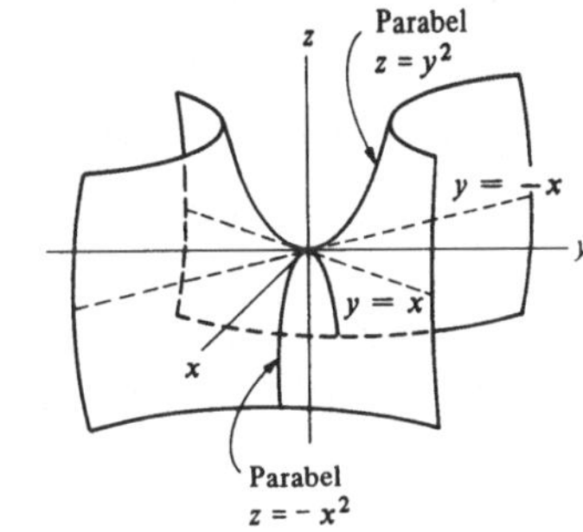

Bild 7.22

Ist $f(x; y)$ von der Form $ax + by + c$, so ist der Graph eine Ebene.

Um den Graphen von $z = f(x; y)$ darzustellen, bestimme man die Schnittlinien des Graphen mit den Koordinatenebenen und anderen Ebenen, die zu den Koordinatenebenen parallel sind.

Übungen:

In den Übungen 1 bis 6 zeichne man die gegebene Funktion.

1. $f(x; y) = x + y$
2. $f(x; y) = x$
3. $f(x; y) = 3$ (eine konstante Funktion)
4. $f(x; y) = x^2$
5. $f(x; y) = x^2 + 2y^2$
6. $f(x; y) = \dfrac{1}{x^2 + y^2}$
7. Man untersuche die Fläche $z = xy$. (Dies ist der Graph der Funktion, die durch $f(x; y) = xy$ gegeben ist.)
   (*a*) Man zeichne den Schnitt der Fläche mit der *xy*-Ebene.
   (*b*) Man zeichne den Schnitt der Fläche mit der *xz*-Ebene.
   (*c*) Man zeichne den Schnitt der Fläche mit der *yz*-Ebene.
   (*d*) Man zeichne den Schnitt der Fläche mit der Ebene $z = 1$.
   (*e*) Man zeichne den Schnitt der Fläche mit der Ebene $x = 2$.
   (*f*) Man zeichne die Fläche.
8. Man zeichne die Schnittlinie der Fläche $z = y^2 - x^2$ (Beispiel 3) mit den Ebenen
   (*a*) $z = 1$, (*b*) $z = -1$.
9. Man fertige aus Ton oder Seife ein Modell der Fläche des Beispiels 3 an.
10. Man zeichne den Graphen von $z = \sqrt{x^2 + y^2}$.
11. (*a*) Man zeige, daß der Graph von $z = \sqrt{1 - x^2 - y^2}$ Teil einer Kugeloberfläche ist.
    (*b*) Man zeichne den Graphen der Funktion, die durch $f(x; y) = \sqrt{1 - x^2 - y^2}$ gegeben ist.
    (*c*) Für welche Punkte $(x; y)$ ist $f(x; y)$ definiert?
12. Die Fläche $z = 2x + y$ geht durch den Punkt $(1; 2; 4)$. Man zeichne den Schnitt der Fläche mit der Ebene
    (*a*) $x = 1$, (*b*) $y = 2$, (*c*) $y = 2x$.
    Man beachte, daß alle drei Ebenen durch den Punkt $(1; 2; 4)$ gehen.
13. Die Fläche $z = xy$, geht durch den Punkt $(1; 1; 1)$. Man zeichne den Schnitt der Fläche mit der Ebene
    (*a*) $x = 1$, (*b*) $y = 1$, (*c*) $y = x$.
14. Man zeichne den Schnitt der Fläche $z = xy$ und der Ebene $y = x$.
15. (*a*) Die Funktion $f(x; y)$ kann in der Form $g(\sqrt{x^2 + y^2})$ geschrieben werden: Man beweise, daß der Graph von f eine Rotationsfläche um die *z*-Achse ist.
    (*b*) Man zeichne den Graphen von $z = e^{-(x^2 + y^2)}$. (Diese Funktion kommt in Kapitel 13 vor.)

■

7.4 Partielle Ableitungen

f sei eine Funktion von x und y. Der Graph von $z = f(x; y)$ ist eine Fläche. Betrachten wir einen Punkt $(a; b)$ in der *xy*-Ebene. Der Graph von $z = f(x; y)$ könnte für Punkte $(x; y)$ aus der Umgebung von $(a; b)$ ähnlich wie die in Bild 7.23 dargestellte Fläche aussehen. Der Punkt P liege direkt oberhalb $(a; b)$ auf der Fläche. Wir legen durch $(a; b)$ eine Ebene M, die senkrecht auf der *x*-Achse steht. Sie schneidet die Fläche längs einer Kurve, die wir mit C bezeichnen.

Um den Anstieg dieser Kurve in der Ebene M und im Punkt P zu bestimmen, betrachten wir direkt oberhalb von $(a + \Delta x; b)$ einen benachbarten Punkt Q auf der Kurve C. Der Grenzwert des Anstiegs der Geraden durch P und Q ergibt sich bei Annäherung von Q an P

$$\lim_{\Delta x \to 0} \frac{f(a + \Delta x; b) - f(a; b)}{\Delta x}.$$

Dies ist die Definition des Anstiegs der Kurve C im Punkt P. Sie legt die folgende Definition nahe.

Definition der partiellen Ableitungen: Wenn der Definitionsbereich von f das Innere eines Kreises um den Punkt $(a; b)$ umfaßt, und wenn der Limes

$$\lim_{\Delta x \to 0} \frac{f(a + \Delta x; b) - f(a; b)}{\Delta x}$$

existiert, wird dieser Limes *partielle Ableitung* von f *nach x genannt*. Analog nennen wir, falls der Limes

$$\lim_{\Delta y \to 0} \frac{f(a; b + \Delta y) - f(a; b)}{\Delta y}$$

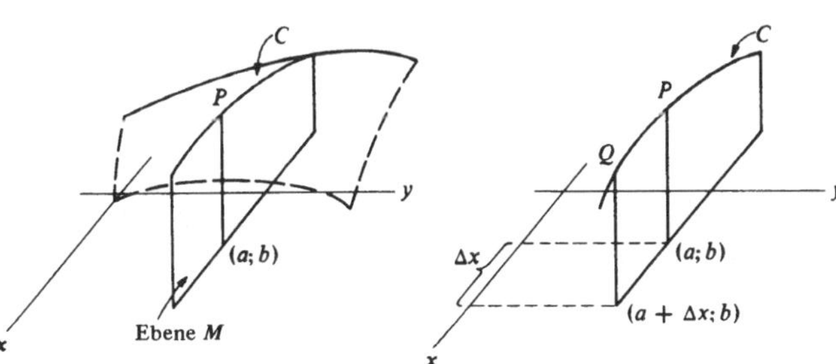

Bild 7.23

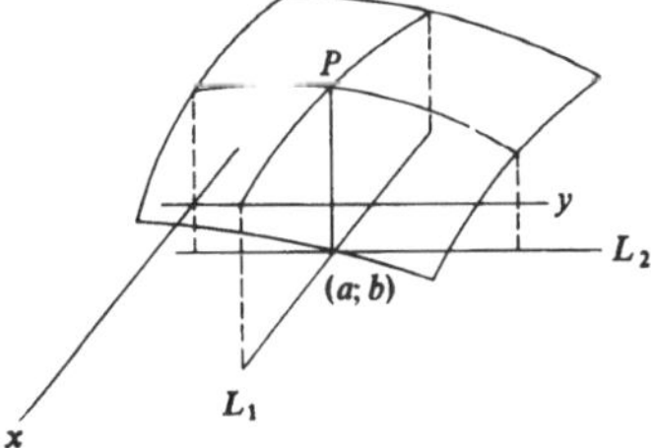

Bild 7.24

existiert, diesen Ausdruck *partielle Ableitung von f nach y*.

Für die partielle Ableitung von f nach x werden die folgenden Bezeichnungen verwendet:

$$f_x, \quad \frac{\partial f}{\partial x}, \quad z_x, \quad \frac{\partial z}{\partial x}, \quad f_1 \quad \text{oder} \quad D_1 f,$$

für f nach y findet man:

$$f_y, \quad \frac{\partial f}{\partial y}, \quad z_y, \quad \frac{\partial z}{\partial y}, \quad f_2 \quad \text{oder} \quad D_2 f.$$

Die Kurve oberhalb der Geraden L_1 (Bild 7.24) hat im Punkt P den Anstieg $f_x(a; b)$. Die Kurve oberhalb der zur y-Achse parallelen Geraden L_2 hat im Punkt P den Anstieg $f_y(a; b)$.

Man beachte, daß längs L_1 die y-Koordinate konstant ist, während die x-Koordinate variiert. Auf L_2 ist die x-Koordinate konstant, während y variieren kann. (In früheren Kapiteln war y fast immer der Wert einer Funktion. Nun bezeichnet dieses Symbol eine der unabhängigen Variablen.)

Beispiel 1: Man bestimme die partielle Ableitung f_x im Punkt $(a; b)$ für $f(x; y) = x^2 y$.

Lösung: Aus der Definition erhalten wir

$$\begin{aligned} f_x(a; b) &= \lim_{\Delta x \to 0} \frac{f(a + \Delta x; b) - f(a; b)}{\Delta x} \\ &= \lim_{\Delta x \to 0} \frac{(a + \Delta x)^2 b - a^2 b}{\Delta x} \\ &= \lim_{\Delta x \to 0} b \left[\frac{(a + \Delta x)^2 - a^2}{\Delta x}\right] \\ &= \lim_{\Delta x \to 0} b \left[\frac{a^2 + 2a\,\Delta x + (\Delta x)^2 - a^2}{\Delta x}\right] \\ &= \lim_{\Delta x \to 0} b(2a + \Delta x) \\ &= 2ab. \bullet \end{aligned}$$

Die Berechnungen von Beispiel 1 legen es nahe, bei der Berechnung einer partiellen Ableitung f_x die Variable y im Ausdruck für f als Konstante zu behandeln und nur nach x zu differenzieren.

Beispiel 2: Man berechne f_x und f_y im Punkt $(x; y)$, wenn f durch den Ausdruck $x^2 y^3 + e^{x^2 y}$ gegeben ist.

Lösung: Wir betrachten y als konstant und differenzieren nach x:

$$f_x(x; y) = 2xy^3 + 2xy\,e^{x^2 y}.$$

Analog behandeln wir x als Konstante und differenzieren nach y:

$$f_y(x; y) = 3x^2 y^2 + x^2 e^{x^2 y}. \bullet$$

Beispiel 3: Man bestimme die zwei partiellen Ableitungen der Funktion f im Punkt $(1; 3)$. f sei gegeben durch die Formel

$$f(x; y) = 2x + 4y + x^2 + \ln(x^2 + y^2).$$

Lösung: Um $\partial f/\partial x$ zu erhalten, betrachten wir y als konstant und berechnen die partielle Ableitung

$$\frac{\partial f}{\partial x} = 2 + 0 + 2x + \frac{2x}{x^2 + y^2}.$$

Für $(x; y) = (1; 3)$ ergibt sich daraus

$$\frac{\partial f}{\partial x}(1; 3) = 2 + 2 \cdot 1 + \frac{2 \cdot 1}{1^2 + 3^2} = 4{,}2.$$

Wir differenzieren nun nach y und halten x konstant, um $\partial f/\partial y$ zu bestimmen:

$$\frac{\partial f}{\partial y} = 0 + 4 + 0 + \frac{2y}{x^2 + y^2}.$$

Für $(x; y) = (1; 3)$ ergibt sich

$$\frac{\partial f}{\partial y}(1; 3) = 4 + \frac{2 \cdot 3}{1^2 + 3^2} = 4{,}6. \bullet$$

Ebenso wie wir Ableitungen von Ableitungen untersucht haben, gibt es partielle Ableitungen von partiellen Ableitungen. Gilt etwa

$$z = 2x + 5x^4 y^7,$$

dann erhalten wir

$$z_x = 2 + 20x^3 y^7 \quad \text{und} \quad z_y = 35x^4 y^6.$$

Wir können nun die partiellen Ableitungen von z_x und z_y berechnen:

$$\begin{aligned} (z_x)_x &= 60x^2 y^7, & (z_x)_y &= 140x^3 y^6, \\ (z_y)_x &= 140x^3 y^6, & (z_y)_y &= 210x^4 y^5. \end{aligned}$$

Üblicherweise bezeichnet man $(z_x)_x$ durch z_{xx}, $(z_x)_y$ durch z_{xy} usw. und vernachlässigt die Klammer. Es gibt also vier mögliche Ableitungen zweiter Ordnung:

$$z_{xx}, \quad z_{xy}, \quad z_{yx}, \quad z_{yy}$$

oder auch

$$f_{xx}, \quad f_{xy}, \quad f_{yx}, \quad f_{yy}.$$

Es fällt auf, daß im obigen Beispiel z_{xy} und z_{yx} übereinstimmen. Für die meisten Funktionen, die in der Praxis auftreten, stimmen die beiden gemischten Ableitungen z_{xy} und z_{yx} überein. Wegen der Wichtigkeit dieser Bemerkung, halten wir sie als Theorem fest. Der Beweis hierfür findet sich in Bd. 4, Kap. 5 und kann dort nachgelesen werden.

Theorem: Hat $z = f(x; y)$ stetige partielle Ableitungen z_x, z_y, z_{xy} und z_{yx}, dann gilt

$$z_{xy} = z_{yx}.$$

Die Bezeichnung ∂ wird ebenfalls zur Darstellung der vier Ableitungen zweiter Ordnung verwendet. So wird die Ableitung

$$\frac{\partial(\partial f/\partial x)}{\partial y},$$

die wir bereits mit z_{xy} bezeichnet haben, auch in der Form $\partial^2 f/\partial x\,\partial y$ geschrieben. (In der ∂-Bezeichnung differenziere man von rechts nach links in der Reihenfolge der Variablen im Nenner.)

Beispiel 4: Man berechne $\partial^2 z/\partial x^2$ und $\partial^2 z/\partial y \partial x$ für $z = y \cos xy$.

Lösung: Zunächst bestimmen wir

$$\frac{\partial z}{\partial x} = -y^2 \sin xy.$$

Daraus ergibt sich

$$\frac{\partial^2 z}{\partial x^2} = \frac{\partial(\partial z/\partial x)}{\partial x} = \frac{\partial(-y^2 \sin xy)}{\partial x}$$

$$= -y^3 \cos xy.$$

Ebenso erhalten wir

$$\frac{\partial^2 z}{\partial y \partial x} = \frac{\partial(\partial z/\partial x)}{\partial y} = \frac{\partial(-y^2 \sin xy)}{\partial y}$$

$$= -2y \sin xy - xy^2 \cos xy. \bullet$$

Übungen:

In den Übungen 1 bis 10 berechne man f_x und f_y für die gegebene Funktion.

1. $f(x;y) = x^3y^4$
2. $f(x;y) = x^3 + y^3$
3. $f(x;y) = x/y$
4. $f(x;y) = x^2 \cos y$
5. $f(x;y) = \sin(xy^3)$
6. $f(x;y) = (1 + x^2)y$
7. $f(x;y) = x + 3y + \sqrt{x} + \arctan xy$
8. $f(x;y) = \sqrt{x^2 + y^2}$
9. $f(x;y) = e^{x/y}$
10. $f(x;y) = \sin^2(xy)$
11. Man bestimme (*a*) $D_1(x^2y^4)$ und (*b*) $D_2(x^2y^4)$.
12. Man bestimme
    (*a*) $D_1[xy \cos(x + y)]$, (*b*) $D_2[xy \cos(x + y)]$.
13. Für $z = x/(x^2 + y^2)$ berechne man (*a*) z_x und (*b*) z_y.
14. Man berechne $D_1(\cos x \sin y)$.

In den Übungen 15 bis 19 berechne man f_{xx}, f_{yy}, f_{xy}, f_{yx} und zeige, daß $f_{xy} = f_{yx}$.

15. $f(x;y) = 5x^2 - 3xy + 6y^2$
16. $f(x;y) = e^{x^2 y}$
17. $f(x;y) = x^4y^7$
18. $f(x;y) = \ln(x^3 + y^2)$
19. $f(x;y) = 1/\sqrt{x^2 + y^2}$
20. Eine Funktion $z = f(x;t)$, in der z die Temperatur, x den Ort und t die Zeit darstellen, erfülle die sogenannte Gleichung der Wärmeleitung:
    $$a^2 f_{xx} = f_t, \quad a \text{ ist konstant.}$$
    Man zeige, daß die Funktion $f(x;t) = e^{-\pi^2 a^2 t} \sin \pi x$ die Wärmeleitungsgleichung erfüllt.
21. Es sei $T = f(x;y;z)$ die Temperatur eines Körpers im Punkt $(x;y;z)$, wenn seine Oberfläche eine vorgegebene Temperaturverteilung besitzt. Variiert T nicht mit der Zeit, so kann $T_{xx} + T_{yy} + T_{zz} = 0$ gezeigt werden. Analog gilt für die Arbeit $P(x;y;z)$, die in einem Gravitationsfeld ein Teilchen von einem festen Ausgangspunkt zu einem bestimmten Punkt $(x;y;z)$ befördert, die Gleichung $P_{xx} + P_{yy} + P_{zz} = 0$. Die Relation $f_{xx} + f_{yy} + f_{zz} = 0$ heißt ganz allgemein Laplace-Gleichung (in drei Dimensionen). Man verifiziere, daß die Funktionen $1/\sqrt{x^2 + y^2 + z^2}$, $x^2 - y^2 - z$ und $e^x \cos y + z$ die Laplace-Gleichung erfüllen.
22. Man bestimme
    (*a*) $D_1(e^x\sqrt{y})$, (*b*) $D_2(e^x\sqrt{y})$.
23. Man bestimme $D_1 f$ und $D_2 f$ für $f(x;y) = \int_x^y e^{t^2} dt$.

In den Übungen 24 bis 27 bestimme man den Anstieg der Kurve, die sich als Schnittlinie der gegebenen Fläche mit der auf der y-Achse senkrecht stehenden Ebene ergibt, die den gegebenen Punkt enthält.

24. $z = xy^2$ für $(1;2)$
25. $z = x/y$ für $(1;1)$
26. $z = \cos(x + 2y)$ für $(\pi/4; \pi/2)$
27. $z = x^2 e^{xy}$ für $(1;0)$.

■

In den Übungen 28 bis 30 bestimme man den Anstieg der Kurve, die sich als Schnittlinie der gegebenen Fläche mit der zur x-Achse senkrechten Ebene ergibt, die den gegebenen Punkt enthält.

28. $z = y e^{xy}$ für $(1;1)$
29. $z = e^{x/y}$ für $(0;1)$
30. $z = x^2 + \sqrt{x + 3y}$ für $(1;5)$
31. Man bestimme (*a*) $\partial(x^y)/\partial x$ und (*b*) $\partial(x^y)/\partial y$.

■■

32. Gibt es eine Funktion f mit den Eigenschaften
    $$f_x = e^x \cos y \quad \text{und} \quad f_y = e^x \sin y.$$
33. Es sei
    $$f(x;y) = \int_0^1 \cos(x + 2y + t)\, dt.$$
    Man bestimme f_x und f_y.
34. Es sei
    $$f(x;y) = \int_0^y \sqrt{x + t}\, dt.$$
    Man bestimme f_x und f_y.
35. Es sei
    $$f(x;y) = \int_x^y g(t)\, dt$$
    mit stetigem g. Man bestimme f_x und f_y.

7.5 Die Differenz Δf und das Differential df

Für Funktionen einer Variablen wurde in Abschnitt 5.9 gezeigt, daß das Differential eine gute Näherung für die Differenz der Funktion darstellt (Bild 7.25): Die Differenz

$$\Delta f = f(x + \Delta x) - f(x)$$

wird durch das Differential

$$df = f'(x)\, \Delta x$$

approximiert. Dieser Abschnitt behandelt das analoge Problem für eine Funktion zweier Variabler.

Welche vernünftige Schätzung könnten wir für die Differenz

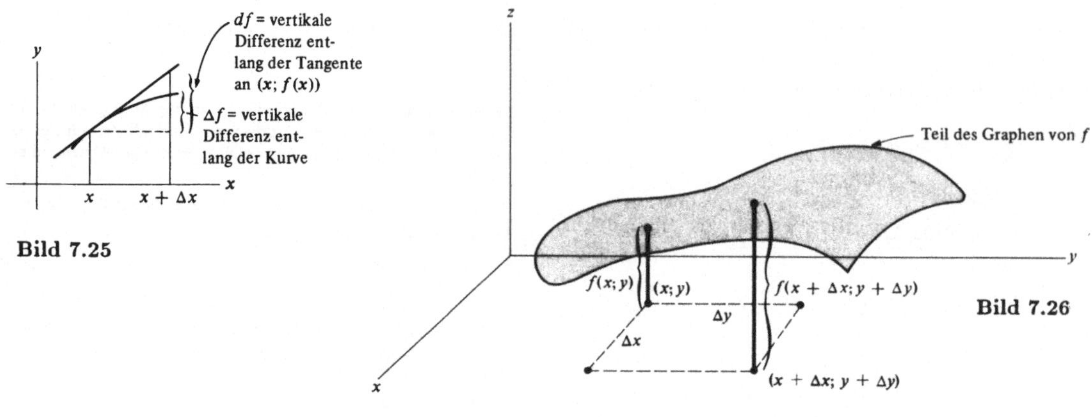

Bild 7.25

Bild 7.26

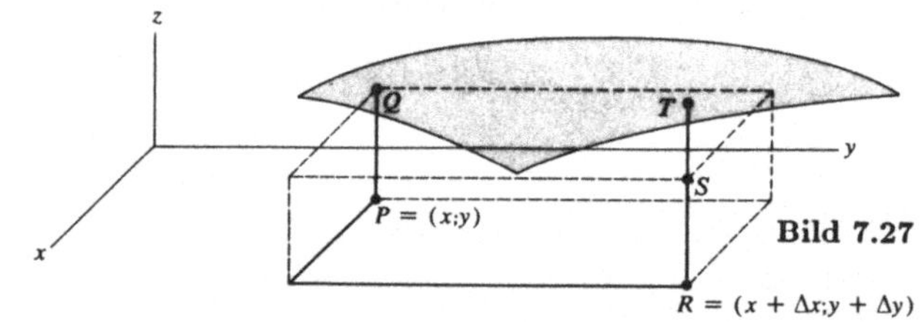

Bild 7.27

$$f(x+\Delta x; y+\Delta y) - f(x;y)$$

erhalten, wenn Δx und Δy klein sind? Erwartungsgemäß wird die Schätzung die partiellen Ableitungen f_x und f_y im Punkt $(x;y)$ enthalten (Bild 7.26).

Betrachten wir eine Funktion f zweier Variabler. Angenommen, f ordnet jedem Punkt $(x;y)$ in der Ebene (oder in einem ebenen Gebiet) eine Zahl zu, die durch $f(x;y)$ oder z bezeichnet wird. Wenn wir uns vom Punkt $(x;y)$ zum Punkt $(x+\Delta x; y+\Delta y)$ bewegen, ändert sich der Wert der Funktion um einen Betrag, den wir mit Δf oder Δz bezeichnen:

$$\Delta f = \Delta z = f(x+\Delta x; y+\Delta y) - f(x;y).$$

Im Bild 7.27 ist Δf (wenn positiv) die Länge der Strecke $\overline{ST}$.

Das Diagramm zeigt zwei Punkte Q und T auf dem Graphen von f. Der Einfachheit halber nehmen wir an, daß $f(x;y)$ und $f(x+\Delta x; y+\Delta y)$ positiv seien und entnehmen der Zeichnung

$$\overline{PQ} = f(x;y) \quad \text{und} \quad \overline{RT} = f(x+\Delta x; y+\Delta y).$$

Aus $\overline{RS} = \overline{PQ}$ ergibt sich

$$\begin{aligned}\Delta f &= f(x+\Delta x; y+\Delta y) - f(x;y)\\ &= \overline{RT} - \overline{PQ}\\ &= \overline{RT} - \overline{RS}\\ &= \overline{ST}.\end{aligned}$$

Das Diagramm legt den folgenden Weg zur Abschätzung von Δf nahe. Wir betrachten in der xy-Ebene den Weg von $P = (x;y)$ nach $R = (x+\Delta x; y+\Delta y)$, der durch den Punkt $C = (x+\Delta x; y)$ geht und aus zwei Strecken besteht. Von P nach C ändert sich nur die x-Koordinate, von C nach R nur die y-Koordinate. Die Veränderung von f kann auf jedem dieser beiden Teile des Weges durch ein Differential abgeschätzt werden, wie dies in Abschnitt 5.9 besprochen wurde. Von P nach C verändert sich nämlich nur eine Variable, x, und von C nach R wiederum nur eine Variable, y. Die Summe dieser beiden Schätzungen ergibt eine Abschätzung für die gesamte Veränderung Δf (Bild 7.28).

Betrachten wir nur den Teil des Graphen von f, der oberhalb der Strecken $\overline{PC}$ und $\overline{CR}$ liegt, also die beiden Kurven QU und UT. Die Punkte Q, V und S liegen auf einer horizontalen Ebene, und die Strecke $\overline{UW}$ ist ebenfalls horizontal.

Aus dem Diagramm entnehmen wir

$$\begin{aligned}\Delta f &= \overline{ST}\\ &= \overline{SW} + \overline{WT}\\ &= \overline{VU} + \overline{WT}.\end{aligned}$$

Nun folgt für ein X zwischen x und $x + \Delta x$ (da y festgehalten wird und nur x variiert) nach dem Mittelwertsatz

$$\overline{VU} = f(x+\Delta x; y) - f(x;y) = f_x(X;y)\,\Delta x.$$

Ebenso ergibt sich für ein Y zwischen y und $y + \Delta y$ (da y variiert, während die x-Koordinate bei $x + \Delta x$ festgehalten wird)

$$\begin{aligned}\overline{WT} &= f(x+\Delta x; y+\Delta y) - f(x+\Delta x; y)\\ &= f_y(x+\Delta x; Y)\,\Delta y.\end{aligned}$$

Es folgt:

$$\Delta f = f_x(X;y)\,\Delta x + f_y(x+\Delta x; Y)\,\Delta y. \qquad (1)$$

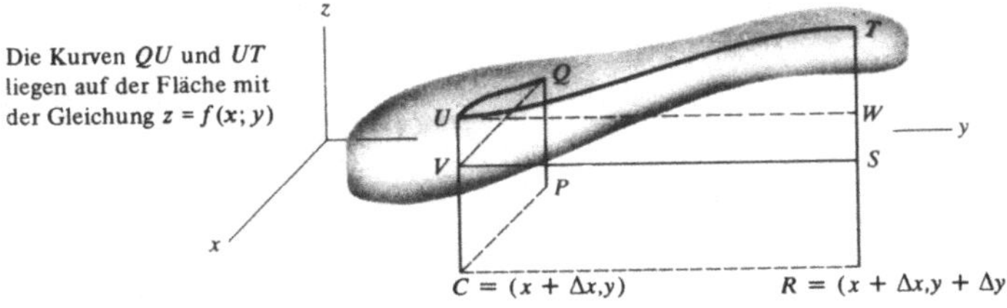

Bild 7.28

Diese Gleichung ist der Schlüssel zum nächsten Theorem; man diskutiere sie genau.

Streben Δx und Δy nach Null, so nähern sich sowohl $(X; y)$ als auch $(x + \Delta x; Y)$ dem Punkt $(x; y)$. Aus der Stetigkeit von f_x und f_y können wir

$$f_x(X; y) = f_x(x; y) + \epsilon_1$$

und

$$f_y(x + \Delta x; Y) = f_y(x; y) + \epsilon_2$$

schließen, wobei $\epsilon_1 \to 0$ und $\epsilon_2 \to 0$, wenn Δx und Δy nach Null streben. Aus Gl. (1) erhalten wir das folgende wichtige Resultat, das noch öfter benötigt werden wird.

Theorem: Besitzt f stetige partielle Ableitungen f_x und f_y, dann ist die Differenz $\Delta f = f(x + \Delta x; y + \Delta y) - f(x; y)$ von der Form

$$\Delta f = f_x(x; y)\Delta x + f_y(x; y)\Delta y + \epsilon_1 \Delta x + \epsilon_2 \Delta y,$$

wobei $\epsilon_1 \to 0$ und $\epsilon_2 \to 0$, wenn Δx und Δy nach Null streben. ●

Sind Δx und Δy klein, so können die Beiträge $\epsilon_1 \Delta x$ und $\epsilon_2 \Delta y$ als Produkte von kleinen Größen üblicherweise im Vergleich mit $f_x(x; y)\Delta x$ und $f_y(x; y)\Delta y$ vernachlässigt werden. (Sofern $f_x(x; y)$ und $f_y(x; y)$ nicht Null sind.) Aus diesem Grund stellt $f_x(x; y)\Delta x + f_y(x; y)\Delta y$ oft eine gute Schätzung von Δf dar, wenn Δx und Δy klein sind. Die Ähnlichkeiten mit dem Fall einer Funktion von einer Variablen führen uns zu der folgenden Definition.

Definition des Differentials: Ist f eine Funktion von zwei Variablen und sind x, y, Δx, Δy Zahlen, so wird der Ausdruck

$$f_x(x; y)\Delta x + f_y(x; y)\Delta y$$

das *Differential von* f an der Stelle x, y, Δx, Δy genannt und mit df (oder dz) bezeichnet.

Man beachte, daß das Differential als Funktion von vier Variablen x, y, Δx, Δy gegeben ist. Es wird vor allem dann verwendet, wenn Δx und Δy klein sind.

Beispiel 1: Es sei f durch die Formel $f(x; y) = x^2 y^3$ gegeben. Man berechne Δf und df für $x = 2$, $y = 1$, $\Delta x = 0{,}1$ und $\Delta y = 0{,}05$.

Lösung: In diesem Fall erhalten wir $x + \Delta x = 2{,}1$ und $y + \Delta y = 1{,}05$ und weiter

$$\begin{aligned}\Delta f &= f(2{,}1; 1{,}05) - f(2{,}1)\\ &= (2{,}1)^2(1{,}05)^3 - 2^2 \cdot 1^3 = 5{,}105\,126\,25 - 4\\ &= 1{,}105\,126\,25.\end{aligned}$$

Um das Differential

$$df = f_x(2{,}1)\Delta x + f_y(2{,}1)\Delta y$$

zu bestimmen, gehen wir von den partiellen Ableitungen

$$f_x(x; y) = 2xy^3 \quad \text{und} \quad f_y(x; y) = 3x^2y^2$$

aus und erhalten

$$\begin{aligned}df &= 2(2)(1)^3(0{,}1) + 3(2)^2(1)^2(0{,}05)\\ &= 0{,}4 + 0{,}6\\ &= 1.\end{aligned}$$

In diesem Fall war Δf schwer zu berechnen und führte zu $1{,}105\,126\,25$, während eine einfache Rechnung für das Differential $df = 1$, als eine gute Näherung von Δf, ergab. ●

Das nächste Beispiel ist analog zu Beispiel 1, ist jedoch der Praxis entnommen.

Beispiel 2: Die Dimensionen einer zylindrischen Blechdose ändern sich von 3 cm Radius und 4 cm Höhe auf 2,9 cm Radius und 4,2 cm Höhe. Man schätze die Änderung des Volumens ab.

Lösung: In diesem Falle ist das Volumen eine Funktion der beiden Variablen r und h, $V(r; h) = \pi r^2 h$. Wir wollen

$$\Delta V = V(2{,}9; 4{,}2) - V(3; 4)$$

abschätzen. Mit Hilfe der Darstellung

$$\Delta V = V(3 + (-0{,}1); 4 + (0{,}2)) - V(3; 4)$$

können wir anstelle von ΔV das Differential

$$dV = V_r(3; 4)\Delta r + V_h(3; 4)\Delta h$$

als Abschätzung für ΔV bestimmen.

Zunächst gilt $\Delta r = -0{,}1$, $\Delta h = 0{,}2$ und $V_r = 2\pi rh$, $V_h = \pi r^2$. Es folgt

$$V_r(3; 4) = 24\pi \quad \text{und} \quad V_h(3; 4) = 9\pi.$$

Daher ergibt sich für ΔV näherungsweise

$$24\pi \cdot (-0{,}1) + 9\pi \cdot 0{,}2 = -0{,}6\pi.$$

Die direkte Berechnung zeigt uns $\Delta V = -0{,}678\pi$ (das negative Vorzeichen stellt die Abnahme des Volumens dar.) ●

Beispiel 3: Eine Schachtel der Höhe y hat eine quadratische Basisfläche mit der Seitenlänge x. Wir bestimmen nun x mit einem möglichen Fehler von 2 % und y mit einem möglichen Fehler von 3 %. Wie groß ist der maximal mögliche Fehler, der sich aus diesen beiden Fehlern für die

Abschätzung des Volumens x^2y ergibt. Daß möglicherweise x mit einem Fehler von 2 % und y mit einem Fehler von 3 % behaftet sind, kommt durch die folgenden beiden Ungleichungen zum Ausdruck:

$$\frac{|\Delta x|}{x} \leqslant 0{,}02 \quad \text{und} \quad \frac{|\Delta y|}{y} \leqslant 0{,}03.$$

Das Volumen x^2y^2 ist eine Funktion von x und y:

$$V = f(x;y) = x^2y.$$

Wie groß kann nun

$$\frac{|\Delta f|}{f}$$

werden? Es ist günstiger anstelle von Δf die Größe

$$\begin{aligned} df &= f_x \Delta x + f_y \Delta y \\ &= 2xy\,\Delta x + x^2 \Delta y \end{aligned}$$

zu betrachten.
Weiter ergibt sich dann

$$\begin{aligned} \frac{df}{f} &= \frac{2xy\,\Delta x + x^2\Delta y}{x^2y} \\ &= \frac{2xy\,\Delta x}{x^2y} + \frac{x^2\Delta y}{x^2y} \\ &= 2\frac{\Delta x}{x} + \frac{\Delta y}{y}. \end{aligned}$$

Wir können weiter folgern

$$\frac{|df|}{f} \leqslant 2\frac{|\Delta x|}{x} + \frac{|\Delta y|}{y} \leqslant 2(0{,}02) + 0{,}03 = 0{,}07.$$

Man beachte, daß die Exponenten der Funktion x^2y hier als Koeffizienten auftreten.

Da $|df|/f$ eine gute Schätzung für $|\Delta f|/f$ darstellt, liegt der Fehler des Volumens höchstens bei etwa 7 %. Wenn wir x unterschätzen und y überschätzen, kann der Fehler des Volumens natürlich viel geringer, vielleicht sogar Null sein. •

Für Funktionen einer Variablen stellt das Differential die Änderung von y entlang der Tangente dar (siehe Abschnitt 5.9). Wir werden nun zeigen, daß für Funktionen zweier Variabler das Differential die Änderung von z in einer bestimmten Ebene angibt. Zunächst werden wir diese Ebene beschreiben.

Wir bezeichnen den Teil des Graphen von f, der oberhalb der Strecke von $(x;y)$ nach $(x + \Delta x; y)$ liegt, durch C_x (dies ist die Kurve QU in Bild 7.28). Analog bezeichnen wir die Kurve oberhalb der Strecke von $(x;y)$ nach $(x; y + \Delta y)$ durch C_y. Es sei T_x die Tangente an C_x im Punkt oberhalb $(x;y)$. Analog sei T_y die Tangente an C_y im gleichen Punkt.

Dann gibt $f_x(x;y)\Delta x$ die Änderung von z, wenn wir uns entlang T_x vom Punkt oberhalb $(x;y)$ zum Punkt oberhalb $(x + \Delta x; y)$ bewegen. In gleicher Weise gibt $f_y(x;y)\Delta y$ die Änderung von z, wenn wir vom Punkt oberhalb $(x;y)$ zum Punkt oberhalb $(x; y + \Delta y)$ gehen. Die Geraden T_x und T_y bestimmen eine Ebene (die sogenannte *Tangentialebene*, die wir in Bd. 3, Kap. 2 besprechen werden).

Bild 7.29 zeigt C_x, T_x, C_y, T_y und die Tangentialebene. Bild 7.30 zeigt die Änderung $\overline{AB}$ von z, wenn wir uns in der Tangentialebene vom Punkt oberhalb $(x;y)$ zum Punkt oberhalb $(x + \Delta x; y + \Delta y)$ begeben.

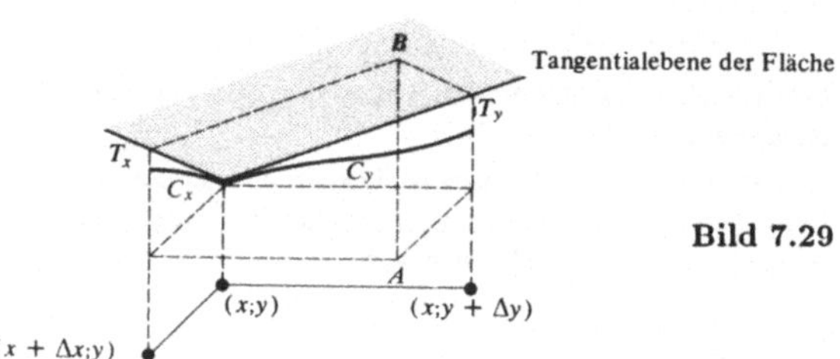

Bild 7.29

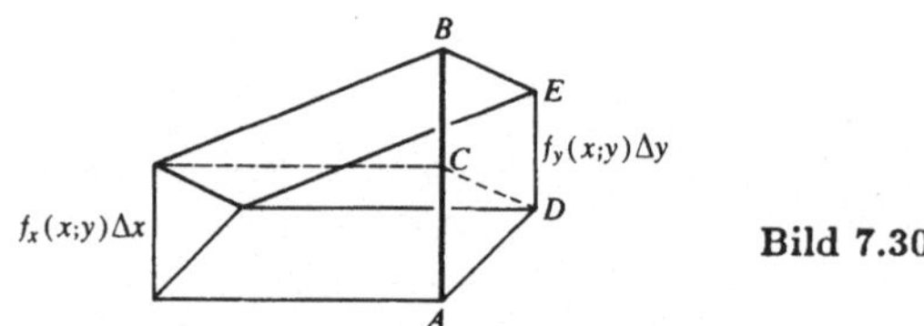

Bild 7.30

Man beachte $\overline{CB} = \overline{DE}$. Daraus ergibt sich

$$\begin{aligned} \overline{AB} &= \overline{AC} + \overline{CB} \\ &= f_x(x;y)\Delta x + \overline{DE} \\ &= f_x(x;y)\Delta x + f_y(x;y)\Delta y \\ &= df. \end{aligned}$$

Damit ist das Differential df auf die Strecke $\overline{AB}$ zurückgeführt, die uns die Änderung von f angibt, wenn wir in der Tangentialebene von $(x;y)$ nach $(x + \Delta x; y + \Delta y)$ gehen.

Übungen:

In den Übungen 1 bis 3 berechne man Δf und df aus den Angaben:

1. $f(x;y) = xy$, $x = 2$, $y = 3$, $\Delta x = 0{,}1$, $\Delta y = 0{,}2$
2. $f(x;y) = 2x + 3y$, $x = 3$, $y = 4$, $\Delta x = 0{,}1$, $\Delta y = -0{,}3$
3. $f(x;y) = x/y$, $x = 2$, $y = 1$, $\Delta x = 0{,}1$, $\Delta y = -0{,}2$

In den Übungen 4 bis 6 berechne man df aus den Angaben:

4. $f(x;y) = x^3y^4$, $x = 1$, $y = 2$, $\Delta x = 0{,}1$, $\Delta y = -0{,}1$
5. $f(x;y) = \sqrt{x^2 + y^2}$, $x = 3$, $y = 4$, $\Delta x = 0{,}02$, $\Delta y = 0{,}03$
6. $f(x;y) = \ln(x + 2y)$, $x = 2$, $y = 3$, $\Delta x = -0{,}1$, $\Delta y = 0{,}2$

In den Übungen 7 bis 10 wird x mit einem möglichen Fehler von 3 % und y mit einem möglichen Fehler von 4 % gemessen. Man diskutiere den maximal möglichen Fehler bei der Messung der angegebenen Größe.

7. x^3y^2
8. x^5y
9. x^3/y^2
10. x^my^n (wobei m und n konstant sind).

In den Übungen 11 bis 14 verwende man ein geeignetes Differential zur Abschätzung der angegebenen Differenz.

11. $3{,}1^3\,2{,}8^2 - 3^3 3^2$
12. $\sqrt{3{,}1^2 + 4{,}2^2} - \sqrt{3^2 + 4^2}$

13. $\ln[1{,}1^3 + 2{,}3^3] - \ln 9$ 14. $\frac{1{,}1^3}{0{,}8^2} - \frac{1^3}{1^2}$

■

15. Es sei $f(x;y) = Ax + By + C$ mit den Konstanten A, B und C. Man zeige, daß für alle Werte von Δx und Δy gilt $df = \Delta f$.
16. (Diese Übung setzt das Beispiel 2 fort und vergleicht dV mit ΔV.) Man ergänze die folgende Tabelle. [ΔV steht für $V(3 + \Delta r; 4 + \Delta h) - V(3;4)$, während dV den Ausdruck $V_r(3;4)\Delta r + V_h(3;4)\Delta h$ bezeichnet.]

Δr	Δh	dV	ΔV	$\Delta V/dV$
− 0,1	0,2	$-0{,}6\pi$	$-0{,}678\pi$	1,13
0,1	0,2			
0,01	0,003			
0,001	− 0,001			

17. Das Theorem dieses Abschnitts wurde mit Hilfe eines Weges von $(x;y)$ nach $(x + \Delta x; y)$ und dann nach $(x + \Delta x; y + \Delta y)$ hergeleitet. Man beweise das Theorem nun mit Hilfe eines Weges, der durch den Punkt $(x; y + \Delta y)$ anstatt durch den Punkt $(x + \Delta x; y)$ geht.
18. Das Theorem dieses Abschnitts kann ohne Bezug auf irgendwelche Zeichnungen bewiesen werden. Im folgenden die Skizze eines rein algebraischen Beweises:
    (*a*) Man beweise
    $$[f(x + \Delta x; y + \Delta y) - f(x + \Delta x; y)] + [f(x + \Delta x; y) - f(x;y)] = \Delta f.$$
    (*b*) Man wende den Mittelwertsatz auf jeden der Klammerausdrücke (*a*) an und beweise das Theorem.
19. u sei eine Funktion von x, y und z (so ist etwa das Volumen eines Quaders durch das Produkt seiner Abmessungen xyz gegeben).
    (*a*) Man berechne analog zu dem Theorem für Δf eine Formel für Δu und benutze hierzu die Methoden von Übung 18.
    (*b*) Man zeige mit Hilfe von (*a*), daß $u_x \Delta x + u_y \Delta y + u_z \Delta z$ eine gute Näherung für Δu darstellt.
    (*c*) Man verwende (*a*), um das Theorem auf Funktionen dreier Variabler zu verallgemeinern.
20. (*a*) Man zeichne das Gebiet der Ebene $x + y = 1$, das oberhalb der xy-Ebene, rechts von der xz-Ebene, vor der yz-Ebene und unterhalb der Fläche $z = x^2 + y^2$ liegt.
    (*b*) Man bestimmt die Fläche des Gebietes aus (*a*).

7.6 Die Kettenregel

Das Theorem aus Abschnitt 7 .5 führt uns auf die Kettenregeln zur Differentiation zusammengesetzter Funktionen in mehr als einer Variablen. Das erste Theorem dieses Abschnitts behandelt die Funktion z der Variablen x und y, wobei x und y selbst Funktionen einer weiteren Variablen sind. Theorem 2 behandelt die Funktion z der Variablen x und y, wenn x und y selbst wieder Funktionen von zwei Variablen sind.

Theorem 1: (*Kettenregel*). Die Funktion $z = f(x;y)$ habe die stetigen partiellen Ableitungen f_x und f_y. Ferner seien $x = g(t)$ und $y = h(t)$ differenzierbare Funktionen in t. Dann ist z eine zusammengesetzte Funktion der Variablen t und es gilt

$$\frac{dz}{dt} = z_x \frac{dx}{dt} + z_y \frac{dy}{dt}.$$

Beweis: Wir gehen von der Definition

$$\frac{dz}{dt} = \lim_{\Delta t \to 0} \frac{\Delta z}{\Delta t}$$

aus und erhalten in Abhängigkeit von Δt für x und y die Änderungen Δx und Δy. Aus dem Theorem des Abschnittes 7.5 ergibt sich

$$\Delta z = f_x(x;y)\Delta x + f_y(x;y)\Delta y + \epsilon_1 \Delta x + \epsilon_2 \Delta y,$$

wobei ϵ_1 und ϵ_2 mit Δx und Δy nach Null gehen. (Man beachte, daß x und y festgehalten werden.) Weiter folgt

$$\frac{\Delta z}{\Delta t} = f_x(x;y)\frac{\Delta x}{\Delta t} + f_y(x;y)\frac{\Delta y}{\Delta t} + \epsilon_1 \frac{\Delta x}{\Delta t} + \epsilon_2 \frac{\Delta y}{\Delta t}$$

und

$$\frac{dz}{dt} = \lim_{\Delta t \to 0} \frac{\Delta z}{\Delta t} = f_x(x;y)\frac{dx}{dt} + f_y(x;y)\frac{dy}{dt} + 0\frac{dx}{dt} + 0\frac{dy}{dt}.$$

Damit ist das Theorem bewiesen. •

Wir veranschaulichen Theorem 1 durch einige Beispiele.

Beispiel 1: Es sei $z = x^2y^3$ und $x = 3t^2$, $y = t/3$. Man bestimme dz/dt für $t = 1$.

Lösung: Um Theorem 1 anzuwenden, berechne man z_x, z_y, dx/dt und dy/dt:

$$z_x = 2xy^3, \qquad z_y = 3x^2y^2,$$
$$\frac{dx}{dt} = 6t, \qquad \frac{dy}{dt} = \frac{1}{3}.$$

Aus Theorem 1 ergibt sich

$$\frac{dz}{dt} = 2xy^3 \cdot 6t + 3x^2y^2 \cdot \frac{1}{3}.$$

Insbesondere erhalten wir für $t = 1$ nun $x = 3$, $y = \frac{1}{3}$ und weiter

$$\frac{dz}{dt} = 2 \cdot 3\left(\frac{1}{3}\right)^3 6 + 3 \cdot 3^2\left(\frac{1}{3}\right)^2 \frac{1}{3} = \frac{36}{27} + \frac{27}{27} = \frac{7}{3}.$$

Die Ableitung dz/dt kann auch ohne Zuhilfenahme von Theorem 1 aufgefunden werden. Hierzu stellen wir z direkt durch t dar.

$$z = x^2y^3 = (3t^2)^2\left(\frac{t}{3}\right)^3 = \frac{t^7}{3}.$$

Wir differenzieren

$$\frac{dz}{dt} = \frac{7t^6}{3}.$$

Für $t = 1$ folgt

$$\frac{dz}{dt} = \frac{7}{3}.$$

Dies stimmt mit unserer ersten Berechnung überein. ●

Beispiel 2: Zur Zeit t, in Minuten gemessen, befindet sich ein Käfer in der xy-Ebene am Punkt $(g(t), f(t))$. Abstände werden in Metern gemessen. Die Temperatur im Punkt xy beträgt e^{-x-2y} in Grad Celsius. Der Käfer bewegt sich von Punkt (0; 0) aus mit einer Geschwindigkeit von 2 m/min ($dx/dt = 2$) nach Osten und mit einer Geschwindigkeit von 3 m/min ($dy/dt = 3$) nach Norden (Bild 7.31). Mit welcher Geschwindigkeit verändert sich für den Käfer die Bodentemperatur? Mit anderen Worten: Man betrachte die Temperatur z als Funktion der Zeit und bestimme dz/dt.

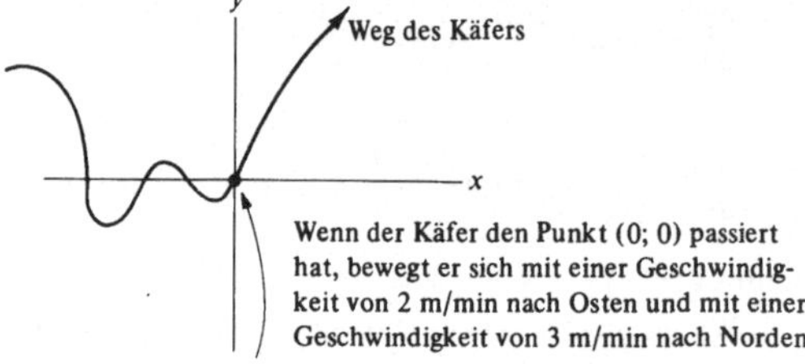

Bild 7.31

Lösung: In diesem Fall, $z = e^{-x-2y}$, erhalten wir aus Theorem 1

$$\frac{dz}{dt} = \frac{\partial z}{\partial x}\frac{dx}{dt} + \frac{\partial z}{\partial y}\frac{dy}{dt}.$$

Für

$$\frac{\partial z}{\partial x} = -e^{-x-2y} \quad \text{und} \quad \frac{\partial z}{\partial y} = -2e^{-x-2y}$$

ergibt sich im Punkt $(x; y) = (0; 0)$

$$\frac{\partial z}{\partial x} = -1 \quad \text{und} \quad \frac{\partial z}{\partial y} = -2$$

$$\frac{dx}{dt} = 2 \quad \text{und} \quad \frac{dy}{dt} = 3.$$

So ändert sich für den Käfer auf seinem Weg durch den Ursprung die Temperatur mit einer Rate von

$$\frac{dz}{dt} = (-1)\cdot 2 + (-2)\cdot 3 = -8\ ^\circ\text{C/min}.$$

Für den Käfer sinkt die Temperatur mit einer Rate von 8 °C/min. Diese Änderungsrate hängt nicht nur von der Temperaturfunktion e^{-x-2y} ab, sondern auch von der Geschwindigkeit und der Bewegungsrichtung des Käfers. ●

Das nächste Theorem verallgemeinert Theorem 1 auf den Fall, in dem x und y ihrerseits Funktionen zweier Variabler t und u sind.

Theorem 2 (*Kettenregel*): Die Funktion $z = f(x; y)$ habe die stetigen partiellen Ableitungen f_x und f_y. Ferner seien x und y differenzierbare Funktionen von t und u. Dann ist z indirekt ebenfalls Funktion von t und u und es gilt

$$\frac{\partial z}{\partial t} = z_x\frac{\partial x}{\partial t} + z_y\frac{\partial y}{\partial t} \quad \text{und} \quad \frac{\partial z}{\partial u} = z_x\frac{\partial x}{\partial u} + z_y\frac{\partial y}{\partial u}.$$

Beweis: Der Beweis stimmt im wesentlichen mit dem für Theorem 1 überein und wird daher nur skizziert. Um

$$\frac{\partial z}{\partial t} = \lim_{\Delta t \to 0}\frac{\Delta z}{\Delta t}$$

zu bestimmen, halten wir u fest und variieren t um den Betrag Δt. Dann ändert sich x um den Betrag Δx und y um Δy.

Aus dem Theorem von Abschnitt 7.5 folgt

$$\Delta z = z_x\Delta x + z_y\Delta y + \epsilon_1\Delta x + \epsilon_2\Delta y, \tag{1}$$

wobei ϵ_1 und ϵ_2 mit Δx und Δy nach Null gehen. Wir teilen Gl. (1) durch Δt und rufen uns die Definitionen

$$\lim_{\Delta t \to 0}\frac{\Delta x}{\Delta t} = \frac{\partial x}{\partial t} \quad \text{und} \quad \lim_{\Delta t \to 0}\frac{\Delta y}{\Delta t} = \frac{\partial y}{\partial t}$$

in Erinnerung. Mit ihrer Hilfe kann der Beweis in ähnlicher Weise wie für Theorem 1 zu Ende geführt werden. ●

Beispiel 3: Gegeben sei $z = e^{xy}$, $x = 3t + 2u$ und $y = 4t - 2u$. Man bestimme

$$\frac{\partial z}{\partial t} \quad \text{und} \quad \frac{\partial z}{\partial u}.$$

Lösung: Ausgehend von

$$z_x = ye^{xy}, \qquad z_y = xe^{xy},$$

$$\frac{\partial x}{\partial t} = 3, \qquad \frac{\partial y}{\partial t} = 4,$$

$$\frac{\partial x}{\partial u} = 2, \qquad \frac{\partial y}{\partial u} = -2$$

erhalten wir nach Theorem 2

$$\frac{\partial z}{\partial t} = z_x\frac{\partial x}{\partial t} + z_y\frac{\partial y}{\partial t} = ye^{xy}\cdot 3 + xe^{xy}\cdot 4 = (3y + 4x)e^{xy}$$

und

$$\frac{\partial z}{\partial u} = z_x\frac{\partial x}{\partial u} + z_y\frac{\partial y}{\partial u} = ye^{xy}\cdot 2 + xe^{xy}\cdot(-2) = (2y - 2x)e^{xy}.$$

Wir können $\partial z/\partial t$ und $\partial z/\partial u$ auch ohne Kettenregel bestimmen. Dazu untersuchen wir

$$z = e^{xy} = e^{(3t+2u)(4t-2u)}$$

und berechnen $\partial z/\partial t$ und $\partial z/\partial u$ direkt. Ein Vergleich mit der Herleitung nach Theorem 2 ist instruktiv. ●

Die Kettenregeln aus Theorem 1 und 2 werden häufig zum Beweis von Theoremen, zur Diskussion einer großen Klasse von Funktionen und zur Berechnung partieller Ableitungen gegebener Funktionen herangezogen. Die nächsten drei Beispiele und der Beweis von Theorem 3 zeigen die ersten zwei dieser Anwendungen der Kettenregeln.

Beispiel 4: Es sei $z = f(x;y)$ mit $x = t - u$ und $y = -t + u$. Man zeige

$$\frac{\partial z}{\partial t} + \frac{\partial z}{\partial u} = 0.$$

Lösung: Zunächst ergibt eine direkte Berechnung

$$\frac{\partial x}{\partial t} = 1, \quad \frac{\partial x}{\partial u} = -1, \quad \frac{\partial y}{\partial t} = -1, \quad \frac{\partial y}{\partial u} = 1.$$

Aus Theorem 2 folgt:

$$\begin{aligned}\frac{\partial z}{\partial t} &= f_x \frac{\partial x}{\partial t} + f_y \frac{\partial y}{\partial t}\\ &= f_x \cdot 1 + f_y \cdot (-1)\\ &= f_x - f_y.\end{aligned}$$

Analog erhalten wir:

$$\begin{aligned}\frac{\partial z}{\partial u} &= f_x \frac{\partial x}{\partial u} + f_y \frac{\partial y}{\partial u}\\ &= f_x \cdot (-1) + f_y \cdot (1)\\ &= -f_x + f_y.\end{aligned}$$

Somit ergibt sich insgesamt

$$\frac{\partial z}{\partial t} + \frac{\partial z}{\partial u} = (f_x - f_y) + (-f_x + f_y) = 0.$$

Man beachte, daß die letzte Relation für jede Funktion f mit stetigen partiellen Anleitungen gilt und nur davon abhängt, in welcher Weise x und y als Funktion von u und t gegeben sind. ●

Beispiel 5: Eine Funktion $y = g(x)$ ist implizit als Lösung der Gleichung $f(x;y) = 0$ gegeben. Man beweise

$$\frac{dy}{dx} = -\frac{f_x}{f_y}.$$

Lösung: Es sei $z = f(x;y)$. Da $y = g(x)$ eine Funktion von x ist, können wir auch z als Funktion von x betrachten. Aus Theorem 1 ergibt sich mit $t = x$

$$\frac{dz}{dx} = f_x \frac{dx}{dx} + f_y \frac{dy}{dx}. \tag{2}$$

Aus der Definition von g ergibt sich $f(x;g(x)) = 0$ und somit $dz/dx = 0$. Ferner gilt $dx/dx = 1$. Damit reduziert sich Gl. (2) auf

$$0 = f_x + f_y \frac{dy}{dx}$$

Auflösung dieser Gleichung nach dy/dx vollendet den Beweis. ●

Beispiel 6: Es sei $z = f(x;y)$ und $x = r\cos\theta$, $y = r\sin\theta$. Daher ist z eine Funktion von r und θ, $z = g(r;\theta)$. Man stelle g_{rr} durch die partiellen Ableitungen von f dar.

Lösung: Zunächst bestimmen wir g_r mit Hilfe der Kettenregel aus Theorem 2:

$$g_r = f_x \frac{\partial x}{\partial r} + f_y \frac{\partial y}{\partial r}$$

oder

$$g_r = f_x \cos\theta + f_y \sin\theta.$$

Nun differenzieren wir nochmals, um g_{rr} zu erhalten:

$$\begin{aligned}g_{rr} = \frac{\partial(g_r)}{\partial r} &= f_x \frac{\partial(\cos\theta)}{\partial r} + \cos\theta \frac{\partial(f_x)}{\partial r} + \\ &+ f_y \frac{\partial(\sin\theta)}{\partial r} + \sin\theta \frac{\partial(f_y)}{\partial r}.\end{aligned} \tag{3}$$

Da θ während der partiellen Ableitung nach r konstant gehalten wird, ergibt sich

$$\frac{\partial(\cos\theta)}{\partial r} = 0 \quad \text{und} \quad \frac{\partial(\sin\theta)}{\partial r} = 0.$$

Zur Bestimmung von $\partial(f_x)/\partial r$ und $\partial(f_y)/\partial r$ benutzen wir die Kettenregel

$$\begin{aligned}\frac{\partial(f_x)}{\partial r} &= \frac{\partial(f_x)}{\partial x}\frac{\partial x}{\partial r} + \frac{\partial(f_x)}{\partial y}\frac{\partial y}{\partial r}\\ &= f_{xx}\cos\theta + f_{xy}\sin\theta\end{aligned} \tag{4}$$

und

$$\begin{aligned}\frac{\partial(f_y)}{\partial r} &= \frac{\partial(f_y)}{\partial x}\frac{\partial x}{\partial r} + \frac{\partial(f_y)}{\partial y}\frac{\partial y}{\partial r}\\ &= f_{yx}\cos\theta + f_{yy}\sin\theta.\end{aligned} \tag{5}$$

Aus den Gln. (3), (4) und (5) können wir zusammenfassen:

$$\begin{aligned}g_{rr} &= \cos\theta\,(f_{xx}\cos\theta + f_{xy}\sin\theta) + \\ &+ \sin\theta\,(f_{yx}\cos\theta + f_{yy}\sin\theta)\\ &= f_{xx}\cos^2\theta + 2f_{xy}\cos\theta\sin\theta + f_{yy}\sin^2\theta.\end{aligned}$$ ●

Wir haben uns bisher nur mit Funktionen zweier Variabler beschäftigt; die Verallgemeinerung auf Funktionen von drei oder mehr Variablen ist jedoch einfach. So ist etwa die Anzahl der in einem Sommer verkauften Klimaanlagen eine Funktion von (mindestens) vier Variablen: Temperatur T, Preis p, Anzahl neuer Häuser h und verfügbares Gesamteinkommen i; also $A = f(T;p;h;i)$. (Die stetige Funktion f möge die Anzahl der tatsächlich verkauften Klimaanlagen näherungsweise angeben.) In diesem Falle ergeben sich vier partielle Ableitungen; $\partial A/\partial T$ bestimmt den Einfluß der Temperatur, $\partial A/\partial p$ den Einfluß des Preises, $\partial A/\partial h$ den Einfluß der Bautätigkeit und $\partial A/\partial i$ den Einfluß des verfügbaren Einkommens auf A. Jede dieser vier partiellen Ableitungen zeigt uns die Veränderung von A, falls eine der Variablen sich ändert, während die anderen konstant gehalten werden.

Ebenso hängt die Temperatur T in einem Körper vom betrachteten Punkt $(x;y;z)$ und der Zeit t ab: $T = f(x;y;z;t)$. In diesem Falle stellt $\partial T/\partial t$ die Änderungsrate der Temperatur in einem bestimmten Punkt als Funktion der Zeit dar; $\partial T/\partial x$ ist die Änderungsrate der Temperatur entlang einer Parallelen zur x-Achse zu einem festgehaltenen Zeitpunkt (wobei y, z und t konstant sind) usw.

Die Theoreme 1 und 2 können auf Funktionen von mehr als zwei Variablen verallgemeinert werden. Dabei ändert sich in den Sätzen und Beweisen nur je nach Anzahl der betrachteten Variablen die Anzahl der Terme in den verschiedenen Summen.

Der Rest dieses Abschnitts behandelt ein Spezialproblem und kann ausgelassen werden.

Eine Funktion f heißt *homogen vom Grad n*, wenn für alle positiven Zahlen k gilt

$$f(kx; ky) = k^n f(x; y).$$

So ist beispielsweise die Funktion $f(x; y) = x^3 + y^3$ homogen vom Grade 3, denn es gilt

$$f(kx; ky) = (kx)^3 + (ky)^3 = k^3(x^3 + y^3) = k^3 f(x; y).$$

In der Wirtschaftstheorie sind homogene Funktionen vom Grad 1 wichtig; derartige Funktionen haben die Eigenschaft

$$f(kx; ky) = kf(x; y).$$

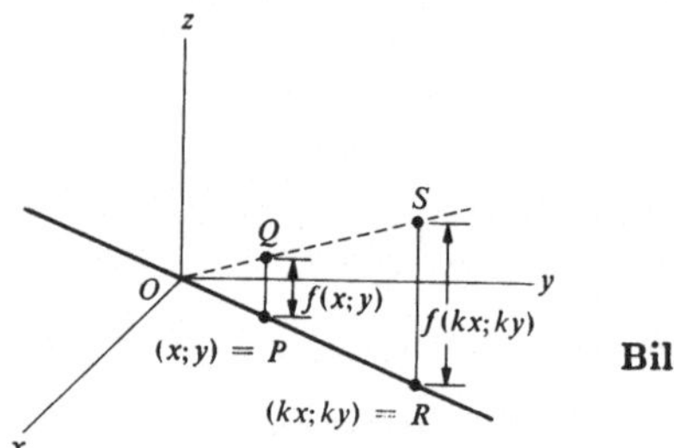

Bild 7.32

Bild 7.32 zeigt diese Eigenschaft (für positives k, $f(x; y)$ und $f(kx; ky)$). Man beachte

$$\frac{\overline{RS}}{\overline{PQ}} = \frac{f(kx; ky)}{f(x; y)} = \frac{kf(x; y)}{f(x; y)} = k$$

und

$$\frac{\overline{OR}}{\overline{OP}} = \frac{\sqrt{(kx)^2 + (ky)^2}}{\sqrt{x^2 + y^2}} = \frac{k\sqrt{x^2 + y^2}}{\sqrt{x^2 + y^2}} = k$$

Daher ist das Dreieck OPQ ähnlich dem Dreieck ORS und die Punkte O, Q, S liegen auf einer Geraden. Daher ist der Graph von f oberhalb (oder unterhalb) der Geraden OR ebenfalls eine *Gerade*. Der Graph von homogenen Funktionen des Grades 1 besteht aus Geraden durch den Punkt $(0; 0; 0)$.

Nehmen wir etwa an, eine Firma beschäftige x Arbeiter und investiere y DM, um $f(x; y)$-Einheiten zu produzieren. Ist dann die Produktion proportional zum Aufwand, so wird von einer Firma mit kx Arbeitern und einer Investition von ky DM die k-fache Anzahl von Einheiten produziert:

$$f(kx; ky) = kf(x; y).$$

Eine wichtige Eigenschaft homogener Funktionen wird durch das folgende Theorem gegeben.

Theorem 3 (*Eulersches Theorem über homogene Funktionen*): Ist f eine homogene Funktion von Grad n, dann gilt

$$xf_1 + yf_2 = nf,$$

f_1 steht für $\partial f/\partial x$ und f_2 steht für $\partial f/\partial y$.

Beweis: Betrachten wir $z = f(kx; ky)$ und $z = k^n f(x; y)$. Beide Gleichungen drücken z als Funktion der drei Variablen k, x und y aus. Differenzieren wir nun beide Seiten der Gleichung

$$f(kx; ky) = k^n f(x; y) \tag{6}$$

nach k und halten dabei x und y fest. Nach Theorem 2 ergibt die Ableitung der linken Seite von Gl. (6) nach k

$$f_1(kx; ky)\frac{\partial(kx)}{\partial k} + f_2(kx; ky)\frac{\partial(ky)}{\partial k}$$

oder

$$xf_1(kx; ky) + yf_2(kx; ky).$$

Bilden wir andererseits auf der rechten Seite von Gl. (6) die Ableitung nach k, so erhalten wir einfach

$$nk^{n-1}f(x; y).$$

So folgt für alle k, x und y

$$xf_1(kx; ky) + yf_2(kx; ky) = nk^{n-1}f(x; y). \tag{7}$$

Wir setzen schließlich in Gl. (7) für $k = 1$ und kommen zu

$$x_1 f_1(x; y) + yf_2(x; y) = nf(x; y).$$

Damit ist der Beweis des Eulerschen Theorems abgeschlossen. ●

Beispiel 7: Man beweise das Eulersche Theorem für die Funktion f:

$$f(x; y) = x^3 + y^3.$$

Lösung: (f ist eine homogene Funktion vom Grad 3.) In diesem Falle gilt

$$f_1(x; y) = 3x^2 \quad \text{und} \quad f_2(x; y) = 3y^2.$$

Ist nun $xf_1(x; y) + yf_2(x; y)$ gleich $3f(x; y)$? Wir bilden

$$\begin{aligned} xf_1(x; y) + yf_2(x; y) &= x \cdot 3x^2 + y \cdot 3y^2 \\ &= 3x^3 + 3y^3 = 3(x^3 + y^3) \\ &= 3f(x; y), \end{aligned}$$

damit ist Theorem 3 verifiziert. ●

In unserem ökonomischen Beispiel nimmt das Eulersche Theorem die Form

$$xf_1(x; y) + yf_2(x; y) = f(x; y)$$

an, da f eine homogene Funktion von Grad 1 ist. In diesem Fall wird f_1 *Grenznutzen des Kapitals* und f_2 *Grenznutzen der Arbeit* genannt. Gl. (8) sagt uns: „Anzahl der Arbeiter X ihrem Grenznutzen + Anzahl des Gesamtkapitals X dessen Grenznutzen gibt die gesamte Produktivität des Unternehmens." So mißt in Gl. (8) der Ausdruck $xf_1(x; y)$ den Beitrag der Arbeit und der Ausdruck $yf_2(x; y)$ den Beitrag des Kapitals.

Übungen:

In den Übungen 1 bis 3 beweise man Theorem 1 und stelle z, dz/dt, z_x, z_y, dx/dt und dy/dt explizit durch t dar.

1. $z = x^2y^3$, $x = t^2$, $y = t^3$
2. $z = xe^y$, $x = t$, $y = 1 + 3t$

3. $z = x^2y^3 + y,\ x = \sin t,\ y = e^t$
4. Man bestimme dz/dt für $z_x = 4$, $z_y = 3$, $\dot{x} = -2$ und $\dot{y} = -1$.
5. Es sei z eine Funktion von x und y, und x und y seien Funktionen von t und u. Man bestimme $\partial z/\partial t$ und $\partial z/\partial u$ für $z_x = 3$, $z_y = 5$, $\partial x/\partial t = 2$, $\partial x/\partial u = -3$, $\partial y/\partial t = 5$, $\partial y/\partial u = 4$.

In den Übungen 6 bis 8 verwende man Theorem 2.

6. Man bestimme $\partial z/\partial u$ für $z = \cos(x + 2y)$ und für $x = 2t + 3u$, $y = 3t - 4u$.
7. (*a*) Man bestimme $\partial z/\partial r$ für $z = x^3 + y^2$, $x = r\cos\theta$ und $y = r\sin\theta$.
   (*b*) Welche Variable wird in der partiellen Ableitung $\partial z/\partial r$ festgehalten?
8. Man bestimme $\partial z/\partial\theta$ und $\partial z/\partial r$ für $z = 1/\sqrt{x^2 + y^2}$, $x = r\cos\theta$ und $y = r\sin\theta$.
9. Für $z = x^3 + \cos xy + utx$ bestimme man $\partial z/\partial x$, $\partial z/\partial y$, $\partial z/\partial u$, $\partial z/\partial t$.
10. Für $z = x_1/x_2 + e^{x_3x_4} + \cos x_1$ bestimme man $\partial z/\partial x_1$ und $\partial z/\partial x_3$. *Anmerkung:* Ist z eine Funktion vieler Variabler, so ist es günstiger, diese mit $x_1, x_2, \ldots$ zu bezeichnen, als verschiedene Buchstaben des Alphabets zu verwenden.
11. Es sei $z = f(x; y)$ und $x = u + v$, $y = u - v$. Man zeige

$$(\partial z/\partial x)^2 - (\partial z/\partial y)^2 = (\partial z/\partial u)\,(\partial z/\partial v).$$

12. Es seien u und v differenzierbare Funktionen von t, und es sei f eine stetige Funktion.
   (*a*) Mit Hilfe von Theorem 2 zeige man

$$\frac{d\left(\int_u^v f(x)\,dx\right)}{dt} = f(v)\frac{dv}{dt} - f(u)\frac{du}{dt}.$$

   (*b*) Man verifiziere diese Formel für den Spezialfall

$$f(x) = \cos x, \quad u = t, \quad v = t^2.$$

13. Für $z = f(a + bt; c + dt)$ mit den Konstanten a, b, c, d stelle man dz/dt durch die partiellen Ableitungen von f dar.
14. Für $z = f(u^2 - v^2; v^2 - u^2)$ zeige man

$$u\frac{\partial z}{\partial v} + v\frac{\partial z}{\partial u} = 0.$$

15. Diese Übung setzt Beispiel 6 fort. Man zeige

$$g_{rr} + \frac{1}{r}g_r + \frac{1}{r^2}g_{\theta\theta} = f_{xx} + f_{yy}.$$

Diese Formel wird in der Physik verwendet.

16. Es sei $u = f(r)$ und $r = (x^2 + y^2 + z^2)^{1/2}$. Man zeige

$$u_{xx} + u_{yy} + u_{zz} = u_{rr} + \frac{2}{r}u_r.$$

17. Es sei z eine Funktion von x und y, ferner sei $x = e^u$ und $y = e^v$. Man zeige

$$z_{uu} + z_{vv} = x^2z_{xx} + y^2z_{yy} + xz_x + yz_y.$$

18. Es sei $x = u\cos\theta - v\sin\theta$ und $y = u\sin\theta + v\cos\theta$. Gegeben sei ferner $f(x; y)$ und man definiere

$$g(u; v) = f(u\cos\theta - v\sin\theta;\ u\sin\theta + v\cos\theta).$$

Dann ist zu zeigen

$$f_x^2 + f_y^2 = g_u^2 + g_v^2.$$

19. Es sei $z = r^2 + s^2 + t^2$ und $t = rsu$.
   (*a*) Das Symbol $\partial z/\partial t$ besitzt zwei Bedeutungen. Welche sind dies?
   (*b*) Man berechne $\partial z/\partial t$ für die beiden in (*a*) angegebenen Fälle.
20. Für $u = x^4f(y/x, z/x)$ zeige man $xu_x + yu_y + zu_z = 4u$.
21. Es sei $z = \sin(x - 3y) + \cos(x - 3y)$. Man zeige

$$\frac{\partial^2 z}{\partial y^2} = 9\frac{\partial^2 z}{\partial x^2}.$$

■

22. Es seien $(r; \theta)$ die Polarkoordinaten für den Punkt mit dem rechtwinkeligen Koordinaten $(x; y)$.
   (*a*) Aus $r = \sqrt{x^2 + y^2}$ leite man $\partial r/\partial x = \cos\theta$ her.
   (*b*) Aus $r = x/\cos\theta$ leite man $\partial r/\partial x = 1/\cos\theta$ her.
   (*c*) Wieso stehen (*a*) und (*b*) nicht im Widerspruch zueinander?
23. (*a*) Es sei $z = uv$, wobei u und v differenzierbare Funktionen von x sind. Mit Hilfe von Theorem 1 beweise man die Formel

$$(uv)' = u'v + v'u.$$

   (*b*) Es sei $z = u + v$, wobei u, v differenzierbare Funktionen von x sind. Mit Hilfe von Theorem 1 beweise man die Formel $(u + v)' = u' + v'$.
24. Es sei $T = f(x; y; z)$, wobei x, y und z Funktionen von t sind. (So kann etwa die Temperatur T vom Beobachtungspunkt im Raum abhängen, wobei x, y und z die Position eines Astronauten zur Zeit t angeben.) Man gebe das Analogon zu Theorem 1 für dT/dt an.

Theorem 1 behandelt Funktionen zweier Variabler. Ähnliche Sätze gelten für die Funktionen einer beliebigen endlichen Anzahl von Variablen. So erhalten wir für eine Funktion z der Variablen x_1, x_2 und x_3 – wenn diese wieder Funktionen von t sind – die Relation

$$\frac{dz}{dt} = \frac{\partial z}{\partial x_1}\frac{dx_1}{dt} + \frac{\partial z}{\partial x_2}\frac{dx_2}{dt} + \frac{\partial z}{\partial x_3}\frac{dx_3}{dt}.$$

Man benutze diese Formel in den Übungen 25 und 26.

25. Mit welcher Rate verändert sich das Volumen eines quaderförmigen Behälters, dessen Breite 3 m beträgt und mit einer Rate von 2 m/s wächst, dessen Länge 8 m beträgt und mit einer Rate von 5 m/s abnimmt und dessen Höhe 4 m beträgt und mit einer Rate von 2 m/s zunimmt.
26. Es sei T die Temperatur im Punkt $(x; y; z)$ des Raumes, $T = f(x; y; z)$. Ein Astronaut bewegt sich derart, daß seine x- und y-Koordinaten mit einer Rate von 4 km/s zunehmen, während seine z-Koordinate mit einer Rate von 3 km/s abnimmt. Man berechne dT/dt an dem Punkt, für den gilt

$$\frac{\partial T}{\partial x} = 4, \quad \frac{\partial T}{\partial y} = 7 \quad \text{und} \quad \frac{\partial T}{\partial z} = 9.$$

■■

27. (*a*) Gibt es eine Funktion $z = f(x; y)$ mit den Eigenschaften $z_x = 2xy$ und $z_y = 2xy$? Wenn dies der Fall ist, bestimme man sie.
   (*b*) Gibt es eine Funktion $z = f(x; y)$ mit den Eigenschaften $z_x = 2xy$ und $z_y = x^2 + 3y^2$. Wenn dies der Fall ist, bestimme man sie.
28. Man zeige, daß jede der folgenden Funktionen homogen ist.
   (*a*) $f(x; y) = x^2(\ln x - \ln y)$,
   (*b*) $f(x; y) = 1/\sqrt{x^2 + y^2}$,
   (*c*) $f(x; y) = \sin(y/x)$.
29. Man verifiziere Theorem 3 für jede Funktionen aus Übung 28.

7.7 Kritische Punkte

Ebenso wie für Funktionen in einer Variablen wollen wir Methoden zur Bestimmung des Maximums (oder Minimums) einer Funktion von zwei Variablen entwickeln. In Kapitel 5 konnte mit Hilfe der Ableitung der höchste (oder tiefste) Punkt einer *Kurve* bestimmt werden. Nun können wir mit Hilfe der partiellen Ableitungen den höchsten (oder tiefsten) Punkt auf einer *Fläche* ermitteln.

Die Zahl M wird *Maximum* (oder *absolutes Maximum*) der Funktion f über ein ebenes Gebiet R genannt, wenn M der größte Wert von $f(x;y)$ für $(x;y)$ aus R ist. Von einem *relativen Maximum* von f in einem Punkt $(a;b)$ von R sprechen wir dann, wenn es einen Kreis rund um $(a;b)$ gibt, so daß $f(a;b)$ der größte Wert von $f(x;y)$ für alle Punkte $(x;y)$ aus dem Kreis ist. Analog sind *Minimum* und *relatives Minimum* definiert.

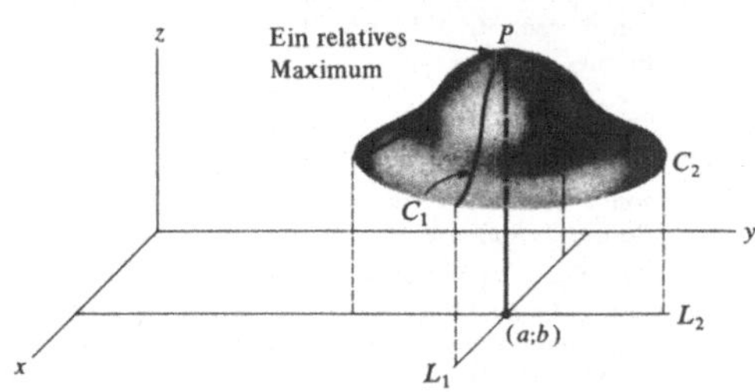

Bild 7.33

Untersuchen wir nun eine Fläche in ihrem oberhalb des Punktes $(a;b)$ gelegenen Punkt, in dem ein relatives Maximum f auftritt. Nehmen wir an, f sei für alle Punkte innerhalb eines Kreises rund um $(a;b)$ definiert. Es sei L_1 die Gerade $y = b$ in der xy-Ebene, L_2 die Gerade $x = a$ in der xy-Ebene. (Der Einfachheit halber nehmen wir an, daß f nur postive Werte besitzt.)

C_1 sei die Kurve auf der Oberfläche, die direkt über der Geraden L_1 liegt (Bild 7.33), C_2 die Kurve der Fläche, die direkt oberhalb der Geraden L_2 liegt und P sei der Punkt der Fläche, der direkt oberhalb $(a;b)$ liegt.

Da f im Punkt $(a;b)$ ein relatives Maximum besitzt, liegt in der Umgebung von P kein Punkt der Fläche höher als P. Daher ist P auch der höchste Punkt auf den Kurven C_1 und C_2 (in der Umgebung von P). Bei der Diskussion von Funktionen einer Variablen haben wir gezeigt, daß diese beiden Kurven unter den gegebenen Umständen im Punkt P horizontale Tangenten besitzen. Dies heißt aber mit anderen Worten, daß in $(a;b)$ beide partiellen Ableitungen von f verschwinden müssen:

$$f_x(a;b) = 0 \quad \text{und} \quad f_y(a;b) = 0.$$

Diese Schlußfolgerungen sind im folgenden Theorem zusammengefaßt.

Theorem: Die Funktion f sei in einem Gebiet definiert, das den Punkt $(a;b)$ und alle Punkte eines gewissen Kreises mit dem Mittelpunkt $(a;b)$ umfaßt. Besitzt f im Punkt $(a;b)$ ein relatives Maximum (oder relatives Minimum) und existieren dort f_x und f_y, dann sind diese beiden partiellen Ableitungen im Punkt $(a;b)$ gleich Null:

$$f_x(a;b) = f_y(a;b) = 0. \bullet$$

Eine Funktion muß weder ein absolutes Maximum noch ein relatives Maximum besitzen. So hat etwa die Funktion $f(x;y) = x$ keinen maximalen Wert. (In der Tat ist ihr Graph die Ebene $z = x$, die keinen höchsten Punkt besitzt.) Diese Funktion besitzt auch kein relatives Maximum. Diesem entspricht nämlich ein Punkt des Graphen von f, der zumindest so hoch ist wie alle benachbarten Punkte.

Selbstverständlich ist jeder Punkt $(a;b)$ von Interesse, in dem beide partielle Ableitungen f_x und f_y gleich Null sind. Analog zur Definition für den kritischen Punkt einer Funktion in einer Variablen definieren wir nun:

Definition des kritischen Punktes: Der Punkt $(a;b)$ heißt kritischer Punkt der Funktion $f(x;y)$, wenn gilt $f_x(a;b) = 0$ und $f_y(a;b) = 0$.

Beispiel 1: Man diskutiere Maxima und Minima von

$$f(x;y) = 6x^2 + 2y^2 - 24x + 36y + 2.$$

Lösung: Besitzen x und y große absolute Werte, so gilt dies auch für $f(x;y)$. Um dies zu sehen, schreiben wir $f(x;y)$ in der Form

$$f(x;y) = x^2\left(6 - \frac{24}{x}\right) + y^2\left(2 + \frac{36}{y}\right) + 2.$$

Sind $|x|$ und $|y|$ groß, so liegt $6 - 24/x$ nahe bei 6 und $2 + 36/y$ nahe bei 2. Daher verhält sich $f(x;y)$ wie

$$6x^2 + 2y^2.$$

Dieser Ausdruck wird groß, wenn $|x|$ und $|y|$ groß sind. Daher besitzt f kein Maximum.

Nun sei f eine stetige Funktion mit der xy-Ebene als Definitionsbereich. f nehme nur dann große Werte an, wenn $|x|$ und $|y|$ groß sind. In diesem Falle kann gezeigt werden, daß f ein Minimum besitzen muß. Da dieses Minimum gleichzeitig relatives Minimum ist, kann unser Theorem angewendet werden. So können wir zur Bestimmung der Stelle des Minimums die kritischen Punkte untersuchen. Eine einfache Rechnung ergibt

$$\frac{\partial f}{\partial x} = 12x - 24, \quad \frac{\partial f}{\partial y} = 4y + 36.$$

Die einzigen Zahlen x und y, für die beide partiellen Ableitungen verschwinden, sind durch

$$x = 2 \quad \text{und} \quad y = -9$$

gegeben. Da es nur einen Punkt gibt, in dem beide partielle Ableitungen verschwinden, muß in diesem Punkt das Minimum selbst angenommen werden. So erhalten wir für den minimalen Wert von f

$$f(2;-9) = 6 \cdot 2^2 + 2(-9)^2 - 24 \cdot 2 + 36(-9) + 2$$
$$= -184. \bullet$$

Beispiel 2: Man überprüfe die Funktion $f(x;y) = y^2 - x^2$ bezüglich ihrer Maxima und Minima.

Lösung: Zunächst gilt

$$f(x;0) = 0^2 - x^2 = -x^2.$$

Daher ist für großes $|x|$ der Ausdruck $f(x;0)$ negativ und besitzt einen großen Absolutbetrag; infolgedessen hat f kein Minimum, außerdem gilt

$$f(0;y) = y^2 - 0 = y^2.$$

Daher ist für große $|y|$ der Ausdruck $f(0; y)$ ebenfalls groß, so daß f auch kein Maximum besitzt.

Suchen wir schließlich nach relativen Maxima oder Minima. Aus

$$f_x(x; y) = \frac{\partial(y^2 - x^2)}{\partial x} = -2x$$

und

$$f_y(x; y) = \frac{\partial(y^2 - x^2)}{\partial y} = 2y$$

entnehmen wir, daß nur im Punkt $(x; y) = (0; 0)$ beide partiellen Ableitungen verschwinden. Wenn es daher überhaupt ein relatives Maximum oder Minimum gibt, müßte dieses im Punkt (0; 0) angenommen werden. Der Graph von

$$z = x^2 - y^2$$

zeigt jedoch, daß (0; 0) weder Stelle eines relativen Maximums noch eines relativen Minimums ist. (Nach Beispiel 3 aus Abschnitt 12.3 ist die Fläche in der Umgebung von (0; 0) sattelförmig.)

Wenn wir die zweiten partiellen Ableitungen $z_{yy} = 2$ und $z_{xx} = -2$ an der Stelle (0; 0) betrachten, sehen wir ebenfalls, was im Punkt (0; 0) geschieht. Längs der Geraden $x = 0$ hat die Funktion f im Punkt (0; 0) ein lokales Minimum; längs der Geraden $y = 0$ hat sie dort ein lokales Maximum. •

R sei ein Gebiet, das von einem Polygon begrenzt wird, wobei die Grenze selbst zum Gebiet gehören soll (Bild 7.34). Ist f stetig in R, dann besitzt f in irgendeinem Punkt in R einen maximalen (und einen minimalen) Wert.

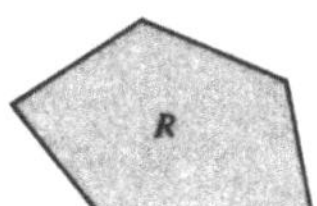

Bild 7.34

Eine auf R (den Rand eingeschlossen) stetige Funktion besitzt auf R ein Maximum

Diese Aussage entspricht Theorem 1 von Abschnitt 6.1, wo wir eine stetige Funktion auf einem abgeschlossenen Intervall untersucht haben. Beide Resultate werden in jedem Lehrbuch der höheren Mathematik bewiesen. Das Theorem gilt auch dann, wenn R von einer Kurve begrenzt wird. (Dabei nimmt man an, das R im Inneren irgendeines Kreises liegt und in diesem Sinne „endlich" ist.)

Für diesen Fall kann die Bestimmung eines Maximums ziemlich kompliziert sein. Wir gehen ähnlich vor wie bei der Bestimmung des Maximums einer Funktion auf einem abgeschlossenen Intervall:

1. Man bestimme alle die Punkte im Inneren von R, in denen f_x und f_y verschwinden. Man nennt sie *kritische* Punkte. (Gibt es keine kritischen Punkte, so liegt die Stelle des Maximums am Rand des Gebietes.)
2. Gibt es kritische Punkte, so berechnen wir dort f. Ferner bestimme man das Maximum von f für den Rand des Gebietes. (Dies geschieht im nächsten Beispiel.) Das Maximum von f auf R ist dann der größte von den auf dem Rand und in den kritischen Punkten angenommenen Werten.

Beispiel 3: Es sei R das Dreieck mit den Eckpunkten (0; 0), (2; 0) und (1; 1). Ferner sei $f(x; y) = 2x + 3y$. Welches sind die Werte des Maximums und des Minimums von f für die Punkte aus R.

Lösung: Das Maximum oder Minimum kann in einem inneren Punkt von R auftreten. In einem solchen Punkt verschwinden f_x und f_y. Andererseits kann das Maximum oder Minimum am Rand des Gebietes liegen. Untersuchen wir nun, welche dieser beiden Alternativen für die gegebene Funktion zutrifft.

Wir beginnen mit der Berechnung von f_x und f_y. Aus $f(x; y) = 2x + 3y$ erhalten wir für alle Punkte

$$f_x = 2, \quad f_y = 3.$$

Die partiellen Ableitungen sind überall von Null verschieden; daher kann das Maximum oder Minimum von f in keinem

Bild 7.35

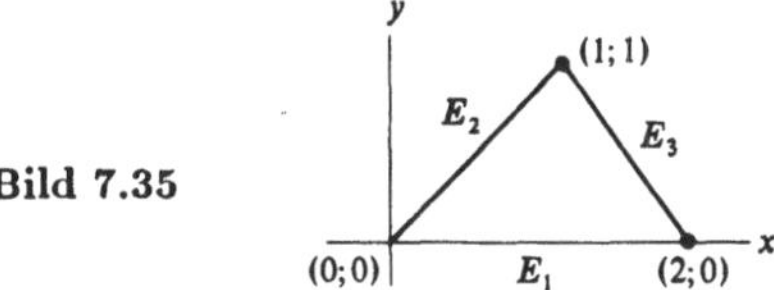

inneren Punkt von R angenommen werden. Mit anderen Worten: Das Maximum und das Minimum müssen am Rand des Gebietes auftreten.

Daher ist das Verhalten von f längs des Randes zu untersuchen, der aus den drei Seiten E_1, E_2 und E_3 des Bildes 7.35 besteht. Für E_1 gilt $y = 0$. Daher erhalten wir für die Punkte $(x; y)$ von E_1

$$f(x; y) = f(x; 0) = 2x + 3 \cdot 0 = 2x.$$

Da x längs E_1 von 0 nach 2 geht, hat das Minimum von f auf E_1 den Wert Null und das Maximum auf E_1 den Wert 4.

Auf E_2 gilt $y = x$. So erhalten wir für die Punkte $(x; y)$ von E_2

$$f(x; y) = f(x; x) = 2x + 3x = 5x.$$

Da x längs E_2 von 0 nach 1 geht, hat das Minimum von f auf E_2 den Wert 0 und das Maximum auf E_2 den Wert 5. Für E_3 gilt $y = 2 - x$. Folglich erhalten wir für die Punkte $(x; y)$ von E_3

$$f(x; y) = f(x; 2 - x) = 2x + 3(2 - x) = 6 - x.$$

Da x längs E_3 von 1 nach 2 geht, hat das Minimum von f auf E_3 den Wert 4 und das Maximum den Wert 5. Die folgende Tabelle zeigt uns, daß auf dem Rand des Gebietes das Maximum von f durch 5 und das Minimum durch Null gegeben ist.

Im Gebiet R ist der minimale Wert von $f = 0$, er wird in Punkt (0; 0) angenommen. Der maximale Wert 5 wird in Punkt (1; 1) angenommen. •

Seite	Minimum von f auf der Seite	Maximum von f auf der Seite
E_1	0	4
E_2	0	5
E_3	4	5

Nun könnte man vielleicht annehmen, daß f in einem kritischen Punkt dann ein lokales Minimum annimmt, wenn die beiden zweiten partiellen Ableitungen f_{yy} und f_{xx} positiv sind. Das nächste Beispiel zerstört diese Hoffnung und bereitet uns auf die Ergebnisse des nächsten Abschnitts vor.

Beispiel 4: Es sei $z = f(x; y) = x^2 + 3xy + y^2$. Man zeige, daß im kritischen Punkt (0, 0) von f zwar $f_{xx}(0; 0) > 0$ und $f_{yy}(0; 0) > 0$ gilt, daß f in (0; 0) jedoch kein lokales Minimum besitzt.

Lösung: Nach einfacher Rechnung erhalten wir

$$z_x = 2x + 3y, \qquad z_y = 3x + 2y,$$
$$z_{xx} = 2, \qquad z_{yy} = 2.$$

In (0; 0) gilt dann $z_x = 0$, $z_y = 0$, $z_{xx} = 2$, $z_{yy} = 2$.

Wir müssen nur noch zeigen, daß es in der Umgebung von (0; 0) Punkte $(x; y)$ gibt, in denen $f(x; y)$ negativ wird. Um die Existenz solcher Punkte zu demonstrieren, schreiben wir f in der Form:

$$f(x; y) = x^2 + 3xy + y^2$$
$$= (x + y)^2 + xy.$$

Daher gilt auf der Geraden $x + y = 0$ in der xy-Ebene

$$f(x; y) = 0^2 + xy$$
$$= -x^2.$$

Für $(x; y) \neq (0; 0)$ nimmt f auf der Geraden $x + y = 0$ negative Werte an. Daher liefert der kritische Punkt (0; 0) kein lokales Minimum, sondern einen Sattelpunkt, wie er auch in Beispiel 3 von Abschnitt 7.3 gezeigt wurde.

Für $(x; y)$ auf der x-Achse ($y = 0$) nimmt die Funktion die Form x^2 an. Sie besitzt daher in (0; 0) ein lokales Minimum, wenn man sie nur längs der x-Achse betrachtet. In ähnlicher Weise besitzt sie ein lokales Minimum, wenn man sie längs der y-Achse betrachtet. Der Leser möge die Sattelfläche für diesen Fall skizzieren.

Übungen:

1. Man untersuche $f(x; y) = 2x^2 + 4x + y^2 + 8y$.
   (*a*) Man zeige, daß f kein Maximum besitzt.
   (*b*) Man bestimme den minimalen Wert von f.
2. Es sei $z = -3x^2 - 5y^2 + 6x - 9y$.
   (*a*) Warum besitzt z keinen minimalen Wert?
   (*b*) Man bestimme den Punkt $(x; y)$, in dem z sein Maximum annimmt.
3. In einem typischen Punkt $P = (x; y)$ der xy-Ebene sei $f(x; y)$ die Summe der Quadrate der Abstände zwischen P und den Punkten (0; 0), (1; 1), (2; 0). Man bestimme die Stelle des Minimums dieser Funktion.
4. Es sei $z = xy$.
   (*a*) Man zeige, daß (0; 0) kritischer Punkt ist.
   (*b*) Muß deshalb z in (0; 0) ein Maximum oder Minimum besitzen?
   (*c*) Wie verhält sich z längs der Geraden $x = 0$? Längs der Geraden $y = 0$? Längs der Geraden $y = -x$? Längs der Geraden $y = x$?
   (*d*) Man zeichne oder modelliere die Fläche, insbesondere in der Umgebung von (0; 0).
5. Man bestimme den maximalen Wert von $f(x; y) = xy$ für alle Punkte im dreieckigen Gebiet mit den Eckpunkten (0; 0), (1; 0) und (0; 1).
6. (*a*) Man zeige, daß $z = x^2 - y^2 + 2xy + 2$ kein Maximum und kein Minimum besitzt.
   (*b*) Man bestimme das Maximum und Minimum von z, wenn nur der Rand eines Kreises mit dem Radius 1 und dem Mittelpunkt (0; 0) untersucht wird, also für alle $(x; y)$ mit $x^2 + y^2 = 1$. *Hinweis:* Zu diesem Zwecke verwende man $x = \cos\theta$, $y = \sin\theta$.
   (*c*) Man bestimme das Minimum und das Maximum von z, für das Innere des Kreises aus (*b*), d.h. für alle $(x; y)$ mit $x^2 + y^2 \leq 1$.
7. Man bestimme den maximalen Wert der Funktion $f(x; y) = 3x^2 - 4y^2 + 2xy$ für alle Punkte $(y; x)$ aus dem quadratischen Gebiet mit den Eckpunkten (0; 0), (0; 1), (1; 0) und (1; 1).
8. Man bestimme das Maximum der Funktion $-x + 3y + 6$ auf dem Viereck mit den Eckpunkten (1; 1), (4; 2), (0; 3), (5; 6).

■

Man vergleiche Übung 9 mit Übung 12.

9. Man beweise, daß $x^2 + 3xy + 4y^2$ bei (0; 0) ein lokales Minimum besitzt. *Hinweis:* Die Funktion kann durch quadratische Ergänzung als $(x + 3y/2)^2 - 9y^2/4 + 4y^2$ umgeschrieben werden.
10. Man zeige, daß $x^2 + 4xy + 4y^2$ bei (0; 0) ein lokales Minimum besitzt.
11. Man zeige, daß $x^2 + 5xy + 4y^2$ bei (0; 0) kein lokales Minimum besitzt.
12. Für welche Werte der Konstante k besitzt $x^2 + kxy + 4y^2$ in (0; 0) ein lokales Minimum?
13. Warum wird Δf durch $f_x(a; b)\,\Delta x + f_y(a; b)\,\Delta y$ angenähert? Warum steht insbesondere in der Formel ein Plus-Zeichen?
14. Es sei $z = f(x; y)$, $x = g(u; v)$, $y = h(u; v)$ und daher $z = m(u; v)$. Angenommen, es gilt $g_u = h_v$ und $g_v = -h_u$. Man zeige dann
   $$m_{uu} + m_{vv} = (f_{xx} + f_{yy})(g_u^2 + g_v^2).$$
15. Eine Umzäunung steht senkrecht auf der xy-Ebene und hat als Basis die Strecke mit den Endpunkten (1; 0; 0) und (0; 1; 0). Sie wird nach oben durch den Zylinder $z = y^2$ begrenzt.
   (*a*) Man zeichne die Umzäunung.
   (*b*) Man bestimme ihre Fläche.

■■

16. Es sei $f(x; y) = (y - x^2)(y - 2x^2)$.
   (*a*) Man zeige, daß f im Punkt (0; 0) weder ein lokales Minimum noch ein lokales Maximum besitzt.
   (*b*) Man zeige, daß f längs einer beliebigen Geraden durch den Punkt (0; 0) im Punkt (0; 0) ein lokales Minimum besitzt.

7.8 Lokale Extrema und partielle Ableitungen 2. Ordnung

Für die Funktion einer Variablen, $y = f(x)$, folgt aus $f'(a) = 0$ und $f''(a) > 0$, daß $f(x)$ in a ein lokales Minimum besitzt. In diesem Abschnitt wird ein analoges Kriterium für eine Funktion zweier Variabler behandelt.

Erinnern wir uns an Beispiel 4 des vergangenen Abschnittes $f(x;y) = x^2 + 3xy + y^2$. Obwohl im kritischen Punkt (0; 0) sowohl f_{xx} als auch f_{yy} positiv waren, besaß die Funktion f in (0; 0) kein lokales Minimum. Dies steht im Gegensatz zu folgendem Beispiel, durch das wir die Hauptaussage dieses Abschnitts vorbereiten.

Beispiel 1: Gilt für die Konstante k die Ungleichung $k^2 < 4$, dann besitzt die Funktion $f(x;y) = x^2 + kxy + y^2$ im Punkt (0; 0) ein lokales Minimum. Man beweise dies.

Lösung: Die quadratische Ergänzung führt zu

$$x^2 + kxy + y^2 = x^2 + kxy + \left(\frac{ky}{2}\right)^2 + y^2 - \left(\frac{ky}{2}\right)^2$$

$$= \left(x + \frac{ky}{2}\right)^2 + \left[1 - \left(\frac{k}{2}\right)^2\right] y^2 .$$

Aus $k^2 < 4$ ergibt sich $1 - (k/2)^2 > 0$. Da nun das Quadrat einer beliebigen reellen Zahl nicht negativ ist, erhalten wir die Ungleichung

$$\left(x + \frac{ky}{2}\right)^2 + \left[1 - \left(\frac{k}{2}\right)^2\right] y^2 \geqslant 0.$$

Nun gilt $f(0;0) = 0$ und die Funktion besitzt daher in (0; 0) ein lokales Minimum; in der Tat nimmt sie dort ein absolutes Minimum an. Außerdem folgt aus der Bedingung $f(x;y) = 0$ sowohl $y = 0$, als auch $x + ky/2 = 0$. Daher nimmt die Funktion ihren minimalen Wert nur in Punkt (0; 0) an. ●

Ausgehend von Beispiel 1 liegt es nun nahe, zu untersuchen, für welche (festen) Werte von A, B und C die Funktion

$$f(x;y) = Ax^2 + Bxy + Cy^2$$

im Punkt (0; 0) ein lokales Minimum besitzt. Für $y = 0$ reduziert sich die Funktion auf Ax^2. Daher darf A nicht negativ sein. Analog darf C nicht negativ sein. Doch diese Bedingungen genügen noch nicht, wie wir in Beispiel 1 gesehen haben. Das nächste Theorem wird unser Problem für den allgemeinen Fall lösen. (Der Einfachheit halber bezeichnen wir den Koeffizienten von xy mit $2B$ anstatt mit B.) Um triviale Spezialfälle auszuschließen, nehmen wir an, daß weder A noch C verschwinden.

Theorem 1: A, B und C seien feste Zahlen und es gelte

$$A > 0, \quad C > 0 \quad \text{und} \quad B^2 < AC.$$

Dann hat die Funktion $f(x;y) = Ax^2 + 2Bxy + Cy^2$ im Punkt (0; 0) ein Minimum.

Beweis: Es gilt $f(0;0) = 0$. Daher müssen wir zeigen, daß für alle $(x;y) \neq (0;0)$ stets die Ungleichung $f(x;y) > 0$ erfüllt ist. Da A positiv ist, ist dies gleichbedeutend mit der Aussage

$$A(Ax^2 + Bxy + Cy^2) > 0$$

für $(x;y) \neq (0;0)$.

Mit Hilfe quadratischer Ergänzungen können wir diese Ungleichung in der Folge herleiten:

$$\begin{aligned} A(Ax^2 + 2Bxy + Cy^2) &= A^2x^2 + 2ABxy + ACy^2 \\ &= A^2x^2 + 2ABxy + B^2y^2 - B^2y^2 + ACy^2 \\ &= (Ax + By)^2 + (AC - B^2)\,y^2 . \end{aligned}$$

Sind nun x und y nicht beide Null, so kann die Positivität des Ausdrucks

$$(Ax + By)^2 + (AC - B^2)\,y^2 \tag{1}$$

leicht gezeigt werden. Zunächst folgt aus $y \neq 0$, daß der zweite Summand $(AC - B^2)\,y^2$ als Produkt der positiven Zahl $AC - B^2$ und des Quadrates einer von Null verschiedenen reellen Zahl positiv ist. Ferner ist $(Ax + By)^2$ als Quadrat einer reellen Zahl nicht negativ.

Für $y = 0$ reduziert sich Gl. (1) auf A^2x^2. Dieser Ausdruck aber verschwindet nur an der Stelle $x = 0$. Da nun der Fall $(x;y) = (0;0)$ ausgeschlossen wurde, ist das Theorem bewiesen. ●

Beispiel 2: Man zeige, daß die Funktion

$$f(x;y) = 2x^2 - xy + y^2$$

im Punkt (0; 0) ein Minimum besitzt.

Lösung: Wir wenden Theorem 1 an. In diesem Fall gilt $A = 2$, $B = -\frac{1}{2}$ und $C = 1$. Die Voraussetzungen von Theorem 1 sind erfüllt, denn $A > 0$, $C > 0$ und $B^2 < AC$. Daher hat $f(x;y)$ im Punkt (0; 0) ein Minimum. (Man vergleiche dies mit Beispiel 1.)

Bevor wir nun unser Kriterium für das lokale Minimum auf allgemeinere Funktionen übertragen, stellen wir Theorem 1 durch partielle Ableitungen dar.

Für die Funktion

$$f(x;y) = Ax^2 + 2Bxy + Cy^2$$

ergeben sich die partiellen Ableitungen

$$f_x(x;y) = 2Ax + 2By, \quad f_y(x;y) = 2Bx + 2Cy,$$

$$f_{xx}(x;y) = 2A, \quad f_{xy}(x;y) = 2B \quad \text{und}$$

$$f_{yy}(x;y) = 2C.$$

Wir können daher schreiben:

$$A = \frac{f_{xx}(0;0)}{2}, \quad B = \frac{f_{xy}(0;0)}{2}, \quad C = \frac{f_{yy}(0;0)}{2}.$$

Die Bedingung $B^2 < AC$ nimmt nun die folgende Gestalt an:

$$\left(\frac{f_{xy}(0;0)}{2}\right)^2 < \frac{f_{xx}(0;0)}{2}\,\frac{f_{yy}(0;0)}{2}$$

oder einfacher

$$[f_{xy}(0;0)]^2 < f_{xx}(0;0)\,f_{yy}(0;0).$$

Wir können Theorem 1 daher wie folgt formulieren.

Theorem 2: Es sei $f(x;y) = Ax^2 + 2Bxy + Cy^2$ mit Konstanten A, B und C. Gelten die Ungleichungen

$$f_{xx}(0;0)>0, \quad f_{yy}(0;0)>0$$

und

$$[f_{xy}(0;0)]^2 < f_{xx}(0;0)\,f_{yy}(0;0),$$

dann besitzt f im Punkt (0; 0) ein Minimum. •

Theorem 2 führt uns zu einem Kriterium für lokale Minima allgemeinerer Funktionen. Dieses Kriterium wird in Theorem 3 formuliert und in Abschnitt 7.6 bewiesen.

Theorem 3 (*Kriterium für ein lokales Minimum*): Es sei f eine Funktion mit stetigen partiellen Ableitungen f_x, f_y, f_{xx}, f_{yy} und $f_{xy}=f_{yx}$ im Punkt $(a;b)$ und seiner Umgebung.
Wenn nun

1. $f_x(a;b)$ und $f_y(a;b)$ gleich Null sind,
2. $f_{xx}(a;b)$ und $f_{yy}(a;b)$ positiv sind und
3. $[f_{xy}(a;b)]^2 < f_{xx}(a;b)\,f_{yy}(a;b)$,

dann hat f im Punkt $(a;b)$ ein lokales Minimum. •

Das nächste Theorem gibt das analoge Kriterium für lokale Maxima.

Theorem 4 (*Kriterium für ein lokales Maximum*): Die Funktion f habe die stetigen partiellen Ableitungen f_x, f_y, f_{xx}, f_{yy} und $f_{xy}=f_{yx}$ im Punkt $(a;b)$ und seiner Umgebung.
Wenn nun

1. $f_x(a;b)$ und $f_y(a;b)$ gleich Null sind,
2. $f_{xx}(a;b)$ und $f_{yy}(a;b)$ negativ sind und
3. $[f_{xy}(a;b)]^2 < f_{xx}(a;b)\,f_{yy}(a;b)$

dann besitzt f im Punkt $(a;b)$ ein lokales Maximum. •

Man beachte, daß in den Theoremen 3 und 4 die Bedingung (3) übereinstimmt: Das Quadrat von $f_{xy}(a;b)$ ist kleiner als das Produkt von $f_{xx}(a;b)$ und $f_{yy}(a;b)$. Allerdings ist die Bedingung (2) von Theorem 4 der Bedingung (2) von Theorem 3 entgegengesetzt.

Gilt andererseits für die Funktion

$$f(x;y) = Ax^2 + 2Bxy + Cy^2$$

$$[f_{xy}(a;b)]^2 > f_{xx}(a;b)\,f_{yy}(a;b),$$

dann hat f, wie in Übung 26 gezeigt wird, weder ein lokales Maximum noch ein lokales Minimum. Im Spezialfall

$$[f_{xy}(a;b)]^2 = f_{xx}(a;b)\,f_{yy}(a;b)$$

kann überhaupt keine Aussage gemacht werden, dies zeigt Übung 19.

Beispiel 3: Man prüfe, ob die Funktion

$$f(x;y) = 3x^2 + 5y^2 + 6x - 20y$$

irgendein relatives Maximum oder Minimum besitzt.

Lösung: Zunächst berechnen wir f_x und f_y:

$$f_x(x;y) = 6x + 6 \quad \text{und} \quad f_y(x;y) = 10y - 20.$$

Diese beiden partiellen Ableitungen verschwinden nur für

$$6x + 6 = 0 \quad \text{und} \quad 10y - 20 = 0,$$

also am Punkt (− 1; 2).

Nun benutzen wir das Kriterium aus den Theoremen 3 und 4, um mit Hilfe der zweiten Ableitung zu untersuchen, ob f im Punkt (− 1; 2) ein relatives Maximum oder Minimum besitzt. Dazu berechnen wir die partiellen Ableitungen zweiter Ordnung:

$$f_{xx}(x;y) = 6, \quad f_{yy}(x;y) = 10, \quad f_{xy}(x;y) = 0.$$

Sie sind unabhängig von Punkt $(x;y)$. Da nun f_{xx} und f_{yy} positiv sind und $(f_{xy})^2$ kleiner ist als das Produkt $f_{xx}\,f_{yy}$, hat f nach Theorem 3 in Punkt (− 1; 2) ein relatives Minimum. •

Das nächste Beispiel veranschaulicht die Anwendung partieller Ableitungen zur Lösung einfacher Extremwertprobleme.

Beispiel 4: Welcher Quader mit dem Volumen 1 m³ hat die kleinste Oberfläche?

Lösung: Die Abmessungen des Quaders mit dem Volumen von 1 m³ seien x, y und z in Metern. Für das Volumen erhalten wir dann

$$V = 1 = xyz. \tag{2}$$

Die Oberfläche S ist durch

$$S = 2xy + 2xz + 2yz$$

gegeben. Aus Gl. (2) folgt

$$z = \frac{1}{xy}.$$

Daher kann S als Funktion von x und y dargestellt werden:

$$S = 2xy + 2x\frac{1}{xy} + 2y\frac{1}{xy} = 2\left(xy + \frac{1}{y} + \frac{1}{x}\right).$$

Wie wir sehen, ist S für große oder kleine x und y groß. Daher gibt es keinen Quader mit maximaler Oberfläche. Andererseits könnte es einen ganz bestimmten Quader mit minimaler Oberfläche geben.

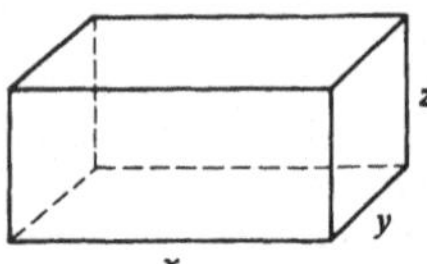

Wie groß ist die minimale Oberfläche der 6 Flächen eines Quaders, wenn $xyz = 1$?

Bild 7.36

Um diesen Quader aufzufinden, bestimmen wir zunächst die Punkte $(x;y)$, in denen $\partial S/\partial x$ und $\partial S/\partial y$ verschwinden. Wir erhalten

$$\frac{\partial S}{\partial x} = 2\left(y - \frac{1}{x^2}\right) \quad \text{und} \quad \frac{\partial S}{\partial y} = 2\left(x - \frac{1}{y^2}\right).$$

Diese beiden partiellen Ableitungen verschwinden für:

$$2\left(y - \frac{1}{x^2}\right) = 0, \quad 2\left(x - \frac{1}{y^2}\right) = 0.$$

$$x^2y = 1, \tag{3}$$

$$xy^2 = 1. \tag{4}$$

Aus Gl. (3) folgt $y = 1/x^2$. Setzen wir dies in Gl. (4) ein, so ergibt sich

$$x\left(\frac{1}{x^2}\right)^2 = 1 \quad \text{oder} \quad 1 = x^3.$$

Also gilt $x = 1$ und daher auch $y = 1/1^2 = 1$. Schließlich folgt aus $z = 1/xy$,

$$z = \frac{1}{1 \cdot 1} = 1.$$

Da nun $(x; y) = (1; 1)$ der einzige kritische Punkt der Funktion $S = 2(xy + 1/y + 1/x)$ ist, muß der Würfel mit der Seitenkante 1 unter allen Quadern die minimale Oberfläche besitzen, sofern unserer Annahme entsprechend überhaupt eine derartige minimale Oberfläche existiert. In diesem Zusammenhang wollen wir Theorem 3 auf den Punkt (1; 1) anwenden und erhalten direkt

$$\frac{\partial^2 S}{\partial x^2} = 4, \quad \frac{\partial^2 S}{\partial y^2} = 4 \quad \text{und} \quad \frac{\partial^2 S}{\partial x \partial y} = 2.$$

Da nun $\partial^2 S/\partial x^2$ und $\partial^2 S/\partial y^2$ positiv sind und die Ungleichung $(\partial^2 S/\partial x \partial y)^2 < (\partial^2 S/\partial x^2)(\partial^2 S/\partial y^2)$ erfüllt ist, liegt nach Theorem 3 im Punkt (1; 1) ein lokales Minimum vor.

Übungen:

Mit Hilfe der Theoreme 3 und 4 bestimme man alle relativen Maxima oder Minima der Funktionen in den Übungen 1 bis 11.

1. $x^2 + 3xy + y^2$
2. $x^2 - xy + y^2$
3. $x^2 - y^2$
4. $x^2 + 2xy + 2y^2 + 4x$
5. $x^2 - 2xy + 2y^2 + 4x$
6. $2x^2 + 2xy + 5y^2 + 4x$
7. $x^4 + 8x^2 + y^2 - 4y$
8. $-4x^2 - xy - 3y^2$
9. $e^{-2x^2 - 2xy - 4y^2}$
10. $4/x + 2/y + xy$
11. $x^3 - y^3 + 3xy$

f sei eine Funktion von x und y, für die im Punkt $(a; b)$ sowohl f_x als auch f_y verschwinden. In den Übungen 12 bis 17 sind für diesen Punkt $(a; b)$ Werte von f_{xx}, f_{xy} und f_{yy} angegeben. Nehmen wir auch hier an, daß all diese partiellen Ableitungen stetig sind. Man entscheide dann, ob (*a*) f in $(a; b)$ ein relatives Maximum, (*b*) f in $(a; b)$ ein relatives Minimum besitzt oder (*c*) weder (*a*) noch (*b*) zutreffen oder ob (*d*) die Information nicht ausreicht.

12. $f_{xy} = -3$, $f_{xx} = 2$, $f_{yy} = 4$
13. $f_{xy} = 3$, $f_{xx} = 2$, $f_{yy} = 4$
14. $f_{xy} = 2$, $f_{xx} = 3$, $f_{yy} = 4$
15. $f_{xy} = -2$, $f_{xx} = -3$, $f_{yy} = -4$
16. $f_{xy} = -2$, $f_{xx} = 3$, $f_{yy} = -4$
17. $f_{xy} = 4$, $f_{xx} = 2$, $f_{yy} = 8$

■

18. Für welche Werte von z_{xy} hat z mit Sicherheit im Punkt $(x_0; y_0)$ ein relatives Minimum, wenn dort gilt $z_x = 0 = z_y$ $z_{xx} = 3$, $z_{yy} = 12$.
19. Im Falle $(z_{xy})^2 - z_{xx}z_{yy} = 0$ können die den Theoremen 3 und 4 entsprechenden Schlüsse nicht gezogen werden, wie in dieser Übung gezeigt wird.
    (*a*) Es sei $z = x^2 + 2xy + y^2$. Im Punkt (0; 0) sind z_{xx} und z_{yy} positiv und es gilt $(z_{xy})^2 = z_{xx}z_{yy}$. Man zeige, daß z dort ein relatives Minimum besitzt.
    (*b*) Es sei $z = x^2 + 2xy + y^2 - x^4$. Im Punkt (0; 0) sind z_{xx} und z_{yy} positiv und es gilt $(z_{xy})^2 = z_{xx}z_{yy}$. Man zeige, daß z dort weder ein relatives Minimum noch ein relatives Maximum besitzt.
20. Man zeige, daß von allen Quadern mit einer Oberfläche von 6 m² der Würfel das maximale Volumen hat.
21. Ein Quader ohne Deckfläche besitzt ein Volumen von 1 m³. Für welche Abmessungen wird er die kleinste Oberfläche haben?
22. Das Material für Grundfläche und Deckfläche eines quaderförmigen Behälters kostet DM 3,00/m². Die Seitenflächen kosten DM 2,00/m². Welcher Behälter mit einem Volumen von 1 m³ ist der billigste?
23. Es sei $U(x; y; z) = x^{1/2}y^{1/3}z^{1/6}$ der „Nutzen" oder das „Bedürfnis", die ein bestimmter Konsument den „Mengen" x, y und z dreier verschiedener Annehmlichkeiten zumißt. Ihre Preise seien DM 2,–, DM 1,– und DM 5,– und der Konsument besitze insgesamt DM 60,–. Welche Menge jedes Produktes soll er kaufen, um den größten Nutzen zu erzielen?
24. Ein Draht der Länge 1 soll in drei Teile geschnitten werden, um aus ihnen ein Quadrat, einen Kreis und ein gleichseitiges Dreieck zu formen. Wie kann dies geschehen, um
    (*a*) ihre Gesamtfläche zu minimieren,
    (*b*) ihre Gesamtfläche zu maximieren?

■■

25. Angenommen, der Gewinn zweier Firmen hänge von ihren Produktionsmengen ab. Der Gewinn der ersten Firma sei P_1, ihre Produktion Q_1. Analog definieren wir P_2 und Q_2 für die zweite Firma. Nehmen wir nun
    $$P_1 = 48Q_1 - 2Q_1^2 - 3Q_2^2 + 1000$$
    und
    $$P_2 = 60Q_2 - 5Q_1^2 - 2Q_2^2 + 2000$$
    an, dann hängt der Gewinn jeder Firma zum Teil von der Produktion der anderen Firma ab.
    (*a*) Welche Werte von Q_1, Q_2, P_1, P_2 und $P_1 + P_2$ erhalten wir, wenn die beiden Firmen ihren jeweiligen Gewinn maximieren?
    (*b*) Welche Werte für Q_1, Q_2, P_1, P_2 und $P_1 + P_2$ erhalten wir, wenn die Firmen zusammenarbeiten, um gemeinsam $P_1 + P_2$ zu maximieren?
26. (*a*) Mit Hilfe des Ausdrucks (1) beweise man das folgende Analogon zu Theorem 1: Für die festen Zahlen A, B und C gelte
    $$A > 0, \quad C > 0 \quad \text{und} \quad B^2 > AC.$$
    Dann gibt es Zahlen x und y, für die $Ax^2 + 2Bxy + Cy^2$ negativ wird.
    (*b*) Für $B^2 > AC$ kann $f(x; y) = Ax^2 + 2Bxy + Cy^2$ im Punkt (0; 0) weder ein lokales Maximum noch ein lokales Minimum besitzen. Man beweise dies!

7.9 Zusammenfassung

Im Kapitel 7 haben wir analog zu den Eigenschaften von Funktionen einer Variablen wichtige Aussagen über Funktionen zweier Variabler getroffen. Als Hauptresultat dieses Kapitels haben wir die Darstellung

$$\Delta z = f_x \Delta x + f_y \Delta y + \epsilon_1 \Delta x + \epsilon_2 \Delta y$$

erhalten. Wobei f_x und f_y im Punkt $(a; b)$ berechnet werden und die Größen ϵ_1 und ϵ_2 mit Δx und Δy nach Null streben. Auf Grund dieser Gleichung kann die Änderung von z, die der Änderung von Δx und Δy im Punkt $(a; b)$ entspricht, durch

$$f_x(a;b)\,\Delta x + f_y(a;b)\,\Delta y \qquad (1)$$

angenähert und damit als Summe von Differentialen zweier Funktionen einer einzigen Variable x oder y dargestellt werden. Die Gestalt von Gl. (1) zeigt sich auch in den Kettenregeln, die in Abschnitt 7.6 entwickelt und in den folgenden Abschnitten angewendet wurden. Die zweite Spalte der folgenden Tabelle faßt die Ergebnisse dieses Kapitels zusammen.

Begriffe

Koordinatenebene
Zylinder
Funktion zweier Variabler
partielle Ableitungen
Kettenregel
Differential
Maximum, relatives Maximum
Minimum, relatives Minimum
kritischer Punkt

Die Ebene und $f(x)$	*Der Raum und $f(x;y)$*
Ein Punkt ist durch x und y bestimmt	Ein Punkt ist durch x, y und z bestimmt
$x = k$ beschreibt eine Gerade senkrecht auf der x-Achse	$x = k$ beschreibt eine Ebene senkrecht auf der x-Achse $y = k$ beschreibt eine Ebene senkrecht auf der y-Achse $z = k$ beschreibt eine Ebene senkrecht auf der z-Achse
Der Abstand zwischen $(x_1;y_1)$ und $(x_2;y_2)$: $\sqrt{(x_1-x_2)^2+(y_1-y_2)^2}$	Der Abstand zwischen $(x_1;y_1;z_1)$ und $(x_2;y_2;z_2)$: $\sqrt{(x_1-x_2)^2+(y_1-y_2)^2+(z_1-z_2)^2}$
$(x-a)^2+(y-b)^2=r^2$ beschreibt einen Kreis mit dem Radius r und dem Mittelpunkt $(a;b)$	$(x-a)^2+(y-b)^2+(z-c)^2=r^2$ beschreibt eine Kugel mit dem Radius r und dem Mittelpunkt $(a;b;c)$
Der Graph von $y=f(x)$ ist üblicherweise eine Kurve	Der Graph von $z=f(x;y)$ ist üblicherweise eine Fläche
Der Graph von $y=Ax+B$ ist eine Gerade	Der Graph von $z=Ax+By+C$ ist eine Ebene
Die Ableitung f' bestimmt die Zuwachsrate von f. Bezeichnung: $f', \frac{dy}{dx}, Df, y'$.	Die partiellen Ableitungen f_x und f_y bestimmen die Zuwachsrate von f in der x- bzw. y-Richtung. Bezeichnung: $f_x, \frac{\partial f}{\partial x}, z_x, \frac{\partial z}{\partial x}, f_1, D_1 f,$ $f_y, \frac{\partial f}{\partial y}, z_y, \frac{\partial z}{\partial y}, f_2, D_2 f.$
Eine stetige Funktion hat im Intervall $a;b$ ein Maximum.	Eine stetige Funktion hat in jedem Gebiet ein Maximum, das innerhalb eines bestimmten Kreises liegt und von einem Polygon bzw. einer Kurve begrenzt wird.
Das Maximum von f ist der größte jener Werte, die f in $[a;b]$ und in den kritischen Punkten annimmt.	Das Maximum von f ist der größte jener Werte, die f am Rande des Gebietes bzw. in den kritischen Punkten annimmt.
Ableitung: df/dx	Partielle Ableitung: $\partial f/\partial x$ und $\partial f/\partial y$
Höhere Ableitungen: $d^2f/dx^2, \ldots$	Höhere partielle Ableitungen: $\partial^2 f/\partial x^2, \partial^2 f/\partial y^2, \partial^2 f/\partial x\,\partial y, \ldots$
$\Delta y = f'(x)\,\Delta x + \epsilon\Delta x$ $(\epsilon \to 0$ wenn $\Delta x \to 0)$	$\Delta z = f_x\,\Delta x + f_y\,\Delta y + \epsilon_1\,\Delta x + \epsilon_2\,\Delta y$ $(\epsilon_1 \to 0, \epsilon_2 \to 0$ wenn Δx und $\Delta y \to 0)$
dy ist definiert durch $f'(x)\,dx$	dz ist definiert durch $f_x\,\Delta x + f_y\,\Delta y$
dy ist der Zuwachs entlang der Tangente	dz ist der Zuwachs entlang der Tangentenebene
Kettenregel: $\frac{dy}{dx}=\frac{dy}{du}\cdot\frac{du}{dx}$	Kettenregel: $\frac{dz}{dt}=\frac{\partial z}{\partial x}\frac{dx}{dt}+\frac{\partial z}{\partial y}\frac{dy}{dt}$ (darin sind x und y Funktionen von t) Kettenregel: $\frac{\partial z}{\partial t}=\frac{\partial z}{\partial x}\frac{\partial x}{\partial t}+\frac{\partial z}{\partial y}\frac{\partial y}{\partial t}$ (darin sind x und y Funktionen von t und u)
Lokales Maximum und Ableitungen zweiter Ordnung: $f'=0$, $f''<0$.	Lokales Maximum und partielle Ableitungen zweiter Ordnung: $f_x=0, f_y=0;$ $f_{xx}<0, f_{yy}<0;$ $(f_{xy})^2<f_{xx}f_{yy}$.
Lokales Minimum und Ableitungen zweiter Ordnung: $f'=0$, $f''>0$.	Lokales Minimum und partielle Ableitungen zweiter Ordnung: $f_x=0, f_y=0;$ $f_{xx}>0, f_{yy}>0;$ $(f_{xy})^2<f_{xx}f_{xy}$.

Testaufgaben zu Kapitel 7

1. (a) Man zeichne $z = 2x^2 + 2y^2$.
   (b) Man zeichne $z^2 = x^2 + y^2$.
   (c) Man zeichne $x^2 + y^2 + z^2 = 6$.
   (d) Man zeichne $y = 2x$ (im Raum).

2. Man berechne:

   (a) $D_1(\sqrt{x^2 + y^2})$, (b) $D_2\left[\ln\left(\frac{y^2}{3y + x}\right)\right]$,

   (c) $\frac{\partial(ye^{x^3 y})}{dx}$, (d) $\frac{\partial^2(\cos(2x + 3y))}{\partial x\, \partial y}$,

   (e) $\frac{\partial^2(3/xy)}{\partial y^2}$, (f) $\frac{\partial^2(\sin^3 xy)}{\partial x^2}$.

3. Man berechne:

   (a) $\frac{d\left(\int_0^1 e^{xy} dx\right)}{dy}$, (b) $\int_0^1 \frac{\partial(e^{xy})}{\partial y}\, dx$.

   Ein Theorem aus **Bd. 4/5** wird die Übereinstimmung der beiden Ausdrücke beweisen.

4. (a) Man zeichne den Graphen einer typischen Funktion $z = f(x; y)$ in der Umgebung des Punktes $(a; b; f(a; b))$.
   (b) Man zeichne die Tangentenebene in $(a; b; f(a; b))$.
   (c) Mit Hilfe der Zeichnungen aus (a) und (b) identifiziere man die Strecken, die den Größen dz und Δz entsprechen.

5. Man gebe zwei Funktionen f an, für die $(0; 0)$ kritischer Punkt ist und für die die Ungleichungen $f_{xx}(0; 0) > 0$ und $f_{yy}(0; 0) > 0$ gelten.
   (a) Wenn $(0; 0)$ ein lokales Minimum ist.
   (b) Wenn $(0; 0)$ kein lokales Minimum ist.

6. Ein quaderförmiges Haus soll einen Raum von 1000 m^3 umschließen. Die Glaswände nehmen 5 Einheiten pro min und m^2, das Dach 3 Einheiten pro min und m^2 und der Boden 1 Einheit pro min und m^2 Wärme auf. Für welche Form des Hauses ergibt sich die geringste Wärmeaufnahme?

7. (a) Mit Hilfe einer Tabelle der natürlichen Logarithmen oder eines Taschenrechners bestimme man $(1{,}1)^2 \ln(1{,}2)$.
   (b) Mit Hilfe des Differentials der Funktion $f(x;y) = x^2 \ln y$ schätze man ausgehend von $f(1; 1)$ den Wert von $(1{,}1)^2 \ln(1{,}2)$.

8. Die kinetische Energie eines Teilchens der Masse m und der Geschwindigkeit v ist durch $K = \frac{1}{2} m v^2$ gegeben. Wenn m mit einem maximalen Fehler von 1 % und v mit einem maximalen Fehler von 3 % behaftet sind, schätze man den maximalen Fehler bei der Messung von K ab.

9. Es sei $u = f(x; y)$, $x = r\cos\theta$ und $y = r\sin\theta$. Man beweise

   $$u_{rr} + \frac{1}{r} u_r + \frac{1}{r^2} u_{\theta\theta} = u_{xx} + u_{yy}.$$

10. Für welche Werte der Konstanten k hat die Funktion $x^2 + kxy + 9y^2$ im Punkt $(0; 0)$ ein relatives Minimum?

11. Es sei f eine Funktion von x und y. Es sei $f(2; 3) = 5$, $f_x(2; 3) = 4$ und $f_y(2; 3) = -1$. Man gebe eine Schätzung für $f(2{,}1; 2{,}8)$.

12. Man beweise eine der beiden Kettenregeln für Funktionen von zwei Variablen.

Übungen zu Kapitel 7

1. (a) $(0; 0)$ ist ein kritischer Punkt von $f(x; y) = xy$. Man beweise dies.
   (b) Man zeige aus der Darstellung des Graphen von $z = xy$, daß in $(0; 0)$ weder ein relatives Maximum noch ein relatives Minimum auftritt.

2. In das Bild des Graphen von $z = f(x; y)$ zeichne man die Kurven mit den Anstiegen f_x und f_y. Insbesondere zeichne man die zwei Tangenten mit den Anstiegen $f_x(a; b)$ und $f_y(a; b)$.

3. (a) Man zeige ohne Rechnung, daß $f(x; y) = (x - y)^2$ ein Minimum, aber kein Maximum besitzt. Wo tritt das Minimum auf?
   (b) Man bestimme ohne Rechnung das Minimum von $f(x; y) = (2x + 3y - 5)^2 + (x - y)^2$.

4. Mit Hilfe des Differentials schätze man
   (a) $\sqrt{3{,}01^2 + 4{,}02^2}$, (b) $\sqrt{3{,}04^2 + 3{,}97^2}$.

5. Es sei $f_x(0; 0) = 0$ und $f_y(0; 0) = 0$. Man entscheide in jedem der folgenden Fälle, ob aus der vorliegenden Information für f im Punkt $(0; 0)$ auf ein relatives Maximum, ein relatives Minimum oder keines von beiden geschlossen werden kann.
   (a) $f_{xx}(0; 0) = -1$; $f_{yy}(0; 0) = 2$.
   (b) $f_{xx}(0; 0) = 3$; $f_{yy}(0; 0) = 2$; $f_{xy}(0; 0) = -2{,}2$.
   (c) $f_{xx}(0; 0) = -3$; $f_{yy}(0; 0) = -5$; $f_{xy}(0; 0) = 4$.
   (d) $f_{xx}(0; 0) = 3$; $f_{yy}(0; 0) = 12$; $f_{xy}(0; 0) = -6$.

6. Es sei $u = f(x; y)$ und $v = g(x; y)$. Angenommen, es gilt:

   $$u_x = v_y, \quad v_x = -u_y.$$

   Man beweise dann

   $$u_{xx} + u_{yy} = 0 \quad \text{und} \quad v_{xx} + v_{yy} = 0.$$

7. Es sei $z = u^3 v^5$, wobei $u = x + y$ und $v = x - y$.
   (a) Man stelle z explizit als Funktion von x und y dar und berechne daraus z_x und z_y.
   (b) Man bestimme z_x und z_y mit Hilfe der Kettenregel. Stimmen die Ergebnisse überein? Welche Methode ist einfacher?

8. Es sei $z = e^{uv}$, wobei $u = y \sin x$ und $v = x + \cos y$.
   (a) Man berechne z_x und z_y mit Hilfe der Kettenregel.
   (b) Man stelle z explizit durch x und y dar, berechne auf diese Weise z_x und z_y.
   (c) Stimmen die Ergebnisse von (a) und (b) überein?

9. Man zeichne die Ebenen
   (a) $x + y = 1$, (b) $x + y + z = 1$,
   (c) $\frac{x}{2} + \frac{y}{3} + \frac{z}{4} = 1$.

10. Man zeichne die Fläche $\frac{x^2}{1} + \frac{y^2}{4} + \frac{z^2}{9} = 1$.

11. Man zeichne die Zylinder
    (a) $y = x^2$, (b) $x^2 - y^2 = 1$,
    (c) $z = x^3$.

12. Der Druck p, das Volumen V und die Temperatur T eines Gases sind durch die Gleichung $(p + a/V^2)(V - b) = cT$ verknüpft. Dabei sind a, b, c Konstanten. So bestimmen zwei der Größen p, V, T jeweils die dritte.
    (a) Man berechne $\partial V/\partial T$, $\partial T/\partial p$ und $\partial p/\partial V$.
    (b) Man zeige, daß das Produkt der drei partiellen Ableitungen aus (a) gleich -1 ist.

13. Es sei $f(x; y) = x^2 + 2xy - y^2$.
    (a) Die Funktion f hat entlang der x-Achse ein lokales Minimum im Punkt $(0; 0)$. Man beweise dies.
    (b) Die Funktion f hat entlang der y-Achse im Punkt $(0; 0)$ ein lokales Maximum. Man beweise dies.
    (c) Für welche Werte von m hat die Funktion f entlang der Geraden $y = mx$ im Punkt $(0; 0)$ ein lokales Minimum?

14. Man betrachte die Eulersche partielle Differentialgleichung

$$az_{xx} + 2bz_{xy} + cz_{yy} = 0,$$

wobei für die Konstanten a, b und c die Relation $b^2 \neq ac$ gilt. Man zeige, daß die Differentialgleichung durch

$$z = f(x + r_1 y) + g(x + r_2 y)$$

gelöst wird, wobei r_1 und r_2 die Wurzeln der Gleichung $a + 2bx + cx^2 = 0$ sind. Die Funktionen f und g seien differenzierbar.

15. Man bestimme den minimalen Wert von

$$f(x; y) = x^4 - x^2 y^2 + y^4.$$

16. Die Summe von Höhe und Umfang eines Postpaketes darf einen gewissen Betrag a nicht überschreiten. Man bestimme die Dimensionen der größten Schachtel, die mit der Post befördert werden kann.

■

17. Das Volumen V, das eine Mischung von einigen Gasen einnimmt, hängt vom Druck p, der Temperatur T und den jeweiligen Gasmengen $x_1, x_2, \dots, x_n$ ab:

$$V = f(p, T, x_1, x_2, \dots, x_n).$$

Angenommen, V sei proportional zu den Gasmengen.

(*a*) Man zeige $\sum_{i=1}^{n} x_i \partial V/\partial x_i = V$.

(*b*) Man beweise mit Hilfe von (*a*) die Relation

$$\sum_{i=1}^{n} x_i \partial^2 V/\partial x_j \partial x_i = 0$$

für jedes feste j mit $j = 1, 2, \dots, n$.

18. $y = f(x; t)$ sei die vertikale Verschiebung eines Teilchens in einer Welle zur Zeit t, wobei die horizontale Koordinate des Teilchens durch x gegeben ist. Auf Grund physikalischer Überlegungen kann für f die Wellengleichung

$$a^2 f_{xx} = f_{tt}$$

hergeleitet werden. Dabei ist a eine Konstante. Man zeige, daß jede Funktion $f(x; t)$ der Form $g(x + at)$ die Wellengleichung erfüllt, wobei g eine beliebige Funktion in einer Variablen ist und erste und zweite Ableitungen besitzt.

19. Es sei $z = x^2 y$, mit $y = e^{3x} u$. Daher kann z als Funktion von x und y oder von x und u betrachtet werden.

(*a*) Man berechne $\partial z/\partial x$, wobei z als Funktion von x und y betrachtet wird.

(*b*) Man berechne $\partial z/\partial x$, wobei z als Funktion von x und u betrachtet wird.

Für das Ergebnis von (*a*) verwenden wir die Bezeichnung $(\partial z/\partial x)_y$, für das Ergebnis von (*b*) die Bezeichnung $(\partial z/\partial x)_u$. In diesem Zusammenhang ist also das Symbol $\partial z/\partial x$ mehrdeutig.

■■

20. In Übung 63 aus Abschnitt 5.11 wurde gezeigt, daß $\Delta y - dy$ im Vergleich zu Δx klein ist, wenn Δx selbst klein ist. Man wiederhole das Argument und zeige, daß $\Delta z - dz$ im Vergleich mit $\sqrt{(\Delta x)^2 + (\Delta y)^2}$ klein ist, wenn Δx und Δy selbst klein sind.

21. Man suche den Fehler im „Beweis" für die folgende Aussage: Für eine Funktion $z = f(x; y)$ ist die Ableitung dz/dt durch $(\partial z/\partial x)(dx/dt)$ gegeben, wenn x und y Funktionen von t sind: „dz/dt ist $\lim_{\Delta t \to 0} \Delta z/\Delta t$, daher gilt

$$dz/dt = \lim_{\Delta t \to 0} (\Delta z/\Delta x)(\Delta x/\Delta t),$$

wobei Δx jene Änderung in x ist, die durch die Änderung Δt in t verursacht wird. Daraus folgt

$$dz/dt = (\partial z/\partial x)(dx/dt)\text{"}.$$

22. Man beweise die Umkehrung des Eulerschen Theorems: Gilt

$$xf_1(x; y) + yf_2(x; y) = nf(x; y)$$

so folgt

$$f(kx; ky) = k^n f(x; y).$$

23. Es sei $z = f(u; v)$, wobei u und v Funktionen von x und y sind. Dann ergibt sich indirekt $z = g(x; y)$. Gelten nun die Relationen

$$du = u_x dx + u_y dy \quad \text{und} \quad dv = v_x dx + v_y dy,$$

dann beweise man, daß die beiden Ausdrücke für dz,

$$dz = z_u du + z_v dv \quad \text{und} \quad dz = z_x dx + z_y dy$$

übereinstimmen.

24. Es seien $(x; y)$ rechtwinkelige Koordinaten in der Ebene und $(X; Y; Z)$ rechtwinkelige Koordinaten im Raum. Angenommen F vermittle eine eineindeutige Zuordnung zwischen der Ebene und dem Raum, so daß x und y stetig von X, Y und Z abhängen und in Bezug auf diese drei Variablen stetige partielle Ableitungen besitzen. Analog seien durch die umgekehrte Zuordnung F^{-1} die Koordinaten X, Y und Z stetige Funktionen von x und y und mögen stetige partielle Ableitungen in Bezug auf diese beiden Variablen besitzen. Man leite aus diesen Bedingungen die Gleichung $2 = 3$ her. *Hinweis:* $2 = dx/dx + dy/dy$ und $3 = dX/dX + dY/dY + dZ/dZ$. Man benutze die Kettenregel. Im übrigen gibt es eine eineindeutige Zuordnung zwischen der Ebene und dem Raum, allerdings ohne die hier angegebene Eigenschaft der Stetigkeit und Differenzierbarkeit.

25. Man zeige für eine homogene Funktion f des Grades m mit stetigen partiellen Ableitungen zweiter Ordnung die Relation

$$x^2 f_{xx} + 2xyf_{xy} + y^2 f_{yy} = n(n-1)f.$$

26. Es seien x, y und z Funktionen von u, v, w. Angenommen man könne u, v und w als Funktion von x, y und z darstellen. Dann kann $\partial x/\partial u$ ebenfalls als Funktion von x, y und z angegeben werden. Das folgende Argument zeigt, daß $\partial x/\partial u$ von x *unabhängig ist*, also $\partial(\partial x/\partial u)/\partial x = 0$. Der Beweis:

$$\frac{\partial(\partial x/\partial u)}{\partial x} = \frac{\partial^2 x}{\partial x\,\partial u} = \frac{\partial^2 x}{\partial u\,\partial x} = \frac{\partial}{\partial u}\left(\frac{\partial x}{\partial x}\right)$$

$$= \frac{\partial}{\partial u}(1)$$

$$= 0.$$

Übertragen wir dieses Resultat nun auf den Fall

$$x = (2u)^{1/2}, \quad y = (2v)^{1/2}, \quad z = (2w)^{1/2}.$$

Es ergibt sich

$$\frac{\partial x}{\partial u} = \frac{1}{(2u)^{1/2}} = \frac{1}{x}.$$

Somit wäre nach unserem Argument $1/x$ von x unabhängig. Wo liegt der Fehler?

Die Übungen 27 bis 34 beschäftigen sich mit wichtigen Problemen der elementaren Thermodynamik.

27. (Siehe Übung 19.) Es sei $z = f(x; y)$, wobei $y = h(x; u)$. Dann ist z indirekt eine Funktion von x und u, $z = F(x; u)$. Man zeige

$$\frac{\partial F}{\partial x} = \frac{\partial f}{\partial x} + \frac{\partial f}{\partial y}\,\frac{\partial h}{\partial x}.$$

Dieses Resultat wird in der Thermodynamik wie folgt geschrieben:

$$\left.\frac{\partial z}{\partial x}\right)_u = \left.\frac{\partial z}{\partial x}\right)_y + \left.\frac{\partial z}{\partial y}\right)_x \left.\frac{\partial y}{\partial x}\right)_u .$$

Hinweis: Man beachte, daß x selbst eine Funktion von x und u ist, $x = g(x; u) = x + 0u$. Dann verwende man die Kettenregel.

28. Es sei $w = f(x_1; x_2; x_3)$ eine Funktion von drei Variablen. Die partielle Ableitung von w nach x_1 (x_2 und x_3 werden konstant gehalten) wird durch

$$\frac{\partial w}{\partial x_1} \quad \text{oder} \quad \frac{\partial f}{\partial x_1} \quad \text{oder} \quad f_1$$

bezeichnet. Ähnlich definieren wir die Symbole $\partial w/\partial x_2$ und $\partial w/\partial x_3$. Nehmen wir nun an, daß x_1, x_2, x_3 Funktionen von t und u sind.

$$x_1 = g(t; u), \quad x_2 = h(t; u), \quad x_3 = i(t; u).$$

Dann beweise man

$$\frac{\partial w}{\partial t} = \frac{\partial w}{\partial x_1}\frac{\partial x_1}{\partial t} + \frac{\partial w}{\partial x_2}\frac{\partial x_2}{\partial t} + \frac{\partial w}{\partial x_3}\frac{\partial x_3}{\partial t}.$$

29. Man betrachte $w = f(x_1; x_2; x_3)$ und $y = h(t; u)$ mit der Eigenschaft

$$f(t; h(t; u); u) = 0$$

für alle t und u. Man zeige

$$\frac{\partial h}{\partial t} = -\frac{f_1}{f_2} \quad \text{und} \quad \frac{\partial h}{\partial u} = -\frac{f_3}{f_2}.$$

Hinweis: Man betrachte $x_1 = t$, $x_2 = h(t; u)$, $x_3 = u$ und verwende die Kettenregel.

30. (Siehe Übung 29.) Ersetzt man die Eigenschaft aus Übung 29 durch

$$f(h(t; u); t; u) = 0,$$

so ergibt sich

$$\frac{\partial h}{\partial t} = -\frac{f_2}{f_1} \quad \text{und} \quad \frac{\partial h}{\partial u} = -\frac{f_3}{f_1}.$$

31. (Siehe Übung 29.) Man ersetze die Eigenschaft aus Übung 29 durch $f(t; u; h(t; u)) = 0$. Dann gilt

$$\frac{\partial h}{\partial t} = -\frac{f_1}{f_3} \quad \text{und} \quad \frac{\partial h}{\partial u} = -\frac{f_2}{f_3}.$$

32. Die Buchstaben p, T und V bezeichnen Druck, Temperatur und Volumen eines Gases. Sie sind nicht voneinander unabhängig. Daher gibt es eine Funktion f der drei Variablen, durch die mit Hilfe der Gleichung $f(p; T; V) = 0$ jede der drei Variablen p, T und V durch die beiden anderen ausgedrückt werden kann. Man zeige

$$\left(\frac{\partial p}{\partial T}\right)_V = \frac{-(\partial V/\partial T)_p}{(\partial V/\partial p)_T}.$$

Hinweis: Siehe Übungen 29 bis 31.

33. (Siehe Übung 32.) Es sei E (innere Energie) eine Funktion von T und p. Da T bekanntlich eine Funktion von V und p ist, muß auch E indirekt eine Funktion von V und p sein. Man zeige

(*a*) $$\left(\frac{\partial E}{\partial V}\right)_p = \left(\frac{\partial E}{\partial T}\right)_V \left(\frac{\partial T}{\partial V}\right)_p + \left(\frac{\partial E}{\partial V}\right)_T;$$

(*b*) $$\left(\frac{\partial E}{\partial p}\right)_V = \left(\frac{\partial E}{\partial T}\right)_p \left(\frac{\partial T}{\partial p}\right)_V + \left(\frac{\partial E}{\partial p}\right)_T.$$

34. (Siehe Übung 32.)

(*a*) Man beweise $\left(\frac{\partial p}{\partial T}\right)_V \left(\frac{\partial T}{\partial p}\right)_V = 1.$

(*b*) Man beweise $\left(\frac{\partial p}{\partial T}\right)_V \left(\frac{\partial T}{\partial V}\right)_p \left(\frac{\partial V}{\partial p}\right)_T = -1.$

35. Es sei in der gesamten xy-Ebene $f_x = f_y$. Man zeige die Existenz einer Funktion $g(t)$ mit der Eigenschaft $f(x; y) = g(x + y)$.

Anhang

Anhang A
Die reellen Zahlen

Dieser Teil des Anhangs beschreibt die Eigenschaften der reellen Zahlen, die im Text verwendet wurden. Die reellen Zahlen können aus den positiven ganzen Zahlen 1, 2, 3, 4, ... entwickelt werden. Eine Darstellung dieser Prozedur würde jedoch selbst ein kleines Buch füllen. Daher wollen wir hier die Existenz der reellen Zahlen voraussetzen und uns auf eine Zusammenfassung ihrer wichtigsten Eigenschaften beschränken.

A.1 Addition und Multiplikation (die Körperaxiome)

S sei die Menge der reellen Zahlen. In dieser Menge sind zwei Operationen definiert, die Addition (A), bezeichnet mit +, und die Multiplikation (M), bezeichnet mit $\cdot$; Diese Operationen erfüllen folgende Axiome:

A1.	Für jedes a und b aus S liegt $a + b$ in S.	M1.	Für jedes a und b aus S liegt auch $a \cdot b$ in S.
A2.	Für jedes a und b aus S gilt $a + b = b + a$.	M2.	Für jedes a und b aus S gilt $a \cdot b = b \cdot a$.
A3.	Für jedes a, b und c aus S gilt $a + (b + c) = (a + b) + c$.	M3.	Für jedes a, b und c aus S gilt $a \cdot (b \cdot c) = (a \cdot b) \cdot c$.
A4.	Es existiert ein Element in S, bezeichnet mit 0, so daß $0 + a = a$ für alle a aus S gilt.	M4.	Es existiert ein Element in S, bezeichnet mit 1, so daß $1 \cdot a = a$ für alle a aus S gilt.
A5.	Für jedes a und b aus S existiert ein eindeutiges Element c in S, so daß $a + c = b$.	M5.	Für jedes Element a aus S (ausgenommen 0) und jedes Element b aus S existiert ein eindeutiges Element c aus S, so daß $a \cdot c = b$ gilt.

D. Für jedes a, b und c aus S gilt $a \cdot (b + c) = a \cdot b + a \cdot c$.

Die ersten vier Axiome der Addition und der Multiplikation sind analog. Das zweite Axiom (A2 oder M2) heißt *kommutatives Gesetz*; das dritte Axiom heißt *assoziatives Gesetz*. Das Element c, dessen Existenz A5 garantiert, wird üblicherweise mit $b - a$ bezeichnet und heißt *Differenz von a und b*. Im speziellen wird $0 - a$ mit $-a$ bezeichnet und *additives inverses Element von a* genannt. Das Element c, dessen Existenz M5 garantiert, wird üblicherweise mit b/a bezeichnet und heißt *Quotient von b durch a*. Speziell heißt $1/a$ *Kehrwert* oder *multiplikatives inverses Element von a*. Jedes Element besitzt ein additives inverses Element. Jedes Element, ausgenommen 0, besitzt ein multiplikatives inverses Element. Das distributive Axiom D unterscheidet die Addition von der Multiplikation; es gibt kein analoges Axiom das $a + (b \cdot c)$ mit $a + b$ und $a + c$ verknüpft.

A.2 Die Ordnungsaxiome

Unter den reellen Zahlen gibt es eine Beziehung, die mit „>" bezeichnet und „größer als" gelesen wird. Sie erfüllt die folgenden Axiome.

O1. Wenn a nicht gleich Null ist, dann gilt $a > 0$ oder $-a > 0$, aber nicht beides.
O2. Wenn $a > b$ und $b > c$ gilt, dann gilt auch $a > c$.
O3. Wenn $a > b$ und $c > 0$ gilt, dann gilt $ca > cb$. Für beliebiges c gilt dann $c + a > c + b$.

Wenn $a > 0$ gilt, heißt a *positiv*. Ist $-a > 0$, heißt a *negativ*.

Wenn wir uns die reellen Zahlen als Punkte auf der Zahlengeraden vorstellen, dann bedeutet „$a > b$", daß a rechts von b liegt; „a ist positiv" bedeutet, daß a rechts von Null liegt; „a ist negativ", bedeutet, daß a links von Null liegt (Bild A.1).

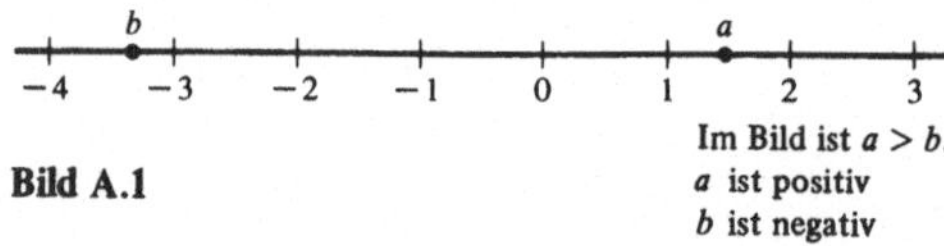

Bild A.1

Das Axiom O3 garantiert, daß die Multiplikation mit einer positiven Zahl Ungleichungen erhält. Die Multiplikation mit einer negativen Zahl kehrt Ungleichungen allerdings um: $4 > 3$, aber $(-5)(3) > (-5)(4)$. Analoge Aussagen gelten für die Division durch eine positive oder negative Zahl.

Der *Absolutbetrag von a* ist gleich a, wenn a positiv ist und gleich $-a$, wenn a negativ ist. Der Absolutbetrag von Null ist gleich Null. Auf der Zahlengeraden entspricht dem Absolutbetrag von a der Abstand des Punktes a vom Punkt Null. Der Absolutbetrag von a wird mit $|a|$ bezeichnet, also etwa $|3| = 3 = |-3|$.

Das Symbol $a \geqslant b$ bedeutet, daß $a > b$ oder $a = b$ gelten kann: $4 \geqslant 3$ und $3 \geqslant 3$. Das Symbol $a < b$ ist gleichbedeutend mit $b > a$. Das Symbol $a \leqslant b$ ist gleichbedeutend mit $b \geqslant a$. Es gilt $3 < 4, 3 \leqslant 4, 3 \leqslant 3$.

Der Absolutbetrag besitzt zwei wichtige Eigenschaften

$$|ab| = |a|\,|b| \quad \text{und} \quad |a+b| \leqslant |a| + |b|.$$

So gilt

$$|(-3)\cdot 7| = |-3|\,|7| \quad \text{und} \quad |(-3)+7| \leqslant |-3| + |7|$$

wie sich der Leser leicht überzeugen kann.

A.3 Rationale und irrationale Zahlen

Unter den reellen Zahlen sind bestimmte Zahlen ausgezeichnet: die *positiven ganzen Zahlen* 1, 2, 3, ... ; die *ganzen Zahlen* ... −3, −2, −1, 0, 1, 2, 3, ... ; und die *rationalen Zahlen* a/b, wobei a und b ganze Zahlen sind und $b \neq 0$ gilt. Auf der Zahlengeraden entsprechen den rationalen Zahlen Punkte, die man durch gleichmäßige Teilung eines Intervalls zwischen ganzen Zahlen erhält. So entspricht $\frac{7}{5}$ dem Punkt zwischen 1 und 2, der in Bild A.2 eingezeichnet ist. Jede ganze Zahl ist im übrigen auch eine rationale Zahl: $n = n/1$.

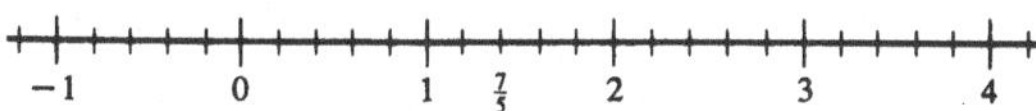

Bild A.2

Nicht jede reelle Zahl ist rational. Die Dezimaldarstellung einer rationalen Zahl ist immer periodisch: Von einem bestimmten Punkt an *wiederholen* sich die Zahlengruppen, z.B.

$$\frac{23}{14} = 1{,}6\overline{428571}\;\overline{428571}\;\overline{428571}\;\overline{428571}\;\ldots.$$

Umgekehrt stellt jede *periodische* Dezimalzahl eine rationale Zahl dar. Betrachten wir beispielsweise die Zahl

$$x = 0{,}5\overline{31}\,\overline{31}\,\overline{31}\ldots;$$

dann gilt

$$100x = 53{,}1\overline{31}\,\overline{31}\,\overline{31}\ldots;$$

subtrahiert man die erste Gleichung von der zweiten, so ergibt sich

$$100x - x = 52{,}6 \quad \text{oder} \quad 99x = 52{,}6.$$

Daraus folgt

$$x = \frac{52{,}6}{99} = \frac{526}{990}.$$

Daher kann $0{,}5\overline{31}\,\overline{31}\ldots$ als Quotient zweier ganzer Zahlen ausgedrückt werden und ist somit eine rationale Zahl. Das gleiche Argument kann auf jede periodische Dezimalzahl angewendet werden.

Eine reelle Zahl, die nicht rational ist, wird *irrational* genannt. Irrationale Zahlen (genauso wie rationale Zahlen) sind im Überfluß vorhanden. Jede nicht periodische Dezimalzahl wie etwa

$$0{,}12122122212222\ldots \tag{1}$$

(in der die Zahl 1 mit zunehmenden Blöcken von 2ern alterniert) ist irrational, auch das Verhältnis zwischen Umfang und Durchmesser eines Kreises ist irrational, desgleichen $\sqrt{2}, \sqrt{3}, \sqrt{5}, \sqrt{6}$ und $\sqrt[3]{2}$.

Beispiel: Wie viele irrationale Zahlen liegen zwischen 0,12 und 0,13?

Lösung: Eine solche Zahl ist in Gl. (1) angegeben. Wir können eine unendliche Menge von irrationalen Zahlen zwischen 0,12 und 0,13 konstruieren, wenn wir z.B. eine einzige der Ziffern 1 oder 2 von der dritten Dezimalstelle an durch die Ziffer 3 ersetzen. Somit liegen die irrationalen Zahlen

0,12322122212222 ...
0,12132122212222 ...
0,12123122212222 ...
....

alle zwischen 0,12 und 0,13. Also existiert eine unendliche Menge von irrationalen Zahlen zwischen 0,12 und 0,13. Entsprechend kann man durch Bilden immer neuer Dezimalzahlen, die mit 0,12 ... beginnen, zeigen, daß es eine unendliche Menge von rationalen Zahlen gibt. ●

Dieselbe Überlegung zeigt, daß sowohl rationale als auch irrationale Zahlen auf der Zahlengerade dicht liegen: *Zwischen je zwei reellen Zahlen existiert eine unendliche Menge von rationalen Zahlen und eine unendliche Menge von irrationalen Zahlen.*

Summe, Differenz, Produkt und Quotient zweier rationaler Zahlen sind ebenfalls rational:

$$\frac{3}{4} + \frac{5}{7} = \frac{3\cdot 7 + 5\cdot 4}{28} = \frac{41}{28};$$

$$\frac{3}{4} - \frac{5}{7} = \frac{3\cdot 7 - 5\cdot 4}{28} = \frac{1}{28};$$

$$\frac{3}{4}\cdot\frac{5}{7} = \frac{15}{28}; \qquad \frac{\frac{3}{4}}{\frac{5}{7}} = \frac{3}{4}\cdot\frac{7}{5} = \frac{21}{20}.$$

Die Menge der rationalen Zahlen erfüllt die Körperaxiome und die Ordnungsaxiome. Die Menge der irrationalen Zahlen erfüllt die Ordnungsaxiome aber nicht die Körperaxiome. So ist die Summe zweier irrationaler Zahlen nicht notwendigerweise irrational: $(\sqrt{2}) + (-\sqrt{2}) = 0$.

Übungen:

1. (*a*) Seien a und b beide negativ oder beide positiv. Welche Relation besteht dann zwischen $|a+b|$, $|a|$ und $|b|$? Man gebe Beispiele an.
   (*b*) Aus $|a-b| < c$ folgt $|a| < |b| + c$. Man beweise dies. *Hinweis:* Man betrachte die Fälle a, b und $a - b$ positiv oder negativ.
2. Man bestimme die Dezimaldarstellung der folgenden rationalen Zahlen und zeige, daß sie in jedem Fall periodisch sind.
   (*a*) $\frac{4}{13}$; (*b*) $\frac{3}{7}$; (*c*) $\frac{5}{8}$; (*d*) $\frac{2}{17}$.
3. Welche der folgenden Zahlen ist rational, welche irrational?
   (*a*) -8, (*b*) $5\sqrt{2}/2$,
   (*c*) π, (*d*) $-3/(-7)$,
   (*e*) $\sqrt{4}$, (*f*) 5,238.
4. Man konstruiere mindestens vier irrationale Zahlen und mindestens vier rationale Zahlen zwischen 3,17 und 3,18.
5. Man bestimme ganze Zahlen m und n, für die gilt
   (*a*) $m/n = 6{,}2\overline{457}\,\overline{457}\ldots$
   (*b*) $m/n = 20{,}3\overline{65}\,\overline{65}\ldots$
6. Gibt es eine kleinste positive Zahl?

A.4 Vollständigkeit der reellen Zahlen

Wir kommen nun zu der Eigenschaft der reellen Zahlen, die für die höhere Mathematik am wichtigsten ist. Vorerst benötigen wir zwei Definitionen.

Definition der oberen Schranke: Sei X eine Menge von reellen Zahlen. Die Zahl u heißt *obere Schranke* für die Menge X, wenn für alle x aus X die Ungleichung $u \geqslant x$ gilt.

Für $X = \{1, 2, 3\}$ ist beispielsweise $u = 17$, $u = 6{,}2$ oder $u = 3$ eine mögliche obere Schranke. Die Menge $X = \{1, 2, 3, 4, \ldots\}$ besitzt keine obere Schranke. Die Menge $X = \{\frac{1}{2}, \frac{2}{3}, \frac{3}{4}, \frac{4}{5}, \frac{5}{6}, \ldots\}$ hat etwa $u = 1000$, $u = 15$ und $u = 1$ als obere Schranken. Jede Zahl $u \geqslant 1$ ist eine obere Schranke dieser Menge.

Definition der kleinsten oberen Schranke: Eine Zahl heißt *kleinste obere Schranke* einer Menge X, wenn sie eine obere Schranke von X ist und es keine kleinere obere Schranke von X gibt.

So hat die Menge $X = \{\frac{1}{2}, \frac{2}{3}, \frac{3}{4}, \frac{4}{5} \ldots\}$ die kleinste obere Schranke 1. Die Menge $Y = \{1, \frac{1}{2}, \frac{2}{3}, \frac{3}{4}, \frac{4}{5}, \ldots\}$ hat dieselbe kleinste obere Schranke.

Mit diesen Definitionen ausgestattet, können wir die wichtigste Eigenschaft der reellen Zahlen formulieren.

Das Vollständigkeitsaxiom: *Jede Menge x von reellen Zahlen, für die eine obere Schranke existiert, besitzt auch eine kleinste obere Schranke.*

Die Menge der rationalen Zahlen erfüllt zwar die Körper- und die Ordnungsaxiome, nicht aber das Vollständigkeitsaxiom, wie im nächsten Beispiel gezeigt wird.

Beispiel: Die Menge $X = \{1;\ 1{,}7;\ 1{,}73;\ 1{,}732; \ldots\}$, die Menge der rationalen Dezimalnäherungen für $\sqrt{3} = 1{,}732051 \ldots$, besitzt keine rationale kleinste obere Schranke. Man zeige dies.

Lösung: Wegen $2^2 > 3$, ist 2 größer als jede Zahl in X, und X besitzt somit eine rationale obere Schranke. Allerdings existiert keine kleinste rationale obere Schranke für X. Für jede rationale obere Schranke r von X gilt $r > \sqrt{3}$. Zwischen $\sqrt{3}$ und r kann man irgendeine rationale Zahl r^* finden. Dann ist r^* ebenfalls obere Schranke von X, aber kleiner als r. Daher ist keine rationale Zahl r kleinste obere Schranke der Menge X. ●

Eine andere Version des Vollständigkeitsaxioms geht von Zahlenfolgen anstelle von Mengen aus und lautet etwa so:

Sei $a_1, a_2, a_3, \ldots, a_n, \ldots$ eine Folge von reellen Zahlen, und es gelte $a_1 \leqslant a_2 \leqslant a_3 \leqslant \ldots \leqslant a_n \leqslant \ldots$. Wenn es eine Zahl B gibt mit $a_n \leqslant B$ für alle n, so existiert eine Zahl L, der die a_n beliebig nahe kommen.

Übungen:

1. Kann eine Menge von irrationalen Zahlen eine rationale kleinste obere Schranke besitzen?
2. (*a*) Man zeige
$$\frac{1}{1\cdot 2} + \frac{1}{2\cdot 3} + \frac{1}{3\cdot 4} + \ldots + \frac{1}{n(n+1)} = 1 - \frac{1}{n+1}.$$
Hinweis: Man verwende die Identität
$$\frac{1}{i} - \frac{1}{i+1} = \frac{1}{i(i+1)}.$$
(*b*) Man zeige, daß 1 eine obere Schranke für die Menge
$$X = \left\{\frac{1}{1\cdot 2}, \frac{1}{1\cdot 2} + \frac{1}{2\cdot 3}, \frac{1}{1\cdot 2} + \frac{1}{2\cdot 3} + \frac{1}{3\cdot 4}, \ldots\right\}$$
ist.
(*c*) Wie groß ist die kleinste obere Schranke von X?
(*d*) Mit Hilfe von (*b*) oder (*c*) bestimme man eine obere Schranke für die Menge
$$Y = \left\{\frac{1}{2\cdot 2}, \frac{1}{2\cdot 2} + \frac{1}{3\cdot 3}, \frac{1}{2\cdot 2} + \frac{1}{3\cdot 3} + \frac{1}{4\cdot 4}, \ldots\right\}.$$
Wie gezeigt werden kann, ist die kleinste obere Schranke von Y gleich $(\pi^2 - 6)/6$.
3. (*a*) Wie groß ist die kleinste obere Schranke der Menge der reellen Zahlen $x \leqslant 10$?
(*b*) Wie groß ist die kleinste obere Schranke der Menge der reellen Zahlen $x < 10$?
4. (*a*) Wie groß ist die kleinste obere Schranke der Menge aller negativen Zahlen?
(*b*) Ist 15 eine obere Schranke für die Menge aller negativen Zahlen?
(*c*) Ist -2 eine obere Schranke für die Menge aller negativen Zahlen?

Anhang B
Analytische Geometrie

Folgende 15 Abschnitte behandelten den Teil der analytischen Geometrie, der in der Infinitesimalrechnung gebraucht wird **(Band/Kapitel).**

1/1 Die Wertetabelle und das Schaubild einer Funktion
1/1 Der Anstieg einer Geraden
2/4 Berechnung der Länge $c(x)$ des Schnittes
2/4 Berechnung der Querschnittsfläche $A(x)$
2/4 Polarkoordinaten
2/4 Gleichungen in Parameterdarstellung
1/6 Der Winkel zwischen einer Geraden und einer Tangente
1/7 Rechtwinkelige Koordinaten für den Raum
1/7 Der Graph einer Gleichung
1/7 Funktionen und ihre Graphen
2/5 Die Beschreibung ebener Gebiete durch Koordinaten
2/6 Die Beschreibung räumlicher Gebiete in rechtwinkelige Koordinaten
2/6 Die Beschreibung räumlicher Gebiete in Zylinderkoordinaten oder Kugelkoordinaten
3/1 Geraden und Ebenen
3/1 Das Vektorprodukt zweier räumlicher Vektoren

Für die meisten Anwendungen sind diese Abschnitte ausreichend. Die vier Abschnitte dieses Anhangs sollen eine gewisse Ergänzung geben.

1. Analytische Geometrie und die Abstandsformel: Die Einführung von Koordinaten in der Ebene und der Abstand als Funktion der Koordinaten.
2. Gleichung einer Geraden: Während in Abschnitt 1.2 die Gleichung einer Geraden durch Anstieg und y-Abschnitt ausgedrückt wurde, werden in diesem Abschnitt andere Formeln entwickelt, die für Beispiele und Übungen nützlich sind.

3. Kegelschnitt: In diesem Abschnitt werden die Kegelschnitte definiert und ihre Gleichungen in rechtwinkeligen Koordinaten aufgestellt.
4. Kegelschnitte in Polarkoordianten.

B.1 Analytische Geometrie und die Abstandsformeln

In der analytischen Geometrie werden die Zahlen an Hand von Koordinatensystemen in die Geometrie eingeführt. Zuerst definiert man eine Zahlengerade: Jeder Punkt auf der Geraden wird mit einer reellen Zahl x identifiziert. So wird etwa der Punkt P in Bild B.1 mit $x = 4{,}5$ identifiziert.

Nun wählen wir zwei Geraden in der Ebene aus, die vorteilhafterweise senkrecht zueinander stehen und mit je einer

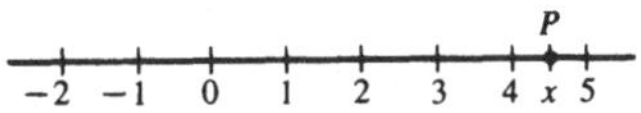

Bild B.1 Der Punkt P wird durch die Zahl x beschrieben

Zahlenskala ausgestattet sind. Man setze die Null auf jeder der Geraden in deren gemeinsamen Schnittpunkt und verwende die gleiche Zahlenskala. Die horizontale Gerade wird *x-Achse* genannt, die vertikale Gerade *y-Achse*. Der Schnittpunkt der beiden Achsen heißt *Ursprung*.

Die analytische Geometrie der Ebene ordnet jedem Punkt P in der Ebene mit Hilfe zweier aufeinander senkrechter Geraden (Bild B.2) *zwei reelle Zahlen zu.* Die vertikale Gerade durch einen Punkt P schneidet die x-Achse in einem Punkt, der zur Zahl x gehört; die horizontale Gerade durch P schneidet die y-Achse in einem Punkt, der zur Zahl y gehört. Wir nennen die Zahl x die *x-Koordinate* oder *Abszisse* von P und die Zahl y die *y-Koordinate* oder *Ordinate* von P. Man schreibt $P = (x; y)$; x und y sind die *rechtwinkeligen Koordinaten* von P.

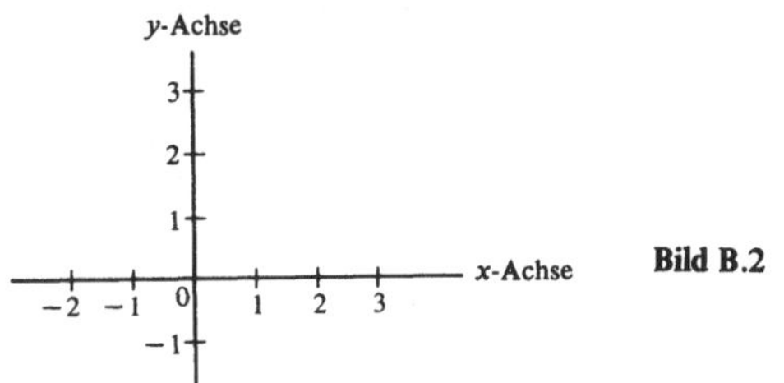

Bild B.2

Beispiel 1: Man zeichne die Punkte (0; 0), (0; 3), (2; 2), (6; 2) und (−5,5; 0) (Bild B.3).

Lösung: Ein Punkt $(x; 0)$ liegt auf der x-Achse und ein Punkt $(0; y)$ auf der y-Achse. Ist y positiv, so liegt der Punkt $(x; y)$ oberhalb der x-Achse. Ist y negativ, so liegt der Punkt unterhalb der x-Achse. Ist x positiv, so liegt der Punkt $(x; y)$ rechts von der y-Achse. Ist x negativ, so liegt er links von der y-Achse. ●

Nun wollen wir den Abstand zweier Punkte ermitteln, deren Koordinaten bekannt sind. Beispiel 2 behandelt einen Spezialfall, anschließend folgt die allgemeine Formel.

Beispiel 2: Man bestimme den Abstand zwischen $P_1 = (1; 2)$ und $P_2 = (7; 4)$.

Lösung: Zunächst zeichne man die beiden Punkte. Dann skizziere man das rechtwinkelige Dreieck, dessen Katheten auf der horizontalen Geraden durch P_1 und auf der vertikalen Geraden durch P_2 liegen. Bild B.4 entnehmen wir für die horizontale Seite des Dreiecks die Länge

$$7 - 1 = 6$$

und für die vertikale Seite des Dreiecks die Länge

$$4 - 2 = 2.$$

d sei der Abstand zwischen P_1 und P_2. Mit Hilfe des pythagoräischen Lehrsatzes ist

$$d^2 = 2^2 + 6^2 = 4 + 36 = 40$$

und

$$d = \sqrt{40} \quad \text{oder} \quad 2\sqrt{10}. \; ●$$

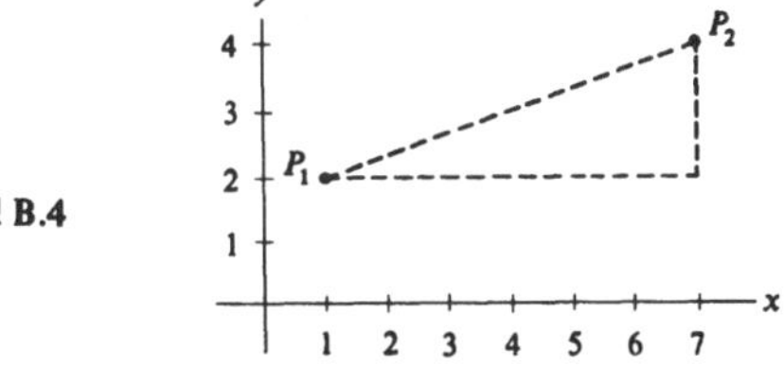

Bild B.4

Die Methode dieses Beispiels kann für zwei beliebige Punkte in der Ebene verwendet werden. Um den Abstand d zwischen den Punkten $P_1 = (x_1; y_1)$ und $P_2 = (x_2; y_2)$ zu bestimmen, führt man ein rechtwinkeliges Dreieck ein, dessen Hypotenuse die Endpunkte P_1 und P_2 besitzt und dessen Katheten parallel zu den Achsen verlaufen (Bild B.5). Die horizontale Seite des Dreiecks hat die Länge $x_1 - x_2$ oder $-(x_1 - x_2)$, für $x_1 > x_2$ bzw. $x_1 < x_2$. In jedem Fall ist das Quadrat der Länge der horizontalen Seite gleich

$$(x_1 - x_2)^2.$$

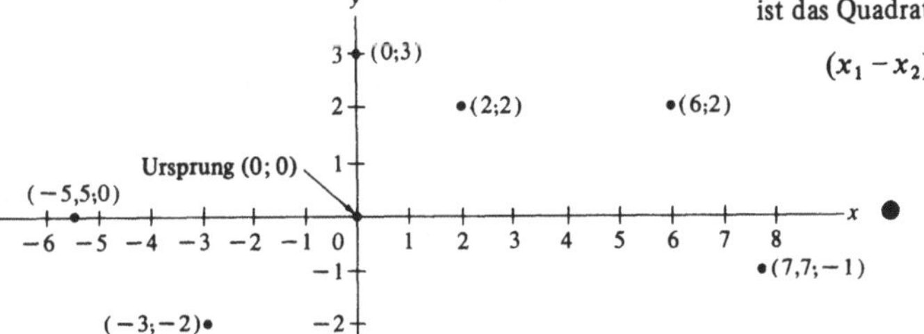

Bild B.3

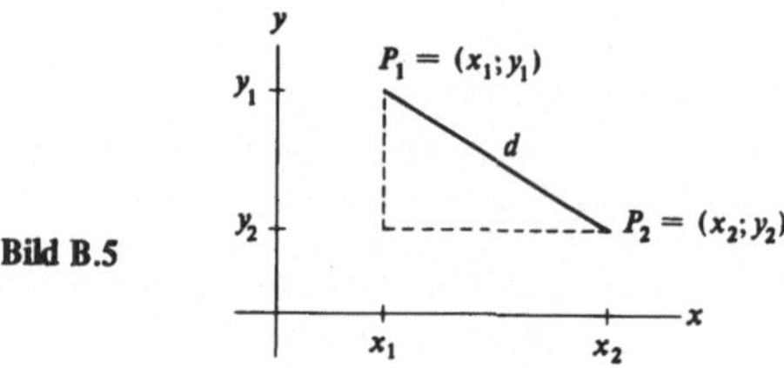

Bild B.5

Auf ähnliche Weise erhält man für die vertikale Seite die Länge $y_1 - y_2$ oder $-(y_1 - y_2)$. Der Pythagoräische Lehrsatz liefert dann

$$d^2 = (x_1 - x_2)^2 + (y_1 - y_2)^2.$$

Der Abstand zwischen den Punkten $(x_1; y_1)$ und (x_2, y_2) ist somit

$$d = \sqrt{(x_1 - x_2)^2 + (y_1 - y_2)^2}.$$

Wir haben also bisher als algebraisches Analogon des Punktes P ein Zahlenpaar $(x; y)$ und als algebraisches Analogon für den Abstand zweier Punkte die Formel

$$\sqrt{(x_1 - x_2)^2 + (y_1 - y_2)^2}$$

gewonnen. Nun wollen wir uns der algebraischen Beschreibung eines Kreises zuwenden. Ein Beispiel soll dies erläutern.

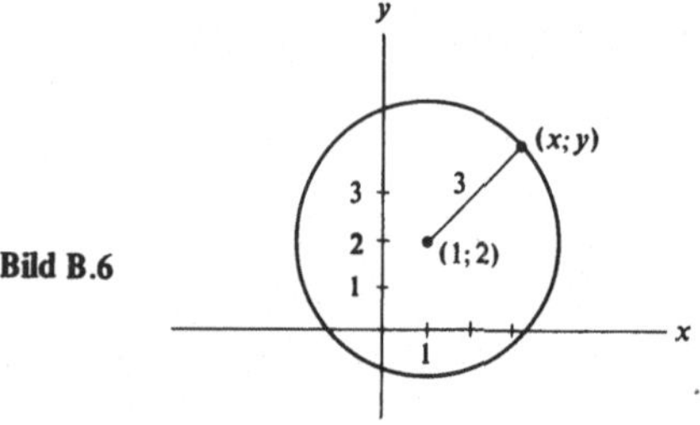

Bild B.6

Kreis mit dem Radius 3 und dem Mittelpunkt (1; 2)

Beispiel 3: Welche algebraische Bedingung müssen die Zahlen x und y erfüllen, wenn der Punkt $P = (x; y)$ auf einem Kreis mit dem Radius 3 und dem Mittelpunkt (1; 2) liegen soll (Bild B.6)?

Lösung: Der Abstand zwischen $(x; y)$ und $(1; 2)$ muß gleich 3 sein. Die Abstandsformel übersetzt diese Bedingung in die Gleichung

$$\sqrt{(x-1)^2 + (y-2)^2} = 3.$$

Um das Wurzelzeichen zu eliminieren und die Gleichung zu vereinfachen, werden beide Seiten quadriert; man erhält

$$(x-1)^2 + (y-2)^2 = 9.$$

Dies ist die Gleichung eines Kreises mit dem Radius 3 und dem Mittelpunkt (1; 2). Ein Punkt $(x; y)$ liegt dann und nur dann auf dem Kreis, wenn seine Koordinaten x und y diese Gleichung erfüllen. •

Analoge Überlegungen ergeben für einen Kreis mit dem Mittelpunkt $(h; k)$ und dem Radius r die Gleichung

$$(x-h)^2 + (y-k)^2 = r^2.$$

Übungen:

1. (*a*) Man zeichne die Punkte (5; 8) und (− 7; 3).
   (*b*) Aus der Skizze bestimme man den Abstand zwischen ihnen.
   (*c*) Mit Hilfe der Abstandsformel berechne man den Abstand zwischen ihnen.
2. Man bestimme den Abstand zwischen den Punkten
   (*a*) (0; 0) und (− 5; 12),
   (*b*) (1; − 3) und (4; 1),
   (*c*) (5; − 11) und (− 19; 14).
3. (*a*) Man bestimme die Gleichung eines Kreises mit dem Radius 5 und dem Mittelpunkt (1; − 1).
   (*b*) Man zeichne den Kreis.
   (*c*) Liegt der Punkt (4,5; 2,5) auf diesem Kreis? Man überprüfe dies anhand der Zeichnung und dann mit Hilfe von (*a*).
4. (*a*) Man bestimme die Gleichung des Kreises mit dem Mittelpunkt (0; 0) und dem Radius 3.
   (*b*) Man zeichne den Kreis mit der Gleichung $x^2 + y^2 = 25$.
   (*c*) Man zeichne den Kreis mit der Gleichung $x^2 + y^2 = 5$.
5. (*a*) Man bestimme die Gleichung des Kreises mit dem Mittelpunkt (3; 0) und dem Radius 3.
   (*b*) Man vereinfache die Gleichung aus (*a*) auf
   $$x^2 - 6x + y^2 = 0.$$
6. (*a*) Wie lautet die Gleichung eines Kreises mit dem Mittelpunkt (− 3; − 4) und dem Radius 5?
   (*b*) Man skizziere den Kreis mit der Gleichung
   $$(x+2)^2 + (y-1)^2 = (\sqrt{7})^2.$$
7. (*a*) A, B und C seien Konstanten, dann ist der Ausdruck
   $$x^2 + y^2 + Ax + By + C$$
   äquivalent zu
   $$\left(x + \frac{A}{2}\right)^2 + \left(y + \frac{B}{2}\right)^2 + C - \frac{A^2}{4} - \frac{B^2}{4}.$$
   Man zeige dies.
   (*b*) Für $A^2 + B^2 > 4C$ beschreibt die Gleichung
   $$x^2 + y^2 + Ax + By + C = 0$$
   einen Kreis mit dem Mittelpunkt $(-A/2; -B/2)$. Man zeige dies.
   (*c*) Wie groß ist der Radius des Kreises aus (*b*)?
8. (*a*) Man zeichne die Punkte (1; 2), (10; 3) und (9; 6).
   (*b*) Welcher Punkt liegt aufgrund der Zeichnung näher bei (1; 2): der Punkt (10; 3) oder der Punkt (9; 6)?
   (*c*) Man entscheide mit Hilfe der Abstandsformel, ob der Punkt (10; 3) oder der Punkt (9; 6) näher bei (1; 2) liegt.
9. Ist das Dreieck mit den Eckpunkten (7; 2), (0; 0) und (2; 7) gleichseitig?
10. Das Dreieck mit den Eckpunkten (0; 0), (5; 3) und (2; 8) ist gleichschenkelig. Man zeige dies.

B.2 Die Gleichungen einer Geraden

Dieser Abschnitt ergänzt Abschnitt 1.3 und behandelt die verschiedenen Formen der Geradengleichung.

Abschnitt 1.3 liefert für eine Gerade mit dem Anstieg a und dem y-Abschnitt b die Gleichung (Bild B.7)

(In der analytischen Geometrie wird häufig der Buchstabe m für den Anstieg verwendet. Die Gleichung einer Geraden mit dem Anstieg m und dem y-Abschnitt b hat die Form $y = mx + b$.)

Sehr oft muß die Gleichung einer Geraden aus anderen Informationen ermittelt werden. So können die Koordi-

$$y = ax + b.$$

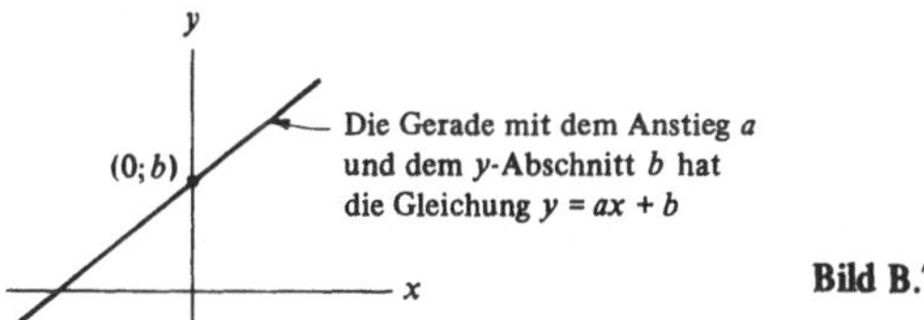

Bild B.7

naten von zwei Punkten P_1 und P_2 vorgegeben sein: Die Gleichung der Geraden durch diese beiden Punkte wird gesucht. Beispiel 1 zeigt, wie man in diesem Fall die Gleichung aufstellt.

Beispiel 1: Man bestimme die Gleichung der Geraden durch die Punkte $P_1 = (1;2)$ und $P_2 = (5;4)$ (Bild B.8).

Bild B.8

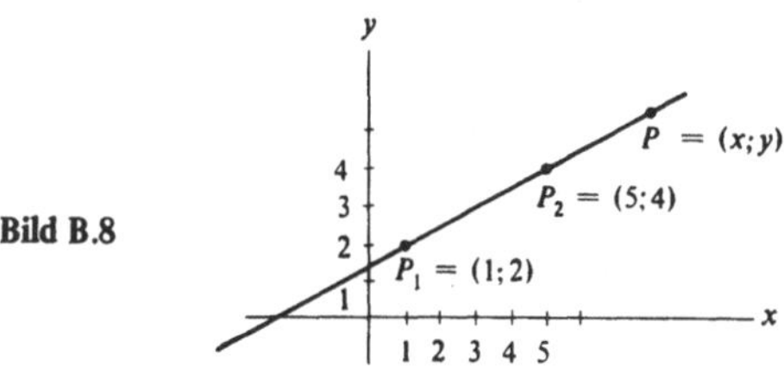

Lösung: $P = (x;y)$ sei ein Punkt auf der Geraden durch $(1;2)$ und $(5;4)$. Dann sind die Anstiege der Strecken $\overline{PP_1}$ und $\overline{P_2P_1}$ gleich:

$$\frac{y-2}{x-1} = \frac{4-2}{5-1}$$

oder

$$\frac{y-2}{x-1} = \frac{2}{4} = \frac{1}{2}.$$

Es folgt

$$2(y-2) = 1 \cdot (x-1)$$

oder

$$2y - 4 = x - 1$$

und schließlich

$$x - 2y + 3 = 0. \bullet$$

Zweipunkteform: Die Methode von Beispiel 1 führt auf die folgende *Zweipunktform der Geradengleichung*. Die Gerade durch die Punkte $P_1 = (x_1;y_1)$ und $P_2 = (x_2;y_2)$ hat die Gleichung

$$\frac{y - y_1}{x - x_1} = \frac{y_2 - y_1}{x_2 - x_1}, \text{ wenn } x_1 \neq x_2.$$

Abschnittsform: Wenn P_1 und P_2 auf der x- bzw. der y-Achse liegen, ergibt sich eine besonders einfache Form der Geradengleichung; sie ist als *Abschnittsform der Geradengleichung* bekannt. Seien a und b zwei von Null verschiedene Zahlen. Die Gleichung der Geraden durch die Punkte $(a;0)$ und $(0;b)$ lautet

$$\frac{x}{a} + \frac{y}{b} = 1.$$

Die Zahl a wird x-Abschnitt, die Zahl b wird y-Abschnitt genannt.

Um diese Formel zu erhalten, wende man die Zweipunkteform der Geradengleichung auf den Fall $P_1 = (a;0)$ und $P_2 = (0;b)$ an (Bild B.9). Man erhält die Gleichung

$$\frac{y-0}{x-a} = \frac{b-0}{0-a} \quad \text{oder} \quad \frac{y}{x-a} = -\frac{b}{a}$$

oder

$$ay = -b(x-a).$$

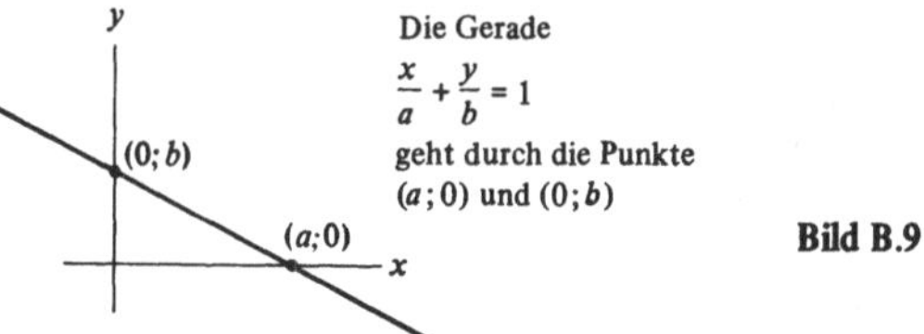

Bild B.9

Diese Gleichung läßt sich auf folgende Form bringen:

$$bx + ay = ab.$$

Division durch das Produkt $a \cdot b$ liefert dann

$$\frac{x}{a} + \frac{y}{b} = 1.$$

Beispiel 2: Man bestimme die Gleichung einer Geraden durch die Punkte $(2;0)$ und $(0;3)$.

Lösung: Die Gerade hat den x-Abschnitt $a = 2$ und den y-Abschnitt $b = 3$. Ihre Gleichung lautet daher

$$\frac{x}{2} + \frac{y}{3} = 1. \bullet$$

Eine Gleichung der Form

$$Ax + By + C = 0$$

beschreibt ebenfalls eine Gerade, sofern A und B nicht beide gleich Null sind. Das nächste Beispiel erläutert dies an einem Spezialfall.

Beispiel 3: Die Gleichung $-5x + 2y - 3 = 0$ beschreibt eine Gerade. Man bestimme ihren Anstieg und ihren y-Abschnitt.

Lösung: Man löse die Gleichung

$$-5x + 2y - 3 = 0$$

nach y auf. Dann folgt

$$y = \frac{5x+3}{2} \quad \text{oder} \quad y = \frac{5}{2}x + \frac{3}{2}.$$

Diese letzte Gleichung hat die Anstiegsform. Der Anstieg beträgt $\frac{5}{2}$ und der y-Abschnitt $\frac{3}{2}$. $\bullet$

Wenn B von Null verschieden ist, zeigt dieselbe Methode, daß der Gleichung

$$Ax + By + X = 0$$

eine Gerade mit Anstieg $-A/B$ entspricht. Für $B = 0$ lautet die Gleichung einfach

$$Ax + C = 0$$

oder

$$x = -\frac{C}{A}.$$

Dies ist die Gleichung einer vertikalen Geraden.

Übungen:

1. Man bestimme den Anstieg und den y-Abschnitt von folgenden Geraden:
   (*a*) $y = -2x + 3$; (*b*) $y = x + 1$;
   (*c*) $y = -x + 5$; (*d*) $y = 6x$.
2. Man bestimme die Gleichung der Geraden durch
   (*a*) $(-3; 1)$ und $(5; 3)$;
   (*b*) $(4; 0)$ und $(0; -2)$.
3. Wo schneidet die Gerade $\frac{x}{4} + \frac{y}{3} = 1$
   (*a*) die x-Achse,
   (*b*) die y-Achse?
4. Wo schneidet die Gerade $\frac{x}{2} - \frac{y}{3} = 1$
   (*a*) die x-Achse,
   (*b*) die y-Achse?
5. (*a*) Man bestimme die Gleichung der Geraden durch $(4; 1)$ und $(6; 0)$.
   (*b*) Wo schneidet die Gerade aus (*a*) die y-Achse?
6. Liegen die Punkte $(1; 2)$, $(5; 3)$ und $(18; 6)$ auf einer Geraden?
7. (*a*) Man bestimme die Gleichung der Geraden durch den Punkt $(2; 5)$ mit dem Anstieg $-\frac{3}{2}$.
   (*b*) Man zeichne die Gerade.
   (*c*) Liegt der Punkt $(4; 2)$ auf dieser Geraden?
8. Man bestimme den x- und y-Abschnitt der Geraden
   $$2x - 3y - 6 = 0$$
   durch Umschreiben der Gleichung auf die Form
   $$\frac{x}{a} + \frac{y}{b} = 1.$$
9. Man bestimme drei Punkte auf der Geraden
   $$2x - 3y + 5 = 0.$$
10. Man bestimme den Anstieg der Geraden
   $$2x + 4y + 7 = 0.$$

B.3 Kegelschnitte

Der Schnitt einer Ebene mit der Mantelfläche eines Doppelkegels wird *Kegelschnitt* genannt. Schneidet die Ebene den Kegel längs einer geschlossenen Kurve, so wird diese Kurve *Ellipse* genannt (Bild B.10). (Der Kreis ist ein Spezialfall der Ellipse.)

Verläuft die Schnittebene parallel zu einer Mantellinie des Doppelkegels, entsteht als Schnitt eine *Parabel* (Bild B.11). Im Fall der Ellipse und der Parabel schneidet die Ebene im allgemeinen nur einen der beiden Kegel.

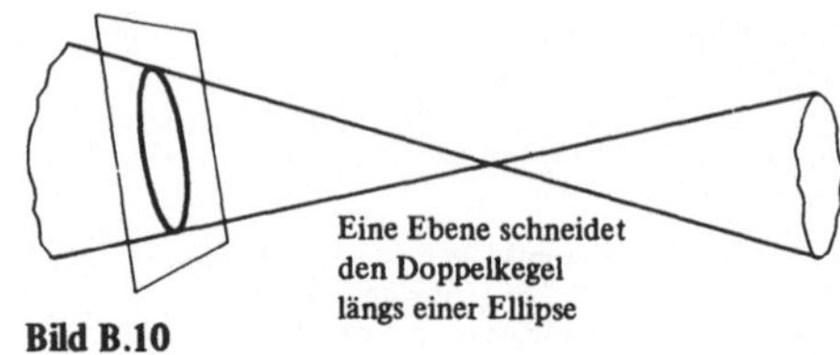

Bild B.10

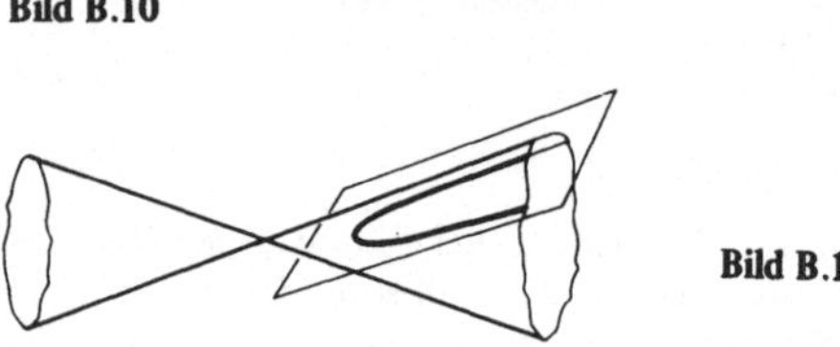

Bild B.11

Wenn die Ebene beide Teile des Kegels schneidet und nicht parallel zu einer Mantellinie verläuft, so wird der Schnitt *Hyperbel* genannt (Bild B.12). Die Hyperbel besteht aus zwei getrennten Teilen. Wie man zeigen kann, sind

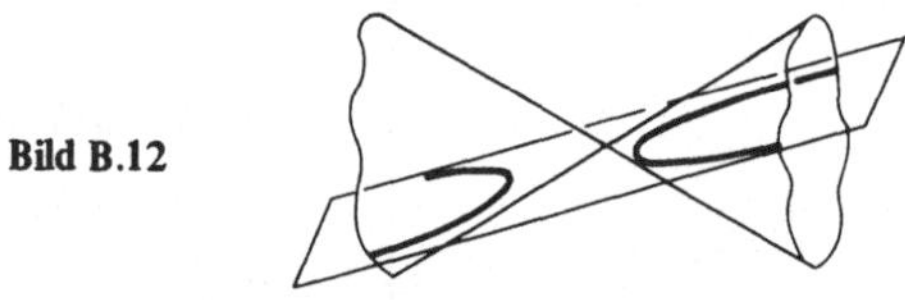

Bild B.12

diese beiden Teile zueinander kongruent, nicht aber kongruent zu einer Parabel.

Der Einfachheit halber werden wir bei unserer Definition der Kegelschnitte nicht vom Kegel, sondern von der Geometrie der Ebene ausgehen. In Geometrievorlesungen wird die Äquivalenz der beiden Definitionen bewiesen.

Definition der Ellipse: Seien F und F' Punkte in der Ebene und sei die feste positive Zahl $2a$ größer als der Abstand zwischen F und F'. Ein Punkt P in der Ebene liegt dann und nur dann auf der *Ellipse*, die durch F, F' und $2a$ bestimmt ist, wenn $2a$ gleich der Summe der beiden Abstände von P nach F und von P nach F' ist. Die Punkte F und F' werden *Brennpunkte* der Ellipse genannt.

Um eine Ellipse zu konstruieren, setzt man zwei Reißnägel auf ein Stück Papier, befestigt an ihnen eine Schnur der Länge $2a$ und zieht die Kurve aus, wobei der Bleistift die Schnur gespannt hält (Bild B.13). Die Brennpunkte liegen an der Stelle der Reißnägel. Für $F = F'$ wird die Ellipse zu einem Kreis mit dem Radius a.

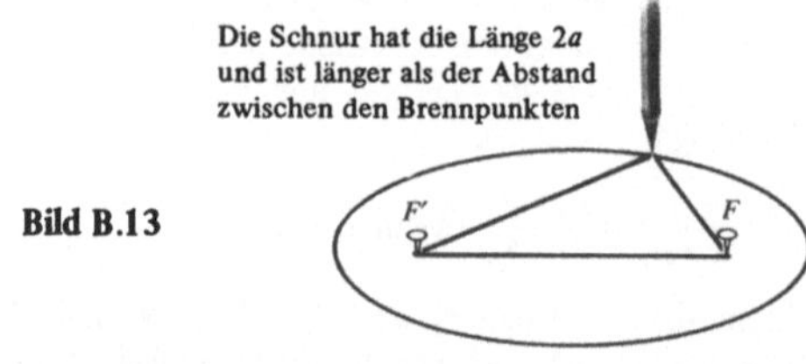

Bild B.13

Die Gleichung eines Kreises mit dem Mittelpunkt $(0; 0)$ und dem Radius a ist

$$x^2 + y^2 = a^2$$

oder

$$\frac{x^2}{a^2} + \frac{y^2}{a^2} = 1. \qquad (1)$$

Nun wollen wir dieses Resultat verallgemeinern und die Gleichung einer Ellipse aufstellen. Der Einfachheit halber legen wir die x-Achse durch die Brennpunkte und den Ursprung genau in die Mitte zwischen ihnen (Bild B.14). Dann gilt $F = (c; 0)$ und $F' = (-c; 0)$ mit $c \geqslant 0$, $2c < 2a$ und daher $c < a$.

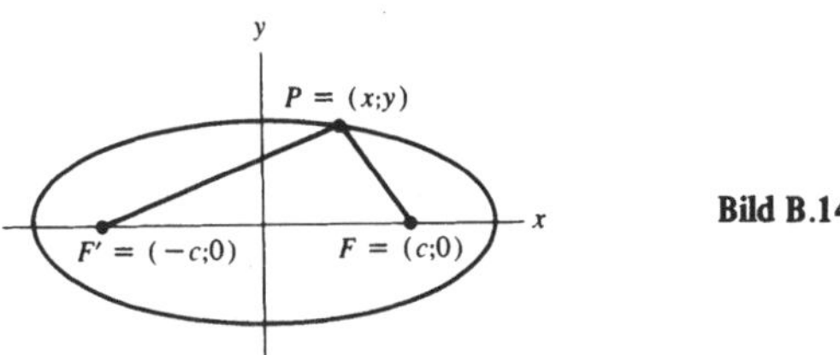

Bild B.14

Nun übersetzen wir folgende Behauptung in die Sprache der Algebra: Die Summe der Abstände von $P = (x; y)$ nach $F = (c; 0)$ und nach $F' = (-c; 0)$ ist gleich $2a$. Aufgrund der Abstandsformel ist der Abstand von P nach F gleich

$$\sqrt{(x-c)^2 + (y-0)^2}.$$

Analog ist der Abstand von P nach F' gleich

$$\sqrt{(x+c)^2 + (y-0)^2}.$$

Somit liegt der Punkt $(x; y)$ dann und nur dann auf der Ellipse, wenn gilt

$$\sqrt{(x-c)^2 + y^2} + \sqrt{(x+c)^2 + y^2} = 2a.$$

Mit Hilfe einiger algebraischer Umformungen können die Quadratwurzeln beseitigt werden.

Zunächst schreiben wir die Gleichung in der Form

$$\sqrt{(x+c)^2 + y^2} = 2a - \sqrt{(x-c)^2 + y^2}.$$

Dann quadrieren wir beide Seiten. Wir erhalten

$$(x+c)^2 + y^2 = 4a^2 - 4a\sqrt{(x-c)^2 + y^2} + (x-c)^2 + y^2$$

und weiter

$$x^2 + 2cx + c^2 + y^2$$
$$= 4a^2 - 4a\sqrt{(x-c)^2 + y^2} + x^2 - 2cx + c^2 + y^2.$$

Nach einigen Vereinfachungen folgt

$$2cx = 4a^2 - 4a\sqrt{(x-c)^2 + y^2} - 2cx$$

oder

$$4cx - 4a^2 = -4a\sqrt{(x-c)^2 + y^2}.$$

Diese Gleichung kann umgeschrieben werden in:

$$a^2 - cx = a\sqrt{(x-c)^2 + y^2}.$$

Quadrieren führt zum Verschwinden der letzten Wurzel:

$$a^4 - 2a^2cx + c^2x^2 = a^2(x^2 - 2cx + c^2 + y^2)$$

oder

$$a^4 - 2a^2cx + c^2x^2 = a^2x^2 - 2a^2cx + a^2c^2 + a^2y^2$$

oder

$$a^4 + c^2x^2 = a^2x^2 + a^2c^2 + a^2y^2.$$

Diese Gleichung kann folgendermaßen umgeformt werden:

$$(a^2 - c^2)x^2 + a^2y^2 = a^2(a^2 - c^2).$$

Dividiert man beide Seiten durch $a^2(a^2 - c^2)$ so ergibt sich die Gleichung

$$\frac{x^2}{a^2} + \frac{y^2}{a^2 - c^2} = 1. \qquad (2)$$

Wegen $a^2 - c^2 > 0$ existiert eine Zahl b derart, daß

$$b^2 = a^2 - c^2, \quad b > 0.$$

Mit Hilfe von b kann Gl. (2) auf die kürzere Form

$$\frac{x^2}{a^2} + \frac{y^2}{b^2} = 1 \qquad (3)$$

gebracht werden. Gl. (3) verallgemeinert die Kreisgleichung (1).

Setzen wir in Gl. (3) $y = 0$, so folgt $x = a$ oder $x = -a$; setzen wir in Gl. (3) $x = 0$, so ergibt sich $y = b$ oder $y = -b$. Die vier „Scheitelpunkte" der Ellipse haben daher die Koordinaten $(a; 0)$, $(-a; 0)$, $(0; b)$ und $(0; -b)$, wie auch aus Bild B.15 leicht abzulesen ist. Der Abstand F oder F' nach $(0; b)$ ist gleich der halben Länge der Schnur a. Dem rechtwinkeligen Dreieck entnehmen wir wiederum $b^2 = a^2 - c^2$. In der dargestellten Ellipse ist a größer als b. Die große Halbachse hat die Länge a; die kleine Halbachse die Länge b.

Bild B.15

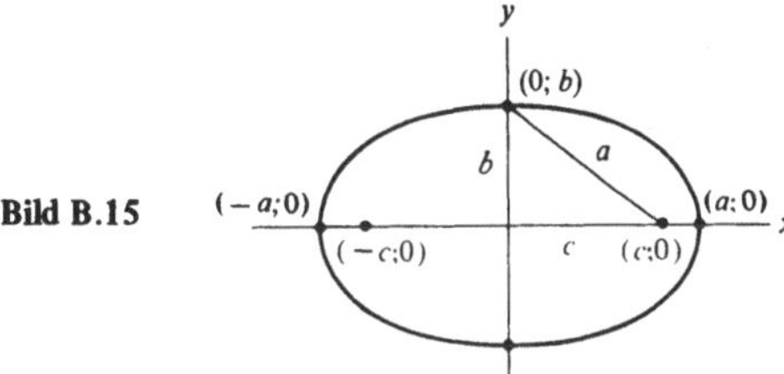

Beispiel 1: Man bestimme die Brennpunkte und die „Länge der Schnur" für eine Ellipse mit der Gleichung

$$\frac{x^2}{25} + \frac{y^2}{9} = 1.$$

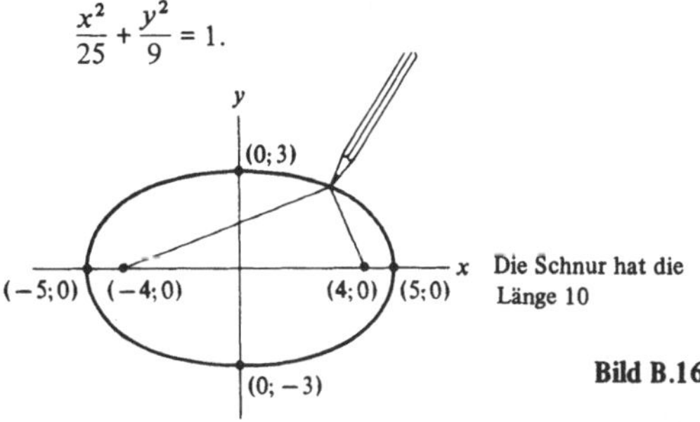

Bild B.16

Lösung: Da der größere Nenner bei der Zahl x^2 steht, liegen die Brennpunkte auf der x-Achse. In diesem Fall gilt $a = 5$ und $b = 3$ (Bild B.16). Die Länge der Schnur beträgt $2a$

oder 10. Die Brennpunkte befinden sich in einem Abstand

$$\sqrt{a^2 - b^2} = \sqrt{25 - 9} = 4$$

vom Ursprung. ●

Beispiel 2: Man bestimme die Brennpunkte und die Schnurlänge für die Ellipse mit der Gleichung

$$\frac{x^2}{9} + \frac{y^2}{25} = 1.$$

Lösung: Dieses Beispiel ist analog zu Beispiel 1, nur sind die Rollen von x und y vertauscht. Die Brennpunkte liegen an den Stellen $(0; 4)$ und $(0; -4)$; die Ellipse ist in der y-Richtung länger als in der x-Richtung. ●

Die Definition der Hyperbel entspricht der Ellipse.

Definition der Hyperbel: Seien F und F' Punkte in einer Ebene und sei die positive Zahl $2a$ kleiner als der Abstand zwischen F und F'. Ein Punkt P in der Ebene liegt dann und nur dann auf der durch F, F' und $2a$ definierten Hyperbel, wenn die Differenz der Abstände von P nach F und von P nach F' gleich $2a$ (oder $-2a$) ist (Bild B.17). Die Punkte F und F' werden *Brennpunkte* der Hyperbel genannt.

Eine Hyperbel besteht aus zwei getrennten Kurvenzügen. Längs der einen Kurve gilt $\overline{PF'} - \overline{PF} = 2a$; längs der anderen $\overline{PF'} - \overline{PF} = -2a$. (Der Einfachheit halber bezeichnen wir den Abstand zwischen den Punkten P und Q mit

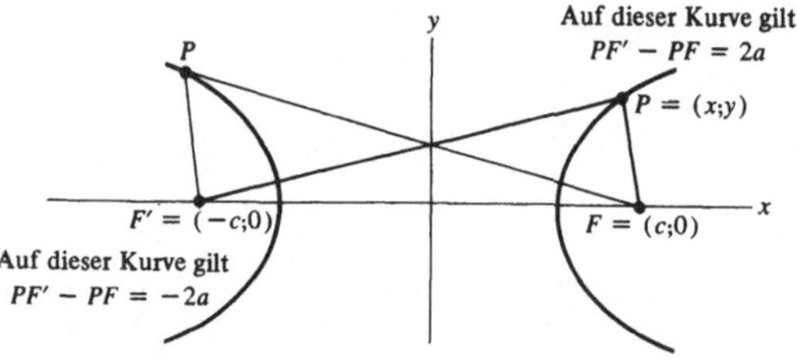

Bild B.17

$\overline{PQ}$). Ist der Abstand $\overline{FF'}$ gleich $2c$, dann gilt $2a < 2c$ und $a < c$. Wieder legen wir die x-Achse durch die Brennpunkte und erhalten $F = (c; 0)$ und $F' = (-c; 0)$. $P = (x; y)$ sei ein typischer Punkt auf der Hyperbel. Dann erfüllen x und y die Gleichung

$$\sqrt{(x - c)^2 + y^2} - \sqrt{(x + c)^2 + y^2} = \pm 2a. \tag{4}$$

Algebraische Umformungen führen Gl. (4) wie bei der Ellipse über in

$$\frac{x^2}{a^2} + \frac{y^2}{a^2 - c^2} = 1. \tag{5}$$

Nun ist aber $a^2 - c^2$ *negativ* und kann daher durch $-b^2$ mit einer geeigneten Zahl b ausgedrückt werden. Somit hat die Hyperbel die Gleichung

$$\frac{x^2}{a^2} - \frac{y^2}{b^2} = 1. \tag{6}$$

(Liegen die Brennpunkte auf der y-Achse, so lautet die Gleichung

$$\frac{y^2}{a^2} - \frac{x^2}{b^2} = 1.)$$

In beiden Fällen gilt $c^2 = a^2 + b^2$.

Beispiel 3: Man zeichne die Hyperbel

$$\frac{x^2}{9} - \frac{y^2}{16} = 1.$$

Lösung: Da das Minuszeichen bei y^2 auftritt, liegen die Brennpunkte auf der x-Achse. In diesem Fall gilt $a^2 = 9$ und $b^2 = 16$. Die Hyperbel schneidet die x-Achse in den Punkten $(3; 0)$ und $(-3; 0)$. Sie schneidet die y-Achse

Bild B.18

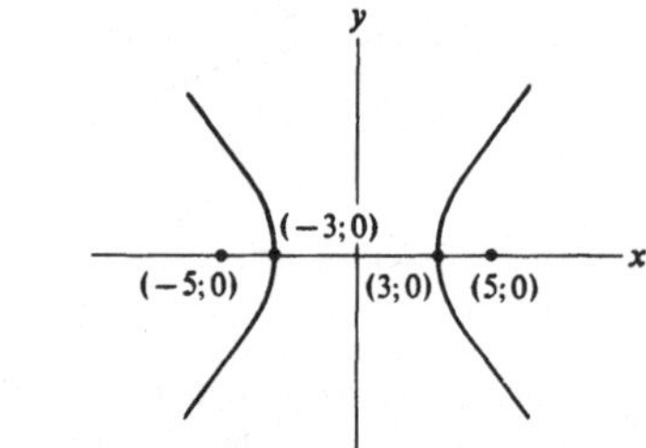

nicht. Der Abstand c vom Ursprung zu einem der Brennpunkte wird durch die Gleichung

$$c^2 = 9 + 16 = 25$$

bestimmt, so folgt $c = 5$. Die Hyperbel

$$\frac{x^2}{9} - \frac{y^2}{16} = 1$$

ist in Bild B.18 dargestellt. ●

Die Definition der Parabel setzt den Abstand von einem Punkt zum Abstand von einer Geraden in Relation.

Definition der Parabel: Sei L eine Gerade in der Ebene und F ein Punkt der Ebene, der nicht auf der Geraden liegt. Ein Punkt P der Ebene liegt dann und nur dann auf der durch F und L bestimmten *Parabel*, wenn der Abstand von P nach F gleich dem Abstand von P zur Geraden L ist. Der Punkt F heißt *Brennpunkt* der Parabel, die Gerade L heißt *Leitlinie*.

Um eine algebraische Gleichung für die Parabel herzuleiten, bezeichnen wir den Abstand vom Punkt F zur Geraden L mit c und wählen die Achsen derart, daß sich für $F = (c/2; 0)$ und für L die Gleichung $x = -c/2$ ergibt (Bild B.19). Der Abstand von P nach F ist gleich.

Bild B.19

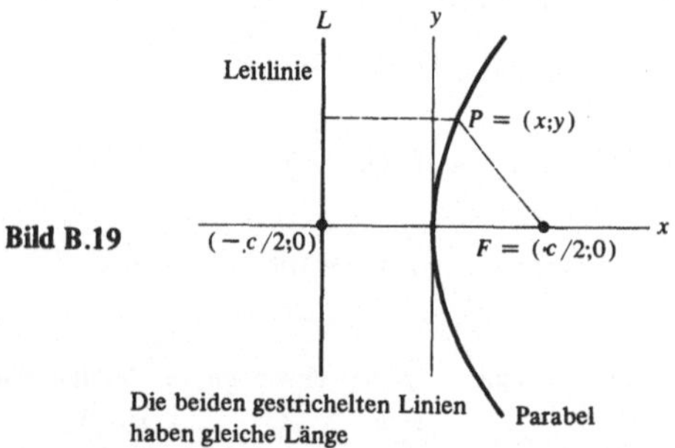

$$\left(x-\frac{c}{2}\right)^2+(y-0)^2.$$

Wenn nun der Punkt $P=(x;y)$ auf der Parabel liegt, so ist c selbstverständlich nicht negativ. Der Abstand von P zur Geraden L ist daher durch $x+c/2$ gegeben. Für die Gleichung der Parabel folgt

$$\sqrt{\left(x-\frac{c}{2}\right)^2+y^2}=x+\frac{c}{2}. \qquad (7)$$

Quadrieren und Umformen reduziert Gl. (7) auf

$$y^2=2cx, \quad c>0. \qquad (8)$$

Dies ist die Standardform der Parabelgleichung.

Liegt der Brennpunkt bei $(0;c/2)$ und lautet die Gleichung der Leitlinie $y=-c/2$, so hat die Parabel die Gleichung $x^2=2cy$.

Beispiel 4: Man zeichne die Parabel $y=x^2$, ihren Brennpunkt und ihre Leitlinie.

Lösung: Die Gleichung $y=x^2$ ist äquivalent zu $x^2=y$. Dies ist eine Gleichung der Form

$$x^2=2cy$$

mit $c=\frac{1}{2}$.

Der Brennpunkt liegt daher bei $(0;\frac{1}{4})$ auf der y-Achse (Bild B.20). Die Leitlinie hat die Gleichung $y=-\frac{1}{4}$. ●

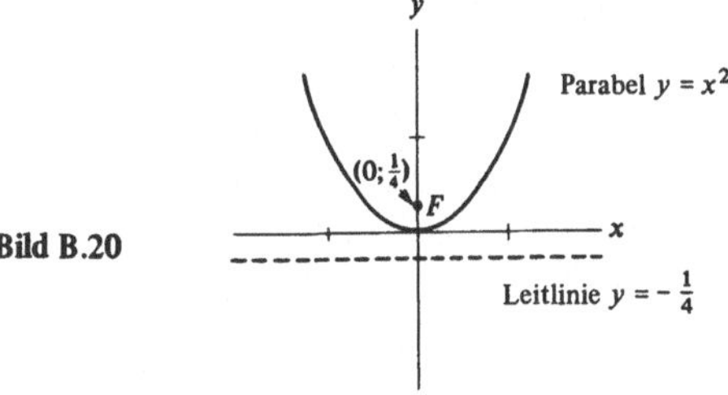

Bild B.20

Wie gezeigt werden kann, hat jede Ellipse, Hyperbel oder Parabel unabhängig von der Lage der Achsen oder Brennpunkte eine Gleichung der Form

$$Ax^2+Bxy+Cy^2+Dx+Ey+F=0, \qquad (9)$$

wobei A, B, C, D, E und F bestimmte Konstanten sind. Die Gl. (9) beschreibt für $B^2-4AC<0$ eine Ellipse, und für $B^2-4AC>0$ eine Hyperbel. Für $B^2-4AC=0$ entspricht Gl. (9) einer Parabel. Das algebraische Äquivalent zu einem Kegelschnitt ist also eine quadratische Gleichung in x und y.

Die folgende Tabelle wiederholt die algebraische Beschreibung der geometrischen Begriffe, die in diesem Abschnitt entwickelt wurden.

Geometrischer Begriff	*Algebraisches Äquivalent*
Punkt in der Ebene	ein geordnetes Paar von Zahlen $(x;y)$
Abstand zwischen den Punkten P_1 und P_2 in der Ebene	$\sqrt{(x_2-x_1)^2+(y_2-y_1)^2}$
Kreis mit dem Mittelpunkt (0; 0) und dem Radius r	$x^2+y^2=r^2$
Gerade	Gleichung ersten Grades $Ax+By+C=0$
Kegelschnitt	Gleichung zweiten Grades $Ax^2+Bxy+Cy^2+$ $+Dx+Ey+F=0$
Ellipse in Normalform	$\frac{x^2}{a^2}+\frac{y^2}{b^2}=1; \quad a\geqslant b$ (Brennpunkte auf der x-Achse)
Hyperbel in Normalform	$\frac{x^2}{a^2}-\frac{y^2}{b^2}=1$ (Brennpunkte auf der x-Achse)
Parabel in Normalform	$y^2=2cx$ (Brennpunkt auf der x-Achse) $x^2=2cy$ (Brennpunkt auf der y-Achse) (c = Abstand von F zur Leitlinie)

Übungen:

1. Man skizziere die Ellipse
$$\frac{x^2}{49}+\frac{y^2}{25}=1$$
und ihre Brennpunkte.
2. Man skizziere die Ellipse
$$\frac{x^2}{4}+\frac{y^2}{36}=1$$
und ihre Brennpunkte.
3. Wie würde man einen elliptischen Garten in ein Rechteck mit den Abmessungen 8 mal 10 Meter einschreiben?
4. Man zeichne die Hyperbel $x^2-y^2=1$ und ihre Brennpunkte.
5. Man zeichne die Hyperbel $y^2-x^2=1$ und ihre Brennpunkte.
6. Man zeichne die Parabel $y=6x^2$, ihren Brennpunkt und ihre Leitlinie.
7. Man zeichne die Parabel $x=-6y^2$, ihren Brennpunkt und ihre Leitlinie.
8. (*a*) Mit Hilfe der Definition der Hyperbel leite man für die Hyperbel mit den Brennpunkten
$$(\sqrt{2};\sqrt{2}), \quad (-\sqrt{2};-\sqrt{2}) \quad \text{und} \quad 2a=2\sqrt{2}$$
die Gleichung $xy=1$ her.
(*b*) Man zeichne das Schaubild von $xy=1$ und die zugehörigen Brennpunkte.
9. Man berechne Gl. (5) aus Gl. (4).
10. Man berechne Gl. (8) aus Gl. (7).
11. In der Definition der Hyperbel war $2a$ kleiner als der Abstand zwischen den Brennpunkten. Ist $2a$ größer als der Abstand zwischen den Brennpunkten, so gibt es keine zugehörigen Hyperbelpunkte. Man zeige dies.
12. Eine Ebene schneidet die Oberfläche eines geraden Kreiszylinders längs einer Kurve. Diese Kurve ist eine Ellipse, wie wir sie mit Brennpunkten und Abstandssumme definiert haben. Man beweise dies! *Hinweis:* Man betrachte die beiden dem Zylinder eingeschriebenen Kugeln, die die Ebene berühren und auf verschiedene Seiten der Ebene liegen. Sei $2a$ der Abstand zwischen den Äquatorlinien der Kugeln senkrecht zur Zylinderachse und seien F, F' die Punkte, wo die Ebene die Kugeln berührt.
13. (Diese Übung erleichtert das Zeichnen von Hyperbeln. Sie zeigt nebenbei, daß eine Hyperbel nicht aus zwei Parabeln besteht.) Sei a eine positive Zahl. Dann unterscheidet sich für große positive x (im Vergleich zu a) die Größe x^2-a^2 von x

nur um einen kleinen Betrag. Dies wird in (*b*) verwendet werden.

(*a*) Man zeige: Aus $x^2/a^2 - y^2/b^2 = 1$ folgt $y = \pm (b/a)\sqrt{x^2 - a^2}$.

(*b*) Man zeige: Für große x liegt der Punkt $(x;y)$ auf der Hyperbel von (*a*) in der Nähe der Geraden $y = bx/a$ oder $y = -bx/a$.

(*c*) Mit Hilfe von (*b*) zeichne man das Schaubild der Hyperbel $x^2 - y^2 = 1$.

In Hinblick auf (*b*) wird die Hyperbel in großer Entfernung vom Ursprung sehr gut durch die beiden Geraden

$$y = \pm \frac{b}{a} x$$

approximiert. Dies gilt nicht für eine Parabel.

B.4 Kegelschnitte in Polarkoordinaten

Dieser Abschnitt steht mit Bd. 2, Kap. 4 in Zusammenhang. Um Kegelschnitte in Polarkoordinaten darzustellen, geht man am besten von Abstandsverhältnissen anstelle von Abstandssummen oder -Differenzen aus. (In der Parabeldefinition haben die beiden Abstände gleiche Länge und daher das Verhältnis 1.)

Wir untersuchen eine Ellipse mit den Brennpunkten $F = (c; 0)$ und $F' = (-c; 0)$ und der „Schnurlänge“ $2a$. Für die Ellipsengleichung ergab sich im vorigen Abschnitt

$$a^2 - cx = a\sqrt{(x-c)^2 + y^2}.$$

Einige algebraische Umformungen dieser Gleichung führen die Ellipsendefinition auf das feste Verhältnis zwischen dem Abstand des Ellipsenpunktes P von einem Brennpunkt und von einer bestimmten Geraden zurück.

Zunächst folgt aus der Ellipsengleichung

$$a^2 - cx = a\overline{PF}$$

oder

$$\overline{PF} = a - \frac{c}{a}x.$$

Wir bezeichnen den Quotienten $c/a < 1$ mit e und nennen ihn *Exzentrizität* der Ellipse. (Für $e = 0$ ist die Ellipse ein Kreis.):

$$\overline{PF} = a - ex = e\left(\frac{a}{e} - x\right).$$

Diese Gleichung ist nur für $e \neq 0$ sinnvoll, wenn die Ellipse also kein Kreis ist. Nun ist $(a/e) - x$ der Abstand des Punktes P von der vertikalen Geraden durch $(a/e; 0)$, die wir mit L bezeichnen (Bild B.21). Es sei $Q = (a/e; y)$ der Schnittpunkt von L mit der horizontalen Geraden durch P. Dann finden wir

$$\overline{PF} = e\,\overline{PQ}.$$

Mit anderen Worten: *Das Verhältnis $\overline{PF}/\overline{PQ}$ hat einen konstanten Wert $e < 1$.* Die Ellipse kann also genauso wie die Parabel mit Hilfe eines *Brennpunktes F* und einer *Leitlinie L* definiert werden.

Beispiel 1: Man bestimme die Exzentrizität und zeichne die Leitlinie L für die Ellipse

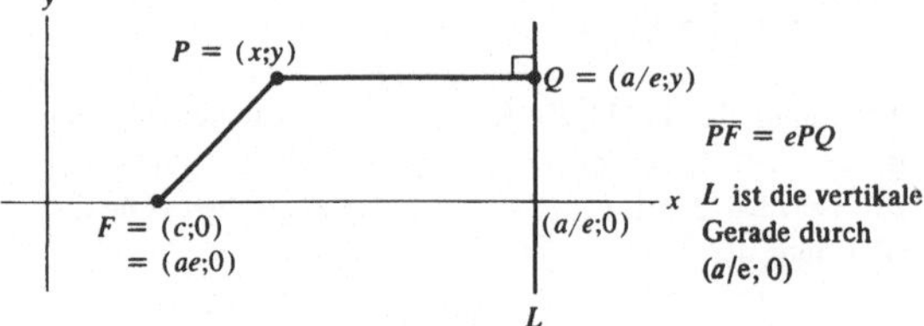

Bild B.21

$$\frac{x^2}{25} + \frac{y^2}{9} = 1.$$

Lösung: Für diese Ellipse gilt $a = 5$ und $b = 3$. Es folgt daraus:

$$c = \sqrt{a^2 - b^2} = \sqrt{25 - 9} = 4$$

und

$$e = \frac{c}{a} = \frac{4}{5}.$$

Die Gerade L hat die Gleichung (Bild B.22)

$$x = \frac{a}{e}$$

oder

$$x = \frac{5}{\frac{4}{5}} = \frac{25}{4} = 6{,}25.$$

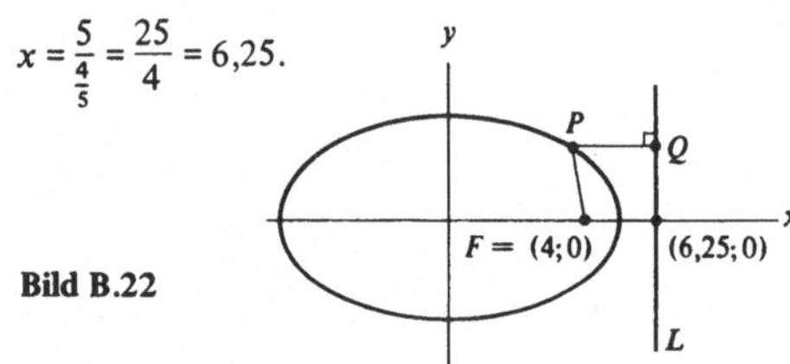

Bild B.22

Für jeden Punkt P der Ellipse gilt dann

$$\frac{\overline{PF}}{\overline{PQ}} = \frac{4}{5}. \bullet$$

Auf ähnliche Weise kann man die Hyperbel behandeln. Für sie ist die Exzentrizität zwar wiederum als c/a definiert, nun ist aber e größer als 1. Aufgrund dieser Überlegungen entwickeln wir einen neuen Zugang zu den Kegelschnitten und definieren sie durch das konstante Verhältnis bestimmter Abstände.

Definition des Kegelschnitts: Sei L eine Gerade und F ein Punkt in der Ebene, aber nicht auf der Geraden. e sei eine positive Zahl. Ein Punkt P in der Ebene liegt dann und nur dann auf dem durch F, L und e bestimmten Kegelschnitt, wenn gilt

$$\frac{\text{Abstand von } P \text{ nach } F}{\text{Abstand von } P \text{ nach } L} = e.$$

Für $e = 1$ ist der Kegelschnitt eine Parabel (dies war die Definition der Parabel im vorigen Abschnitt), für $e < 1$ eine Ellipse und für $e > 1$ eine Hyperbel. Der Punkt F heißt *Brennpunkt*, die Gerade L *Leitlinie*.

Um die einfachste Beschreibung eines Kegelschnitts

in Polarkoordinaten zu ermitteln, legen wir den Pol des Koordinatensystems in den Brennpunkt F (Bild B.23). Die Polarachse schließe mit der Senkrechten zur Leitlinie einen Winkel B ein. Bild B.23 zeigt einen typischen Punkt $P = (r;\theta)$ auf dem Kegelschnitt sowie den Punkt Q auf der Leitlinie, der P am nächsten liegt. Der Abstand von F zur Leitlinie sei p. Unsere Definition liefert $\overline{PF}/\overline{PQ} = e$. Nun gilt $\overline{PF} = r$ und $\overline{PQ} = p - r\cos(\theta - B)$. Es folgt

$$\frac{r}{p - r\cos(\theta - B)} = e. \qquad (1)$$

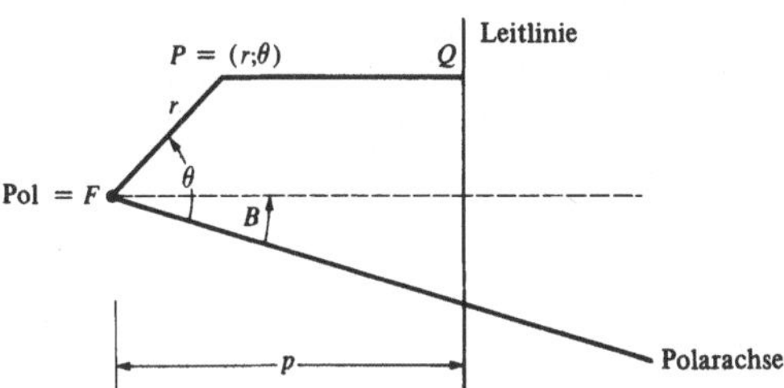

Bild B.23

Löst man Gl. (1) nach r auf, so erhält man als *Gleichung des Kegelschnitts in Polarkoordianten*

$$r = \frac{ep}{1 + e\cos(\theta - B)}. \qquad (2)$$

Beispiel 2: Der Graph der Gleichung

$$r = \frac{8}{5 + 6\cos\theta}$$

ist ein Kegelschnitt. Man zeige dies.

Lösung: Man kann Zähler und Nenner dieser Gleichung durch 5 dividieren:

$$r = \frac{\frac{8}{5}}{1 + \frac{6}{5}\cos\theta} = \frac{(\frac{6}{5})(\frac{8}{6})}{1 + \frac{6}{5}\cos\theta}.$$

Damit ergibt sich eine Relation der Form (2),und der Graph ist ein Kegelschnitt mit $p = \frac{8}{6}$ und $e = \frac{6}{5}$. Wegen $e > 1$ erhalten wir eine Hyperbel.

Übungen:

1. (*a*) Man zeichne die vier Punkte auf dem Graphen von $r = 10/(3 + 2\cos\theta)$, die den Werten $\theta = 0, \pi/2, \pi, 3\pi/2$ entsprechen.
   (*b*) Mit Hilfe von Gl. (2) zeige man, daß die Kurve aus (*a*) eine Ellipse ist.
2. Man leite Gl. (2) aus Gl. (1) her.
3. Man bestimme die Exzentrizität folgender Kegelschnitte:
   (*a*) $r = 5/(3 + 4\cos\theta)$, (*b*) $r = 5/(4 + 3\cos\theta)$,
   (*c*) $r = 5/(3 + 3\cos\theta)$, (*d*) $r = 5/(3 - 4\cos\theta)$.
4. (*a*) Man zeige, daß $r = 8/[1 - (1/2)\cos\theta]$ die Gleichung einer Ellipse ist. *Hinweis:* $B = \pi$ in Gl. (2).
   (*b*) Man zeichne die Ellipse und ihre Brennpunkte.
   (*c*) Man bestimme a ($2a$ ist die konstante Summe der Abstände zwischen den Punkten auf der Ellipse und den Brennpunkten).
5. In rechtwinkeligen Koordinaten sei der Brennpunkt einer bestimmten Parabel $(-1;0)$, und die Leitlinie sei die Gerade $x = 1$.
   (*a*) Man zeige, daß die Gleichung des Kegelschnitts $y^2 = -4x$ lautet.
   (*b*) Man bestimme die Gleichung dieser Parabel relativ zu einem Polarkoordinatensystem, dessen Pol in F und dessen Polarachse in der positiven x-Achse liegt.
   (*c*) Man bestimme die Gleichung dieser Parabel relativ zu einem Polarkoordinatensystem, dessen Pol im Ursprung des rechtwinkeligen Koordinatensystems und dessen Polarachse in der positiven x-Achse liegt.
6. Die Gleichung einer bestimmten Ellipse in rechtwinkeligen Koordinaten sei $x^2/a^2 + y^2/b^2 = 1$. Die Polarachse eines Polarkoordinatensystems sei mit der positiven x-Achse identisch (der Pol liegt dann im Mittelpunkt der Ellipse und nicht in einem Brennpunkt). Die Polargleichung der Ellipse lautet in diesem Fall
   $$r^2 = \frac{a^2 b^2}{b^2\cos^2\theta + a^2\sin^2\theta}$$
   (eine relativ komplizierte Gleichung). Man leite diese Gleichung her. *Hinweis:* Man erinnere sich an $x = r\cos\theta$ und $y = r\sin\theta$.
7. (*a*) $r = 3\cos\theta + 4\sin\theta$ ist die Gleichung eines Kreises. Man zeige dies.
   (*b*) $r = 1/(3\cos\theta + 4\sin\theta)$ ist die Gleichung einer Geraden. Man zeige dies.

Anhang C
Theorie der Grenzwerte

Dieser Anhang bringt die strenge Definition von Grenzwerten und verifiziert verschiedene Aussagen, die bisher im Text ohne Beweis verwendet wurden. Speziell wird gezeigt, daß jedes Polynom stetig ist. Der letzte Abschnitt ist vom übrigen Teil des Anhangs C unabhängig; er behandelt eine Funktion, die im Intervall [0; 1] überall stetig, aber nirgends differenzierbar ist.

C.1 Exakte Definition eines Grenzwertes

Drei Arten von Grenzwerten wurden im Text verwendet: Der Grenzwert einer Folge

$$\lim_{n \to \infty} a_n,$$

der Grenzwert einer Funktion in einer reellen Variablen

$$\lim_{x \to a} f(x)$$

und der Grenzwert von Näherungssummen

$$\lim_{\text{Maß} \to 0} \sum_{i=1}^{n} f(X_i)(x_i - x_{i-1})$$

(siehe die Definition des bestimmten Integrals).

Wir wollen die bisherigen Definitionen dieser drei Grenzwerte kurz wiederholen und die entsprechende genaue Fassung formulieren. Die exakte Definition wird in der höheren Mathematik zur Behandlung von Grenzwertproblemen benötigt, deren Schwierigkeitsgrad über die Fragestellungen dieses Buches hinausgeht.

Bd. 4, Kap. 1 führt die folgende Definition des Grenzwerts einer Folge $a_1, a_2, a_3, \dots, a_n, \dots$ ein: Wenn sich a_n für sehr große n einer Zahl L nähert, dann heißt L der Grenzwert der Folge.

Was sagt nun diese Definition wirklich aus? Was bedeutet die Formulierung „n sehr groß"? Was bedeutet die Aussage „wird groß"? Was meinst man mit „nähert sich"? Um diese Konzepte exakter zu fassen, präzisieren wir die vorhergehende intuitive Definition in folgender Weise: Wenn a_n für hinreichend große n der Zahl L beliebig nahe kommt, dann heißt L „Grenzwert der Folge".

In dieser Definition wurde die Formulierung „nähert sich" durch den Begriff „beliebig nahe" ersetzt. Auch diese Definition benötigt noch eine exakte mathematische Fassung. (Der griechische Buchstabe ϵ, der in der folgenden Definition auftritt, wird *epsilon* gesprochen.)

Definition des Grenzwertes einer Folge: Die Zahl L heißt *Grenzwert einer Folge* $\{a_n\}$, wenn für jede positive Zahl ϵ (sie kann beliebig klein sein) eine positive ganze Zahl N existiert, so daß sich a_n von L um weniger als ϵ unterscheidet, wenn n größer ist als N. Die Zahl N kann von ϵ abhängen.

Diese Definition sollte man sorgfältig studieren. Man vergleiche sie mit den zwei vorangehenden und mehr intuitiven Definitionen. Vage Formulierungen wie „groß", „nähert sich" und „beliebig nahe" sind nun endgültig eliminiert.

Wir können uns ϵ als „Forderung" und N als „Antwort" vorstellen. Im allgemeinen wird N immer größer werden, je kleiner ϵ wird. Das folgende Beispiel veranschaulicht die exakte Definition des Grenzwertes einer Folge.

Beispiel 1: Mit Hilfe der exakten Definition des Grenzwerts einer Folge zeige man

$$\lim_{n \to \infty} \frac{1}{n} = 0.$$

Lösung: In diesem Fall ist $L = 0$. Die Differenz zwischen a_n und L beträgt

$$\left| \frac{1}{n} - 0 \right| = \frac{1}{n}.$$

Die Ungleichung

$$\frac{1}{n} < \epsilon$$

ist äquivalent zu

$$1 < n\epsilon \quad \text{oder} \quad n > \frac{1}{\epsilon}.$$

N sei eine ganze Zahl größer als $1/\epsilon$ ($1/\epsilon$ muß ja keine ganze Zahl sein). Dann folgt für n größer als N

$$\left| \frac{1}{n} - 0 \right| = \frac{1}{n} < \epsilon,$$

denn es gilt

$$\frac{1}{n} < \frac{1}{N} < \epsilon. \bullet$$

Nun betrachten wir die Definition des Grenzwerts einer Funktion einer reellen Variablen, die in Abschnitt 3.3 gegeben wurde. f sei eine Funktion und a eine Konstante. Wenn sich $f(x)$ einer bestimmten Zahl L nähert, sobald sich x einer Zahl a im Definitionsbereich von f nähert, dann wird L Grenzwert von $f(x)$ im Falle x gegen a genannt.

Auch diese Formulierung läßt verschiedene Fragen offen: So hat etwa jede Zahl einen festen Platz auf der Zahlengeraden und kann sich daher nicht einer anderen Zahl nähern. Die exakte Definition umgeht diese Schwierigkeit wiederum durch Einführung des „Forderungs-" und „Antwort"-Konzepts, das wir in die exakte Definition des Grenzwerts einer Folge eingeführt haben. Die „Forderung" ist wieder durch ϵ angegeben, aber die Antwort wird nun δ heißen (griechischer Buchstabe *delta*).

Definition des Grenzwerts der Funktion einer reellen Variablen: Die Zahl L heißt der Grenzwert von $f(x)$ an der Stelle a, wenn es für jede positive Zahl ϵ (sie kann beliebig klein sein) eine positive Zahl δ gibt (sie hängt von ϵ ab), so daß sich $f(x)$ von L höchstens um ϵ unterscheidet, wenn sich x von a um höchstens δ unterscheidet. (Der Fall $x = a$ sei ausdrücklich ausgenommen, x möge stets im Definitionsbereich von f liegen.)

Im allgemeinen wird δ um so kleiner sein, je kleiner ϵ ist. Faßt man f als Projektion von einem Dia auf einen Projektionsschirm auf, dann liest sich die Definition wie folgt: Die Zahl L auf dem Schirm ist Grenzwert von $f(x)$ an der Stelle a des Dias, wenn es für jedes kleine offene Intervall um L auf dem Schirm von der Form

$$(L - \epsilon; L + \epsilon)$$

ein offenes Intervall

$$(a - \delta; a + \delta)$$

auf dem Dia gibt, das sich höchstens unter Ausnahme von Punkt a vollständig in dem Intervall

$$(L - \epsilon; L + \epsilon)$$

abbildet (Bild C.1). Beispiel 2 wendet diese Definition auf einen einfachen Fall an.

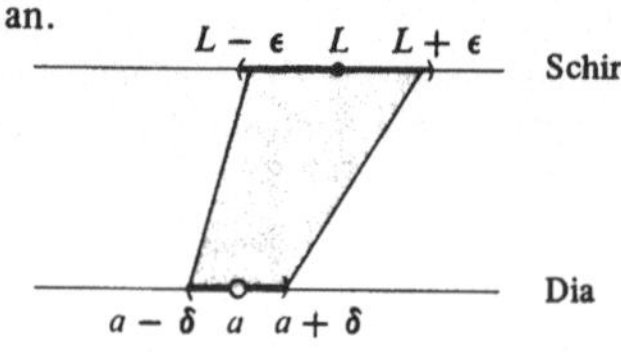

Bild C.1

Beispiel 2: Man beweise $\lim_{x \to 3} 2x = 6$.

Lösung: Es sei eine positive Zahl ϵ vorgegeben. Wir suchen eine positive Zahl δ mit folgenden Eigenschaften: Wenn für $x \neq 3$

$|x - 3|$ kleiner als δ ist,

dann muß

$|2x - 6|$ kleiner als ϵ sein.

Nun ist die Ungleichung

$$|2x - 6| < \epsilon$$

äquivalent zu

$$2|x-3|<\epsilon \quad \text{oder} \quad |x-3|<\frac{\epsilon}{2}.$$

Daher wählen wir $\delta = \epsilon/2$. Dann gilt: Wenn immer

$$|x-3|<\delta \quad \text{ist} \quad |2x-6|<\epsilon.$$

Dies aber bedeutet aufgrund unserer Definition

$$\lim_{x \to 3} 2x = 6. \bullet$$

Die anschauliche Definition des bestimmten Integrals $\int_a^b f(x)\,dx$ wurde in Abschnitt 7.4 gegeben. Die exakte Definition beruht auf den exakten Definitionen der Grenzwerte $\lim_{n\to\infty} a_n$ und $\lim_{x\to a} f(x)$. Sie lautet:

Definition des bestimmten Integrals von f über das Intervall $[a; b]$. Die Zahl L heißt bestimmtes Integral von f über $[a; b]$, wenn folgende Bedingung gilt: Für jede positive Zahl ϵ (sie kann beliebig klein sein), existiert eine positive Zahl δ, die von ϵ abhängt und für die jede Näherungssumme

$$\sum_{i=1}^{n} f(X_i)(x_i - x_{i-1})$$

sich von L um weniger als ϵ unterscheidet, sofern das Maß der zugehörigen Unterteilung von $[a; b]$ kleiner als δ ist. (Dabei darf es nicht darauf ankommen, wo die X_i im Intervall $[x_{i-1}; x_i]$ gewählt werden.)

Beispiel 3: In Bd. 2, Kap. 1 wurde gezeigt, daß sich jede Näherungssumme für das Integral der Funktion x^2 über das Intervall $[0; 3]$ von 9 um weniger als das neunfache Maß der Unterteilung unterscheidet. Man beweise daraus die Existenz von $\int_0^3 x^2\,dx$.

Lösung: Sei ϵ eine positive Zahl und $\delta = \epsilon/9$. Jede Näherungssumme, deren Maß kleiner als δ ist, unterscheidet sich von 9 um weniger als $9\delta = 9\epsilon/9 = \epsilon$. Damit ist die Bedingung der ϵ,δ-Definition erfüllt. •

Übungen:

1. Man beweise $\lim_{n\to\infty} \frac{1}{2n} = 0$.
2. Man beweise $\lim_{n\to\infty} \frac{1}{n^2} = 0$.
3. Man beweise $\lim_{n\to\infty} \frac{n}{n+1} = 1$.
4. Man beweise, daß $\lim_{n\to\infty} (-1)^n$ nicht existiert. (Für $\epsilon = \frac{1}{2}$ existiert kein N.)
5. Man beweise $\lim_{x\to 2} 3x + 1 = 7$.
6. Man beweise $\lim_{x\to 0} x^2 = 0$.
7. Man beweise $\lim_{x\to 1} x^2 = 1$.
8. Man beweise $\lim_{n\to\infty} 2^{-n} = 0$.
9. Keine der folgenden Definitionen für den Grenzwert einer Folge ist brauchbar. (In jedem Fall ist das Beispiel einer Folge anzugeben, die aufgrund dieser Definition konvergieren sollte, tatsächlich aber keinen Grenzwert besitzt.)
   (*a*) Es gebe für jede positive ganze Zahl N eine positive Zahl ϵ, so daß sich a_n für n größer als N von L um weniger als ϵ unterscheidet: Dann heißt L Grenzwert der Folge $\{a_n\}$.
   (*b*) Es gebe eine positive ganze Zahl N und eine positive Zahl ϵ, so daß sich a_n für $n > N$ von L um weniger als ϵ unterscheidet: Dann heißt L Grenzwert der Folge $\{a_n\}$.
10. Im folgenden wird eine exakte Definition der Aussage: „$f(x)$ strebt für sehr große x gegen unendlich" gegeben: Sei $f(x)$ für alle x größer oder gleich einer bestimmten Zahl a definiert. Wenn es für jede Zahl b eine Zahl N gibt, so daß für alle $x > N$ stets $f(x) > b$ gilt, so sagen wir „$f(x)$ strebt für sehr große x gegen unendlich" und schreiben
    $$\lim_{x\to\infty} f(x) = \infty.$$
    (*a*) Man beweise $\lim_{x\to\infty} x^2 = \infty$.
    (*b*) Gilt $\lim_{x\to\infty} x^2 \sin x = \infty$?

C.2 Beweis einiger Theoreme über Grenzwerte

Mit Hilfe unserer exakten Definitionen (siehe voriger Abschnitt) ist es möglich, etwa die folgende Aussage zu beweisen: Aus

$$\lim_{x\to a} f(x) = A \quad \text{und} \quad \lim_{x\to a} g(x) = B$$

folgt

$$\lim_{x\to a} [f(x)\cdot g(x)] = A \cdot B,$$

$$\lim_{x\to a} [f(x) + g(x)] = A + B \quad \text{und}$$

$$\lim_{x\to a} f(x)/g(x) = A/B \quad (\text{für } B \neq 0)$$

Die Beweise folgen in Theorem 1 und 3 sowie in den Übungen 4 bis 7. Der Einfachheit halber mögen die Funktionen f und g für alle x definiert sein.

Theorem 1: Aus $\lim_{x\to a} f(x) = A$ und $\lim_{x\to a} g(x) = B$ folgt

$$\lim_{x\to a} [f(x) + g(x)] = A + B.$$

Beweis: Wir müssen untersuchen, ob es für jedes beliebig kleine $\epsilon > 0$ ein $\delta > 0$ gibt, so daß für $|x-a| < \delta$ und $x \neq a$ stets gilt

$$|[f(x) + g(x)] - (A + B)| < \epsilon. \tag{1}$$

Dabei hängt δ von ϵ ab.

Schreiben wir

$$[f(x) + g(x)] - (A + B)$$

als

$$[f(x) - A] + [g(x) - B].$$

Dies ist die Summe von zwei Größen, die in der Umgebung von $x = a$ klein werden. Da der Absolutwert der Summe zweier Zahlen nicht größer als die Summe ihrer Absolutwerte ist, erhalten wir

$$|[f(x)-A]+[g(x)-B]| \leqslant |f(x)-A|+|g(x)-B|. \quad (2)$$

Wegen $\lim\limits_{x\to a} f(x)=A$ existiert eine positive Zahl δ_1, so daß

$$|f(x)-A|<\frac{\epsilon}{2}$$

für $|x-a|<\delta_1$ und $x \neq a$. (Die Wahl von $\epsilon/2$ anstelle von ϵ wird in Kürze erklärt.) Völlig analog existiert eine positive Zahl δ_2, so daß

$$|g(x)-B|<\frac{\epsilon}{2}$$

für $|x-a|<\delta_2$ und $x \neq a$.

Nun sei δ die kleinere der beiden Zahlen δ_1 und δ_2. Für jedes x (ungleich a) mit $|x-a|<\delta$ gilt nun

$$|x-a|<\delta_1 \quad \text{und} \quad |x-a|<\delta_2.$$

Daraus folgt sowohl

$$|f(x)-A|<\frac{\epsilon}{2} \quad \text{als auch} \quad |g(x)-B|<\frac{\epsilon}{2}.$$

Kombinieren wir die Gln. (2) und (3), so erhalten wir für $|x-a|<\delta$ und $x \neq a$ stets

$$|[f(x)+g(x)]-(A+B)|<\frac{\epsilon}{2}+\frac{\epsilon}{2}=\epsilon.$$

Für jedes $\epsilon>0$ existiert also ein passendes $\delta>0$, das natürlich noch von ϵ, f und g abhängt. Damit ist der Beweis abgeschlossen. ●

Theorem 1 ist Grundlage für das nächste Theorem.

Theorem 2: Die Summe zweier an der Stelle a stetiger Funktionen ist dort selbst stetig.

Beweis: Seien f und g bei a stetig. Bezeichnen wir ihre Summe mit h, also $h(x)=f(x)+g(x)$. Wir wollen untersuchen, ob h an der Stelle a stetig ist.

In Hinblick auf die Definition der Stetigkeit (siehe Abschnitt 3.7) müssen wir zeigen, daß $h(a)$ definiert ist und daß $\lim\limits_{x\to a} h(x)=h(a)$.

Da f und g für $x=a$ definiert sind, ist auch h dort definiert: $h(a)=f(a)+g(a)$. Nun müssen wir noch

$$\lim_{x\to a}[f(x)+g(x)]=f(a)+g(a)$$

zeigen. Aus Theorem 1 folgt

$$\lim_{x\to a}[f(x)+g(x)]=\lim_{x\to a} f(x)+\lim_{x\to a} g(x).$$

Da f und g beide an der Stelle $x=a$ stetig sind, gilt

$$\lim_{x\to a} f(x)=f(a) \quad \text{und} \quad \lim_{x\to a} g(x)=g(a).$$

Damit ist der Beweis abgeschlossen. ●

Theorem 3: Aus $\lim\limits_{x\to a} f(x)=A$ und $\lim\limits_{x\to a} g(x)=B$ folgt

$$\lim_{x\to a} f(x)g(x)=AB.$$

Beweisskizze: Wie wir wissen, ist $|f(x)-A|$ und $|g(x)-B|$ klein, wenn x in der Nähe von a liegt. Wir hoffen nun, daß auch $|f(x)g(x)-AB|$ klein ist, wenn x in der Nähe von a liegt. Die algebraische Identität

$$f(x)g(x)-AB=f(x)[g(x)-B]+B[f(x)-A] \quad (4)$$

ist dabei von Nutzen. Aus Gl. (4) und den Eigenschaften des Absolutbetrages folgt

$$|f(x)g(x)-AB| \leqslant |f(x)|\,|g(x)-B|+|B|\,|f(x)-A| \quad (5)$$

Nun ist $|B|$ konstant, $|f(x)-A|$ und $|g(x)-B|$ sind klein, wenn sich x in der Nähe von a befindet. Was wissen wir aber über $|f(x)|$? Diese Frage steht im Mittelpunkt des folgenden Beweises.

Beweis: Wir setzen zunächst $B \neq 0$. Sei $\epsilon>0$ gegeben. Dann sollte es eine Zahl $\delta>0$ geben, so daß $|f(x)g(x)-AB|<\epsilon$, wenn $|x-a|<\delta$ und $x \neq a$. nun gilt

$$\begin{aligned}|f(x)g(x)-AB| &= |f(x)[g(x)-B]+B[f(x)-A]| \\ &\leqslant |f(x)|\,|g(x)-B|+|B|\,|f(x)-A|. \end{aligned} \quad (6)$$

Wegen $\lim\limits_{x\to a} f(x)=A$ existiert eine Zahl $\delta_1>0$, so daß

$$|f(x)-A|<\frac{\epsilon}{2|B|}$$

für $|x-a|<\delta_1$ und $x \neq a$. Somit ist der zweite Summand von Gl. (6) kleiner als

$$\frac{|B|\,\epsilon}{2|B|}=\frac{\epsilon}{2}.$$

Für x mit $|x-a|<\delta_1$ wird $f(x)$ nicht beliebig groß, denn es gilt

$$|f(x)-A|<\frac{\epsilon}{2|B|}.$$

Daraus aber folgt

$$|f(x)|<|A|+\frac{\epsilon}{2|B|}.$$

Nennen wir $A+\epsilon/2|B|$ nun „C", so ergibt sich $|f(x)|<C$ für $|x-a|<\delta_1$ und $x \neq a$. (Damit ist die Größe von $|f(x)|$ eingeschränkt.)

Wegen $\lim\limits_{x\to a} g(x)=B$ existiert ein $\delta_2>0$, so daß $|g(x)-B|<\epsilon/(2C)$ für $|x-a|<\delta_2$ und $x \neq a$.

Nun sei δ die kleinere der beiden Zahlen δ_1 und δ_2. Aus $|x-a|<\delta$ folgt sowohl $|x-a|<\delta_1$ als auch $|x-a|<\delta_2$. Dann aber gilt auf Grund unserer Konstruktion

$$|f(x)-A|<\frac{\epsilon}{2|B|}, \quad |f(x)|<C$$

und

$$|g(x)-B|<\frac{\epsilon}{2C}.$$

Nach Gl. (6) erhalten wir dann für x mit $|x-a|<\delta$ und $x \neq a$ unmittelbar

$$|f(x)g(x) - AB| < C\frac{\epsilon}{2C} + |B|\frac{\epsilon}{2|B|} = \frac{\epsilon}{2} + \frac{\epsilon}{2} = \epsilon.$$

Damit ist der Beweis abgeschlossen. (Der Fall $B = 0$ ist wesentlich einfacher; er sei dem Leser überlassen.) •

Theorem 4: Das Produkt zweier Funktionen, die an der Stelle a stetig sind, ist dort selbst stetig.

Der Beweis verläuft völlig analog zu dem von Theorem 2 und beruht auf Theorem 3 anstelle von Theorem 1.

Theorem 5: Die Funktion $f(x) = x$ ist überall stetig. Daher sind auch die Funktionen x^2, x^3, x^4, ... für alle x stetig.

Beweis: Es gilt $f(a) = a$. Wir müssen untersuchen, ob $|f(x) - a|$ klein ist, wenn $|x - a|$ genügend klein ist. Es sollte für jedes $\epsilon > 0$ ein $\delta > 0$ existieren, so daß für $|x - a| < \delta$ gilt $|f(x) - a| < \epsilon$. Nun folgt aber aus $f(x) = x$ sofort $|f(x) - a| = |x - a|$. Nun sei $\epsilon = \delta$. Dann erhalten wir aus $|x - a| < \delta$ unmittelbar $|f(x) - a| < \epsilon$. Damit ist die Stetigkeit der Funktion bewiesen.

Da die Funktion x^2 als Produkt der Funktion x und der Funktion x aufgefaßt werden kann, impliziert Theorem 4 die Stetigkeit von x^2. Analog ist x^3 stetig, denn $x^3 = x^2 x$. Völlig analog kann die Stetigkeit von x^4 und x^5 gezeigt werden. Vollständige Induktion zeigt die Stetigkeit von x^n für alle positiven ganzen Zahlen n. •

Theorem 6: Eine konstante Funktion ist überall stetig.

Beweis: Sei $f(x) = c$ für alle x. Für jedes $\epsilon > 0$ wählen wir $\delta = 1{,}776$, eine schöne positive Zahl. Nun gilt $|f(x) - f(a)| = |c - c| = 0$ für jedes x und daher auch für x mit $|x - a| < 1{,}776$. Somit ist f für alle a stetig. •

Theorem 7: Jedes Polynom ist überall stetig.

Beweis: Wir skizzieren den Beweis am Beispiel $6x^2 - 5x + 1$.

Aufgrund von Theorem 6 sind die Funktionen $f(x) = 6$, $f(x) = -5$ und $f(x) = 1$ überall stetig. Dies gilt nach Theorem 5 auch für die Funktionen x und x^2. Aufgrund von Theorem 4 sind die Funktionen $6x^2$ und $-5x$ stetig. Nach Theorem 2 ist somit auch die Funktion $6x^2 + (-5)x$ stetig, was schließlich nach Theorem 2 auch für die Funktion $6x^2 + (-5)x + 1$ gilt: Also ist auch $6x^2 - 5x + 1$ stetig. Eine völlig analoge Beweisführung läßt sich auf jedes Polynom anwenden. •

Übungen:

1. Die Funktion $2x$ ist an der Stelle $x = 3$ stetig. Man beweise dies mit Hilfe der Definition der Stetigkeit.
2. Man verwende die Definition der Stetigkeit und beweise die Stetigkeit von $3x + 8$ an der Stelle $x = 2$.
3. Man verwende die Definition der Stetigkeit und beweise die Stetigkeit von x^2 an der Stelle $x = 3$.
4. Ist f an der Stelle a und ist g an der Stelle $f(a)$ stetig, dann ist die zusammengesetzte Funktion $g \circ f$ an der Stelle a stetig. Man beweise dies.
5. Man beweise, daß $1/x$ an jeder Stelle $a \neq 0$ stetig ist.
6. (*a*) Mit Hilfe der Übungen 4 und 6 leite man die Stetigkeit von $1/f(x)$ für alle a mit $f(a) \neq 0$ her.
   (*b*) Aus (*a*) und Theorem 4 leite man die Stetigkeit des Quotienten zweier stetiger Funktionen $g(x)/f(x)$ für a mit $f(a) \neq 0$ her.
   (*c*) $(x^3 + 1)/(x^2 + 1)$ ist überall stetig. Man beweise dies.
7. Man beweise Theorem 3 für den Fall $B = 0$.
8. (*a*) Man bestimme $\delta > 0$, so daß $|\sqrt{x} - \sqrt{9}| < 0{,}04$ für $|x - 9| < \delta$.
   (*b*) Man beweise die Stetigkeit von $\sqrt{x}$ für jedes $a \geqslant 0$. *Hinweis:* Man verwende die Identität
   $$\sqrt{b} - \sqrt{a} = (b - a)/(\sqrt{b} + \sqrt{a}).$$
9. Man bestimme $\delta > 0$ mit
   (*a*) $|x^2 - 4| < 1$ für $|x - 2| < \delta$,
   (*b*) $|x^2 - 4| < 0{,}1$ für $|x - 2| < \delta$,
   (*c*) $|x^2 - 4| < 0{,}01$ für $|x - 2| < \delta$,
   (*d*) $|x^2 - 4| < t$ für $|x - 2| < \delta$,
   (*e*) $|x^2 - 4| < \epsilon$ für $|x - 2| < \delta$.
   Hinweis: $|x^2 - 4| = |x - 2|\,|x + 2|$, man beschränke $|x + 2|$.
10. Man beweise, daß die Differenz zweier stetiger Funktionen stetig ist.

Lösungen ausgewählter, ungeradzahliger Übungen und Testaufgaben

1 Funktionen und ihre Schaubilder; der Anstieg einer Geraden

1.1 Funktionen

1. (*a*) 16 (*b*) 16
   (*c*) 2 (*d*) 0
3. (*a*) alle x (*b*) alle x
   (*c*) $x \geq 0$ (*d*) $x \neq 0$
   (*e*) alle x (*f*) $x \neq 0$, $x \neq -1$
5. (*a*) 5 (*b*) 6,05
   (*c*) 1,05 (*d*) 10,5
7. (*a*) 0,2361 (*b*) 0,2485
   (*c*) 0,2516
9. (*a*) 0,2 (*b*) − 0,5
   (*c*) 10 (*d*) 0,4
   (*e*) 0,5 (*f*) − 0,2
11. (*a*) 7 (*b*) $(x - 3)(x + 3)$
    (*c*) 0,61 (*d*) 12
13. (*a*) 0,25 (*b*) 1
    (*c*) 0,2 (*d*) − 0,05
15. (*a*) 0,245 48 (*b*) 0,246 95
    (*c*) 0,248 46
17. (*a*)

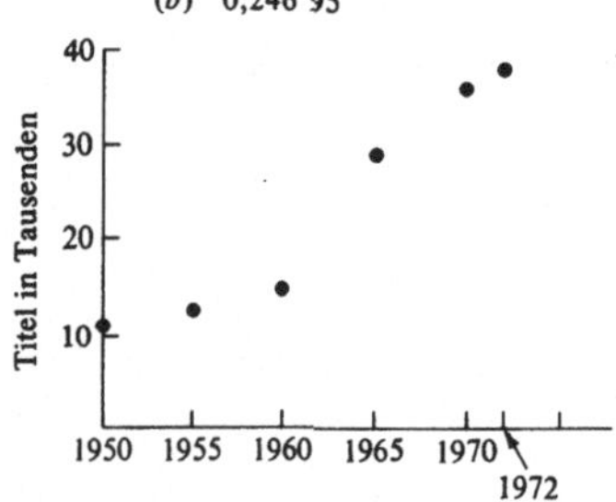

19. $t_1 + t$
21. (*a*) $(1)^2 = (-1)^2$ (*b*) 81
    (*c*) $(x^2)^2 = x^4$
23. (*a*) $x \neq 1$ (*b*) $-1, \frac{1}{2}, 2$
25. (*a*), (*b*), (*d*) und (*f*)

1.2 Die Wertetabelle und das Schaubild einer Funktion

1. (*a*)

x	3	2	1	0	− 1	− 2	− 3
$f(x)$	36	16	4	0	4	16	36

(*b*)

Die vertikale Skala ist gestreckt

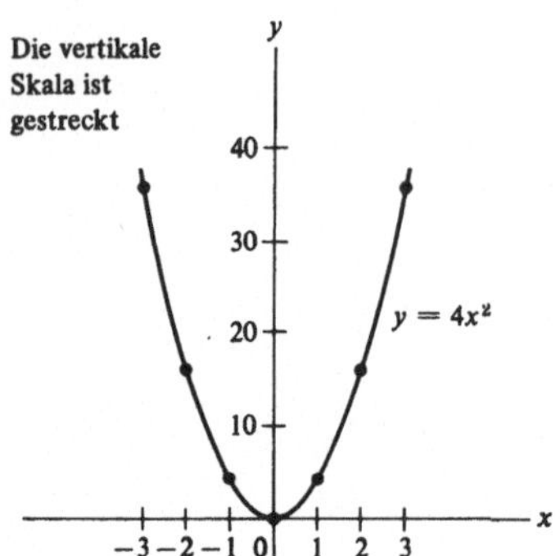

3. (*a*) $0, \frac{1}{8}, 1, 8, -\frac{1}{8}, -1, -8$
   (*b*)

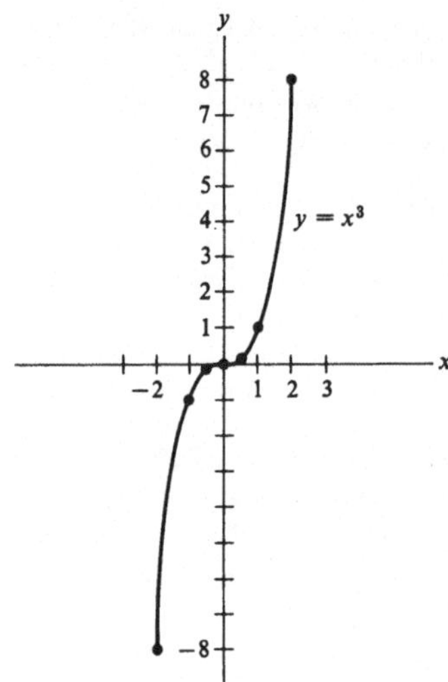

5. die Gerade durch die Punkte (0; 0) und (1; − 1)
7. (*a*) 0, 3, 6, 9 (*b*) 0, 3, 6, 9
   (*c*) siehe die Zeichnung aus Beispiel 1
9. die Gerade durch die Punkte (0; 1) und (1; 5)
11. der Graph aus Beispiel 4 ($y = 1/x$) um eine Einheit nach links verschoben.
13. (*a*) $x = 0, x = 2$

    (*b*)

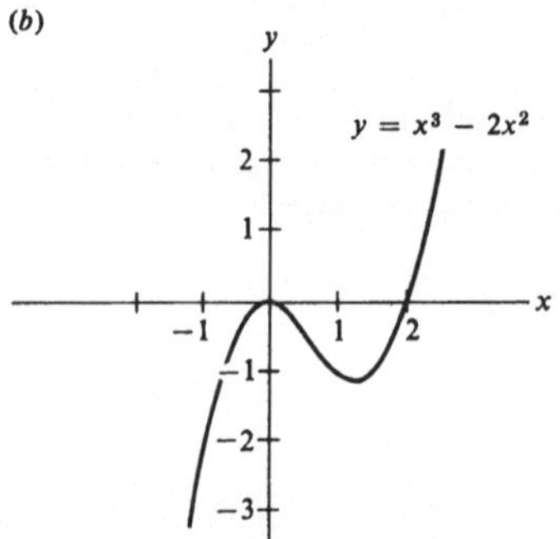

15. 1; 1,21; 0,81. Der Graph ähnlich dem in Beispiel 5, nur dieses Mal liegt er in der Umgebung des Punktes (1; 1).
17. Der Graph aus Beispiel 1 ($y = x^2$) wird um drei Einheiten nach rechts und 4 Einheiten nach oben verschoben.

21.

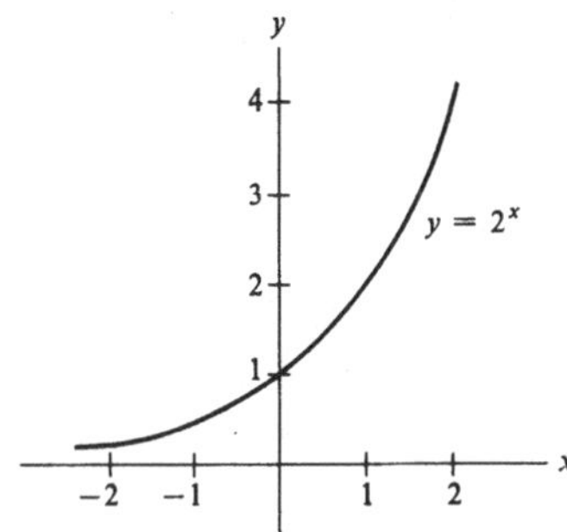

1.3 Der Anstieg einer Geraden

1. (*a*) 2 (*b*) -2
   (*c*) 0 (*d*) $-\frac{3}{4}$
3. (*a*) 3; 2 (*b*) 3; − 2
   (*c*) 4; 0 (*d*) 0; 5
   (*e*) − 4; 0 (*f*) 1; 2
5.

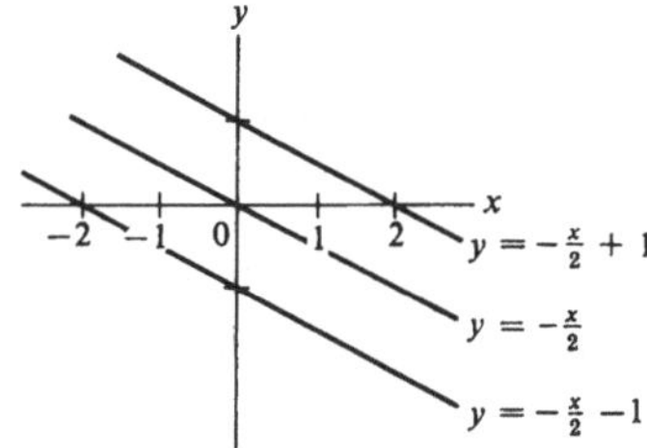

7. (*a*) $y = 5x - 1$ (*b*) $y = x + 2$
   (*c*) $y = 4$
9. $y = -x + 6$
11. Nein. Die Gerade durch (1; − 2) und (4; 5) hat den Anstieg $\frac{7}{3}$, während die Gerade durch (4; 5) und (8; 13) den Anstieg 2 besitzt.
13. (*a*) Man suche den Schnittpunkt für $a_1 = a_2$ wie in Übung 12.

Testaufgaben zu Kapitel 1

1. (*a*) $x \geqslant -1$
   (*b*)

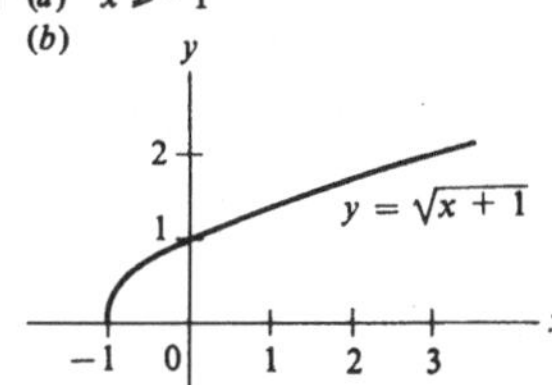

2. $\frac{y_2 - y_1}{x_2 - x_1} = \frac{ax_2 + b - ax_1 - b}{x_2 - x_1} = a$
3. (*a*) $-\frac{1}{3}$ (*b*) − 1
   (*c*) 0

4. (*a*)

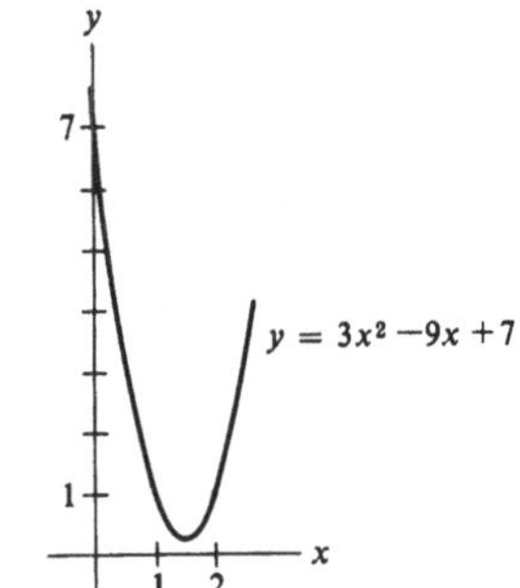

   (*b*) nein
5. (*a*) 9 (*b*) 5,31
6. (*a*) $2 + h$ (*b*) 8
   (*c*) $-5/(1+h)$ (*d*) $5 + 3h + h^2$
7. (*a*) die Gerade durch $(0; -\frac{1}{4})$ und $(2; \frac{3}{4})$
   (*b*)

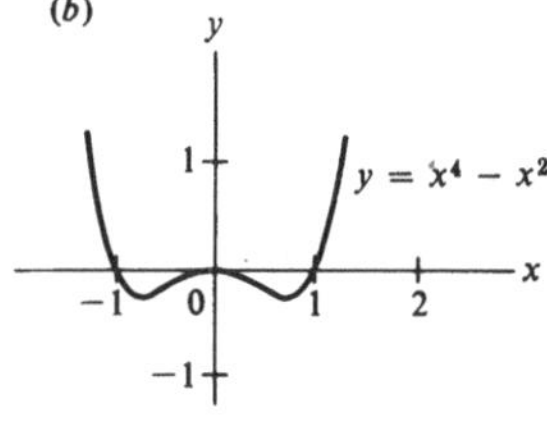

   (*c*)

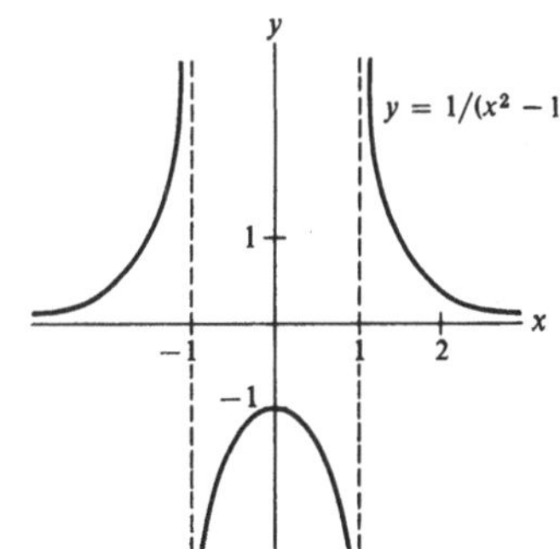

8. (*a*) ja (*b*) nein
   (*c*) ja

Übungen zu Kapitel 1

1. (*a*) $f(x) = 1/(x+2)^2$
   (*b*)

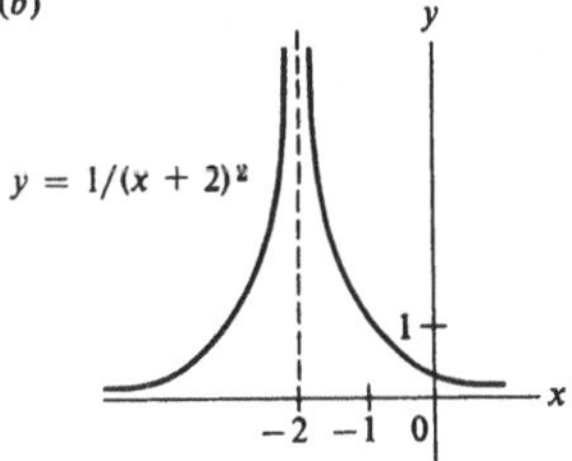

   (*c*) $x \neq -2$

3. (*a*)

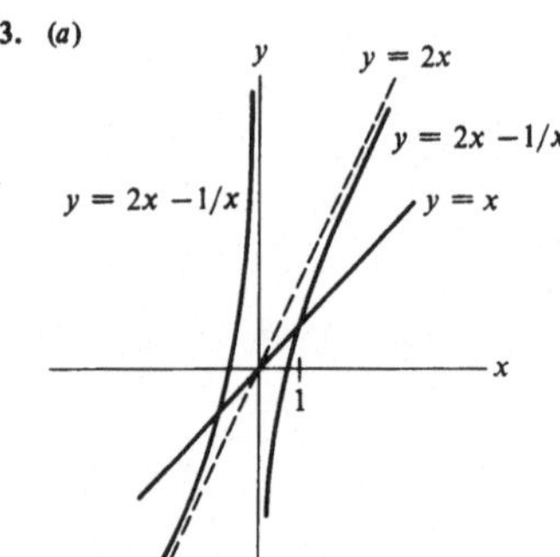

(*b*) (1; 1) und (− 1; − 1)

5. $(a + b)^2 = a^2 + b^2 + 2ab$

7. (*a*) $y = -x/2 + \frac{3}{2}$ (*b*) $y = 7x/2 - 2$

9. (*a*) $|a|$ ist groß (*b*) $|a|$ ist klein
(*c*) $a < 0$ (*d*) $a > 0$

11. (*a*) 2 (*b*) 2
(*c*) 5/2 (*d*) 10

13. (*a*) 2 (*b*) 4
(*c*) 5

2 Die Ableitung

2.1 Vier Variationen zu einem Thema

1. (*d*) 8,01 (*e*) 7,99

5. $2x$

7. (*a*) 6,1 (*b*) 6,1
(*c*) 6,01 g/cm

9. (*a*) $(2t + 3)$ m/s (*b*) 5 m/s

11. (*a*) $6x - 1$ (*b*) $(\frac{1}{6}, \frac{23}{12})$

13. (*b*) Die Schätzung sollte in der Nähe von Null liegen.
(*c*) Null

15. $\frac{3}{4}$

17. (*a*) 6,1 Millionen DM pro Jahr
(*b*) 6,01 Millionen DM pro Jahr
(*c*) 6 Millionen DM pro Jahr

19. (*a*) $(4 - \sqrt{7}; 23 - 8\sqrt{7})$
(*b*) $(-1; 1)$

21. (*a*) Der Graph geht durch die Punkte (1; 0) und (0; 0).
(*b*) $3x^2 - 1$
(*c*) $(\sqrt{3}/3; -2\sqrt{3}/9)$ und $(-\sqrt{3}/3; 2\sqrt{3}/9)$
(*d*) $(\sqrt{2/3}; -1/3\sqrt{2/3})$ und $(-\sqrt{2/3}; 1/3\sqrt{2/3})$

2.2 Die Ableitung eines Polynoms

1. (*a*) 6 (*b*) −4
(*c*) 80 (*d*) 0
(*e*) 12 (*f*) −224

3. (*a*) 15 (*b*) 1
(*c*) 8

5. −22

7. 76 m/s

9. 811 g/cm

11. (*a*) $(10t + 20)$ m/s (*b*) 20 m/s

13. (*a*) Man verwende das Ergebnis aus (*b*) und (*c*).
(*b*) $x = 0$, $x = \pm\sqrt[4]{5}$ (*c*) $(1; -4)$ und $(-1; 4)$

15. $y = \frac{1}{2}x - \frac{3}{16}$

17. (*a*) $8x + 4$ (*b*) $12x + 1$

19. (*a*) 4 (*b*) 3

2.3 Die Ableitung einer Funktion

1. $3/(2\sqrt{x})$

3. $12x + 3$

5. $-2/x^3$

7. (*a*) 6,1 (*b*) 6,01
(*c*) 5,9

9. $2 + 3/(2\sqrt{x})$

11. (*a*) 1 g/cm (*b*) $\frac{1}{2}$ g/cm

13. (*a*) siehe Beispiel 4 aus Abschnitt 2.2
(*c*) −1 (*d*) 135°

15. (*a*) Es gibt unendlich viele derartige Geraden.
(*b*) Die Tangente in (1; 1) schneidet den Graphen zweimal.
(*c*) Die Tangente ist die Gerade durch den Punkt, deren Anstieg mit der Ableitung der Funktion an der gegebenen Stelle übereinstimmt.

17. (*a*) ja (*b*) nein
(*c*) nein

19. (*a*) Die Rate, mit der das Wasser zur Zeit t versickert, in Metern pro Stunde.
(*b*) Die Rate ist klein.

Testaufgaben zu Kapitel 2

2. $\frac{13}{4}$

3. (*a*) 13 (*b*) −1
(*c*) 1

4. (*a*) Weg der Rakete, Zeit für diesen Weg, mittlere Geschwindigkeit in diesem Zeitintervall.
(*b*) Zuwachs der Bevölkerung, Zeitintervall für diesen Zuwachs, mittlere Zuwachsrate.
(*c*) Masse des Abschnittes, Länge des Abschnittes, mittlere Dichte des Abschnittes.
(*d*) Länge des Bildes der Strecke, Länge der Strecke, mittlere Vergrößerung der Strecke.

5. $4x^3$

Übungen zu Kapitel 2

1. (*a*) $5x^4 - 12x^3 + 2$ (*b*) $-1/x^2$
(*c*) $1/(2\sqrt{x})$ (*d*) $-2/x^3$

3. $4x^3 + 4x$

7. (*a*) 16,4
(*b*) mittlere Zuwachsrate des Gewinnes für das erste Zehntel des zweiten Jahres;
(*c*) Anstieg der Strecke von (2; 16) nach (2,1; 17,64);
(*d*) mittlere Geschwindigkeit während des Zeitintervalls (2; 2,1)

9. (*a*) 12,61 (*b*) 11,41
(*c*) 12

11. (*a*) $5(x_1^2 + x_1 + 1)$ (*b*) $-3(x_1 + 1)/x_1^2$
(*c*) 6 (*d*) $4x_1 + 3$

13. (*a*) Änderungsrate des Verkaufswertes;
(*b*) Verbilligung, Verteuerung, üblicherweise Verbilligung – ausgenommen der Wagen hat historischen Wert

15. (*a*) 0, 9, 24 (*b* 5, 15
(*c*) $9 < t < 24$ (*d*) $5 < t < 15$
(*e*) $0 < t < 5$, $15 < t < 24$ (*f*) 5, 15

17. (*a*) 5 (*b*) 5

19. $y = -x$

21. 32

23. (*a*) $3x^2 - 3$ (*b*) $|x| > 1$, $|x| < 1$, $|x| = 1$

25. geht nach Null

27. geht nach 0,5

29. ungefähr $\frac{1}{48}$

3 Grenzwerte und stetige Funktionen

3.1 Überblick über die Exponentialfunktion

1. (*a*) 8 (*b*) 4
(*c*) $\frac{1}{4}$ (*d*) 16
(*e*) $\frac{1}{32}$

3. (*a*) 0,1 (*b*) 0,053
(*c*) 600,06

5. (*a*) 1 (*b*) 2
(*c*) 4 (*d*) 8
(*e*) $\frac{1}{2}$

7. (*a*) 2^2 (*b*) 2^{-3}
(*c*) $2^{1/2}$ (*d*) 2^{-1}
(*e*) 2^0 (*f*) $2^{1/3}$
(*g*) 2^{-2} (*h*) $2^{3/2}$

9. (*a*) $b^{2/3}$ (*b*) b^{-2}
(*c*) $b^{-1/2}$ (*d*) $b^{-1/3}$
(*e*) b^{-5} (*f*) $b^{1/6}$

11. (*a*) 25 (*b*) 4
(*c*) 9 (*d*) 4

21. (*a*) $0 < x < 1$ (*b*) $x > 1$

25. (*a*) 2,25 (*b*) 2,236

29. (*a*) 0,993 1 (*b*) 0,199 5; 1; 0

3.2 Die Zahl e

1. (*a*) 2,49 (*b*) 3,05

3. (*a*) 0,25 (*b*) 0,30
(*c*) 0,32

5. (*a*) 1 (*b*) $\sqrt{e}$

9. e

3.3 Der Grenzwert einer reellen Funktion

1. $\frac{6}{5}$ **3.** 0

5. $-\frac{1}{6}$ **7.** 7

9. 0 **11.** -1

13. 12 **15.** $\frac{1}{4}$

17. $\lim_{x \to a} f(x)$ existiert für alle a

19. $\lim_{x \to a} f(x)$ existiert für alle a

21. $\lim_{x \to a} f(x)$ existiert für alle a ausgenommen $a = 1$
$\lim_{x \to a^+} f(x)$ existiert für alle a
$\lim_{x \to a^-} f(x)$ existiert für alle a, ausgenommen $a = 1$

23.

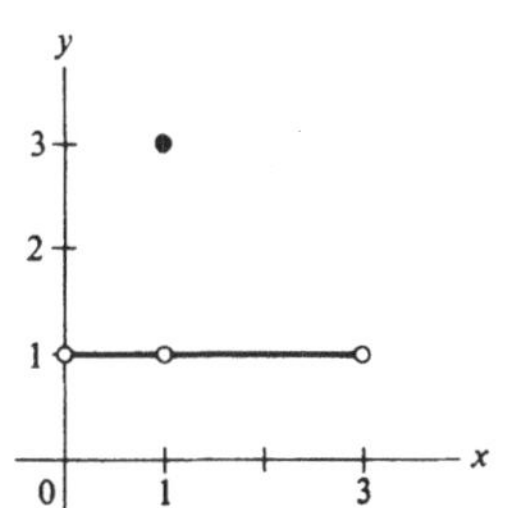

25.

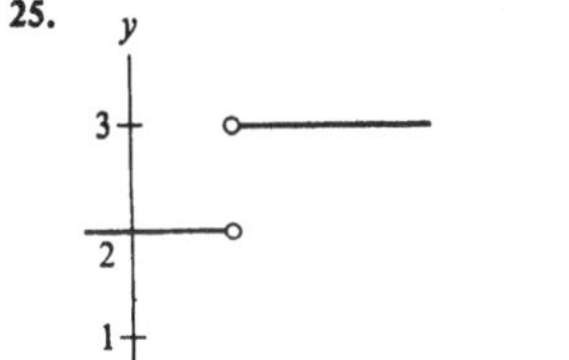

27. (*b*) ja (*c*) ja
(*d*) alle a

29. (*a*) Man zeichne einige Punkte auf den Geraden $y = x$ und $y = -x$
(*b*) nein (*c*) nein
(*d*) ja (*e*) $a = 0$

31. 1

3.4 Mehr über Grenzwerte und die Zahl e

1. $\frac{5}{7}$ **3.** $-\infty$

5. -1 **7.** $-\infty$

9. 0 **11.** ∞

13. 0 **15.** 0

17. ∞ **19.** ∞

21. 1 **23.** 0

25. $\sqrt{2/3}$ **27.** 2,37; 2,44; 2,49; 3,37; 3,16; 3,05

29. 1

31.

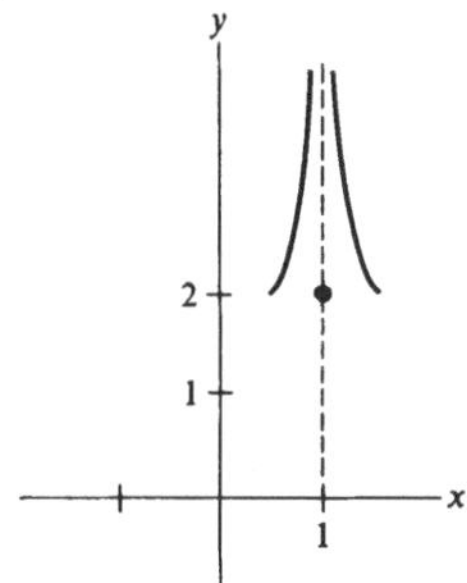

33.

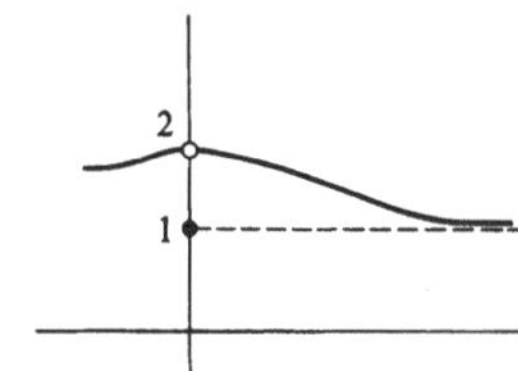

37. 1,271; 1,164; 1,121; ja

39. (*a*) 30,375; 97,656; 3,052; 0,0226
(*b*) geht nach Null

41. geht nach vier

3.5 Trigonometrische Grundbegriffe

1. (*a*) $\pi/2$ (*b*) $\pi/6$
   (*c*) $2\pi/3$ (*d*) $3\pi/2$
   (*e*) 2π
3. (*a*) $\frac{5}{3}$ rad (*b*) $300°/\pi \approx 95{,}5°$
5. (*a*) $540°/\pi \approx 171{,}9°$ (*b*) $\pi/180$ rad $\approx 0{,}0175$ rad
7. (*a*) Winkel von 114,59°
   (*b*) Schnur von der Länge eines Durchmessers entlang des Umfangs
9. (*a*) $0;\ 1/2;\ \sqrt{2}/2;\ \sqrt{3}/2;\ 1;\ 0;\ -1;\ 0$
   (*b*) siehe im Text, wo der Graph dargestellt ist
13. (*a*) $\pi/4$ rad (*b*) 0,46 rad ($\approx 26{,}5°$)
   (*c*) $3\pi/4$ rad (*d*) 1,107 rad ($\approx 63{,}5°$)
   (*e*) $\pi/3$ rad
15. $\frac{1}{2},\ \sqrt{3}/2,\ \sqrt{3}$
17. (*a*) $\frac{3}{2}$ (*b*) $5/\sqrt{2}$
   (*c*) $4\sqrt{3}$
19. (*a*) 5 (*b*) $\sqrt{x^2+y^2}$
   (*c*) $\sqrt{2-2\cos\theta}$

27. (*a*) $2,\ \sqrt{2},\ 2/\sqrt{3};\ 1$

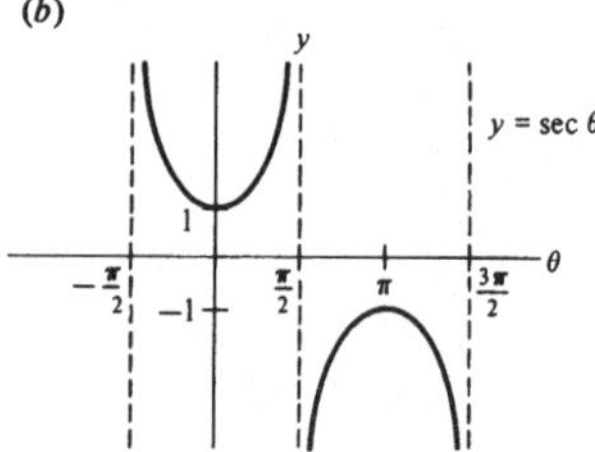

31. (*a*) 0,0166; 0,0171; 0,01736; 0,01743; 0,01745
   (*b*) geht nach $\pi/180 \approx 0{,}0175$

3.6 Der Grenzwert von $\sin\theta/\theta$ für $\theta \to 0$

1. (*a*) $9\pi/4$ (*b*) $\theta/2$
   (*c*) 2θ
3. 0,64; 0,90; 0,95 5. 0
7. $\frac{2}{3}$ 9. ∞
11. ∞
13. (*a*) $0;\ 1;\ 0;\ -1;\ 0;\ 0{,}01$ (näherungsweise)
   (*b*)

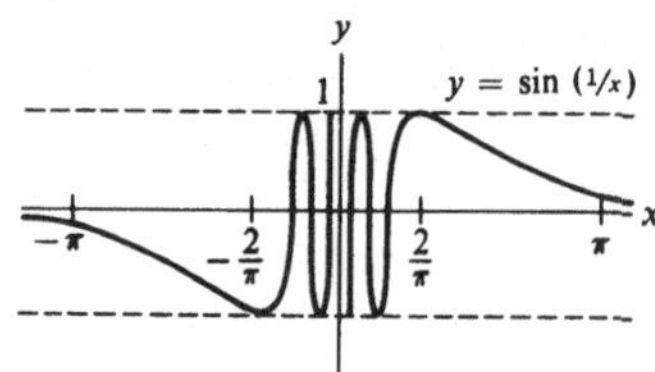

   (*d*) 0
17. (*a*) $x \neq 0$ (*b*) $0{,}95;\ 0{,}64;\ 0;\ -0{,}21;\ 0$
   (*e*)

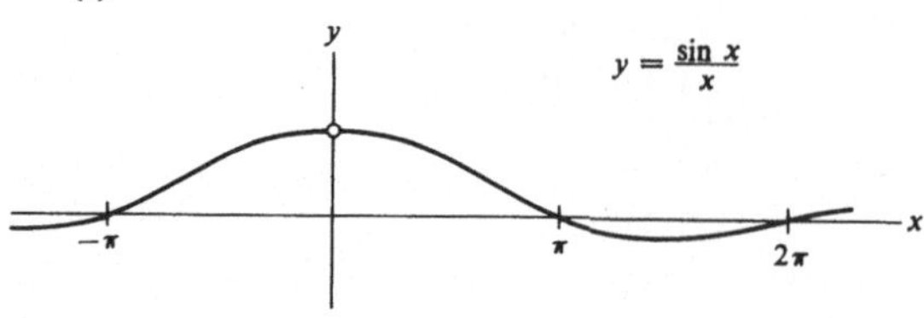

19. (*a*) $\lim\limits_{h\to 0} \dfrac{f(x+h)-f(x)}{h}$
   (*b*) man verwende $\sin(x+h) = \sin x \cos h + \sin h \cos x$
21. ungefähr $\frac{1}{6}$

3.7 Stetige Funktionen

1. Stetig für alle x aus $[0;1]$
3. $\frac{1}{2}$ 5. 1
7. ja, man definiere $f(0) = 1$
9. (*a*) ja, es sei $f(0) = e$ (*b*) nein
11. $\frac{5}{3}$ 13. $\pi, 2\pi, 3\pi, 4\pi, 5\pi$
15. $\pi/3, 5\pi/3, 7\pi/3, 11\pi/3, 13\pi/3$
17. $-1;0;1$
19. Man berechne $x + \sin x$ für Null und $\pi/2$; man verwende den Mittelwertsatz.
21. Man betrachte das Intervall $[0;1]$
23. ja
25. für $m = 1$, $X = -1$ oder 1, für $1 < m \leqslant 4$, $X = \sqrt{m}$
27. nur für $x = 0$
29. (*a*) $f(n) = f(1 + \ldots + 1) = f(1) + \ldots + f(1) = nf(1) = cn$
   (n Summanden)
   (*b*) (n Summanden) $f(1/n) + \ldots + f(1/n) = nf(1/n) = f(1)$, daher $f(1/n) = c/n$. Man zeige $f(x) = cx$ für rationale x.
   (*c*) Man verwende die Stetigkeit.

Testaufgaben zur Exponentialfunktion

1. (*a*) 0,125 (*b*) 2,828
   (*c*) 4 (*d*) 1
   (*e*) 0,354 (*f*) 0,25
2. (*a*) $3^{1/2}$ (*b*) 3^{-1}
   (*c*) $3^{2/3}$ (*d*) 3^5
   (*e*) $3^{3/2}$ (*f*) 3^{35}
   (*g*) $3^{-1/2}$ (*h*) 3^{10}
3. 1,9
4. (*a*) b^2 (*b*) $b^{3/2}$
   (*c*) $b^{5/6}$ (*d*) $b^{-3/2}$
   (*e*) $b^{5/6}$ (*f*) $b^{15/2}$
5. (*a*) 625; 125 (*b*) $\sqrt[3]{5}$

Testaufgaben zur Trigonometrie

1. (*a*) 114,6° (*b*) $-0{,}42;\ 0{,}91$
2. (*a*) 5,2 cm (*b*) 10,4 cm^2
3. (*a*) Siehe den Graphen in Abschnitt 3.5.
   (*b*) Es handelt sich um das gleiche Schaubild, nur um $\pi/2$-Einheiten nach links verschoben.
4.

θ (Radiant)	$\pi/2$	$2\pi/3$	$3\pi/4$	$-\pi/4$	$-\pi/6$	$9\pi/4$
θ (Grad)	90°	120°	135°	−45°	−30°	405°
$\cos\theta$	0	$-1/2$	$-\sqrt{2}/2$	$\sqrt{2}/2$	$\sqrt{3}/2$	$\sqrt{2}/2$
$\sin\theta$	1	$\sqrt{3}/2$	$\sqrt{2}/2$	$-\sqrt{2}/2$	$-1/2$	$\sqrt{2}/2$

5. (*a*) $\pm 0{,}8$ (*b*) $53{,}2°;\ -53{,}2°$
6. (*a*) $(\sqrt{6}+\sqrt{2})/4$ (*b*) $(\sqrt{6}-\sqrt{2})/4$
   (*c*) $\sqrt{2+\sqrt{2}}/2$
7. Siehe den Graphen aus Abschnitt 3.5

Testaufgaben zu Kapitel 3

1. (*a*) $\lim\limits_{n\to\infty} (1 + 1/n)^n$ (*b*) 2,718 (*c*) e
2. $c^5 - d^5 = (c-d)(c^4 + c^3d + c^2d^2 + cd^3 + d^4) <$
   $(c-d)(c^4 + c^4 + c^4 + c^4 + c^4) = 5c^4(c-d)$
3. (*a*) 2, (*b*) für keine
   (*c*) für keine (*d*) 2
   (*e*) $-1;0;2;4;5$

4. (a) $\frac{1}{2}$ (b) $\frac{3}{2}$
(c) $3\cos(1) - 3 \approx -1{,}379$ (d) $\frac{1}{4}$
(e) ∞ (f) e^3
5. (d) $f(x) = \sqrt{x}$ und $x = 4$
6. strebt nach 1, strebt nach 0
7. (a) $0; \sqrt{2}/2$ (b) Mittelwertsatz $0 < \frac{1}{2} < \sqrt{2}/2$
8. (a) z.B. der Graph von $f(x) = |x|$
(b) der Graph von $f(x)$ mit $f(0) = 0, f(x) = 1$ für $x \neq 0$
(c) der Graph von $f(x)$ mit $f(x) = 0$ für $x < 0$ und $f(x) = 1$ für $x \geq 0$

Übungen zu Kapitel 3

3.

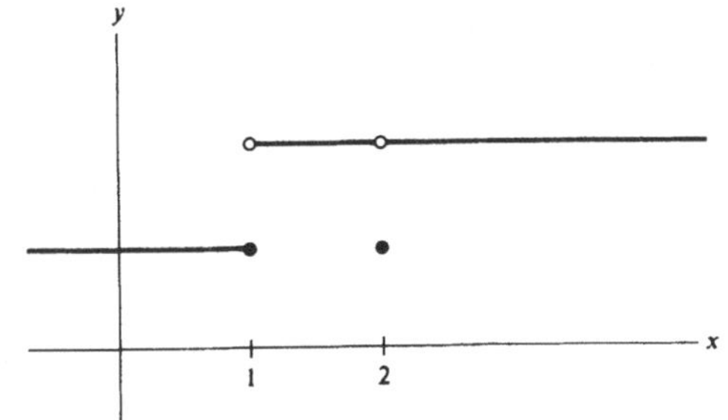

5. (a) falsch (b) richtig
(c) richtig
7. (a) man multipliziere oben und unten mit $1 + \cos h$
(d) innerhalb 0,0002; 0,00006; 0,0011
9. stetig für $-1; 0; 1$; differenzierbar für Null
11. (a) geht nach ∞ (b) geht nach $-\infty$
(c) man verwende den Mittelwertsatz
13. (a)

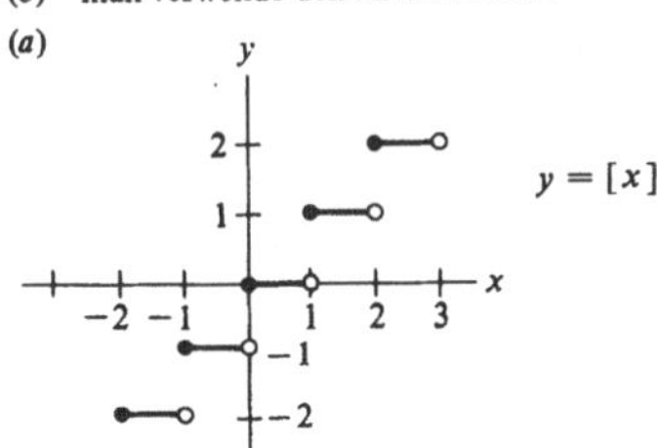

(b) f ist für keine ganze Zahl stetig
15. (a) $0; 1; \frac{1}{2}$ (b) alle x
(c) für $x \neq 1; -1$

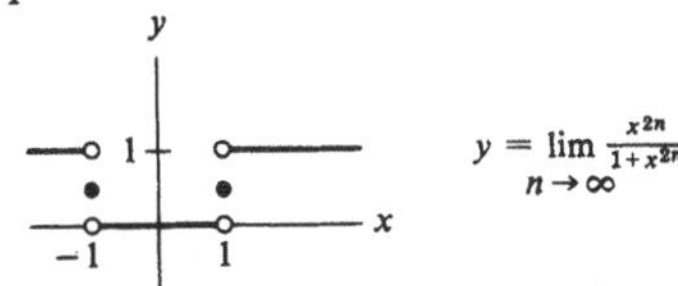

Übungen zu den Kapiteln 1 bis 3

1. (a) $\lim_{x_1 \to x} \frac{f(x_1) - f(x)}{x_1 - x}$
(b) Geschwindigkeit, Dichte, Vergrößerung, Anstieg, Zuwachsrate, usw.
3. (a) 7,625 (b) 2,791
5. (a) $\frac{2}{3}$ (b) 6
7. Siehe die Lösung von Übung 17 (e) aus Abschnitt 3.6.
9. (a) $6x^2 + 6x - 12$
(b) Null für $x = -2; 1$, positiv für $x < -2; x > 1$, negativ für $-2 < x < 1$
11. (a) der Anstieg an der Stelle $x = 1$ beträgt 3
(b) die Geschwindigkeit zur Zeit $t = 1$ beträgt 3 m/s; ungefähr 0,03 m
(c) die Vergrößerung für $x = 1$ beträgt 3; 0,03
(d) die Dichte für $x = 1$ beträgt 3 g/cm; 0,03 g
13. (a) $18x^2 - 5$ (b) $12x + 36x^3$
(c) $-5/x^2$
15. (a) $|x| \geq 1$
(b)

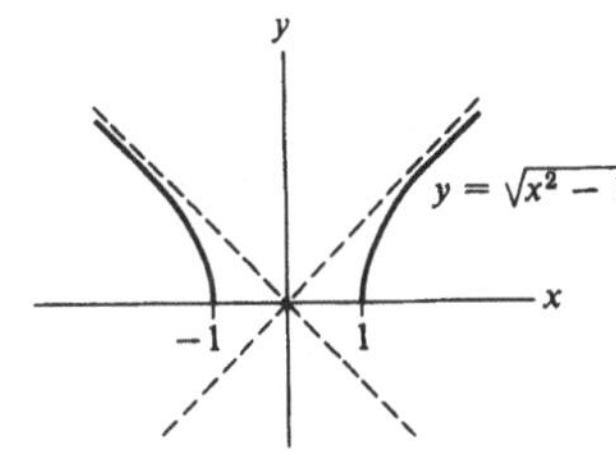

(c) ja
17. (a) $x \neq (2k+1)\pi/2$, k eine beliebige ganze Zahl
19. (a) $\frac{1}{2}$ (b) 4
(c) $-\frac{17}{9}$
21. 0
23. (a) 1 (b) $\frac{1}{3}$
25. (a) $x^3 + 1$ (b) $x^3/3$
(c) $1/x - 18$ (d) $-1/x$
(e) $9x^4/4 + 2x^3 - 3x^2 + 2x - 4$
(f) $10\sqrt{x}$
27. $\sqrt[3]{x^2}/3$
29. Für alle x gelte $f(x) > x$. Dann folgt $x = f(f(x)) > f(x) > x$. Daher gilt für ein bestimmtes a die Ungleichung $f(a) - a \leq 0$. Ebenso gibt es ein b mit $f(b) - b \geq 0$. Man wende den Mittelwertsatz auf $g(x) = f(x) - x$ an.
33. $\frac{3}{2}$ 35. nein
37. -13 (keiner der beiden hat recht)

4 Berechnung von Ableitungen

4.1 Einige Bezeichnungen für die Ableitung

1. 21 3. $\frac{1}{6}$
5. $24u^3$ 7. $15x^4 - x$
9. $-1/u^2$ 11. 44
13. $t^3 + t^2 - t$ 15. $3u^2$
17. $4s^3 + 6s^2 + 2s$
19. (a) $-32t + 80$ (b) $t < \frac{5}{2}, t > \frac{5}{2}, t = \frac{5}{2}$
(c) 80 m/s
21. (a) $u^4/4 + 3$ (b) $2\sqrt{t}$
(c) $3x^2/2 + 5x + 1$ (d) $5t$

4.2 Die Ableitung einer Konstanten, sowie von Sinus und Kosinus

1. (b) $0 \leq x < \pi/2$ und $3\pi/2 < x \leq 2\pi$, $\pi/2 < x < 3\pi/2$, $x = \pi/2$ und $x = 3\pi/2$
(c) 0 und 2π
3. (a) $\frac{1}{2}$ (b) $-\sqrt{2}/2$
(c) 3 (d) 0
5. (a) $0; 1; 0; -1$ Zentimeter
(b) $1; 0; 0; -1$ Zentimeter pro Sekunde
(c) $1; 0; 0; 1$ Zentimeter pro Sekunde
11. man verwende $(\cos[4(x+h)] - \cos 4x)/h$
13. (a) $2\cos t$ Meter pro Stunde
(b) auf mittlerer Meereshöhe
15. bevor der übliche Quotient untersucht wird, entwickle man

$\sin[(x+h)^2] = \sin(x^2 + 2xh + h^2)$.

4.3 Logarithmen im Überblick

1. (a) $\log_2 32 = 5$ (b) $\log_3 81 = 4$
   (c) $\log_{10} 0{,}001 = -3$ (d) $\log_5 1 = 0$
   (e) $\log_{1000} 10 = \frac{1}{3}$ (f) $\log_{49} 7 = \frac{1}{2}$
3. (a) $2; \frac{1}{2}$ (b) $3; \frac{1}{3}$ (c) $2; \frac{1}{2}$
5. (a) $2^x = 7$ (b) $5^s = 2$
   (c) $3^{-1} = \frac{1}{3}$ (d) $7^2 = 49$
7. (a) -1 (b) $\frac{3}{2}$ (c) 0
9. (a) $\frac{7}{6}$ (b) $-\frac{1}{2}$ (c) $-\frac{1}{6}$
11. 1,1404
13. (c) 0,6309
15. (a)

x	0,01	0,1	1	2	3	4	10	100
$\lg x$	-2	-1	0	0,3010	0,4771	0,6021	1	2
$\lg x/x$	-200	-10	0	0,1505	0,1590	0,1505	0,1	0,02

(b)

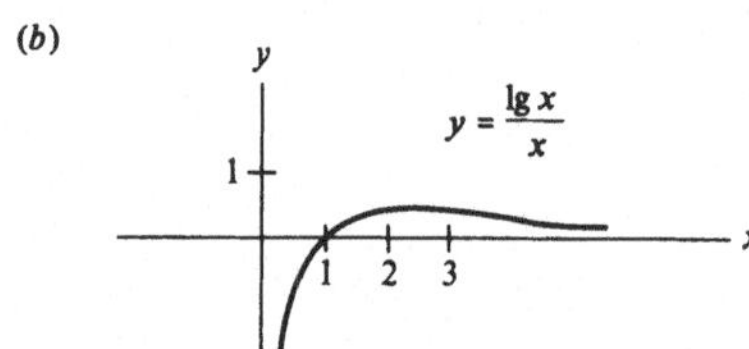

(c) e (siehe Kapitel 6)

23. (b) Der eine Graph geht durch Streckung aus dem anderen hervor
27. Es sei $\lg 3 = a/b$, dann gilt $2^a = 3^b$; dies ist für nichtverschwindende ganze Zahlen a und b unmöglich. (Warum?)
29. 1,465

4.4 Die Ableitung der Logarithmusfunktion

1. (a) $(\lg e)/x$ (b) $(\log_2 e)/x$
   (c) $(\log_5 e)/x$ (d) $1/x$
   (e) $1/x$
3. (a) $\frac{1}{2}$ (b) $\frac{1}{3}$ (c) 2
5. (a) Ähnlich dem Graphen von $y = \lg x$ aus Abschnitt 4.3, vertikal um einen Faktor von $\log_e 10 \approx 2{,}3$ gestreckt.
   (b) 45°
7. (a) $\frac{1}{2}$ (b) 0,04
9. (b) 0,69; 1,10; 1,94
11. (a) $\frac{1}{3}$ (b) 0,02
13. Es sei $f(x) = 1/x - \cos x$, $f(\pi) = 1/\pi + 1 > 0$. $f(2\pi) = 1/2\pi - 1 < 0$. Man verwende den Mittelwertsatz.

4.5 Die Ableitung der Summe, der Differenz und des Produktes von Funktionen

1. $-\sin x + \cos x$
3. $4/\sqrt{x}$
5. $3x^2 + 5\cos x$
7. $\cos x$
9. $1 - 1/x^2$
11. $x \cos x$
13. $12x^2 \sin x + 4x^3 \cos x$
15. $3\cos^2 x - 3\sin^2 x = 6\cos^2 x - 3$
17. $5/x - \cos x + x \sin x$
19. $(2 \ln x)/x$
21. $10/x$
23. $x \ln x$
25. $(\ln x)^2$
27. $3(\ln x)^2/x$
31. (a) $x^2/10$ (b) $\ln x^5$
    (c) $x^2/2 - 3\ln x$ (d) $x^2/2 + 2x - \ln x$
    (e) $2\sin x - 3\cos x$

4.6 Die Ableitung des Quotienten zweier Funktionen

1. $1/(3x+2)^2$
3. $(1 - 2\ln x)/x^3$
5. $(24x^9 + 8x^7 + 3x^6 - 20x^5 + 5x^4 + 32x^3 - 2x^2 - 24x + 2)/(x^2+1)^2$
7. $(\tan x)/x + \ln x \sec^2 x$
9. $(\cos x + 1 - \tan^2 x)/(1 + \sec x)^2$
11. $\ln x \cos 2x + (\sin x \cos x)/x$
13. $(1 - \ln x)/x^2$
15. $(-2x - 15x^4)/(x^2 + 3x^5)^2$
17. $-64/x^9$
19. $(5x \sec^2 x - 15 \tan x)/x^4$
21. $-4 \operatorname{cosec} x \cot x - 3 \operatorname{cosec}^2 x$
25. (a) $1; 2/\sqrt{3}; \sqrt{2}; 2; -1; -\sqrt{2}; \sqrt{2}$
    (b) $x \neq (2k+1)\pi/2$, k ist ganzzahlig
27. (a) $\sqrt{3}; \sqrt{3}/3; 1; 0; -1$ (b) $\cot x \to +\infty$
    (c) $\cot x \to -\infty$
    (d)

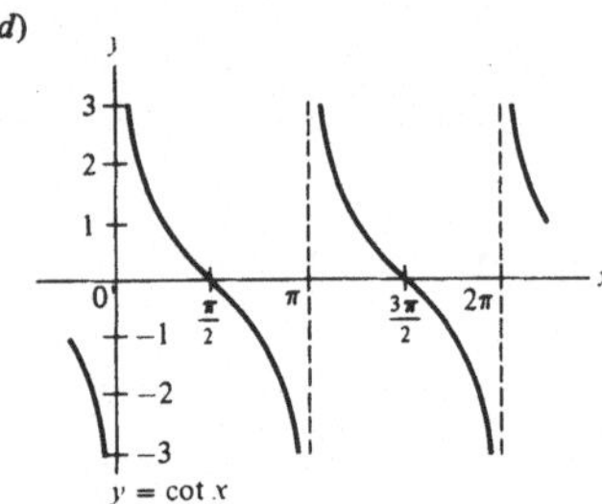

4.7 Zusammengesetzte Funktionen

1. $y = \cos u$, $u = x^2$
3. $y = u^3$, $u = \cos x$
5. $y = 3 + u^2$, $u = \ln x$
7. $y = \sec u$, $u = 5x$
9. $y = \sin u$, $u = 1 + \ln x$
11. $y = u^3$, $u = \sin v$, $v = 5x$
13. (a) $f \circ g(x) = \sin|x|$, $g \circ f(x) = |\sin x|$
    (b) $f \circ g(x) = (\ln x)^2$, $g \circ f(x) = \ln(x^2)$
    (c) $f \circ g(x) = (x^3)^2 = x^6$, $g \circ f(x) = (x^2)^3 = x^6$
15. (a) $g'(3) \approx 2$, $f'(4) \approx 3$, $h'(3) \approx 6$
    (b) $h'(3) = g'(3) \cdot f'(4)$
17. (a) Man addiere 1 zur Zahl und quadriere das Resultat.
    (b) Man quadriere die Zahl und addiere 1 zum Resultat.
    (c) $(x+1)^2$ (d) $x^2 + 1$
19. $f(x) = \lg x$, $g(x) = \sin x$
21. (a) $x; x$ (b) x, für $x > 0$, x

4.8 Die Ableitung einer zusammengesetzten Funktion

1. $8(2x^3 - 2x + 5)^3 (3x^2 - 1)$
3. $15 \sin^4 3x \cos 3x$
5. $10(1+2x)^4 \cos 3x - 3(1+2x)^5 \sin 3x$
7. $3(1 + \ln 2x)^2/x$
9. $[3(x^2+1)\cos 3x - 10x \sin 3x]/(x^2+1)^6$
11. $4\cos 3x \cos 4x - 3 \sin 3x \sin 4x$
13. $(\sec^2 \sqrt{x})/(2\sqrt{x})$
15. $[-5(1+x^2)\operatorname{cosec}^2 5x - 2x \cot 5x]/(1+x^2)^2$
17. $(3 \cot 3x)/\ln 10$
19. $-6x \operatorname{cosec} 3x^2 \cot 3x^2$
21. $x/\sqrt{x^2-1}$
23. $x(1-x^2)^{-3/2}$
25. $x/(3x+5)$
27. $1/[(x-3)\sqrt{2x+3}]$
29. $\sin^3 3x$
31. $\sec 3x$
33. (a) Man zeichne $y = \ln x$ und spiegle den Graphen an der y-Achse.
35. (b) 35

4.9 Umkehrfunktionen

1.

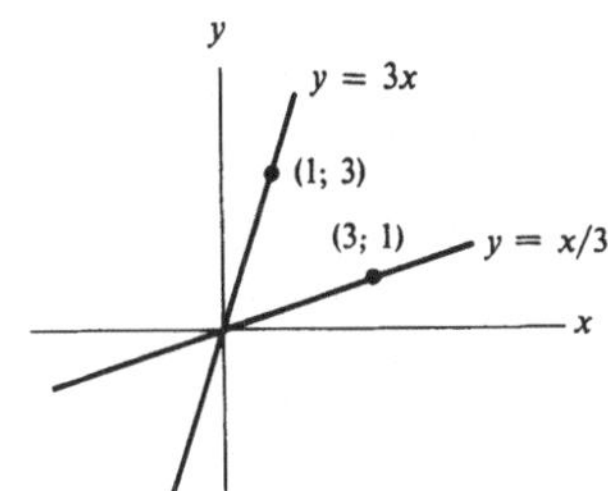

3.

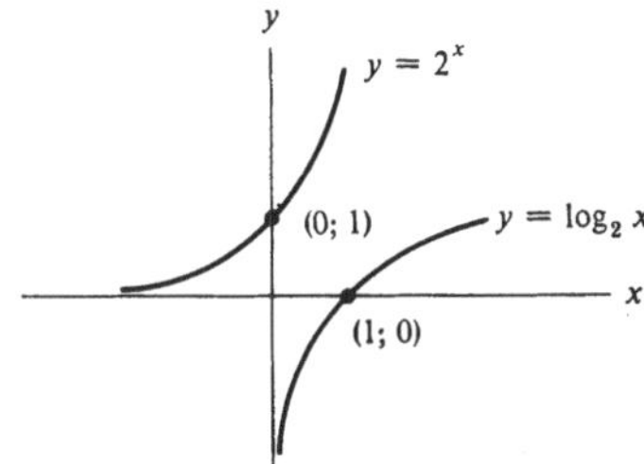

5.

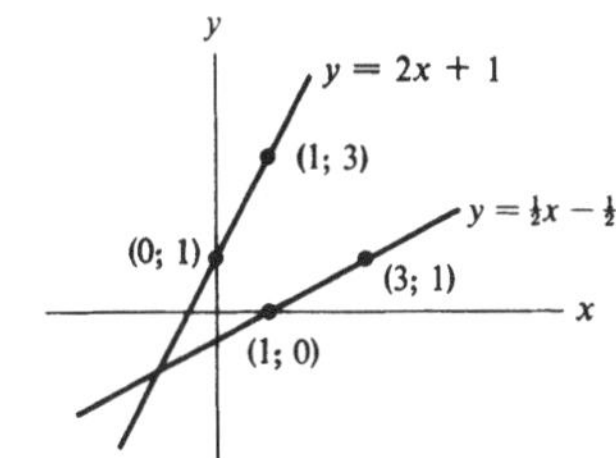

7. (*b*) $y = \sqrt[4]{x}$
9. (*b*) und (*c*)
11. (*a*) $\pi/2$ (*b*) $\pi/6$ (*c*) 0 (*d*) $-\pi/6$
(*e*) $-\pi/3$ (*f*) $-\pi/2$
15. $-4/(x^2\sqrt{4-9x^2})$
17. $10x(1+x^2)^4 \sin 3x + 3(1+x^2)^5 \cos 3x$
19. $-3\sin[\lg(3x+1)]/[\ln 10\,(3x+1)]$
21. $15/(5x+1) + 12/(6x+1) - 8/(2x+1)$
23. Die Punkte (1; − 2), (3; 4), (5; 8) liegen auf dem Graphen von f. Die Punkte (− 2; 1), (4; 3), (8; 5) liegen auf dem Graphen von f^{-1}.
25. $0; \frac{1}{2}; -\pi/2; 2\pi$
29. nein, denn einige Väter haben mehr als ein Kind
31. $|x|$

4.10 Die Ableitung von b^x und x^a

1. $15e^{3x}$
3. $(3\ln 2)(2^{3x})$
5. $-e^{-x}$
7. $x^2 e^x$
9. $[2x + (2x - 3x^2)e^{3x}]/(1+e^{3x})^2$
11. $\sqrt{2}x^{\sqrt{2}-1}$
13. 0
15. xe^{3x}
17. $3x\cos 3x$
19. $(5+3e^{2x})^{-1}$
21. $(\ln 5x)^2$
23. $(Ae^{kx})' = k \cdot Ae^{kx}$
25. (*a*) $0, e^{-\pi/2}, 0, -e^{-3\pi/2}, 0, e^{-5\pi/2}, 0, -e^{-7\pi/2}, 0$

(*b*)

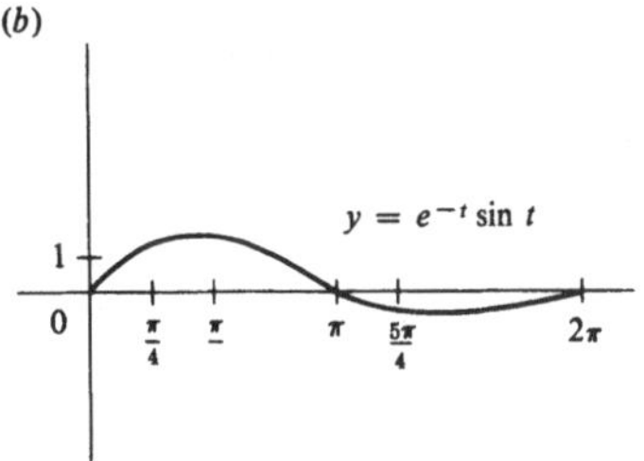

(*c*) $\pi/4, 5\pi/4$
27. (*a*) $10x/(x^2+3)$ (*b*) $3e^{3x}/(1+e^{3x}) + 6/x$
(*c*) $1/(1+2x) + x^2/(1+x^3)$
(*d*) $10x/(x^2-2) + 5/x - x/(x^2+5)$

4.11 Die Ableitung der inversen trigonometrischen Funktionen

1. (*a*) 0,98 (*b*) 0,61 (*c*) − 0,88 (*d*) 0,41
(*e*) − 0,52 (*f*) 0,93
3. $\sqrt{2}/2$
5. $\sqrt{3}$
7. -1
9. $5/\sqrt{1-25x^2}$
11. $3/(1+9x^2)$
13. $1/(|x|\sqrt{9x^2-1})$
15. $\sqrt{2-x^2}$
17. $1/(x\sqrt{3x^5-1})$
19. $\sqrt{(2-x)/(1+x)}$
21. (*a*) $1/\sqrt{x^2-9}$ (*b*) $1/\sqrt{9-x^2}$
23. (*a*) $1/(x\sqrt{2x^2+1})$ (*b*) $1/(|x|\sqrt{2x^2-1})$
25. $(\arcsin 2x)^2$
27. (*a*)

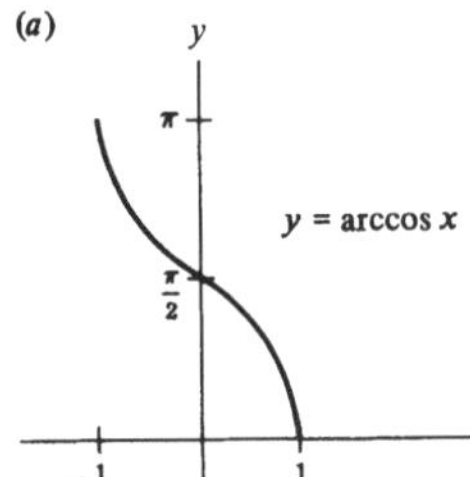

Testaufgaben zu Kapitel 4 (Rechnungen)

1. $-1/(2x\sqrt{x})$
2. (*a*) $6(x^3+x)^5(3x^2+1)$
(*b*) $[6x(\sin 2x)^2\cos 2x - 4(\sin 2x)^3]/x^5$
(*c*) $2x^2 + 6x^2\ln x$ (*d*) $15\sec^5 3x\tan 3x$
3. (*a*) $3x^2/(2\sqrt{1+x^3})$ (*b*) $-3\sin 6x$
(*c*) $-3e^{-3x}$ (*d*) $3/\sqrt{1-9x^2}$
(*e*) $2x \cdot 5^{x^2}\ln 5$ (*f*) $\frac{3}{2}\sqrt{x}$
4. (*a*) $e^x\sin 2x$ (*b*) $\arcsin x$
(*c*) $\arctan x$
(*d*) $3\,\mathrm{arcsec}\,3x\sec 3x\tan 3x + \sec 3x/(|x|\sqrt{9x^2-1})$
5. (*a*) $-\pi/4$ (*b*) $\pi/3$ (*c*) $\pi/6$ (*d*) $2\pi/3$
(*e*) π (*f*) $-\pi/2$

Testaufgaben zu Kapitel 4 (Begriffe)

2. (*b*) $(\lg e)/x = 1/(x\ln 10)$
3. (*a*) e^2 (*b*) $\ln 10$
6. (*a*) zur Vereinfachung der Ableitung trigonometrischer Funktionen
(*b*) zur Vereinfachung der Ableitung der Logarithmusfunktion
(*c*) zur Vereinfachung der Ableitung der Exponentialfunktion

7. (*a*) die Großmutter von x mütterlicherseits
   (*b*) die Großmutter von x väterlicherseits
   (*c*) der Großvater von x mütterlicherseits
   (*d*) Geschwister
   (*e*) Cousins ersten Grades
8. (*a*) e^x (*b*) $\ln x$ (*c*) $\sqrt[3]{x}$ (*d*) $x/3$
   (*e*) x^3 (*f*) $\sin x$
10. (*a*) 12 (*b*) $-\frac{1}{2}$ (*c*) 45 (*d*) 12
    (*e*) 90

Übungen zu Kapitel 4

1. $12x + 3$
3. $\sin x + \sec x \tan x$
5. $-e^{-3x}(3\cos 2x + 2\sin 2x)$
7. (*a*) $3/x - 10/(1-2x)$ (*b*) $-(\tan x)/3$
9. $1/(9+x^2)$
11. $(\cos x)/(2\sqrt{\sin x})$
13. $1/\sqrt{x^2+1}$
15. $[6(x^2+x)\sin^2 2x \cos 2x - (2x+1)\sin^3 2x]/(x^2+x)^2$
17. $2x e^{-x}/(x^4+1) - e^{-x}\arctan x^2$
19. $6x e^{3x^2}$
21. $2/\sqrt{1-4x^2}$
23. $2x \lg e/(x^2+1)$
53. $[\ln(1+2x)]'$ für $x = 3$, dies ist gleich $\frac{2}{7}$
55. $(\sin\sqrt{x})'$ für $x = 3$, dies ist gleich $(\cos\sqrt{3})/(2\sqrt{3})$
57. (*a*) $-1/(2x^2)$ (*b*) $1 - 1/x$
    (*c*) $\ln 5x$
59. (*a*) $3y^2\, dy/dx$ (*b*) $-\sin y\, dy/dx$
    (*c*) $e^y\, dy/dx$ (*d*) $(-1/y^2)\, dy/dx$
61. $\frac{1}{60}$
63. (*a*) 2 (*b*) 3 (*c*) $\frac{1}{2}$ (*d*) 1
    (*e*) 3
65. (*b*) $2x\sin(1/x) - \cos(1/x)$
    (*c*) Man untersuche $\lim\limits_{x\to 0} f'(x)$
67. Durch $7^a = 3^b$ würde die eindeutige Primzahlzerlegung verletzt.

5 Anwendungen der Ableitung

5.1 Der Satz von Rolle

1. (*a*) Für ein bestimmtes X aus $(0; 2\pi)$, $-\sin X = 0$
   (*b*) π
3. $-1; 0; 1$
5. (*a*) $\sqrt{2}/2$ (*b*) $\pi/4; 7\pi/4$
   (*c*) nein (*d*) nein
7. (*a*) $f(0) = f(2) = 40$
   (*b*) Für einen bestimmten Zeitpunkt t aus $(0; 2)$ muß die Geschwindigkeit des Balles gleich Null sein.
9. Nein, $f'(x)$ existiert nicht für $x = 0$.
11. (*a*) Keine Aussage, f ist für $x = -\frac{1}{2}$ nicht definiert
    (*b*) für keinen Wert.
13. Man setze $g(x) = -f(x)$ und verwende Theorem 1.
15. (*b*) nein,
    (*c*) nein, f' existiert nicht für ganze Zahlen.
17. Die Ableitung eines Polynoms vom sechsten Grad ist ein Polynom vom fünften Grad.

5.2 Der Mittelwertsatz

1. $(1-\sqrt{7})/3; (1+\sqrt{7})/3$ 3. alle x aus $(1; 3)$
5. $\pi; 2\pi; 3\pi$ 7. $e^{1(e-1)}$
9. Wird das Intervall um einen Faktor M vergrößert, dann gibt es einen Punkt im Inneren des Intervalls, wo die Vergrößerung M beträgt.

11. $f'(x) = 2$ für ein bestimmtes X aus $(3; 8)$.
13. (*a*) $1/x; 1/x$ (*b*) $\ln\frac{3}{2}$
21. $x - x^2/2 + x^3/3 - \ldots + (-1)^{n+1}x^n/n < \ln(1+x) <$
    $x - x^2/2 + x^3/3 - \ldots (-1)^n x^{n+1}/(n+1)$, für gerades n

5.3 Die relativen Größen von $e^x, x^a, \ln x$

1. 0 3. $-\infty$
5. ∞ 7. 0
9. 0 11. $(\ln 3)/\ln 2$
13. 0
15. (*a*) 0,02; 0,003; 0,0004 (*b*) 0
17. (*a*) $-1/(3x^3)$ (*b*) $3x^{4/3}/4$
    (*c*) $\ln x^3$ (*d*) $x^4/4 - 2x^3/3$
    (*e*) $5\arctan x$ (*f*) $\frac{3}{2}\ln(1+x^2)$
    (*g*) $-1/(3+9x)$ (*h*) $\ln\sqrt[3]{1+3x}$
    (*i*) $\frac{1}{2}\arcsin 2x$
23. (*b*) nur für $x_2 < 0 < x_1$
29. $e^x < 1 + x + x^2/2! + \ldots + x^{n-1}/(n-1)! + e x^n/n!$
31. 47,647
33. (*a*) 1,649 (*b*) 2,718

5.4 Natürliches Wachstum und natürlicher Zerfall

1. (*a*) 10 g (*b*) $\ln 3 = 1{,}0986$
   (*c*) 200 %
3. 70 Jahre 5. 1,435
7. 2064
9. (*a*) 25 % (*b*) 80 %
11. (*a*) $f'(t) = 10^t \ln 10 = f(t)\ln 10$
    (*b*) nein, $10^t = e^{t\ln 10}$
13. (*a*) $\frac{11}{12}$ (*b*) $-0{,}087$
15. $f(t) = Ae^t$
25. 8,3 %
27. $y = \frac{1}{2}kt^2 + c$

5.5 Ableitung und Grenzwerte: Die graphische Darstellung von Funktionen

1. y; $y = xe^{-x}$; 1/e; 1; x

3. kritischer Punkt (0; 0), aber kein lokales Maximum oder Minimum

5.

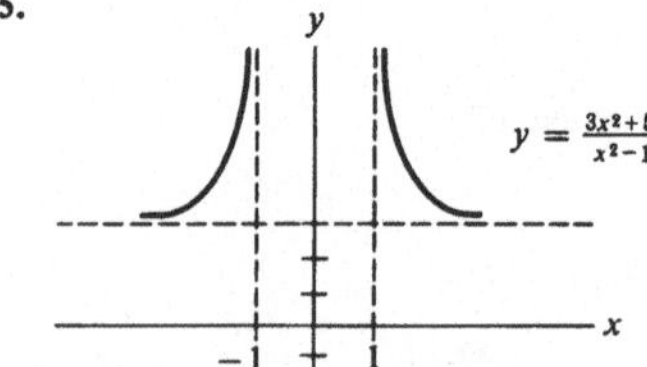

7.

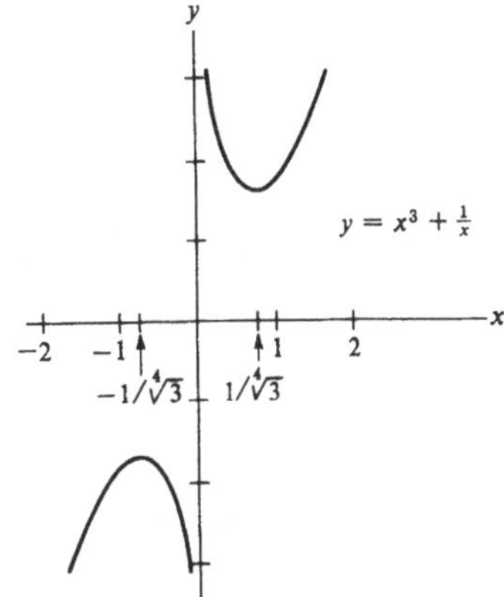

9.

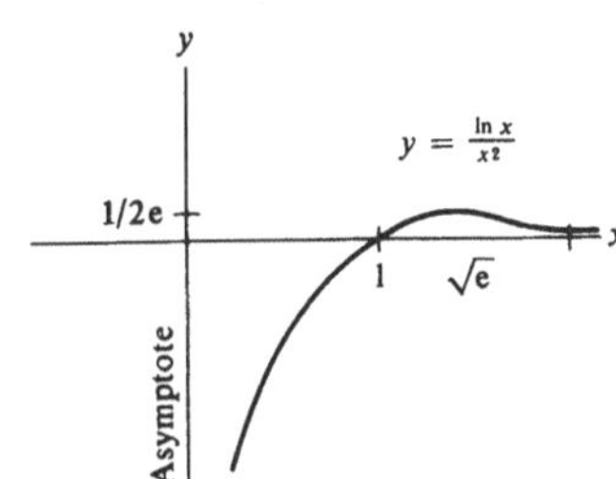

11.

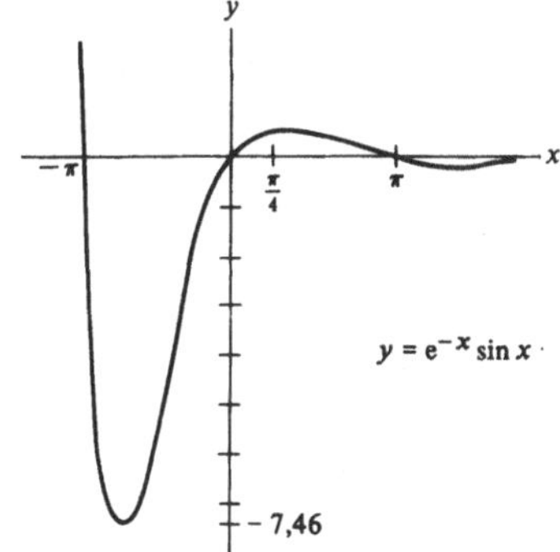

13.

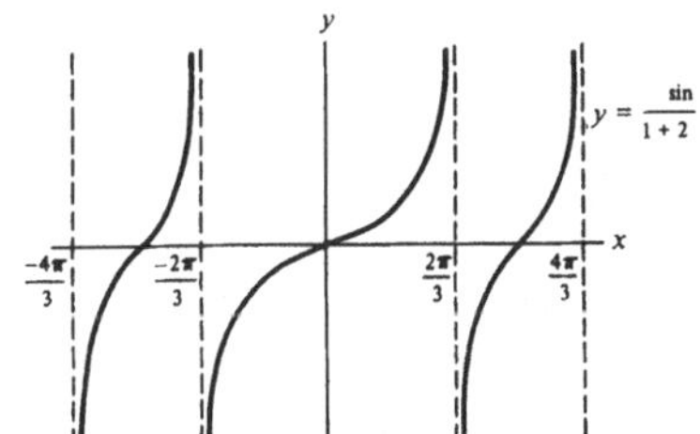

15. Man verschiebe den Graphen von $y = x^3$ um eine Einheit nach rechts und um eine Einheit nach oben. Der Punkt (1; 1) ist ein kritischer Punkt und ein Wendepunkt.

17. Im Punkt ((ln 2)/2; 2 $\sqrt{2}$) liegt ein globales Minimum.

19.

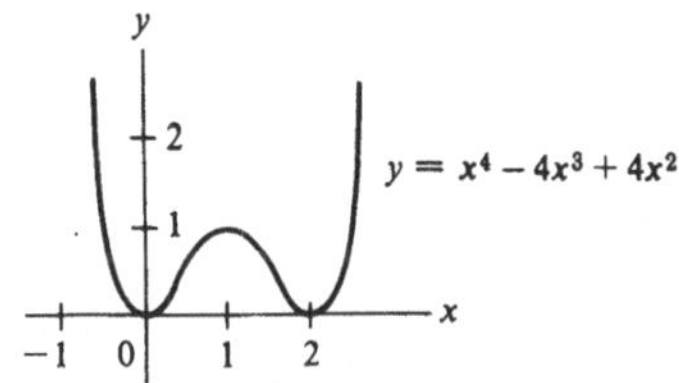

21. Abschnitte für $x = 0$ und -2; globales Minimum für $x = -1$.

23.

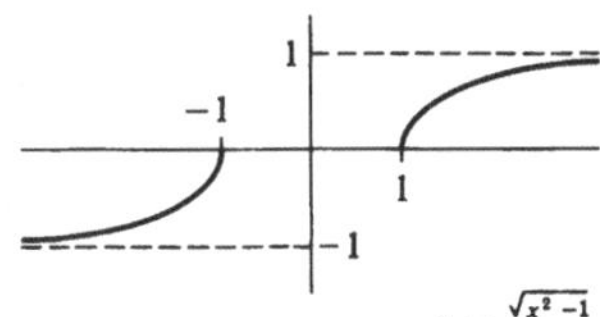

$y = \frac{\sqrt{x^2-1}}{x}$

25. Maximum: 1/e, Minimum: 0

27. 3; 0

29. 24; − 8

31. $e^{-\pi/4}/\sqrt{2}$; $-e^{-5\pi/4}/\sqrt{2}$

33. (a) $\frac{2}{5}x^{-3/5}$
(b) $3x^2 \arcsin 3x + 3x^3/\sqrt{1-9x^2}$
(c) $e^{-2x}(-2\cos 5x - 5\sin 5x)$
(d) $1/[2(2x+1)^{1/2}(3x+2)^{3/2}]$
(e) $-15 \operatorname{cosec}^3 5x \cot 5x$
(f) $x^{\arctan 2x}[2\ln x/(1+4x^2) + (\arctan 2x)/x]$

5.6 Die zweite Ableitung und das Studium von Bewegungen

1. (a) $f^{(1)}(x) = 3x^2 - 4x + 5$, $f^{(2)}(x) = 6x - 4$,
$f^{(3)}(x) = 6$, $f^{(4)}(x) = 0$
(b) $f^{(n)}(x) = 0$, $n > 4$

3. $y' = 2/(1+4x^2)$, $y'' = -16x/(1+4x^2)^2$,
$y''' = (192x^2 - 16)/(1+4x^2)^3$

5. $f^{(1)}(x) = (1+2x)^{-1/2}$, $f^{(2)}(x) = -(1+2x)^{-3/2}$,
$f^{(3)}(x) = 3(1+2x)^{-5/2}$

7. $-2\operatorname{cosec} 2x \cot 2x$, $4\operatorname{cosec}^3 2x + 4\operatorname{cosec} 2x \cot^2 2x$,
$-40\operatorname{cosec}^3 2x \cot 2x - 8\operatorname{cosec} 2x \cot^3 2x$

9. $e^{-t}(\pi^3 \sin \pi t + 3\pi^2 \cos \pi t - 3\pi \sin \pi t - \cos \pi t)$

15. $y = -5t^2 + 10t$, $v = -10t + 10$

17. $y = -5t^2 + 30$, $\sqrt{6}$ s ≈ 2,45 s

19. Der Zeitpunkt, zu dem der Ball hätte vom Boden abgeschossen werden müssen, um die Kante des Riffs zur Zeit $t = 0$ mit einer Geschwindigkeit = 32 m/s zu erreichen.

21. (a) 77,5 m (b) rund 28 m
(c) rund 2,5 m

23. verlangsamt sich bis auf ungefähr 1 km/s

25. rund 10 km/s

27. (a) 1,623 km/s (b) 1,651 km/s

29. (b) 6 cm (c) $d^2y/dt^2 = -6y$
(d) für $y = 0$ (e) für $y = 6$ oder $y = -6$

31. (b) ja. Verschwindet die zweite Ableitung identisch, dann muß die erste Ableitung konstant gleich a sein; daher muß die Funktion gleich $ax + b$ sein.

33. (a) $ake^{-kt} - b$ (c) $-ak^2e^{-kt}$
(b) v strebt nach $-b$ (d) strebt nach Null

5.7 Das Vorzeichen der zweiten Ableitung und seine geometrische Bedeutung

1. (a) $3 - 2\sqrt{6}$; 0; $3 + 2\sqrt{6}$
(b) − 1; 5 (c) 2

3.

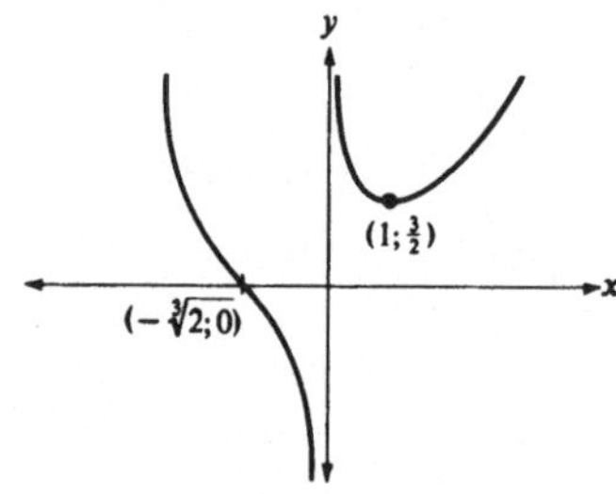

5. y' wechselt das Vorzeichen für $x = 0$; y'' wechselt das Vorzeichen für $x = \pm 1/\sqrt{3}$
7. Wendepunkte für $x = \pm \sqrt{2}/2$

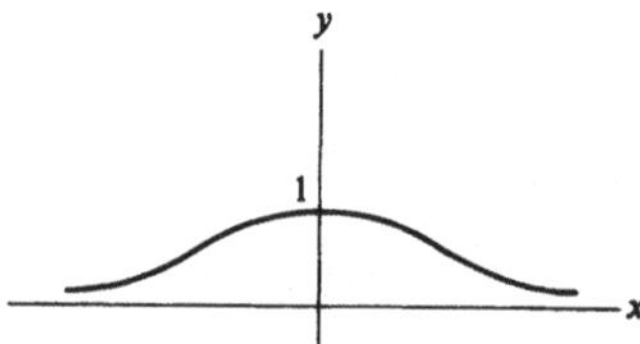

9. y' wechselt das Vorzeichen für $x = 1$; y'' wechselt das Vorzeichen für $x = 2$

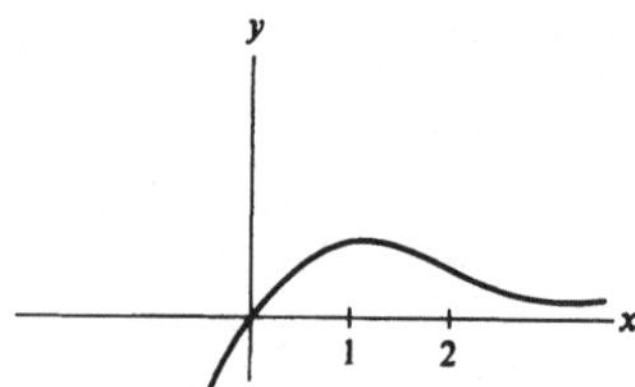

11. Wendepunkt für $x = 1$
13. (a) $1\frac{1}{3}; 2\frac{1}{3}; 3\frac{1}{2}; 4\frac{1}{2}$ (b) $x < 1\frac{1}{3}; 2\frac{1}{3} < x < 3\frac{1}{2}; x > 4\frac{1}{2}$
(c) $0; 2; 3; 4$ (d) $x < 0; 2 < x < 3; x > 4$
(e) $-1; 1\frac{1}{2}; 2\frac{1}{2}; 3\frac{1}{2}; 4\frac{1}{3}$
(f) $x < -1; 1\frac{1}{2} < x < 2\frac{1}{2}; 3\frac{1}{2} < x < 4\frac{1}{3}$
15. Maximum für $x = \pi/4 + 2\pi k$, Minimum für $x = 5\pi/4 + 2\pi k$. Wendepunkt für $x = 3\pi/4 + \pi k$, k ist eine ganze Zahl

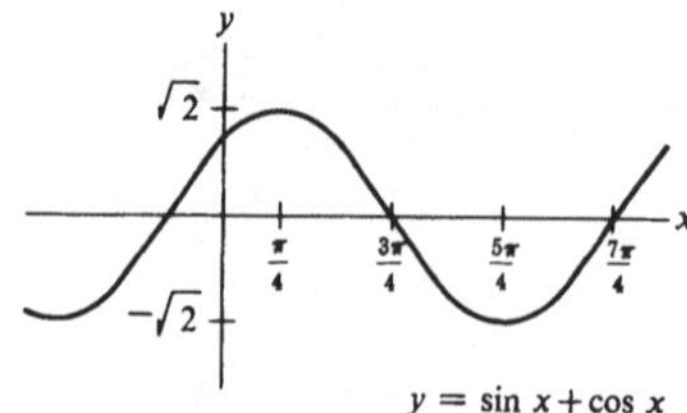

$y = \sin x + \cos x$

17. y' verschwindet nirgends; y'' verschwindet für $x = 1/\sqrt[4]{12}$
19. relatives Minimum für $(0; 0)$, relatives Maximum für $(2; 4e^{-2})$
21. relatives Maximum für $(5; 5^5 e^{-5})$
23. relatives Minimum für $(-\frac{3}{2}; -\frac{27}{16})$
25. relatives Minimum für $(1; 2)$, relatives Maximum für $(-1; -2)$
27. relatives Minimum für $x = (-1 + \sqrt{5})/2$, relatives Maximum für $x = (-1 - \sqrt{5})/2$
29. (a) $x < 1, x > 2$ (b) $1 < x < 2$

31. 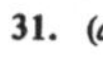

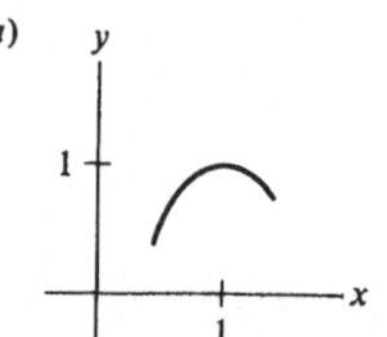

(b)

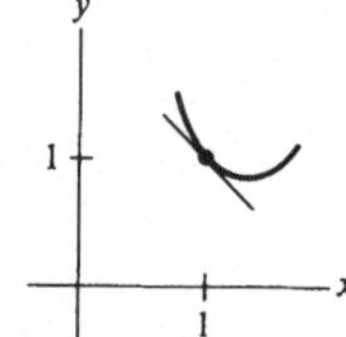

33. man zeige $d^2y/dt^2 = 0$ für $y = M/2$
35. es sei

$$g(t) = f(tx_1 + (1-t)x_2) - tf(x_1) - (1-t)f(x_2),$$

man beweise $g(t) \leq 0$ für alle t aus $[0; 1]$

5.8 Anwendungen der Maximum- und Minimumrechnung

1. (c) für andere Werte von x kann kein Behälter konstruiert werden
(d) $3 - \sqrt{3} \approx 1{,}268$
3. (a) $1\ \text{cm}^2$ (b) 4 cm
5. $\frac{2}{5}$ wird quadriert, $\frac{3}{5}$ kubiert
7. (a) $(36x - 3x^2)\,\text{g/cm}$ (b) an der Stelle $x = 6$ cm
9. (a) $t = 2\,s$ (b) 20 m
11. (a) $6\sqrt{3}$ Tausend DM
(b) $(\sqrt{11} - 1)/2$ DM und $(\sqrt{11} + 1)/2$ DM (1,16 DM und 2,16 DM)
13. Breite $= r$, Höhe $= \sqrt{3}\,r$
19. Für $s \leq 1/\sqrt{3}$ km lege man das Kabel auf einer Geraden zwischen dem Kraftwerk und der Fabrik. Für $s > 1/\sqrt{3}$ km lege man das Kabel $(s - 1/\sqrt{3})$ km entlang des Flußufers und dann direkt über dem Fluß zur Fabrik (oder umgekehrt).
21. $32\pi a^3/81$
23. $r = 100/(3\pi)$, $h = 100/3$
25. $h = \sqrt{8}r$
27. Die Höhe beträgt das Eineinhalbfache der Seitenkanten.
29. Höhe = doppelter Durchmesser oder $r = \sqrt[3]{25/\pi}$, $h = \sqrt[3]{1600\pi}$.
33. (a) $42D - D^2/3$ oder SD (b) 63
35. $13\sqrt{13} \approx 46{,}872$

5.9 Das Differential

1. $dy = 0{,}6$; $\Delta y = 0{,}69$
3. $dy = -0{,}3$; $\Delta y = -0{,}271$
5. $dy = -0{,}2$; $\Delta y = -0{,}223$
7. (a) $-0{,}02$
9. (a) $h/2$ (c) $1{,}105; 1{,}1; 0{,}005$
11.

dy	Δy	$\Delta y/dy$
27	37	1,370
− 13,5	− 11,375	0,843
0,3	0,331	1,103
− 1,2	− 1,141	0,951

13. $dx/(1 + x)$
15. $dx/(1 + x^2)$
17. $3dx/\sqrt{1 - 9x^2}$
19. $2x\,2^{x^2} \ln 2\,dx$
21. 10 %
23. (a) $df = 2x\,\Delta x$, $\Delta f = 2x\,\Delta x + (\Delta x)^2$

(b)

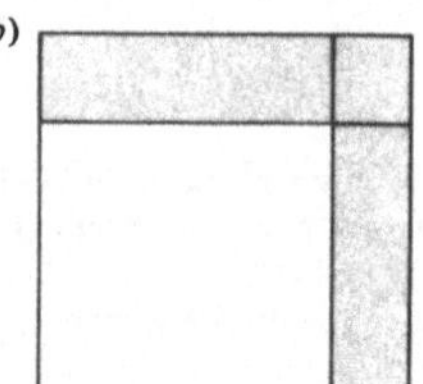

(c)

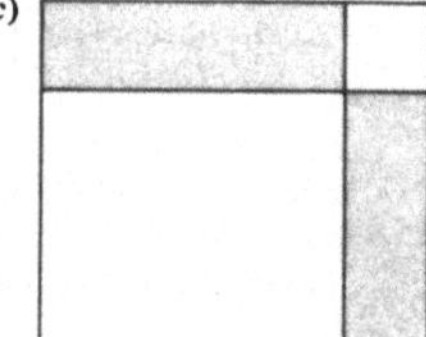

43. (*b*) $\frac{3}{4}$

5.10 Die Regel von de l'Hospital

1. 1
3. 3
5. 1
7. 1
9. $\frac{1}{2}$
11. 1
13. $\frac{2}{3}$
15. $\frac{1}{2}$
17. $-\infty$
19. 0
21. 17
23. $\ln\frac{5}{3}$
25. -1
27. e^6
29. 0
31. Existiert nicht
33. 1
35. 1
39. 1

Testaufgaben zu Kapitel 5

3. (*a*) Der Graph schneidet die x-Achse in $(a; 0)$; abnehmend.
   (*b*) An der Stelle a befindet sich ein Maximum.
   (*c*) An der Stelle a wechselt die Kurve von nach oben konkav auf nach unten konkav.
6. (*a*) $-\frac{1}{3}\cos 3x + c$
7. $\lg x; x^{100}; (1{,}001)^x; 2^x$
8. (*a*) $f'(x) = (7\ln 5 + 8\ln 6) f(x)$
   (*b*) nein, $f(x) = 6^3 e^{(7\ln 5 + 8\ln 6)x}$
9. (*a*) $dA = 2\pi r\, dr$ (*b*) $D(\pi r^2) = 2\pi r$
10. (*a*) $2; 5\frac{1}{2}$ (*b*) $-1; 4; 6$
    (*c*) $-1; 1; 4; 5\frac{1}{2}; 6$ (*d*) keine
    (*e*) -1
13. globales Maximum für $x = \sqrt{2}/2$, globales Minimum für $x = -\sqrt{2}/2$, Wendepunkte für $x = \pm\sqrt{3}/2$
14. (*a*) $(-\ln 2)/1600$ (*b*) 3200 Jahre
    (*c*) 3200 Jahre (*d*) 5313 Jahre
15. 283 g
16. $(4-\sqrt{7})/3$ wird quadriert, $(\sqrt{7}-1)/3$ wird kubiert.
17. Maximum für $x = 0$, Minimum für $r = 0$.
18. (*a*) 8,1
19. (*a*) 2 (*b*) 2 (*c*) 1
20. (*a*) $-125 \operatorname{cosec} 5x \cot^3 5x - 625 \operatorname{cosec}^3 5x \cot 5x$
    (*b*) $(4x^7 + 20x^3)/(1-x^4)^{5/2}$
    (*c*) $(2x^3 - 6x)/(1+x^2)^3$
    (*d*) $125 \sec 5x \tan^3 5x + 625 \sec^3 5x \tan 5x$
    (*e*) $e^{-\cos 2x}(8\sin^3 2x + 24 \sin 2x \cos 2x - 8 \sin 2x)$
    (*f*) 30
21. $(0;0)$
22. 50 m × 100 m

Testaufgaben zu den Kapiteln 1 bis 5 (Berechnungen)

1. (*a*) $2; 8; \pi/3$ (*b*) $-1; 1/\sqrt{3}; \frac{1}{2}$
   (*c*) $\pi/6; -\pi/4; 2\pi/3$
2. (*a*) $180/\pi \approx 57{,}296°$ (*b*) $\theta r^2/2$
   (*c*) $\lim\limits_{n\to\infty}(1+1/n)^n$ (*d*) 2,718
3. 40
4. globales Maximum für $x = 0$; Wendepunkte für $x = \pm\sqrt{2}/2$; x-Achse ist Asymptote.
5. (*a*) $3e^{3x}$ (*b*) $-5\ln 10 \cdot 10^{-5x}$
   (*c*) $3x^2\cos 3x + 2x \sin 3x$
   (*d*) $(-5x\sin 5x - 2\cos 5x)/x^3$
   (*e*) $\frac{5}{6}x^{-1/6}\arcsin x + x^{5/6}/\sqrt{1-x^2}$
   (*f*) $-2x \operatorname{cosec}^2 x^2$
6. (*a*) $5x^4 - 2 + 2/(2x+3)$ (*b*) $1/(|x|\sqrt{9x^2-1})$
   (*c*) $10(x^7+x^2)^9(7x^6+2x)$ (*d*) $(2x+3x^2)/(1+3x)^2$
7. (*a*) $1/\sqrt{x^2+25}$ (*b*) $2\sqrt{6x-x^2}$
8. (*a*) $3\arctan x$ (*b*) $5\arcsin x$
   (*c*) $-6e^{-x}$ (*d*) $x^5/5$
   (*e*) $\arcsin x$ (*f*) $-1/x$
   (*g*) $\ln x$ (*h*) $-\sqrt{1-x^2}$
9. (*a*) $x^3 + x^2$ (*b*) $\sin x$
   (*c*) $\frac{1}{2}\sin 2x$ (*d*) $2\sqrt{x}$
   (*e*) $\ln\sqrt{2x+1}$
10. 4 %
11. (*a*), (*b*), (*d*), (*f*)
12. (*a*), (*b*)
14. (*a*) $f(x) = -e^{-x}$ zum Beispiel.
    (*b*) Für $f''(x) < 0$ gilt $f(x) < 0$ für ein bestimmtes x. *Hinweis:* Man zeichne eine Tangente.
    (*c*) $f(x) = e^x$ zum Beispiel.

Testaufgaben zu den Kapiteln 1 bis 5 (Begriffe)

1. (*b*) Man schreibe $x^4 = e^{4\ln x}$, usw.
2. (*a*) zur Vereinfachung der Ableitung trigonometrischer Funktionen
   (*b*) zur Vereinfachung der Ableitungen von Exponential- und logarithmischen Funktionen.
3. (*a*) $2\sqrt{2}/\pi$ (*b*) $\sqrt{2}/2$ (*c*) 0 (*d*) e^3
   (*e*) e^3 (*f*) $-\pi$ (*g*) 2 (*h*) $-\frac{1}{2}$
4. (*a*) 1. Es kann unendlich viele solcher Geraden geben.
   2. Man betrachte $y = x^3$ für $x = 0$; Tangente schneidet die Kurve.
5. nein; ja; man wende den Mittelwertsatz auf $h(x) = f(x) - g(x)$ an.
6. $f(3) \geqslant 3$
7. (*b*) 0,16 %; 0,2 %
8. $a = -1$
9. $y = x^3/6 + ax + b; a; b$ Konstanten

Übungen zu den Kapiteln 1 bis 5

1. (*a*) $1/(2\sqrt{x})$ (*b*) $-1/(2x^{3/2})$
3. $x/(3x+4)$
5. (*a*) $e^{\sqrt{x}}/(2\sqrt{x})$ (*b*) $e^{\sqrt{x}}$
7. (*a*) $2\sin 4x$ (*b*) $6\sin^2 2x \cos 2x$
9. (*a*) $-2x/(x^2+1)^2$ (*b*) $(1-x^2)/(x^2+1)^2$
11. (*a*) $10^x \ln 10$ (*b*) $(\lg e)/x$
13. (*a*) $2x\ln x + x$ (*b*) $(1-2\ln x)/x^3$
15. $x^2/(x+1)^2$
17. $\sqrt{15/2(5x+7)}$
19. $1/(3x)$
21. $\ln 10 - \cot x$
23. $\frac{2}{3}$
25. 3
27. $5x^4\, dx$
29. $5\sin 5x\, dx$
31. (*b*) 0,25 (*c*) 0,236
35. (*b*) 0,69 (*c*) 1,6 %
39. nein, ja (man betrachte die Faktorisierung von $f''(x)$ in irreduzible Polynome ersten und zweiten Grades); nein.
41. (*a*) $4\sqrt{3}l/(9+4\sqrt{3})$ für das Dreieck und $9l/(9+4\sqrt{3})$ für das Quadrat.
    (*b*) Man verwende den gesamten Draht für das Quadrat.
45. (*a*) 1,002 Milliarden (*b*) 0,0225
    (*c*) 2,28 %
49. $x = e^{-t} + at + b; a; b$ konstant
51. $d^2y/dx^2 = 6y\, dy/dt = (6y)(3y^2) = 18y^3$
55. Die Geraden $x = 0$, $x = 1$ und $y = 0$ sind Asymptoten
57. (*a*) $(-x; y)$ (*b*) $(-x; -y)$
    (*c*) Man zeichne den Graphen im ersten Quadranten und spiegele ihn für gerade Funktionen an der x-Achse; für ungerade Funktionen drehe man den Graphen um 180° um den Ursprung.

59. (*a*) 3
(*b*) Näherungsweise $e^3 - 1 \approx 19{,}09$.

69. Die maximale Geschwindigkeit wird für 6 Blocks und 24 Sekunden aufrecht erhalten.

73. *b*

77. (*b*) führt auf (*a*), (*a*) führt auf (*c*).

79. Man zeichne zuerst $y = x$ und $y = \sin 2x$; dann addiere man die beiden Resultate.

83. (*a*) $y = \frac{3}{2}x + \frac{19}{4}$
(*b*) auch die Gerade $x = \frac{5}{2}$ ist Asymptote

85. (*a*) $y = \pm (b/a)\, x$
(*b*) obere Hälfte der Hyperbel $x^2/a^2 - y^2/b^2 = 1$

91. Die zwei Werte von X können sich unterscheiden.

95. Der Grenzwert ist gleich 1.

6 Weitere Anwendungen der Ableitung

6.1 Implizite Ableitung

1. -4
3. $-\frac{7}{15}$
5. $-\pi/2$
7. $-\frac{3}{5}$
9. $(x^3 - 1)^{3/2} x^5 [9x^2/(2x^3 - 2) + 5/x]$
11. $(\sqrt{\cos x}\, \sqrt[3]{\ln x})^5 [-\frac{5}{2} \tan x + \frac{5}{3}/(x \ln x)]$
13. $(1 + 3x)^x [3x/(1 + 3x) + \ln(1 + 3x)]$
15. -1
17. (*a*) 1 (*b*) 4
19. $(-\frac{21}{10}, \frac{7}{10})$
21. $h/r = 2\sqrt{2}$
23. $h = 2r$
25. Höhe ≈ Basiskante
27. $\frac{5}{8}$

6.2 Zusammenhang von Zuwachsraten

1. (*a*) $0{,}6 \cdot \sqrt{5}$ m/s (*b*) $\frac{1}{2}$ m/s (ungefähr)
(*c*) 0,75 m/s (ungefähr)
3. $3 \tan \theta = x$
5. (*a*) $4/9\pi$ m/g (*b*) $1/49\pi$ m/h
7. $27\sqrt{2}/4$ m²/s wachsend
13. (*a*) $25 \cdot 10^{-6}$ m/s², sehr klein (*b*) $-0{,}26$ m/s², gerundet
15. (*a*) $y = x \tan \theta$
(*b*) $\dot{y} = \dot{x} \tan \theta + x\, \dot{\theta} \sec^2 \theta$
(*c*) $\ddot{y} = \ddot{x} \tan \theta + \sec^2 \theta\, [2\dot{x}\, \dot{\theta} + 2x\, \dot{\theta}^2 \tan \theta + x\ddot{\theta}]$
17. $dy/dx = \frac{1}{2}$, $d^2y/dx^2 = \frac{3}{2}\, \ddot{x}/(\dot{x})^2$ (ungeeignete Information)

6.3 Zweite Ableitung und Krümmung einer Kurve

1. (*a*) $5\sqrt{5}/2$ (*b*) $17\sqrt{17}/2$
3. $e(1 + e^{-2})^{3/2}$
5. 2
7. (*a*) $4/(e^x + e^{-x})^2$, $(e^x + e^{-x})^2/4$
9. $|\sec x|$
11. Der Krümmungsradius beträgt $3\,|\cos \theta \sin \theta|$
13. $-\frac{1}{2} \ln 2$
17. $(a^2 \sin^2 \theta + b^2 \cos^2 \theta)^{3/2}/ab$
23. $2/a$

6.4 Das Newtonsche Näherungsverfahren zur Lösung einer Gleichung

3. 4,375; 4,359
5. (*a*) 3; 2,259 (*b*) 3; 2,259 (*c*) 1,917; 1,913
7. (*b*) $\frac{6}{7}$
9. (*c*) 1,146
13. (*d*) $x_2 \approx 2{,}207$ (*e*) $x_3 \approx 2{,}036$
15. (*b*) $x_2 \approx 0{,}3516$ und $x_3 \approx 0{,}3589$

6.5 Der Winkel zwischen einer Geraden und einer Tangente

1. $\pi/2$
3. Die Tangente ist nicht definiert; Winkel $\pi/2$
5. $-2\sqrt{2}/3$
7. undefiniert. (Die Kurven schneiden einander rechtwinkelig.)
9. $\gamma \approx 1{,}964$ rad, $\phi \approx 2{,}749$ rad
15. $f(\theta) = a \sin \theta$, a ist eine nichtverschwindende Konstante.
19. (*b*) *a*

6.6 Die hyperbolische Funktion

11. (*d*) 1
17. (*a*) alle x, ausgenommen Null
23. (*a*) $\cosh 1 \approx 1{,}54306$, $\cosh 2 \approx 3{,}756$
(*b*) genaue Werte: $\cosh 1 \approx 1{,}54308$, $\cosh 2 \approx 3{,}762$

Testaufgaben zu Kapitel 6

1. $-\frac{9}{4}$; $\frac{113}{32}$
2. $\frac{1}{4}[3 \tan x - \frac{2}{5}/(1 + 2x)]$
3. $h = r$
4. (*a*) abnehmend, $-5{,}2\pi/3$ m³/s (*b*) nein
5. (*a*) 3 (*c*) $5\sqrt{10}/3$
7. (*a*) $x_{i+1} = (3x_i^4 + 7)/(4x_i^3)$ (*b*) 1,644
9. (*a*) $\pi - \arctan(-\frac{1}{2}) \approx 2{,}678$ rad (*b*) 3,463 rad
10. (*b*) 1

Übungen zu Kapitel 6

2. (*a*) $d\phi/ds$
5. $y' = (1 - 2\pi)/(1 + \pi^2)$, $y'' = [(y')^2 - 4\pi y' - 2]/(\pi^2 + 1)$, man setze den Wert von y' ein
7. $(-3 \cos 3t)/(2 \sin 2t)$, $-\frac{3}{4} \cos t/\sin^3 2t$
9. (*a*) $510/\sqrt{13}$ km/h (*b*) wachsend
11. $-\frac{1}{8}$
13. $(1 + x^2)^3 e^{x^2} (\sin^5 3x)[6x/(1 + x^2) + 2x + 15 \cot 3x]$
15. (*a*) $\frac{9}{14}$ m/s (*b*) $\frac{9}{14}$ m/s
17. (*a*) $22{,}5/\sqrt{251}$ m/s (*b*) abnehmend
19. $\frac{3\pi}{4}$ m/s, $3\sqrt{3}\,\pi/4$ m/s
21. (*a*) f' ist Null für mindestens drei Werte von x aus $[1;4]$.
(*b*) f'' ist Null für mindestens zwei Werte von x aus $[1;4]$.
25. $(\dot{x}\ddot{y} - \dot{y}\ddot{x})/(\dot{x})^3$
27. (*a*) $2^x \ln 2 \sec^{-1} 3x + |x|\, 2^x/\sqrt{9x^2 - 1}$
(*b*) $\operatorname{arccot} 4x/(2\sqrt{x}) - 4\sqrt{x}/(1 + 16x^2)$
(*c*) $-e^{-x}(\cos 5x + 5 \sin 5x)$
(*d*) $\frac{6}{5}/(1 + 2x) - \frac{9}{4}/(1 + 3x)$
(*e*) $[(1 + 2x)^{3/5}/\sin^5 x]\,[\frac{6}{5}/(1 + 2x) - 5 \cot x]$
(*f*) $2x^{2x} + 2x^{2x} \ln x$
33. 44° und 7° (näherungsweise)

7 Partielle Ableitungen

7.1 Rechtwinkelige Koordinaten für den Raum

1.

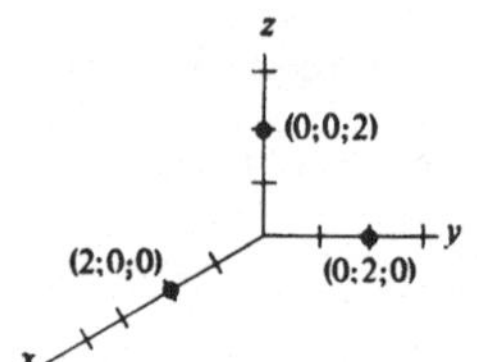

3. (*b*) (1; 6; 4), (1; 4; 7), (1; 6; 7), (5; 4; 4), (5; 6; 4), (5; 4; 7)
(*c*) 24 (*d*) 52 (*e*) 36

5. (*a*) 7 (*b*) 11 (*c*) $\sqrt{3}$
7. $3\sqrt{37}$
9. (*a*) $(\pm 7; 0; 0)$ (*b*) $(0; \pm 7; 0)$ (*c*) $(0; 0; \pm 7)$
11. innerhalb

7.2 Der Graph einer Gleichung

1. Die Ebene parallel zur xz-Ebene geht durch den Punkt (0; 1; 0).

3. 

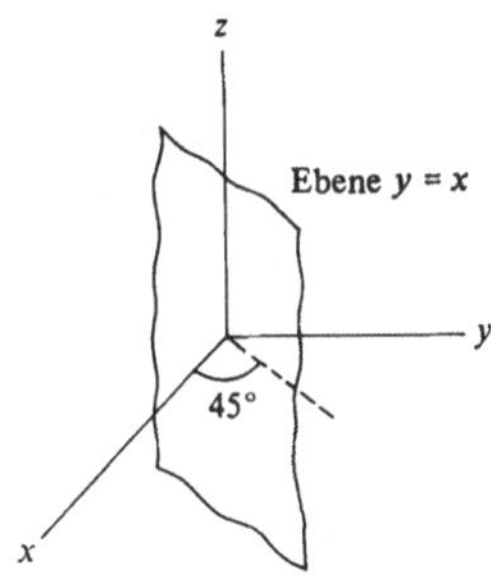

5. Die Ebene parallel zu der aus Übung 3 geht durch (0; 3; 0).

7. 

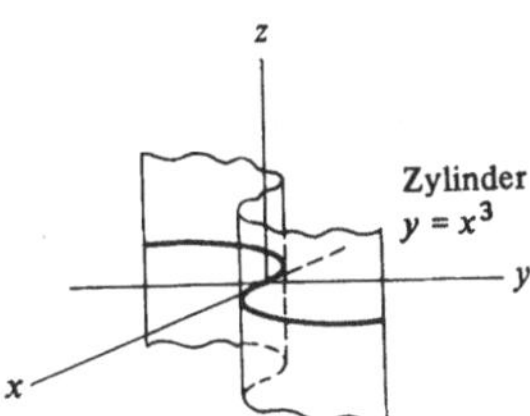

9.

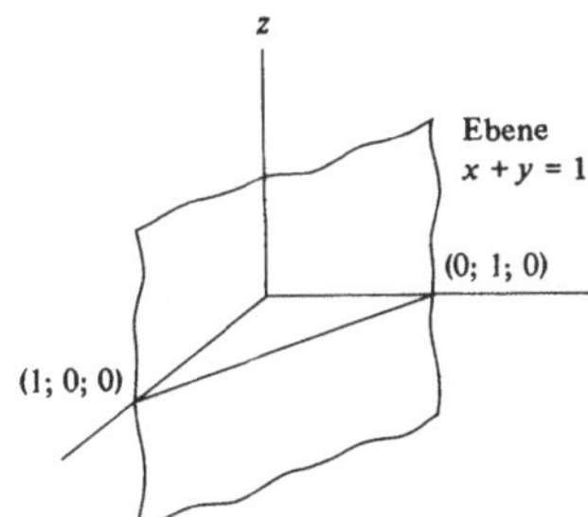

11.

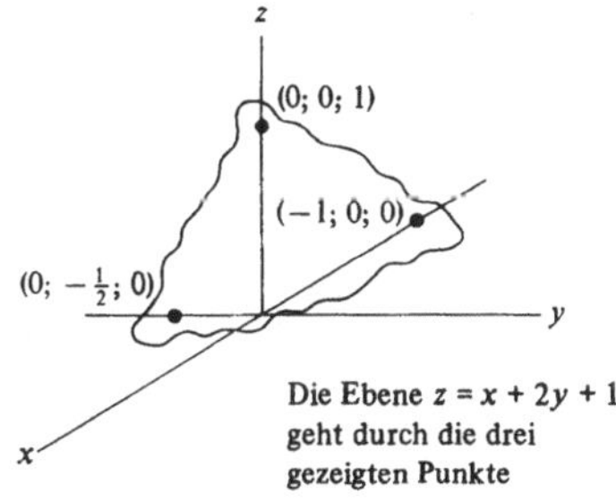

Die Ebene $z = x + 2y + 1$ geht durch die drei gezeigten Punkte

19. 

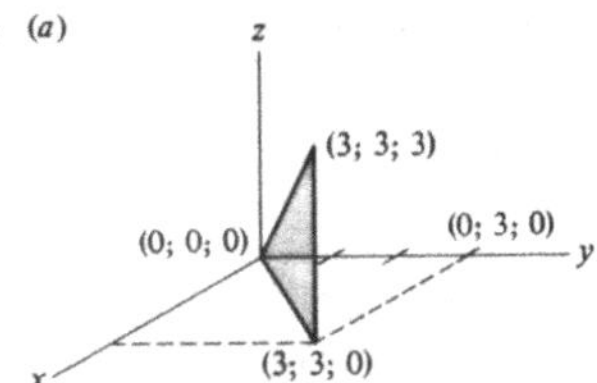

(*b*) (0; 0; 0), (3; 3; 3), (3; 3; 0) (*c*) $9\sqrt{2}/2$

7.3 Funktionen und ihre Graphen

1.

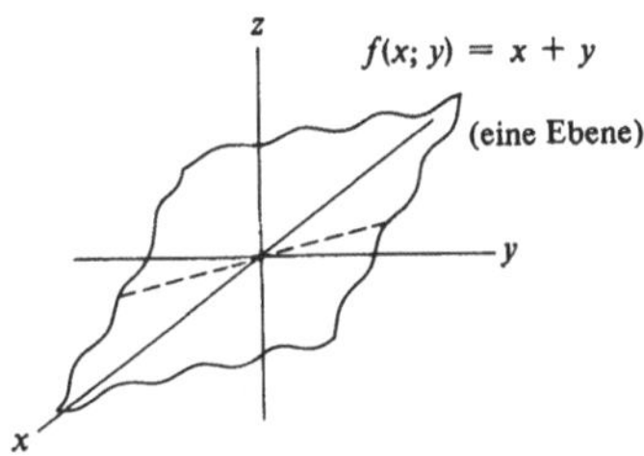

3. horizontale Ebene drei Einheiten oberhalb der xy-Ebene

5.

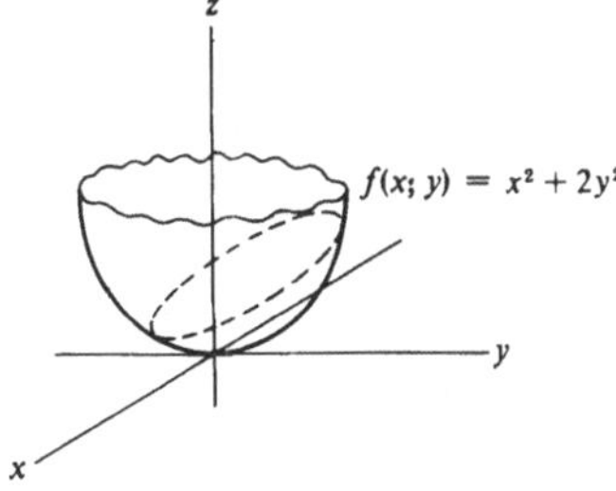

7. Dies ist die Sattelfläche aus Beispiel 3, die um 45° um die z-Achse gedreht wurde.
   (*a*) die x- und y-Achse (*b*) die x-Achse
   (*c*) die y-Achse (*d*) eine Hyperbel
   (*e*) eine Gerade
   (*f*)

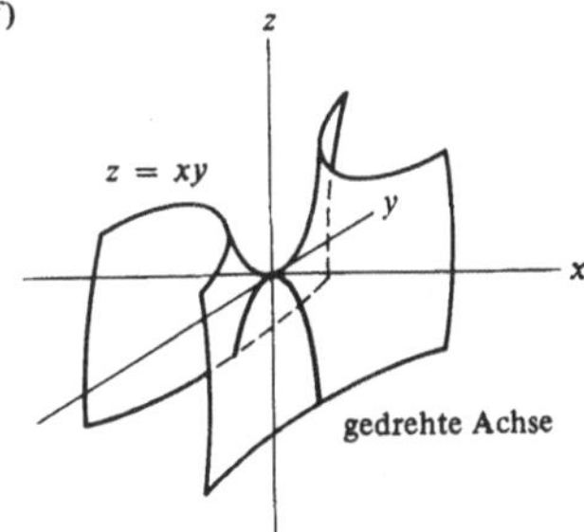

11. (*b*) obere Hälfte einer Kugel mit dem Radius 1 und dem Mittelpunkt (0; 0; 0),
    (*c*) alle $(x; y)$ mit $x^2 + y^2 \leq 1$.
13. (*a*) eine Gerade (*b*) eine Gerade
    (*c*) eine Parabel
15. (*a*) Sind $(x_1; y_1)$ und $(x_2; y_2)$ gleich weit weg von (0; 0), dann gilt $f(x_1; y_1) = f(x_2; y_2)$.

7.4 Partielle Ableitungen

1. $3x^2y^4$, $4x^3y^3$
3. $1/y$, $-x/y^2$
5. $y^3 \cos(xy^3)$, $3xy^2 \cos(xy^3)$
7. $1 + 1/(2\sqrt{x}) + y/(1 + x^2y^2)$, $3 + x/(1 + x^2y^2)$
9. $e^{x/y}/y$, $-xe^{x/y}/y^2$
11. (a) $2xy^4$ (b) $4x^2y^3$
13. (a) $(y^2 - x^2)/(x^2 + y^2)^2$ (b) $-2xy/(x^2 + y^2)^2$
15. 10; 12; − 3
17. $12x^2y^7$, $42x^4y^5$, $28x^3y^6$
19. $(2x^2 - y^2)/(x^2 + y^2)^{5/2}$, $(2y^2 - x^2)/(x^2 + y^2)^{5/2}$, $3xy/(x^2 + y^2)^{5/2}$
23. (a) $-e^{x^2}$ (b) e^{y^2}
25. 1
27. 2
29. 0
31. (a) yx^{y-1} (b) $x^y \ln x$
33. $\cos(x + 2y + 1) - \cos(x + 2y)$, $2\cos(x + 2y + 1) - 2\cos(x + 2y)$
35. $-g(x)$, $g(y)$

7.5 Die Differenz Δf und das Differential df

1. 0,72; 0,7
3. 0,625; 0,5
5. 0,036
7. 17 %
9. 17 %
11. − 8,1
13. $\frac{13}{30}$
19. (a) $u = u(x + \Delta x; y + \Delta y; z + \Delta z) - u(x; y; z)$
$= [u(x + \Delta x; y + \Delta y; z + \Delta z) - u(x + \Delta x; y + \Delta y; z)]$
$+ [u(x + \Delta x; y + \Delta y; z) - u(x + \Delta x; y; z)]$
$+ [u(x + \Delta x; y; z) - u(x; y; z)]$

7.6 Die Kettenregeln

5. 31; 11
7. (a) $3r^2 \cos^3\theta + 2r \sin^2\theta$ (b) θ
9. $3x^2 - y \sin xy + ut$, $-x \sin xy$, tx, ux
13. $bf_1 + df_2$
25. 52 m^3/s
27. (a) nein (b) $x^2y + y^3$

7.7 Kritische Punkte

1. (b) − 18
3. $(1; \frac{1}{3})$
5. $\frac{1}{4}$
7. $\frac{13}{4}$
15. (b) $\sqrt{2}/3$

7.8 Lokale Extreme und partielle Ableitungen zweiter Ordnung

1. keine
3. keine
5. lokales Minimum für (− 4; − 2)
7. lokales Minimum für (0; 2)
9. lokales Maximum für (0; 0)
11. lokales Minimum für (1; − 1)
13. (c)
15. (a)
17. (d)
21. $\sqrt[3]{2} \cdot \sqrt[3]{2} \cdot \sqrt[3]{1/4}$
23. 15 von x, 20 von y, 2 von z
25. (a) 12; 15; 613; 1730; 2343
(b) 24/7; 6; 1033,06; 2229,22; 3262,29

Testaufgaben zu Kapitel 7

1. (a) Man drehe die Parabel $z = 2x^3$ in der xz-Ebene um die z-Achse.

(b)

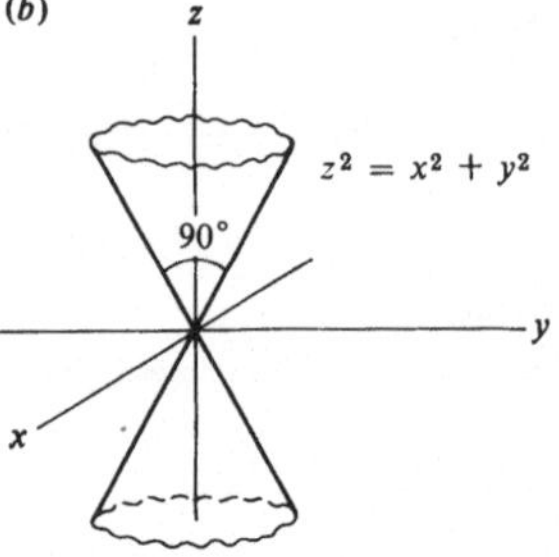

(c) Kugel mit dem Radius $\sqrt{6}$ und dem Mittelpunkt (0; 0; 0).

(d)

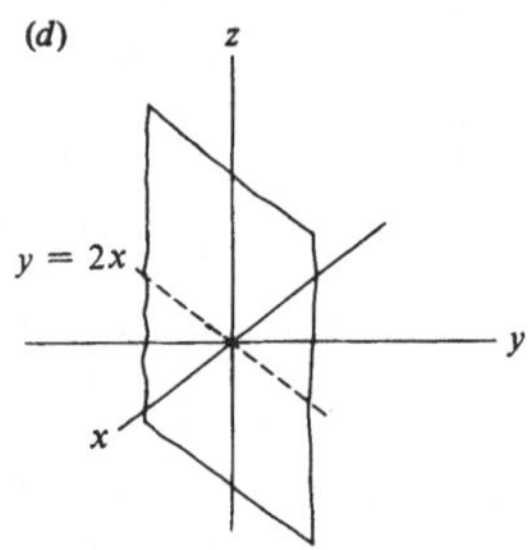

2. (a) $x/\sqrt{x^2 + y^2}$ (b) $2/y - 3/(3y + x)$
(c) $3x^2y^2e^{x^3y}$ (d) $-6\cos(2x + 3y)$
(e) $6/xy^3$
(f) $6y^2 \sin xy \cos^2 xy - 3y^2 \sin^3 xy$
3. (a) $(ye^y - e^y + 1)/y^2$ (b) $(ye^y - e^y + 1)/y^2$
6. $10\sqrt[3]{25} \cdot 10\sqrt[3]{25} \cdot 4\sqrt[3]{25}$
7. (a) 0,2206 (b) 0,2
8. 7 %
10. $-6 < k < 6$
11. 5,6

Übungen zu Kapitel 7

1. (b) Der Graph ist eine Sattelfläche, wie sie in Übung 7 aus Abschnitt 7.3 dargestellt wurde.
3. (a) auf der Geraden $x = y$ (b) 0 für (1; 1)
5. (a) keines von beiden (b) relatives Minimum
(c) keines von beiden (d) nicht genug Information
7. (a) $(x + y)^3(x - y)^5$, $3(x + y)^2(x - y)^5 + 5(x + y)^3(x - y)^4$, $3(x + y)^2(x - y)^5 - 5(x + y)^3(x - y)^4$
(b) $3u^2v^5 + 5u^3v^4$, $3u^2v^5 - 5u^3v^4$
9. (a) senkrecht zur xy-Ebene und durch die Punkte (1; 0; 0), (0; 1; 0)
(b) Man zeichne die Punkte (1; 0; 0), (0; 1; 0), (0; 0; 1). Sie bestimmen die Ebene.
(c) Man zeichne die Punkte (2; 0; 0), (0; 3; 0), (0; 0; 4). Sie bestimmen die Ebene.
11. (a)

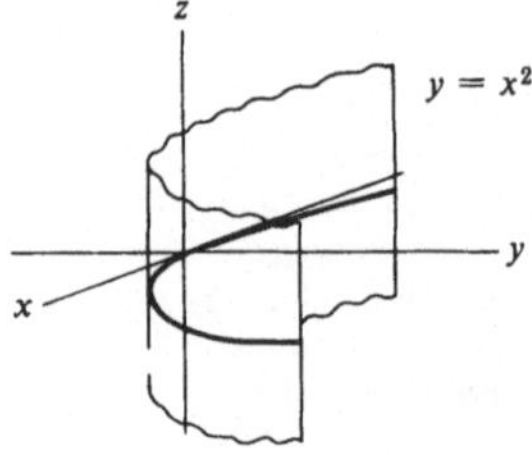

(*b*)

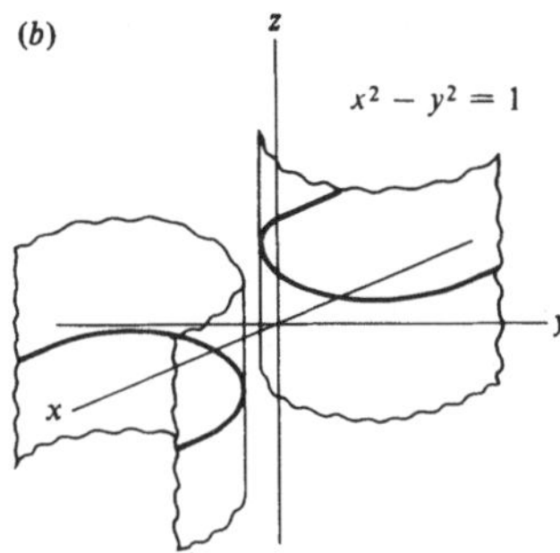

(*c*)

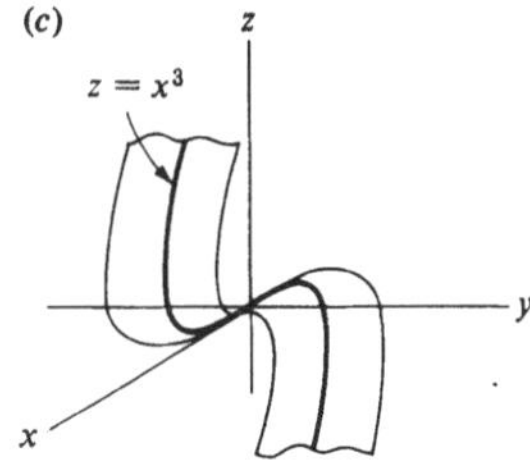

13. (*c*) $1-\sqrt{2} < m < 1+\sqrt{2}$

15. 0 für (0; 0)

19. (*a*) $2xy$ (*b*) $(3x^2 + 2x)\,u\,e^{3x}$

21. Ein Wechsel in t zeigt einen Wechsel in y, der ebenso wie der Wechsel in x einen Wechsel in z hervorruft.

35. Man zeige, daß f auf der Geraden $x + y = k$ konstant ist.

Anhang A. Die reellen Zahlen

A.3 Rationale und irrationale Zahlen

1. (*a*) Gleichheit

3. rational: (*a*), (*d*), (*e*), (*f*). Wie im Buch gezeigt wird, sind $\sqrt{2}$ und π irrational.

5. (*a*) 62 395/9 990 (*b*) 20 162/990

A.4 Vollständigkeit der reellen Zahlen

1. ja, zum Beispiel die Menge der negativen irrationalen Zahlen.

3. (*a*) 10 (*b*) 10

Anhang B. Analytische Geometrie

B.1 Analytische Geometrie und die Abstandsformeln

1. (*c*) 13

3. (*a*) $(x-1)^2 + (y+1)^2 = 25$ (*c*) nein

5. (*a*) $(x-3)^2 + y^2 = 9$

7. (*c*) $\sqrt{A^2/4 + B^2/4 - C}$

9. nein

B.2 Die Gleichungen einer Geraden

1. (*a*) $-2; 3$ (*b*) $1; 1$ (*c*) $-1; 5$
(*d*) $6; 0$

3. (*a*) (4; 0) (*b*) (0; 3)

5. (*a*) $y = -x/2 + 3$ (*b*) (0; 3)

7. (*a*) $y = -3x/2 + 8$ (*c*) ja

B.3 Kegelschnitte

1. Brennpunkte in $(\pm 2\sqrt{6}; 0)$

3. zwei Stäbe 3 m vom Mittelpunkt auf der Geraden, die durch den Mittelpunkt parallel zur Länge des Gartens verläuft

5. Brennpunkte in $(0; \pm\sqrt{2})$

7. Brennpunkt in $(-\frac{3}{2}; 0)$; Leitlinie $x = \frac{3}{2}$

B.4 Kegelschnitte in Polarkoordinaten

3. (*a*) $\frac{4}{3}$ (*b*) $\frac{3}{4}$ (*c*) 1 (*d*) $\frac{4}{3}$

5. (*b*) $r = 2/(1 + \cos\theta)$ (*c*) $r = -4\cos\theta/\sin^2\theta$

7. (*a*) Man multipliziere mit r und drücke alles durch x und y aus.

Anhang C. Theorie der Grenzwerte

C.1 Exakte Definition eines Grenzwertes

9. (*a*) Hätte die Folge $a_n = (-1)^n$ einen Grenzwert, etwa 0, so würde $\epsilon = 2$ für alle N genügen.
(*b*) Die gleiche Folge wie aus (*a*) strebt mit $N = 1$ und $\epsilon = 10$ nach 8.

Sachwortverzeichnis

Literaturhinweise

Formelsammlungen

Bronstein/Semendjajew: Taschenbuch der Mathematik. Deutsch, Thun–Frankfurt/M.

Papula: Mathematische Formelsammlung für Ingenieure und Naturwissenschaftler. Vieweg, Wiesbaden.

Aufgabensammlungen

Minorski: Aufgabensammlung der Höheren Mathematik. Vieweg, Wiesbaden.

Papula: Mathematik für Ingenieure und Naturwissenschaftler (Übungen) Vieweg, Wiesbaden.

Weiterführende Literatur

Blatter: Analysis (Bd. I). HTB. Springer, Berlin–Heidelberg–New York.

Böhme: Anwendungsorientierte Mathematik (Bd. I). Springer, Berlin–Heidelberg–New York.

Courant: Vorlesungen über Differential- und Integralrechnung (2. Bd.). Springer, Berlin–Heidelberg–New York.

Dirschmid: Mathematische Grundlagen der Elektrotechnik. Vieweg, Wiesbaden.

Endl/Luh: Analysis (Bd. I bis III). Aula, Wiesbaden.

Fetzer/Fränkel: Mathematik (2 Bd.). VDI, Düsseldorf.

Forster: Analysis 1. Vieweg, Wiesbaden.

Jeffrey: Mathematik für Naturwissenschaftler und Ingenieure (Bd. I). Verlag Chemie, Weinheim.

Madelung: Die mathematischen Hilfsmittel des Physikers. Springer, Berlin–Heidelberg–New York.

Margenau/Murphy: Die Mathematik für Physik und Chemie. Deutsch, Thun–Frankfurt/M.

Rudin: Analysis. Physik-Verlag, Weinheim.

Sirk/Rang: Vektorrechnung. Steinkopff, Darmstadt.

Smirnov: Lehrgang der höheren Mathematik (5 Bd.). Deutscher Verlag der Wissenschaften, Berlin.